现代数学基础丛书·典藏版 101

偏微分方程的调和分析方法

苗长兴 张 波 著

科学出版社

北 京

内 容 简 介

本书利用调和分析的现代理论，特别是可微函数空间的各种实变刻画、三代 C-Z 奇异积分算子理论、Fourier 限制型估计、Littlewood-Paley 理论等应用到非线性偏微分方程的研究，主要内容涉及奇异积分算子在椭圆边值问题中的应用、抛物型方程的时空估计方法、Littlewood-Paley 理论与不可压 Navier-Stokes 方程、Bourgain 的 Fourier 截断方法与能量归纳法、Tao 的 I-方法、Keel-Tao 的端点型 Strichartz 估计、驻相方法与振荡积分等在非线性 Schrödinger 方程与非线性波动方程中的应用,特别是在 Bourgain 空间的框架下研究了非线性 Schrödinger 方程与非线性波动方程的低正则性，同时也介绍了在共形变换或其他变换群下的不变量、Morawetz 型估计、Tao-相互作用的 Morawetz 型估计及 Morawetz 估计的局部化技术.

本书可供理工科大学数学系, 应用数学系的高年级学生、研究生、教师以及相关的科学工作者阅读参考.

图书在版编目(CIP)数据

偏微分方程的调和分析方法/苗长兴, 张波著. —北京: 科学出版社, 2008
(现代数学基础丛书・典藏版; 101)
ISBN 978-7-03-020889-7

I. 微… II. ① 苗… ② 张… III. 偏微分方程-调和分析 IV. O241. 86

中国版本图书馆 CIP 数据核字(2008) 第 006488 号

责任编辑: 鄢德平 张 扬 / 责任校对: 钟 洋
责任印制: 赵 博 / 封面设计: 陈 敬

科学出版社 出版
北京东黄城根北街 16 号
邮政编码: 100717
http://www.sciencep.com

北京华宇信诺印刷有限公司印刷
科学出版社发行 各地新华书店经销
*
2008 年 1 月第 一 版 开本: B5(720×1000)
2025 年 9 月印 刷 印张: 23 3/4
字数: 448 000

定价: 148.00 元

(如有印装质量问题, 我社负责调换)

《现代数学基础丛书》序

对于数学研究与培养青年数学人才而言，书籍与期刊起着特殊重要的作用．许多成就卓越的数学家在青年时代都曾钻研或参考过一些优秀书籍，从中汲取营养，获得教益．

20 世纪 70 年代后期，我国的数学研究与数学书刊的出版由于文化大革命的浩劫已经破坏与中断了 10 余年，而在这期间国际上数学研究却在迅猛地发展着．1978 年以后，我国青年学子重新获得了学习、钻研与深造的机会．当时他们的参考书籍大多还是 50 年代甚至更早期的著述．据此，科学出版社陆续推出了多套数学丛书，其中《纯粹数学与应用数学专著》丛书与《现代数学基础丛书》更为突出，前者出版约 40 卷，后者则逾 80 卷．它们质量甚高，影响颇大，对我国数学研究、交流与人才培养发挥了显著效用．

《现代数学基础丛书》的宗旨是面向大学数学专业的高年级学生、研究生以及青年学者，针对一些重要的数学领域与研究方向，作较系统的介绍．既注意该领域的基础知识，又反映其新发展，力求深入浅出，简明扼要，注重创新．

近年来，数学在各门科学、高新技术、经济、管理等方面取得了更加广泛与深入的应用，还形成了一些交叉学科．我们希望这套丛书的内容由基础数学拓展到应用数学、计算数学以及数学交叉学科的各个领域．

这套丛书得到了许多数学家长期的大力支持，编辑人员也为其付出了艰辛的劳动．它获得了广大读者的喜爱．我们诚挚地希望大家更加关心与支持它的发展，使它越办越好，为我国数学研究与教育水平的进一步提高做出贡献．

杨　乐

2003 年 8 月

前　　言

现代调和分析可以追溯到 19 世纪初 Fourier 关于热传导方程的求解. 经历了近 200 年的发展, 它已经成为现代数学的核心研究领域之一, 特别是偏微分方程、解析数论、数学物理、工程科学等研究领域的重要工具. 偏微分方程的研究进程和历史表明, 调和分析的许多经典结果已被充分证明是解决偏微分方程本质问题的最有效的研究手段和方法之一. 我们从如下诸条中可以体会调和分析在偏微分方程研究中的重要作用：

(i) $\mathcal{H}_1$ 与 BMO 空间：在建立椭圆型方程、抛物型方程解的 L^p 理论、C^α 理论中, BMO 空间 ($\mathcal{H}_1$ 的对偶空间) 的引入和使用起着本质的作用. 借助于 L^p 理论、C^α 理论就可以建立椭圆型方程、抛物型方程边值问题解的正则性. 另一方面, 作为 L^1 和 L^∞ 空间的替代空间, Hardy 空间 $\mathcal{H}_1$ 与 BMO 空间在插值理论、算子有界性的研究中有着极其重要的作用.

(ii) 经典 Calderón–Zygmund 奇异积分理论 (第一代)：著名的 Hilbert 变换、Riesz 变换是其典型例子, 在众多的数学物理研究中都有广泛的应用. 就偏微分方程 (partial differential equations, PDEs) 而言, 它在正对称双曲型方程组、位势积分估计 (单层位势、双层位势) 及椭圆边界问题的研究中起着重要的作用. 另一方面, 利用 Bessel 位势、Riesz 位势可以将整数阶的 Sobolev 空间推广到相应的分数阶函数空间.

(iii) 第二代 Calderón-Zygmund 奇异积分算子：在拟微分算子理论中起着重要作用, 特别是拟微分算子的 L^p 理论可视为经典位势理论的推广, 可以讲它是研究一般椭圆边值问题的基本方法之一. 当然, 作为拟微分算子进一步发展的 Fourier 积分算子, 本质上可以视为第二型的振荡积分.

(iv) Hardy-Littlewood 极大函数理论：在研究算子的有界性、函数的点态收敛, 特别对椭圆边值问题边值的刻画有着重要作用.

(v) 可微函数空间如 Besov 空间、Triebel-Lizorkin 空间、通常的 Sobolev 空间, 特别是它们的 Littlewood-Paley 刻画、原子分子刻画、Gauss 核刻画及 Possion 核刻画等调和分析技术, 不仅为偏微分方程的研究提供了工作空间, 同时也为线性估计、非线性估计提供了有效工具.

(vi) 球调和函数理论：它是偏微分方程各种定解问题的经典研究方法, 特别是基于逼近的紧致性方法的基础, 为数值求解提供了工具. 当然, 它在奇异积分理论等调和分析的核心方向 (如：奇异积分算子理论等) 的研究中亦扮演着重要角色.

(vii) 插值理论与插值方法：无论是实插值方法、复插值方法还是 Stein 插值方法, 都是研究空间理论、算子理论、非线性估计的主要手段. 例如：Marcinkiewicz 插值定理将端点弱型算子估计转换成内点的强型算子估计, 这在偏微分方程的研究中是至关重要的.

(viii) Hörmander 平移不变算子理论、Littlewood–Paley 的 g 函数方法、Calderón–Stein 的 g_λ^* 函数方法是乘子理论的基础. 与此同时, 乘子理论可用于判断线性发展方程的适定性 (解算子是否在所考虑的 Banach 空间 X 中生成一个 C_0 半群). 它本质上为研究对应的非线性偏微分方程的定解问题提供了合适的工作空间.

(ix) Littlewood-Paley 的分解理论在函数空间的刻画、非线性函数在分数阶 Sobolev 空间中的估计等诸多方面显示出巨大的应用潜力. Bony 的二次微局部分解与分数阶求导估计正是基于 Littlewood-Paley 的分解理论的一个典型范例.

(x) 振荡积分估计、Fourier 变换在几何曲面上的限制性估计：借此可建立线性发展方程解的 L^p–L^q 估计, 解的 Strichartz 型时空估计、正则型的 Strichartz 时空估计、解的倒向时空估计 (极大模估计) 等. 所有这些为非线性发展方程的适定性理论、波方程及色散波方程散射性的研究提供了有力的工具. 最近 30 年偏微分方程特别是发展型方程的许多突破性成果均与此有关, 读者可参考 Stein, Ginibre-Velo, Brenner, Bourgain, Kenig, Klainerman, Ponce 及 Tao 等人的工作.

苗长兴受田刚院士、肖玲教授邀请, 2000 年在中科院晨兴数学中心作了为期一个月的数学系列讲座. 随后, 承蒙林芳华教授、方道元教授的邀请, 在浙江大学数学系做了 12 讲的偏微分方程的调和分析方法系列讲座. 在此基础上, 苗长兴受英国皇家学会皇家基金的资助, 在英国 Coventry 大学数学系进行了为期一年的学术访问, 两位作者进行了深入的学术讨论与合作, 完成了本书的初稿. 之后, 苗长兴受辛周平教授的邀请, 在香港中文大学数学研究所作了一系列的讲座, 报告了本书的部分内容. 苗长兴受田刚院士邀请, 2003 年 7 月, 在田刚院士主持的北大特别讲座上作了系列讲座. 另外, 苗长兴曾在复旦大学数学研究所、南京大学数学系报告过与本书相关的内容. 然后经过整理逐步形成这本数学著作. 本书的宗旨是为纯粹数学家、应用数学家及数学研究生提供一本偏微分方程的调和分析方法的专著, 特别强调调和分析方法的核心作用. 重点放在非线性发展方程 (如：抛物型方程、Navier-Stokes 方程、非线性 Schrödinger 方程、非线性波动方程) 等当今数学物理界所关注的重大问题.

全书共分五章. 第一章首先回顾一下经典的可微函数空间、调和分析的几个经典结果. 其次, 扼要地阐述椭圆边值问题研究方法与研究进程, 读者从中可以领略第二代、第三代 Calderón-Zygmund 奇异积分算子在椭圆边值问题研究中的作用, 特别是调和分析方法在处理具 Lip 边界的椭圆边值问题时所起的关键作用. 与此同时, 我们从宏观的角度来考察发展方程的调和分析方法的研究背景、乘子估计及算子半群的乘子刻画、Fourier 变换在紧致光滑曲面或具非零 Gauss 曲率的曲面上的限制性估计与线性方程解的时空估计的关系, 用 Scaling 的原则来推测和构造非线性发展方程合适的时空 Banach 空间等.

第二章主要讨论半线性抛物型方程解的适定性问题. 为此我们引入三元容许簇与广义三元容许簇的概念, 类似于波动方程及色散波方程, 首先建立线性抛物型方程的时空估计, 给出了一个统一处理半线性发展方程的有效方法. 这种方法不仅简化了已有的重要结果的证明, 同时借助于 Scaling 技术及非线性函数在 Besov 空间的估计, 建立半线性抛物型方程在分数阶 Sobolev 空间、Besov 空间中的局部适定性, 小解的整体存在性等问题.

第三章讨论 Navier-Stokes 方程. 在第一节中, 我们从问题的提出乃至详细阐述 Leray-Hopf 弱解及其研究历史, 其间涉及 Wahl W 的抽象方法、Solonikov 估计、Serrin–Wahl 的正则性理论. 第二节采用时空估计方法证明 Kato 的局部存在性及小解的整体适定性. 当然, 这些结果可以推广到负阶次的 Besov 空间上. 第三节主要介绍 Meyer 及 Cannone 的一些新结果. 利用 Littlewood-Paley 理论, 给出了所谓合适 Banach 空间 X 的刻画, 进而在合适 Banach 空间 X 上建立 Navier-Stokes 方程的局部适定性. 需要指出的是合适的 Banach 空间包含了 Navier-Stokes 方程已有研究所用的非临界型工作空间. 在第四节, 着重介绍 Koch 及 Tataru 的方法. 采用 BMO 空间的热核刻画, 并在此基础上定义一个更大的, 度数为 -1 的 Banach 空间 BMO^{-1}, 证明当初值函数 $\varphi \in \mathrm{BMO}^{-1}$ 时, Navier-Stokes 方程在相应的工作空间 $X = \mathrm{BMO}^{-1}$ 上小解的整体适定性. 这一结果推广了在已知的临界空间如 L^n, $\dot{B}_{p,q}^{-\frac{n}{p}+1}$ 上的适定性结果.

第四章着重讲述非线性 Schrödinger 方程的适定性理论及散射性理论, 特别是 Bourgain 与 Tao 的杰出工作. 第一节主要给出线性 Schrödinger 方程的 Strichartz 时空估计、极大模估计、Kato 的局部光滑效应, 特别 Keel–Tao 的端点情形的 Strichartz 估计等基本估计. 第二节主要回顾非线性 Schrödinger 方程解的适定性及散射性的研究历史、存在的主要问题, 并简要举例说明 Strichartz 型估计在这些问题研究中的作用. 第三节主要介绍 Bourgain 的 Fourier 截断方法, 通过 Bourgain 空间与 Littlewood-Paley 的二进制分解给出了双线性估计, 证明了三次非线性 Schrödinger 方程在分数阶 Sobolev 空间中适定性及对称情形下的散射性. 第四节着重介绍 Tao 的 I- 能量方法, 它是处理低正则性问题的另一种有效方法, 它可以直接用于散射性理论的研究. 其局限性是仅适用于处理特殊的非线性项. 如果 Tao 的 I-能量方法能适用于一般的非线性项, 它的适用范围将会更广泛, 威力更强大. 第五节主要讨论当初始函数 $\varphi(x) = \varphi(|x|) \in H^1$ 时, 具 H^1 临界增长的非线性 Schrödinger 方程的 Cauchy 问题及散射性理论. 重要的是了解 Bourgain 是如何利用 Morawetz 估计去排除无限多次的“聚积”现象, 这里采用了 Tao 的一个新的证明方法. 需要指

出的是, 对一般 H^1 初值函数, Tao 及其合作者最近解决了 $\mathbb{R}^3$ 上 H^1- 临界非线性 Schrödinger 方程的 Cauchy 问题及散射性理论这一公开问题.

第五章讨论波动方程 Cauchy 问题的适定性理论及散射性理论. 第一节着重介绍 Fourier 变换在流形上的限制性估计以及经典的 Strichartz 时空估计. 第二节介绍双线性方法及 Keel-Tao 的端点 Strichartz 时空估计. 第三节主要介绍半线性波动方程的能量解的整体适定性, 所用的方法是 Strichartz 时空估计和压缩映射技术. 第四节主要介绍 $\mathbb{R}^3$ 中次临界与临界增长的波动方程的整体光滑解的适定性, 通过 Lagrange 密度函数可以建立所谓的 Morawetz 估计, 进而证明能量不可能在一点聚积, 从而建立整体光滑解的适定性. 第五节主要介绍低能量空间中 Klein-Gordon 方程的 Cauchy 问题的整体适定性理论, 这里主要采用 Bourgain 的初值分解技术及非线性函数在 Besov 空间中的估计.

此项工作得到了国家杰出青年科学基金 (No.10725102)、国家科学技术学术著作出版基金、英国皇家学会皇家基金、中科院百人计划等项目的资助. 周毓麟院士、张恭庆院士、郭柏灵院士始终对作者予以热情的支持和鼓励, 作者深表感谢. 借此机会, 作者还要感谢李大潜院士、洪家兴院士、田刚院士、林芳华教授、辛周平教授、陆善镇教授、肖玲教授、彭立中教授、韩永生教授、周青教授、周忆教授、江松教授、方道元教授、尹会成教授等所提供的诸多帮助. 国外著名数学家：Cannone、Ginibre、Kato、Keel、Kenig、Sogge、Ponce、Taira、Tao、Wahl 等向作者提供了他们的文章, 作者一并表示感谢. 最后, 对于曾经参加作者主持的 “偏微分方程的调和分析方法学术讨论班” 的年轻同事：谌稳固研究员、张晓轶博士、章志飞博士、陈琼蕾博士、原保全博士、徐桂香博士、李俊峰博士、许孝精博士、赵立丰博士、叶耀军博士、朱佑彬博士、王月山博士、邹雄博士及博士生苑佳、张军勇、毋海根、吴刚等表示感谢, 他们为本书的校对做了许多有益的工作.

作　者

2007 年秋

目　　录

第一章　椭圆型方程的边值问题与抽象发展方程的调和分析方法概述

§1.1　常用的函数空间与调和分析的某些经典结果

本节给出一些常用函数空间的定义及其范数的刻画, 并适当地给予评注. 与此同时, 对于进一步的刻画将指出其参考文献. 此外, 尽可能简要地给出一些我们常用的调和分析的一些经典结果, 以方便读者日后使用.

首先引入一些标准记号. $\mathbb{R}^n$ 表示 n 维欧几里得空间, $\mathbb{N}$ 表示所有自然数的集合, $\mathbb{N}_0 = \mathbb{N} \cup \{0\}$, $C^\infty(\mathbb{R}^n)$ 表示 $\mathbb{R}^n$ 上无穷次连续可微函数的集合, $C_c^\infty(\mathbb{R}^n)$ 表示具有紧支集的全体无穷次连续可微函数所组成的集合. 定义 Schwartz 空间

$$\mathcal{S}(\mathbb{R}^n) = \big\{\varphi \big| \varphi \in C^\infty(\mathbb{R}^n), \quad \|\varphi\|_{(\alpha,\beta)} = \sup_{x\in\mathbb{R}^n} |x^\alpha \partial^\beta \varphi| < \infty, \ \forall \alpha, \beta \in \mathbb{N}_0^n\big\}. \tag{1.1}$$

众所周知, $\mathcal{S}(\mathbb{R}^n)$ 在准范簇 $\|\cdot\|_{(\alpha,\beta)}$ 下形成一个 Fréchet 空间. 易见

$$C_c^\infty(\mathbb{R}^n) \subset \mathcal{S}(\mathbb{R}^n) \subset C^\infty(\mathbb{R}^n). \tag{1.2}$$

$\mathcal{S}'(\mathbb{R}^n)$ 表示 $S(\mathbb{R}^n)$ 拓扑对偶空间, 这就是常说的 Schwartz 广义函数空间或缓增分布空间, 有关广义函数的知识, 可见 [Ta2], [Ho] 或 [Yo]. 同理可在一般的区域 $\Omega \subset \mathbb{R}^n$ 上定义相应的函数空间, 详见 [Tr1], [Tr2]. 为简单起见, 我们仅就 $\mathbb{R}^n$ 上函数空间予以阐述. 记

$$C^k(\mathbb{R}^n) = \left\{f \middle| f \in \text{线性空间 } C^k(\mathbb{R}^n), \quad \|f; C^k\| = \sum_{|\alpha|\leqslant k} \sup_{x\in\mathbb{R}^n} |\partial^\alpha f| < \infty\right\}, \tag{1.3}$$

这里

$$\partial^\alpha f = \frac{\partial^{|\alpha|} f}{\partial x_1^{\alpha_1} \cdots \partial x_n^{\alpha_n}}, \quad C^0 = C.$$

用 m 表示 Lebesgue 测度, 若 f 是 $\mathbb{R}^n$ 上的可测函数, 记其分布函数为

$$f_*(\alpha) = m\{x \in \mathbb{R}^n, \quad |f(x)| > \alpha\}. \tag{1.4}$$

(I) Lebesgue 空间 $L^p(\mathbb{R}^n)$

$$L^p(\mathbb{R}^n)=\left\{f\middle|f(x)\in\mathcal{S}'(\mathbb{R}^n),\quad \|f\|_p=\left(\int_{\mathbb{R}^n}|f|^p dx\right)^{\frac{1}{p}}<\infty, 1\leqslant p<\infty\right\},$$

$$L^\infty(\mathbb{R}^n)=\{f|f(x)\in\mathcal{S}'(\mathbb{R}^n),\|f\|_\infty=\operatorname{ess}\sup_{x\in\mathbb{R}^n}|f(x)|<\infty\}.$$

注记 1.1　L^p 空间有如下等价的范数:

$$\|f\|_p=\left(p\int_0^\infty \alpha^{p-1}f_*(\alpha)d\alpha\right)^{\frac{1}{p}},\quad 1\leqslant p<\infty \tag{1.5}$$

及

$$f_*(\alpha)\leqslant\alpha^{-p}\|f\|_p^p,\quad 1\leqslant p<\infty,\quad \text{Chebyshev 不等式}, \tag{1.6}$$

$$\|fg\|_p\leqslant\|f\|_q\|g\|_r,\quad \frac{1}{p}=\frac{1}{q}+\frac{1}{r},\quad \text{Hölder 不等式}, \tag{1.7}$$

$$\left\|\int_{\mathbb{R}^n}f(x,y)dx\right\|_{L_y^p}\leqslant\int_{\mathbb{R}^n}\|f(x,y)\|_{L_y^p}dx,\quad \text{Minkowski 不等式}. \tag{1.8}$$

另外, 由 Chebyshev 不等式可诱导弱 L^p 空间, 有些学者称为 Marcinkiewicz 空间, 记为 $L_w^p(\mathbb{R}^n)$, 即

$$L_w^p(\mathbb{R}^n)=\{f|f(x)\text{可测};\quad \|f,L_w^p\|=\sup_{\alpha>0}\alpha(f_*(\alpha))^{\frac{1}{p}}<\infty\}.$$

此空间适用于 Marcinkiewicz 插值定理.

(II) Hölder-Zygmund 空间

对任意 $s\in\mathbb{R}^+$, 可作分解 $s=[s]+\{s\}=[s]^-+\{s\}^+$, 这里 $[s]$, $[s]^-$ 是整数,

$$0\leqslant\{s\}<1,\qquad 0<\{s\}^+\leqslant 1. \tag{1.9}$$

借此可定义 Hölder 空间 $C^s(\mathbb{R}^n)$ $(0<s\neq\text{整数})$,

$$C^s=\left\{f\middle|f\in C^{[s]}(\mathbb{R}^n);\ \|f;C^s\|=\|f;C^{[s]}\|+\sum_{|\alpha|=[s]}\|\partial^\alpha f;C^{\{s\}}\|<\infty\right\},$$

这里

$$\|f;C^\sigma\|=\sup_{\substack{x,y\in\mathbb{R}^n\\ x\neq y}}\frac{|f(x)-f(y)|}{|x-y|^\sigma},\quad 0<\sigma<1. \tag{1.10}$$

若记

$$\Delta_h^k f(x)=\sum_{j=0}^k(-1)^{k-j}\binom{k}{j}f(x+hj),\quad k\in\mathbb{N},h\in\mathbb{R}^n, \tag{1.11}$$

这里 $\binom{m}{j}$ 是组合数. 于是, 可引入 Zygmund 空间

$$\mathcal{C}^s = \left\{ f \middle| f \in C^{[s]^-}(\mathbb{R}^n); \|f; \mathcal{C}^s\| = \|f; C^{[s]^-}\| \right.$$
$$\left. + \sum_{|\alpha|=[s]^-} \sup_{0\neq h\in\mathbb{R}^n} |h|^{-\{s\}^+} \|\Delta_h^2 D^\alpha f; C\| < \infty. \right\}.$$

注记 1.2 (i) 当 $k=1,2,\cdots$ 时, $\mathcal{C}^k$ 称为 Zygmund 空间, 并且满足如下嵌入关系

$$C^k \subset \mathcal{C}^k, \quad 且 \quad C^k \neq \mathcal{C}^k.$$

(ii) 当 $s\neq$ 整数时, Hölder 空间与 Zygmund 空间重合, 即

$$\mathcal{C}^s = C^s. \qquad s\in\mathbb{R}^+, \quad s\neq 整数.$$

(iii) Zygmund 空间有如下等价刻画：设 $s>0$, $k\in\mathbb{N}_0$ 且 $k<s$. 设 $m\in\mathbb{N}$ 满足 $m>s-k$, 则 $\mathcal{C}^s$ 有如下等价范数

$$\|f, \mathcal{C}^s\| = \|f; C^k\| + \sum_{|\alpha|=k} \sup_{0\neq h\in\mathbb{R}^n} h^{-(s-k)} \|\Delta_h^m D^\alpha f, C\|. \tag{1.12}$$

在讨论下面可微函数空间之前, 先引入几个记号. 记 $D_j = i^{-1}\partial_{x_j}$, $\mathcal{F}$ 与 $\mathcal{F}^{-1}$ 分别表示 Fourier 变换或 Fourier 逆变换,

$$\mathcal{F}\varphi = (2\pi)^{-\frac{n}{2}} \int_{\mathbb{R}^n} e^{-ix\cdot\xi}\varphi(x)dx = \hat{\varphi}(\xi), \tag{1.13}$$

$$\mathcal{F}^{-1}\psi = (2\pi)^{-\frac{n}{2}} \int_{\mathbb{R}^n} e^{ix\cdot\xi}\psi(\xi)d\xi = \check{\psi}(x). \tag{1.14}$$

易见, $\mathcal{F}^{-1}\varphi(\xi) = (\mathcal{F}\varphi)(-\xi) = \hat{\varphi}(-\xi)$.

(III) Sobolev 空间 记 $1\leqslant p\leqslant\infty$, 定义

$$W^{k,p} = \left\{ f \middle| f\in\mathcal{S}', \quad \partial^\alpha f\in L^p, \quad |\alpha|\leqslant k, \quad k\in\mathbb{N}_0 \right\},$$

配带范数

$$\|f, W^{k,p}\| = \left(\sum_{|\alpha|\leqslant k} \|\partial^\alpha f\|_p^p \right)^{\frac{1}{p}}, \quad 1\leqslant p\leqslant\infty. \tag{1.15}$$

注记 1.3 当 $k=0$ 时, $W^{0,p}=L^p$. 在偏微分方程的研究中, 最常用的是 $1<p<\infty$ 的情形. 当 $p=1$ 或 $p=\infty$ 时, 上述定义的 Sobolev 空间仍是 Banach 空间, 只是失去了自反性.

(IV) Nikolskij 空间与 Slobodeckij 空间

这两类空间是将 Sobolev 空间推广到分数阶 Sobolev 空间的最早形式, 以后用 Bessel 位势、Riesz 位势、Littlewood-Paley 分解等工具给出分数阶 Sobolev 空间各式各样的推广和刻画.

Nikolskij 空间 设 $0 < s \neq$ 整数, $1 < p < \infty$,

$$B^s_{p,\infty} = \left\{ f \,\middle|\, f \in \mathcal{S}'(\mathbb{R}^n), \quad \|f; B^s_{p,\infty}\| = \|f; W^{[s],p}\| + \sum_{|\alpha|=[s]} \sup_{0\neq h\in\mathbb{R}^n} |h|^{-\{s\}} \|\Delta_h \partial^\alpha f\|_p < \infty \right\}.$$

这里 $\Delta_h = \Delta_h^1$ 是一阶差分.

Slobodeckij 空间 设 $0 < s \neq$ 整数, $1 < p < \infty$, 定义 Slobodeckij 空间为

$$B^s_{p,p} = \left\{ f \,\middle|\, f \in \mathcal{S}'(\mathbb{R}^n), \quad \|f; B^s_{p,p}\| = \|f; W^{[s],p}\| + \sum_{|\alpha|=[s]} \left(\int_{\mathbb{R}^n} |h|^{-\{s\}p} \|\Delta_h \partial^\alpha f\|_p^p \frac{dh}{|h|^n} \right)^{\frac{1}{p}} < \infty \right\}.$$

注记 1.4 无论是 Nikolskij 还是 Slobodeckij 空间, 均是下面定义的 Besov 空间的特殊情形.

(V) Besov 空间

将 Zygmund 空间采用的二阶差分与高阶差分的方式, 应用到分数阶 Sobolev 空间, 就得到了一般的可微函数空间, 即 Besov 空间.

Besov 空间的定义：设 $s > 0$, $1 \leqslant p \leqslant \infty$, $1 \leqslant q \leqslant \infty$, 定义

$$B^s_{p,q} = \left\{ f \,\middle|\, f \in \mathcal{S}'(\mathbb{R}^n), \quad \|f; B^s_{p,q}\| = \|f; W^{[s]^-,p}\| + \sum_{|\alpha|=[s]^-} \left(\int_{\mathbb{R}^n} |h|^{-\{s\}^+ q} \|\Delta_h^2 \partial^\alpha f\|_p^q \frac{dh}{|h|^n} \right)^{\frac{1}{q}} < \infty \right\},$$

$$B^s_{p,\infty} = \left\{ f \,\middle|\, f \in \mathcal{S}'(\mathbb{R}^n); \quad \|f; B^s_{p,\infty}\| = \|f; W^{[s]^-,p}\| + \sup_{0\neq h\in\mathbb{R}^n} |h|^{-\{s\}^+} \|\Delta_h^2 \partial^\alpha f\|_p < \infty \right\},$$

这里 $s = [s]^- + \{s\}^+$.

注记 1.5 (i) 类似于 Zygmund 空间, 当 s 是分数时, 上式定义中的二阶差分可换成一阶差分 Δ_h, 所得的模等价. 显然, Nikolskij 空间、Slobodeckij 空间是其特例.

(ii) Besov 空间模有如下等价刻画：

(a) 设 $k \in \mathbb{N}_0$, $m \in \mathbb{N}$ 满足 $m > s-k$, 则

$$\|f; B^s_{p,q}\| = \|f, W^{k,p}\| + \sum_{|\alpha|=k} \left(\int_{\mathbb{R}^n} |h|^{-(s-k)q} \|\Delta^m_h \partial^\alpha f\|^q_p \frac{dh}{|h|^n} \right)^{\frac{1}{q}}, \tag{1.16}$$

$$\|f; B^s_{p,\infty}\| = \|f; W^{k,p}\| + \sup_{0\neq h\in\mathbb{R}^n} |h|^{-(s-k)} \|\Delta^m_h \partial^\alpha f\|_p. \tag{1.17}$$

(b) 在进行非线性估计时, 常采用如下极坐标形式的等价模

$$\|f; B^s_{p,q}\| = \|f\|_p + \sum_{|\alpha|=[s]^-} \left(\int_0^\infty t^{-q\{s\}^+} \sup_{|y|<t} \|\Delta^2_y \partial^\alpha f\|^q_p \frac{dt}{t} \right)^{\frac{1}{q}},$$

$$s>0, \quad 1 \leqslant p \leqslant \infty, \quad 1 \leqslant q < \infty, \tag{1.18}$$

$$\|f; B^s_{p,\infty}\| = \|f\|_p + \sup_{\substack{|y|<t\\ t>0}} t^{-\{s\}^+} \|\Delta^2_y \partial^\alpha f\|_p, \quad s>0, \quad 1 \leqslant p \leqslant \infty. \tag{1.19}$$

特别, 当 $s \neq$ 整数时, (1.18)、(1.19) 可改写成如下等价形式

$$\|f; B^s_{p,q}\| = \|f\|_p + \sum_{|\alpha|=[s]} \left(\int_0^\infty t^{-q\{s\}} \sup_{|y|<t} \|\Delta_y \partial^\alpha f\|^q_p \frac{dt}{t} \right)^{\frac{1}{q}}, \tag{1.18$'$}$$

$$\|f; B^s_{p,\infty}\| = \|f\|_p + \sup_{\substack{|y|<t\\ t>0}} t^{-\{s\}} \|\Delta_y \partial^\alpha f\|_p. \tag{1.19$'$}$$

(iii) Besov 空间可以推广到 $0<p<1$ 的情形. 此时, 当 $p<1$ 或 $q<1$ 时, 已不是 Banach 空间, 仅是拟 Banach 空间, 在 PDEs 的研究中很少使用, 有兴趣的读者详见 [Tr1], [Tr2].

(iv) 与 Sobolev 空间 $W^{k,p}$、Besov 空间 $B^s_{p,q}$ 相应的齐次空间分别记成 $\dot{W}^{k,p}$, $\dot{B}^s_{p,q}$, 其定义分别是

$$\dot{W}^{k,p} = \left\{ f \,\middle|\, f \in \mathcal{S}'(\mathbb{R}^n), \quad \partial^\alpha f \in L^p(\mathbb{R}^n),\ |\alpha| = k, \right.$$
$$\left. \|f; \dot{W}^{k,p}\| = \left(\sum_{|\alpha|=k} \|\partial^\alpha f\|^p_p \right)^{\frac{1}{p}} < \infty \right\},$$

$$\dot{B}^s_{p,q} = \left\{ f \,\middle|\, f \in \mathcal{S}'(\mathbb{R}^n), \right.$$
$$\left. \|f; \dot{B}^s_{p,q}\| = \sum_{|\alpha|=[s]^-} \left(\int_0^\infty t^{-\{s\}^+ q} \sup_{|y|<t} \|\Delta^2_y \partial^\alpha f\|^q_p \frac{dt}{t} \right)^{\frac{1}{q}} < \infty \right\},$$

这里采用了等价刻画. 当 $q=\infty$ 时, 仅需做相应的修正即可.

(VI) Bessel 位势空间及 Riesz 位势空间

$$H^{s,p}(\mathbb{R}^n)=\big\{f\big|f\in\mathcal{S}'(\mathbb{R}^n),\quad \|f;H^{s,p}\|=\|(I-\Delta)^{\frac{s}{2}}f\|_p$$
$$=\|\mathcal{F}^{-1}\big((1+|\xi|^2)^{\frac{s}{2}}\hat{f}(\xi)\big)\|_p<\infty\big\}$$

就是经典的 Bessel 位势空间, 这里 $s\in\mathbb{R}$, $1\leqslant p\leqslant\infty$. 与它相对应的齐次空间恰是 Riesz 位势空间

$$\dot{H}^{s,p}=\big\{f\big|f\in\mathcal{S}'(\mathbb{R}^n),$$
$$\|f,\dot{H}^{s,p}\|=\|(-\Delta)^{\frac{s}{2}}f\|_p=\|\mathcal{F}^{-1}(|\xi|^s\hat{f})\|_p<\infty\big\}.$$

通常, 将乘子 $(1+|\xi|^2)^{-\frac{s}{2}}$ 及 $|\xi|^{-s}$ 对应的算子分别记为

$$J_s=(I-\Delta)^{-\frac{s}{2}}=\mathcal{F}^{-1}(1+|\xi|^2)^{-\frac{s}{2}}*, \tag{1.20}$$

$$I_s=(-\Delta)^{-\frac{s}{2}}=\mathcal{F}^{-1}|\xi|^{-s}*, \tag{1.21}$$

分别称是 Bessel 位势及 Riesz 位势算子. 此称源于 $\mathcal{F}^{-1}(1+|\xi|^2)^{-\frac{s}{2}}$ 对应着 Bessel 函数. 容易看出

$$H^{s,p}(\mathbb{R}^n)=J_sL^p(\mathbb{R}^n),\quad \dot{H}^{s,p}(\mathbb{R}^n)=I_sL^p(\mathbb{R}^n). \tag{1.22}$$

注记 1.6　(i) 直接验证, 对任意 $k\in\mathbb{N}_0$, 有

$$H^{k,p}=W^{k,p},\qquad 1<p<\infty.$$

(ii) 设 $1<p<\infty$, $s,\sigma\in\mathbb{R}$. 则 J_s 是 $H^{\sigma-s,p}$ 到 $H^{\sigma,p}$ 的同胚映射, I_s 是 $\dot{H}^{\sigma-s,p}$ 到 $\dot{H}^{\sigma,p}$ 上的同胚映射, 即

$$J_sH^{\sigma-s,p}=H^{\sigma,p},\qquad I_s\dot{H}^{\sigma-s,p}=\dot{H}^{\sigma,p}. \tag{1.23}$$

(iii) 采用 Fourier 乘子理论, 可将一般 Sobolev 空间推广到负指数的情形. 同理, 此方法应用到 $B^s_{p,q}$ 及 $\mathcal{C}^s$ 上, 亦可将 Besov 空间及 Zygmund 空间推广到负指数的情形. 对 $\forall p$, $1<p<\infty$, $s,\sigma\in\mathbb{R}$, $1\leqslant q\leqslant\infty$, 亦有

$$J_sB^{\sigma-s}_{p,q}=B^{\sigma}_{p,q},\quad J_s\mathcal{C}^{\sigma-s}=\mathcal{C}^{\sigma}, \tag{1.24}$$

$$I_s\dot{B}^{\sigma-s}_{p,q}=\dot{B}^{\sigma}_{p,q},\quad I_s\dot{\mathcal{C}}^{\sigma-s}=\dot{\mathcal{C}}^{\sigma}. \tag{1.25}$$

(iv) 当 $p=2$ 时, $H^{s,2}\equiv H^s$ 就是经典的 Hilbert 型 Sobolev 空间且有

$$B^s_{2,2}=H^s,\qquad \dot{B}^s_{2,2}=\dot{H}^s. \tag{1.26}$$

为引入更多的可微函数空间, 先介绍一下 Littlewood-Paley 理论. 设 $\varphi_0(\xi) \in C_c^\infty(\mathbb{R}^n)$ 满足

$$\begin{cases} \varphi_0(\xi) = 1, & |\xi| \leqslant 1, \\ \varphi_0(\xi) = 0, & |\xi| \geqslant 2 \end{cases} \tag{1.27}$$

的对称实值 Bump 函数, 自然

$$\begin{cases} \varphi_j(\xi) = \varphi_0(2^{-j}\xi) - \varphi_0(2^{-j+1}\xi), & j \in \mathbb{N}, \\ \psi_j(\xi) = \varphi_0(2^{-j}\xi) - \varphi_0(2^{-j+1}\xi), & j \in \mathbb{Z} \end{cases} \tag{1.28}$$

仍然是对称的 Bump 函数, 且

$$\sup_{\xi \in \mathbb{R}^n} 2^{j|\alpha|} |\partial^\alpha \psi_j(\xi)| < \infty, \quad j \in \mathbb{Z}. \tag{1.29}$$

因此, 有如下两个二进制单位分解

$$\sum_{j=0}^{\infty} \varphi_j(\xi) = 1, \quad \xi \in \mathbb{R}^n, \tag{1.30}$$

$$\sum_{j\in\mathbb{Z}} \psi_j(\xi) = 1, \quad \xi \in \mathbb{R}^n \setminus \{0\}. \tag{1.31}$$

对任一个 L^2 函数, 就诱导如下分解

$$f = \sum_{j=0}^{\infty} \mathcal{F}^{-1}(\varphi_j \mathcal{F} f) = \sum_{j=0}^{\infty} \check{\varphi}_j * f, \quad \forall f \in L^2(\mathbb{R}^n),$$

$$f = \sum_{j\in\mathbb{Z}} \mathcal{F}^{-1}(\psi_j \mathcal{F} f) = \sum_{j\in\mathbb{Z}} \check{\psi}_j * f, \quad \forall f \in L^2(\mathbb{R}^n),$$

其中级数是在 L^2 范数下收敛. 有时, 为方便书写引入

$$\psi_j(D) f = \mathcal{F}^{-1}(\psi_j \mathcal{F} f) = \check{\psi}_j * f, \quad j \in \mathbb{Z}, \tag{1.32}$$

$$\varphi_j(D) f = \mathcal{F}^{-1}(\varphi_j \mathcal{F} f) = \check{\varphi}_j * f, \quad \forall j \in \mathbb{N}_0. \tag{1.33}$$

由于 $\psi_j(\xi) \in C_c^\infty(\mathbb{R}^n)$, $\varphi_j \in C_c^\infty(\mathbb{R}^n)$ 且

$$\operatorname{supp}(\psi_j(\xi)) \subset \left\{\xi; \quad 2^{j-1} \leqslant |\xi| \leqslant 2^{j+1}\right\}, \quad j \in \mathbb{Z},$$

$$\operatorname{supp}(\varphi_j(\xi)) \subset \left\{\xi; \quad 2^{j-1} \leqslant |\xi| \leqslant 2^{j+1}\right\}, \quad j \in \mathbb{N}.$$

因此, 对任意 $f \in \mathcal{S}'(\mathbb{R}^n)$, (1.32)、(1.33) 亦有意义. 记

$$Sf = \left(\sum_{j\in\mathbb{Z}} |\psi_j(D)f|^2 \right)^{\frac{1}{2}}, \tag{1.34}$$

利用 $\{\psi_j(D)f\}_{j\in\mathbb{Z}}$ 的几乎正交性及 Rademacher 函数 $\{r_\lambda(t)\}$ 在 $L^2([0,1])$ 上的正交性, 容易推出

$$C_p^{-1}\|f\|_p \leqslant \|Sf\|_p \leqslant C_p\|f\|_p, \quad 1 < p < \infty. \tag{1.35}$$

进而, 利用 Minkowski 不等式就得

$$\|f\|_p \leqslant C_p\left(\sum_{j\in\mathbb{Z}} \|\psi_j(D)f\|_p^2 \right)^{\frac{1}{2}}, \quad 2 \leqslant p < \infty, \tag{1.36}$$

$$\left(\sum_{j\in\mathbb{Z}} \|\psi_j(D)f\|_p^2 \right)^{\frac{1}{2}} \leqslant C_p\|f\|_p, \quad 1 < p \leqslant 2. \tag{1.37}$$

实际上, 下面将会看到 (1.35) 意味着 $H^{s,p}(\mathbb{R}^n) \sim F^s_{p,2}(\mathbb{R}^n)$, 而 (1.36)、(1.37) 则意味着

$$B^s_{p,p}(\mathbb{R}^n) \hookrightarrow F^s_{p,2}(\mathbb{R}^n), \quad 1 < p \leqslant 2; \qquad F^s_{p,2}(\mathbb{R}^n) \hookrightarrow B^s_{p,p}(\mathbb{R}^n), \quad 2 \leqslant p < \infty.$$

它是建立 Besov 空间与 Triebel 空间的桥梁.

现在借助于 Littlewood-Paley 分解来刻画前面提到的函数空间. 实际上这里给出的 Besov 空间、Zygmund 空间的 Littlewood-Paley 刻画, 本质上已推广到负指数的情形.

$$\begin{aligned} H^{s,p}(\mathbb{R}^n) = \Bigg\{ f \Bigg| f \in \mathcal{S}'(\mathbb{R}^n), \|f\|_{H^{s,p}} &= \left\| \left(\sum_{j=0}^{\infty} 2^{2js} |\check{\varphi}_j * f|^2 \right)^{\frac{1}{2}} \right\|_p \\ &= \left\| \left(\sum_{j=0}^{\infty} 2^{2js} |\varphi_j(D) f|^2 \right)^{\frac{1}{2}} \right\|_p < \infty \Bigg\}, \end{aligned} \tag{1.38}$$

$$\begin{aligned} \dot{H}^{s,p}(\mathbb{R}^n) = \Bigg\{ f \Bigg| f \in \mathcal{S}'(\mathbb{R}^n); \|f\|_{\dot{H}^{s,p}} &= \left\| \left(\sum_{j\in\mathbb{Z}} 2^{2js} |\check{\psi}_j * f|^2 \right)^{\frac{1}{2}} \right\|_p \\ &= \left\| \left(\sum_{j\in\mathbb{Z}} 2^{2js} |\psi_j(D) f|^2 \right)^{\frac{1}{2}} \right\|_p < \infty \Bigg\}, \end{aligned} \tag{1.39}$$

这里 $1 \leqslant p < \infty$, $s \in \mathbb{R}$. 当 $p = \infty$ 时, 仅需适当修正上面范数之定义. 相应的 Besov

空间就是

$$B^s_{p,q}=\left\{f\middle|f\in S'(\mathbb{R}^n),\|f\|_{B^s_{p,q}}=\left(\sum_{j=0}^{\infty}2^{jsq}\|\check{\varphi}_j*f\|_p^q\right)^{\frac{1}{q}}\right.$$
$$\left.=\left(\sum_{j=0}^{\infty}2^{jsq}\|\varphi_j(D)f\|_p^q\right)^{\frac{1}{q}}<\infty\right\},\tag{1.40}$$

$$\dot{B}^s_{p,q}=\left\{f\middle|f\in \mathcal{S}'(\mathbb{R}^n),\quad \|f\|_{\dot{B}^s_{p,q}}=\left(\sum_{j\in\mathbb{Z}}2^{jsq}\|\check{\psi}_j*f\|_p^q\right)^{\frac{1}{q}}\right.$$
$$\left.=\left(\sum_{j\in\mathbb{Z}}2^{jsq}\|\psi_j(D)f\|_p^q\right)^{\frac{1}{q}}<\infty\right\},\tag{1.41}$$

这里 $1\leqslant p\leqslant\infty$, $1\leqslant q<\infty$, $s\in\mathbb{R}$. 当 $q=\infty$ 时, 上面 (1.40)、(1.41) 仅需做适当的修正. 特别, $B^s_{\infty,\infty}=\mathcal{C}^s$, 即

$$\mathcal{C}^s=\left\{f\middle|f\in\mathcal{S}'(\mathbb{R}^n),\quad \|f\|_{\mathcal{C}^s}=\sup_{\substack{x\in\mathbb{R}^n\\ j\in\mathbb{N}_0}}2^{js}|\varphi_j(D)f|<\infty\right\},\tag{1.42}$$

$$\dot{\mathcal{C}}^s=\left\{f\middle|f\in\mathcal{S}'(\mathbb{R}^n),\quad \|f\|_{\dot{\mathcal{C}}^s}=\sup_{\substack{x\in\mathbb{R}^n\\ j\in\mathbb{Z}}}2^{js}|\psi_j(D)f|<\infty\right\}.\tag{1.43}$$

注记 1.7 (i) 由 Littlewood-Paley 刻画, 本质上已将 Besov 空间的定义推广到 $0<p\leqslant\infty$, $0<q\leqslant\infty$, $s\in\mathbb{R}$.

(ii) 在 Besov 空间的 Littlewood-Paley 刻画中, 如果将 $l^q(L^p)$ 模换成 $L^p(l^q)$ 模, 就得如下著名的 Triebel-Lizorkin 空间.

(VII) Triebel-Lizorkin 空间

记 $s\in\mathbb{R}$, $1\leqslant p<\infty$, $1\leqslant q\leqslant\infty$, 定义

$$F^s_{p,q}=\left\{f\middle|f\in\mathcal{S}'(\mathbb{R}^n),\|f\|_{F^s_{p,q}}=\left\|\left(\sum_{j=0}^{\infty}2^{jsq}|\varphi_j(D)f|^q\right)^{\frac{1}{q}}\right\|_p<\infty\right\},$$

$$\dot{F}^s_{p,q}=\left\{f\middle|f\in\mathcal{S}'(\mathbb{R}^n),\|f\|_{\dot{F}^s_{p,q}}=\left\|\left(\sum_{j\in\mathbb{Z}}2^{jsq}|\psi_j(D)f|^q\right)^{\frac{1}{q}}\right\|_p<\infty\right\}.$$

(VIII) Hardy 空间 $\mathcal{H}_p$

众所周知, Hardy 空间 $\mathcal{H}_p$ $(0<p<\infty)$ 有很多刻画方法. 例如, Stein-Weiss [SW] 的多元调和函数方法、Fefferman-Stein[FS] 的实刻画. 这里用 Littlewood-Paley 分解方法给出 Hardy 空间的刻画.

Hardy 空间的定义:　设 $0 < p < \infty$, $\{\varphi_j(\xi)\}_{j=0}^{\infty}$, $\{\psi_j(\xi)\}_{j\in\mathbb{Z}}$ 是相应的 Littewood-Paley 分解, 则

$$\mathcal{H}_p = \left\{ f \middle| f \in \mathcal{S}'(\mathbb{R}^n), \|f;\mathcal{H}_p\| = \left\| \left(\sum_{j\in\mathbb{Z}} |\psi_j(D)f|^2 \right)^{\frac{1}{2}} \right\|_p < \infty \right\}.$$

从 Hardy 空间定义可知 $\mathcal{H}_p$ 是一个齐次空间, 与它对应的非齐空间 h_p 称为局部 Hardy 空间,

$$h_p = \left\{ f \middle| f \in \mathcal{S}'(\mathbb{R}^n), \|f;h_p\| = \left\| \left(\sum_{j=0}^{\infty} |\varphi_j(D)f|^2 \right)^{\frac{1}{2}} \right\|_p < \infty \right\}.$$

注记 1.8　(i) 由函数空间的 Littlewood-Paley 刻画, 可以证明

$$h_p = \mathcal{H}_p = L^p = F_{p,2}^0, \quad 1 < p < \infty. \tag{1.44}$$

当 $p = 1$ 时, $\mathcal{H}_1$ 就是经典的 Hardy 空间.

(ii) 注意到 $F_{\infty,q}^s$ 没有给出定义, 现用 Littlewood-Paley 方法, 可以给出其刻画. 本质上它是 $F_{1,q'}^{-s}$ 的对偶空间. 特别, $F_{\infty,2}^0$ 是 Hardy 空间 $\mathcal{H}_1$ 的对偶空间.

$F_{\infty,q}^s$ 的定义:　设 $\{\varphi_j\}_{j=0}^{\infty}$ 是对应的 Littlewood-Paley 非齐次单位分解, 对 $\forall\ 1 \leqslant q \leqslant \infty$, $s \in \mathbb{R}$, 定义

$$F_{\infty,q}^s = \left\{ f \middle| f \in \mathcal{S}'(\mathbb{R}^n), \quad \exists \{f_j\}_{j=0}^{\infty} \subset L^\infty \text{满足} f \overset{\mathcal{S}'(\mathbb{R}^n)}{=\!=} \sum_{j=0}^{\infty} \varphi_j(D) f_j \right.$$
$$\left. \text{且} \|f; F_{\infty,q}^s\| = \sup_{x\in\mathbb{R}^n} \left(\sum_{j=0}^{\infty} 2^{jsq} |\varphi_j(D) f_j|^q \right)^{\frac{1}{q}} < \infty \right\}.$$

当 $q = \infty$ 时, 上面定义仅需作适当修正.

(IX) BMO 空间

BMO 空间是研究 PDEs 的一类重要的函数空间, 它是 Hardy 空间 $\mathcal{H}_1$ 的对偶空间 (见 Feffermam-Stein [FS]). 在算子插值理论及非线性估计中, Hardy 空间是 L^1 的替代空间, 而 BMO 则是 L^∞ 替代空间.

BMO 空间的定义:　设 Q 是 $\mathbb{R}^n$ 中任意方体, f 是局部可积函数,

$$f_Q = \frac{1}{|Q|} \int_Q f(x) dx \tag{1.45}$$

表示 f 在 Q 上的平均. 定义

$$\mathrm{BMO} = \left\{ f \middle| f \in L_{\mathrm{loc}}^1(\mathbb{R}^n), \|f\|_{\mathrm{BMO}} = \sup_{Q\subset\mathbb{R}^n} \frac{1}{|Q|} \int_Q |f - f_Q| dx < \infty \right\},$$

它相应的非齐次形式为

$$\mathrm{bmo} = \left\{ f \middle| f \in L^1_{\mathrm{loc}}(\mathbb{R}^n), \quad \|f, \mathrm{bmo}\| = \sup_{|Q|<1} \frac{1}{|Q|} \int_Q |f - f_Q| dx + \sup_{|Q|=1} \int_Q |f(x)| dx < \infty \right\}.$$

同理可定义 BMO_p 及 bmo_p $(0 < p < \infty)$. 更确切地讲, 就是在上面的积分中将相应的 L^1 模换成 L^p 模.

注记 1.9 (i) 由 Fefferman-Stein 定理, 知

$$h_1' = \mathrm{bmo}_1 = \mathrm{bmo}, \quad \mathcal{H}_1' = \mathrm{BMO}_1 = \mathrm{BMO}. \tag{1.46}$$

(ii) 设 $0 < p < \infty$, 由 Littlewood-Paley 刻画推知

$$h_p = F^0_{p,2}, \quad \mathrm{bmo}_p = F^0_{p,2}. \tag{1.47}$$

(X) Morrey 型空间 (亦称是 Morrey-Campanato 空间)

设 $1 \leqslant q, p < \infty$, 定义 Morrey-Campanato 空间 M^p_q 如下：

$$M^p_q = \left\{ f \middle| f \in L^q_{\mathrm{loc}}(\mathbb{R}^n), \|f\|_{M^p_q} = \sup_{x_0 \in \mathbb{R}^n} \sup_{0<R\leqslant 1} R^{-n(\frac{1}{q}-\frac{1}{p})} \left(\int_{B_R(x_0)} |f|^q dx \right)^{\frac{1}{q}} < \infty \right\},$$

这里 $B_R(x_0)$ 表示 x_0 为中心, R 为半径的球, 它对应的齐次空间

$$\dot{M}^p_q = \left\{ f \middle| f \in L^q_{\mathrm{loc}}(\mathbb{R}^n), \|f\|_{\dot{M}^p_q} = \sup_{x_0 \in \mathbb{R}^n} \sup_{0<R<\infty} R^{-n(\frac{1}{q}-\frac{1}{p})} \left(\int_{B_R(x_0)} |f|^q dx \right)^{\frac{1}{q}} < \infty \right\}.$$

注记 1.10 M^p_q, $\dot{M}^p_q$ 亦属于可积型的空间 (如同 L^p 型的空间). 在此基础上, 可以定义基于 Morrey 空间的广义 Besov 空间. 事实上, 设 $(X, \|\cdot\|)$ 是 $\mathbb{R}^n$ 上的一些广义函数所构成的 Banach 空间, $\{\varphi_j(\xi)\}_{j=0}^{\infty}$, $\{\psi_j(\xi)\}_{j\in\mathbb{Z}}$ 是相应的 Littewood-Paley 分解. 借助于 Littewood-Paley 分解理论, 定义基于 X 的抽象 Besov 空间为

$$B^s_{X,q} = \left\{ f \middle| f \in S'(\mathbb{R}^n), \|f\|_{B^s_{X,q}} = \left(\sum_{j=0}^{\infty} 2^{2sq} \|\check{\varphi}_j * f\|^q_X \right)^{\frac{1}{q}} = \left(\sum_{j=0}^{\infty} 2^{jsq} \|\varphi_j(D) f\|^q_X \right)^{\frac{1}{q}} < \infty \right\}, \tag{1.40$'$}$$

$$\dot{B}^s_{X,q} = \left\{ f \middle| f \in \mathcal{S}'(\mathbb{R}^n), \quad \|f\|_{\dot{B}^s_{X,q}} = \left(\sum_{j\in\mathbb{Z}} 2^{jsq} \|\check{\psi}_j * f\|_X^q \right)^{\frac{1}{q}} \right.$$
$$\left. = \left(\sum_{j\in\mathbb{Z}} 2^{jsq} \|\psi_j(D) f\|_X^q \right)^{\frac{1}{q}} < \infty \right\}, \tag{1.41$'$}$$

这里 $1 \leqslant q < \infty$, $s \in \mathbb{R}$. 当 $q = \infty$ 时, 上面 $(1.40)'$、$(1.41)'$ 仅需做适当的修正.

最后, 再谈一下 Besov 空间的 Gauss 半群刻画及 Poisson 半群刻画. 众所周知, 对 $\forall f \in L^p(\mathbb{R}^n)$, $1 < p < \infty$, 则

$$u(x,t) = W(t)f(x) = \mathcal{F}^{-1}(e^{-t|\xi|^2}\hat{f}), \quad x \in \mathbb{R}^n, \quad t \geqslant 0, \tag{1.48}$$

$$v(x,t) = P(t)f(x) = \mathcal{F}^{-1}(e^{-t|\xi|}\hat{f}), \quad x \in \mathbb{R}^n, \quad t \geqslant 0, \tag{1.49}$$

分别是下面定解问题

$$\begin{cases} u_t = \Delta u, & (x,t) \in \mathbb{R}^n \times \mathbb{R}^+, \\ u(0) = f(x), & x \in \mathbb{R}^n \end{cases} \tag{1.50}$$

及

$$\begin{cases} v_{tt} + \Delta v = 0, & (x,t) \in \mathbb{R}^n \times \mathbb{R}^+, \\ v(x,0) = f(x), & x \in \mathbb{R}^n \end{cases} \tag{1.51}$$

的解. 由此可给出 Besov 空间的如下刻画:

设 $0 < s < \infty$, $1 < p < \infty$, $1 \leqslant q \leqslant \infty$, 记 $m \in \mathbb{N}$, $k \in \mathbb{N}$ 满足 $m > \dfrac{s}{2}$ 及 $k > s$, 则

$$B^s_{p,q} = \left\{ f \middle| f \in L^p(\mathbb{R}^n), \quad \|f; B^s_{p,q}\| = \|f\|_p + \right.$$
$$\left. \left(\int_0^\infty t^{(m-\frac{s}{2})q} \left\| \frac{\partial^m W(t) f}{\partial t^m} \right\|_p^q \frac{dt}{t} \right)^{\frac{1}{q}} < \infty \right\},$$

$$B^s_{p,q} = \left\{ f \middle| f \in L^p(\mathbb{R}^n), \quad \|f; B^s_{p,q}\| = \|f\|_p + \right.$$
$$\left. \left(\int_0^\infty t^{(k-s)q} \left\| \frac{\partial^k P(t) f}{\partial t^k} \right\|_p^q \frac{dt}{t} \right)^{\frac{1}{q}} < \infty \right\}.$$

这两种刻画都含有时空求导转化的思想, 这在非线性发展方程特别是热方程、Navier-Stokes 方程的研究中非常重要. 我们将在第二章、第三章提及这一点.

注记 1.11 (i) 有关函数空间的理论非常丰富, 它是 PDEs 研究的基础, 其范数的不同刻画为研究非线性估计提供了丰富多彩的估计方法. 这里限于篇幅仅给

出简单的定义, 更多的刻画如：整解析函数的刻画、原子分子刻画、抽象插值刻画及内蕴刻画等, 见 [Tr1], [Tr2], [BL] 及 [Mi6] 等专著.

(ii) 上述定义的函数空间均可通过内蕴刻画或限制性的方法, 将这些函数空间定义在一般的光滑区域 $\Omega \subset \mathbb{R}^n$ 上, 有兴趣的读者可见 [Tr1][Tr2] 及 [BL].

下面回忆调和分析中几个重要结果, 我们在后面的章节中将反复使用.

(I) Riesz 插值定理 设 $1 \leqslant p_j, q_j \leqslant \infty, j = 1, 2$. T 是从 $L^{p_0} \cap L^{p_1} \longrightarrow L^{q_0} \cap L^{q_1}$ 且满足

$$\|Tf\|_{q_j} \leqslant M_j \|f\|_{p_j}, \qquad j = 0, 1 \tag{1.52}$$

的线性映射, 则

$$\|Tf\|_{q_t} \leqslant M_0^{1-t} M_1^t \|f\|_{p_t}, \quad f \in L^{p_0} \cap L^{p_1}, \tag{1.53}$$

这里

$$\frac{1}{p_t} = \frac{1-t}{p_0} + \frac{t}{p_1}, \quad \frac{1}{q_t} = \frac{1-t}{q_0} + \frac{t}{q_1}, \quad 0 \leqslant t \leqslant 1. \tag{1.54}$$

证明见 [SW], [So1] 或 [Mi6].

(II) Stein 插值定理 在陈述 Stein 插值定理之前, 引入一些概念. 记

$$D = \{z \in \mathbb{C}, \quad 0 < \mathrm{Re} z < 1\} \tag{1.55}$$

是带形区域, 称算子簇 $\{T_z\}_{z \in D}$ 是一个解析算子簇, 如果

(i) T_z：{全体简单函数}⟶{可测函数类}.

(ii) 对任意一对简单函数 f 和 g, 映射

$$z \longrightarrow \int g(x)\, T_z f(x) dx$$

是 $\overline{D}$ 上的有界连续函数且在 D 上是解析函数.

Stein 插值定理： 设 $1 \leqslant p_0, p_1, q_0, q_1 \leqslant \infty$, T_z 是 D 上的解析算子簇, 如果存在正常数 M_0, M_1 使得

$$\|T_{ib} f\|_{q_0} \leqslant M_0 \|f\|_{p_0}, \quad \|T_{1+ib} f\|_{q_1} \leqslant M_1 \|f\|_{p_1}, \quad \forall b \in \mathbb{R}. \tag{1.56}$$

则对任意 $z = a + bi \in D$, T_z 可以扩张成一个从 $L^p \to L^q$ 的有界算子, 并且满足

$$\|T_z f\|_q \leqslant M_0^{1-a} M_1^a \|f\|_p, \tag{1.57}$$

这里

$$\frac{1}{p} = \frac{1-a}{p_0} + \frac{a}{p_1}, \qquad \frac{1}{q} = \frac{1-a}{q_0} + \frac{a}{q_1}. \tag{1.58}$$

证明可参见 [SW] 或 [Mi6].

(III) Marcinkiewicz 插值定理与 Hunt 插值定理

Marcinkiewicz 插值定理: 设 $1 \leqslant p_j \leqslant q_j \leqslant \infty$, $j=0,1$. 算子 T 是从可测空间 $(X,\mu) \longrightarrow$ 可测空间 (Y,ν) 的拟线性算子,

$$|T(f+g)| \leqslant C(|Tf|+|Tg|),$$

进而设算子 T 是 $L^{p_j}(X,d\mu) \longrightarrow L_w^{q_j}(Y,d\nu)$ 有界算子, 即

$$(Tf)_*(\alpha) \leqslant \left(\frac{M_j\|f\|_{p_j}}{\alpha}\right)^{q_j}, \quad j=0,1. \tag{1.59}$$

则 T 是 $L^{p_t}(X)$ 到 $L^{q_t}(Y)$ 的有界算子, 且满足

$$\|Tf\|_{q_t} \leqslant C(q_0,q_1,t)M_0^tM_1^{1-t}\|f\|_{p_t}, \tag{1.60}$$

这里 (p_t,q_t) 满足 (1.54), 且

$$C(q_0,q_1,t)=2\left(\frac{q_t}{q_1-q_t}+\frac{q_t}{q_t-q_0}\right)^{\frac{1}{q_t}}.$$

Hunt 插值定理: 设 $1 \leqslant p_0 < p_1 \leqslant \infty$, $1 \leqslant q_0 < q_1 \leqslant \infty$, 算子 T 是 $L^{p_j}(X,d\mu) \longrightarrow L^{q_j}(Y,d\nu)$ 的有界线性算子, 满足

$$\|Tf;L^{q_j}(Y,d\nu)\| \leqslant C_j\|f;L^{p_j}(X,d\mu)\|, \quad j=0,1. \tag{1.61}$$

则 $\forall t \in (0,1)$, T 可以扩张成 $L_w^{p_t}(X,d\mu) \longrightarrow L_w^{q_t}(Y,d\nu)$ 的有界线性算子且满足

$$\|Tf;L_w^{q_t}\| \leqslant C(t,q_0,q_1,p_0,p_1)\|f;L_w^{p_t}\|, \tag{1.62}$$

并且在端点处有界, 这里 p_t, q_t 满足 (1.54).

注记 1.12 (i) 关于 Marcinkiewicz 插值定理的证明, 参见 [So1], [Mi6] 等. 此定理意味着将端点的弱型算子经插值成中间诸点的强型算子, 在 PDEs 的研究中有十分重要的应用.

(ii) 在 Marcinkiewicz 插值公式 (1.60) 中, 插值系数满足如下关系:

$$\lim_{t\to 0} C(q_0,q_1,t)=\infty, \quad \lim_{t\to 1} C(q_0,q_1,t)=\infty.$$

(iii) 关于 Hunt 插值定理的证明, 参见 [RS] 等.

(IV) Young 不等式与广义的 Young 不等式 作为 Riesz 插值定理的直接结果, 容易推得如下的 Young 不等式及广义的 Young 不等式.

Young 定理 设 $1 \leqslant r \leqslant \infty$, $K(x,y)$ 是一可微函数. 若

$$\sup_x \|K(x,\cdot)\|_r \leqslant C, \quad \sup_y \|K(\cdot,y)\|_r \leqslant C.$$

则算子

$$Tf(x) = \int_{\mathbb{R}^n} K(x,y)f(y)dy$$

满足

$$\|Tf\|_q \leqslant C\|f\|_p,$$

这里 $1 \leqslant p \leqslant r'$, $\frac{1}{q} = \frac{1}{p} + \frac{1}{r} - 1$.

Young 不等式 作为 Young 定理的直接结果, 有如下的 Young 不等式：设 $f \in L^p(\mathbb{R}^n)$, $g \in L^r(\mathbb{R}^n)$, 且

$$\frac{1}{q} = \frac{1}{p} + \frac{1}{r} - 1, \quad 1 \leqslant p,q,r \leqslant \infty, \tag{1.63}$$

则

$$\|f * g\|_q \leqslant C\|f\|_p\|g\|_r. \tag{1.64}$$

利用 Marcinkiewicz 插值定理, 就可推得如下的广义 Young 不等式.

广义 Young 不等式 设 $f \in L^p(\mathbb{R}^n)$, $g \in L^r_w(\mathbb{R}^n)$, 且

$$\frac{1}{q} = \frac{1}{p} + \frac{1}{r} - 1, \quad 1 < p,q,r < \infty, \tag{1.65}$$

则 $f * g \in L^q(\mathbb{R}^n)$ 且

$$\|f * g\|_q \leqslant C\|f\|_p\|g\|_{L^r_w}. \tag{1.66}$$

(V) Hardy-Littlewood 极大函数定义

设 f 是 $\mathbb{R}^n$ 上的可测函数, 称

$$\mathcal{M}f = \sup_{x\in B} \frac{1}{|B|}\int_B |f(y)|dy \tag{1.67}$$

是 Hardy-Littlewood 极大函数, 这里上确界是对所有含 x 的球 B 所取. 容易看出

$$\|\mathcal{M}f\|_\infty \leqslant \|f\|_\infty. \tag{1.68}$$

另一方面, 利用 Vitali 覆盖引理, 容易证明 $\mathcal{M}$ 是弱 $(1,1)$ 型算子, 即

$$(\mathcal{M}f)_*(\alpha) \leqslant \frac{C}{\alpha}\|f\|_1. \tag{1.69}$$

从而, 由 Marcinkiewicz 插值定理知

$$\|\mathcal{M}f\|_p \leqslant C\|f\|_p, \qquad 1 < p \leqslant \infty. \tag{1.70}$$

借助于 Hardy-Littlewood 极大算子估计, 容易证明著名的 Hardy-Littlewood-Sobolev 不等式.

(VI) Hardy-Littlewood-Sobolev 不等式及其推广形式

设 $0 < \gamma < n, \quad 1 < p < q < \infty$ 并且

$$\frac{1}{q} = \frac{1}{p} + \frac{\gamma}{n} - 1, \tag{1.71}$$

则

$$\||x|^{-\gamma} * f\|_q \leqslant C\|f\|_p. \tag{1.72}$$

事实上, 注意到

$$|x|^{-\gamma} * f(x) = \int_{|y|\geqslant R} \frac{f(x-y)}{|y|^\gamma} dy + \int_{|y|<R} \frac{f(x-y)}{|y|^\gamma} dy = I_1 + I_2. \tag{1.73}$$

由 Hölder 不等式, 容易推得

$$|I_1| \leqslant \|f\|_p \left(\int_{|y|\geqslant R} |y|^{-\gamma p'} dy \right)^{\frac{1}{p'}} \leqslant CR^{\frac{n}{p'}-\gamma}\|f\|_p,$$

这里用到 $\gamma p' > n$(此由 (1.71) 可推出). 另一方面, 由极大函数估计, 可见

$$\begin{aligned}|I_2| \leqslant &\sum_{k=0}^{\infty} \int_{2^{-k-1}<\frac{|y|}{R}<2^{-k}} \frac{f(x-y)}{|y|^\gamma} dy \\ \leqslant &C \sum_{k=0}^{\infty} \frac{1}{(2^{-k}R)^\gamma} \int_{|y|\leqslant 2^{-k}R} f(x-y)dy \\ \leqslant &2^{-\gamma} C \sum_{k=0}^{\infty} (2^{-k}R)^{n-\gamma} \mathcal{M}f(x) \leqslant CR^{n-\gamma}\mathcal{M}f,\end{aligned}$$

这里用到 $\gamma < n$. 因此,

$$\big||x|^{-\gamma} * f(x)\big| \leqslant CR^{\frac{n}{p'}-\gamma}\|f\|_p + CR^{n-\gamma}\mathcal{M}f(x).$$

今取 $R = R(x)$ 满足 $R^{\frac{n}{p'}-\gamma}\|f\|_p = R^{n-\gamma}\mathcal{M}f(x)$, 即

$$R(x) = \left(\frac{\|f\|_p}{\mathcal{M}f(x)} \right)^{\frac{p}{n}}.$$

从而

$$\big||x|^{-\gamma} * f\big| \leqslant C\|f\|_p^{1-\frac{p}{q}}(\mathcal{M}f(x))^{\frac{p}{q}}.$$

两边取 L^q 范数, 并注意到 Hardy-Littlewood 极大算子是 (p,p) 型算子, 就得 (1.72).

注记 1.13 (i) 由 Fourier 变换及 Riesz 位势理论, 可见

$$I_\alpha f = C(n,\alpha)|x|^{-n+\alpha} * f.$$

从而, 由 Hardy-Littlewood-Sobolev 不等式可得:

$$\|I_\alpha f\|_q = \|(-\Delta)^{-\frac{\alpha}{2}} f\|_q \leqslant C\|f\|_p, \quad \frac{1}{q} = \frac{1}{p} - \frac{\alpha}{n}. \tag{1.74}$$

自然, 上式 (1.74) 亦可以视为分数阶 Sobolev 空间的嵌入定理, 即

$$L^p \hookrightarrow \dot{W}^{-\alpha,q}, \quad \frac{1}{q} = \frac{1}{p} - \frac{\alpha}{n}.$$

(ii) 由广义 Young 不等式, 容易推出与 Hardy-Littlewood-Sobolev 不等式等价的双线性形式:

广义 Hardy-Littlewood-Sobolev 不等式. 设 $1 < p, r < \infty$ 且

$$\frac{1}{p} + \frac{1}{r} + \frac{\lambda}{n} = 2, \quad 0 < \lambda < n, \tag{1.75}$$

则

$$\iint_{\mathbb{R}^n \times \mathbb{R}^n} \frac{|f(x)||h(y)|}{|x-y|^\lambda} dxdy \leqslant C(p,r,\lambda,n)\|f\|_p\|h\|_r. \tag{1.76}$$

当然, 也可以用 Young 不等式与 Hunt 插值不等式来证明 (1.76). 事实上, 对固定的 $f \in L^p(\mathbb{R}^n)$, 构造算子

$$T_f: \quad T_f(g) = f * g.$$

由 Young 不等式 (1.63), T_f 是 $L^r \to L^q$ 的有界线性算子, 且

$$\|T_f g\|_q \leqslant C\|g\|_r, \quad 1 \leqslant r \leqslant p', \quad \frac{1}{q} = \frac{1}{p} + \frac{1}{r} - 1.$$

在上式中分别取 $r = 1$ 和 $r = p'$, 由 Hunt 插值不等式推知: 对 $1 < r < p'$, 算子 T_f: $L^r_w(\mathbb{R}^n) \to L^q_w(\mathbb{R}^n)$ 有界且满足

$$\|T_f(g); L^q_w\| = \|f * g; L^q_w\| \lesssim \|f; L^p_w\|\|g; L^r_w\| \lesssim \|f\|_p\|g; L^r_w\|.$$

对固定的 $g(x) \in L^r_w$, 上式意味着 T_g 是 $L^p \to L^q_w$ 的有界线性算子, 且

$$\|T_g f; L^q_w(\mathbb{R}^n)\| \leqslant C\|f\|_p, \quad p \leqslant q, \quad \frac{1}{q} = \frac{1}{p} + \frac{1}{r} - 1.$$

由 Marcinkiewicz 插值不等式, 就得 $f * g \in L^q$. 因此, 利用广义 Young 不等式 (1.66), 直接推出不等式 (1.76).

(VII) 平移不变算子

定义: 称算子 B: $L^p \longmapsto L^q$ 是平移不变算子, 如果

(i) B 是有界算子.

(ii) B 与平移变换可交换, 即 $\tau_h B = B\tau_h$.

直接验证, 当 $q < p$ 时, $B \equiv 0$, 故通常不考虑这一平凡的情形. 因此, 总是限定 $1 \leqslant p \leqslant q \leqslant \infty$.

平移不变算子的刻画定理. 设 B: $L^p \to L^q$ 是平移不变算子, 则存在广义函数 $T \in \mathcal{S}'(\mathbb{R}^n)$ 使得

$$Bu = T * u, \quad \forall u \in L^p(\mathbb{R}^n). \tag{1.77}$$

换言之, 存在 $m(\xi) \in \mathcal{M}^q_p$, 使得

$$Bu = \mathcal{F}^{-1}(m(\xi)\mathcal{F}u) \triangleq \mathcal{F}^{-1}m(\xi)\mathcal{F}u, \quad \forall u \in L^p(\mathbb{R}^n), \tag{1.78}$$

这里 $\mathcal{M}^q_p$ 表示 Hörmander 空间, 其定义是

$$\begin{aligned}\mathcal{M}^q_p = \Big\{ & m(\xi) \big| m(\xi) \in \mathcal{S}'(\mathbb{R}), \text{对任意的}\varphi \in \mathcal{S}(\mathbb{R}^n)\text{成立} \\ & \|m(\xi)\|_{\mathcal{M}^q_p} = \sup_{\|\varphi\|_p = 1} \|\mathcal{F}^{-1}m\mathcal{F}\varphi\|_q < \infty \Big\}.\end{aligned} \tag{1.79}$$

注记 1.14 (i) 许多经典的自由发展方程 Cauchy 问题的解可表示成平移不变算子的形式. 例如

$$u(t) = \mathcal{F}^{-1}e^{-|\xi|^2 t}\mathcal{F}\varphi = \mathcal{F}^{-1}e^{-|\xi|^2 t} * \varphi, \quad (\text{热方程}),$$

$$u(t) = \mathcal{F}^{-1}e^{\pm i|\xi|^2 t}\mathcal{F}\varphi = \mathcal{F}^{-1}e^{\pm i|\xi|^2 t} * \varphi, \quad (\text{Schrödinger 方程}),$$

$$\begin{pmatrix} u \\ \dot{u} \end{pmatrix} = \mathcal{F}^{-1}e^{\begin{pmatrix} 0 & 1 \\ -|\xi|^2 & 0 \end{pmatrix} t}\mathcal{F}\begin{pmatrix} \varphi \\ \psi \end{pmatrix} \quad (\text{波方程})$$

等.

(ii) 直接验算, 由卷积定义的算子与平移变换可交换.

(iii) $\mathcal{M}^q_p = \mathcal{M}^{p'}_{q'}, \quad \mathcal{M}^1_1 = (C_c)^*$.

(VIII) 经典的 Calderón-Zygmund 算子

定义: 算子

$$T(f)(x) = \text{P.V.}K * f = \text{P.V.}\int_{\mathbb{R}^n} K(x-y)f(y)dy, \tag{1.80}$$

称是经典的 Calderón-Zygmund 奇异积分算子, 如果 $K(x) \in L^1_{\text{loc}}(\mathbb{R}^n \setminus \{0\})$ 满足

(i) 尺寸条件: $|K(x)| \leqslant C|x|^{-n}$.

(ii) 光滑性条件: $|\nabla K(x)| \leqslant C|x|^{-n-1}$.

(iii) 消失矩条件: $\displaystyle\int_{0<a\leqslant|x|\leqslant b<\infty} K(x)dx = 0$.

Calderón-Zygmund 定理 A 设算子 T 是经典 Calderón-Zygmund 奇异积分算子, 则

(i) 对于任意的 $1<p<\infty$, T 是 (p,p) 型算子, 即 $\|T(f)\|_p \leqslant C\|f\|_p$.

(ii) T 是弱 $(1,1)$ 型算子, 即:

$$m\{x \in \mathbb{R}^n: \quad |T(f)(x)| > \lambda\} \leqslant \frac{\|f\|_1}{\lambda}.$$

注记 1.15 (i) $C-Z$ 定理的证明思路: 首先证明 $C-Z$ 奇异积分算子是 $(2,2)$ 型算子. 其次, 由 Calderón-Zygmund 分解定理 [St1] 及它是 $(2,2)$ 型算子, 证明 Calderón-Zygmund 算子是弱 (1, 1) 型算子. 用插值定理推出它是 (p,p) 型算子, 这里 $1<p\leqslant 2$. 注意到 T 是平移不变算子, 从而, 由对偶型定理 $\mathcal{M}_p^p = \mathcal{M}_{p'}^{p'}$ 可推得 Calderón-Zygmund 算子是 (p,p) 型算子, 这里 $1<p<\infty$.

(ii) Hilbert 变换、Riesz 变换是 Calderón-Zygmund 奇异积分算子的经典例子.

Calderón-Zygmund 定理 B L^2 上的线性算子 T 是经典的 Calderón-Zygmund 算子的充分条件是:

(i) T: 是 $L^2 \longrightarrow L^2$ 的有界算子.

(ii) 存在可测函数 K, 使得

$$Tf(x) = \int_{\mathbb{R}^n} K(x-y)f(y)dy, \quad x \notin \text{supp}f, \tag{1.81}$$

其中积分关于 $x \notin \text{supp}f$ 是绝对收敛的.

(iii) 存在常数 $C>1$ 和 $A>0$, 使得

$$\int_{|x|>C|y|} |K(x-y) - K(x)|dx < A \tag{1.82}$$

关于 y 一致成立.

下面介绍 Mihlin-Hörmander 乘子定理, 它是验证卷积型算子是 (p,p) 型算子的一个最常用的方法.

Mihlin-Hörmander 乘子定理 设 $m(\xi) \in C^l(\mathbb{R}^n \setminus \{0\}), l > \frac{n}{2}$. 如果

$$|\partial_\xi^\alpha m(\xi)| \leqslant C|\xi|^{-|\alpha|}, \qquad |\alpha| \leqslant l. \tag{1.83}$$

则由

$$Tf = \mathcal{F}^{-1} m \mathcal{F} f = K * f \tag{1.84}$$

所确定的算子 T 是一个 Calderón-Zygmund 算子.

直接验证, Hilbert 变换、Riesz 变换所对应的乘子

$$m(\xi) = -i\mathrm{sgn}\xi, \quad (\text{Hilbert 变换}),$$

$$m_j(\xi) = C_n \frac{\xi_j}{|\xi|}, \quad (\text{Riesz 变换}), \quad j = 1, \cdots, n$$

均满足 (1.83). 更一般的, 设 $\Omega(x)$ 是单位球面上的光滑函数且

$$\int_{\Sigma^n} \Omega(|x|) d\sigma = 0, \quad \Sigma^n \text{表示} \mathbb{R}^n \text{上的单位球面}, \tag{1.85}$$

仍用 $\Omega(x)$ 表示它在 $\mathbb{R}^n \backslash \{0\}$ 上的自然扩张, 即

$$\Omega(x) = \Omega\left(\frac{x}{|x|}\right), \quad \forall x \neq 0. \tag{1.86}$$

则

$$K(x) = \frac{\Omega(x)}{|x|^n} \tag{1.87}$$

满足经典的 Calderón-Zygmund 奇异积分算子定义中尺寸条件、光滑性条件及消失矩条件. 相应地 $m(\xi) = \mathcal{F}K$ 满足 (1.83).

§1.2 椭圆型偏微分方程的边值问题

我们以 Laplace 方程为例, 说明调和分析特别是奇异积分算子在椭圆边值问题研究中的作用. 本节属于介绍性的, 并简要给出研究的背景、历史、方法.

众所周知, 经典 Laplace 方程的边值问题

$$\begin{cases} \Delta u = 0, & x \in \Omega \subset \mathbb{R}^n, \\ u = f, & x \in \partial\Omega, \end{cases} \qquad \text{Dirichlet 问题} \tag{2.1}$$

$$\begin{cases} \Delta u = 0, & x \in \Omega' = \mathbb{R}^n \backslash \Omega, \\ u = f, & x \in \partial\Omega', \end{cases} \qquad \text{Dirichlet 外问题} \tag{2.2}$$

$$\begin{cases} \Delta u = 0, & x \in \Omega, \\ \dfrac{\partial u}{\partial n} = f, & x \in \partial\Omega \end{cases} \qquad \text{Neumann 问题} \tag{2.3}$$

$$\begin{cases} \Delta u = 0, & x \in \Omega' = \mathbb{R}^n \backslash \Omega, \\ \dfrac{\partial u}{\partial n} = f, & x \in \partial\Omega', \end{cases} \qquad \text{Neumann 外问题} \tag{2.4}$$

分别等价于求解如下积分方程

$$\frac{1}{2}\phi + T_K\phi = f, \qquad \text{Dirichlet 问题,} \tag{2.5}$$

$$-\frac{1}{2}\phi + T_K\phi = f, \qquad \text{Dirichlet 外问题,} \tag{2.6}$$

$$-\frac{1}{2}\phi + T_{K^*}\phi = f, \qquad \text{Neumann 问题,} \tag{2.7}$$

$$\frac{1}{2}\phi + T_{K^*}\phi = f, \qquad \text{Neumann 外问题,} \tag{2.8}$$

这里

$$K(x,y) = \partial_{\nu_y} N(x,y), \quad K^*(x,y) = K(y,x), \tag{2.9}$$

$$N(x,y) = N(x-y) = \begin{cases} \dfrac{|x-y|^{2-n}}{(2-n)\omega_n}, & n > 2, \\ \dfrac{1}{2\pi}\log|x-y|, & n = 2, \end{cases} \tag{2.10}$$

$$T_K\phi = \int_{\partial\Omega} K(x,y)\varphi(y)d\sigma(y), \qquad x \in \partial\Omega, \tag{2.11}$$

$$T_{K^*}\phi = \int_{\partial\Omega} K(y,x)\varphi(y)d\sigma(y), \qquad x \in \partial\Omega, \tag{2.12}$$

ω_n 表示 $\mathbb{R}^n$ 中单位球面的面积. 若 $\partial\Omega \in C^2$ 有界, $f \in L^p(\partial\Omega)$, $1 < p < \infty$ (特别, 对 Neumann 问题 f 还需满足一些必要条件), 则积分方程 (2.5)、(2.6)、(2.7) 及 (2.8) 可解. 分别记它们的解为 ϕ_1, ϕ_2, ϕ_3 和 ϕ_4, 那么,

$$\begin{aligned} u(x) = \mathcal{D}\phi_1 &= \int_{\partial\Omega} \frac{\partial}{\partial n_y} N(x,y)\phi_1(y)d\sigma(y) \\ &\triangleq \int_{\partial\Omega} \frac{\partial}{\partial n_Q} N(P,Q)\phi_1(Q)d\sigma(Q), \end{aligned}$$

$$u(x) = \mathcal{D}\phi_2 = \int_{\partial\Omega} \frac{\partial}{\partial n_Q} N(P,Q)\phi_2(Q)d\sigma(Q),$$

$$u(x) = S\phi_3 = \int_{\partial\Omega} N(P,Q)\phi_3(Q)d\sigma(Q),$$

$$u(x) = S\phi_4 = \int_{\partial\Omega} N(P,Q)\phi_4(Q)d\sigma(Q)$$

分别是 Dirichlet 问题 (2.1)、Dirichlet 外问题 (2.2)、Neumann 问题 (2.3) 及 Neumann 外问题 (2.4) 的解. 这里 n_Q 表示 Q 处的法向导数.

定义 2.1

$$\mathcal{D}\phi=\int_{\partial\Omega}\frac{\partial}{\partial n_Q}N(P,Q)\phi(Q)d\sigma(Q),\quad P\notin\partial\Omega, \tag{2.13}$$

$$S\phi=\int_{\partial\Omega}N(P,Q)\phi(Q)d\sigma(Q),\quad P\notin\partial\Omega \tag{2.14}$$

分别称为双层位势和单层位势.

由上面讨论可见, 椭圆边值问题的可解性本质上归结成曲面上积分方程 (2.5), (2.6), (2.7) 及 (2.8) 的可解性. 如果能证明算子 T_K(或 T_{K^*}) 是紧算子, 则可利用 Fredholm 理论或更一般的 Riesz-Schauder 理论求解积分方程, 所得的解分别代入单层位势或双层位势, 就可获得 Dirichlet(外) 问题、Neumann(外) 问题的解.

幸运的是, 当 $\partial\Omega\in C^2$ 时, T_K 及 T_{K^*} 是 $L^p(\partial\Omega)$ 及 $C(\partial\Omega)$ 上的紧算子, 这里 $1<p<\infty$. 事实上, 无妨设 $\partial\Omega$ 是某个 C^2 函数 $h(x)$ 的图像, 记

$$P=(x,h(x)),\qquad Q=(y,h(y)), \tag{2.15}$$

则

$$K(P,Q)=\frac{\langle P-Q,n_Q\rangle}{\omega_n|P-Q|^n},\qquad \langle\cdot,\cdot\rangle\text{表示向量内积}, \tag{2.16}$$

这里

$$n_Q=\frac{(\nabla h(y),-1)}{\sqrt{1+|\nabla h(y)|^2}}. \tag{2.17}$$

注意到

$$h(x)=h(y)+\langle x-y,\nabla h(y)\rangle+e(x,y).$$

$$e(x,y)\sim O(|x-y|^2),$$

则

$$\begin{aligned}|K(P,Q)|\leqslant&C\frac{|\langle P-Q,(\nabla h(y),-1)\rangle|}{|P-Q|^n}\\ \leqslant&C\frac{|e(x,y)|}{|P-Q|^n}\leqslant\frac{C}{|P-Q|^{n-2}}.\end{aligned} \tag{2.18}$$

由此可知 T_K 和 T_{K^*} 是弱奇异积分算子. 它是 $L^p(\partial\Omega)$ 和 $C(\partial\Omega)$ 上的紧算子, 这里 $1<p<\infty$. 更一般地, 借助于 Calderón 关于在 C^1 曲线上 Cauchy 型积分的 L^p $(1<p<\infty)$ 有界性, 就可以证明当 $\partial\Omega$ 是有界 C^1 边界时, Laplace 方程的边值问题的可解性.

注记 2.2 位势理论和变分方法是解决椭圆边值问题的一般性方法. 借助于位势理论的推广形式即拟微分算子理论, 可以研究更一般的椭圆边值问题. 当然, 还有一些方法适合于特殊区域上的椭圆边值问题. 下面对这些方法进行简单的评述.

(i) 上半空间上的 Dirichlet 问题

$$\begin{cases} \Delta u = 0, & \Omega = \mathbb{R}^{n+1}_+, \\ u\big|_{\partial\Omega} = f, & \partial\Omega = \mathbb{R}^n. \end{cases} \tag{2.19}$$

通过 Fourier 变换, 可得

$$u(x,t) = \mathcal{F}^{-1}(e^{-|\xi|t}\mathcal{F}f) = P_t * f, \tag{2.20}$$

这里

$$P_t = \frac{\Gamma(\dfrac{n+1}{2})}{\pi^{\frac{n+1}{2}}} \frac{t}{(|x|^2+t^2)^{\frac{n+1}{2}}} \tag{2.21}$$

是经典的 Poisson 核. 易见, 对任意 $f \in L^p(\mathbb{R}^n)$, 这里 $1 < p < \infty$, $u = P_t * f$ 是半空间上的调和函数, 并且

$$\lim_{t\to 0} u(x,t) \overset{\text{a.e.}}{=\!=} f(x).$$

换言之, (2.19) 确定了 $X = L^p(\mathbb{R}^n)$ 到

$$Y = \left\{u(x,t)\big|u(x,t)\text{在}\mathbb{R}^{n+1}_+\text{上调和且}\sup_{t>0}\|u(x,t)\|_p \leqslant \|f\|_p\right\}$$

的映射. 当然,

$$u(x,t) \overset{\Delta}{=} T(t)f(x) = P_t * f \tag{2.22}$$

关于 $t \in \mathbb{R}^+$ 生成了 $L^p(\mathbb{R}^n)$ $(1 \leqslant p < \infty)$ 上的 C_0 半群, 它在 Besov 型函数空间的刻画等方面有着重要的应用.

(ii) 如果 $\Omega \subset \mathbb{R}^n$ 是一些特殊区域, 如球、方体、1/4 空间等特殊区域, 可通过 Newton 位势来构造相应的 Green 函数, 即寻找满足

$$\begin{cases} \Delta G = \delta(x-y), \\ G\big|_{\partial\Omega} = 0 \end{cases} \tag{2.23}$$

的解. 当然, 亦可以通过物理或几何的方法得到 $G(x,y)$. 这样,

$$u(x) = \int_\Omega G(x,y)f(y)dy + \int_{\partial\Omega} \partial_{n_y} G(x,y)g(y)d\sigma(y) \tag{2.24}$$

就是如下边值问题:

$$\begin{cases} \Delta u = f(x), & x \in \Omega, \\ u\big|_{\partial\Omega} = g(x) \end{cases} \tag{2.25}$$

的解.

(iii) 对于球内或球外的 Dirichlet 问题、Neumann 问题, 可以利用球调和函数及 Bessel 函数将其显式地表示出来, 详见 Folland 的书 [Fo]. 需要指出的是, 球调和函数为许多可微函数空间提供了正交基底, 在函数逼近理论、计算数学等领域均有着广泛的应用.

(iv) 对一般椭圆型方程的边值问题, 借助于拟微分算子理论即位势理论的推广形式, 将椭圆边值问题 (体上的微分方程) 转化成面上的积分方程来予以研究. 具体地讲, 给定函数 $f \in H^{s-2,p}(\Omega)$, $g \in B_*^{s-1-\frac{1}{p},p}(\partial\Omega)$, 寻求

$$\begin{cases} Au = f, & x \in \Omega, \\ Bu = g, & x \in \partial\Omega \end{cases} \tag{2.26}$$

的解 $u \in H^{s,p}(\Omega)$, 这里椭圆算子 A 与边界算子 B 分别为

$$Au = \sum_{i,j=1}^{n} \frac{\partial}{\partial x_i}\left(a^{ij}(x)\frac{\partial u}{\partial x_j}\right) + \sum_{i=1}^{n} b^i(x)\frac{\partial u}{\partial x_i} + c(x)u, \tag{2.27}$$

$$Bu = a\frac{\partial u}{\partial \nu} + bu\Big|_{\partial\Omega} \triangleq a\gamma_1 u + b\gamma_0 u, \quad \forall u \in H^{s,p}(\Omega). \tag{2.28}$$

而

$$\frac{\partial}{\partial \nu} = \sum_{j=1}^{n} a^{ij} n_j \frac{\partial}{\partial x_i}, \qquad \vec{n}\text{是外单位法向量}. \tag{2.29}$$

为简单起见, 这里假设 $a^{ij}(x)$, $b^i(x)$, $c(x) \in C^\infty(\Omega)$, 而 $a(x)$, $b(x) \in C^\infty(\partial\Omega)$. 空间 $B_*^{s-1-\frac{1}{p},p}(\partial\Omega)$ 是一个插值型的 Besov 空间, 即

$$B_*^{s-1-\frac{1}{p},p}(\partial\Omega) = \left\{\varphi | \varphi = a\varphi_1 + b\varphi_2, \quad \varphi_1 \in B_{p,p}^{s-1-\frac{1}{p}}(\partial\Omega), \varphi_2 \in B_{p,p}^{s-\frac{1}{p}}(\partial\Omega)\right\}, \tag{2.30}$$

其上的范数定义为

$$\|\varphi\|_{B_*^{s-1-\frac{1}{p},p}} = \inf_{\varphi = a\varphi_1 + b\varphi_2} \left(\|\varphi_1\|_{B_{p,p}^{s-1-\frac{1}{p}}} + \|\varphi_2\|_{B_{p,p}^{s-\frac{1}{p}}}\right). \tag{2.31}$$

一般椭圆边值问题 (2.26) 的可解性等价于证明体算子 $\mathcal{A} = (A, B)$

$$\begin{cases} \mathcal{A} : H^{s,p}(\Omega) \longrightarrow H^{s-2,p}(\Omega) \times B_*^{s-1-\frac{1}{p},p}, \\ \mathcal{A}u = \{Au, Bu\}, \quad \forall u \in D(\mathcal{A}) = H^{s,p} \end{cases} \tag{2.32}$$

是双射. 根据拟微分算子的理论, 它等价于证明面算子 (即面上的算子)

$$\begin{cases} \mathcal{T} : B_{p,p}^{s-\frac{1}{p}}(\partial\Omega) \longrightarrow B_{p,p}^{s-\frac{1}{p}-1}(\partial\Omega), \\ \mathcal{T}\varphi = a\Pi\varphi + b\varphi \equiv \left(a\frac{\partial}{\partial \nu}(P\varphi) + b\varphi\right)\Big|_{\partial\Omega} \end{cases} \tag{2.33}$$

是双射, 即证明面上积分方程

$$\mathcal{T}\varphi = a\Pi\varphi + b\varphi = f, \quad \forall f \in B_{p,p}^{s-\frac{1}{p}-1}(\partial\Omega) \tag{2.34}$$

可解. 这里 $P: B_{p,p}^{s-\frac{1}{p}}(\partial\Omega) \longrightarrow H^{s,p}(\Omega)$ 是抽象的 Poisson 算子. 换言之, 算子 $\mathcal{A}$ 是体上的 Fredholm 算子的充要条件是 $\mathcal{T}$ 是面上的 Fredholm 算子. 所谓 Fredholm 算子是指: 称 Banach 空间 X 到 Banach 空间 Y 上的稠定的闭线性算子 $\mathcal{T}$ 是 Fredholm 算子, 如果它满足

(a) $\dim N(\mathcal{T}) < \infty$.

(b) $R(\mathcal{T})$ 是 Y 中的闭集.

(c) $\operatorname{codim} R(\mathcal{T}) < \infty$.

如果 $\mathcal{T}$ 是 Banach 空间 X 到自身的紧算子, 可以直接利用 Riesz-Schauder 理论 (或 Fredholm 二择性原理):

Riesz-Schauder 定理 设 $\mathcal{T}$ 是 Banach 空间 X(可换成一般的赋范线性空间) 到自身的紧线性算子, 则下面结果必有一个成立:

(i) 齐次方程 $x - \mathcal{T}x = 0$ 有非平凡解 $x \in X$.

(ii) 对于每个 $y \in X$, 方程 $x - \mathcal{T}x = y$ 有唯一的解 $x \in X$. 且在此情形下, 算子 $(I - \mathcal{T})^{-1}$ 是有界的.

作为特例, 对于 Hilbert 空间 H(无妨设 $H = H^*$) 上, 有如下更细致的形式.

Fredholm 定理 设 $\mathcal{T}$ 是 Hilbert 空间 X 到自身的紧线性算子. 对任意的 $\lambda \in \mathbb{C}$, 记 $V_\lambda = \{x \in H; \mathcal{T}x = \lambda x\}$, $W_\lambda = \{x \in H; \mathcal{T}^*x = \lambda x\}$. 则有下面结论:

(a) 使得 $V_\lambda \neq \{0\}$ 的 λ 是有限的或可数的. 在可数的情形下, 只有 0 才是 V_λ 的聚点. 另外, 对任意的 $\lambda \neq 0$, $\dim V_\lambda < \infty$.

(b) 设 $\lambda \neq 0$, $\dim V_\lambda = \dim W_{\bar{\lambda}}$.

(c) 设 $\lambda \neq 0$, $R(\lambda I - \mathcal{T})$ 是 H 中的闭集.

一般地说, 如何判断 $\mathcal{T}$ 是 Banach 空间 X 到 Banach 空间 Y 上的 Fredholm 算子? Peetre 给出了一个判断 $\mathcal{T}$ 是 Fredholm 算子的方法, 即:

Peetre 定理 设 X, Y, Z 是 Banach 空间, $X \hookrightarrow\hookrightarrow Z$, 线性算子 $\mathcal{T}: X \mapsto Y$ 是具定义域 $D(\mathcal{T})$ 的闭算子. 则下面两个等价:

(a) $\dim N(\mathcal{T}) < \infty$, $R(\mathcal{T})$ 是 Y 中的闭集.

(b) 存在一个常数 $C > 0$, 使得

$$\|x\|_X \leqslant C(\|Tx\|_Y + \|x\|_Z), \quad x \in D(\mathcal{T}).$$

可以证明 (2.34) 中的 $\mathcal{T}$ 是 Fredholm 算子, (2.26) 的可解性的困难就归结为证明 $\mathcal{T}$ 是满射, 换言之, 就是证明:

$$\operatorname{ind}(\mathcal{T}) = \dim(N(\mathcal{T})) - \operatorname{codim}(R(\mathcal{T})) = 0. \tag{2.35}$$

由此就推出边值问题 (2.26) 可解, 详见 Taira 书 [Tai1].

(v) 对于边值函数 $f \in C(\partial\Omega)$ 的情形, 亦可以利用调和测度的方法来处理边值问题. 例如, 考虑 Dirichlet 问题

$$\begin{cases} \Delta u = 0, & x \in \Omega, \\ u|_{\partial\Omega} = f, & f \in C(\partial\Omega). \end{cases} \tag{2.36}$$

对任意 $x \in \Omega$, 由极大值原理, 映射: $f \longrightarrow u(x)$ 是 $C(\partial\Omega)$ 上的连续线性泛函. 由 Riesz 表现定理, 存在唯一的正的 Borel 测度 w^x, 使得

$$u(x) = \int_{\partial\Omega} f(Q)d\omega^x(Q), \tag{2.37}$$

此处称 ω^x 是在 x 处的调和测度. 作为 Harnack 原理的直接结果, ω^{x_1} 与 ω^{x_2} 是相互绝对连续的, 从而可证明 $u(x)$ 就是 (2.36) 的解, 详见 Kenig 的专著 [K].

下面从奇异积分算子的发展进程, 来考察它在椭圆边值问题研究中的作用和联系.

(I) 第一代的 Calderón-Zygmund 奇异积分算子

粗略地讲, 第一代 Calderón-Zygmund 奇异积分算子是卷积型的奇异积分算子, Hilbert 变换、Riesz 变换等就是其典型例子. 利用 Calderón-Zygmund 算子是 (p,p) 型算子, 可以方便地证明解的正则性. 例如: 已知

$$\Delta u = f, \qquad f(x) \in L^2(\mathbb{R}^n), \tag{2.38}$$

证明

$$\frac{\partial^2 u}{\partial x_i \partial x_j} \in L^2(\mathbb{R}^n), \qquad 1 \leqslant i, j \leqslant n.$$

事实上, 由 Fourier 变换, 可见

$$\widehat{\Delta u} = \hat{f} \quad \Longrightarrow \quad \hat{u} = -\frac{1}{|\xi|^2}\hat{f}(\xi),$$

于是

$$\left\| \frac{\partial^2 u}{\partial x_i \partial x_j} \right\|_2 = \left\| \frac{\xi_i \xi_j}{|\xi|^2} \hat{f}(\xi) \right\|_2 = \left\| R_i R_j(f) \right\|_2 \leqslant \|f\|_2, \tag{2.39}$$

此处

$$R_j(f) = \text{P.V.} \int_{\mathbb{R}^n} \frac{x_j - y_j}{|x-y|^{n+1}} f(y)dy, \quad j = 1, \cdots, n \tag{2.40}$$

就是 Riesz 变换. 进而, 由 R_j 是 (p,p) 型算子, $1 < p < \infty$, 从而有

$$\left\| \frac{\partial^2 u}{\partial x_i \partial x_j} \right\|_p \leqslant C\|f\|_p, \quad f \in L^p, \quad 1 < p < \infty. \tag{2.41}$$

下面从乘子的观点, 给出第一代 Calderón-Zygmund 算子的等价定义.

注记 2.3 习惯上, 上一节定义的经典的 C–Z 算子

$$Tf = \text{P.V.}\int_{\mathbb{R}^n} K(x-y)f(y)dy \triangleq (K*f)(x) \tag{2.42}$$

称是第一代 Calderón-Zygmund 奇异积分算子. 用乘子的观点, T 可以写成

$$Tf = \mathcal{F}^{-1}m(\xi)*f. \tag{2.43}$$

对于乘子 $m(\xi)$ 而言, 能否存在与核函数 $K(x)$ 所满足的尺寸条件、光滑性条件、消失矩条件相对应的条件? 这是一个有趣的问题. 事实上, 对于满足齐次条件的 Calderón-Zygmund 核函数 $K(x)=\dfrac{\Omega(x)}{|x|^n}$, 它对应的乘子 $m(\xi)$

(i) $m(\xi)=m(\lambda\xi),\quad \lambda>0$,

(ii) $m(\xi)\in C^\infty(\mathbb{R}^n\backslash\{0\})$,

(iii) $\displaystyle\int_{\Sigma^n} m(\xi)d\sigma(\xi)=0$, 这里 Σ^n 是 $\mathbb{R}^n$ 中的单位球面.

注记 2.4 设 $K(x)$ 是一个分布函数, 相应的 Fourier 变换是 $m(\xi)$. 我们有如下已知的结果:

(i) 设 $m(\xi)$ 是满足 $m(\xi)\in C^\infty(\mathbb{R}^n\setminus\{0\})$ 的有界函数, 且

$$|\partial_\xi^\alpha m(\xi)|\leqslant C_\alpha|\xi|^{-|\alpha|},\quad \text{对于}\ \forall\quad \alpha.$$

则 $K(x)\in C^\infty(\mathbb{R}^n\setminus\{0\})$ 满足

$$|\partial_x^\alpha K(x)|\leqslant C'_\alpha|x|^{-n-|\alpha|},\quad \text{对于}\ \forall\quad \alpha.$$

(ii) 设 $\ell>\dfrac{n}{2}$, $m(\xi)$ 是满足 $m(\xi)\in C^\ell(\mathbb{R}^n\setminus\{0\})$ 的有界函数, 且

$$|\partial_\xi^\alpha m(\xi)|\leqslant C_\alpha|\xi|^{-|\alpha|},\quad \text{对于}\ \forall\quad 0\leqslant|\alpha|\leqslant\ell.$$

则 $K(x)\in L^1_{\text{loc}}(\mathbb{R}^n\setminus\{0\})$ 满足

$$\int_{|x|\geqslant 2|y|}|K(x-y)-K(x)|\leqslant C,\quad \text{对于}\ \forall\quad y\neq 0.$$

注记 2.5 第一代 Calderón-Zygmund 奇异积分算子的核函数 $K(x)=\mathcal{F}^{-1}m(\xi)$ 满足

$$K(x,y)\triangleq K(x-y)\sim O(|x-y|^{-n}). \tag{2.44}$$

为方便起见, 利用尺寸条件将 Calderón-Zygmund 奇异积分算子的概念予以推广. 设卷积型算子 (2.43) 对应的核函数满足

$$K(x,y)\sim O(|x-y|^{-n+\alpha}), \tag{2.45}$$

我们引入如下概念：

(i) 当 $\alpha=0$, $K(x-y)$ 对应着算子就是第一代 Calderón-Zygmund 奇异积分算子.

(ii) 当 $0<\alpha<n$, $K(x-y)$ 对应的卷积型算子称是弱奇异积分算子.

(iii) 当 $\alpha<0$, $K(x-y)$ 对应的卷积型算子称是强奇异积分算子.

我们发现, 当 Ω 是 $\mathbb{R}^n$ 中有界的光滑区域时, Laplace 方程的 Dirichlet 问题、Neumann 问题 (及其相应的外问题) 所对应的积分方程中出现的算子 (见式 (2.11) 及 (2.12)) 的核函数满足

$$|K(x,y)|=|K^*(x,y)|\sim O(|x-y|^{-n+2}), \tag{2.46}$$

这说明 T_K, T_{K^*} 是弱奇异积分算子. 注意到定义在有界光滑边界 $\partial\Omega$ 上的弱奇异积分算子 T_K 或 T_{K^*} 是紧算子, 故借助于 Fredholm 原理就可以研究椭圆边值问题适定性. 由此可见, 第一代奇异积分算子在处理常系数椭圆边值问题中起着关键作用.

(II) 第二代 Calderón-Zygmund 奇异积分算子

在处理变系数的椭圆型方程的边值问题时, 无法利用第一代 Calderón-Zygmund 奇异积分算子. 其原因在于变系数的椭圆型方程的解算子不再是卷积型算子, 这就诱导出第二代的奇异积分算子.

在 $\mathbb{R}^n$ 中考虑变系数的椭圆算子

$$\mathcal{L}u=-\sum_{i,j=1}^{n}a_{i,j}(x)\frac{\partial^2 u}{\partial x_i\partial x_j}.$$

由 Fourier 变换, 可将 $\mathcal{L}u$ 改写成

$$\begin{aligned}
\mathcal{L}u=&-\sum_{i,j=1}^{n}a_{ij}(x)\left(\left(\frac{\partial^2 u}{\partial x_i\partial x_j}\right)^{\wedge}\right)^{\vee}(x)\\
=&(2\pi)^{-\frac{n}{2}}\int_{\mathbb{R}^n}\sum_{i,j=1}^{n}a_{ij}(x)\xi_i\xi_j\hat{u}(\xi)e^{ix\cdot\xi}d\xi\\
=&(2\pi)^{-n}\int_{\mathbb{R}^n}\sum_{i,j=1}^{n}a_{ij}(x)\xi_i\xi_j\int_{\mathbb{R}^n}u(y)e^{-iy\cdot\xi}dye^{ix\cdot\xi}d\xi\\
=&(2\pi)^{-n}\int_{\mathbb{R}^n}\int_{\mathbb{R}^n}\sum_{i,j=1}^{n}a_{ij}(x)\xi_i\xi_j u(y)e^{i(x-y)\cdot\xi}dyd\xi\\
=&(2\pi)^{-n}\int_{\mathbb{R}^n}\int_{\mathbb{R}^n}\sum_{i,j=1}^{n}a_{ij}(x)\xi_i\xi_j e^{i(x-y)\cdot\xi}d\xi u(y)dy\\
\triangleq&\int_{\mathbb{R}^n}L(x,x-y)u(y)dy.
\end{aligned}$$

粗糙地来看, 线性偏微分方程 $\mathcal{L}u = g$ 的可解性就归结为如下奇异积分算子的有界性及可逆性研究.

定义 2.6 算子

$$Tf = \text{P.V.}\int_{\mathbb{R}^n} L(x, x-y)f(y)dy, \tag{2.47}$$

称是第二代 Calderón-Zygmund 奇异积分算子, 如果

(i) $L(x, \lambda z) = \lambda^{-n}L(x,z)$, $\forall\lambda > 0$.

(ii) $L(x,z) \in C^\infty(\mathbb{R}^n \times \mathbb{R}^n \setminus \{0\})$.

(iii) $\int_{\Sigma^n} L(x,z)d\sigma(z) = 0$, $\forall x \in \mathbb{R}^n$, 这里 Σ^n 是 $\mathbb{R}^n$ 中单位球面.

采用球调和函数的展开技术, 可以证明:

命题 2.1 对任意 $1 < p < \infty$, 则由 (2.47) 确定的第二代 Calderón-Zygmund 奇异积分算子 T 是 (p,p) 型算子. 进而, T 是弱 $(1,1)$ 型算子.

注记 2.7 (i) 从形式上来看, 第二代 Calderón-Zygmund 奇异积分算子是半卷积型算子.

(ii) 第二代 Calderón-Zygmund 奇异积分算子就是拟微分算子原始模型, 拟微分算子是第二代 Calderón-Zygmund 奇异积分算子及位势的推广. 一般地说, 拟微分算子可表示成

$$Tf = \int_{\mathbb{R}^n} \sigma(x,\xi)\hat{f}(\xi)e^{ix\xi}d\xi,$$

这里 σ 是 T 所对应的象征或符号. 拟微分算子的分类是按照象征 σ 及其导函数的增长尺寸来进行的. 对于任意 $m \in \mathbb{N}$, 称 $\sigma(x,\xi) \in S^m$, 如果

$$|\partial_x^\beta \partial_\xi^\alpha \sigma(x,\xi)| \leqslant C_{\alpha,\beta}(1+|\xi|)^{m-|\alpha|}.$$

可以证明, $\sigma(x,\xi) \in S^m$ 对应的拟微分算子可以写成

$$Tf = \text{P.V.}\int_{\mathbb{R}^n} R(x, x-y)f(y)dy$$

的形式. 更一般地, $\sigma(x,\xi) \in S^m_{\rho,\delta}$ 是指

$$|\partial_x^\beta \partial_\xi^\alpha \sigma(x,\xi)| \leqslant A_{\alpha,\beta}(1+|\xi|)^{m-\rho|\alpha|+\delta|\beta|}.$$

拟微分算子是处理一般变系数的线性偏微分方程理论最有效的工具之一, 有兴趣的读者可见 Hörmander 的专著 [H2].

(III) 第三代 Calderón-Zygmund 奇异积分算子

我们发现, 当研究 Laplace 方程的边值问题时, 边界的光滑度对于证明积分算子

$$T_K\varphi = \int_{\partial\Omega} K(x,y)\varphi d\sigma(y)$$

是弱奇异 Calderón-Zygmund 积分算子起着重要作用. 借助于弱奇异积分算子的紧性, 可用 Fredholm 理论来求解边值问题. 若放宽 $\partial\Omega$ 为 Lip 边界 (即 $\partial\Omega$ 局部地可表示成 Lip 函数的图像), 是否能求解椭圆边值问题? 这也是诱发人们研究第三代 Calderón-Zygmund 奇异积分算子的一个动因之一. 在表述问题之前, 先回忆几个概念：

(i) 称函数 φ：$\mathbb{R}^{n-1} \to \mathbb{R}$ 是 Lip 函数, 如果 $\exists M > 0$ 使得

$$|\varphi(x) - \varphi(y)| \leqslant M|x - y|, \quad \forall x, y \in \mathbb{R}^{n-1}. \tag{2.48}$$

(ii) 称 Ω 是 Lip 区域, 如果 $\partial\Omega$ 可局部地表示成某个 Lip 函数的图像. 为陈述简单起见, 可假设

$$\Omega = \{(x, y): \quad y > \varphi(x)\}, \quad \partial\Omega = \{(x, y): \quad y = \varphi(x)\}$$

这里 φ: $\mathbb{R}^{n-1} \longrightarrow \mathbb{R}$ 是 Lip 函数.

(iii) 设 $P \in \partial\Omega$. 称 Γ 是以 P 为顶点的非切向锥, 如果总存在另一个锥 Γ' 和某个 $\delta > 0$ 使得

$$\emptyset \neq \overline{\Gamma} \cap B_\delta(P) \setminus \{P\} \subset \Gamma' \cap B_\delta(P) \subset \Omega, \tag{2.49}$$

这里 $B_\delta(P)$ 是以 P 为心, δ 为半径的球.

(iv) 非切向极大函数：$\forall \beta > 1$, $P \in \partial\Omega$, 定义非切向极大函数为：

$$\mathcal{M}_\beta u(P) = \sup\left\{u(Q): \quad \big|Q - P\big| < \beta \mathrm{dist}(Q, \partial\Omega), \quad Q \in \Omega\right\}, \tag{2.50}$$

这里 u 是定义在 Lip 区域 Ω 上的函数.

与通常记号相同, 仍用

$$\mathcal{M}g(P) = \sup_{r>0} \frac{1}{\mu(\partial\Omega \cap B_r(P))} \int_{\partial\Omega \cap B_r(P)} |g(Q)| d\sigma(Q), \quad P \in \partial\Omega \tag{2.51}$$

表示 Hardy-Littlewood 极大函数, 这里 $\mu(A)$ 表示集合 A 的测度. 类似地, $\forall P \in \partial\Omega$, 定义

$$\mathcal{M}^* g(P) = \sup_{\substack{P \in B_r(Q) \\ r>0}} \frac{1}{\mu(\partial\Omega \cap B_r(Q))} \int_{\partial\Omega \cap B_r(Q)} |g(Q')| d\sigma(Q'). \tag{2.52}$$

容易看出, $\mathcal{M}$ 与 $\mathcal{M}^*$ 等价, 即

$$\mathcal{M}g \leqslant \mathcal{M}^* g \leqslant C\mathcal{M}g. \tag{2.53}$$

由 Hardy-Littlewood 极大函数理论, $\mathcal{M}$, $\mathcal{M}^*$ 均为 $L^p(\partial\Omega)$ 上的有界算子 ($1 < p < \infty$).

回过头来, 考虑 Lip 区域 Ω 上的 Dirichlet 问题

$$\begin{cases}\Delta u=0, & x\in\Omega\subset\mathbb{R}^n,\\ u\big|_{\partial\Omega}=f, & \partial\Omega\text{具有界的 Lip 边界}\end{cases}\tag{2.54}$$

与 Neumann 问题

$$\begin{cases}\Delta u=0, & x\in\Omega,\\ \left.\dfrac{\partial u}{\partial n}\right|_{\partial\Omega}=f, & \partial\Omega\text{具有界的 Lip 边界.}\end{cases}\tag{2.55}$$

以 $f\in L^2(\partial\Omega)$ 为例, 来说明 Dirichlet 问题及 Neumann 问题适定性的内涵.

Dirichlet 问题: 存在唯一的 $u(x)$ 在 Ω 内调和, 对几乎处处 $P\in\partial\Omega$, $u(Q)$ 非切向几乎收敛于 $f(P)$ 且满足 $\mathcal{M}_\beta u\in L^2(\partial\Omega)$.

Neumann 问题: 存在唯一的 $u(x)$ 在 Ω 内调和, 在边界上满足 $\mathcal{M}_\beta(\nabla u)\in L^2(\partial\Omega)$, 并且

$$n_P\cdot\nabla u(Q)\to f(P),\quad Q\text{以非切向收敛于}P.$$

例如, 考虑上半空间的 Dirichlet 问题

$$\begin{cases}\Delta u=0, & (x,t)\in\mathbb{R}^{n-1}\times\mathbb{R}^+,\\ u|_{t=0}=f, & f\in L^p(\mathbb{R}^{n-1}),\quad 1<p<\infty.\end{cases}\tag{2.56}$$

那么, $u=P_t(x)*f$ 就是 (2.56) 的唯一解, 并且

$$\sup_{t>0}\|u(x,t)\|_p\leqslant\|f\|_p,\tag{2.57}$$

$$\lim_{t\to0}u(x,t)\overset{\text{a.e.}}{=\!=}f.\tag{2.58}$$

这与前面所讲的 Dirichlet 问题的适定性含义完全吻合.

与光滑区域的边值问题类似, 考虑双层位势和单位位势

$$\mathcal{D}g=\frac{1}{\omega_n}\int_{\partial\Omega}\frac{\langle P-Q,n_Q\rangle}{|P-Q|^n}g(Q)d\sigma(Q),\quad P\in\Omega,\tag{2.59}$$

$$Sg=\frac{-1}{\omega_n(n-2)}\int_{\partial\Omega}\frac{g(Q)}{|P-Q|^{n-2}}d\sigma(Q).\tag{2.60}$$

注意到 $\partial\Omega$ 的具体表达式, 可将 $P=(z,y)$, $Q=(x,\varphi(x))$ 代入 (2.59), (2.60), 就得

$$\mathcal{D}g(z,y)=\frac{1}{\omega_n}\int_{\mathbb{R}^{n-1}}\frac{y-\varphi(x)-(z-x)\cdot\nabla\varphi(x)}{[|x-z|^2+|\varphi(x)-y|^2]^{\frac{n}{2}}}g(x)dx,\tag{2.61}$$

$$Sg(z,y)=\frac{-1}{\omega_n(n-2)}\int_{\mathbb{R}^{n-1}}\frac{\sqrt{1+|\nabla\varphi(x)|^2}}{[|x-z|^2+|\varphi(x)-y|^2]^{\frac{n-2}{2}}}g(x)dx,\tag{2.62}$$

这里用到

$$n_Q = \frac{(\nabla\varphi(x), -1)}{\sqrt{|\nabla\varphi(x)|^2+1}} \tag{2.63}$$

及 $\nabla\varphi$ 几乎处处存在. 直接验证, (2.61), (2.62) 所确定的函数在 Ω 上调和且满足如下结论：

命题 2.2 设 $1<p<\infty$, 则有

(i) $\mathcal{M}_\beta(\nabla Sg)$, $\mathcal{M}_\beta(\mathcal{D}g) \in L^p(\partial\Omega)$ 且

$$\|\mathcal{M}_\beta(\nabla Sg)\|_{L^p(\partial\Omega)}, \|\mathcal{M}_\beta(\mathcal{D}g)\|_{L^p(\partial\Omega)} \leqslant C\|g\|_{L^p(\partial\Omega)}. \tag{2.64}$$

(ii)

$$\lim_{\varepsilon\to 0}\frac{1}{\omega_n}\int_{|x-z|>\varepsilon}\frac{\varphi(z)-\varphi(x)-(z-x)\cdot\nabla\varphi(x)}{[|x-z|^2+|\varphi(x)-\varphi(z)|^2]^{n/2}}g(x)\,dx \overset{\text{a.e.}}{=\!=} Tg. \tag{2.65}$$

$$\lim_{\varepsilon\to 0}\frac{1}{\omega_n}\int_{|x-z|>\varepsilon}\frac{\varphi(x)-\varphi(z)-(x-z)\cdot\nabla\varphi(x)}{[|x-z|^2+|\varphi(x)-\varphi(z)|^2]^{n/2}}g(x)\,dx \overset{\text{a.e.}}{=\!=} T^*g. \tag{2.66}$$

$$\|Tg\|_{L^p(\Omega)},\quad \|T^*g\|_{L^p(\Omega)} \leqslant C\|g\|_{L^p(\partial\Omega)}. \tag{2.67}$$

(iii)

$$(\mathcal{D}g)^{\pm}(Q) = \pm\frac{1}{2}g(Q)+Tg(Q), \tag{2.68}$$

$$(n_Q\cdot\nabla Sg)^{\pm}(Q) = \mp\frac{1}{2}g(Q)+T^*g(Q), \tag{2.69}$$

这里“+”表示从 Ω 内取非切向极限, “−”表示从 Ω 的外部取非切向极限, T^* 是 T 的共轭算子. 因此 (2.54) 及 (2.55) 的求解归结为求解面上积分方程

$$\frac{1}{2}g(Q)+Tg(Q)=f, \tag{2.70}$$

$$-\frac{1}{2}g(Q)+T^*g(Q)=f. \tag{2.71}$$

由于 T 及 T^* 是非紧算子, 故无法利用 Fredholm 理论来处理式 (2.70) 和式 (2.71). 然而, T 及 T^* 属于第三代 Calderón-Zygmund 奇异积分算子. Coifman、McIntosh 及 Meyer[CMM] 证明了形如

$$T_j\varphi = \lim_{\varepsilon\to 0}\int_{|x-y|>\varepsilon}K_j(x,y)\varphi(y)dy \tag{2.72}$$

的算子是 $L^p\to L^p$ 上的有界算子 $(1<p<\infty)$, 这里

$$K_j(x,y) = \frac{\big((x,\varphi(x))-(y,\varphi(y))\big)_j}{|(x,\varphi(x))-(y,\varphi(y))|^n}. \tag{2.73}$$

由此亦就推得 T 及 T^* 是 (p,p) 型算子. 进而, 利用 Rellich 恒等式

$$\int_{\partial\Omega}\langle n_Q,e_n\rangle|\nabla u|^2d\sigma=2\int_{\partial\Omega}\frac{\partial u}{\partial y}\cdot\frac{\partial u}{\partial n}d\sigma,\quad e_n=(0,1),$$
$$u\in \mathrm{Lip}(\overline{\Omega}),\quad \Delta u=0\quad x\in\Omega. \tag{2.74}$$

可以证明

$$\int_{\partial\Omega}|\nabla_t u|^2d\sigma\approx\int_{\partial\Omega}\left|\frac{\partial u}{\partial n}\right|^2d\sigma, \tag{2.75}$$

这里

$$|\nabla_t u|^2=\sum_{j=1}^{n-1}\left|\langle\nabla u,T_j(x)\rangle\right|^2, \tag{2.76}$$

$(T_1(x),\cdots,T_{n-1}(x))$ 是 $\partial\Omega$ 在 $(x,\varphi(x))$ 处切平面的正交基底. 进而, 利用连续性方法可以证明算子 $\pm\frac{1}{2}I+T$ 及 $\pm\frac{1}{2}I+T^*$ 在 $L^2(\partial\Omega)$ 是可逆的. 从而建立了 (2.70), (2.71) 的可解性, 即 Dirichlet 及 Neumann 问题的适定性结果.

注记 2.8 关于 Lip 区域 Ω 上边值问题的研究. 1977 年 Dahlberg 利用调和测度方法, 首先解决了 Dirichlet 问题在 $L^p(\Omega)$ 上的可解性, 其中 $2-\varepsilon(\Omega)<p<\infty$. Dahlberg 的方法依赖于积分的正性、Harnack 不等式及极大值原理. 故无法用此方法求解 Neumann 问题、高阶椭圆型方程及椭圆方程组相关的边值问题. Fabes, Jodeit 及 Riviere[FJR], 利用 Calderón 在 [Ca] 中建立的 Cauchy 型积分在 C^1 曲线上的 L^p $(1<p<\infty)$ 有界性, 解决了 C^1 曲面上的椭圆边值问题. 1981 年, Coifman, McIntosh 及 Meyer [CMM] 推广了 Calderón 的结果, 建立 Cauchy 积分在 Lip 曲线上的 L^p 有界性, 才为解决 Lip 区域 Ω 上一般椭圆边值问题打开了大门. Verchota [V] 发现 Rellich 恒等式及其相应结果可以取代边界算子的紧性, 从而建立了 Lip 区域上一般椭圆边值问题的可解性, 也可见 Dahlberg 及 Kenig 的工作.

Laplace 方程在 Lip 区域 Ω 上边值问题, 有如下一般结果:

定理 2.3 对任意的 Lip 区域 Ω, 总存在 $\varepsilon=\varepsilon(\Omega)>0$, 对任意的

$$2-\varepsilon(\Omega)<p<\infty \tag{2.77}$$

及 $f\in L^p(\partial\Omega)$, 存在 u 满足

$$\begin{cases}\Delta u=0, & x\in\Omega,\\ u\big|_{\partial\Omega}=f, & x\in\partial\Omega,\end{cases}$$

这里边界取值是在非切向极限意义所取, 进而 $\mathcal{M}_\beta u\in L^p(\partial\Omega)$ 且

$$\|\mathcal{M}_\beta u\|_p\leqslant C\|f\|_p,\quad C=C(\beta,\Omega),\quad \beta>1. \tag{2.78}$$

定理 2.4 设 Ω 是任意的 Lip 区域, 总存在 $\varepsilon(\Omega)>0$ 使得对所有

$$1<p<2+\varepsilon(\Omega) \tag{2.79}$$

及 $f\in L^p(\partial\Omega)$, 存在 $u(x)$ 满足

$$\begin{cases}\Delta u=0, & x\in\Omega,\\ \dfrac{\partial u}{\partial n}=f, & x\in\partial\Omega,\end{cases}$$

这里边界条件意指: 当 P 非切向趋向于 Q 时, 有

$$n_Q\cdot\nabla u(P)\xrightarrow{\text{a.e.}}f(Q). \tag{2.80}$$

进而, $\mathcal{M}_\beta(\nabla u)\in L^p(\partial\Omega)$ 且

$$\|\mathcal{M}_\beta(\nabla u)\|_p\leqslant C\|f\|_p,\quad C=C(\beta,\Omega),\quad \beta>1.$$

注记 2.9 (i) 定理 2.11 的结果是最优的. 事实上, 即使对于光滑区域 Ω,

$$\begin{cases}\|\mathcal{M}_\beta(\nabla u)\|_1\leqslant C\|f\|_1,\\ \|\mathcal{M}_\beta(\nabla u)\|_p\leqslant C\|f\|_p, & \forall p>2\end{cases} \tag{2.81}$$

都可能失败. 同理, 对于 Dirichlet 问题, 亦有类似的结果.

(ii) 用上面方法, 可以处理驻定 Navier-Stokes 方程的边值问题

$$\begin{cases}\Delta u=\nabla P, & x\in\Omega,\\ \operatorname{div}u=0, & x\in\Omega,\\ u\big|_{\partial\Omega}=f, & \partial\Omega,\end{cases} \tag{2.82}$$

其中 $u=(u_1,\cdots,u_n)$, P 是纯量函数, 具体可见 [K].

下面给出第三代 Calderón-Zygmund 奇异积分算子的形式定义, 本质上就是 Lip 曲线上的 Cauchy 积分算子, 它是非卷积型算子.

定义 2.10 T: $\mathcal{D}(\mathbb{R}^n)\mapsto\mathcal{D}'(\mathbb{R}^n)$ 称是第三代 Calderón-Zygmund 奇异积分算子, 如果:

(i) $Tf(x)=\displaystyle\int_{\mathbb{R}^n}K(x,y)f(y)dy$, $f(x)\in\mathcal{D}(\mathbb{R}^n)$, $x\notin\operatorname{supp}f$.

(ii) $K(x,y)$ 是满足如下条件的分布核: 存在 $\epsilon>0$, 满足:

(a) $|K(x,y)|\leqslant C|x-y|^{-n}$, $x\neq y$.

(b) $|K(x,y)-K(x,y')|\leqslant|y-y'|^{\epsilon}|x-y|^{-n-\epsilon}$, $|y-y'|\leqslant\dfrac{1}{2}|x-y|$.

(c) $|K(x,y)-K(x',y)|\leqslant|x-x'|^{\epsilon}|x-y|^{-n-\epsilon}$, $|x-x'|\leqslant\dfrac{1}{2}|x-y|$.

定理 2.5 设 T 是第三代 Calderón-Zygmund 奇异积分算子, 且是 $L^2(\mathbb{R}^n)$ 上的有界线性算子. 则

(i) 对于任意的 $1<p<\infty$, T 是 (p,p) 型算子, 即 $\|T(f)\|_p \leqslant C\|f\|_p$.

(ii) T 是弱 $(1,1)$ 型算子, 即：

$$m\{x\in\mathbb{R}^n:\quad |T(f)(x)|>\lambda\}\leqslant\frac{\|f\|_1}{\lambda}.$$

定义 2.11 称算子 $Tf(x)=\int_{\mathbb{R}^n}K(x,y)f(y)dy$ 是弱有界算子 (WBO), 如果对于 $\mathcal{C}_c^{\ell(n)}(\mathbb{R}^n)$ 的任意有界集 S, 存在 $C=C(S)$ 使得

$$\left|\int_{\mathbb{R}^n}T\varphi^{x,\epsilon}(z)\psi^{x,\epsilon}(z)dz\right|<C\epsilon^n,\quad \forall\epsilon>0,\quad x\in\mathbb{R}^n,\quad \varphi(x),\psi(x)\in S,$$

这里 $\ell(n)$ 是一个充分大的整数, $\varphi^{x,\epsilon}(y)=\varphi\left(\dfrac{y-x}{\epsilon}\right)$.

我们知道, 消失性条件在证明第一代 Calderón-Zygmund 奇异积分算子是 $(2,2)$ 型算子是至关重要的, 对于第三代 Calderón-Zygmund 奇异积分算子而言, 相应的替代条件是什么? 这就是著名的 $T1$ 定理, 它回答了上面的问题.

定理 2.6 (David-Journé 的 $T1$ 定理) 设 $K(x,y)$ 是第三代 Calderón-Zygmund 奇异积分算子

$$Tf(x)=\int_{\mathbb{R}^n}K(x,y)f(y)dy$$

对应的核函数. 则第三代 Calderón-Zygmund 奇异积分算子是 $(2,2)$ 型算子充要条件是：

(i) $T1\in BMO(\mathbb{R}^n)$, $T^*1\in BMO(\mathbb{R}^n)$.

(ii) T 是 WBO 型算子.

§1.3 发展型方程的调和分析方法背景

本节我们从宏观的层面给予非线性发展方程的研究提供一个考察, 说明调和分析方法在近代发展型方程研究中的作用. 众所周知, 非线性发展方程的定解问题 (Cauchy 问题、初边值问题等) 均可归结为如下抽象 Cauchy 问题

$$\begin{cases}u_t+Au=F(u),\\ u(0)=\varphi(x).\end{cases}\tag{3.1}$$

它的研究主要涉及如下研究领域：

(A) 适定性问题.

(B) 解的性态 (含有限时刻 Blow-up、解的分歧、解的奇性传播、解的奇性结构).

(C) 解的散射性理论 (主要针对波方程、色散波方程) 与解的渐近行为 (主要针对耗散型方程如抛物型方程). 其中 (A) 包含局部适定性及整体适定性. 换言之, 给定初始函数 $\varphi \in X$, 问题 (3.1) 是否确定一个唯一的连续流 $u(t) \in C((-T,T);X)$ 或 $u(t) \in C((0,T);X)$. 特别, 当 $T=\infty$ 时, $u(t)\in C(\mathbb{R};X)$ 或 $u(t)\in C(\mathbb{R}^+;X)$ 就变成了整体流, 即问题 (3.1) 的整体适定性. 这里 Banach 空间 X 确保算子 A 在 X 生成一个 C_0 半群 (或 C_0 群). 换言之, 与 (3.1) 相应的自由系统

$$\begin{cases} v_t + Av = 0, \\ v(0) = \varphi(x) \end{cases} \tag{3.2}$$

有唯一解 $v(t) = e^{-At}\varphi$, 这里 e^{-At} 就是 A 生成的算子半群.

回过头来看, 如果 (3.1) 不能决定唯一的整体流, 解在什么时刻发生 Blow-up? 解在什么时刻发生分歧现象? 解的奇性是如何传播的? 解的奇性结构如何? 是否可以给出这一奇性的特征刻画? 如果 (3.1) 决定了一个连续的整体流, 当 $t\to\infty$ 或 $t\to\pm\infty$ 时, $u(t)$ 的渐近状态如何? 这就是 (C) 要研究的问题. 特别, 对于波动方程及色散波方程, 当解整体适定时, 派生出著名的散射性理论. 散射性理论主要涉及波算子的存在性及渐近完备性, 我们将在第 4、第 5 章中给出具体的刻画. 读者亦可参见 [S4] [Bo2] [So2] 及 [Mi6] 等专著.

一、经典研究方法与现代调和分析方法的比较

经典的研究方法： 无论抽象的半群方法或基于 Galerkin 型的有限逼近的紧致性方法, 主要在形如

$$L^\infty(I;B) \quad 或 \quad C(I,B), \quad B = L^p,\ W^{m,p}$$

来建立非线性发展方程解的适定性. 容易看出, 解关于空间变量属于某个自反的 Banach 空间 (前提条件是相应的线性方程在 B 上整体适定, 即存在整体解 $u(t)\in C(\mathbb{R};B)$ 或 $u(t)\in C(\mathbb{R}^+;B)$), 关于时间变量属于 L^∞. 这种仅仅借助于空间 $L^\infty(I;B)$ 或 $C(I;B)$ 来建立非线性发展方程的适定性, 对一般的非线性发展方程未必都是合适的. 究其原因在于它忽略了解的时空可积性. 一般来讲, 对于抛物型方程 (解只要存在, 就具有很好的光滑性), 由于解析半群的正则性, 其相应的抽象 Segal 定理很容易验证, 采用工作空间 $C(I;B)$ 是可以的. 但对于色散波方程、波动型方程, 仅采用 $C(I;L^2)$ 或 $C(I;H^s)$ 来建立其局部适定性是困难的. 必须借助于时空 Banach 空间, 在其子空间中研究适定性理论. 这正是调和分析方法所提供的.

现代调和分析方法： 人们在研究 Fourier 变换在光滑紧致曲面或具有非零曲率的非紧致曲面上的限制性估计时, 发现其对偶形式恰是某些自由发展方程解的时

空估计. 例如：记

$$\tau=\{\eta\in\mathbb{R}^{n+1}|\eta=(\xi,|\xi|^2),\xi\in\mathbb{R}^n\}, \tag{3.3}$$

它是一个具非零曲率的光滑的抛物面. 根据 Fourier 变换在光滑紧致曲面上的限制性估计及 Scaling 技术, 可以推得在非紧致抛物面 τ 上的 L^2 限制估计 (见 [St1], [St3], [Mi6] 及 [KT1])

$$\left(\int|\hat{f}|_\tau^2 d\tau(\eta)\right)^{1/2}\leqslant C\|f\|_{L^{q'}(\mathbb{R};L^{r'}(\mathbb{R}^n))}, \tag{3.4}$$

这里 $d\tau(\eta)=d\xi$, 而 (q,r) 满足

$$\frac{2}{q}=n\left(\frac{1}{2}-\frac{1}{r}\right), \tag{3.5}$$

$$\begin{cases}2\leqslant r\leqslant\dfrac{2n}{n-2}, & n\geqslant 3,\\ 2\leqslant r<\infty, & n=2,\\ 2\leqslant r\leqslant\infty, & n=1,\end{cases} \tag{3.6}$$

$q'=q/(q-1)$, $r'=r/(r-1)$. 通常称满足 (3.5), (3.6) 的 (q,r) 是关于 Schrödinger 方程的时空容许对.

本质上, 估计 (3.4) 的对偶形式恰好是自由 Schrödinger 方程 Cauchy 问题

$$\begin{cases}iv_t=-\Delta v, & (x,t)\in\mathbb{R}^n\times\mathbb{R},\\ v(0)=\varphi(x), & x\in\mathbb{R}^n\end{cases} \tag{3.7}$$

的解

$$v(t)=S(t)\varphi=\mathcal{F}^{-1}(e^{-i|\xi|^2t}\mathcal{F}\varphi) \tag{3.8}$$

所对应的 Strichartz 型时空估计

$$\|S(t)\varphi\|_{L^q(\mathbb{R};L^r(\mathbb{R}^n))}\leqslant C\|\varphi\|_{L^2(\mathbb{R}^n)}. \tag{3.9}$$

进而, 若上式中关于时间的积分区间 $\mathbb{R}$ 换成 $I\subset\mathbb{R}$ $(0\in\bar{I})$, 估计 (3.9) 仍然成立. 特别, 当 $q=r=2+\dfrac{4}{n}$ 或 $q=\infty$, $r=2$, (3.9) 就分别对应着

$$\|S(t)\varphi\|_{L^q_{t,x}(I\times\mathbb{R}^n)}\leqslant C\|\varphi\|_{L^2(\mathbb{R}^n)}, \tag{3.10}$$

$$\|S(t)\varphi\|_{L^\infty(I;L^2(\mathbb{R}^n))}\leqslant C\|\varphi\|_{L^2(\mathbb{R}^n)}. \tag{3.11}$$

进而, 作为 (3.9) 的直接结果, 线性方程解的非齐次部分所对应的时空估计是

$$\left\|\int_0^t S(t-\tau)g(x,\tau)d\tau\right\|_{L^{q_1}(I;L^{r_1}(\mathbb{R}^n))}\leqslant C\|g\|_{L^{q_2'}(I;L^{r_2'}(\mathbb{R}^n))}, \tag{3.12}$$

此处 (q_1, r_1) 及 (q_2, r_2) 是两个任意的时空容许对. 由此可见, 对非线性 Schrödinger 方程而言, 可选取

$$\mathcal{X}(I) = C(I; L^2) \cap \bigcap_{(q,r)\in\Lambda} L^q(I; L^r(\mathbb{R}^n)), \tag{3.13}$$

或

$$\mathcal{X}(I) = C(I; H^s) \cap \bigcap_{(q,r)\in\Lambda} L^q(I; B^s_{r,2}(\mathbb{R}^n)), \quad s\in\mathbb{R} \tag{3.14}$$

型的工作空间, 这里 Λ 表示全体时空容许对的集合. 这样, 对任意 $\varphi\in H^s$, 可在 (3.14) 定义的空间中研究非线性 Schrödinger 方程的 Cauchy 问题解的适定性, 即 $u(t)\in C(I; H^s)$ 且满足 $u(t)\in\mathcal{X}$. 可以看出, Strichartz 型时空估计及工作空间 $\mathcal{X}$ 的构造, 为非线性估计提供了有效方法及众多的选择.

调和分析的进一步研究表明, 上述的 Fourier 限制性估计可归结为如下的 Stein-Tomas 定理的特殊情形:

定理 3.1 设 $\mu\in M(\Sigma)$, $\dfrac{d\mu}{d\sigma}\in L^2(d\sigma)$, 则 $\hat{\mu}\in L^{\frac{2(n+1)}{n-1}}(\mathbb{R}^n)$ 且满足

$$\|\hat{\mu}\|_{L^{\frac{2(n+1)}{n-1}}(\mathbb{R}^n)} \lesssim \left\|\frac{d\mu}{d\sigma}\right\|_{L^2(\Sigma)}, \tag{3.15}$$

其中 Σ 是 $\mathbb{R}^n$ 中单位球面或 $n-1$ 维光滑的具非零 Riemann 曲率的紧致流形, $M(\Sigma)$ 表示 Σ 上可测函数.

自由 Schrödinger 方程 (3.7) 的解可以表示成

$$\begin{aligned} S(t)\varphi =&(2\pi)^{-\frac{n}{2}}\int_{\mathbb{R}^n} e^{ix\cdot\xi+i|\xi|^2t}\hat{\varphi}d\xi \\ =&(2\pi)^{-\frac{n}{2}}\int_{\mathbb{R}^{n+1}} e^{i(x,t)\cdot(\xi,\tau)}\hat{\varphi}(\xi)\delta(\tau-|\xi|^2)d\tau d\xi \\ =&(2\pi)^{-\frac{n}{2}}\int_{\mathbb{R}^{n+1}} e^{i\bar{x}\cdot\bar{\xi}}\hat{\varphi}(\xi)d\mu(\bar{\xi}) = (2\pi)^{\frac{1}{2}}\mathcal{F}^{-1}(\hat{\varphi}d\mu). \end{aligned} \tag{3.16}$$

这里 $d\mu(\bar{\xi}) = \delta(\tau-|\xi|^2)d\tau d\xi$, $\bar{x}=(x,t)$, $\bar{\xi}=(\xi,\tau)$.

设 $\Sigma_0\subset\Sigma$, 注意到 $\forall f(\bar{\xi})\in L^2(\Sigma_0)$ 及 $g(\bar{x})\in L^p(\mathbb{R}^{n+1})$,

$$\begin{aligned} \langle\hat{g}(\bar{\xi})|_{\Sigma_0}, f(\bar{\xi})\rangle_{L^2(\Sigma_0)} =&\langle g(\bar{x}), (f(\bar{\xi})d\sigma(\bar{\xi}))\check{}\rangle_{L^2(\mathbb{R}^{n+1})} \\ \leqslant&\|g\|_p\|(f(\bar{\xi})d\sigma(\bar{\xi}))\check{}\|_{p'}, \end{aligned} \tag{3.17}$$

由 Stein-Tomas 限制性估计, 可得

$$\left(\int_{\Sigma\cap\{\frac{1}{2}\leqslant|\xi|\leqslant 2\}} |\hat{g}(\bar{\xi})|^2 d\mu(\bar{\xi})\right)^{1/2} \leqslant A_p\|g\|_p, \quad p=\frac{2n+4}{n+4}, \tag{3.18}$$

此时 Σ 表示 $\mathbb{R}^{n+1}$ 中具非零曲率的 n 光滑 Riemann 流形. 由 Littlewood-Paley 理论、scaling 原理及对偶性原理, 可以推出：

$$\|S(t)\varphi\|_{L^{\frac{2(n+2)}{n}}(\mathbb{R}^{n+1})} \leqslant \|\hat{\varphi}\|_2 = \|\varphi\|_2. \tag{3.19}$$

定理 3.1 属于 L^2 型的限制性估计. 另外, Stein 还有如下著名的猜想：

Stein 猜想： 设 $\mu \in M(\Sigma^n)$, $\dfrac{d\mu}{d\sigma} \in L^\infty(d\sigma)$, 则

$$\hat{\mu} \in L^q(\mathbb{R}^n), \qquad q > \frac{2n}{n-1}, \tag{3.20}$$

这里 Σ^n 是 $\mathbb{R}^n$ 上的单位球面.

当 $n=2$ 时, Σ^n 是圆周, Stein 猜想 (3.20) 已彻底解决. 当 $n=3$ 时, 如果

$$q > 4 - \frac{5}{27}, \tag{3.21}$$

业已证明, Stein 猜想 (3.20) 成立. 然而, 在一般的情形下, Stein 猜想还没有解决, 这是一个很重要的公开问题. 它与现代调和分析及偏微分方程的研究有密切的关系. 例如, 在 $n=2$ 时, 借助于估计 (3.20), 可获得 2 维 Schrödinger 方程的许多深刻的结果, 见 Bourgain 文章 [Bo1].

注记 3.1 (i) 时空估计为研究非线性发展方程提供了合适的工作空间. 例如：对 $\forall\varphi \in L^2(\mathbb{R}^n)$, 半线性 Schrödinger 方程的 Cauchy 问题

$$\begin{cases} iu_t - \dfrac{1}{2}\Delta u = -|u|^{p-1}u, & (x,t) \in \mathbb{R}^n \times \mathbb{R}, \quad 1 < p < 1 + \dfrac{4}{n}, \\ u(0) = \varphi, & x \in \mathbb{R}^n \end{cases} \tag{3.22}$$

在 $L^2(\mathbb{R}^n)$ 中生成个整体流, 即 $u(t) \in C(\mathbb{R}; L^2(\mathbb{R}^n))$ 且满足

$$u(t) \in C(\mathbb{R}; L^2(\mathbb{R}^n)) \cap \bigcap_{(q,r)\in\Lambda} L^q_{\mathrm{loc}}(\mathbb{R}; L^r(\mathbb{R}^n)). \tag{3.23}$$

众所周知, 仅用形如 $C(I; L^2(\mathbb{R}^n))$ 空间是无法得到 (3.22) 在 L^2 中的局部适定性. 然而, 可用其子间

$$X = C(I; L^2(\mathbb{R}^n)) \cap \bigcap_{(q,r)\in\Lambda} L^q(I; L^r(\mathbb{R}^n))$$

来建立 (3.22) 在 $L^2(\mathbb{R}^n)$ 中的局部适定性. 进而, 借助于局部解满足 L^2 守恒积分, 证明 (3.22) 在 $L^2(\mathbb{R}^n)$ 中生成一个整体流, 详见 [Ts] 或 [Mi4]. 类似地, 在波方程、Schrödinger 方程的 Cauchy 问题解的适定性、散射性等问题研究中, 时空估计起着关键的作用. 最典型的例子如：借助 Strichartz 时空估计, Strauss 建立了波

方程、Schrödinger 方程的小能量散射理论 [S4], Brenner 解决了 Klein-Gordon 方程解的散射理论 [Br3], Ginibre-Velo 解决非线性 Schrödinger 方程的散射理论 [GV3] 等.

(ii) 借助于时空可积性, 可以在较弱的意义下导出能量恒等式. 例如: 设 $u(t) \in C(\mathbb{R}; H^1(\mathbb{R}^n))$ 是如下半线性 Schrödinger 方程

$$\begin{cases} iu_t = -\frac{1}{2}\Delta u + f(u), \\ u(0) = \varphi(x) \end{cases} \tag{3.24}$$

的 H^1 整体解. 如果 $u \in L^q_{\mathrm{loc}}(\mathbb{R}; L^r(\mathbb{R}^n))$, 这里 $(q, r) \in \Lambda$, 则总有

$$E_1(u(t)) = \int_{\mathbb{R}^n} (|\nabla u|^2 + V(u))dx = E_1(\varphi), \tag{3.25}$$

这里

$$\frac{\partial V(z)}{\partial \bar{z}} = f(z). \tag{3.26}$$

再如: 对于 Navier-Stokes 方程的 Cauchy 问题

$$\begin{cases} u_t - \Delta u + (u \cdot \nabla)u + \nabla P = 0, \\ \mathrm{div} u = 0, \\ u(0) = \varphi, \qquad \varphi \in L^2(\mathbb{R}^n) \end{cases} \tag{3.27}$$

的 Leray-Hopf 弱解 $u(t) \in L^\infty(\mathbb{R}^+; L^2(\mathbb{R}^n)) \cap L^2(\mathbb{R}^+; \dot{H}^1(\mathbb{R}^n))$, 它仅仅满足能量不等式

$$\|u(t)\|_2^2 + 2\int_0^t \|\nabla u\|_2^2 dt \leqslant \|u_0(x)\|_2^2 \quad 0 \leqslant t \leqslant T < \infty. \tag{3.28}$$

然而, 如果假设 Leray-Hopf 弱解 $u(t) \in L^q([0, T), L^r(\mathbb{R}^n))$, 这里

$$\frac{2}{q} = n\left(\frac{1}{r} - \frac{1}{p}\right), \quad n \leqslant r \leqslant p \leqslant \infty, \quad (q, r, n) \neq (\infty, 3, 3). \tag{3.29}$$

则 Leray-Hopf 弱解满足能量等式

$$\|u(t)\|_2^2 + 2\int_0^t \|\nabla u\|_2^2 dt = \|u_0(x)\|_2^2, \quad 0 \leqslant t \leqslant T < \infty. \tag{3.30}$$

进而, 由 Serrin-Wahl 的正则化理论, $u(t, x) \in C^\infty((0, T) \times \mathbb{R}^n)$.

(iii) 不同类型的发展方程的时空估计是不同的. 这样, 它所对应的容许对 (容许三元簇)、时空空间都有差别. 究其原因, 区别在于相应的自由线性发展方程对应着不同的振荡积分. 换言之, 对应着 Fourier 变换在不同的光滑流形上的限制性估计.

这也是调和分析中很有难度的问题. 可以讲, 这是调和分析及发展型方程联系的桥梁.

(iv) Strichartz 估计为研究非线性发展方程的适定性提供了一个标准的方法, 主要在具非负数阶的可微函数空间中求解. 然而, 从 scaling 分析可以预测, 有时它们可能在负数阶的可微函数空间中求解, 这就是所谓的低正则性问题. 如何研究非线性发展方程在低正则空间的适定性, 是一件很有意义的工作. Bourgain 根据方程线性部分的特征, 引入了一类双参数的函数空间, 结合非线性项的结构及 Fourier 分频技术, 可以很好的研究非线性色散方程及非线性波动方程的低正则性问题, 见 [Bo1], [Bo2] 或第四章.

二、乘子估计及其确定的合适的 Banach 空间

记算子 A 是常系数的微分算子, 考虑抽象 Cauchy 问题

$$\begin{cases} u_t + Au = f(u), \\ u(0) = \varphi(x). \end{cases} \tag{3.31}$$

众所周知, 许多经典的偏微分方程, 如: 热方程、Schrödinger 方程、波方程及一般的色散波方程等的定解问题均可归结成抽象的 Cauchy 问题 (3.31). 给定 $\varphi \in X$, 欲证明 (3.31) 在 X 上生成一个强连续流 $u(t) \in C(I;X)$, 起码要求 (3.31) 所对应的自由方程

$$\begin{cases} v_t + Av = 0, \\ v(0) = \varphi(x) \end{cases} \tag{3.32}$$

在 X 上生成一个整体连续流 $v(t) \in C(\mathbb{R};X)$ 或 $C(\mathbb{R}^+;X)$. 我们知道, (3.32) 的解 $v(t)$ 形式可表成

$$v(t) = \mathcal{F}^{-1}(e^{-A(i\xi)t}\mathcal{F}\varphi) = e^{-At}\varphi. \tag{3.33}$$

由此看来, (3.32) 在 X 中适定 (在 X 上生成一个连续流) 的充要条件是 A 在 X 中至少生成一个 C_0 半群. 如何判别微分算子 A 在一般的 L^p 或其相应的 Sobolev 空间 $H^{s,p}$ 中生成一个 C_0 半群 (群)?

形式上, (3.33) 所决定的解算子 $e^{-At} = \mathcal{F}^{-1}e^{-A(i\xi)t}*$ 生成了一个“代数”半群, 然而, 它未必在 L^p(或 $H^{s,p}$) 中生成一个 C_0 半群. 这是因为“代数”半群仅要求具有代数结构, 即满足一定的运算规律. 而 C_0 半群不仅要求满足一定的代数运算, 而且还要求一定的拓扑条件, 即

$$\lim_{t\to 0+} e^{-At}\varphi \overset{L^p}{=\!=} \varphi. \tag{3.34}$$

(3.34) 恰好对应着 (3.32) 的解关于初值的连续依赖性, 它是 Cauchy 问题 (3.32) 适定性要求的一部分.

关于半群的刻画, 有许多方法, 参见 [Pa] 及 [Yo] 的书. 我们知道, 解算子 $e^{-A(i\xi)t}*$ 是一个卷积型算子, 它自然是一个平移不变算子. e^{-At} 是否 L^p(或 $H^{s,p}$) 上的 C_0 半群, 就要看 e^{-At} 所对应的乘子 $e^{-A(i\xi)t}$ 是否属于 Hörmander 空间 $\mathcal{M}_p^p$. 具体地, 有如下乘子刻画:

定理 3.2 算子 A 在 L^p 中生成 C_0 半群 e^{-At}, 当且仅当下面条件之一成立:

(i) 对 $\forall\, t>0$, $m(\xi)=\mathcal{F}^{-1}e^{-A(i\xi)t}\in\mathcal{M}_p^p$.

(ii) 存在 $\omega\in\mathbb{R}$, 当 $\mathrm{Re}\lambda>\omega$ 时, 有

$$(\lambda I+A)^{-1}=\int_0^\infty e^{-\lambda t}T(t)dt. \tag{3.35}$$

此即表明: A 的预解式是抽象算子

$$T(t)=e^{-At}:\quad [0,\infty)\longrightarrow L^p$$

的拉普拉斯变换, 这里要求

$$\|T(t)\|\leqslant Me^{\omega t},\qquad \forall t\geqslant 0. \tag{3.36}$$

例 1 热算子、一般的 $2m$ 阶抛物型方程的解算子对应的乘子分别是

$$e^{-|\xi|^2t}\in\mathcal{M}_p^p,\quad t>0,\quad 1\leqslant p\leqslant\infty, \tag{3.37}$$

$$e^{-P_{2m}(\xi)t}\in\mathcal{M}_p^p,\quad t>0,\quad 1\leqslant p\leqslant\infty, \tag{3.38}$$

这里 $P_{2m}(\xi)$ 是 $2m$ 阶椭圆多项式, 进而

$$e^{-|\xi|^2(t+is)}, e^{-P_{2m}(\xi)(t+is)}\in\mathcal{M}_p^p,\quad t>0,\quad s\in\mathbb{R}. \tag{3.39}$$

从而推得 Δ, $P_{2m}(D)$ 在 L^p $(1\leqslant p<\infty)$ 上生成一个解析半群, 当 $p=\infty$, 将 L^∞ 换成 C_b 仍然成立.

例 2 Navier-Stokes 方程.

Navier-Stokes 方程对应的线性方程组的解算子所对应的乘子是

$$e^{-|\xi|^2t}\delta_{ij}+\frac{\xi_i}{|\xi|}\frac{\xi_j}{|\xi|}e^{-|\xi|^2t}\in\mathcal{M}_p^p,\quad 1<p<\infty. \tag{3.40}$$

类似于抛物型方程, $\mathcal{P}\Delta=A$ 在 $E^p=\{u\in(L^p)^n,\mathrm{div}u=0\}$ 上生成一个解析半群.

例 3 若取 $A=\pm i\Delta$ 或 $A=iQ(D)$, Q 是有理实函数, 这对应着 Schrödinger 方程及一般的色散波方程, 其自由方程所对应的解算子对应乘子分别是 $e^{\pm i|\xi|^2t}$ 及 $e^{iQ(\xi)t}$. 业已证明 $e^{\pm|\xi|^2t}$ 及 $e^{iQ(\xi)t}\in\mathcal{M}_p^p$ 的充要条件是 $p=2$. 故算子 $\pm i\Delta$, $iQ(D)$

仅能在 Hilbert 型空间 L^2 或 H^s 中生成 C_0 半群, 而在一般 $L^p(p\neq 2)$ 不能生成 C_0 半群, 参见 [Ho1] 及 [Mi6]. 这也正是我们仅能在 $X=L^2$ 或 H^s 研究色散波方程的原因.

例 4 经典的波方程 (或 Klein-Gordon 方程).

通过变换 $v=u_t$ 将线性波方程

$$\begin{cases} u_{tt}-\Delta u=0, \\ u(0)=\varphi(x), \qquad u_t(0)=\psi(x) \end{cases} \tag{3.41}$$

转化成一阶抽象 Cauchy 问题

$$\frac{d}{dt}\begin{pmatrix} u \\ v \end{pmatrix}-\begin{pmatrix} 0 & I \\ \Delta & 0 \end{pmatrix}\begin{pmatrix} u \\ v \end{pmatrix}=0 \qquad \begin{pmatrix} u \\ v \end{pmatrix}(0)=\begin{pmatrix} \varphi(x) \\ \psi(x) \end{pmatrix}. \tag{3.42}$$

此时, 线性波方程的解算子所对应的乘子

$$e^{Bt}\in \mathcal{M}_p^p, \qquad 这里 \quad B=\begin{pmatrix} 0 & 1 \\ -|\xi|^2 & 0 \end{pmatrix}$$

的充要条件是 $p=2$. 因此, 波动方程 (或 Klein-Gordon 方程) 一定要在形如 $X=\dot{H}^s\times \dot{H}^{s-1}$(或 $X=H^s\times H^{s-1}$) 中展开研究.

§1.4 Scaling 与发展型方程匹配的时空空间

上一节, 用乘子的观点考察了研究非线性发展方程

$$\begin{cases} u_t+Au=F(u), \quad x\in\mathbb{R}^n, \quad t\in\mathbb{R}^+ \quad (或\ \mathbb{R}), \\ u(0)=\varphi(x) \end{cases} \tag{4.1}$$

合适的 Banach 空间 X, 其原则是 A 在 X 中生成 C_0 半群. 换言之, (4.1) 对应的自由问题

$$\begin{cases} v_t+Av=0, \quad x\in\mathbb{R}^n, \quad t\in\mathbb{R}^+ \ (或\mathbb{R}), \\ v(0)=\varphi(x) \end{cases} \tag{4.2}$$

在 X 上生成一个连续流 $v(t)\in C(\mathbb{R}^+;X)$ 或 $v(t)\in C(\mathbb{R};X)$. 在此前提下, 是否可以证明非线性问题 (4.1) 在 $C(I;X)$ 上适定? 要实现这一目标, 单纯利用 $C(I;X)$ 来建立 (4.1) 的适定性是困难的, 有时甚至是不可能的. 这就需要在 $C(I;X)$ 的子空间中建立 (4.1) 的适定性, 子空间恰好是 $C(I;X)$ 与某些时空 Banach 空间的交. 容易看出, 这是很自然的. 因为自由系统 (4.2) 所决定的解除了属于 $C(I;X)$ 外, 解还具有某种意义下的时空可积性, 即解属于某种形式的时空 Banach 空间. 本节的目的是

从 Scaling 的角度来分析不同类型的发展方程所对应的时空 Banach 空间的形式和应满足的条件. 与此同时, 我们还将用 Scaling 的观点来阐述所取合适的 Banach 空间 X 与非线性项之间的关系, 用此关系来判断 (4.1) 是否在 $C(I;X)$ 中适定.

为简单起见, 设 $A=A(\nabla)$ 对应的象征 $A(\xi)$ 满足

$$A(\lambda i\xi)=\lambda^m A(i\xi),\qquad \lambda\in\mathbb{R}^+. \tag{4.3}$$

一般来讲, 我们限定合适的 Banach 空间是形如

$$X=H^{s,p}(\mathbb{R}^n)=(I-\Delta)^{-\frac{s}{2}}L^p,\quad s\in\mathbb{R},\quad 1<p<\infty \tag{4.4}$$

或

$$\dot{X}=\dot{H}^{s,p}(\mathbb{R}^n)=(-\Delta)^{-\frac{s}{2}}L^p,\quad s\in\mathbb{R},\quad 1<p<\infty. \tag{4.5}$$

显而易见, $X=H^{s,p}$ 或 $\dot{X}=\dot{H}^{s,p}$ 是研究 (4.1) 合适 Banach 空间的必要条件是 $e^{-A(i\xi)}\in\mathcal{M}_p^p$. 众所周知, 抛物型方程、Navier-Stokes 方程相应的解算子对应的象征 $e^{-A(i\xi)}\in\mathcal{M}_p^p$, 这里 $1<p<\infty$. 而对于 Schrödinger 方程、波动型方程及一般的色散波方程, $e^{-A(i\xi)}\in\mathcal{M}_p^p$ 的充要条件是 $p=2$.

一般来讲, (4.1) 适定性的研究是通过研究如下积分方程

$$u(t)=e^{-tA}\varphi+\int_0^t e^{-(t-\tau)A}F(u)(\tau)d\tau \tag{4.6}$$

来实现的. 为清楚起见, 先引入一些概念:

定义 4.1 (局部适定性) 称 (4.1) 或 (4.6) 在函数空间 X 中局部适定, 如果满足如下条件:

(i) 给定 $\varphi\in X$, 存在 $T=T(\|\varphi\|_X)$(当 X 是临界空间时, $T=T(\varphi)$) 和 (4.1) 或 (4.6) 的唯一解

$$u(t)\in\mathcal{X}(I)\equiv C(I;X)\cap\cdots \tag{4.7}$$

这里 "$\cdots$" 表示一些合适的时空 Banach 空间, 而 $T(\delta)$ 满足

$$\lim_{\delta\to 0}T(\delta)=\infty. \tag{4.8}$$

(ii) 存在 $r=r(\|\varphi\|_X)$ 及 $M(\|\varphi\|_X)>0$, 对任意 $\tilde{\varphi}\in X$ 满足

$$\|\tilde{\varphi}-\varphi\|_X<r(\|\varphi\|_X). \tag{4.9}$$

则

$$\|\tilde{u}(t)-u(t)\|_{\mathcal{X}(I)}\leqslant M(\|\varphi\|_X)\|\tilde{\varphi}-\varphi\|_X, \tag{4.10}$$

这里 $\tilde{u}(t)$, $u(t)$ 分别是以 $\tilde{\varphi}$, φ 为初值函数时所对应的解, $I=[0,T)$ 是两者的公共存在区间. 换言之, 解算子 $\tilde{\varphi}\longmapsto\tilde{u}(t)$ 决定了 $\{\tilde{\varphi}(x);\|\|\tilde{\varphi}-\varphi\|_X<r\}$ 到 $\mathcal{X}(I)$ 的局部 Lip 映射.

(iii) 如果 $\varphi\in Y\hookrightarrow X$, 则相应的解 $u(t)$ 满足

$$u(t)\in\mathcal{Y}(I)\equiv C(I;Y)\cap\cdots \tag{4.11}$$

注记 4.2 (a) 通过积分方程 (4.6) 而建立的解通常称为 mild 解, (i) 意味着 mild 解的存在唯一性. (ii)、(iii) 本质上意味着 mild 解就是强解, 它可以通过经典解在 $\mathcal{X}(I)$ 模意义下的极限而得到. 当初始函数足够光滑时, 相应的解就是经典解.

(b) 如果直接在 $C(I;X)$ 中求解 (4.1)(具体地说, 直接用在 $C(I;X)$ 范数诱导的度量意义下构造不动点) 是困难的, 除非 X 是 Banach 代数, 且要求非线性项 $F(u)$ 满足适当的光滑条件. 在非线性项较一般的条件下, 利用紧致法或其他方法得到的解 $u(t)\in L^\infty(I;X)$ 未必唯一, 也不能直接得到解的连续依赖性. Strichartz 估计为我们研究抽象 Cauchy 问题 (4.6) 提供了一个非常有效的方法, 即在 $C(I;X)$ 的子空间 $C(I;X)\cap Y$ 中研究 (4.6), 这里 Y 是一些合适的时空 Banach 空间. 换句话说, 就是要充分考虑到解的时空可积性.

(c) 当 X 是临界空间时, 总存在 $\eta>0$, 当 $\|\varphi\|_X<\eta$ 时, 可以获得解的整体适定性, 即

$$u(t)\in C(\mathbb{R};X)\cap\cdots\text{或}\quad u(t)\in C(\mathbb{R}^+;X)\cap\cdots. \tag{4.12}$$

定义 4.3 设 X 是 $\mathbb{R}^n$ 上分布函数所构成的 Banach 空间, $\dot{X}$ 表示相应的齐次空间. 令

$$\Lambda(\lambda)=\frac{\|\varphi(\lambda x)\|_{\dot{X}}}{\|\varphi(x)\|_{\dot{X}}},\quad\forall\varphi\in X,\quad\varphi\neq0,$$

定义 X 的最高光滑尺度为

$$\text{h-deg}(X)=\deg(\dot{X})=\log_\lambda\Lambda(\lambda). \tag{4.13}$$

容易看出, $\Lambda(\lambda)$ 是 λ 的齐次函数, 它不依赖 $\varphi(x)\neq0$ 的选取. 例如：

$$X=L^p(\mathbb{R}^n),\quad\text{h-deg}(X)=-\frac{n}{p},\quad1\leqslant p\leqslant\infty,$$

$$X=H^{s,p}(\mathbb{R}^n),\quad\text{h-deg}(X)=s-\frac{n}{p},\quad1\leqslant p\leqslant\infty,\quad s\in\mathbb{R},$$

$$X=B^s_{p,q}(\mathbb{R}^n),\quad\text{h-deg}(X)=s-\frac{n}{p},\quad1\leqslant p,q\leqslant\infty,\quad s\in\mathbb{R},$$

$$X=F^s_{p,q}(\mathbb{R}^n),\quad\text{h-deg}(X)=s-\frac{n}{p},\quad1\leqslant p<\infty,$$
$$1\leqslant q\leqslant\infty,\quad s\in\mathbb{R},$$

$$X = M_q^p, \quad \text{h-deg}(X) = -\frac{n}{p}, \quad 1 \leqslant q \leqslant p < \infty.$$

现假设 $F(u)$ 形如:

$$F(u) \sim |u|^\alpha u, \tag{4.14}$$

容易验证

$$u_\lambda(t) = \lambda^\theta u(\lambda^{-1}x, \lambda^{-m}t) \tag{4.15}$$

是

$$\begin{cases} u_t + Au = F(u), \\ u(0) = \lambda^\theta \varphi(\lambda^{-1}x) \end{cases} \tag{4.1$'$}$$

的解的充要条件是 $\theta = -\dfrac{m}{\alpha}$. 更一般地, 如果非线性函数 $F(u)$ (可能含有导数项) 满足

$$F(\lambda^\theta u(\lambda^{-1}x, \lambda^{-m}t)) = \lambda^{-m+\theta} F(u(\lambda^{-1}x, \lambda^{-m}t)), \quad \forall \lambda \in \mathbb{R}^+, \tag{4.16}$$

$u(x,t)$ 是 (4.1) 的解, 则 $u_\lambda = \lambda^\theta u(\lambda^{-1}x, \lambda^{-m}t)$ 是 (4.1)$'$ 的解.

设 A 在 L^p $(1 \leqslant p < \infty)$ 上生成一个 C_0 半群 (例如: (4.1) 对应着抛物型方程的情形), 取 $X = H^{s,p}(\mathbb{R}^n)$. 显然, 与此对应的线性问题在 $C(I; H^{s,p}(\mathbb{R}^n))$ 上是整体适定的. 现在的问题是: 对于满足 (4.16) 的非线性项, s, p 应满足什么条件才能确保 (4.1) 在 $C(I; H^{s,p}(\mathbb{R}^n)) \cap \cdots$ 上适定? s, p 应满足什么条件对应着临界空间呢?

从 Scaling 的角度来考虑, 预期的理想结果应该是:

(i) $\text{h-deg}(H^{s,p}) \geqslant \theta$, 即 $s \geqslant \dfrac{n}{p} + \theta$, 问题 (4.1) 在 $X = H^{s,p}(\mathbb{R}^n)$ 是局部适定的.

(ii) $\text{h-deg}(H^{s,p}) < \theta$, 即 $s < \dfrac{n}{p} + \theta$, 问题 (4.1) 在 $X = H^{s,p}(\mathbb{R}^n)$ 是不适定的.

(iii) 当 $\text{h-deg}(H^{s,p}) = \theta$, 即 $s = \dfrac{n}{p} + \theta$ 时, $X = H^{s,p}$ 对应着临界空间, 通常记 $s_p = \dfrac{n}{p} + \theta$.

但是, 对于不同的方程及不同类型的非线性项, 与上述理想的结果未必完全符合. 有时比预期的要好些, 如对流扩散方程

$$\begin{cases} u_t - \Delta u = \vec{a} \cdot \nabla(|u|^\alpha u), \quad t > 0, \quad x \in \mathbb{R}^n, \quad \vec{a} \in \mathbb{R}^n \setminus \{0\}, \\ u(0) = \varphi(x), x \in \mathbb{R}^n. \end{cases} \tag{4.17}$$

详见 [EZ]. 有时无法达到预期的结果, 例如:

$$\begin{cases} u_{tt} - \Delta u = u^2, \quad x \in \mathbb{R}^n, \quad t \in \mathbb{R}, \\ u(x,0) = f(x), \quad u_t(x,0) = g(x). \end{cases} \tag{4.18}$$

Scaling 建议的 (4.18) 应在 $X = H^s(\mathbb{R}^3)\times H^{s-1}(\mathbb{R}^3)$ 中适定, 这里 $s \geqslant -\frac{1}{2}$. 然而, Lindblad 在 [L] 中证明当 $s<0$ 时, (4.18) 是不适定的. 但是, 对于某些特殊的非线性项 $F(u)$, 例如:

$$\begin{cases} u_{tt}-\Delta u = \sum_{j=1}^{3}(\partial_{x_j}u)^2-(\partial_t u)^2, \\ u(x,0)=f(x), \quad \partial_t u(x,0)=g(x) \end{cases} \tag{4.19}$$

或更一般的满足零条件的非线性项 (见 [KM1], [K]), 其适定性同 Scaling 所建议的情形相符. 当 $s>\frac{3}{2}$ 时, (4.19) 在 $X = H^s\times H^{s-1}$ 中适定. 总之, Scaling 技术为研究非线性发展方程提供了一个基本标准, 特别是对抛物型方程而言, 基本上是符合的. 我们将在下面的几章里, 分别对几类重要的方程, 如热传导方程、Navier-Stokes 方程、Schrödinger 方程、波动型方程予以详细地讨论.

下面利用 Scaling 原理来考察线性发展方程的解应属于什么样的时空 Banach 空间, 这些时空 Banach 空间在研究非线性发展方程中起着决定作用, 下面我们分几类情形来予以考察.

I. 抛物型方程

设 m 阶齐次算子 $-A$ 在 $L^r(1<r<\infty)$ 中生成解析半群. 直接验证, 若 $v=v(x,t)$ 是 (4.2) 的解, 则 $v_\lambda(t)=v(\lambda x,\lambda^m t)$ 是 (4.2) 将初始函数换成 $\varphi(\lambda x)$ 的解. 若 $v(x,t)\in L^q(\mathbb{R}^+,L^p(\mathbb{R}^n))$, $1<p,q<\infty$, 那么, p, q 应满足什么条件?

记

$$\mathcal{E}_{p,q}(\lambda)=\|v(\lambda x,\lambda^m t)\|_{L^q(\mathbb{R}^+;L^p(\mathbb{R}^n))}, \tag{4.20}$$

$$\mathcal{E}_r(\lambda)=\|\varphi(\lambda x)\|_{L^r(\mathbb{R}^n)}. \tag{4.21}$$

那么, $v(t)\in L^q(\mathbb{R}^+;L^p(\mathbb{R}^n))$ 的必要条件是

$$\mathrm{order}(\mathcal{E}_{p,q}(\lambda))=\mathrm{order}(\mathcal{E}_r(\lambda)), \tag{4.22}$$

即

$$\frac{m}{q}=n\left(\frac{1}{r}-\frac{1}{p}\right). \tag{4.23}$$

我们将会在第二章看到, 当

$$1<r\leqslant p<\begin{cases}\dfrac{rn}{n-m}, & n>m,\\ \infty, & n\leqslant m\end{cases} \tag{4.24}$$

时, (4.23) 确定的 (q,p) 就是 $v(t)\in L^q(\mathbb{R}^+,L^p(\mathbb{R}^n))$ 的充要条件. 进而, 对于

$$1\leqslant r\leqslant p<\begin{cases}\dfrac{rn}{n-rm}, & n>rm,\\ \infty, & n\leqslant rm\end{cases} \tag{4.25}$$

而言, (4.23) 确定的 (q,p) 确保

$$\sup_{t\geqslant 0} t^{\frac{1}{q}}\|v(t)\|_p<\infty \quad \text{或} v\in \mathcal{C}_{q(p,r)}(\mathbb{R}^+;L^p(\mathbb{R}^n)),$$

这里

$$\mathcal{C}_\sigma(I;L^p(\mathbb{R}^n))=\Big\{u\Big|u\in C(\dot{I};L^p(\mathbb{R}^n))\text{且}\sup_{t\in I} t^{\frac{1}{\sigma}}\|u\|_p<\infty,$$
$$I\subseteq\mathbb{R},\dot{I}\text{是 I 的开区间},\sigma>0\Big\}.$$

此空间在研究抛物型方程、Navier-Stokes 方程的 Cauchy 问题中, 扮演着 $L^q(I;L^p(\mathbb{R}^n))$ 在研究诸如色散波方程、波动型方程中的角色.

上面的容许关系 (4.23) 是从 Scaling 的角度给出的. 现在我们可以从 L^p-L^q 估计来考察, 对于抛物型方程 (4.2) 的解, 有

$$\|v(t)\|_\ell\leqslant\|\varphi\|_\ell,\qquad 1\leqslant\ell\leqslant\infty$$

及

$$\|v(t)\|_\infty\leqslant Ct^{-\frac{n}{m}}\|\varphi\|_\ell,\quad t>0.$$

由插值定理可见

$$\|v(t)\|_p\leqslant Ct^{-\frac{n}{m}(\frac{1}{r}-\frac{1}{p})}\|\varphi\|_r\quad 1<r\leqslant p. \tag{4.26}$$

由此推得: 欲使 $v\in L^q(\mathbb{R}^+;L^p(\mathbb{R}^n))$ 或 $\mathcal{C}_{q(p,r)}(\mathbb{R}^+;L^p(\mathbb{R}^n))$, 须有关系式 (4.23).

注记 4.4 当 A 不是齐次微分算子时, 通过 Scaling 来考察相应的时空 Banach 空间 $L^q(I;L^p(\mathbb{R}^n))$ 对应的容许关系式并不明显. 例如: 当波动方程化成关于 t 的一阶发展方程 (组), 相应的算子就不是齐次微分算子. 在此情形下, 可用自由方程 L^p-L^q 估计来考察相应容许关系.

II. 色散波方程

设算子 A 仅能在 $L^2(\mathbb{R}^n)$ 或 $H^s(\mathbb{R}^n)$ 上生成 C_0 半群, 而在一般的 L^r $(r\neq 2)$ 型的空间上不能生成 C_0 半群. 类同于抛物型方程的情形, 若 A 对应着 m 阶齐次微分算子, 记 $v(t)=v(x,t)$ 是 (4.2) 的解, 则 $v_\lambda(t)=v(\lambda x,\lambda^m t)$ 就是 (4.2) 将初始函数 $\varphi(x)$ 换成 $\varphi(\lambda x)$ 时的解. 容易看出, $v\in L^q(\mathbb{R};L^p(\mathbb{R}^n))$ 的必要条件是

$$\operatorname{order}(\mathcal{E}_{p,q}(\lambda))=\operatorname{order}(\mathcal{E}_2(\lambda)),$$

这时 $\mathcal{E}_{p,q}(\lambda)$, $\mathcal{E}_2(\lambda)$ 类同于 (4.20), (4.21). 上式意味着容许关系

$$\frac{m}{q}=n\left(\frac{1}{2}-\frac{1}{p}\right). \tag{4.27}$$

进而, 我们将会看到, 当

$$2 \leqslant p < \begin{cases} \dfrac{2n}{n-m} & n > m, \\ \infty & n \leqslant m \end{cases} \tag{4.28}$$

时, (4.27) 确定的 (q,p) 可使问题 (4.2) 的解 $v \in L^q(\mathbb{R}; L^p(\mathbb{R}^n))$.

另一方面, 当 $m > 2$ 时, $iA(i\xi)$ 对应着 m 阶正定 (负定) 多项式时, 则自由解满足正则性的 $L^{p'}$-L^p 估计 (见 [KPV1])

$$\|S(t)\varphi\|_{\dot{H}^{2s_p,p}} = \|\partial^{2s_p} S(t)\varphi\|_p \leqslant C|t|^{-n(\frac{1}{2}-\frac{1}{p})}\|\varphi\|_{p'}, \tag{4.29}$$

这里 $v(t) = e^{-At}\varphi(x)$, $s_p = \dfrac{n(m-2)}{2}\left(\dfrac{1}{2}-\dfrac{1}{p}\right)$, $2^* = \dfrac{2n}{n-2}$ 以及

$$\begin{cases} 2 \leqslant p < 2^*, & n \geqslant 2, \\ 2 \leqslant p \leqslant \infty, & n = 1. \end{cases} \tag{4.30}$$

于是, $v(t) = S(t)\varphi \in L^q(\mathbb{R}; \dot{H}^{s_p,p}(\mathbb{R}^n))$ 的必要条件应是

$$\frac{2}{q} = n\left(\frac{1}{2}-\frac{1}{p}\right). \tag{4.31}$$

特别, 对于经典的 Schrödinger 方程而言, 容许关系 (4.27) 与正则的容许关系 (4.31) 等价.

注记 4.5 我们会发现, 一般色散波方程与一般抛物型方程对应的许容关系是类似的. 从 L^p-$L^{p'}$ 估计及 L^p-L^r 估计关于时间的衰减来看容许关系是有区别的. 抛物型方程的容许关系 (4.23) 确定三元容许簇 (q,p,r); 对色散波方程来讲, $r \equiv 2$, 并且解算子对应的估计是 $L^{p'}$ 到 L^p 的有界线性算子 $(t \neq 0)$, 而非 $L^2 \to L^p$ 的有界线性算子, 即

$$\|S(t)\varphi\|_p \leqslant C|t|^{-\frac{2n}{m}(\frac{1}{2}-\frac{1}{p})}\|\varphi\|_{p'} = C|t|^{-\frac{n}{m}(\frac{1}{p'}-\frac{1}{p})}\|\varphi\|_{p'}. \tag{4.32}$$

因此, 由 TT^* 方法及 Hardy-Littlewood-Sobolev 不等式, 定义容许关系

$$\frac{2}{q} = \frac{2n}{m}\left(\frac{1}{2}-\frac{1}{p}\right) = \frac{n}{m}\left(\frac{1}{p'}-\frac{1}{p}\right), \tag{4.33}$$

这与 Scaling 推出的 (4.27) 等价. 依此原则, 正则 $L^{p'}-L^p$ 估计及 Hardy-Littlewood-Sobolev 不等式、TT^* 方法就决定了正则容许关系 (4.31).

III. 波动型方程

众所周知, 可以将线性波动方程的 Cauchy 问题

$$\begin{cases} u_{tt} - \Delta u = 0, \\ u(0) = \varphi(x), \quad u_t(0) = \psi(x) \end{cases} \tag{4.34}$$

转化成抽象的 Cauchy 问题 (4.2), 此时

$$A = \begin{pmatrix} 0 & I \\ \Delta & 0 \end{pmatrix}, \quad V = \begin{pmatrix} u \\ u_t \end{pmatrix}, \quad V(0) = \begin{pmatrix} \varphi \\ \psi \end{pmatrix}. \tag{4.35}$$

由于 A 已非 2 阶齐次微分算子, 先从线性问题 (4.34) 解的 $L^{p'}$-L^p 估计、TT^* 方法及 Hardy-Littlewood-Sobolev 不等式, 来考察研究非线性波方程所需要的时空 Banach 空间.

记

$$u[0] = (\varphi, D^{-1}\psi), \qquad D^{-1} = (-\Delta)^{-\frac{1}{2}}. \tag{4.36}$$

容易验证

$$u(t) = \mathcal{F}^{-1}(\cos|\xi|t\mathcal{F}\varphi) + \mathcal{F}^{-1}\left(\frac{\sin|\xi|t}{|\xi|}\mathcal{F}\psi\right) \tag{4.37}$$

是 (4.34) 的解且满足能量恒等式

$$E(u(t), u_t(t)) = \int_{\mathbb{R}^n} \left[|\partial_t u|^2 + \sum_{j=1}^n |\partial_{x_j} u|^2\right] dx = E(\varphi(x), \psi(x)). \tag{4.38}$$

对任意 $s \geqslant 0$, 有能量不等式

$$\|\partial u(t)\|_{H^s} \leqslant \|\partial u(0)\|_{H^s}, \qquad \partial = (\partial_t, \partial_1, \cdots, \partial_n), \tag{4.39}$$

详见 [So2] 及 [PS]. 另一方面, 我们有如下色散不等式

$$\|u(t)\|_{\mathrm{BMO}} \leqslant C|t|^{-\frac{n-1}{2}} \|D^{\frac{n+1}{2}} u[0]\|_{\mathcal{H}_1}, \tag{4.40}$$

这里 $\mathcal{H}_1$ 表示 Hardy 空间. 由插值定理可得如下 Strichartz-Brenner 估计

$$\|u(t)\|_r \leqslant C|t|^{-\gamma(r)} \|\nabla^\sigma \partial u(0)\|_{r'}, \tag{4.41}$$

这里

$$\gamma(r) = (n-1)\left(\frac{1}{2} - \frac{1}{r}\right), \quad \frac{1}{r} + \frac{1}{r'} = 1, \quad r \geqslant 2, \tag{4.42}$$

$$\sigma = 2\delta(r) - \gamma(r) - 1, \quad \delta(r) = n\left(\frac{1}{2} - \frac{1}{r}\right). \tag{4.43}$$

因此, 对于 $(\varphi(x), \psi(x)) \in H^\sigma \times H^{\sigma-1}$, 由 TT^* 方法及 Strichartz-Brenner 的 $L^{p'}$-L^p 估计, 便得

$$\|u(t)\|_{L^q(\mathbb{R}; L^r(\mathbb{R}^n))} \leqslant C\|u[0]\|_{H^\sigma} \tag{4.44}$$

成立的必要条件是

$$\sigma = \delta(r) - \frac{1}{q} = n\left(\frac{1}{2} - \frac{1}{r}\right) - \frac{1}{q}. \tag{4.45}$$

进而, 若 (q,r) 满足

$$\frac{2}{q} \leqslant \gamma(r), \quad q \geqslant 2, \quad (q,r,n) \neq (2,\infty,3), \tag{4.46}$$

则容许关系 (4.45) 确定的 (q,r) 确保 (4.44) 成立.

注记 4.6 (i) 当 $\sigma = 0$ 时, 波方程有如下特殊形式的容许关系

$$\frac{1}{q} = n\left(\frac{1}{2} - \frac{1}{r}\right). \tag{4.47}$$

易见, 若 $u = u(x,t)$ 是 (4.34) 的解, 则 $u_\lambda = u(\lambda x, \lambda t)$ 是 (4.34) 将初值换成 $(\varphi(\lambda x), \lambda\psi(\lambda x))$ 时的解. 因此, 欲使 $u(t,x) \in L^q(\mathbb{R}, L^r(\mathbb{R}^n))$, 其必要条件应是

$$\deg(\mathcal{E}_{q,r}(\lambda)) = \deg(\mathcal{E}_2(\lambda)), \tag{4.48}$$

这里

$$\mathcal{E}_{q,r}(\lambda) = \|u_\lambda\|_{L^q(\mathbb{R};L^r(\mathbb{R}^n))}, \quad \mathcal{E}_2(\lambda) = \|\varphi(\lambda x)\|_2 + \|\lambda\psi(\lambda x)\|_{\dot{H}^{-1}}, \tag{4.49}$$

这恰好意味着容许关系式 (4.47).

(ii) 当 $\sigma = \beta(r) = \dfrac{n+1}{2}\left(\dfrac{1}{2} - \dfrac{1}{r}\right)$ 时, 波方程有如下特殊形式的容许关系 (通常用的最佳容许关系)

$$\frac{1}{q} = \frac{n-1}{2}\left(\frac{1}{2} - \frac{1}{r}\right). \tag{4.50}$$

易见, 若 $u = u(x,t)$ 是 (4.34) 的解, 则 $u_\lambda = u(\lambda x, \lambda t)$ 是 (4.34) 将初值换成 $(\varphi(\lambda x), \lambda\psi(\lambda x))$ 时的解. 因此, 欲使 $u(t,x) \in L^q(\mathbb{R}, L^r(\mathbb{R}^n))$, 其必要条件应是

$$\deg(\mathcal{E}_{q,r}(\lambda)) = \deg(\mathcal{E}_2^{\beta(r)}(\lambda)), \tag{4.51}$$

这里

$$\mathcal{E}_2^{\beta(r)}(\lambda) = \|\varphi(\lambda x)\|_{\dot{H}^{\beta(r)}} + \|\lambda\psi(\lambda x)\|_{\dot{H}^{\beta(r)-1}}, \tag{4.52}$$

这恰好意味着容许关系式 (4.50).

IV. 分数阶发展方程

直接验证, $v(t) = \mathcal{F}^{-1}E_{1+\alpha}(-|\xi|^2 t^{1+\alpha}) * \varphi$ 是如下分数阶发展方程

$$\begin{cases} \dfrac{\partial^{\alpha+1} v}{\partial t^{\alpha+1}} = \Delta v, \quad 0 < \alpha < 1, \quad x \in \mathbb{R}^n, \quad t \geqslant 0, \\ v(0) = \varphi \end{cases} \tag{4.53}$$

的解, 这里 $E_{1+\alpha}(-|\xi|^2)$ 是 Mittag-Leffler 函数 (见 [HM]). 由于 $E_{1+\alpha}(-|\xi|^2) \in \mathcal{M}_p$, 故 $\mathcal{F}^{-1}E_{1+\alpha}(-|\xi|^2t^{1+\alpha})*$ 在任意 L^p $(1 < p < \infty)$ 上生成一个整体流. 由 Scaling 技术, 若 $v(t) = v(x,t)$ 是 (4.53) 的解, 则 $v_\lambda(t) = v(\lambda x, \lambda^{\frac{2}{1+\alpha}}t)$ 是分数阶方程以 $\varphi_\lambda(x) = \varphi(\lambda x)$ 为初始函数的解. 这样欲使 $v(t) \in L^q(\mathbb{R}^+, L^p(\mathbb{R}^n))$, 其必要条件应是

$$\operatorname{order}(\mathcal{E}_{p,q}(\lambda)) = \operatorname{order}(\mathcal{E}_r(\lambda)), \tag{4.54}$$

这里

$$\mathcal{E}_{p,q}(\lambda) = \|v(\lambda x, \lambda^{\frac{2}{1+\alpha}}t)\|_{L^q(\mathbb{R}^+,L^p(\mathbb{R}^n))}, \quad \mathcal{E}_r(\lambda) = \|\varphi(\lambda x)\|_r, \tag{4.55}$$

即

$$\frac{1}{q} = \frac{(\alpha+1)n}{2}\left(\frac{1}{r} - \frac{1}{p}\right), \tag{4.56}$$

这里

$$1 < r \leqslant p < \begin{cases} \dfrac{n(1+\alpha)r}{n(1+\alpha)-2}, & n \geqslant 2, \\ \infty, & n = 1. \end{cases} \tag{4.57}$$

借此可构造时空 Banach 空间 $L^q(I; L^p(\mathbb{R}^n))$ 来研究非线性分数阶发展方程, 详见 [HM].

第二章 抛物型方程

本章致力于研究如下抽象的抛物型方程的 Cauchy 问题

$$\begin{cases} u_t + Au = F(u), \\ u(0) = \varphi(x), \end{cases} \tag{0.1}$$

这里 $A = -P_{2m}(D)$ 是 $2m$ 阶的椭圆算子且 A 在 $L^p(\Omega)$ 上生成一个解析半群, 这里 $1 < p < \infty$. $F(u)$ 是非线性函数 (最多含 u 的 $2m-1$ 阶导数). 容易看出, 当 $\Omega = \mathbb{R}^n$ 时, (0.1) 就对应着经典的 Cauchy 问题; 当 $\Omega \subseteq \mathbb{R}^n$ 是有界光滑区域且 $D(A) = W^{2m,p}(\Omega) \cap W_0^{m,p}(\Omega)$ 时, (0.1) 就对应着齐次 Dirichlet 问题. 本章主要以 Cauchy 问题为主展开讨论. 对于初边值问题, 相应的结果仍然成立. 由于篇幅所限, 我们不具体讨论了, 必要时我们给出一些注记予以说明.

类似于波方程及色散波方程, 对抛物型算子, 亦可以引入时空容许簇及时空 Banach 空间来研究非线性抛物方程. 读者将会看到, 对于抛物型方程而言, 我们将选取与波方程、色散波方程不同的时空 Banach 空间, 以方便使用逐次延拓法. 当然, 亦可以选取与波方程类似的时空 Banach 空间来研究非线性抛物方程. 对于抛物型算子而言, 它在任意 L^p $(1 < p < \infty)$ 上生成解析半群, 故初值函数空间的选取余地也很大, 容许簇的选取范围也较大, 这在非线性估计中很重要, 充分体现了抛物型算子具有很好的正则性. 但对于波算子或色散波算子, 它们仅在 Hilbert 型的空间 H^s $(s \in \mathbb{R})$ 上生成 C_0 半群, 故初值函数只能属于 Hilbert 型的空间 H^s, 容许对的选取范围及相应的时空空间较固定.

本章试图给出一个统一的方法来处理半线性抛物型方程. 主要思想是通过建立线性抛物型方程解的时空估计, 对不同类型的非线性项, 在 Scaling 原则的启示下, 选取合适的时空容许三元簇, 进而在合适的工作空间中建立非线性抛物型方程 Cauchy 问题的适定性. 与此同时, 我们还将给出处理具非齐次非线性增长的抛物型方程的一些方法, 特别是如何处理小解的整体适定性、如何建立临界 Banach 空间中的具指数阶增长的非线性项的抛物型方程解的局部适定性及小解的整体适定性的技巧和方法.

§2.1 线性抛物型方程解的时空估计

本节我们建立如下线性抛物型方程的 Cauchy 问题

$$\begin{cases} u_t + Au = 0, & (x,t) \in \mathbb{R}^n \times [0,\infty), \\ u(0) = \varphi(x), & \varphi(x) \in L^r(\mathbb{R}^n), \quad 1 < r < \infty \end{cases} \tag{1.1}$$

的解

$$u = \mathcal{F}^{-1} e^{P_{2m}(\xi)t} \mathcal{F}\varphi = e^{-At}\varphi \tag{1.2}$$

的时空估计, 这里 $A = -P_{2m}(D)$, $D_x = i^{-1}\partial_x$, $P_{2m}(\xi)$ 是算子所对应的象征, 它是一个 $2m$ 阶的椭圆多项式, 满足

$$\mathrm{Re} P_{2m}(\xi) < 0, \quad \forall \xi \in \mathbb{R}^n \setminus \{0\}. \tag{1.3}$$

至于其他边值问题, 均可化成如下抽象的 Cauchy 问题

$$\begin{cases} u_t + Au = 0, & (x,t) \in \Omega \times [0,\infty), \\ u(0) = \varphi, & \varphi \in D(A). \end{cases} \tag{1.4}$$

A 生成了 $L^r(\Omega)$ 上的解析半群 e^{-At}, 这里 $1 < r < \infty$. 进而 (1.4) 的解 $u(t) = e^{-At}\varphi$ 满足

$$\|A^\gamma e^{-At}\varphi\|_p \leqslant Ct^{-\gamma}\|\varphi\|_p, \quad t > 0, \quad 1 < p < \infty, \tag{1.5}$$

这里 $2m$ 是算子 A 的阶数, $\gamma \geqslant 0$.

在建立线性问题 (1.1) 解的时空估计之前, 先引入一些基本概念及一些必要的定义.

定义 1.1　称 (q,p,r) 关于 $2m$ 阶抛物算子是三元容许簇, 如果

$$\frac{1}{q} = \frac{n}{2m}\left(\frac{1}{r} - \frac{1}{p}\right), \tag{1.6}$$

这里

$$1 < r \leqslant p < \begin{cases} \dfrac{nr}{n-2m}, & n > 2m, \\ \infty, & n \leqslant 2m. \end{cases} \tag{1.7}$$

定义 1.2　称 (q,p,r) 关于 $2m$ 阶抛物算子是广义三元容许簇, 如果

$$\frac{1}{q} = \frac{n}{2m}\left(\frac{1}{r} - \frac{1}{p}\right), \tag{1.8}$$

这里

$$1 < r \leqslant p < \begin{cases} \dfrac{nr}{n-2mr}, & n > 2mr, \\ \infty, & n \leqslant 2mr. \end{cases} \tag{1.9}$$

注记 1.3　(i) $m = 1$ 对应着经典的热方程及 Navier-Stokes 方程的情形.

(ii) 容易看出, q 可被 (p,r) 唯一确定, 通常用 $q=q(p,r)$ 来记之.

(iii) 易见, 若 (q,p,r) 是三元容许簇, 那么 $r<q\leqslant\infty$; 若 (q,p,r) 是广义的三元容许簇, 则 $1<q\leqslant\infty$.

定义 1.4 设 B 是一个 Banach 空间, $\sigma>0$, $I=[0,T)$ 或 $I=[0,\infty)$. 记 $\dot{I}$ 是 I 对应的开区间. 定义 $\mathcal{C}_\sigma(I;B)$ 及其相应的齐次型空间 $\dot{\mathcal{C}}_\sigma(I;B)$ 如下:

$$\mathcal{C}_\sigma(I;B)=\bigg\{f(t,x)\bigg|f(t,x)\in C(\dot{I};B),\\ \|f\|_{\mathcal{C}_\sigma(I;B)}\triangleq\sup_{t\in I}t^{\frac{1}{\sigma}}\|f\|_B<\infty\bigg\},\tag{1.10}$$

$$\dot{\mathcal{C}}_\sigma(I;B)=\bigg\{f(t,x)\bigg|f(t,x)\in\mathcal{C}_\sigma(I;B)\text{且}\lim_{t\to0^+}t^{\frac{1}{\sigma}}\|f\|_B=0\bigg\}.\tag{1.11}$$

注记 1.5 (i) 取 $B=L^p$, $1<p<\infty$. 易见, $f(t,x)\in\mathcal{C}_\sigma(I;L^p)$ 的充要条件是 $t^{\frac{1}{\sigma}}f\in C_b(I;L^p)$.

(ii) 设 (q,p,r) 是广义三元容许簇或三元容许簇, 则

$$\mathcal{C}_{q(p,r)}(I;L^p)=\bigg\{f(t,x)\bigg|f(t,x)\in\mathcal{C}(\dot{I};L^p),\\ \|f\|_{\mathcal{C}_{q(p,r)}(I;L^p)}=\sup_{t\in I}t^{\frac{1}{q}}\|f\|_p<\infty\bigg\}.\tag{1.12}$$

$$\dot{\mathcal{C}}_{q(p,r)}(I;L^p)=\bigg\{f(t,x)\bigg|f(t,x)\in\mathcal{C}_{q(p,r)}(I;L^p)\text{且}\\ \lim_{t\to0^+}t^{\frac{1}{q}}\|f\|_p=0\bigg\}.\tag{1.13}$$

特别, 当 $p=r$ 时, 有 $\mathcal{C}_{q(p,r)}(I;L^p)=C_b(I;L^r)$.

引理 1.1 (L^p-L^r 估计) 设 $P_{2m}(\xi)$ 满足 (1.3), $p\geqslant r\geqslant1,\varphi\in L^r(\mathbb{R}^n)$, 则 (1.1) 的解 $u(t)=e^{-At}\varphi$ 满足

$$\|e^{-At}\varphi\|_p=\|\mathcal{F}^{-1}(e^{P_{2m}(\xi)t}\mathcal{F}\varphi)\|_p\leqslant Ct^{-\frac{n}{2m}(\frac{1}{r}-\frac{1}{p})}\|\varphi\|_r,\forall t>0.$$

证明 无妨假设 $\mathrm{Re}P_{2m}(\xi)=P_{2m}(\xi)$. 由 (1.3) 可见, 存在 $\alpha_0>0$ 使得

$$P_{2m}(\xi)\leqslant-\alpha_0\left(\sum_{j=1}^n|\xi_j|^2\right)^m.\tag{1.14}$$

进而, 由 Mihlin-Hörmander乘子定理, $e^{P_{2m}(\xi)t}$ 是一个 L^p 乘子, $(1\leqslant p\leqslant\infty)$, 同时

$$\|\mathcal{F}^{-1}(e^{P_{2m}(\xi)t}\mathcal{F}\varphi)\|_p\leqslant C\|\varphi\|_p,\quad 1\leqslant p\leqslant\infty.\tag{1.15}$$

直接验证, 对任意 $r \leqslant 2$, 有

$$\begin{aligned}
&\|\mathcal{F}^{-1}(e^{P_{2m}(\xi)t}\mathcal{F}\varphi)\|_\infty \leqslant C\int_{\mathbb{R}^n} e^{P_{2m}(\xi)t}|\mathcal{F}\varphi|d\xi\\
\leqslant &C\|\mathcal{F}\varphi\|_{r'}\left(\int_{\mathbb{R}^n}|e^{P_{2m}(\xi)t}|^r\ d\xi\right)^{\frac{1}{r}}\\
\leqslant &C\left(\int_{\mathbb{R}^n}\exp\left(-\alpha_0 r\left(\sum_{j=1}^n|\xi_j|^2\right)^m t\right)d\xi\right)^{\frac{1}{r}}\|\varphi\|_r\\
\leqslant &Ct^{-\frac{n}{2mr}}\|\varphi\|_r, \qquad t>0.
\end{aligned}\tag{1.16}$$

由插值定理易见

$$\begin{aligned}
&\left\|\mathcal{F}^{-1}(e^{P_{2m}(\xi)t}\mathcal{F}\varphi)\right\|_p\\
\leqslant &C\|\mathcal{F}^{-1}(e^{P_{2m}(\xi)t}\mathcal{F}\varphi)\|_r^{\frac{r}{p}}\|\mathcal{F}^{-1}(e^{P_{2m}(\xi)t}\mathcal{F}\varphi)\|_\infty^{1-\frac{r}{p}}\\
\leqslant &Ct^{-\frac{n}{2m}(\frac{1}{r}-\frac{1}{p})}\|\varphi\|_r, \quad r\leqslant 2, \quad r\leqslant p\leqslant\infty.
\end{aligned}\tag{1.17}$$

此意味着 $e^{P_{2m}(\xi)t}\in\mathcal{M}_r^p$ 且

$$\|e^{P_{2m}(\xi)t}\|_{\mathcal{M}_r^p}\leqslant Ct^{-\frac{n}{2m}(\frac{1}{r}-\frac{1}{p})}, \quad r\leqslant 2, \quad r\leqslant p\leqslant\infty. \tag{1.18}$$

进而, 对于 $r\geqslant 2$, $p>r$, 由 Hörmander 乘子的性质, 可见

$$\begin{aligned}
\|e^{P_{2m}(\xi)t}\|_{\mathcal{M}_r^p} =&\|e^{P_{2m}(\xi)t}\|_{M_{p'}^{r'}}\leqslant Ct^{-\frac{n}{2m}(\frac{1}{p'}-\frac{1}{r'})}\\
=&Ct^{-\frac{n}{2m}(\frac{1}{r}-\frac{1}{p})}.
\end{aligned}\tag{1.19}$$

由此推得

$$\|\mathcal{F}^{-1}(e^{P_{2m}(\xi)t}\mathcal{F}\varphi)\|_p\leqslant Ct^{-\frac{n}{2m}(\frac{1}{r}-\frac{1}{p})}\|\varphi\|_r \quad r\geqslant 1, \quad p\geqslant r. \tag{1.20}$$

由 (1.17), (1.20) 就得引理 1.1.

引理 1.2 设 $u(t)=e^{-At}\varphi$ 是抽象 Cauchy 问题 (1.4) 的解, $2m$ 阶椭圆算子 A 在 $L^r(\Omega)$ 上生成一个解析半群且 $0\in\rho(A)$, 这里 $1<r<\infty$. 则

$$\|\epsilon^{-At}\varphi\|_p\leqslant Ct^{-\frac{n}{2m}(\frac{1}{r}-\frac{1}{p})}\|\varphi\|_r, \quad \forall t>0, \quad p\geqslant r>1. \tag{1.21}$$

证明 注意到 $0\in\rho(A)$, 我们可定义 A^γ, 并且有

$$\|A^\gamma f\|_p\sim\|f\|_{\dot{H}^{2m\gamma,p}(\Omega)}, \quad 1<p<\infty. \tag{1.22}$$

对任意的 $p \geqslant r > 1$, 取 $\gamma = \dfrac{n}{2m}\left(\dfrac{1}{r} - \dfrac{1}{p}\right)$, 易见 $\dot{H}^{2m\gamma,r} \hookrightarrow L^p$. 因此, 由解析半群的正则性估计 (1.5) 就得

$$\begin{aligned}\|e^{-tA}\varphi\|_p &\leqslant C\|e^{-tA}\varphi\|_{\dot{H}^{2m\gamma,r}} \leqslant C\|A^\gamma e^{-tA}\varphi\|_r \\ &\leqslant Ct^{-\gamma}\|\varphi\|_r = Ct^{-\frac{n}{2m}(\frac{1}{r}-\frac{1}{p})}\|\varphi\|_r.\end{aligned}$$

作为引理 1.1 及引理 1.2 的直接推论, 有

定理 1.3 设 (q,p,r) 是任意一个广义的三元容许簇, 则 $u = e^{-At}\varphi \in \mathcal{C}_{q(p,r)}(I; L^p)$, 且

$$\|e^{-At}\varphi; \mathcal{C}_{q(p,r)}(I; L^p)\| \leqslant C\|\varphi\|_r. \tag{1.23}$$

进而, 若 (q,p,r) 是满足 $p > r$ 的广义三元容许簇, 那么 $u = e^{-At}\varphi \in \dot{\mathcal{C}}_{q(p,r)}(I; L^p)$, 这里 $I = [0,T)$ 或 $I = [0,\infty)$.

证明 (1.23) 是引理 1.1 或引理 1.2 的直接结果. 仅需证明：当 (q,p,r) 是满足 $p > r$ 的广义三元容许簇时, 有

$$\lim_{t\to 0} t^{\frac{1}{q}}\|e^{-At}\varphi\|_p = 0. \tag{1.24}$$

事实上, 取 $j(x) \in C_c^\infty(\mathbb{R}^n)$ 并且

$$\int_{\mathbb{R}^n} j(x)dx = 1.$$

记

$$j_\delta(x) = \delta^{-n}j(\delta^{-1}x), \quad \varphi_\delta(x) = j_\delta(x) * \varphi,$$

则有

$$\begin{aligned}t^{\frac{1}{q}}\|e^{-tA}\varphi\|_p &\leqslant t^{\frac{1}{q}}\|e^{-tA}(\varphi_\delta - \varphi)\|_p + t^{\frac{1}{q}}\|e^{-tA}\varphi_\delta\|_p \\ &\leqslant C\|\varphi_\delta - \varphi\|_r + Ct^{\frac{1}{q}}\|j_\delta(x)\|_{H^{\ell,1}}\|\varphi\|_r \\ &\leqslant C\|\varphi_\delta - \varphi\|_r + C_\delta t^{\frac{1}{q}}\|\varphi\|_r,\end{aligned} \tag{1.25}$$

这里 $\ell = \left[\dfrac{n}{2m}\left(\dfrac{1}{r} - \dfrac{1}{p}\right)\right] + 1$. 因此, 对 $\forall\varepsilon > 0$, 先取 $\delta > 0$ 充分小, 确保

$$C\|\varphi_\delta - \varphi\|_r < \varepsilon/2,$$

然后, 对此固定的小 $\delta > 0$, 令 $t \to 0$, 就有

$$C_\delta t^{\frac{1}{q}}\|\varphi\|_r < \varepsilon/2.$$

因此, (1.24) 得证.

定理 1.4　设 (q,p,r) 是任意一个三元容许簇, $\varphi(x)\in L^r$, 则 $u(t)=e^{-tA}\varphi(x)\in L^q(I;L^p)\cap C_b(I;L^r)$, 并且

$$\|e^{-tA}\varphi\|_{L^q(I;L^p)}\leqslant C\|\varphi\|_r,\quad I=[0,T),\quad 0<T\leqslant\infty. \tag{1.26}$$

证明　当 $p=r$, $q=\infty$ 时, (1.26) 显然成立. 下面考虑 $p>r$ 的情形. 令

$$U(t)=\|e^{-tA}\varphi\|_p. \tag{1.27}$$

由引理 1.1 或引理 1.2 知

$$\|e^{-tA}\varphi\|_p\leqslant Ct^{-\frac{1}{q}}\|\varphi\|_r. \tag{1.28}$$

今考虑

$$\begin{aligned}m\{t;\quad |U(t)\varphi|\geqslant\tau\}\leqslant& m\left\{t;\quad Ct^{-\frac{1}{q}}\|\varphi\|_r>\tau\right\}\\=&m\left\{t;t<\left(\frac{C\|\varphi\|_r}{\tau}\right)^q\right\}\\\leqslant& C^q\left(\frac{\|\varphi\|_r}{\tau}\right)^q.\end{aligned} \tag{1.29}$$

这意味着 $U(t)$ 是一个弱 (r,q) 型算子, 另一方面, $U(t)$ 是次可加算子, 并且

$$\|U(t)\varphi\|_{L^\infty(I)}=\sup_{t\in I}\|e^{-At}\varphi\|_p\leqslant\|\varphi\|_p. \tag{1.30}$$

这证明 $U(t)$ 是一个弱 (p,∞) 型算子. 现对任意三元容许簇 (q,p,r), 总可以找到另外一个三元容许簇 (q_1,p,r_1), 使得

$$q_1<q<\infty,\qquad r_1<r<p. \tag{1.31}$$

注意到 $U(t)$ 既是弱 (r_1,q_1) 型算子又是弱 (p,∞) 型算子, 根据 Marcinkiewicz 插值定理, 即得 $U(t)$ 是强 (r,q) 型算子且满足估计 (1.26).

回过头来考虑非齐次线性抛物方程的 Cauchy 问题

$$\begin{cases}u_t+Au=f(x,t),\\u(0)=\varphi.\end{cases} \tag{1.32}$$

易见

$$\begin{aligned}u(t)=&e^{-At}\varphi+\int_0^t e^{-A(t-\tau)}f(x,\tau)d\tau\\\triangleq&e^{-At}\varphi+Gf\end{aligned} \tag{1.33}$$

是 (1.32) 整体光滑解.

定理 1.5 设 $r \geqslant r_c = \dfrac{nb}{2m} > 1$, 或 $r > 1$ $\left(当\ r_c = \dfrac{nb}{2m} \leqslant 1\right)$, (q,p,r) 是任意满足 $p > b+1$ 的广义三元容许簇. 我们有如下时空估计:

(i) 若 $f \in L^{\frac{q}{b+1}}([0,T]; L^{\frac{p}{b+1}})$, 则 $Gf \in L^q([0,T];L^p) \cap C_b([0,T];L^r)$ 且满足

$$\|Gf\|_{L^q([0,T];L^p)} + \|Gf\|_{L^\infty([0,T];L^r)} \lesssim T^{1-\frac{nb}{2mr}} \|f\|_{L^{\frac{q}{b+1}}([0,T];L^{\frac{p}{b+1}})}, \quad p < r(1+b), \tag{1.34}$$

$$\begin{aligned}&\|Gf\|_{L^q([0,T];L^p)} + \|Gf\|_{L^\infty([0,T];L^r)}\\ \lesssim& T^{1-\frac{nb}{2mr}} \||f|^{\frac{1}{1+b}}\|^{\theta(b+1)}_{L^\infty([0,T];L^r)} \||f|^{\frac{1}{1+b}}\|^{(1-\theta)(b+1)}_{L^q([0,T];L^p)}, \quad p \geqslant r(1+b),\end{aligned} \tag{1.35}$$

这里 $\theta = \dfrac{p - r(b+1)}{(b+1)(p-r)}$, $\lesssim$ 表示相差一个不依赖于 T 的常数意义下不等号成立.

(ii) 若 $f \in \mathcal{C}_{\frac{q}{b+1}}([0,T]; L^{\frac{p}{b+1}})$, 则 $Gf \in \mathcal{C}_q([0,T];L^p) \cap C_b([0,T];L^r)$ 且满足

$$\|Gf\|_{\mathcal{C}_q([0,T];L^p)} + \|Gf\|_{L^\infty([0,T];L^r)} \lesssim T^{1-\frac{nb}{2mr}} \|f\|_{\mathcal{C}_{\frac{q}{b+1}}([0,T];L^{\frac{p}{b+1}})}, \quad p < r(1+b), \tag{1.36}$$

$$\begin{aligned}&\|Gf\|_{\mathcal{C}_q([0,T];L^p)} + \|Gf\|_{L^\infty([0,T];L^r)}\\ \lesssim& T^{1-\frac{nb}{2mr}} \||f|^{\frac{1}{1+b}}\|^{\theta(b+1)}_{L^\infty([0,T];L^r)} \||f|^{\frac{1}{1+b}}\|^{(1-\theta)(b+1)}_{\mathcal{C}_q([0,T];L^p)}, \quad p \geqslant r(1+b),\end{aligned} \tag{1.37}$$

这里 $\theta = \dfrac{p - r(b+1)}{(b+1)(p-r)}$.

证明 先考虑 $p < r(1+b)$ 的情形. 此时 $q > 1+b$, 由 Young 不等式或 Hardy-Littlewood-Sobolev 不等式 (在 $r = \dfrac{nb}{2m} > 1$ 的情形下使用), 可知

$$\begin{aligned}\|Gf\|_{L^q([0,T];L^p)} &\leqslant C \left\| \int_0^t |t-s|^{-\frac{n}{2m}\left(\frac{1+b}{p} - \frac{1}{p}\right)} \|f\|_{\frac{p}{b+1}} \, ds \right\|_q \\ &\leqslant C T^{1-\frac{nb}{2mr}} \|f\|_{L^{\frac{q}{b+1}}([0,T];L^{\frac{p}{b+1}})},\end{aligned} \tag{1.38}$$

$$\begin{aligned}\|Gf\|_{\mathcal{C}_q(I;L^p)} \leqslant& C \sup_{t\in[0,T)} t^{\frac{1}{q}} \int_0^t |t-s|^{-\frac{n}{2m}\left(\frac{b+1}{p} - \frac{1}{p}\right)} \|f\|_{\frac{p}{1+b}} ds \\ \leqslant& C \sup_{t\in[0,T)} t^{\frac{1}{q}} \int_0^t |t-s|^{-\frac{nb}{2mp}} s^{-\frac{b+1}{q}} ds \cdot \|f\|_{\mathcal{C}_{\frac{q}{b+1}}(I;L^{\frac{p}{b+1}})} \\ \leqslant& C T^{1-\frac{nb}{2mr}} \int_0^1 (1-\tau)^{-\frac{nb}{2mp}} \tau^{-\frac{b+1}{q}} \, d\tau \cdot \|f\|_{\mathcal{C}_{\frac{q}{b+1}}(I;L^{\frac{p}{b+1}})} \\ \leqslant& C T^{1-\frac{nb}{2mr}} \|f\|_{\mathcal{C}_{\frac{q}{b+1}}([0;T);L^{\frac{p}{b+1}})},\end{aligned} \tag{1.39}$$

$$\begin{aligned}\|Gf\|_{L^\infty(I;L^r)} \leqslant & C\int_0^t |t-s|^{-\frac{n}{2m}(\frac{b+1}{p}-\frac{1}{r})}\|f(s,x)\|_{\frac{p}{1+b}}ds \\ \leqslant & C\left(\int_0^t |t-s|^{-\frac{n}{2m}(\frac{b+1}{p}-\frac{1}{r})\chi}ds\right)^{\frac{1}{\chi}}\|f\|_{L^{\frac{q}{1+b}}(I;L^{\frac{p}{1+b}})} \\ \leqslant & CT^{1-\frac{nb}{2mr}}\|f\|_{L^{\frac{q}{1+b}}(I;L^{\frac{p}{1+b}})},\quad \frac{1}{\chi}=1-\frac{b+1}{q},\end{aligned} \tag{1.40}$$

$$\begin{aligned}\|Gf\|_{L^\infty(I;L^r)} \leqslant & C\int_0^t |t-s|^{-\frac{n}{2m}(\frac{b+1}{p}-\frac{1}{r})}\|f(s,x)\|_{\frac{p}{1+b}}ds \\ \leqslant & C\int_0^t |t-s|^{-\frac{n}{2m}(\frac{b+1}{p}-\frac{1}{r})}s^{-\frac{b+1}{q}}ds\cdot\|f\|_{C_{\frac{q}{b+1}}(I;L^{\frac{p}{b+1}})} \\ \leqslant & CT^{1-\frac{nb}{2mr}}\|f\|_{C_{\frac{q}{b+1}}([0;T);L^{\frac{p}{b+1}})},\end{aligned} \tag{1.41}$$

这里 $C=C(n,p,r,b)$ 是不依赖于 T 的常数. 因此, 从 (1.38)-(1.41) 就可推出 (1.34) 与 (1.36).

下面考虑 $p\geqslant r(1+b)$, 即证明 (1.35) 与 (1.37). 利用 Riesz 插值定理与 Hölder 不等式, 直接估计就得:

$$\begin{aligned}\|Gf\|_{L^\infty(I;L^r)} \leqslant & \int_0^t \||f(s,x)|^{\frac{1}{b+1}}\|_{r(b+1)}^{b+1}ds \\ = & C\int_0^t \||f|^{\frac{1}{b+1}}\|_{L^r}^{(b+1)\theta}\||f|^{\frac{1}{b+1}}\|_p^{(b+1)(1-\theta)}ds \\ \leqslant & CT^{1-\frac{(b+1)(1-\theta)}{q}}\||f|^{\frac{1}{b+1}}\|_{C(I;L^r)}^{(b+1)\theta}\||f|^{\frac{1}{b+1}}\|_{L^q(I;L^p)}^{(b+1)(1-\theta)} \\ \leqslant & CT^{1-\frac{nb}{2mr}}\||f|^{\frac{1}{b+1}}\|_{C(I;L^r)}^{(b+1)\theta}\||f|^{\frac{1}{b+1}}\|_{L^q(I;L^p)}^{(b+1)(1-\theta)},\end{aligned} \tag{1.42}$$

这里用到

$$\frac{1}{r(b+1)}=\frac{\theta}{r}+\frac{1-\theta}{p},\quad 1=\frac{(1+b)(1-\theta)}{q}+\frac{1}{\chi},\quad \frac{1}{\chi}=1-\frac{nb}{2mr}.$$

$$\begin{aligned}\|Gf\|_{L^q(I;L^p)} \leqslant & C\left\|\int_0^t |t-s|^{-\frac{n}{2m}(\frac{1}{r}-\frac{1}{p})}\||f|^{\frac{1}{b+1}}\|_{r(b+1)}^{b+1}ds\right\|_q \\ \leqslant & C\left\|\int_0^t |t-s|^{-\frac{n}{2m}(\frac{1}{r}-\frac{1}{p})}\||f|^{\frac{1}{b+1}}\|_{L^r}^{(b+1)\theta}\||f|^{\frac{1}{b+1}}\|_p^{(b+1)(1-\theta)}ds\right\|_q \\ \leqslant & C\left(\int_0^T t^{-\frac{n}{2m}(\frac{1}{r}-\frac{1}{p})\chi}dt\right)^{\frac{1}{\chi}}\||f|^{\frac{1}{b+1}}\|_{C(I;L^r)}^{\theta(b+1)}\||f|^{\frac{1}{b+1}}\|_{L^q(I;L^p)}^{(b+1)(1-\theta)} \\ \leqslant & CT^{1-\frac{nb}{2mr}}\||f|^{\frac{1}{b+1}}\|_{C(I;L^r)}^{\theta(b+1)}\||f|^{\frac{1}{b+1}}\|_{L^q(I;L^p)}^{(b+1)(1-\theta)},\end{aligned} \tag{1.43}$$

这里

$$\frac{1}{r(b+1)}=\frac{\theta}{r}+\frac{1-\theta}{p},\quad 1+\frac{1}{q}=\frac{(b+1)(1-\theta)}{q}+\frac{1}{\chi},$$
$$\frac{1}{\chi}-\frac{n}{2m}\left(\frac{1}{r}-\frac{1}{p}\right)=1-\frac{b+1}{q}(1-\theta)=1-\frac{nb}{2rm}.$$

$$\begin{aligned}\|Gf\|_{L^\infty(I;L^r)}\leqslant&\int_0^t \||f(s,x)|^{\frac{1}{b+1}}\|_{r(b+1)}^{b+1}ds\\ =&C\int_0^t \||f|^{\frac{1}{b+1}}\|_{L^r}^{(b+1)\theta}\||f|^{\frac{1}{b+1}})\|_p^{(b+1)(1-\theta)}ds\\ \leqslant&C\|u\|_{C(I;L^r)}^{(b+1)\theta}\int_0^t\|u\|_p^{(b+1)(1-\theta)}ds\\ \leqslant&C\||f|^{\frac{1}{b+1}}\|_{C(I;L^r)}^{(b+1)\theta}\||f|^{\frac{1}{b+1}}\|_{\mathcal{C}_q(I;L^p)}^{(1+b)(1-\theta)}\int_0^t s^{-\frac{1}{q}(b+1)(1-\theta)}ds\\ \leqslant&CT^{1-\frac{nb}{2mr}}\||f|^{\frac{1}{b+1}}\|_{C(I;L^r)}^{(b+1)\theta}\||f|^{\frac{1}{b+1}}\|_{\mathcal{C}_q(I;L^p)}^{(1+b)(1-\theta)},\end{aligned}\tag{1.44}$$

$$\begin{aligned}\|Gf\|_{\mathcal{C}_q(I;L^p)}\leqslant&C\sup_{t\in I}t^{\frac{1}{q}}\int_0^t|t-s|^{-\frac{n}{2m}(\frac{1}{r}-\frac{1}{p})}\||f|^{\frac{1}{b+1}}\|_{r(b+1)}^{b+1}ds\\ \leqslant&C\sup_{t\in I}t^{\frac{1}{q}}\int_0^t|t-s|^{-\frac{n}{2m}(\frac{1}{r}-\frac{1}{p})}\||f|^{\frac{1}{b+1}}\|_{L^r}^{(b+1)\theta}\||f|^{\frac{1}{b+1}}\|_p^{(b+1)(1-\theta)}ds\\ \leqslant&C\sup_{t\in I}t^{\frac{1}{q}}\int_0^t|t-s|^{-\frac{n}{2m}(\frac{1}{r}-\frac{1}{p})}s^{-\frac{(b+1)(1-\theta)}{q}}ds\\ &\times\||f|^{\frac{1}{b+1}}\|_{C(I;L^r)}^{(b+1)\theta}\||f|^{\frac{1}{b+1}}\|_{\mathcal{C}_q(I;L^p)}^{(b+1)(1-\theta)}\\ \leqslant&CT^{1-\frac{nb}{2rm}}\||f|^{\frac{1}{b+1}}\|_{C(I;L^r)}^{(b+1)\theta}\||f|^{\frac{1}{b+1}}\|_{\mathcal{C}_q(I;L^p)}^{(b+1)(1-\theta)}.\end{aligned}\tag{1.45}$$

这里 $C=C(n,p,r,b)$ 是不依赖于 T 的常数. 由 (1.42)-(1.45) 就可推出 (1.35) 与 (1.37). 因此, 定理 1.5 得证.

类似地, 我们有如下推论:

推论 1.6 设 Q(D) 是一个阶数 $d<2m$ 的齐次拟微分算子, $r\geqslant r_c=\dfrac{nb}{2m-d}>1$, 或 $r>1$ (当 $r_c=\dfrac{nb}{2m-d}\leqslant 1$), (q,p,r) 是任意满足 $p>b+1$ 的广义三元容许簇, 我们有如下时空估计:

(i) 若 $f\in L^{\frac{q}{b+1}}([0,T];L^{\frac{p}{b+1}})$, 则 $GQ(D)f\in L^q([0,T];L^p)\cap C_b([0,T];L^r)$ 且满足

$$\begin{aligned}&\|GQ(D)f\|_{L^q([0,T];L^p)}+\|GQ(D)f\|_{L^\infty([0,T];L^r)}\\ \lesssim&T^{1-\frac{d}{2m}-\frac{nb}{2mr}}\|f\|_{L^{\frac{q}{b+1}}([0,T];L^{\frac{p}{b+1}})},\quad p<r(1+b),\end{aligned}\tag{1.46}$$

$$\begin{aligned}&\|GQ(D)f\|_{L^q([0,T];L^p)}+\|GQ(D)f\|_{L^\infty([0,T];L^r)}\\&\lesssim T^{1-\frac{d}{2m}-\frac{nb}{2mr}}\||f|^{\frac{1}{1+b}}\|_{L^\infty([0,T];L^r)}^{\theta(b+1)}\||f|^{\frac{1}{1+b}}\|_{L^q([0,T];L^p)}^{(1-\theta)(b+1)},\quad p\geqslant r(1+b),\end{aligned}\tag{1.47}$$

这里 $\theta=\dfrac{p-r(b+1)}{(b+1)(p-r)}$.

(ii) 若 $f\in\mathcal{C}_{\frac{q}{b+1}}([0,T];L^{\frac{p}{b+1}})$, 则 $GQ(D)f\in\mathcal{C}_q([0,T];L^p)\cap C_b([0,T];L^r)$ 且满足

$$\begin{aligned}&\|GQ(D)f\|_{\mathcal{C}_q([0,T];L^p)}+\|GQ(D)f\|_{L^\infty([0,T];L^r)}\\&\lesssim T^{1-\frac{d}{2m}-\frac{nb}{2mr}}\|f\|_{\mathcal{C}_{\frac{q}{b+1}}([0,T];L^{\frac{p}{b+1}})},\quad p<r(1+b),\end{aligned}\tag{1.48}$$

$$\begin{aligned}&\|GQ(D)f\|_{\mathcal{C}_q([0,T];L^p)}+\|GQ(D)f\|_{L^\infty([0,T];L^r)}\\&\lesssim T^{1-\frac{d}{2m}-\frac{nb}{2mr}}\||f|^{\frac{1}{1+b}}\|_{L^\infty([0,T];L^r)}^{\theta(b+1)}\||f|^{\frac{1}{1+b}}\|_{\mathcal{C}_q([0,T];L^p)}^{(1-\theta)(b+1)},\quad p\geqslant r(1+b),\end{aligned}\tag{1.49}$$

这里 $\theta=\dfrac{p-r(b+1)}{(b+1)(p-r)}$.

注记 1.6 (i) 我们知道, 线性方程 (1.32) 解的齐次部分 $S(t)\varphi=e^{-tA}\varphi$ 对应的时空估计

$$\|e^{-tA}\varphi\|_{L^q(I;L^p)}\leqslant C\|\varphi\|_r\tag{1.50}$$

仅对三元容许簇 (q,p,r) 成立, 对一般的广义三元容许簇不能成立, 详见定理 1.4. 然而, 对于非齐次部分 Gf 对应的时空估计 (1.34)-(1.37), (1.46)-(1.49) 是对广义三元容许簇而建立的. 从某种意义上来讲, 这体现了非齐次部分 Gf 具有更广泛的可积性, 即具有更好的正则性.

(ii) 对于抛物型方程而言, 采用形如 $\mathcal{C}_{q(p,r)}(I;L^p)$ 的空间作为 $C(I;L^r)$ 的辅加空间来研究非线性抛物型方程更为合适, 它还可以将初始状态空间推广到非自反的 Banach 空间, 所研究的解包含自相似解等. 另一方面, 由于抛物型方程具有更好的光滑性及可积性. 可以在形如

$$X=C(I;L^r)\cap\mathcal{C}_{q(p,r)}(I;L^p)$$

的空间中研究非线性抛物型方程适定性, 其中 (q,p,r) 是广义三元容许簇. 当然, 类同于波方程与色散方程, 亦可采用 $L^q(I;L^p)$ 作为 $C(I;L^r)$ 辅加空间研究非线性抛物型方程适定性, 此时要求 (q,p,r) 是三元容许簇.

(iii) 设 (q,p,r) 是任意一个广义三元容许簇, 虽然 (1.50) 不能成立, 然而, 若 $\varphi\in L^{r_1}\cap L^{r_2}$, $r_1<r<r_2$, 则有

$$\|S(t)\varphi\|_{L^q(I;L^p)}\leqslant C\|\varphi\|_{L^{r_1}\cap L^{r_2}}.\tag{1.51}$$

事实上, 由 L^p-L^r 估计可见

$$\|S(t)\varphi\|_p \leqslant Ct^{-\frac{n}{2m}\left(\frac{1}{r_1}-\frac{1}{p}\right)}\|\varphi\|_{r_1},$$

$$\|S(t)\varphi\|_p \leqslant Ct^{-\frac{n}{2m}\left(\frac{1}{r_2}-\frac{1}{p}\right)}\|\varphi\|_{r_2}.$$

这两式意味着

$$\|S(t)\varphi\|_p \leqslant C\min\left(t^{-\frac{n}{2m}\left(\frac{1}{r_1}-\frac{1}{p}\right)}, t^{-\frac{n}{2m}(\frac{1}{r_1}-\frac{1}{p})}\right)\|\varphi\|_{L^{r_1}\cap L^{r_2}}, \tag{1.52}$$

因此, 由 Young 不等式即得估计 (1.51). 在处理小解的整体适定性时 (无需用 Picard 逐次逼近), 可在 $\|\varphi\|_{L^{r_1}\cap L^{r_2}} \ll 1$ 的条件下, 获得非线性抛物型方程在形如

$$X = C(\mathbb{R}^+; L^r) \cap L^q(\mathbb{R}^+; L^p)$$

空间中的整体小解的存在性.

在结束本节之前, 我们引入两个非常好用的 Hölder-Sobolev 不等式及 Sobolev 凸性不等式, 以方便使用.

命题 1.7 设 α_j 是 $\mathbb{R}^n$ 上的多重指标, $|\alpha_j| \leqslant k_j$, $k_j \in \mathbb{R}^+$, $1 \leqslant p, r_j < \infty$, $b_j \in \mathbb{R}^+$ 并且

$$d_j = b_j\left(\frac{1}{r_j} - \frac{k_j - |\alpha_j|}{n}\right), \quad j = 1, 2, \cdots, N$$

(i) 如果 $d_j > 0, j = 1, 2, \cdots, N$ 且 $\sum\limits_{j=1}^{N} d_j = \dfrac{1}{p}$, 那么

$$\left\|\prod_{j=1}^{N}|\partial^{\alpha_j}u_j|^{b_j}\right\|_p \leqslant C\prod_{j=1}^{N}\|u_j\|_{\dot{H}^{k_j,r_j}}^{b_j}. \tag{1.53}$$

(ii) 如果

$$\sum_{d_j>0} d_j \leqslant \frac{1}{p} \leqslant \sum_{j=1}^{N}\frac{b_j}{r_j},$$

则

$$\left\|\prod_{j=1}^{N}|\partial^{\alpha_j}u_j|^{b_j}\right\|_p \leqslant C\prod_{j=1}^{N}\|u_j\|_{H^{k_j,r_j}}^{b_j}. \tag{1.54}$$

通常称命题 1.7 为 Hölder-Sobolev 不等式.

命题 1.8　设 $1 < p_j, r_j < \infty$, $0 \leqslant \theta_j \leqslant 1$, $\sigma_j, \sigma \in \mathbb{R}$, 这里 $j = 1, 2, \cdots, N$. 如果 $\sum\limits_{j=1}^{N} \theta_j = 1$, 且

$$\sigma = \sum_{j=1}^{N} \theta_j \sigma_j, \quad \frac{1}{p} = \sum_{j=1}^{N} \frac{\theta_j}{p_j}, \quad \frac{1}{r} = \sum_{j=1}^{N} \frac{\theta_j}{r_j},$$

则 $\bigcap\limits_{j=1}^{N} \dot{B}^{\sigma_j}_{p_j, r_j} \subseteq \dot{B}^{\sigma}_{p,r}$ 且满足

$$\|v\|_{\dot{B}^{\sigma}_{p,r}} \leqslant \prod_{j=1}^{N} \|v\|^{\theta_j}_{\dot{B}^{\sigma_j}_{p_j,r_j}}, \quad v \in \bigcap_{j=1}^{N} \dot{B}^{\sigma_j}_{p_j,r_j}. \tag{1.55}$$

注记 1.7　(i) 命题 1.7 是 Hölder 不等式及 Sobolev 嵌入定理的直接结果, 命题 1.8 是抽象插值定理的直接结果, 证明可见 [GV4].

(ii) 在命题 1.7 中, 如果 $|\alpha_j| < k_j$, 则 (1.54) 可换成

$$\left\| \prod_{j=1}^{N} |\partial^{\alpha_j} u_j|^{b_j} \right\|_p \leqslant \prod_{j=1}^{N} \|u_j\|^{b_j}_{\dot{B}^{k_j}_{r_j,2}}. \tag{1.56}$$

事实上, 可选 $\tilde{r}_j = r_j + \varepsilon_j$, $\tilde{k}_j = k_j - \delta_j$ 使得

$$d_j = b_j \left(\frac{1}{r_j} - \frac{k_j - |\alpha_j|}{n} \right) = b_j \left(\frac{1}{\tilde{r}_j} - \frac{\tilde{k}_j - |\alpha_j|}{n} \right)$$

并且 $k_j - \delta_j \geqslant |\alpha_j|, j = 1, 2, \cdots, N$. 因此, 利用 Sobolev 嵌入定理 $\dot{B}^{k_j}_{r_j,2} \hookrightarrow \dot{H}^{\tilde{r}_j, \tilde{k}}$ 及命题 1.6 就得

$$\left\| \prod_{j=1}^{N} |\partial^{\alpha_j} u_j|^{b_j} \right\|_p \leqslant C \prod_{j=1}^{N} \|u_j\|^{b_j}_{\dot{H}^{\tilde{k}_j, \tilde{r}_j}} \leqslant C \prod_{j=1}^{N} \|u_j\|^{b_j}_{\dot{B}^{k_j}_{r_j,2}}.$$

注记 1.8　如果考虑抛物算子的正则性, 可以建立更一般的时空估计:

(i) 设 (q, p, s, r, η) 满足

$$\frac{2m}{q} = \left(s - \frac{n}{p} \right) - \left(\eta - \frac{n}{r} \right), \quad s \geqslant \eta, \tag{1.57}$$

这里

$$1 < r \leqslant p < \begin{cases} \dfrac{nr}{(s-\eta)r + (n-2m)}, & (s-\eta)r + (n-2m) > 0, \\ \infty, & (s-\eta)r + (n-2m) \leqslant 0, \end{cases} \tag{1.58}$$

则有

$$\|e^{-At}\varphi\|_{L^q(I;\dot{H}^{s,p})} \leqslant C\|\varphi\|_{\dot{H}^{\eta,r}}, \quad I=[0,T). \tag{1.59}$$

(ii) 如果

$$\frac{2m}{q_1}-\frac{2m}{q_2}=2m-\left(s_2-\frac{n}{p_2}\right)+\left(s_1-\frac{n}{p_1}\right), \tag{1.60}$$

这里

$$1<p_1\leqslant p_2<\begin{cases}\dfrac{np_1}{(s_2-s_1)p_1+(n-2p_1m)}, & (s_2-s_1)p_1>n-2p_1m,\\ \infty, & (s_2-s_1)p_1\leqslant n-2p_1m.\end{cases} \tag{1.61}$$

$$1<q_1\leqslant q_2<\infty, \quad s_1\leqslant s_2 \tag{1.62}$$

或

$$\begin{cases}1<p_1\leqslant p_2<\infty, & s_1\leqslant s_2,\\ 1<q_1\leqslant p_2<q_2=\infty.\end{cases} \tag{1.63}$$

那么

$$\|Gf\|_{L^{q_2}(I;\dot{H}^{s_2,p_2})}\leqslant C\|f\|_{L^{q_1}(I;\dot{H}^{s_1,p_1})}, \tag{1.64}$$

$$\|Gf\|_{C_b(I;\dot{H}^{s_2,p_2})}\leqslant C\|f\|_{L^{q_1}(I;\dot{H}^{s_1,p_1})}. \tag{1.65}$$

进一步的时空估计, 可见 [Mi4], [MZ2].

§2.2 半线性热传导方程的 Cauchy 问题 (I)

本节考虑形如

$$\begin{cases}u_t-\Delta u=F(u), & (x,t)\in\mathbb{R}^n\times[0,T),\\ u(0)=\varphi(x), & x\in\mathbb{R}^n\end{cases} \tag{2.1}$$

的半线性热传导方程的 Cauchy 问题, 这里 $F(u)$ 是具有多项式增长的非线性函数, 在 $F(u)$ 中可以含 u 的小于 2 阶的导函数. 我们将利用时空估计方法及 Scaling 技术, 构造合适的工作空间, 在形如 L^p 或 $H^{s,p}$ 中建立 (2.1) 的局部适定性及整体适定性. 当然, 整体适定性对非线性项有较严格的条件.

本节局限于半线性热传导方程. 这样, 如果 (q,p,r) 是广义三元容许簇, 则 (q,p,r) 满足

$$\frac{2}{q}=n\left(\frac{1}{r}-\frac{1}{p}\right), \tag{2.2}$$

这里

$$1<r\leqslant p<\begin{cases}\dfrac{nr}{n-2r}, & n>2r,\\ \infty, & n\leqslant 2r.\end{cases} \tag{2.3}$$

如果 (q,p,r) 是三元容许簇, 则 (2.2) 成立, 且

$$1 < r \leqslant p < \begin{cases} \dfrac{nr}{n-2}, & n > 2, \\ \infty, & n \leqslant 2. \end{cases} \tag{2.4}$$

为方便起见, 本章用 Λ 表示满足 $p > r$ 的全体三元容许簇的集合, 用 $\tilde{\Lambda}$ 表示满足 $p > r$ 的全体广义三元容许簇的集合.

我们通过研究 (2.1) 对应的积分方程

$$u(t) = e^{\Delta t}\varphi(x) + \int_0^t e^{(t-\tau)\Delta}F(u(\tau))d\tau \tag{2.5}$$

来研究 Cauchy 问题 (2.1). 通常称积分方程 (2.5) 的解为 (2.1) 的温和解 (mild 解). 由抛物型方程解的正则性理论, 温和解就是正则解 $(t > 0)$.

定理 2.1 设 $F(u) = f(u)$ 或 $F(u) = Q(D)f(u)$, $Q(D)$ 是阶数 $0 \leqslant d < 2$ 的拟微分算子, $f(u)$ 满足

$$|f(u) - f(v)| \leqslant \sum_{j=1}^{2} C_j(|u|^{\alpha_j} + |v|^{\alpha_j})|u - v|, \quad \alpha_2 \geqslant \alpha_1 > 0. \tag{2.6}$$

设

$$r \geqslant r_2 > 1, \qquad \text{这里} \quad r_j = \frac{n\alpha_j}{2-d},\ j = 1, 2. \tag{2.7}$$

则有如下结果:

(i) 设 $\varphi(x) \in L^r(\mathbb{R}^n)$, $r \geqslant r_2$, 对任意的 $(q,p,r) \in \tilde{\Lambda}$. 则 (2.1) 或 (2.5) 存在唯一的最大解

$$u(t) \in C([0,T^*); L^r) \cap \mathcal{C}_{q(p,r)}([0,T^*); L^p); \quad T^* = T(\|\varphi\|_r), \quad r > r_2. \tag{2.8}$$

$$u(t) \in C([0,T^*); L^r) \cap \dot{\mathcal{C}}_{q(p,r)}([0,T^*); L^p); \quad T^* = T(\varphi), \quad r = r_2. \tag{2.9}$$

(ii) 设 $\varphi(x) \in L^r(\mathbb{R}^n)$, $r \geqslant r_2$, $(q,p,r) \in \Lambda$. 则 (2.1) 或 (2.5) 存在唯一的最大解

$$u(t) \in C([0,T^*); L^r) \cap L^q([0,T^*); L^p); \quad T^* = T(\|\varphi\|_r), \quad r > r_2. \tag{2.10}$$

$$u(t) \in C([0,T^*); L^r) \cap L^q([0,T^*); L^p); \quad T^* = T(\varphi), \quad r = r_2. \tag{2.11}$$

这里 T^* 与 (i) 中出现的 T^* 相同.

(iii) $u(t) \in C((0,T^*); L^r \cap L^\infty)$.

(iv) 若 $T^* < \infty$, 则

$$\lim_{t \to T^*} \|u(t)\|_p = \infty, \quad r \leqslant p \leqslant \infty, \quad p > r_2. \tag{2.12}$$

进而

$$\|u(t)\|_p \geqslant C/(T^*-t)^{\frac{2-d}{2\alpha_2}-\frac{n}{2p}}, \quad 0 \leqslant d < 2. \tag{2.13}$$

(v) 如果 $f(u) \in C^\infty(\mathbb{R})$, 则 $u(t)=u(t,x) \in C^\infty((0,T^*)\times\mathbb{R}^n)$.

推论 2.2 在定理 2.1 中, 如果

$$f(u)=b|u|^\alpha u, \qquad b<0 \tag{2.14}$$

及

$$r \geqslant \max\left(\frac{n\alpha}{2}, 2\right). \tag{2.15}$$

则 $T^*=\infty$, 即 (2.1) 或 (2.5) 存在唯一的整体解

$$u(t) \in C([0,\infty);L^r) \cap \mathcal{C}_{q(p,r)}([0,\infty);L^p), \quad (q,p,r) \in \tilde{\Lambda}, \tag{2.16}$$

$$u(t) \in C([0,\infty);L^r) \cap \mathcal{C}_{q(p,r)}([0,\infty);L^p), \quad (q,p,r) \in \Lambda. \tag{2.17}$$

推论 2.3 在定理 2.1 中, 如果

$$F(u)=\vec{a}\cdot\bigtriangledown(|u|^\alpha u), \quad \vec{a} \in \mathbb{R}^n$$

及 $r \geqslant n\alpha > 1$, 则 $T^*=\infty$, 并且 (2.1) 或 (2.5) 的解 $u(t)$ 满足 (2.16) 及 (2.17).

定理 2.4 设 $F(u)=f(u)$ 或 $F(u)=Q(D)f(u)$, $Q(D)$ 是 $d\in[0,2)$ 阶齐次拟微分算子, $f(u)$ 满足 (2.6). 设

$$r_j=\frac{n\alpha_j}{2}>1 \quad 或 \quad r_j=\frac{n\alpha_j}{2-d}>1, \quad j=1,2. \tag{2.18}$$

(i) 设 $(q_j,p_j,r_j) \in \tilde{\Lambda}$ 满足

$$p_j \leqslant r_j(1+\alpha_j), \quad j=1,2. \tag{2.19}$$

则存在 $\delta>0$, 对任意 $\varphi \in L^{r_1}\cap L^{r_2}$ 且 $\|\varphi;L^{r_1}\cap L^{r_2}\|<\delta$, 存在 (2.1) 的唯一的整体解 $u(t) \in C([0,\infty);L^{r_1}\cap L^{r_2})$ 且满足

$$u(t,x) \in \bigcap_{j=1}^{2} \dot{\mathcal{C}}_{q_j(p_j,r_j)}([0,\infty);L^{p_j}) \cap \bigcap_{j=1}^{2} L^{q_j}([0,\infty);L^{p_j}). \tag{2.20}$$

(ii) 设 $\alpha_1=\alpha_2$ (例如: $f(u)$ 是单项式), $r=\dfrac{n\alpha}{2-d}>1$. 则存在 $\delta>0$, 对任意 $\varphi \in L^r$ 且 $\|\varphi;L^r\|<\delta$, 存在 (2.1) 的唯一的整体解 $u(t) \in C([0,\infty);L^r)$

$$u(t) \in L^q([0,\infty);L^p), \qquad (q,p,r) \in \Lambda.$$

注记 2.1　(i) 这里提供的方法可以处理更一般的非线性函数, 如

$$F(u)=\sum_{j=1}^{m} Q_j(D)f_j(u),\quad \operatorname{order}(Q_j(\xi))=d_j,\quad 0\leqslant d_j<2,$$

$$f_j(u)\sim |u|^{\alpha_j}u \quad 或 \quad |u|^{\alpha_j+1},\quad \alpha_j>0,\quad j=1,2,\cdots,m. \tag{2.21}$$

事实上, 记 $r_j=\dfrac{n\alpha_j}{n-d_j}(j=1,2,\cdots,m)$, 用

$$r_s=\min_j r_j,\qquad r_l=\max_j r_j \tag{2.22}$$

来取代定理 2.1 和定理 2.4 中 r_1 及 r_2 位置, 可得到完全类似的结果.

(ii) 设 u 是 (2.1) 的光滑解, 在推论 2.2 中非线性函数的假设下, 利用极大值原理及能量估计方法可见

$$\|u\|_\infty\leqslant\|\varphi\|_\infty,\quad \|u\|_2\leqslant\|\varphi\|_2.$$

于是, 由插值定理就推出

$$\|u\|_r\leqslant\|\varphi\|_r,\quad 2\leqslant r\leqslant\infty.$$

因此, 结合定理 2.1 就得推论 2.2. 同理, 在推论 2.3 的条件下可以推得:

$$\|u\|_r\leqslant\|\varphi\|_r,\quad 2\leqslant r\leqslant\infty.$$

由此不等式及定理 2.1 就得推论 2.3.

(iii) 容易看出: 工作空间的选取按最高非线性增长阶及 Scaling 原理所确定. 另一方面, 在定理 2.1 中, 我们也可以处理 $r_2=\dfrac{n\alpha_2}{2-d}\leqslant 1$ 的情形, 见 [MZ2].

定理 2.1 证明　(i) 的证明. 记 Π 表示全体满足 $1+\alpha_2<p$ 的广义容许三元簇 (q,p,r) 的集合, $I=[0,T)$. 定义

$$X(I)=\left\{u\in C_b(I;L^r)\cap\mathcal{C}_{q(p,r)}(I;L^p),\quad (q,p,r)\in\Pi\right\}.$$

$$\|u;X(I)\|=\sup_{(q,p,r)\in\Pi}\sup_{t\in I}t^{\frac{1}{q}}\|u\|_p+\sup_{t\in I}\|u\|_r.$$

用 $\mathcal{T}$ 表示积分方程 (2.5) 的右边所定义的映射, 即

$$\begin{aligned}\mathcal{T}u=&S(t)\varphi+\int_0^t S(t-\tau)F(u(\tau))\,d\tau\\ \equiv&S(t)\varphi+GF(u),\quad S(t)=e^{t\Delta}.\end{aligned} \tag{2.23}$$

由抛物型方程的时空估计 (见定理 1.3) 可知

$$\|S(t)\varphi; X(I)\| \leqslant C\|\varphi\|_r, \quad I = [0, T). \tag{2.24}$$

在形如

$$\mathcal{X}(I) = \{u(t) \in X(I); \quad \|u; X(I)\| \leqslant 2C\|\varphi\|_r\},$$

$$d(u, v) = \|u - v; X(I)\|$$

的度量空间上研究算子 $\mathcal{T}$. 注意到 $Q(\xi) \leqslant C(1+|\xi|^2)^{\frac{d}{2}}$ 并且 $Q(\xi)$ 可以被 $Q(\xi) = |\xi|^d$ 及 $Q(\xi) \equiv 1$ 所控制. 因此, 在下面估计中仅考虑 $Q(\xi) = |\xi|^d$, $0 \leqslant d < 2$ 情形下对应的估计 ($Q(\xi) = 1$ 对应着 $d \equiv 0$ 的情形). 注意到

$$\frac{d}{2} + \frac{n\alpha_1}{2p} < 1, \quad q > 1 + \alpha_1$$

及推论 1.6 就得

$$\begin{aligned} \|\mathcal{T}u; X(I)\| &\leqslant C\|\varphi\|_r + C\sum_{j=1}^{2} T^{1-\frac{d}{2}-\frac{n\alpha_j}{2r}} \|u\|_{X(I)}^{1+\alpha_j} \\ &\leqslant C\|\varphi\|_r + C\sum_{j=1}^{2} T^{1-\frac{d}{2}-\frac{n\alpha_j}{2r}} M^{1+\alpha_j}. \end{aligned} \tag{2.25}$$

同理可证

$$d(\mathcal{T}u, \mathcal{T}v) \leqslant C\sum_{j=1}^{2} T^{1-\frac{d}{2}-\frac{n\alpha_j}{2r}} M^{\alpha_j} \cdot d(u, v). \tag{2.26}$$

情形 I $r > r_2$. 从 (2.25), (2.26), 容易看出, 只要取 T 适当小, 就可确保 $\mathcal{T}$ 是 $\mathcal{X}(I)$ 到自身的压缩映射, 即

$$\begin{aligned} T \leqslant \min\Big(&((2C)^{\alpha_1+1}\|\varphi\|_r^{\alpha_1})^{-\frac{2r}{2r-dr-n\alpha_1}}, \\ &((2C)^{\alpha_2+1}\|\varphi\|_r^{\alpha_2})^{-\frac{2r}{2r-dr-n\alpha_2}}\Big). \end{aligned} \tag{2.27}$$

故由 Banach 压缩映射原理, 知 (2.1) 或 (2.5) 存在唯一解 $u(t) \in X(I)$, 这里 $I = [0, T)$. 进而, 由 Picard 的逐次延拓法, 存在 $T^* = T(\|\varphi\|_r)$ 使得 $u(t) \in X([0; T^*))$, 并满足如下二择性

$$T^* = \infty \quad 或 \quad T^* < \infty 且 \lim_{t\to T^*} \|u(t)\|_r = \infty. \tag{2.28}$$

情形 II　$r = r_2 > 1$. 记 $I = [0, T)$, 定义

$$\dot{X}(I) = \Big\{u \in C_b(I; L^r) \cap \dot{\mathcal{C}}_{q(p,r)}(I; L^p), \quad (q,p,r) \in \Pi\Big\}. \tag{2.29}$$

$$\|u; \dot{X}(I)\| = \sup_{(q,p,r)\in\Pi} \sup_{t\in I} t^{\frac{1}{q}} \|u\|_p + \sup_{t\in I} \|u\|_r. \tag{2.30}$$

构造如下完备的度量空间

$$\dot{\mathcal{X}}(I) = \Big\{u(t) \in \dot{X}(I); \quad \|u; \dot{X}(I)\| \leqslant 2C\|\varphi\|_r\Big\}, \tag{2.31}$$

$$d(u,v) = \|u - v\|_{\dot{X}(I)}, \quad u, v \in \dot{\mathcal{X}}(I). \tag{2.32}$$

我们采用压缩映射原理来证明. 记

$$\theta_j = \frac{p - r(\alpha_j + 1)}{(\alpha_j + 1)(p - r)}, \quad p \geqslant r(1 + \alpha_j), \quad r = r_2, \quad j = 1, 2.$$

利用定理 1.5, 推论 1.6 及其证明方法, 容易推知:

$$\begin{aligned}\|\mathcal{T}u; \dot{X}(I)\| \leqslant & C\|\varphi\|_r + CT^{1-\frac{d}{2}-\frac{n\alpha_1}{2r}} \|u\|^{\alpha_1+1}_{\mathcal{C}_{q(p,r)}(I;L^p)} \\ & + C\|u\|^{\alpha_2+1}_{\mathcal{C}_{q(p,r)}(I;L^p)}, \quad p < r_2(1+\alpha_2),\end{aligned} \tag{2.33}$$

$$\begin{aligned}\|\mathcal{T}u; \dot{X}(I)\| \leqslant & C\|\varphi\|_r + CT^{1-\frac{d}{2}-\frac{n\alpha_1}{2r}} \|u\|^{\theta_1(\alpha_1+1)}_{L^\infty([0,T);L^r)} \|u\|^{(1-\theta_1)(\alpha_1+1)}_{\mathcal{C}_q([0,T);L^p)} \\ & + C\|u\|^{\theta_2(\alpha_2+1)}_{L^\infty([0,T);L^r)} \|u\|^{(1-\theta_2)(\alpha_2+1)}_{\mathcal{C}_q([0,T);L^p)}, \quad p \geqslant r_2(1+\alpha_2),\end{aligned} \tag{2.34}$$

$$\begin{aligned}t^{\frac{1}{q}}\|\mathcal{T}u\|_p \leqslant & t^{\frac{1}{q}}\|S(t)\varphi\|_p + Ct^{1-\frac{d}{2}-\frac{n\alpha_1}{2r}} \Big(t^{\frac{1}{q}}\|u\|_p\Big)^{\alpha_1+1} \\ & + C(t^{\frac{1}{q}}\|u\|_p)^{\alpha_2+1}, \quad p < r_2(1+\alpha_2),\end{aligned} \tag{2.35}$$

$$\begin{aligned}t^{\frac{1}{q}}\|\mathcal{T}u\|_p \leqslant & t^{\frac{1}{q}}\|S(t)\varphi\|_p + Ct^{1-\frac{d}{2}-\frac{n\alpha_1}{2r}} \|u\|^{\theta_1(\alpha_1+1)}_{L^\infty([0,T);L^r)} \Big(t^{\frac{1}{q}}\|u\|_p\Big)^{(1-\theta_1)(\alpha_1+1)} \\ & + C\|u\|^{\theta_2(\alpha_2+1)}_{L^\infty([0,T);L^r)} \Big(t^{\frac{1}{q}}\|u\|_p\Big)^{(1-\theta_2)(\alpha_2+1)}, \quad p \geqslant r_2(1+\alpha_2),\end{aligned} \tag{2.36}$$

$$\begin{aligned}d(\mathcal{T}u, \mathcal{T}v) \leqslant & C\Big[\|u\|^{\alpha_2}_{\dot{X}(I)} + \|v\|^{\alpha_2}_{\dot{X}(I)} + T^{1-\frac{d}{2}-\frac{n\alpha_1}{2r}} \\ & \times \big(\|u\|^{\alpha_1}_{\dot{X}(I)} + \|v\|^{\alpha_1}_{\dot{X}(I)}\big)\Big] d(u,v).\end{aligned} \tag{2.37}$$

因此, 取 T 充分小, 由 $1-\theta_j>0$ 及

$$\lim_{t\to 0} t^{\frac{1}{q}}\|u\|_p=0,$$

推得 $\mathcal{T}$ 是从 $\dot{\mathcal{X}}_{q(p,r)}(I)$ 到自身的压缩映射, 此时 $T=T(\varphi)$. 由 Banach 压缩映射原理及 Picard 方法, 存在最大的 $T^*=T^*(\varphi)$, 使得 $u(t,x)\in\dot{\mathcal{X}}([0,T^*))$.

当 $r\leqslant 1+\alpha_2$, 采用 $C(I;L^r)$ 与形如 $\mathcal{C}_{\tilde{q}(\tilde{p},r)}(I;L^{\tilde{p}})((\tilde{q},\tilde{p},r)\in\Pi)$ 空间的插值, 就得 $u(t)\in\mathcal{C}_{q(p,r)}(I;L^p)$ 或 $u(t)\in\dot{\mathcal{C}}_{q(p,r)}(I;L^p)$. 这样就证明了 (i).

(ii) 的证明. 记 Π 表示全体 $p>1+\alpha_2$ 的三元容许簇 (p,q,r) 的集合. 定义

$$Y(I)=\Big\{u\in C_b(I;L^r)\cap L^q(I;L^p),\quad (q,p,r)\in\Pi,\quad I=[0,T)\Big\},\tag{2.38}$$

其上范数是

$$\|u;Y(I)\|=\sup_{t\in I}\|u(t)\|_{L^\infty(I;L^r)}+\sup_{(q,p,r)\in\Pi}\|u\|_{L^q(I;L^p)}.\tag{2.39}$$

由抛物型方程解的时空估计 (见定理 1.3 及定理 1.4), 就得

$$\|S(t)\varphi;Y(I)\|\leqslant C\|\varphi\|_r.\tag{2.40}$$

记 $\mathcal{T}$ 是 (2.25) 定义的非线性映射, 在完备度量空间

$$\mathcal{Y}(I)=\big\{u(t)\in Y(I);\quad \|u(t)\|_{Y(I)}\leqslant 2C\|\varphi\|_r\big\},\tag{2.41}$$

$$d(u,v)=\|u-v\|;\|Y(I)\|.\tag{2.42}$$

上来研究非线性映射 $\mathcal{T}$ 的不动点, 这里 $I=[0,T)$ 待定. 完全类似于 (i) 的讨论, 利用定理 1.5 与推论 1.6(线性抛物型方程解的时空估计)、Picard 的逐次延拓定理就得 (2.1) 或 (2.5) 存在唯一的最大解 $u(t)$ 满足 (2.8), (2.9). 根据二择性定理, (i) 与 (ii) 所得的解具有相同的存在区间. 进而, 抛物型方程解的正则性, (i) 与 (ii) 所得的解完全一致.

现来证明 (iii). 仅需证明对任意 $\varepsilon>0$, $u(t)\in C([\varepsilon,T^*);L^\infty)$. 我们分两步来完成 (iii) 的证明.

第一步. 如果 $r>\dfrac{n}{2-d}$, 取 $(q,p,r)\in\tilde{\Lambda}$ 满足

$$(1+\alpha_2)\frac{n}{2-d}<p<r(1+\alpha_2).\tag{2.43}$$

由引理 1.1 及相应的正则性

$$\begin{aligned}&\|(-\Delta)^{\frac{d}{2}}S(t)\varphi\|_p\leqslant Ct^{-\frac{d}{2}-\frac{n}{2}(\frac{1}{r}-\frac{1}{p})}\|\varphi\|_r,\\&0\leqslant d,\quad 1\leqslant r\leqslant p\leqslant\infty,\quad r\neq\infty.\end{aligned}\tag{2.44}$$

直接估计

$$\begin{aligned}
&\|GF(u); C([\varepsilon, T^*); L^\infty)\| \\
\leqslant & C\sum_{j=1}^{2}\sup_{t\in[\varepsilon,T^*)}\int_0^t |t-\tau|^{-\frac{n(\alpha_j+1)}{2p}}\left\|S\left(\frac{t-\tau}{2}\right)Q(D)f_j(u)\right\|_{\frac{p}{\alpha_j+1}}d\tau \\
\leqslant & C\sum_{j=1}^{2}\int_\varepsilon^{T^*} |t-\tau|^{-\frac{d}{2}-\frac{n(\alpha_j+1)}{2p}}\|u\|_p^{\alpha_j+1}d\tau \\
\leqslant & C{T^*}^{1-\frac{d}{2}-\frac{n(\alpha_j+1)}{2r}}\int_0^1 (1-\tau)^{-\frac{d}{2}-\frac{n(\alpha_j+1)}{2p}}\tau^{-\frac{\alpha_j+1}{q}}d\tau\|u\|_{\mathcal{C}_{q(p,r)}([\varepsilon,T^*);L^p)}^{\alpha_j+1} \\
\leqslant & C\sum_{j=1}^{2}{T^*}^{1-\frac{d}{2}-\frac{n(\alpha_j+1)}{2p}}\|u\|_{\mathcal{C}_{q(p,r)}([\varepsilon,T^*);L^p)}^{\alpha_j+1},
\end{aligned} \tag{2.45}$$

这里用到

$$\frac{d}{2}+\frac{n(1+\alpha_j)}{2p}<1, \quad q>1+\alpha_j, \quad j=1,2.$$

由此推得

$$\|u; C([\varepsilon, T^*); L^\infty)\| \leqslant \varepsilon^{-\frac{n}{2r}}\|\varphi\|_r + \|GF(u)\|_{C([\varepsilon,T^*);L^\infty)} < \infty. \tag{2.46}$$

第二步. 如果 $r\leqslant \dfrac{n}{2-d}$, 令 $p_0=r$, $p_{N+1}=\infty$, 构造如下广义三元容许簇

$$(q_{j+1}, p_{j+1}, p_j)\in\tilde{\Lambda}, \quad p_{j+1}\leqslant p_j(1+\alpha_2), \quad j=0,1,2,\cdots,N-1 \tag{2.47}$$

使得

$$p_{N-1}\leqslant \frac{n}{2-d}, \quad p_N>\frac{n}{2-d}. \tag{2.48}$$

完全类同于 (2.45) 的估计, 容易看出

$$u(t)\in \mathcal{C}_{q_{j+1}(p_{j+1},p_j)}\left(\left[\frac{(j+1)\varepsilon}{N+1}, T^*\right); L^{p_{j+1}}\right),$$

$$j=0,1,2,\cdots,N-1.$$

这意味着

$$u(t)\in C\left(\left[\frac{(j+1)\varepsilon}{N+1}, T^*\right); L^{p_{j+1}}\right), \quad j=0,1,2,\cdots,N-1. \tag{2.49}$$

特别, $\left\|u\left(\frac{N\varepsilon}{N+1}\right)\right\|_{p_N}<\infty$. 因此, 采用第一步的估计, 可见

$$\begin{aligned}\|u(t)\|_{C([\varepsilon,T^*);L^\infty)}\leqslant&\left\|S\left(t-\frac{N\varepsilon}{N+1}\right)u\left(\frac{N\varepsilon}{N+1}\right)\right\|_\infty\\&+\sup_{t\in[\varepsilon,T^*)}\int_{\frac{N\varepsilon}{N+1}}^t\|S(t-\tau)F(u)\|_\infty d\tau\\<&\infty.\end{aligned}\tag{2.50}$$

(iv) 的证明：采用反证法. 若存在 $p\in[r,\infty]$ 满足 $\|u(T^*)\|_p<\infty$, 我们来推出矛盾. 事实上, 仅需证明 $\|u(T^*)\|_p<\infty$ 意味着

$$\|u(T^*)\|_r<\infty.\tag{2.51}$$

Case I 若 $p<(1+\alpha_2)r$. 由 $\|u(T^*)\|_p<\infty$ 及 $u(t)\in\mathcal{C}_{q(p,r)}([0,T^*);L^p)$, 易见

$$\sup_{t\in[\frac{T^*}{2},T^*]}\|u(t)\|_p<\infty.\tag{2.52}$$

由定理 1.5 及推论 1.6, 有

$$\begin{aligned}\|u(T^*)\|_r\leqslant&\|\varphi\|_r+C\sum_{j=1}^2\int_{\frac{T^*}{2}}^{T^*}|T^*-\tau|^{-\frac{d}{2}-\frac{n}{2}(\frac{1+\alpha_j}{p}-\frac{1}{r})}d\tau\\&\times\sup\nolimits_{t\in[\frac{T^*}{2},T^*]}\|u(t)\|_p^{\alpha_j+1}<\infty.\end{aligned}\tag{2.53}$$

Case II $r(1+\alpha_2)<p<\infty$. 令 $p_0=r$, $p_{N+1}=p$, 构造如下广义三容许簇

$$(q_{j+1},p_{j+1},p_j)\in\Pi,\quad p_{j+1}\leqslant p_j(1+\alpha_2),\quad j=0,1,2,\cdots,N.\tag{2.54}$$

直接计算

$$\begin{aligned}\|u(T^*)\|_{p_N}\leqslant&T^{*-\frac{n}{2}(\frac{1}{r}-\frac{1}{p_N})}\|\varphi(x)\|_r\\&+C\sum_{j=1}^2\int_{\frac{T^*}{2}}^{T^*}|T^*-\tau|^{-\frac{d}{2}-\frac{n}{2}(\frac{1+\alpha_j}{p}-\frac{1}{p_N})}d\tau\sup_{t\in[\frac{T^*}{2},T^*]}\|u\|_p^{\alpha_j+1}<\infty.\end{aligned}\tag{2.55}$$

于是, 可用 $\|u(T^*)\|_{p_{j+1}}$ 来估计 $\|u(T^*)\|_{p_j}$, 通过有限步即得估计 (2.51).

Case III $p=\infty$, 直接验算

$$\begin{aligned}&\sup_{t\in[\delta T^*,T^*]}\|u(t)\|_r\\&\leqslant\|\varphi\|_r+C\int_{\delta T^*}^{T^*}|T^*-\tau|^{-\frac{d}{2}}d\tau\cdot\sum_{j=1}^2\sup_{t\in[\delta T^*,T^*]}(\|u(t)\|_\infty^{\alpha_j}\|u\|_r)\\&\leqslant\|\varphi\|_r+C\cdot(T^*)^{1-\frac{d}{2}}\int_\delta^1(1-\tau)^{-\frac{d}{2}}d\tau\sup_{t\in[\delta T^*,T^*]}\|u(t)\|_r,\end{aligned}\tag{2.56}$$

这里用到

$$\sup_{t\in[\delta T^*,T^*]}\|u(t)\|_\infty<\infty.$$

因此, 在 (2.56) 式中, 令 $\delta\longrightarrow 1$, 就可得到估计 (2.51).

(v) 的证明: 仅需证明, 对 $\forall\varepsilon>0$, 成立

$$u(t)=u(t,x)\in C^\infty([\varepsilon,T^*)\times\mathbb{R}^n). \tag{2.57}$$

Case I $d\equiv 0$. 注意到 $\partial_t^m S(t)\varphi=(-\Delta)^m S(t)\varphi$ 及积分方程 (2.5), (2.57) 可归结为证明

$$u(t,x)\in C([\varepsilon,T^*);C^\infty). \tag{2.58}$$

现令 $p>\max(n,r)$, 注意到 (iii) 就知 $u(t,x)\in C([\varepsilon,T^*);L^p\cap L^\infty)$. 于是, 对任意 $\varepsilon\leqslant t<T^*$, 有

$$\begin{aligned}\|u\|_{\dot W^{1,p}}\leqslant& C+C\int_\varepsilon^t|t-\tau|^{-\frac12}f'(\|u\|_\infty)\|u\|_p d\tau\\ \leqslant& C+C\cdot T^{*\frac12}\int_0^1(1-\tau)^{-\frac12}d\tau<\infty,\end{aligned} \tag{2.59}$$

这里用到 $f(u)\sim f'(u)u$. 故推知

$$u(t)\in C([\varepsilon,T^*);W^{1,p}(\mathbb{R}^n)). \tag{2.60}$$

现假设 $u(t)\in C([\varepsilon,T^*);W^{k,p}(\mathbb{R}^n))$, 证明

$$u(t)\in C([\varepsilon,T^*);W^{k+1,p}(\mathbb{R}^n)). \tag{2.61}$$

事实上, 由 Sobolev 嵌入定理, 知 $(I-\Delta)^{\frac{k-1}{2}}u\in L^\infty(\mathbb{R}^n)$. 不失一般性, 记 β_j 是 $\beta_1,\beta_2,\cdots,\beta_j$ 中模最大的多重指标, 那么, 对任意 $\varepsilon\leqslant t<T^*$, 有

$$\begin{aligned}\|u\|_{\dot W^{k+1,p}}\leqslant& C+C\int_\varepsilon^t|t-\tau|^{-\frac12}\Big\|\sum_{j=1}^k\sum_{\substack{\beta_1+\cdots+\beta_j=\gamma\\|\beta_j|\geqslant1,|\gamma|=k}}\frac{\gamma!}{j!\Pi\beta_j!}\times f^{(j)}(u)\Pi_j\partial^{\beta_j}u\Big\|_p d\tau\\ \leqslant& C+C\int_\varepsilon^t|t-\tau|^{-\frac12}\sum_{j=1}^k f^{(j)}(\|u\|_\infty)\|\partial^{\beta_j}u\|_p d\tau<\infty.\end{aligned} \tag{2.62}$$

这样, 由归纳假设及 (2.62) 就推得 (2.57), 由 k 的任意性及 Sobolev 嵌入定理即推得 (2.62).

Case II $d\neq 0$. 可取 $0<\delta<2-d$, $p>\dfrac{n}{\delta}$. 利用分数阶求导的 Leibniz 原则 (见 [T3] 及 [Bo2]) 及归纳方法可推得 $u(t)\in C([\varepsilon,T^*);W^{m\delta,p})$, 这里 $m\in\mathbb{N}$ 是任意自然数. 因此, 由 Sobolev 嵌入定理就得 (2.58). 这样完成了定理 2.1 的证明.

定理 2.4 的证明 记 $I=[0,\infty)$, $(q_j,p_j,r_j)\in\mathcal{F}$ 表示

$$1+\alpha_j<p_j<r_j(1+\alpha_j),\quad j=1,2 \tag{2.63}$$

的广义三元容许簇的全体. 用 $\{(q_j,p_j,r_j)\}_{j=1,2}\in\mathcal{F}^*$ 表示满足

$$(q_j,p_j,r_j)\in\mathcal{F},\quad \frac{r_1}{p_1}=\frac{r_2}{p_2},\quad j=1,2 \tag{2.64}$$

的广义三元容许簇的集合. 定义

$$Z(I)=\left\{u;\quad u\in C_b(I;L^{r_1}\cap L^{r_2})\cap\bigcap_{j=1}^{2}\dot{\mathcal{C}}_{q_j(p_j,r_j)}(I;L^{p_j}),\quad \{(q_j,p_j,r_j)\}_{j=1,2}\in\mathcal{F}^*\right\}, \tag{2.65}$$

其范数是

$$\|u\|_{Z(I)}=\sum_{j=1}^{2}\sup_{\{(q_j,p_j,r_j)\}_{j=1,2}\in\mathcal{F}^*}\sup_{t\in I}t^{\frac{1}{q_j}}\|u\|_{p_j}+\sum_{j=1}^{2}\sup_{t\in I}\|u\|_{r_j}, \tag{2.66}$$

容易看出

$$\|S(t)\varphi;Z(I)\|\leqslant C(\|\varphi(x)\|_{r_1},\|\varphi(x)\|_{r_2}). \tag{2.67}$$

现在如下完备的度量空间

$$\mathcal{Z}(I)=\{u(t)\in Z(I);\quad \|u\|_{Z(I)}\leqslant\delta\},$$

$$d(u,v)=\|u-v;Z(I)\|,\quad \forall u,v\in\mathcal{Z}(I)$$

中考虑算子 (2.5) 确定的算子 $\mathcal{T}$, 注意到 $Q(D)$ 是 $d\in[0,2)$ 阶齐次拟微分算子, 因此, 无妨就 $Q(\xi)\sim|\xi|^d$ 的情形予以证明, 这里 $0\leqslant d<2$. 对任意 $(q_j,p_j,r_j)\in\Pi^*$, 利用定理 1.5 及推论 1.6 所建立的时空估计, 直接计算可得:

$$\begin{aligned}
&\|GF(u);\mathcal{C}_{q_1(p_1,r_1)}(I;L^{p_1})\|\\
&\leqslant C\|u;\mathcal{C}_{q_1(p_1,r_1)}(I;L^{p_1})\|^{\alpha_1+1}+\sup_{t\in I}t^{\frac{1}{q_1}}\int_0^t|t-\tau|^{-\frac{d}{2}-\frac{n\alpha_2}{2p_2}}\|u\|_{p_2}^{\alpha_2}\|u\|_{p_1}d\tau\\
&\leqslant C\|u;\mathcal{C}_{q_1(p_1,r_1)}(I;L^{p_1})\|^{\alpha_1+1}+C\int_0^1(1-\tau)^{-\frac{d}{2}-\frac{n\alpha_2}{2p_2}}\tau^{-\frac{1}{q_1}-\frac{\alpha_2}{q_2}}d\tau\\
&\quad\times\|u;\mathcal{C}_{q_1(p_j,r_j)}(I;L^{p_j})\|^{\alpha_2}\cdot\|u;\mathcal{C}_{q_1(p_1,r_1)}(I;L^{p_1})\|\\
&\leqslant C\sum_{j=1}^{2}\|u;\mathcal{C}_{q_j(p_j,r_j)}(I;L^{p_j})\|^{\alpha_j}\cdot\|u;\mathcal{C}_{q_1(p_1,r_1)}(I;L^{p_1})\|,
\end{aligned} \tag{2.68}$$

$$
\begin{aligned}
&\|GF(u);C(I;L^{r_1})\|\\
\leqslant & C\sup_{t\in I}\int_0^t |t-\tau|^{-\frac{d}{2}-\frac{n}{2}(\frac{1+\alpha_1}{p_1}-\frac{1}{r_1})}\|u\|_{p_1}^{\alpha_1+1}d\tau\\
&+C\sup_{t\in I}\int_0^t |t-\tau|^{-\frac{d}{2}-\frac{n}{2}(\frac{\alpha_2}{p_2}+\frac{1}{p_1}-\frac{1}{r_1})}\|u\|_{p_2}^{\alpha_2}\|u\|_{p_1}d\tau\\
\leqslant & C\sup_{t\in I}\int_0^t |t-\tau|^{-\frac{d}{2}-\frac{n}{2}(\frac{1+\alpha_1}{p_1}-\frac{1}{r_1})}\tau^{-\frac{\alpha_1+1}{q_1}}d\tau\\
&\times\|u;\mathcal{C}_{q_1(p_1,r_1)}(I;L^{p_1})\|^{\alpha_1+1}\\
&+C\sup_{t\in I}\int_0^t |t-\tau|^{-\frac{d}{2}-\frac{n}{2}(\frac{\alpha_2}{p_2}+\frac{1}{p_1}-\frac{1}{r_1})}\tau^{-\frac{\alpha_2}{q_2}-\frac{1}{q_1}}d\tau\\
&\times\|u;\mathcal{C}_{q_2(p_2,r_2)}(I;L^{p_2})\|^{\alpha_2}\cdot\|u;\mathcal{C}_{q_1(p_1,r_1)}(I;L^{p_1})\|\\
\leqslant & C\sum_{j=1}^{2}\|u;\mathcal{C}_{q_j(p_j,r_j)}(I;L^{p_j})\|^{\alpha_j}\cdot\|u;\mathcal{C}_{q_1(p_1,r_1)}(I;L^{p_1})\|.
\end{aligned}\tag{2.69}
$$

同理可证

$$
\begin{aligned}
\|GF(u);\mathcal{C}_{q_2(p_2,r_2)}(I;L^{p_2})\|\leqslant & C\sum_{j=1}^{2}\|u;\mathcal{C}_{q_j(p_j,r_j)}(I;L^{p_j})\|^{\alpha_j}\\
&\times\|u;\mathcal{C}_{q_2(p_2,r_2)}(I;L^{p_2})\|.
\end{aligned}\tag{2.70}
$$

$$
\begin{aligned}
\|GF(u);C(I;L^{r_2})\|\leqslant & C\sum_{j=1}^{2}\|u;\mathcal{C}_{q_j(p_j,r_j)}(I;L^{p_j})\|^{\alpha_j}\\
&\times\|u;\mathcal{C}_{q_2(p_2,r_2)}(I;L^{p_2})\|.
\end{aligned}\tag{2.71}
$$

进而, 类同于 (2.68)-(2.71) 的证明, 易见

$$
\begin{aligned}
t^{\frac{1}{q_1}}\|\mathcal{T}u\|_{p_1}\leqslant & t^{\frac{1}{q_1}}\|S(t)\varphi\|_{p_1}+Ct^{\frac{\alpha_1+1}{q_1}}\|u\|_{p_1}^{\alpha_1+1}\\
&+Ct^{\frac{\alpha_2}{q_2}}\|u\|_{p_2}^{\alpha_2}\cdot t^{\frac{1}{q_1}}\|u\|_{p_1},\quad p_1>r_1,
\end{aligned}\tag{2.72}
$$

$$
\begin{aligned}
t^{\frac{1}{q_2}}\|\mathcal{T}u\|_{p_2}\leqslant & t^{\frac{1}{q_2}}\|S(t)\varphi\|_{p_2}+Ct^{\frac{\alpha_2+1}{q_2}}\|u\|_{p_2}^{\alpha_2+1}\\
&+Ct^{\frac{\alpha_1}{q_1}}\|u\|_{p_1}^{\alpha_1}\cdot t^{\frac{1}{q_2}}\|u\|_{p_2},\quad p_2>r_2,
\end{aligned}\tag{2.73}
$$

以及

$$
d(\mathcal{T}u,\mathcal{T}v)\leqslant C\sum_{j=1}^{2}\left[\|u\|_{\mathcal{C}_{q_j(p_j,r_j)}(I;L^{p_j})}^{\alpha_j}+\|v\|_{\mathcal{C}_{q_j(p_j,r_j)}(I;L^{p_j})}^{\alpha_j}\right]d(u,v),\tag{2.74}
$$

这里用到下面注记 2.2 中的 (2.82).

令

$$
C[\|\varphi\|_{r_1}+\|\varphi\|_{r_2}]<\delta/2.
$$

由 (2.68)-(2.74) 可见, 只要取 $\delta>0$ 充分小, 就可以确保

$$\|\mathcal{T}u;Z(I)\|\leqslant C\|\varphi;L^{r_1}\cap L^{r_2}\|+C\delta^{\alpha_2+1}+C\delta^{\alpha_1+1}\leqslant\delta, \tag{2.75}$$

$$d(\mathcal{T}u,\mathcal{T}v)\leqslant\frac{1}{2}d(u,v), \tag{2.76}$$

$$\lim_{t\to0^+}t^{\frac{1}{q_j}}\|u\|_{p_j}=0,\quad j=1,2,\quad p_j=r_j. \tag{2.77}$$

因此, 由 Banach 压缩映射原理, 知 (2.1) 或 (2.5) 存在唯一解 $u(t)\in Z(I)$. 若 (q_j,p_j,r_j) 是满足 $p_j\leqslant 1+\alpha_j$ 的广义三元容许簇, 则可选取 $(\tilde{q}_j,\tilde{p}_j,r_j)\in\mathcal{F}^*(j=1,2)$, 利用 $C(I;L^{r_j})$ 与 $\mathcal{C}_{\tilde{q}(\tilde{p}_j,r_j)}(I;L^{\tilde{p}_j})$ 的插值, 即得 $u(t)\in\mathcal{C}_{q_j(p_j,r_j)}(I;L^p_j)$. 另一方面, 对任意 $(q_1,p_1,r_1)\in\mathcal{F}$, 总可找到 (q_2,p_2,r_2), 使得 $(q_j,p_j,r_j)\in\mathcal{F}^*(j=1,2)$. 因此, 仅需对任意 $(\hat{q}_2,\hat{p}_2,r_2)\in\mathcal{F}^*$, 来证明 $u(t)\in\mathcal{C}_{\hat{q}_2(\hat{p}_2,r_2)}(I;L^{\hat{p}_2})$. 事实上, 选取 $(q_j,p_j,r_j)\in\mathcal{F}^*$ $(j=1,2)$, 它自然满足下面注记 2.2 中的 (2.82). 直接估计, 可见

$$\begin{aligned}
&\|u;\mathcal{C}_{\hat{q}_2(\hat{p}_2,r_2)}(I;L^{\hat{p}_2})\|\\
\leqslant&C\|\varphi\|_{r_2}+\sup_{t\in I}t^{\frac{1}{\hat{q}_2}}\int_0^t|t-\tau|^{-\frac{d}{2}-\frac{n\alpha_1}{2p_1}}\|u\|_{p_1}^{\alpha_1}\|u\|_{\hat{p}_2}d\tau\\
&+\sup_{t\in I}t^{\frac{1}{\hat{q}_2}}\int_0^t|t-\tau|^{-\frac{d}{2}-\frac{n\alpha_2}{2p_2}}\|u\|_{p_2}^{\alpha_2}\|u\|_{\hat{p}_2}d\tau\\
\leqslant&C\|\varphi\|_{r_2}+C\sum_{j=1}^{n}\|u;\mathcal{C}_{q_j(p_j,r_j)}(I;L^{p_j})\|^{\alpha_j}\|u;\mathcal{C}_{\hat{q}_2(\hat{p}_2,r_2)}(I;L^{\hat{p}})\|\\
\leqslant&C\|\varphi\|_{r_2}+C(\delta^{\alpha_1}+\delta^{\alpha_2})\|u;\mathcal{C}_{\hat{q}_2(\hat{p}_2,r_2)}(I;L^{\hat{p}})\|.
\end{aligned} \tag{2.78}$$

类似于 (2.71), 易见

$$\lim_{t\to0}t^{\frac{1}{\hat{q}_2}}\|u\|_{\hat{p}_2}=0. \tag{2.79}$$

因此, (i) 得证.(ii) 的证明类同于定理 2.1 的证明, 省略.

注记 2.2 对固定的 r_j, $j=1,2$(同定理 2.4), 存在 $\{(q_j,p_j,r_j)\}_{j=1,2}\in\mathcal{F}^*$. 事实上, 不失一般性, 假设 $\alpha_1\leqslant\alpha_2$. 由 $r_j(j=1,2)$ 的定义推知 $r_1\leqslant r_2$. 注意到

$$\frac{1+\alpha_1}{r_1}\leqslant\frac{p_1}{r_1}<1+\alpha_1,\qquad\frac{1+\alpha_2}{r_2}\leqslant\frac{p_2}{r_2}<1+\alpha_2 \tag{2.80}$$

及

$$\left[\frac{(2-d)(1+\alpha_1)}{n\alpha_1},1+\alpha_1\right]\subseteq\left[\frac{2-d}{n\alpha_2}(1+\alpha_2),1+\alpha_2\right]. \tag{2.81}$$

因此, 可以选取无穷多 $\{(q_j,p_j,r_j)\}_{j=1,2}\in\mathcal{F}^*$, 与此同时, 由 $r_j=\dfrac{n\alpha_j}{2}$ 或 $r_j=\dfrac{n\alpha_j}{2-d}(j=1,2)$ 的定义及广义三元容许簇的关系式, 还有

$$\frac{\alpha_1}{p_1}=\frac{\alpha_2}{p_2},\quad\frac{\alpha_1}{q_1}=\frac{\alpha_2}{q_2}. \tag{2.82}$$

注记 2.3　(i) 当 $\alpha_1 = \alpha_2$, (2.1) 就对应着经典的半线性热传导方程, 这里提供的时空估计方法不仅可以处理齐次非线性项, 同时为具有非齐次增长的非线性抛物型方程提供了处理方法.

(ii) 事实上, 本节的方法可应用许多经典的非线性发展方程, 如：复的 Ginzburg-Landau 方程, 对流扩散方程、Burgers 黏性方程、Navier-Stokes 方程等.

§2.3　半线性热传导方程的 Cauchy 问题 (II)

上面我们的讨论主要限定初始函数 $\varphi(x)$ 属于 L^r 型空间的情形, 本节着重考虑当初始函数属于 $H^{s,p}$ 或更一般的 $B^s_{p,2}$ 时, 非线性热传导方程的 Cauchy 问题.

$$\begin{cases} u_t - \Delta u = F(u), \\ u(0) = \varphi \end{cases} \tag{3.1}$$

是否在 $H^{s,p}$ 或 $B^s_{p,2}$ 中生成一个非线性连续流? 即 (3.1) 是否在形如 $H^{s,p}$ 或 $B^s_{p,2}$ 中适定? 由 Scaling 原理, 一般来讲, 要求 $p > 1$, $s \geqslant s_c = \dfrac{n}{p} - \dfrac{2}{\alpha}$(或 $\dfrac{n}{p} - \dfrac{2-d}{\alpha}$, 其中 $F(u) = f(u)$ 或 $Q(D)f(u)$, $f(u) \sim |u|^\alpha u$). 另一方面, 当 $F(u) = f(u)$ 且非线性增长高于多项式增长, 如 $f(u)$ 是以指数阶增长时, 如何研究 (3.1) 的适定性问题呢? 此时, 它对应的合适的初始函数空间恰是临界空间 $H^{s,p}$ 或 $B^s_{p,2}$, 此处 $s = \dfrac{n}{p}$. 而当 $s > \dfrac{n}{p}$ 时, 此时 $H^{s,p}$ 或 $B^s_{p,2}$ 是 Banach 代数. 因此, 对非线性增长没有任何限制就可获得局部适定性结果.

首先, 我们引入一些必要的线性估计. 由插值定理及第一节建立的线性抛物型方程解的 L^p-L^r 估计、时空估计, 容易看出：

$$\begin{cases} \|S(t)\varphi\|_{\dot{B}^{s+\theta}_{p,2}} \leqslant Ct^{-\frac{\theta}{2}}\|\varphi\|_{\dot{B}^s_{p,2}}, \\ \|S(t)\varphi\|_{\dot{H}^{s+\theta,p}} \leqslant Ct^{-\frac{\theta}{2}}\|\varphi\|_{\dot{H}^{s,p}}, \end{cases} \quad 1 \leqslant p < \infty, \quad \theta \geqslant 0, \tag{3.2}$$

$$\begin{cases} \|S(t)\varphi\|_{B^{s+\theta}_{p,2}} \leqslant C(T)t^{-\frac{\theta}{2}}\|\varphi\|_{B^s_{p,2}}, \\ \|S(t)\varphi\|_{H^{s+\theta,p}} \leqslant C(T)t^{-\frac{\theta}{2}}\|\varphi\|_{H^{s,p}}, \end{cases} \quad 1 \leqslant p < \infty, \quad \theta \geqslant 0, \tag{3.3}$$

这里 $t \in [0, T)$.

$$\begin{aligned} &\|S(t)\varphi, \mathcal{C}_{\tilde{q}}(I; \dot{B}^{\tilde{s}}_{\tilde{p},2})\| \leqslant C\|\varphi; \dot{B}^s_{p,2}\|, \quad I = [0,\infty), \quad \text{或} \\ &\qquad I = [0, T), \quad \tilde{p} \geqslant p > 1, \quad \tilde{s} \geqslant s \geqslant 0, \end{aligned} \tag{3.4}$$

并且 $\tilde{q}$, $\tilde{p}$, $\tilde{s}$, p, s 满足关系式

$$\frac{2}{\tilde{q}} = \left(\tilde{s} - \frac{n}{\tilde{p}}\right) - \left(s - \frac{n}{p}\right) < 1,$$

以及如下广义 Sobolev 不等式 (详见 [O2]、[NO1]),

$$\begin{cases} \|u\|_q \leqslant Cq^{\frac{1}{p'}}\|u;\dot{H}^{\frac{n}{p}-\frac{n}{q},p}\|, \\ \|u\|_{\dot{B}^0_{q,2}} \leqslant Cq^{\frac{1}{p'}}\|u;\dot{B}^{\frac{n}{p}-\frac{n}{q}}_{p,2}\|, \end{cases} \qquad 1<p\leqslant q<\infty, \tag{3.5}$$

$$\|u\|_{\dot{B}^s_{q,2}} \leqslant Cq^{\frac{1}{p'}}\|u;\dot{B}^{s+\frac{n}{p}-\frac{n}{q}}_{p,2}\|, \quad 1<p\leqslant q<\infty, \quad s\in\mathbb{R}, \tag{3.6}$$

$$\max(\|u\|_q, \|u\|_{\dot{B}^0_{q,2}}) \leqslant q^{\frac{1}{p'}}\|u;\dot{B}^{\frac{n}{p}-\frac{n}{q}}_{p,2}\|, \quad 1<p<q<\infty. \tag{3.7}$$

命题 3.1 设 $p>1$, $s\geqslant 0$, $\alpha>0$ 满足

$$\max\left(0,\frac{n}{p}-\frac{n}{\alpha+1}\right)\leqslant s<\min\left(\frac{n}{p},1+\frac{\alpha}{\alpha+1}\frac{n}{p}\right), \tag{3.8}$$

$f\in C^{[\alpha]+1}(\mathbb{R};\mathbb{R})$ 满足

$$\begin{aligned} |f^{(j)}(u)-f^{(j)}(v)| \leqslant & C(|u|^{\alpha-j}+|v|^{\alpha-j})|u-v|, \\ & j=1,2,\cdots,[\alpha], \end{aligned} \tag{3.9}$$

$$\begin{aligned} \|\partial^{[\alpha]+1}f(u)-\partial^{[\alpha]+1}f(v)\| \leqslant & C|u-v|^{\alpha-[\alpha]}, \\ & f^{[\alpha+1]}(0)=0, \quad \alpha\notin\mathbb{N}. \end{aligned} \tag{3.10}$$

特别, 当 $\alpha\leqslant\dfrac{n\alpha}{p(\alpha+1)}$, 仅需假设 $f(u)$ 满足估计

$$|f(u)-f(v)|\leqslant C(|u|^\alpha+|v|^\alpha)|u-v|, \tag{3.11}$$

则有估计

$$\|f(u)\|_{B^{s_\alpha}_{p,2}}\leqslant C\|u\|^{\alpha+1}_{B^s_{p,2}}, \quad s_\alpha=s-\alpha\left(\frac{n}{p}-s\right). \tag{3.12}$$

注记 3.1 若将 (3.8) 换成

$$\max\left(0,\frac{n}{p}-\frac{n}{\alpha+1}\right)\leqslant s<\min\left(\frac{n}{p},\left(1+\frac{n}{p}\right)\frac{\alpha}{\alpha+1}\right), \tag{3.8$'$}$$

那么

$$\|f(u)\|_{H^{s_\alpha,p}}\leqslant C\|u\|^{\alpha+1}_{H^{s,p}}, \quad s_\alpha=s-\alpha\left(\frac{n}{p}-s\right). \tag{3.13}$$

F.Ribaud 在 [Ri] 中采用基于 Littlewood-Paley 理论而派生的 Paracomposition 技术 [Me], 在 (3.8)$'$ 的条件下证明了估计 (3.13). 显然, 命题 3.1 在 Besov 空间中所得的估计的适用范围更大些. 我们以估计 (3.12) 为例来予以证明.

命题 3.1 的证明 首先, 当 $0 \leqslant s \leqslant \dfrac{n\alpha}{p(\alpha+1)}$ 时, $s_\alpha \leqslant 0$ 且

$$\frac{1}{\gamma} = \frac{1}{p} - \frac{s_\alpha}{n} = (\alpha+1)\left(\frac{1}{p} - \frac{s}{n}\right) < 1. \tag{3.14}$$

于是, 由 Sobolev 嵌入定理

$$L^\gamma \hookrightarrow B^{s_\alpha}_{p,2}, \quad B^s_{p,2} \hookrightarrow L^{(\alpha+1)\gamma}, \tag{3.15}$$

可得

$$\|f(u)\|_{B^{s_\alpha}_{p,2}} \leqslant C\|u\|^{\alpha+1}_{(\alpha+1)\gamma} \leqslant C\|u\|^{\alpha+1}_{B^s_{p,2}}. \tag{3.16}$$

其次, 当 $s > \dfrac{n\alpha}{p(\alpha+1)}$ 时, 我们求助于 Besov 空间 $B^s_{r,m}$ 及 $\dot{B}^s_{r,m}$ 的等价模

$$\begin{aligned}\|v\|_{\dot{B}^s_{r,m}} &\cong \sum_{|\beta|=[s]}\left(\int_0^\infty t^{-m(s-[s])}\sup_{|y|\leqslant t}\|\Delta_y\partial^\beta v\|_r^m\frac{dt}{t}\right)^{\frac{1}{m}}\\ &\cong \sum_{|\beta|=N}\left(\int_0^\infty t^{-m\sigma}\sup_{|y|\leqslant t}\|\Delta_y^2\partial^\beta v\|_r^m\frac{dt}{t}\right)^{\frac{1}{m}},\end{aligned} \tag{3.17}$$

$$\|v\|_{B^s_{r,m}} \cong \|v\|_r + \|v\|_{\dot{B}^s_{r,m}}, \tag{3.18}$$

这里 [s] 表示 s 的最大整数部分, $s = N+\sigma$, $N \in \mathbb{N}\cup\{0\}$, $0<\sigma<2$.

$$\Delta_y u = \tau_y u - u, \quad \Delta_y^2 u = \tau_y u + \tau_{-y}u - 2u \tag{3.19}$$

分别表示一阶差分与二阶差分, $\tau_y u = u(x+y)$, 下面分几种情形来进行非线性估计.

情形 I $s_\alpha < 2$. 注意到

$$\Delta_y^2 f = f'(u)\Delta_y^2 u + \sum_\pm \Delta_{\pm y}u\int_0^t [f'(\lambda\tau_{\pm y}u + (1-\lambda)u) - f'(u)]d\lambda, \tag{3.20}$$

就得

$$|\Delta_y^2 f(u)| \leqslant \begin{cases} |f'(u)||\Delta_y^2 u| + C\displaystyle\sum_\pm |\Delta_{\pm y}u|^2(|\tau_{\pm y}u|^{\alpha-1} + |u|^{\alpha-1}), & 若\ \alpha \geqslant 1,\\ |f'(u)||\Delta_y^2 u| + C\displaystyle\sum_\pm |\Delta_{\pm y}u|^{\alpha+1}, & 若\ \alpha < 1.\end{cases} \tag{3.21}$$

由 Besov 空间的等价模 (3.17) 及 (3.18) 及

$$\frac{1}{p} = \alpha\left(\frac{1}{p} - \frac{s}{n}\right) + \frac{1}{\chi_1}, \quad \frac{1}{\chi_1} = \left(\frac{s_\alpha}{n} - \frac{\alpha-1}{p}\right), \tag{3.22}$$

$$\frac{1}{p}=(\alpha-1)\left(\frac{1}{p}-\frac{s}{n}\right)+\frac{1}{\chi_2},\quad \frac{1}{\chi_2}=\left(\frac{(\alpha-1)s}{2n}-\frac{\alpha_2}{2p}\right),\alpha\geqslant 1, \tag{3.23}$$

$$\frac{1}{p}=\frac{\alpha+1}{\chi_3},\quad \alpha<1, \tag{3.24}$$

就得

$$\begin{aligned}\|f(u)\|_{B^{s_\alpha}_{p,2}}=&\|f(u)\|_p+\left(\int_0^t t^{-2s_\alpha}\sup_{|y|\leqslant t}\|\Delta_y^2 f(u)\|_p^2\frac{dt}{t}\right)^{1/2}\\ \leqslant&\|u\|^{\alpha+1}_{p(\alpha+1)}+C\|u\|^{\alpha}_{\dot B^s_{p,2}}\|u\|_{\dot B^{s_\alpha}_{\chi_1,2}}+C\begin{cases}\|u\|^{\alpha-1}_{\dot B^s_{p,2}}\|u\|^2_{\dot B^{\frac{s_\alpha}{2}}_{\chi_2,4}}, & \alpha\geqslant 1\\ \|u\|^{\alpha+1}_{\dot B^{\frac{s}{\alpha+1}}_{\chi_3,2(\alpha+1)}}, & \alpha<1\end{cases}\\ \leqslant&C\|u\|^{\alpha+1}_{B^s_{p,2}},\end{aligned} \tag{3.25}$$

这里用到命题 1.7 及如下 Sobolev 嵌入关系

$$\begin{aligned}&B^s_{p,2}\hookrightarrow L^{(\alpha+1)p}, && \dot B^s_{p,2}\hookrightarrow \dot B^{s_\alpha}_{\chi_1,2},\\ &\dot B^s_{p,2}\hookrightarrow \dot B^{\frac{s_\alpha}{2}}_{\chi_2,4}, && \dot B^s_{p,2}\hookrightarrow \dot B^{\frac{s_\alpha}{\alpha+1}}_{\chi_3,2(\alpha+1)}.\end{aligned} \tag{3.26}$$

情形 II $s_\alpha\geqslant 2$. 令 $s_\alpha=[s_\alpha]-1+\sigma$, 容易看出

$$1\leqslant\sigma<2,\quad [s_\alpha]-1\geqslant 1.$$

由 Leibniz 求导法则, 对于 $|\gamma|=[s_\alpha]-1$, 有

$$\partial^\gamma f(u)=\sum_{k=1}^{[s_\alpha]-1}\sum_{\substack{\beta_1+\cdots+\beta_n=\gamma\\ |\beta_j|\leqslant 1}}\frac{\gamma!}{k!\prod_{j=1}^k\beta_j}f^{(k)}(u)\prod_{j=1}^k\partial^{\beta_j}u. \tag{3.27}$$

为简单起见, 引入如下记号

$$\begin{cases}\tilde f(u)=f^{(k)}(u),\quad v=\tau_y u,\quad w=\tau_{-y}u,\\ u_j=\partial^{\beta_j}u,\quad v_j=\partial^{\beta_j}v,\quad w_j=\partial^{\beta_j}w.\end{cases} \tag{3.28}$$

直接验算, 可见

$$\begin{aligned}\Delta_y^2\left(f^{(k)}(u)\prod_{j=1}^k\partial^{\beta_j}u\right)=&\tilde f(u)\sum_{j=1}^k\Delta_y^2u_j\prod_{a<j}v_a\prod_{b>j}u_b\\ &-\tilde f(u)\sum_j\sum_{i<j}(\Delta_{-y}u_j\cdot\Delta_y u_i)\prod_{a<j}v_a\prod_{\substack{b<j\\ b\neq i}}u_b\\ &+\tilde f(u)\sum_j\sum_{i>j}(\Delta_{-y}u_j\cdot\Delta_{-y}u_i)\prod_{\substack{a<i\\ a\neq j}}u_a\prod_{b>i}w_b\end{aligned}$$

$$+ (\tilde{f}(v) - \tilde{f}(u)) \sum_j \Delta_y u_j \prod_{a<j} v_a \prod_{b>j} u_b$$
$$- (\tilde{f}(u) - \tilde{f}(w)) \sum_j \Delta_{-y} u_j \prod_{a<j} u_a \prod_{b>j} w_b + \tilde{f}'(u) \Delta_y^2 u \prod_j u_j$$
$$+ \int_0^1 (\tilde{f}'(\theta v + (1-\theta)u) - \tilde{f}'(u)) d\theta (v-u) \prod_{j=1}^k u_j$$
$$+ \int_0^1 (\tilde{f}'(\theta w + (1-\theta)u) - \tilde{f}'(u)) d\theta (w-u) \prod_j u_j \equiv \sum_{k=1}^8 I_k. \tag{3.29}$$

先来估计 $\|I_1\|_p$ 和 $\|I_6\|_p$. 令

$$d_0 = (\alpha + 1 - k)\left(\frac{1}{p} - \frac{s}{n}\right),$$

$$d_a = \frac{1}{p} - \frac{s - |\beta_a|}{n}, \quad 1 \leqslant a \leqslant k \quad 且 \quad a \neq j,$$
$$d_j = \frac{1}{p} - \frac{s - (|\beta_j| + \sigma)}{n} \equiv \frac{1}{\chi_1}.$$

注意到

$$\frac{1}{p} - \frac{s}{n} > 0, \tag{3.30}$$

则 $d_a > 0$, $a = 0, 1, 2, \cdots, k$ 且

$$d_0 + \sum_{a=1}^k d_a = 1. \tag{3.31}$$

由命题 1.7 及 Besov 空间的平移不变性可推得

$$\|I_1\|_p \leqslant \|u\|_{\dot{B}^s_{p,2}}^\alpha \|\Delta_y^2 u_j\|_{\chi_1}. \tag{3.32}$$

类似地, 令

$$d_0 = (\alpha - k)\left(\frac{1}{p} - \frac{s}{n}\right),$$

$$d_a = \frac{1}{p} - \frac{s - |\beta_a|}{n}, \quad 1 \leqslant a \leqslant k,$$
$$d_{k+1} = \frac{1}{p} - \frac{s - \sigma}{n} \triangleq \frac{1}{\chi_6},$$

就推得

$$\|I_6\|_p \leqslant \|u\|_{\dot{B}^s_{p,2}}^\alpha \|\Delta_y^2 u_j\|_{\chi_6}. \tag{3.33}$$

其次, 来估计 $\|I_2\|_p$ 及 $\|I_3\|_p$. 令

$$d_0=(\alpha+1-k)\left(\frac{1}{p}-\frac{s}{n}\right),$$

$$d_a=\frac{1}{p}-\frac{s-|\beta_a|}{n},\quad a\neq i,j,$$

$$d_i=\frac{1}{p}-\frac{s-\left(|\beta_i|+\dfrac{\sigma}{2}\right)}{n}\triangleq\frac{1}{\chi_2},$$

$$d_j=\frac{1}{p}-\frac{s-\left(|\beta_j|+\dfrac{\sigma}{2}\right)}{n}\triangleq\frac{1}{\chi_3},$$

易见 $d_j>0,\ j=0,1,\cdots,k+1$ 且 $\sum\limits_{j=0}^{k+1}d_j=1$, 由命题 1.6 就得

$$\|I_2\|_p,\|I_3\|_p\leqslant\|u\|_{\dot{B}^s_{p,2}}^{\alpha-1}\|\Delta_{\pm y}u_i\|_{\chi_2}\|\Delta_{\pm y}u_j\|_{\chi_3}. \tag{3.34}$$

第三, 来考虑估计 $\|I_4\|_p$ 和 $\|I_5\|_p$, 仅需令

$$d_0=(\alpha-k)\left(\frac{1}{p}-\frac{s}{n}\right),$$

$$d_a=\frac{1}{p}-\frac{s-|\beta_\alpha|}{n},\quad 1\leqslant a\leqslant k,\quad a\neq j,$$

$$d_j=\frac{1}{p}-\frac{s-\left(|\beta_j|+\dfrac{\sigma}{2}\right)}{n}\triangleq\frac{1}{\chi_4},$$

$$d_{k+1}=\frac{1}{p}-\frac{s-\dfrac{\sigma}{2}}{n}\triangleq\frac{1}{\chi_5}.$$

易见, $d_j>0,\ j=0,1,\cdots,k+1$ 且 $\sum\limits_{j=0}^{k+1}d_j=1$. 由命题 1.6 就得

$$\|I_4\|_p,\|I_5\|_p\leqslant\|u\|_{\dot{B}^s_{p,2}}^{\alpha-1}\|\Delta_{\pm y}u_j\|_{\chi_4}\|\Delta_{\pm y}u\|_{\chi_5}. \tag{3.35}$$

最后来估计 $\|I_7\|_p$ 及 $\|I_8\|_p$. 事实上, 令

$$d_a=\frac{1}{p}-\frac{s-|\beta_a|}{n},\quad a=1,2,\cdots,k,$$

$$d_{k+1}=\frac{1}{p}-\frac{s-\dfrac{\sigma}{\alpha+1-k}}{n}\triangleq\frac{1}{\chi_7}\equiv\frac{1}{\chi_8},$$

由 (2.20) 可知 $d_a > 0,\ a = 1, 2, \cdots, k+1$ 且 $\sum_{a=1}^{k+1} d_a = 1$. 由命题 1.6 及 Sobolev 嵌入定理可得

$$\|I_7\|_p, \|I_8\|_p \leqslant \|u\|_{\dot{B}^s_{p,2}}^k \|\Delta_{\pm y} u\|_{\chi_7}^{\alpha+1-k}. \tag{3.36}$$

现利用 Sobolev 嵌入定理

$$\dot{B}^s_{p,2} \hookrightarrow \dot{B}^{\sigma+|\beta_j|}_{\chi_{1,2}}, \quad \dot{B}^s_{p,2} \hookrightarrow \dot{B}^{\sigma}_{\chi_{6,2}}, \tag{3.37}$$

$$\dot{B}^s_{p,2} \hookrightarrow \dot{B}^{|\beta_j|+\frac{\sigma}{2}}_{\chi_{2,4}}, \quad B^{|\beta_j|+\frac{\sigma}{2}}_{\chi_{4,4}}, \tag{3.38}$$

$$\dot{B}^s_{p,2} \hookrightarrow \dot{B}^{|\beta_j|+\frac{\sigma}{2}}_{\chi_{3,2}}, \quad \dot{B}^{\frac{\sigma}{2}}_{\chi_{5,4}}, \tag{3.39}$$

$$\dot{B}^s_{p,2} \hookrightarrow B^{\frac{\sigma}{\alpha+1-k}}_{\chi_{j,2(\alpha+1-k)}}, \quad j = 7, 8 \tag{3.40}$$

及 Besov 空间等价范数 (3.17)、(3.18) 可见

$$\|I_j\|_{\dot{B}^{s\alpha}_{p,2}} \leqslant C\|u\|_{\dot{B}^s_{p,2}}^{\alpha+1}, \quad j = 1, 2, \cdots, 8, \tag{3.41}$$

$$\|f(u)\|_p \leqslant c\|u\|_{p(\alpha+1)}^{\alpha+1} \leqslant C\|u\|_{B^s_{p,2}}^{\alpha+1}, \tag{3.42}$$

由此推得估计 (3.16) 成立.

定理 3.2　(a) 设 $F(u) = f(u)$ 或 $F(u) = Q(D)f(u)$, $Q(D)$ 是 $d(\in [0, 2))$ 阶拟微分算子, 设 $f(u)$, p, s 满足命题 3.1 的条件, $s_c = \dfrac{n}{p} - \dfrac{2}{\alpha}$ 或 $s_c = \dfrac{n}{p} - \dfrac{2-d}{\alpha}$. 设 $s > s_c$, $\varphi(x) \in B^s_{p,2}$, 则存在 (3.1) 或相应的积分方程

$$u(t) = S(t)\varphi + \int_0^t S(t-\tau)F(u)d\tau, \quad S(t) = e^{t\Delta} \tag{3.43}$$

的唯一极大解 $u(t) \in C([0, T^*); B^s_{p,2})$ 满足

$$T^* = \infty \quad \text{或 } C\|\varphi\|_{B^s_{p,2}}^{-\gamma^{-1}} \leqslant T^* < \infty, \text{且} \lim_{t\to T^*} \|u(t)\|_{B^s_{p,2}} = \infty. \tag{3.44}$$

这里 $\gamma = \dfrac{s - s_c}{2}$.

(b) 设 $p > 1$, 若下面两个条件之一满足：

(i) $sp = n,\ F(z) = f(z) \in C^1(\mathbb{R}; \mathbb{R}) \cap C^{[\frac{n}{p}]}(\mathbb{R}, \mathbb{R})$ 满足

$$f(0) = 0, \quad |f'(z)| \leqslant C|z|e^{\lambda|z|}, \quad |f^{(k)}(z)| \leqslant Ce^{\lambda|z|},$$
$$\lambda > 0, \quad 2 \leqslant k \leqslant \left[\frac{n}{p}\right], \tag{3.45}$$

若 $\left[\dfrac{n}{p}\right] \leqslant 2$, 最后一个条件可去掉.

(ii) $sp > n$, $F(u) = f(u)$ 或 $F(u) = Q(D)f(u)$, $Q(D)$ 是 $d \in [0,2)$ 阶拟微分算子, $f(z) \in C^{[s]+1}(\mathbb{R},\mathbb{R})$ 且 $f(0) = 0$. 则对任意 $\varphi(x) \in B^s_{p,2}$, 存在 (3.1) 或 (3.4) 的唯一极大解 $u(t) \in C([0,T^*); B^s_{p,2})$ 并且满足

$$T^* = \infty \quad \text{或} \quad T^* < \infty \quad \text{且} \lim_{t\to T^*} \|u(t)\|_{B^s_{p,2}} = \infty. \tag{3.46}$$

(c) 在上面 (a) 或 (b) 中得到的解, 满足如下光滑性:

(i) 如果 $f(z) \in C^\infty(\mathbb{R},\mathbb{R})$, 那么, $u(t) \in C^\infty(0,T^*) \times \mathbb{R}^n$.

(ii) 若 $s < \dfrac{n}{p}$, $\theta < 2\alpha\nu$. 如果 $s \geqslant \dfrac{n}{p}$, 命 $\theta < 2-d$, 那么

$$u(t) - S(t)\varphi \in C([0,T^*); B^{s+\theta}_{p,2}). \tag{3.47}$$

(iii) 设

$$\tilde{s} \geqslant s, \quad 1 < p \leqslant \tilde{p} < \begin{cases} \dfrac{sp}{n-sp}, & sp < n, \\ \infty, & sp \geqslant n, \end{cases}$$

并且

$$\frac{2}{\tilde{q}} = \left(\tilde{s} - \frac{n}{\tilde{p}}\right) - \left(s - \frac{n}{p}\right) < 1,$$

$$u(t) \in \mathcal{C}_{\tilde{q}}([0,T^*); B^{\tilde{s}}_{\tilde{p},2}). \tag{3.48}$$

定理 3.3 (a) 设 $p_c = \dfrac{n\alpha}{2}$ 或 $\dfrac{n\alpha}{2-d}$, $\max\left(\dfrac{p_c}{\alpha+1}, 1\right) < p = p_c$, $s = s_c$. 设 $F(u) = f(u)$ 或 $F(u) = Q(D)f(u)$, $Q(D)$ 是 $d \in [0,2)$ 阶拟微分算子, $f(u) \in C(\mathbb{R},\mathbb{R})$ 满足 (3.45). 则存在 $\varepsilon > 0$, 当 $\|\varphi\|_{B^s_{p,2}} < \varepsilon$ 时, (3.1) 或 (3.43) 存在唯一的整体解 $u(t) \in C([0,\infty); B^s_{p,2})$.

(b) $p = 2$, $d \equiv 0$, $s = \dfrac{n}{2}$, 并且 $f(z) \in C^1(\mathbb{R},\mathbb{R}) \cap C^{[\frac{n}{2}]}(\mathbb{R},\mathbb{R})$ 满足

$$\begin{aligned} |f(z_1) - f(z_2)| \leqslant & C[e^{\lambda|z_1|}|z_1|^4 + e^{\lambda|z_2|}|z_2|^4]|z_1 - z_2|, \\ & \lambda > 0, \quad n = 1. \end{aligned} \tag{3.49}$$

$$|f'(z)| \leqslant C|z|^2 e^{\lambda|z|}, \quad f(0) = 0, \quad \lambda > 0, \quad n = 2,3, \tag{3.50}$$

$$|f'(z)| \leqslant C|z| e^{\lambda|z|}, \quad f(0) = 0, \quad \lambda > 0, \quad n \geqslant 4. \tag{3.51}$$

则 $\exists \varepsilon > 0$, 当 $\|\varphi\|_{H^s} < \varepsilon$ 时, (3.1) 或 (3.43) 存在唯一整体解 $u(t) \in C([0,\infty); H^s)$.

注记 3.2 (i) 在定理 3.2 的 (a) 中, 当 $s = s_c$ 时, 仍然有局部适定性, 此时 $T^* = T^*(\varphi)$.

(ii) 条件 (3.8) 在 $n > (\alpha+1)p$ 时, 不是最佳的, 这里存在一个间隙.

(iii) 在定理 3.3 的 (b) 中, 仅给出了在特定条件下的小解的整体存在性, 对 $d \neq 0$, $p \neq 2$ 的情形, 这里的方法似乎需要改进方能适用.

定理 3.2 的证明　先来证明 (a). 对任意 $\varphi \in B^s_{p,2}$ 由 Sobolev 嵌入定理可见

$$\varphi \in L^{\tilde{r}}, \quad \frac{1}{\tilde{r}} = \frac{1}{p} - \frac{s}{n} < \frac{1}{p_c}. \tag{3.52}$$

由定理 3.1, 存在 (3.1) 或 (3.43) 的唯一极大解 $u(t)$ 满足

$$u(t) \in C(I; L^{\tilde{r}}) \cap \mathcal{C}_{\tilde{q}(\tilde{p},\tilde{r})}(I; L^{\tilde{p}}), \quad I = [0, \tilde{T}^*), \tag{3.53}$$

并且

$$\tilde{T}^* \leqslant C\|\varphi\|_{B^s_{p,2}}^{-\frac{2\tilde{r}}{2\tilde{r}-d\tilde{r}-n\alpha}}, \tag{3.54}$$

这里 $(\tilde{q},\tilde{p},\tilde{r}) \in \Pi$. 现记 (3.43) 右边确定的非线性映射为 $\mathcal{T}$:

$$\mathcal{T}u = S(t)\varphi + \int_0^t S(t-\tau)F(u(\tau))d\tau. \tag{3.55}$$

在如下完备的度量空间

$$X(I) = \left\{u \in C(I; B^s_{p,2}); \|u\|_X = \sup_{t\in I}\|u\|_{B^s_{p,2}} \leqslant M = 2\|\varphi\|_{B^s_{p,2}}\right\}, \tag{3.56}$$

$$d(u,v) = \sup_{t\in I}\|u-v\|_{\tilde{r}}, \quad I = [0,T), \quad T \leqslant \tilde{T}^* \tag{3.57}$$

中考虑映射 $\mathcal{T}$. 由命题 3.1, 直接估计可得

$$\begin{aligned}\sup_{t\in I}\|\mathcal{T}u\|_{B^s_{p,2}} \leqslant & C\|\varphi\|_{B^s_{p,2}} + C\sup_{t\in I}\int_0^t |t-\tau|^{-\frac{d+s-s_\alpha}{2}}\|f(u)\|_{B^{s_\alpha}_{p,2}}d\tau \\ \leqslant & C\|\varphi\|_{B^s_{p,2}} + C(\tilde{T}_*)T^{1-\frac{d+s-s_\alpha}{2}}\sup_{t\in I}\|u\|^{\alpha+1}_{B^s_{p,2}},\end{aligned} \tag{3.58}$$

$$\begin{aligned}d(\mathcal{T}u,\mathcal{T}v) \leqslant & C\sup_{t\in I}\int_0^t |t-\tau|^{-\frac{2}{d}}\left\|S\left(\frac{t-\tau}{2}\right)(f(u)-f(v))\right\|_{\tilde{r}}d\tau \\ \leqslant & C\sup_{t\in I}\int_0^t |t-\tau|^{-\frac{d}{2}-\frac{n\alpha}{2\tilde{r}}}[\|u\|^\alpha_{\tilde{r}} + \|v\|^\alpha_{\tilde{r}}]\|u-v\|_{\tilde{r}}\,d\tau \\ \leqslant & CT^{1-\frac{d}{2}-\frac{n\alpha}{2\tilde{r}}}[\sup\|u\|^\alpha_{B^s_{p,2}} + \sup_{t\in I}\|v\|^\alpha_{B^s_{p,2}}]d(u,v).\end{aligned} \tag{3.59}$$

由此推得, 只要 T 充分小, 即当

$$T \leqslant \tilde{C}\|\varphi\|_{B^s_{p,2}}^{-\frac{2\tilde{r}}{2\tilde{r}-d\tilde{r}-n\alpha}}$$

时, $\mathcal{T}$ 是 $X(I)$ 到自身的压缩映射, 因此存在 (3.1) 或 (3.43) 的唯一解 $u(t)\in X(I)$. 进而, 利用 Picard 的逐次延拓法, 存在最大 $T^*=T(\|\varphi\|_{B^s_{p,2}})\leqslant \tilde{T}^*$ 使得 $u(t)\in C([0,T^*);B^s_{p,2})$ 且满足 (3.44), 这里用到了

$$\nu=\frac{2\tilde{r}-\tilde{r}d-n\alpha}{2\tilde{r}}=1-\frac{d+s-s_\alpha}{2}. \tag{3.60}$$

(b) 的证明: 先考虑 $sp=n$ 的情形. 由 $f(z)$ 的假设, 容易看出

$$|f(z)|\leqslant C|z|^2e^{\lambda|z|}, \tag{3.61}$$

$$|f(z_1)-f(z_2)|\leqslant C\sum_{i,j=1}^{2}|z_i|e^{\lambda|z_j|}|z_1-z_2| \tag{3.62}$$

及

$$|f^{(k-1)}(z_1)-f^{(k-1)}(z_2)|\leqslant C(e^{\lambda|z_1|}+e^{\lambda|z_2|})|z_1-z_2|,\quad 2\leqslant k\leqslant\left[\frac{n}{p}\right]. \tag{3.63}$$

当然, 若 $\left[\dfrac{n}{p}\right]<2$, 则去掉 (2.51) 就是了. 现在如下完备度量空间

$$\begin{aligned}Y(I)=\Big\{u\in C([0,T);B^s_{p,2});\quad \|u\|_{Y(I)}=&\sup_{t\in I}\|u\|_{B^s_{p,2}}\leqslant M\\ &=2\|\varphi\|_{B^s_{p,2}},I=[0,T)\Big\},\end{aligned}$$

$$d(u,v)=\sup_{t\in I}\|u-v\|_p$$

中研究由 (3.55) 定义的映射 $\mathcal{T}$. 不失一般性, 仅考虑 $s=\dfrac{n}{p}\notin\mathbb{N}$ 的情形, 否则, 仅需用 $H^{s,p}$ 代替 $B^s_{p,2}$ 即可. 现在选取 $1<r<p$ 使得 (q,p,r) 是满足

$$\frac{1}{q}+\frac{d}{2}=\frac{n}{2}\left(\frac{1}{r}-\frac{1}{p}\right)+\frac{d}{2}<1,\quad p<2r \tag{3.64}$$

的广义三元容许簇. 直接计算可见

$$\begin{aligned}\|f(u)\|_r\leqslant&\sum_{\ell=0}^{\infty}\||u|^{\ell+2};L^r\|\leqslant\sum_{\ell=0}^{\infty}\frac{\lambda^\ell}{\ell!}\|u;L^{(\ell+2)r}\|^{\ell+2}\\ \leqslant&C\sum_{\ell=0}^{\infty}\frac{\lambda^\ell}{\ell!}\{r(\ell+2)\}^{\frac{\ell+2}{p'}}\|u;L^\infty(I;B^{\frac{n}{p}}_{p,2})\|^{\ell+2}\\ \leqslant&CC_1M^2,\end{aligned} \tag{3.65}$$

这里用到

$$C_1=\sum_{\ell=0}^{\infty}a_\ell=\sum_{\ell=0}^{\infty}\lambda^\ell\{r(\ell+2)\}^{\frac{1+\ell}{p'}}\|u;C^\infty(I;B^{\frac{n}{p}}_{p,2})\|^\ell/\ell!<\infty, \tag{3.66}$$

Sobolev 嵌入定理及 (3.5)-(3.7). 对任意 $u,v\in Y(I)$, 注意到

$$\begin{aligned}\|f(u)-f(v)\|_r\leqslant&\left\||u|e^{\lambda|u|}|u-v|\right\|_r+\left\||u|e^{\lambda|v|}|u-v|\right\|_r\\&+\left\||v|e^{\lambda|u|}|u-v|\right\|_r+\left\||v|e^{\lambda|v|}|u-v|\right\|_r\\=&I_1+I_2+I_3+I_4.\end{aligned} \tag{3.67}$$

$$令\chi(\ell)=(1+\ell)\left(\frac{1}{r}-\frac{1}{p}\right)^{-1}>(1+\ell)p>p,\quad\forall\ell\geqslant 0. \tag{3.68}$$

因此,

$$\begin{aligned}I_1\leqslant&\sum_{\ell=0}^{\infty}\frac{\lambda^\ell}{\ell!}\|u;L^{\chi(l)}\|^{1+\ell}\|u-v\|_p\\\leqslant&\sum_{\ell=0}^{\infty}\frac{\lambda^\ell}{\ell!}\{\chi(l)\}^{\frac{1+\ell}{p'}}\|u;L^\infty(I;B^{\frac{n}{p}}_{p,2})\|^{1+\ell}\|u-v\|_p\\\leqslant&CC_2M\|u-v;L^\infty(I;L^p)\|.\end{aligned} \tag{3.69}$$

这里用到 (3.5)-(3.7), Sobolev 嵌入定理及

$$C_2=\sum_{\ell=0}^{\infty}a_\ell=\sum_{\ell=0}^{\infty}\lambda^l\chi(\ell)^{\frac{1+\ell}{p'}}\left\|u;L^\infty(I;B^{\frac{n}{p}}_{p,2})\right\|^\ell/\ell!<\infty.$$

同理亦有

$$I_j\leqslant CC_2\|u-v\|_{L^\infty(I;L^p)},\quad j=2,3,4, \tag{3.70}$$

于是

$$\|f(u)-f(v)\|_r\leqslant CC_2M\|u-v;L^\infty(I;L^p)\|. \tag{3.71}$$

下面来估计 $\|f(u);L^\infty(I;\dot{B}^{\frac{n}{p}}_{r,2})\|$. 当 $\left[\dfrac{n}{p}\right]<1$ 时, 注意到

$$\|f(\tau_y u)-f(u)\|_r\leqslant CC_2M\|\tau_y u-u\|_p$$

及 Besov 空间的等价模的定义, 容易看出

$$\left\|f(u);L^\infty(I;\dot{B}^{\frac{n}{p}}_{p,2})\right\|\leqslant CC_2M\left\|u;L^\infty(I;\dot{B}^{\frac{n}{p}}_{p,2})\right\|. \tag{3.72}$$

当 $[\frac{n}{p}] = N \leqslant 1$, 由 (3.27), 对于 $|\alpha| = \left[\frac{n}{p}\right]$, 直接计算就有

$$\begin{aligned}\Delta_y \partial^\alpha f(u) =& (f'(\tau_y u) - f'(u))\partial^\alpha u + f'(\tau_y u))(\partial^\alpha \tau_y u - \partial^\alpha u)\\&+ \sum_{k=2}^{N} \sum_{\substack{|\beta_1|+\cdots+|\beta_k|=\alpha\\|\beta_j|\geqslant 1}} C(\alpha,k,\beta)\{(f^{(k)}(\tau_y u) - f^{(k)}(u)) \prod_{j=1}^{k} \partial^{\beta_j} u\\&+ f^{(k)}(\tau_y u)\sum_{j=1}^{k}(\partial^{\beta_j}\tau_y u - \partial^{\beta_j} u)\} \prod_{\ell=1}^{j-1}\partial^{\beta_\ell}\tau_y u \prod_{\ell=j+1}^{k}\partial^{\beta_\ell} u\\=& I_1 + I_2 + I_3 + I_4.\end{aligned} \tag{3.73}$$

令 $\sigma = \frac{n}{p} - \left[\frac{n}{p}\right]$, 类同于 (3.69) 的推得, 易见

$$\begin{aligned}\left(\int_0^\infty t^{-2\sigma} \sup_{|y|\leqslant t} \|I_2; L^r\|^2 \frac{dt}{t}\right)^{1/2} &\leqslant CC_2 M\|u; L^\infty(I; \dot{B}^{\frac{n}{p}}_{p,2})\|\\&\leqslant CC_2 M^2,\end{aligned} \tag{3.74}$$

令 $\chi(\ell) = (1+\ell)\left(\frac{1}{r} - \frac{1}{p_1}\right)^{-1} \geqslant (1+\ell)p > p$ 及

$$\begin{cases}\dfrac{1}{r} = \dfrac{l}{\chi(\ell)} + \dfrac{1}{p_1} + \dfrac{1}{p_2},\\[2mm]\dfrac{1}{p_1} = \dfrac{1-\mu_1}{\chi(\ell)} + \dfrac{\mu_1}{p}, \qquad \mu_1 = \dfrac{p}{n}\left[\dfrac{n}{p}\right],\\[2mm]\dfrac{1}{p_2} = \dfrac{1-\mu_2}{\chi(\ell)} + \dfrac{\mu_2}{p}, \qquad \mu_2 = 1-\mu_1.\end{cases} \tag{3.75}$$

那么, 由 Sobolev 嵌入定理及插值定理可得

$$\begin{aligned}&\left(\int_0^\infty t^{-2\sigma} \sup_{|y|\leqslant t} \|I_1\|_r^2 \frac{dt}{t}\right)^{1/2}\\&\leqslant \sum_{\ell=0}^{\infty} \frac{\lambda^\ell}{\ell!} \left\|u; L^{\chi(\ell)}\right\|^\ell \left\|u; \dot{H}^{|\alpha|,p_1}\right\| \left\|u; \dot{B}^\sigma_{p_2,2}\right\|\\&\leqslant \sum_{\ell=0}^{\infty} \frac{\lambda^\ell}{\ell!} \left\|u; L^{\chi(\ell)}\right\|^{\ell+1} \|u; \dot{B}^{\frac{n}{p}}_{p,2}\|\\&\leqslant \sum_{\ell=0}^{\infty} \frac{\lambda^\ell}{\ell!}\chi(\ell)^{\frac{1+\ell}{p'}} \|u; L^\infty(I; B^{\frac{n}{p}}_{p,2})\|^{\ell+2}\\&\leqslant CC_2 M^2,\end{aligned} \tag{3.76}$$

这里得到了 (3.70) 式. 令

$$\begin{cases}\dfrac{1}{r}=\dfrac{\ell}{\chi(\ell)}+\displaystyle\sum_{j=0}^{k}\dfrac{1}{p_j},\\ \dfrac{1}{p_j}=\dfrac{1-\mu_j}{\chi(\ell)}+\dfrac{\mu_j}{p},\quad \mu_0=\dfrac{p}{n}\sigma,\quad \mu_j=\dfrac{p|\beta_j|}{n}<1,\\ \dfrac{\ell+k-1}{\chi(\ell)}=\dfrac{1}{r}-\dfrac{1}{p}.\end{cases}\tag{3.77}$$

由 Sobolev 嵌入定理及插值公式, 直接估计就得

$$\begin{aligned}&\left(\int_0^t t^{-2\sigma}\sup_{|y|\leqslant t}\|I_3\|_r^2\frac{dt}{t}\right)\\ \leqslant&\sum_{\ell=0}^{\infty}\frac{\lambda^\ell}{\ell!}\left\|u;L^{\chi(\ell)}\right\|\prod_{j=1}^{k}\left\|u;\dot{H}^{|\beta_j|,p_j}\right\|\left\|u;B_{p_0,2}^{\sigma}\right\|\\ \leqslant&C\sum_{\ell=0}^{\infty}\frac{\lambda^\ell}{\ell!}\|u;\dot{B}_{p,2}^{\frac{n}{p}}\|\left\|u;L^{\chi(\ell)}\right\|^{\ell+k-1}\\ \leqslant&C\sum_{\ell=0}^{\infty}\frac{\lambda^\ell}{\ell!}\chi(\ell)^{\frac{\ell+k-1}{p'}}\|u;L^\infty(I;B_{p,2}^{\frac{n}{p}})\|^{k+\ell}\\ \leqslant&CC_3M^k,\quad 2\leqslant k\leqslant\left[\frac{n}{p}\right],\end{aligned}\tag{3.78}$$

这里用到

$$C_3=\sum_{\ell=0}^{\infty}a_\ell=\sum_{k=0}^{\infty}\lambda^\ell\chi(\ell)^{\frac{k+\ell-1}{p'}}\|u;L^\infty(I)B_{p,2}^{\frac{n}{p}})\|^\ell/\ell!<\infty.$$

最后, 令

$$\begin{cases}\dfrac{1}{r}=\dfrac{\ell}{\chi(\ell)}+\displaystyle\sum_{i=1}^{k}\dfrac{1}{p_j},\\ \dfrac{1}{p_j}=\dfrac{1-\mu_j}{\chi(\ell)}+\dfrac{\mu_j}{p},\quad i=1,2,\cdots,k,\\ \mu_j=\dfrac{p_j(|\beta_j|+\sigma)}{n},\quad \mu_i=\dfrac{p_i|\beta_i|}{n},\quad i=1,\cdots,k\quad 且\quad i\neq j.\end{cases}\tag{3.79}$$

这里 $\chi(\ell)$ 同 (3.77) 中的定义. 类同于 (3.78) 的证明, 易见

$$\begin{aligned}&\left(\int_0^\infty t^{-2\sigma}\sup_{|y|\leqslant t}\|I_4;L^r\|^2\frac{dt}{t}\right)^{\frac{1}{2}}\\ &\quad\leqslant C\sum_{\ell=0}^{\infty}\frac{\lambda^\ell}{\ell!}\chi(\ell)^{\frac{\ell+k-1}{p'}}\|u;L^\infty(I;B_{p,2}^{\frac{n}{p}})\|^{k+\ell}\end{aligned}$$

$$\leqslant CC_3M^k, \qquad 2\leqslant k\leqslant \left[\frac{n}{p}\right]. \tag{3.80}$$

结合 (3.65), (3.71), (3.73), (3.74), (3.76), (3.78), (3.80) 及时空估计可得

$$\begin{aligned}\|\mathcal{T}u\|_{Y(I)} \leqslant & C\|\varphi\|_{B^{\frac{n}{p}}_{p,2}} + C\sup_{t\in I}\int_0^t |t-\tau|^{-\frac{d}{2}-\frac{n}{2}(\frac{1}{r}-\frac{1}{p})}\|f(u)\|_{B^{\frac{n}{p}}_{r,2}}d\tau \\ \leqslant & C\|\varphi\|_{B^{\frac{n}{p}}_{p,2}} + CT^{1-\frac{d}{2}-\frac{n}{2}(\frac{1}{r}-\frac{1}{p})}M^2,\end{aligned} \tag{3.81}$$

$$d(\mathcal{T}u,\mathcal{T}v)\leqslant CT^{1-\frac{d}{2}-\frac{n}{2}(\frac{1}{r}-\frac{1}{p})}Md(u,v). \tag{3.82}$$

于是, 由 Banach 压缩映射原理及 Picard 方法即得情形 $sp=n$ 的证明.

$sp>n$ 情形的证明. 注意到 $d\in[0,2)$ 且 $B^s_{p,2}$ 是一个 Banach 代数, 因此

$$\|f(u)\|_{B^s_{p,2}}\leqslant C(\|u\|_\infty)\|u\|_{B^s_{p,2}}\leqslant C(\|u\|_{B^s_{p,2}})\|u\|_{B^s_{p,2}}. \tag{3.83}$$

类同于 (a) 证明, 仅需用上式来代替命题 3.1 的作用, 就得局部适定性.

(c) 的证明: 注意到 (i), (iii) 是定理 2.1, (3.6) 及 Sobolev 嵌入定理的直接结果, 因此, 仅需证明 (ii). 当 $s<\dfrac{n}{p}$ 时, 易见

$$\frac{d}{2}+\frac{s-s_\alpha}{2}=1-\frac{\alpha(s-s_c)}{2}, \tag{3.84}$$

及对于 $\theta<2\alpha\nu$ 有

$$\begin{aligned}\|u(t)-S(t)\varphi\|_{B^{s+\theta}_{p,2}} &\leqslant C\int_0^t |t-\tau|^{-\frac{d}{2}-\frac{s+s-s_\alpha}{2}}\|u\|^{\alpha+1}_{B^s_{p,2}}d\tau \\ &\leqslant CT^{*-\frac{\theta}{2}+\frac{\alpha(s-s_c)}{2}}\|u\|^{\alpha+1}_{B^s_{p,2}}<\infty, \quad t\in[0,T^*).\end{aligned} \tag{3.85}$$

当 $sp>n$ 或 $sp=n$ 时, 直接估计

$$\begin{aligned}\|u(t)-S(t)\varphi\|_{B^{s+\theta}_{p,2}} &\leqslant C\int_0^t |t-\tau|^{-\frac{d}{2}-\frac{\theta}{2}}\|u\|^{\alpha+1}_{B^s_{p,2}}d\tau \\ &\leqslant CT^{*1-\frac{d}{2}-\frac{\theta}{2}}C(\|u\|_{B^s_{p,2}})\|u\|_{B^s_{p,2}}<\infty, t\in[0,T^*), sp>n,\end{aligned} \tag{3.86}$$

$$\begin{aligned}\|u(t)-S(t)\varphi\|_{B^{s+\theta}_{p,2}} &\leqslant C\int_0^t |t-s|^{-\frac{d+\theta}{2}-\frac{n}{2}(\frac{1}{r}-\frac{1}{p})}\|f(u)\|_{B^s_{r,2}}\,d\tau \\ &\leqslant CT^{*-\frac{d+\theta}{2}-\frac{n}{2}(\frac{1}{r}-\frac{1}{p})}C(\|u;B^s_{p,2}\|)<\infty, t\in[0,T^*), sp=n.\end{aligned} \tag{3.87}$$

注意到在 (3.87) 式中可取 r 充分接近于 p, 从而可得 (ii).

定理 3.3 的证明　先来证明 (i). 由于 $\varphi \in B^{s_c}_{p,2}$, 因此有 $\varphi \in L^{p_c} \cap \dot{B}^0_{p_c,2}$ 且

$$\|\varphi\|_{p_c}, \quad \|\varphi\|_{\dot{B}^0_{p_c,2}} \leqslant C\|\varphi\|_{\dot{B}^s_{p,2}}. \tag{3.88}$$

由定理 2.2, 存在 $\delta > 0$, 对任意 $\varphi \in L^{p_c}$ 且 $\|\varphi\|_{p_c} < \delta$ 时, (3.1) 或 (3.43) 存在唯一的整体解 $u(t) \in C_b([0,\infty); L^{p_c})$. 现来证明 $u(t) \in C_b([0,\infty); B^s_{p,2})$. 事实上, 由于 $\varphi \in L^{p_c} \cap L^p \cap \dot{B}^0_{p_c,2}$, 根据 Ribaud 的方法 [Ri] 可见 $u(t) \in C_b([0,\infty); L^p \cap L^{p_c} \cap \dot{B}^0_{p_c,2})$. 进而, 由定理 2.1 可推得:

$$\|u(t); \mathcal{C}_{\tilde{q}(\tilde{p},p_c)}(I; L^{\tilde{p}})\|, \quad \|u(t); \mathcal{C}_{\tilde{q}(\tilde{p},p_c)}(I; \dot{B}^0_{p_c,2})\| < \infty, \tag{3.89}$$

这里 $\tilde{p}, p_c$ 是满足

$$\max(1+\alpha, p_c) < \tilde{p} < p_c(\alpha+1) \tag{3.90}$$

的广义三元容许簇, 由于 Besov 空间范数

$$\|u(t); B^s_{p,2}\| \cong \|u\|_p + \|u(t); \dot{B}^s_{p,2}\|, \tag{3.91}$$

仅需证明 $\|u(t); \dot{B}^s_{p,2}\| < \infty$. 由于 $p_c < p(\alpha+1)$, 可选 $\tilde{p}$ 使得

$$\frac{d}{2} + \frac{n}{2}\left(\frac{\alpha+1}{\tilde{p}} - \frac{1}{p_c}\right) = \frac{d+s_c}{2} + \frac{n}{2}\left(\frac{\alpha+1}{\tilde{p}} - \frac{1}{p}\right) < 1, \tag{3.92}$$

这里用到 $s_c < 2-d$. 对任意 $t \in [0,\infty)$, 直接估计

$$\begin{aligned}
\|u(t); \dot{B}^s_{p,2}\| \lesssim & \|\varphi; \dot{B}^{s_c}_{p,2}\| + \int_0^t |t-\tau|^{-\frac{d+s_c}{2}} \left\|S\left(\frac{t-\tau}{2}\right) f(u); \dot{B}^0_{p,2}\right\| d\tau \\
\leqslant & C\|\varphi; \dot{B}^{s_c}_{p,2}\| + C\int_0^t |t-\tau|^{-\frac{d+s_c}{2} - \frac{n}{2}\left(\frac{1+\alpha}{\tilde{p}} - \frac{1}{p}\right)} \|f(u); \dot{B}^0_{\frac{\tilde{p}}{\alpha+1},2}\| d\tau \\
\leqslant & C\|\varphi; \dot{B}^{s_c}_{p,2}\| + C\int_0^t |t-\tau|^{-\frac{d+s_c}{2} - \frac{n}{2}\left(\frac{1+\alpha}{\tilde{p}} - \frac{1}{p}\right)} \|u; \dot{B}^0_{\tilde{p},2(\alpha+1)}\|^{\alpha+1} d\tau \\
\leqslant & C\|\varphi; \dot{B}^{s_c}_{p,2}\| + C\int_0^t |t-\tau|^{-\frac{d+s_c}{2} - \frac{n}{2}\left(\frac{1+\alpha}{\tilde{p}} - \frac{1}{p}\right)} \tau^{-\frac{1+\alpha}{\tilde{q}}} \\
& \times \|u; \mathcal{C}_{\tilde{q}(\tilde{p},p_c)}(I; L^{\tilde{p}})\|^{\alpha+1} < \infty.
\end{aligned} \tag{3.93}$$

这里用到 Sobolev 嵌入定理及关系式

$$\frac{1+\alpha}{\tilde{q}} + \frac{d+s_c}{2} + \frac{n}{2}\left(\frac{\alpha+1}{\tilde{p}} - \frac{1}{p}\right) = 1. \tag{3.94}$$

现来证明 (ii).　由广义 Sobolev 不等式 (3.5)-(3.7) 及插值定理可见

$$\|u\|_p \leqslant C_0 p^{\frac{1}{2}+\frac{r-2}{2p}} \|u; \dot{H}^{\frac{n}{2}}\|^{1-\frac{r}{p}} \|u\|_r^{\frac{r}{p}}, \quad p \geqslant r, \tag{3.95}$$

$$\|u\|_{\dot{B}^0_{p,2}} \leqslant C_0 p^{\frac{1}{2}+\frac{r-2}{2p}} \|u; \dot{H}^{\frac{n}{2}}\|^{1-\frac{r}{p}} \|u\|^{\frac{r}{p}}_{\dot{B}^0_{r,2}}, \quad p \geqslant r, \tag{3.96}$$

类同于 Schrödinger 方程, 定义 $(q,r) \in \Lambda$ 为满足

$$\frac{2}{q} = n\left(\frac{1}{2}-\frac{1}{r}\right), \quad 2 \leqslant r < \begin{cases} \dfrac{2n}{n-2}, & n \leqslant 3, \\ \infty, & n \leqslant 2 \end{cases} \tag{3.97}$$

的容许数对, 容易验证

$$\|S(t)\varphi\|_{L^q(I;H^{s,r})} \leqslant C\|\varphi\|_{H^s}, \quad \forall (q,r) \in \Lambda, s \in \mathbb{R}, \tag{3.98}$$

$$\left\|\int_0^t S(t-\tau)f(x,\tau); L^{q_2}(I;H^{s,r_2})d\tau\right\| \leqslant C\left\|f; L^{q_1'}(I;H^{s,r_1'})\right\|$$
$$\forall (q_j,r_j) \in \Lambda, \quad j=1,2, \quad s \in \mathbb{R}. \tag{3.99}$$

这里 $I=[0,T)$ 或 $I=[0,\infty)$. (3.98) 是定理 1.4 的直接结果, 接下来证明 (3.99) 是有效的. 事实上, 由于

$$\frac{n}{2}\left(\frac{1}{r_1'}-\frac{1}{r_2}\right) < 1, \quad \forall (q_j,r_j) \in \Lambda, \quad j=1,2$$

及

$$\frac{1}{q_2} = \frac{1}{q_1'} - 1 + \frac{n}{2}\left(\frac{1}{r_1'}-\frac{1}{r_2}\right),$$

可以推得

$$\begin{aligned} &\left\|\int_0^t S(t-\tau)f d\tau; L^{q_2}(I;H^{s_2,r_2})\right\| \\ &\leqslant \left\|\int_0^t |t-\tau|^{-\frac{n}{2}\left(\frac{1}{r_1'}-\frac{1}{r_2}\right)} \|f; H^{s,r_1'}\| d\tau\right\|_{q_2} \\ &\leqslant C\|f\|_{L^{q_1'}(I;H^{s,r_1'})}. \end{aligned} \tag{3.100}$$

这里用到 Hardy-Littlewood-Sobolev 不等式.

令

$$\max\left(1,\frac{n}{2}\right) < q_0 < \infty, \tag{3.101}$$

$$\max\left(1,\frac{n}{2}\right) < r_0 < \begin{cases} \min\left(\dfrac{n+2}{2}, \dfrac{n^2}{2(n-2)}\right), & n \geqslant 3 \\ \dfrac{n+2}{2}, & n \leqslant 2, \end{cases} \tag{3.102}$$

且 $\dfrac{n}{2r_0} < \delta < 1$. 取 $(q_j, r_j,) \in \Lambda$ $(j=1,2)$ 满足

$$\frac{1}{q_2'} = \frac{1}{q_0} - \frac{1}{q_1}, \quad \frac{1}{r_2'} = \frac{1}{r_0} - \frac{1}{r_1}, \tag{3.103}$$

直接验算可见

$$\frac{2}{q_0}+\frac{n}{r_0}=2, \tag{3.104}$$

此意味着 $\left(\frac{4q_0}{n},\frac{4r_0}{n}\right)\in\Lambda$. 对任意 $0<\delta\leqslant\delta_0$, 构造

$$X_\delta=C([0,\infty);H^{\frac{n}{2}})\bigcap\left(\bigcap_{\substack{(q,r)\in\Lambda\\ \delta(r)\leqslant\delta}}L^q([0,\infty);H^{\frac{n}{2},r})\right),\quad n=\text{偶数}$$

或

$$X_\delta=C([0,\infty);H^{\frac{n}{2}})\bigcap\left(\bigcap_{\substack{(q,r)\in\Lambda\\ \delta(r)\leqslant\delta}}L^q([0,\infty);\dot{B}^0_{r,2}\cap B^{\frac{n}{2}}_{r,2})\right),\quad n=\text{奇数}.$$

其上的范数分别是

$$\|u;X_\delta|=\sup_{\frac{2}{q}=\delta(r)\leqslant\delta}\|u;L^q([0,\infty);H^{\frac{n}{2},r})\|,\quad n=\text{偶数}, \tag{3.105}$$

$$\|u;X_\delta\|=\sup_{\frac{2}{q}=\delta(r)\leqslant\delta}\|u;L^q([0,\infty);\dot{B}^0_{r,2}\cap B^{\frac{n}{2}}_{r,2})\|,\quad n=\text{奇数}. \tag{3.106}$$

断言：对任意 $\rho>0$, $u,v\in X_\delta$ 满足 $\|u;X_\delta\|<\delta$, $\|v;X_\delta\|<\delta$, 则有如下估计

$$\|f(u)-f(v);L^{q_2'}([0,\infty);L^{r_2})\|\leqslant G(\rho)\|u-v;L^{q_1}([0,\infty);L^{r_1})\|, \tag{3.107}$$

$$\|f(u)-f(v);L^{q_2'}([0,\infty);\dot{B}^0_{r_2',2})\|\leqslant G(\rho)\|u-v;L^{q_1}([0,\infty);\dot{B}^0_{r_1,2})\|, \tag{3.108}$$

$$\|f(u);L^{q_2'}([0,\infty);H^{\frac{n}{2},r_2'})\|\leqslant G(\rho)\|u;L^{q_1}([0,\infty);H^{\frac{n}{2},r_1})\|,n=\text{偶数}, \tag{3.109}$$

$$\|f(u);L^{q_2'}([0,\infty);B^{\frac{n}{2}}_{r_2',2})\|\leqslant G(\rho)\|u;L^{q_1}([0,\infty);B^{\frac{n}{2}}_{r_1,2})\|,n=\text{奇数}, \tag{3.110}$$

这里 $(q_j,v_j)\in\Lambda$ 且满足 (3.103), $j=1,2$. 而 $G(\rho)$ 满足

$$\begin{cases}G(\rho)=0(\rho^4), & n=1,\\ G(\rho)=0(\rho^2), & n=2,3,\\ G(\rho)=0(\rho), & n\geqslant 4.\end{cases} \tag{3.111}$$

此断言的证明类同于定理 3.2 中的估计, 为完备起见, 我们仅在 $n=1$ 的情形下予以证明.

利用估计 (3.95), (3.96), 直接计算可推得

$$
\begin{aligned}
\|u^{4+\ell};L^{r_0}\| \leqslant & \left\| \|u;L^{(4+\ell)r_0}\|^{4+\ell} \right\|_{q_0} \\
\leqslant & C^{4+\ell}((4+\ell)r_0)^{\left(\frac{1}{2}+\frac{\frac{4r_0}{n}-2}{2(4+\ell)r_0}\right)(4+\ell)} \left\| \|u;\dot{H}^{\frac{n}{2}}\|^{4+\ell-\frac{4}{n}} \|u\|^{\frac{4}{n}}_{\frac{4r_0}{n}} \right\|_{q_0} \\
\leqslant & C_0^{4+\ell}((4+\ell)r_0)^{\frac{4+\ell}{2}+\frac{2}{n}-\frac{1}{r_2}} \left\|u;L^\infty([0,\infty);\dot{H}^{\frac{n}{2}})\right\|^{4+\ell-\frac{4}{n}} \\
& \cdot \left\|u;L^{\frac{4q_0}{n}}([0,\infty);L^{\frac{4r_0}{n}})\right\|^{\frac{4}{n}} \\
\leqslant & C_0^{4+\ell}((4+\ell)r_0)^{\frac{4+\ell}{2}+\frac{2}{n}-\frac{1}{r_0}} \|u;X_\delta\|^{4+\ell} \\
\leqslant & C_0^{4+\ell}((4+\ell)r_0)^{\frac{4+\ell}{2}+\frac{2}{nq_0}} \rho^{4+\ell},
\end{aligned}
\tag{3.112}
$$

这里用到 $\left(\frac{4q_0}{n},\frac{4r_0}{n}\right)\in\Lambda$ 且 $\delta\left(\frac{4r_0}{n}\right)<\delta$. 注意到

$$
\sum_{\ell=0}^{\infty}\frac{\lambda^\ell}{\ell!}C_0^\ell((4+\ell)r_0)^{\frac{4+\ell}{2}+\frac{2}{q_0 n}}\rho^\ell<\infty,\quad \forall\rho>0,
\tag{3.113}
$$

那么

$$
\begin{aligned}
& \|f(u)-f(v);L^{q_2'}([0,\infty);L^{r_2'})\| \\
& \leqslant \left(\sum_{\ell=0}^{\infty}\frac{\lambda^\ell}{\ell!}\left\||u|^{4+\ell};L^{q_0}([0,\infty);L^{r_0})\right\|+\left\||v|^{4+\ell};L^{q_0}([0,\infty);L^{r_0})\right\|\right) \\
& \quad \cdot\|u-v\|_{L^{q_1}([0,\infty);L^{r_1})} \\
& \leqslant G(\rho)\||u-v|;L^{q_1}([0,\infty);L^{r_1})\|,\quad n=1.
\end{aligned}
\tag{3.114}
$$

注意到, 当 $r\geqslant 2$ 时, $\dot{B}^0_{r,2}\hookrightarrow L^r$, $L^{r'}\hookrightarrow\dot{B}^0_{r',2}$, 由 (3.107) 就推得 (3.108) 成立. 进而, 利用 Besov 空间等价模的定义, 直接估计就有

$$
\begin{aligned}
\|f(u);L^{q_2'}([0,\infty);B^{\frac{1}{2}}_{r_2',2})\| = & \|f(u);L^{q_2'}([0,\infty);L^{r_2'})\| \\
& + \left\|\int_0^\infty s^{-1}\sup_{|y|\leqslant s}\|f(\tau_y u)-f(u);L^{r_2'}\|\frac{ds}{s}\right\|_{q_2'} \\
\leqslant & G(\rho)\|u;L^{q_1}([0,\infty);L^{r_1})\|+G(\rho)\|u;L^{q_1}([0,\infty);\dot{B}^{\frac{1}{2}}_{r_1,2})\| \\
\leqslant & G(\rho)\|u;L^{q_1}([0,\infty);B^{\frac{1}{2}}_{r_1,2})\|,
\end{aligned}
\tag{3.115}
$$

这里用到 (3.112)-(3.114). 同理可证 $n\geqslant 2$ 的情形.

在 X_δ 上考察映射 $\mathcal{T}$. 存在 $\delta_0>0$, 对任意 $0<\delta<\delta_0$, $\mathcal{T}$ 是 X_δ 到自身的压缩映射. 因此, 由 Banach 压缩映射原理及 Picard 方法就完成了定理 3.2 的证明.

§2.4 抽象抛物型方程

利用时空估计方法, 前面研究了半线性热传导方程的 Cauchy 问题, 同样地, 此方法亦适用于初边值问题. 当然, 对于一般的高阶抛物型方程的 Cauchy 问题及初边值问题同样适用. 限于篇幅, 我们不在这里作具体讨论. 本节的目的是阐述抽象的半群方法及时空估计方法的联系, 给出 Segal 抽象存在定理及它的一些推广形式, 以方便读者使用. 需要指出的是, 这些抽象的存在性结果可以应用到其他发展方程的研究 (此时算子 A 生成 C_0 半群, 而不像抛物情形, A 生成解析半群).

一般地来讲, 非线性发展方程的初边值问题, Cauchy 问题均可归结为如下抽象 Cauchy 问题

$$\begin{cases} u_t + Au = f(u), \\ u(0) = \varphi. \end{cases} \tag{4.1}$$

对抛物型方程而言, $-A$ 在一般的 $X = L^p(\Omega)$ 或 $L^p(\mathbb{R}^n)$, $1 < p < \infty$ 中生成一个解析半群 e^{-tA}. 对其他发展方程, 如 Schrödinger 方程, 波动型方程而言, $-A$ 仅在 $X = L^2$ 或 $X = H^1 \times L^2$ 型的 Hilbert 空间中生成 C_0 半群. 一般地, 研究 (4.1) 可归结研究相应的积分方程

$$u(t) = e^{-tA}\varphi + \int_0^t e^{-(t-\tau)A} f(u(\tau))d\tau. \tag{4.2}$$

称 (4.2) 的解为 (4.1) 的温和解 (mild solution). 设 $-A$ 在 X 上生成 C_0 半群 (或解析半群), 我们感兴趣的是证明 (4.1) 或 (4.2) 是否在 X 中决定一个连续的流, 即 (4.1) 或 (4.2) 的适定性. 此问题的理论基础是如下抽象 Segal 定理 (见 Pa):

定理 4.1 设 $f: X \to X$ 局部 Lip 连续, $-A$ 在 Banach 空间 X 上生成一个 C_0 半群, 那么 $\forall \varphi(x) \in X$, 存在 $T^* > 0$ 及唯一抽象连续函数 $u(t):\ [0, T^*) \to X$ 满足积分方程 (4.2), 并且满足如下二择性

$$T^* = \infty \quad 或 \quad T^* < \infty 且 \lim_{t \to T^*} \|u(t)\|_X = \infty. \tag{4.3}$$

利用 Segal 定理研究具体的非线性发展方程, 我们发现验证非线性函数 f 在 X 上局部 Lip 连续是很困难的. 例如, 对于最简单的非线性函数

$$f(u) = |u|^\alpha u, \quad \alpha > 0,$$

欲证明它在 L^r 上 Lip 连续是不可能的, 这里 $1 < r < \infty$. 而时空估计方法就是充分利用了发展方程的时空可积性, 在 X 的子空间 $\mathcal{X} = X \cap \cdots$ (时空可积空间) 上建立

了非线性发展方程的抽象 Cauchy 问题的适定性. 本质上是用研究非线性映射

$$Gf(u)=\int_0^t e^{-(t-\tau)A}f(u(t))d\tau \tag{4.4}$$

在 $\mathcal{X}=X\cap\cdots$ (这里 $\cdots$ 表示合适的时空 Banach 空间) 上的 Lip 连续性来代替 $f(u)$ 在 X 上的 Lip 连续性. 其间, 线性发展方程解的 Strichartz 时空估计起着决定性作用, 这在本章热方程的研究中有所体现, 在随后波方程, Schrödinger 方程, Navier-Stokes 方程的研究中, 读者将会深刻地体会时空估计方法的本质作用.

当然, 对于发展型方程, 特别是抛物型方程, 利用 e^{-tA} 的正则性可以在较正则的空间 $Y\subseteq X$ 中研究其适定性, 相应的对非线性函数的假设亦有所放宽, 但与时空估计方法相比是不可及的, 因为时空估计方法充分利用了线性方程解的可积性, 它提供了在较弱函数空间中研究非线性发展方程特别是色散波方程、波方程的适定性及散射性理论的本质方法. 详见 [Bo1], [Str4], [So2] 及 [Mi6] 等.

下面我们提供研究抽象发展方程 Cauchy 问题的 Segal 定理, 以便读者使用和比较, 记 A 在 X 中生成一个 C_0 半群, $D(A)\subseteq X$ 表示其母元的定义域, 如果赋予如下范数

$$\|u\|_{D(A)}=\|u\|_X+\|Au\|_X,\quad \forall u\in D(A), \tag{4.5}$$

则 $D(A)\subseteq X$ 就是一个完备的 Banach 空间. 对多数非线性发展方程, 基空间 X 总是自反的 Banach 空间, A 是 X 上稠定的闭算子. 特别, 对抛物算子而言, 无妨假设 $0\in\rho(A)$ 且满足

$$\|(\lambda+A)^{-1}\|\leqslant\frac{M}{1+|\lambda|},\quad \mathrm{Re}\lambda\geqslant 0. \tag{4.6}$$

借助 (4.6) 可以定义分数阶算子 A^α, $0<\alpha\leqslant 1$ (详见 [Pa]). 下面是推广形式的 Segal 型抽象定理, 从某种程度上来讲, 较定理 4.1 容易验证.

定理 4.2 (i) 设$-A$ 在 Banach 空间 X 生成了一个解析半群, $f(u)$ 在 $D(A^{1-\rho})\hookrightarrow X$ $(0<\rho<1)$ 上是 Lip 或局部 Lip, 即

$$\begin{aligned}\|f(u)-f(v)\|_X\leqslant C[&\|A^{1-\rho}u\|_X+\|A^{1-\rho}v\|_X]\\&\cdot\|A^{1-\rho}(u-v)\|_X.\end{aligned} \tag{4.7}$$

设 $\varphi\in D(A)$, 则 $\exists T^*=T(\varphi)>0$ 及唯一的抽象连续函数

$$u(t)\in C([0,T^*);D(A))\cap C^1([0,T^*);X)$$

满足积分方程 (4.2), 并且满足如下二择性

$$T^*=\infty \quad 或 \quad T^*<\infty \quad 且 \quad \lim_{t\to T^*}\|Au(t)\|_X=\infty. \tag{4.8}$$

(ii) 设 $-A$ 在 X 上生成一个 C_0- 半群, $f(u)$ 是 $D(A)\to D(A)$ 上是 Lip 或局部 Lip, 即

$$\|f(u)-f(v)\|_{D(A)}\leqslant C(\|Au\|_X+\|Av\|_X)\|u-v\|_{D(A)}. \tag{4.9}$$

设 $\varphi\in D(A)$, 则存在 $T^*=T(\varphi)>0$ 及唯一抽象连续函数

$$u(t)\in C([0,T^*);D(A))\cap C^1([0,T^*);X)$$

满足 (4.2) 并且满足二择性 (4.8).

注记 4.1　(i) 在定理 4.2 的 (i) 中, 若 $\varphi\in X$, 则 $\exists T^*=T(\varphi)>0$ 及唯一的抽象连续函数

$$u(t)\in C((0,T^*);D(A))\cap C^1((0,T^*);X)\cap C([0,T^*);X),$$

满足积分方程 (4.2) 且满足如下二择性 (4.8).

(ii) 可以看出, 对于抛物型方程而言, 可借助定理 4.2 的 (i), 研究非线性抛物型方程的适定性. 条件 (4.7) 对一些非线性函数 $f(u)$ 比它在 X 的 Lip 连续或局部 Lip 连续容易验证, 之所以能将 $f(u)$ 在 X 上的 Lip 连续或局部 Lip 连续放宽到 (4.7), 主要源于抛物算子是次椭圆算子, 具有很好的正则性, 这从解析半群的正则性估计可见一斑. 对于其他非线性发展方程诸如 Schrödinger 方程, 波动型方程, 只能利用定理 4.2 的 (ii) 来处理. 因此仅能获得非线性发展方程在 $D(A)\subseteq X$ 上的适定性. 如果借助时空估计, 则可以克服这一缺陷, 见有关 Schrödinger 方程, 波动方程的研究, 如 [MZ3], [Ts1] [So2], [Bo2], [St4], [Mi6] 等.

Wahl 在 [Wa2] 中对定理 4.2 进行了进一步推广, 采用了抽象分布积分技术, 将非线性函数的基本假设 (4.7) 和 (4.9) 放宽, 更方便使用.

定理 4.3　(a) 设 $-A$ 是自反 Banach 空间 X 上满足 (4.6) 的稠定闭算子, 即 $-A$ 在 X 上生成一个解析半群 e^{-At}. 如果非线性函数 $f(u)$ 满足

$$\begin{cases}\|f(u)-f(v)\|_X\leqslant K(\|Au\|_X+\|Av\|_X)\|A^{1-\rho}(u-v)\|_X,\\ \qquad\qquad 0<\rho<1,\quad u,v\in D(A),\\ \|f(u)\|_X,\|f(v)\|_X\leqslant K(\|Au\|_X+\|Av\|_X),\end{cases} \tag{4.10}$$

这里 K 是正值的不减函数. 若 $\varphi\in D(A)$, 则存在 $T^*=T(\varphi)>0$ 及唯一抽象连续函数 $u(t)\in\bigcap_{0<T<T^*}C^1([0,T];X)$ 满足 (4.2) 并且具有如下性质

$$u(t)\in D(A),\quad Au\in\bigcap_{0<T<T^*}C^1([0,T];X) \tag{4.11}$$

及二择性原理

$$T^*=\infty\quad \text{或} T^*<\infty,\quad \lim_{t\to T^*}\|Au(t)\|_X=\infty. \tag{4.12}$$

(b) 设 $-A$ 在自反 Banach 空间 X 上生成一个 C_0 半群并且满足

$$\{\lambda|\quad \mathrm{Re}\lambda \geqslant 0\} \subseteq \rho(A). \tag{4.13}$$

非线性函数 $f(u)$ 满足

$$\begin{cases} \|f(u)-f(v)\|_X \leqslant K(\|Au\|_X+\|Av\|_X)\|u-v\|_X, \\ \|f(u)\|_X, \|f(v)\|_X \leqslant K(\|Au\|_X+\|Av\|_X), \quad u,v\in D(A). \end{cases} \tag{4.14}$$

这里 $K(\rho)$ 是单调正值函数. 则 $\forall\varphi\in D(A)$, 存在 $T^*=T(\varphi)>0$ 及唯一的抽象连续函数 $u(t)\in C^1([0,T^*);X)$ 且满足 (4.11), (4.12).

(c)(正则性) 若 $-A$ 是解析半群的无穷小母元, 那么 $u(t)$ 还满足如下正则性

$$\begin{cases} u'(t)\in D(A^{1-\rho}), \quad 0<\rho<1, \quad 0<t<T^*, \\ t^{1-\rho}A^{1-\rho}u'(t)\in \displaystyle\bigcap_{0<\varepsilon<T<T^*} C([\varepsilon,T];X)\cap \\ \qquad\qquad \displaystyle\bigcap_{0<T<T^*} L^\infty((0,T);X). \end{cases} \tag{4.15}$$

证明技术 定理 4.3 主要借助于抽象的分部积分公式

$$\begin{aligned} \int_0^t e^{(t-s)A}f(u)ds = &\int_0^t e^{-(t-s)A}A^{-1}f(u)'(s)ds \\ &-A^{-1}f(u(t))+e^{-At}A^{-1}f(\varphi). \end{aligned} \tag{4.16}$$

在 $C^1([0,T);X)\cap C([0,T);D(A))$ 的闭子集

$$\begin{aligned} Z(I)=\Big\{ &u\in C^1([0,T);X)\cap C([0,T);D(A)) \\ &\|u'(t)\|_X+\|u\|_{D(A)}\leqslant M=2\|\varphi\|_{D(A)}\Big\} \end{aligned} \tag{4.17}$$

上引入度量

$$d(u,v)=\|u-v\|_X, \quad u,v\in Z(I). \tag{4.18}$$

利用不动点定理即可证明定理 4.3.

注记 4.2 (a) 在抽象分部积分公式 (4.16) 中, $f(u)'(s)$ 表示弱连续导数, 它有如下结果作保证.

命题 4.4 (i) 设 $f(u)$ 满足 (4.14), 且 $\forall T>0$, $u(t)\in C^1([0,T];X)$, $u(t)\in C([0,T];D(A))$. 则 $f(u)(s)$ 弱连续可微, 即满足

$$\begin{aligned} \int_0^T \langle f(u)'(s),\psi(s)\rangle ds = -\int_0^T \langle f(u)(s),\psi'(s)\rangle ds, \\ \forall\psi\in C^1([0,T];X^*)\text{且具紧支集}, \end{aligned} \tag{4.19}$$

进而有估计

$$\sup_{0\leqslant s\leqslant T}\|f(u)'(s)\|_X \leqslant K(2\sup_{0\leqslant s\leqslant T}\|Au(s)\|_X)\sup_{0\leqslant s\leqslant T}\|u'(s)\|_X. \tag{4.20}$$

(ii) 设 $f(u)$ 满足 (4.10), $u(t)\in C^1([0,T];X)\cap C([0,T];D(A))$ 并且

$$\begin{cases} u'(t)\in D(A^{1-\rho}), & t\in[0,T], \quad 0<\rho<1, \\ A^{1-\rho}u'(t)\in C([0,T];X), \end{cases} \tag{4.21}$$

则 $f(u(s))$ 弱连续可微即满足 (4.19) 式, 进而 $f(u(s))$ 满足估计 (4.20) 及

$$\sup_{0\leqslant s\leqslant T}\|f(u)'(s)\|_X \leqslant K(2\sup_{0\leqslant s\leqslant T}\|Au(s)\|_X)\sup_{0\leqslant s\leqslant T}\|A^{1-\rho}u'(s)\|_X, \tag{4.22}$$

这里 $K(\sigma)$ 同定理 4.3.

(b) 如果直接在无穷小母元定义域 $D(A)\subseteq X$ 上研究非线性发展方程的适定性, 可直接利用定理 4.2 或定理 4.3. 这种方法的缺点是很难验证非线性函数的局部 Lip 连续性, 特别是对于波方程, 色散波方程在高维空间的情形.

上面我们讨论了时空估计与抽象半群方法的比较, 从中可以看出时空估计方法比单纯利用抽象定理具有很大优势. 我们知道, 时空容许对 (时空容许簇) 因不同的发展方程而有所不同, 它完全取决于发展方程自身的类型. 现在的问题是, 对于特定的非线性发展方程, 对不同类型的非线性增长, 如何选取合适的工作空间去研究其适定性? 我们以抛物型方程 (具有齐次非线性增长) 的 Cauchy 问题

$$\begin{cases} u_t-\Delta u=\mu|u|^\alpha u, \\ u(0)=\varphi \end{cases} \tag{4.23}$$

或

$$\begin{cases} u_t-\Delta u=\mu Q(D)(|u|^\alpha u), \\ u(0)=\varphi, \quad Q(D)\text{是 d 阶齐次拟微分算子}, \quad d\in[0,2) \end{cases} \tag{4.24}$$

为例来予以考察, 说明不同的非线性增长与选取工作空间的关系.

我们知道, 对 $\forall 1<p<\infty$, $e^{-|\xi|^2}\in\mathcal{M}_p$ (即 L^p 乘子). $e^{-t\Delta}$ 是 L^p 上的解析半群, 故自由的热方程的 Cauchy 问题

$$\begin{cases} u(t)-\Delta u=0, & (x,t)\in\mathbb{R}^n\times\mathbb{R}^+, \\ u(0)=\varphi, & x\in\mathbb{R}^n, \end{cases} \tag{4.25}$$

在形如 L^p, $H^{s,p}$, $B^s_{p,2}$, $s\in\mathbb{R}$ 均是适定的. 对于什么样的 p 或 s, r 可确保非线性问题 (4.23) 或 (4.24) 是适定呢? 有什么判别方法? 下面用 Scaling 方法给出一个基本

推断, 可以用来指导非线性方程的研究, 大概给出什么情形下非线性问题适定, 什么样的情形下不适定. 对不同的发展方程, 这个基本推断与真实的情形符合的程度不尽相同, 但仍不失为一个很有用的基本推断, 特别是对抛物型的方程, 几乎完全吻合.

一般地, $f(x) \in H^{s,p}(\mathbb{R}^n)$ 或 $B^s_{p,2}(\mathbb{R}^n)$, 那么 $f(\lambda x) \in H^{s,p}(\mathbb{R}^n)$ 或 $B^s_{p,2}(\mathbb{R}^n)$ 并有

$$\begin{aligned}&\|f(\lambda x)\|_{\dot{H}^{s,p}} = \lambda^{s-\frac{n}{p}}\|f(x)\|_{\dot{H}^{s,p}}, \quad \|f(\lambda x)\|_p = \lambda^{-\frac{n}{p}}\|f(x)\|_p,\\ &\|f(\lambda x)\|_{\dot{B}^s_{p,2}} = \lambda^{s-\frac{n}{p}}\|f(x)\|_{\dot{B}^s_{p,2}}.\end{aligned} \tag{4.26}$$

因此, 容易看出 $H^{s_1,p_1} \hookrightarrow H^{s_2,p_2}$ 或 $B^{s_1}_{p_1,2} \hookrightarrow B^{s_2}_{p_2,2}$ 的充分要条件是

$$s_1 - \frac{n}{p_1} \geqslant s_2 - \frac{n}{p_2}, \quad -\frac{n}{p_1} \leqslant -\frac{n}{p_2}. \tag{4.27}$$

这一点是基于 $H^{s,p} = \dot{H}^{s,p} \cap L^p$, $B^s_{p,2} = \dot{B}^s_{p,2} \cap L^p$ 并且比较 $\|f(\lambda x)\|_{\dot{H}^{s_1,p_1}}$ 与 $\|f(\lambda x)\|_{\dot{H}^{s_2,p_2}}$ 在 $\lambda = \infty$ 处的奇性, $\|f(\lambda x)\|_{L^{p_1}}$ 与 $\|f(\lambda x)\|_{L^{p_2}}$ 在 $\lambda = 0$ 处的奇性而得出的. 特别, 对于 $L^{p_1}(\mathbb{R}^n) \hookrightarrow L^{p_2}(\mathbb{R}^n)$ 的充分条件是 $p_1 = p_2$. 若用 $\dot{X}$ 表示一般 Sobolev 空间 (Besov 型) 空间 X 对应的齐次空间. 根据第一章所引入的空间度的定义, 直接验算

$$\deg(\dot{B}^s_{p,2}) = \deg(\dot{H}^{s,p}) = s - \frac{n}{p}, \quad \deg(L^p) = -\frac{n}{p}. \tag{4.28}$$

另一方面, 设 $u(x,t)$ 是 (4.23) 或 (4.24) 的解, 那么

$$u_\lambda(x,t) = \lambda^\theta u(\lambda^{-1}x, \lambda^{-2}t) \tag{4.29}$$

是 (4.23) 或 (4.24) 以初始函数 $\lambda^\theta \varphi(\lambda^{-1}x)$ 的解, 则

$$\theta = -\frac{2}{\alpha} \quad 或 \quad \theta = -\frac{2-d}{\alpha}. \tag{4.30}$$

基本推断: (a) X 是研究 (4.23) 或 (4.24) 的合适的 Banach 空间, 即对任意的 $\varphi(x) \in X$, 存在唯一局部解

$$u(t) \in C(I;X) \cap \cdots$$

的条件是

$$\deg(\dot{X}) \geqslant -\frac{2}{\alpha} \quad 或 \quad \deg(\dot{X}) \geqslant -\frac{2-d}{\alpha}. \tag{4.31}$$

(b) 当

$$\deg(\dot{X}) < -\frac{2}{\alpha} \quad 或 \quad \deg(\dot{X}) < -\frac{2-d}{\alpha} \tag{4.32}$$

时, X 不是研究 (4.23) 或 (4.24) 的合适的 Banach 空间即, $\varphi \in X$ 问题 (4.23) 或 (4.24) 在 X 上是不适定的.

注记 4.3　(i) 取 $X = L^r(\mathbb{R}^n)$, 它是 (4.23) 或 (4.24) 的合适的工作空间, 如果

$$r \geqslant r_c = \frac{n\alpha}{2} > 1 \quad 或 \quad r \geqslant r_c = \frac{n\alpha}{2-d} > 1 \tag{4.33}$$

等号成立, 即 $r = r_c$ 对着临界空间.

(ii) 取 $X = H^{s,p}(B^s_{p,2})$, $\alpha \geqslant 1$ 固定, 那么, 当

$$s \geqslant s_c = \frac{n}{p} - \frac{2}{\alpha} \quad 或 \quad s \geqslant s_c = \frac{n}{p} - \frac{2-d}{\alpha}, \quad p \geqslant 1 \tag{4.34}$$

时, X 是研究 (4.23) 或 (4.24) 的合适的 Banach 空间. 当 $s = s_c$ 时, 对应着临界空间的情形.

(iii) 在相反的情形下, 即

$$r < r_c = \frac{n\alpha}{2} \quad 或 \quad r < r_c = \frac{n\alpha}{2-d}, \tag{4.35}$$

$$s < s_c = \frac{n}{p} - \frac{2}{\alpha} \quad 或 \quad s < s_c = \frac{n}{p} - \frac{2-d}{\alpha}, \tag{4.36}$$

L^r, $H^{s,p}$(或 $B^s_{p,2}$) 皆不是研究 (4.23) 或 (4.24) 的合适 Banach 工作空间.

许多有关抛物型方程的研究表明上述推断是正确的, 可参见 [Dix], [Gi2], [GM], [MC], [GM2], [MZ3] [Po], [Fu1] 等. 在某些特殊情形下, 例如

$$\begin{cases} \partial_t u - \Delta u = \vec{a} \cdot \nabla(|u|^\alpha u), \quad t > 0, x \in \mathbb{R}^n, \quad \vec{a} \in \mathbb{R}^n \setminus \{0\}, \\ u(0) = \varphi, \quad \alpha > 0. \end{cases} \tag{4.37}$$

Scaling 原则建议不适定的空间也可能是适定的, 详见 [EZ] 或 [Po]. 有关抛物型方程的研究, 尚有许多公开问题没有解决, 有兴趣的读者, 可参见 Ponce 等的综述性文章 [Ps] 及其后的参考文献. 最新的研究可见 [MY1], [MYZ2] 及 [MYZ3].

第三章 Navier-Stokes 方程

众所周知, Navier-Stokes 方程是刻画流体运动的基本方程, 它的定解问题的整体适定性是当今数学界、物理界最关注的公开问题之一, 本章拟就此问题的内涵、研究方法做一些较全面的讨论与论述, 从中比较经典的研究方法与现代调和分析方法的区别与内在联系.

一般地, Navier-Stokes 方程的定解问题可表示为

$$\begin{cases} u_t - \nu\Delta u + (u\cdot\nabla)u + \nabla P = 0, & (x,t)\in\Omega\times[0,T), \\ \operatorname{div}\, u = 0, & \\ u(0,x) = u_0(x), & x\in\Omega, \\ u(x,t) = 0, & x\in\partial\Omega,\quad t\in[0,T). \end{cases} \tag{0.1}$$

这里 $0 < T \leqslant \infty$, $\Omega\subset\mathbb{R}^n$ 是有界光滑区域或 $\Omega = \mathbb{R}^n$. 当 $\Omega = \mathbb{R}^n$ 时, (0.1) 中没有边界条件, 但可以对初始函数 $u_0(x)$ 施加形如

$$|\partial_x^\alpha u_0(x)| \leqslant C_\alpha(1+|x|)^{-k}, \quad \forall\alpha\in(\mathbb{Z}^+\cup\{0\})^n, \forall k\in\mathbb{Z}^+ \tag{0.2}$$

的衰减条件. Navier-Stokes 方程尚未解决的公开问题可表述为:

(i) 设 $n=3$, $u_0(x)$ 光滑, $\operatorname{div}\, u_0 = 0$ 且满足 (0.2) 问题: 是否存在整体光滑解 $(u(x,t), P(x,t))$, 即

$$(u(x,t), P(x,t)) \in C^2(\mathbb{R}^3\times\mathbb{R}^+)\times C^1(\mathbb{R}^3\times\mathbb{R}^+). \tag{0.3}$$

(ii) 设 $n=3$, 能否找到一个满足

$$\operatorname{div}\, u_0(x) = 0, \quad u_0(x)\in C^\infty(\mathbb{R}^3) \tag{0.4}$$

的函数, 使得 Cauchy 问题 (0.1) 无整体解.

上面是以 $\mathbb{R}^3$ 中的 Cauchy 问题为例表述了 Navier-Stokes 方程的公开问题. 事实上, 从数学研究的角度 (数学本身兴趣), 我们可以在 $n>3$ 情形下考虑 Cauchy 问题及初边值问题、周期边值问题 (关于空间变量周期) 等, 这些问题与 Navier-Stokes 方程在 $\mathbb{R}^3$ 上的 Cauchy 问题类似, 是当今数学界的最重要的难题之一.

然而, 当 $n=2$ 时, Navier-Stokes 方程的相应问题已彻底解决, 究其原因在于 Leray-Hopf 弱解是正则的. 从 Serrin-Wahl 的正则性理论很清楚地知道这一点, 见

[Se], [Wa2], [Wa3] 或参见 Ladyahenskaya O.A. 的专著 [La]. 从数学上来讲, 低维空间的光滑度较大 (对固定可微、可积指标), 容易嵌入到光滑的函数空间. 另一方面, 从物理上来讲, 平面流体较三维流体简单, 没有旋度产生. 事实上, 通过变量代替, 可将二维 Navier-Stokes 方程化成具有卷积项的热传导方程, 这对高维问题 ($n \geqslant 3$) 是不可能的. 例如:

考虑

$$\begin{cases} u_t + (u\cdot\nabla)u - \Delta u + \nabla P = 0, & x \in \mathbb{R}^2, t \in \mathbb{R}^+, \\ \operatorname{div}\, u = 0, & \\ u(x,0) = u_0(x), & x \in \mathbb{R}^2, \\ |u_0(x)| \to 0, & |x| \to \infty. \end{cases} \tag{0.5}$$

令

$$\xi = \frac{\partial u_2}{\partial x_1} - \frac{\partial u_1}{\partial x_2}, \quad u = (u_1, u_2), \tag{0.6}$$

则 (0.5) 就转化成

$$\begin{cases} \partial_t \xi + (u\cdot\nabla)\xi = \Delta\xi, \\ u = \displaystyle\int_{\mathbb{R}^2} K(x-y)\xi(y,t)dy, & K(x) = \dfrac{1}{2\pi}\dfrac{(-x_2, x_1)}{|x|^2}, \\ \xi(x,0) = \xi_0(x), & |\xi(x)| \to 0, |x| \to \infty. \end{cases} \tag{0.7}$$

易见

$$\nabla\cdot K = \operatorname{div}\, K = 0 \Longrightarrow \nabla\cdot u = \operatorname{div}\, u = 0. \tag{0.8}$$

因此, 定义算子

$$\begin{cases} \xi = S\xi_0, \\ u = v\xi_0 = K * S\xi_0, \end{cases} \tag{0.9}$$

如果构造如下迭代程序

$$u^{(-1)} = \xi^{(-1)} = 0, \tag{0.10}$$

$$\begin{cases} \partial_t \xi^{(k)} - \Delta\xi^{(k)} = -(u^{(k-1)}\cdot\nabla)\xi^{(k)}, \\ u^{(k)} = K * \xi^{(k)}, \\ \xi^{(k)}(x,0) = \xi_0(x), \quad x \in \mathbb{R}^n, k = 1, 2\cdots. \end{cases} \tag{0.11}$$

这里仅需假设 $\xi_0(x) \in L^p(\mathbb{R}^n)$, $1 < p < \infty$, 就可以直接从上面的迭代程序中获得 (0.5) 的整体光滑解的适定性, 即 $u, P \in C^\infty(\mathbb{R}^2 \times \mathbb{R}^+)$ 满足 (0.5).

注记 0.1　(1) 这里要求 $u_0(x)$ 满足适当的光滑条件, 即

$$\xi_0(x) = \frac{\partial u_{0,2}}{\partial x_1} - \frac{\partial u_{0,1}}{\partial x_2} \in L^p(\mathbb{R}^2), \quad 1 < p < \infty, \tag{0.12}$$

这不是本质的条件. 事实上, 在我们前面所提的公开问题中, 即要求: $u_0(x) \in C^\infty(\mathbb{R}^3)$ 且有很强的衰减条件.

(2) $K(x)$ 是一个弱型的 Calderón-Zygmund 算子的积分算子的核. 因此, 由 $\xi(x,t)$ 可得到与此具有相同正则性的 $u(x,t)$.

(3) 迭代程序 (0.10), (0.11) 本质上是在映射

$$\mathcal{P}_p : (L^p)^2 \to E_p = \{f \in (L^p)^2, \operatorname{div} f = 0\}$$

下, Navier-Stokes 方程 Cauchy 问题的迭代程序. 因此,

$$P(x,t) = -\sum_{j=1}^{2}\sum_{k=1}^{2} R_j R_k (u_j u_k), \tag{0.13}$$

这里 R_j 是经典的 Riesz 算子.

(4) 总的来讲, 二维 Navier-Stokes 方程本质上可归纳为热传导方程来处理, 而对 $n \geqslant 3$ 情形的 Navier-Stokes 方程是不可能的, 即使通过函数变换, 仍然是一个耦合方程组.

尽管 Navier-Stokes 方程的研究举步维艰, 然而, 仍有大批的优秀数学家致力于彻底解决这一数学难题, 也的确出现了许多有益的结果和研究方法. 本章拟就这些研究方法予以讨论, 限于作者所识, 作者着重讲一些调和分析方法, 相信它在本质上是个好方法. 本章的结构如下: 第一节回顾 Navier-Stokes 方程的研究进程, 着重介绍 Navier-Stokes 方程的经典研究方法, 与此同时, 给出一些评注. 第二节, 我们利用时空估计技术, 给出一个统一方法, 处理了 Navier-Stokes 方程的经典研究结果. 第三节, 着重介绍 Meyer 及 Cannone 的工作. 他们采用 Littlewood-Paley 分解技术, 引入所谓的合适 Banach 工作空间, 并给出了次临界空间中 Navier-Stokes 方程的局部适定性的统一处理. 第四节, 主要介绍 Koch 与 Tataru 的工作, 通过 BMO^{-1}(它是一种非齐次 Banach 型空间) 的半群刻画, 给出 Navier-Stokes 方程在临界空间中局部适定性理论及小解的整体适定性结果.

§3.1 Navier-Stokes 方程的经典研究

Navier-Stokes 方程的数学研究始于 Leray J., 他早在 20 世纪 30 年代就建立了 Navier-Stokes 方程弱解的存在性 [Le]. 然后, Hopf E. [Ho] 用泛函分析的技术, 给出了一个优美处理方法, 并将 Leray J. 的结果推广到高维的情形. 故通常将他们得到的这种弱解称为 Leray-Hopf 弱解. 然而, Leray-Hopf 弱解的唯一性、正则性问题一直没有解决. 从 Navier-Stokes 方程的研究来看, 主要有两个途径, 其一是通过研究 Leray-Hopf 弱解的正则性, 以获得光滑解的整体存在性及唯一性 (光滑解一定唯

一); 其二是直接在较强的函数空间, 如能量层次的工作空间、$L^q(I;L^r)(r \geqslant n)$ 型的空间中研究 Navier-Stokes 方程的适定性. 本质上, 它的存在性就意味着光滑解的存在唯一性. 因此, 本节着重阐述这两种研究方法的历史进程及主要结果.

考察

$$\begin{cases} u_t - \Delta u + (u\cdot\nabla)u + \nabla P = 0, \quad (x,t)\in\Omega\times[0,T), \\ \nabla\cdot u = 0, \qquad x\in\Omega, \\ u|_{\partial\Omega} = 0, \\ u(0) = u_0(x), \quad \operatorname{div} u_0(x) = 0, \quad x\in\Omega, \end{cases} \tag{1.1}$$

这里 $\Omega \subseteq \mathbb{R}^n$ 是光滑区域. 特别, 当 $\Omega = \mathbb{R}^n$ 时, 在 (1.1) 中去掉 Dirichlet 条件 $u|_{\partial\Omega} = 0$.

定义 1.1 (管向量空间)　称管向量空间 $V(T)$ 是集合

$$\left\{ u(x,t) \middle| u \in C_c^\infty(\Omega\times[0,T)), \quad 0 < T < \infty \right. \\ \left. \|u(t)\|_{L^2(\Omega)}\text{关于}t\in[0,T)\text{一致有界}, \operatorname{div} u = 0, \right\} \tag{1.2}$$

在范数

$$\|u\|_{V(T)} = \left(\int_0^T (\|u\|_{L^2}^2 + \|\nabla u\|_{L^2}^2) dt \right)^{\frac{1}{2}} \tag{1.3}$$

下的完备化空间. 特别, 当 T 可取任意值时, 用 $V(\infty)$ 表示.

定义 1.2 (自由管向量空间)　称 W 是集合

$$\{\varphi(x) \quad | \quad \varphi\in C_c^\infty(\Omega), \quad \operatorname{div}\varphi = 0\} \tag{1.4}$$

在范数

$$\|\varphi\|_W = \|\varphi\|_{L^2(\Omega)} + \|\nabla\varphi\|_{L^2(\Omega)} \tag{1.5}$$

下的完备化空间是自由管向量空间.

定义 1.3 (Leray-Hopf 弱解的定义)　设 $u_0(x)\in W$, 称 $u(x,t)$ 是 Navier-Stokes 方程的定解问题 (1.1) 的 Leray-Hopf 弱解, 如果 $u(x,t)\in V(T)$ 且满足

$$\int_0^\infty (u, \varphi_t + \Delta\varphi + u\cdot\operatorname{grad}\varphi) dt = -(u_0(x), \varphi_0(x)), \\ \forall\varphi\in C_c^\infty(\Omega\times[0,T)), \quad \varphi_0(x) \equiv \varphi(x,0), \tag{1.6}$$

这里 $(\cdot,\cdot)$ 表示关于空间变量的 L^2 内积.

Leray J. 首先获得 Navier-Stokes 方程弱解的存在性, 这一工作至今仍影响着这一问题的研究, Hopf E. 在文 [Le] 中不仅推广了 Leray J. 的结果, 并且他所引进方法为 Navier-Stokes 的研究注入新的活力. 他们的结果可表述为:

定理 1.1 (Leray-Hopf 定理) 设 $u_0(x) \in W$, 则 (1.1) 至少存在一个 Leray-Hopf 弱解 $u(x,t) \in V(\infty)$, 并且满足

$$\|u(t)\|_2^2 + 2\int_0^t \|\nabla u\|_2^2 d\tau \leqslant \|u_0\|_2^2, \tag{1.7}$$

$$\lim_{t\downarrow 0} \|u(x,t) - u_0(x)\|_2 = 0. \tag{1.8}$$

证明方法是采用 Galerkin 逼近及紧致性原理, 有兴趣读者可见 [Li]. 1957 年, 苏联数学家 Kiselev-Ladyzhenskaya 采用对时间变量求导的技术, 借助于 Galerkin 逼近、能量积分估计及紧致性方法, 证明了 $n=2$ 时, (1.1) 光滑解的整体适定性结果; 当 $n=3$ 时, (1.1) 的小解的整体适定性 (这可以从后面 $L^q(I,L^p)$ 解的正则性理论看出这一事实).

定理 1.2 设 $n=2$ 或 $n=3$, $u_0(x) \in W^2(\mathbb{R}^n)$, 则存在 Leray-Hopf 弱解 $u(t) \in V(T)$, 且满足

$$\sup_{0\leqslant t<T} \|\nabla u\|_2, \quad \sup_{0\leqslant t<T} \|u_t\|_2 < \infty, \tag{1.9}$$

这里 $T = T(\varphi)$. 进而, 当 $n=2$ 时, $T=\infty$, 当 $n=3$ 时, 只要 $\|\varphi\|_{W^2} \ll 1$, 则 $T=\infty$.

此结果的证明, 详见 [Li] 或 [La].

注记 1.4 (i) 这里 W^2 表示 2 – 次自由管向量空间, 即集合

$$\{\varphi | \varphi \in C_c^\infty(\Omega), \quad \operatorname{div} \varphi = 0\}$$

在范数

$$\|\varphi\|_{W^2} = \left(\|\varphi\|_2^2 + \sum_{k=1}^n \|\partial_{x_k}^2 \varphi\|_2^2\right)^{1/2} \tag{1.10}$$

下的完备化空间.

(ii) 定理 1.2 证明本质上归结为如下形式估计: 对 Navier-Stokes 方程, 即 (1.1) 中第一个方程组关于 t 微分, 进而与 u_t 作 $L^2(\Omega)$ 内积, 注意利用 Sobolev 不等式或插值不等式

$$\|f\|_4^2 \leqslant \begin{cases} \|f\|_2 \|f\|_{\dot{H}^1}, & n=2, \\ \|f\|_2^{1/2} \|f\|_{\dot{H}^1}^{3/2}, & n=3, \\ \|f\|_{\dot{H}^1}^2, & n=4 \end{cases} \tag{1.11}$$

及 Young 不等式

$$ab \leqslant \frac{\varepsilon^p a^p}{p} + \frac{b^q}{\varepsilon^q q}, \quad \frac{1}{q} + \frac{1}{p} = 1, \quad \forall \varepsilon > 0, \tag{1.12}$$

就得

$$\begin{aligned} \frac{d\|u_t\|_2^2}{dt} &= -2(u_t, u_t \text{grad} u) - 2\|u_t\|_{\dot{H}^1}^2 \\ &\leqslant C\|u_t\|_4^2 \|\text{grad} u\|_2 - 2\|u_t\|_{\dot{H}^1}^2 \\ &\leqslant \begin{cases} C\|\nabla u\|_2^2 \|u_t\|_2^2, & n = 2, \\ C\|\nabla u\|_2^4 \|u_t\|_2^2, & n = 3. \end{cases} \end{aligned} \tag{1.13}$$

由形式的能量等式及其伴随不等式

$$\|u\|_2^2 + 2\int_0^t \|\nabla u\|_2^2 dt = \|u_0(x)\|_2^2, \tag{1.14}$$

$$\|\nabla u\|_2^2 = -\frac{1}{2}\frac{d}{dt}\|u\|_2^2 \leqslant \|u\|_2 \|u_t\|_2, \tag{1.15}$$

就可推得

$$\begin{cases} \|u_t\|_2 \leqslant C\|u_t(x,0)\|_2 \exp\left(C\int_0^t \|\nabla u\|_2^2 d\tau\right) < \infty, \\ \|u\|_{\dot{H}^1} < \infty, \end{cases} \qquad n = 2, \tag{1.16}$$

这里用到

$$\|u_t(x,0)\|_2 \leqslant \|\Delta u_0(x)\|_2 + \|u_0(x)\|_4 \|\nabla u_0(x)\|_2 < \infty. \tag{1.17}$$

当 $n = 3$ 时, 仅需用 (1.15) 来处理 (1.13), 就得

$$\frac{d\|u_t\|_2^2}{dt} \leqslant C\|u\|_2^2 \|u_t\|_2^4. \tag{1.18}$$

解此不等式, 就知 $\exists T > 0$, 使得

$$\|u_t\|_2 < \infty, \quad \|\nabla u\|_2 < \infty, \quad 0 < t < T. \tag{1.19}$$

(iii) Serrin 在 [Se] 中, 利用 (1.11) 及

$$\frac{d\|u_t\|_2^2}{dt} + 2(1 - C\|\nabla u\|_2)\|\nabla u_t\|_2^2 \leqslant 0. \tag{1.20}$$

证明 当 $n = 4$ 时, 只要 $\|u_0(x)\|_{\dot{H}^1}$ 适当小, 定理 1.2 的相应结果仍然成立. 我们发现, 当 $n \geqslant 5$ 时, 嵌入关系式 $H^1 \hookrightarrow L^4$ 不成立, 故欲获得形如定理 1.2 的结果似乎有困难.

至于 Navier-Stokes 方程的 Leray-Hopf 弱解的正则性, Prodi 与 Serrin 做了许多贡献 [Se]. 从某种意义上来讲, Wahl 则将正则性结果推广到临界的情形, 见 [Wa2] 或 [Wa3].

定理 1.3 (Prodi-Serrin 定理) 设 $u(t) \in V(\infty)$ 是 Navier-Stokes 方程的定解问题 (1.1) 的 Leray-Hopf 弱解, 则通过修改 t 方向的零测集之后, 等式

$$\int_0^T (u, \varphi_t + \Delta\varphi + u \cdot \mathrm{grad}\varphi) dt = (u(T), \varphi(T)) - (u_0, \varphi_0),$$
$$\varphi_0(x) = \varphi(x, 0), \tag{1.21}$$

成立, 这里

$$\varphi(x,t) \in \mathcal{D}(\Omega \times [0,\infty)) = C_0^\infty(\Omega \times [0,\infty)), \quad \mathrm{div}\ \varphi = 0.$$

证明思路 取 $\theta(t) \in C_c^\infty([0,\infty))$ 满足

$$\theta(t) = \begin{cases} 1, & 0 \leqslant t \leqslant T, \\ 0, & T+h \leqslant t < \infty, \end{cases}$$

及

$$\int_0^\infty \theta_t dt = -1, \qquad \frac{C}{h} \leqslant \theta_t \leqslant 0. \tag{1.22}$$

于是, 令 $\tilde{u}(x,t) = u(x,t)\theta(t)$, 这里 $u(x,t)$ 是 (1.1) 的 Leray-Hopf 弱解. 现将它代入弱解的定义 1.3, 同时注意到

$$\|u(t)\|_2 < \infty, \quad \forall t \geqslant 0,$$

然后令 $h \to 0$, 就得等式 (1.21).

需要指出的是, 此定理在寻找 Leray-Hopf 弱解是正则解的充分条件方面起着重要的作用, 可以讲它是经典紧致性方法 (泛函分析方法) 和现代调和分析方法的桥梁.

定理 1.4 (Serrin-Wahl 定理) 设 (q,r) 满足

$$\frac{2}{q} + \frac{n}{r} \leqslant 1, \quad n < r \leqslant \infty, \tag{1.23}$$

设 $u(x,t)$ 是 (1.1) 的 Leray-Hopf 弱解. 则有如下结果:

(i) 若 $u \in L^q((0,T); L^r(\Omega))$, 则有如下能量恒等式.

$$\|u\|_2^2 + 2\int_0^t \|\nabla u\|_2^2 d\tau = \|u_0(x)\|_2^2, \quad 0 \leqslant t \leqslant T. \tag{1.24}$$

(ii) 若 $u \in L^q((0,T);L^r(\Omega))$, 则 $u \in C^\infty((0,T)\times\Omega)$.

(iii) 若 $u \in L^q((0,T);L^r(\Omega))$, v 是 (1.1) 的另一个 Leray-Hopf 弱解且满足能量不等式

$$\|v\|_2^2 + 2\int_0^t \|\nabla v\|_2^2 dt \leqslant \|v_0\|_2^2, \quad 0 \leqslant t \leqslant T. \tag{1.25}$$

则 $u \equiv v$, $t \in [0,T)$.

(iv) 若 $u \in C([0,T);L^n(\Omega))$, 则 $u \in C^\infty((0,T)\times\Omega)$.

证明思路 选取适当的试验函数 $\varphi(x,t)$, 利用定理 1.3 和一些必要的极限过程, 就可得 (i) 和 (iii), 详见 [Se]. 关于 (ii), 仅需利用表达式

$$u(t) = S(t)u_0(x) - \int_0^t S(t-\tau)\vec{f}(u(\tau))d\tau,$$

这里 $S(t) = e^{At}$, $A = \mathcal{P}\Delta$, $\vec{f}(u) = (f_1(u), \cdots, f_n(u))$,

$$f_i(u) = \sum_{j=1}^n \partial_j(u_j \cdot u_i), \quad \mathcal{P}: \quad (L^r)^n \to E_r.$$

注意到 $S(t)$ 是 E_r 上的解析半群且 $u \in L^q((0,T);L^r)$, 这里 $1 < r < \infty$. 借助于解析半群的正则性, 容易推得 $u \in C^\infty((0,T)\times\Omega)$. 详见第二章关于抛物型方程解的正则性证明方法. 利用 $u(t) \in C([0,T),L^n(\Omega))$ 可用关于 t 的简单函数 $v(t)$ 逼近的技术, 就可简单的给出 (iv) 的证明, 可见 [Wa1], [Wa2] 及 [Lem].

Solonnikov 估计在 Navier-Stokes 方程研究中亦有重要的作用, 形式如下 ([Wa2]):

定理 1.5 (Solonnikov 估计) 设 $p > 1$, $p \neq \dfrac{3}{2}$(当 $p = \dfrac{3}{2}$ 时, 可做适当的修正, 相应结果仍然成立), $\Omega \subseteq \mathbb{R}^3$. $u_0 \in \widetilde{W}^{2-\frac{2}{p},p}(\Omega) \cap E_p(\Omega)$, $f \in L^p(I;L^p(\Omega))$, 则如下线性 Navier-Stokes 方程的 IBVP

$$\begin{cases} u_t - \Delta u + \nabla P = f, \\ \operatorname{div} u = 0, \\ u(0) = u_0(x), \quad u|_{\partial\Omega} = 0 \end{cases} \tag{1.26}$$

有唯一解 (u,P) 满足

$$u \in L^p((0,T);H^{2,p}(\Omega) \cap \dot{H}^{1,p}(\Omega)),$$

$$P \in L^p((0,T);L^p(\Omega) \cap \dot{H}^{1,p}(\Omega)),$$

$$u'(t) \in L^p((0,T);L^p(\Omega)),$$

$$u(t) \in C([0,T);\widetilde{W}^{2-\frac{2}{p},p}(\Omega)).$$

及如下 Solonnikov 估计

$$\int_0^T \left[\|u'(t)\|_p^p + \|u(t)\|_{H^{2,p}}^p + \|\nabla P\|_p^p\right] dt + \sup_{0\leqslant t\leqslant T} \|u(t)\|_{\widetilde{W}^{2-\frac{2}{p},p}}^p$$
$$\leqslant C(T)\left(\int_0^T \|f\|_p^p dt + \|u_0(x)\|_{\widetilde{W}^{2-\frac{2}{p},p}}\right), \tag{1.27}$$

这里

$$\widetilde{W}^{2-\frac{2}{p},p}(\Omega) = \begin{cases} W^{2-\frac{2}{p},p}(\Omega), & 1 < p \leqslant \dfrac{3}{2}, \\ \dot{W}^{2-\frac{2}{p},p}(\Omega), & p > \dfrac{3}{2}. \end{cases} \tag{1.28}$$

注记 1.5 (i) 在定理 1.5 中, P 是在相差一个任意 $L^p(0,T)$ 函数意义下唯一.

(ii) 在 Solonnikov 估计中, $C(T)$ 可以换成一个不依赖于 T 的常数. 事实上, 仅需构造

$$\xi_0(t) = \begin{cases} 1, & 0 \leqslant t \leqslant 1, \\ -3t+4, & 1 \leqslant t \leqslant 1+\dfrac{1}{3}, \\ 0, & t > 1+\dfrac{1}{3}, \end{cases}$$

$$\xi_k(t) = \begin{cases} 0, & t < k - \dfrac{1}{3}, \\ 3t-(3k-1), & k-\dfrac{1}{3} \leqslant t \leqslant k, \\ 1, & k < t < k+1, \\ -3t+3(k+1)+1, & k+1 \leqslant t \leqslant k+1+\dfrac{1}{3}, \\ 0, & t > k+1+\dfrac{1}{3}, \end{cases}$$

这里 $k = 1, 2, \cdots$. 易见, $\sum_{k=0}^{\infty} \xi_k(t) \leqslant 2$, 且对于每一个 $t > 0$, 至多属于两个 $\xi_k(t)$ 的支集之中. 注意到

$$(\xi_k u)' - \Delta(\xi_k u) + \nabla(\xi_k P) = \xi_k f + \xi_k'(t) u,$$

逐次利用 Solonnikov 不等式 (1.27), 然后求和就得精确的 Solonnikov 不等式.

(iii) 当 $s \leqslant \dfrac{1}{p}$ 时, $\dot{W}^{s,p} = W^{s,p}$, 故在定理中引用了记号 $\widetilde{W}^{s,p}$.

(iv) 借助于 Solonnikov 估计, 可以在形如 $L^p((0,T); H^{2,p}(\Omega))$ 空间中局部求解 Navier-Stokes 方程的定解问题 (1.1).

(v) 是否可利用 Solonnikov 估计来研究 Leray-Hopf 弱解的正则性问题, 是一件有趣的思考, 具体想法与步骤如下:

Step1 设 $u(t)$ 是 (1.1) 的 Leray-Hopf 弱解, 那么

$$u(t) \in L^{\infty}((0,T);L^2(\Omega)) \cap L^2((0,T);\dot{H}^1(\Omega)).$$

注意到

$$|(u\cdot\nabla)u| \lesssim |\nabla u|^{\frac{2(n+1)}{n+2}} + |u|^{\frac{2(n+1)}{n}},$$

并利用 Hölder 不等式及 Gagliardo-Nirenberg 不等式, 可见

$$(u\cdot\nabla)u \in L^{\frac{n+2}{n+1}}((0,T);L^{\frac{n+2}{n+1}}(\Omega)). \tag{1.29}$$

Step2 选取 $p=\dfrac{n+2}{n+1}$, 考虑

$$\begin{cases} w' - \Delta w + \nabla \widetilde{P} = -(u\cdot\nabla)u, \\ \nabla\cdot w = 0, \\ w(0) = u_0(x) \in E_2 \cap \widetilde{W}^{2-\frac{2(n+1)}{n+2},\frac{n+2}{n+1}} \end{cases} \tag{1.30}$$

$$\left(\subset E_{\frac{n+2}{n+1}} \cap \widetilde{W}^{2-\frac{2(n+1)}{n+2},\frac{n+2}{n+1}}, \quad \text{meas}(\Omega)<\infty\right),$$

其中 (1.30) 第一个方程式右边 u 表示 Leray-Hopf 弱解. 由定理 1.5 中的 Solonnikov 估计, 可以推得 (1.30) 有唯一解

$$w(t) \in L^{\frac{n+2}{n+1}}((0,T);H^{2,\frac{n+2}{n+1}}), \quad \widetilde{P} \in L^{\frac{n+2}{n+1}}((0,T);H^{1,\frac{n+2}{n+1}}).$$

Step3 在弱解的意义下, $u-w$ 满足

$$(w-u)_t - \Delta(w-u) + \nabla(\widetilde{P}-P) = 0,$$

由此推得 $u\equiv w$. 此说明 Leray-Hopf 弱解满足

$$u \in L^{\frac{n+2}{n+1}}((0,T);H^{2,\frac{n+2}{n+1}}).$$

但由于可积的指标过小, 仍无法得到 u 光滑的目标.

当 $\Omega=\mathbb{R}^n$ 时, 就对应着 Navier-Stokes 的 Cauchy 问题

$$\begin{cases} u_t - \Delta u + (u\cdot\nabla)u + \nabla P = 0, & (x,t)\in\mathbb{R}^n\times[0,T), \\ \text{div } u = 0, \\ u(0) = u_0(x), & u=(u_1,\ldots,u_n). \end{cases} \tag{1.31}$$

由于可采用 Fourier 分析的工具, 许多处理方式更具体、明确. Fabes, Jone 和 Riviere 采用 Fourier 变换方法 [FJR], 构造如下具零散度的热方程组

$$\begin{cases} \partial_t E_{ij} - \Delta E_{ij} = 0, \\ \operatorname{div}\,(E_i) = \sum_{j=1}^{n} \partial_{x_j} E_{ij}(x,t) = 0, \quad E_i = (E_{i1}, \cdots, E_{in}), \\ \int_{\mathbb{R}^n} E(x-y,t) g(y) dy \xrightarrow{L^p} g(x), \quad t \to 0^+, \quad g(x) \in E_p \end{cases} \tag{1.32}$$

的基本解为

$$E_{ij}(x,t) = \delta_{ij}\Gamma(x,t) - R_i R_j \Gamma(x,t), \tag{1.33}$$

这里

$$\Gamma(x,t) = \frac{\exp(-|x|^2/4t)}{(4\pi t)^{n/2}}, \tag{1.34}$$

R_j 是第 j 个 Riesz 变换, 它是经典的 Calderón-Zygmund 奇异积分算子

$$R_j(f) = \text{P.V.} \lim_{\varepsilon \to 0} C_j \int_{|x-y|>\epsilon} \frac{x_j - y_j}{|x-y|^{n+1}} f(y) dy, \tag{1.35}$$

详见 [St1], [SW] 等. 与此同时, 他们还给出了著名 Oseen-Fabes-Jone-Riviere 公式

$$E_{ij}(x,t) = \delta_{ij}\Gamma(x,t) + \int_0^{\frac{1}{t}} \partial^2_{x_i x_j} \Omega(x s^{\frac{1}{2}}) s^{\frac{n}{2}-1} ds, \tag{1.36}$$

这里

$$\Omega(x) = (4\pi)^{-\frac{n}{2}} \exp\left(-\frac{|x|^2}{4}\right), \quad \Gamma(x,t) = \Omega_{\sqrt{t}}(x) = \sqrt{t}^{-n}\Omega(x/\sqrt{t}). \tag{1.37}$$

借助于基本解, 可将 (1.31) 形式地归结为如下积分方程

$$\begin{aligned} u(x,t) =& \Gamma(\cdot,t) * u_0(x) \\ & - \int_0^t \int_{\mathbb{R}^n} \langle u(y,s), \nabla E(x-y,t-s) \rangle (u(y,s)) dy ds \\ =& \Gamma(\cdot,t) * u_0(x) + B(u,u). \end{aligned} \tag{1.38}$$

注意到 (1.36), 亦见 $\partial_{x_k} E_{ij}(x,t) \in L^1(\mathbb{R}^n \times [0,T))$, $k = 1, \cdots, n$. 因此, 只要 $u, v \in L^q((0,T); L^p(\mathbb{R}^n))$, 则

$$B(u,v) \in L^{\frac{q}{2}}((0,T); L^{\frac{p}{2}}(\mathbb{R}^n)), \quad p, q \geqslant 2, \tag{1.39}$$

这样就可以在 $L^q((0,T); L^p)$ 上求解积分方程 (1.38). Fabes-Jone-Riviere 建立了积分方程 (1.38) 与 (1.31) 的 $L^{p,q}$ 型弱解 (不是 Leray-Hopf 弱解) 之间的一个桥梁.

定义 1.6　函数 $u(x,t)=(u_1,\cdots,u_n)$ 称为 (1.31) 的 $L^{p,q}$ 型弱解, 如果下面条件满足

(i) $u(x,t)\in L^q((0,T);L^p(\mathbb{R}^n))$, $p,q\geqslant 2$.

(ii) 对任意 $\varphi\in\mathcal{D}_T$, 有如下弱型恒等式

$$\int_0^T\int_{\mathbb{R}^n}\langle u,\partial_t\varphi+\Delta\varphi+u\cdot\nabla\varphi\rangle dxdt=-\int_{\mathbb{R}^n}\langle u_0,\varphi_0\rangle dx,$$
$$\varphi_0(x)=\varphi(x,0), \tag{1.40}$$

这里 $\langle\cdot,\cdot\rangle$ 表示欧氏内积, $(\cdot,\cdot)$ 表 $L^2(\mathbb{R}^n)$ 内积, $\nabla\varphi$ 表示矩阵 $\left(\dfrac{\partial\varphi_i}{\partial x_j}\right)_{i,j}$, 而

$$\begin{aligned}\mathcal{D}_T=&\{\varphi(x,t)\in S(\mathbb{R}^{n+1}),\quad \varphi_j(x,t)=0,t\geqslant T\text{并且}\\ &\operatorname{div}\varphi=0,\forall t\in[0,T)\}.\end{aligned} \tag{1.41}$$

(iii) 对于几乎处处 $t\in[0,T)$, $\operatorname{div}u(\cdot,t)=0$ 在弱意义下成立.

定理 1.6　(Fabes-Jone-Riviere). 设 $u_0\in E_r(\mathbb{R}^n)$, $1\leqslant r<\infty$, $u(x,t)\in L^q((0,T);L^p(\mathbb{R}^n))$ $(p,q\geqslant 2)$ 是 Navier-Stokes 的 Cauchy 问题 (1.31) 的 $L^{p,q}$ 型弱解, 当且仅当 $u(x,t)$ 是积分方程 (1.38) 的解.

借助于积分方程 (1.38) 及 Banach 不动点原理, Fabes-Jone-Riviere 首次建立了 Navier-Stokes 方程的 $L^{p,q}$ 解的存在唯一性结果.

定理 1.7　设 $\dfrac{n}{p}+\dfrac{2}{q}\leqslant 1$, $n<p<\infty$, 则有如下结果:

(i) 设 $u_0(x)\in E_r(\mathbb{R}^n)$, r 满足 $\dfrac{n}{p}+\dfrac{2}{q}>\dfrac{n}{r}>0$, 则存在 $T_0=T_0(u_0(x))>0$ 及 (1.31) 的弱解 $u(x,t)\in L^q((0,T);L^p(\mathbb{R}^n))$ 满足积分方程 (1.38), 这里 $0<T\leqslant T_0$.

(ii) 设 $u(x,t)$, $v(x,t)$ 是 (1.31) 的两个 $L^{p,q}$ 型弱解, 则 $u\equiv v$.

(iii) 设 $\dfrac{n}{p}+\dfrac{2}{q}=1$, $u_0(x)\in E_{r_1}\cap E_{r_2}$ 且 $\dfrac{n}{p}+\dfrac{2}{q}-\dfrac{n}{r_1}<0<\dfrac{n}{p}+\dfrac{2}{q}-\dfrac{n}{r_2}$. 则 $\exists\varepsilon>0$, 当

$$\|u_0(x)\|_{E_{r_1}\cap E_{r_2}}=\|u_0(x)\|_{r_1}+\|u_0(x)\|_{r_2}<\varepsilon$$

时, (1.31) 存在唯一的 $L^{p,q}$ 型解满足 (1.38), 即

$$u(x,t)\in L^q(\mathbb{R}^+;L^p(\mathbb{R}^n)).$$

注记 1.7　(i) 定理 1.7 在 Fabes-Jone-Riviere 是 1972 年建立的, 其结果可以改进, 使之包含端点的情形, 即在

$$\frac{n}{p}+\frac{2}{q}\leqslant 1,\quad n\leqslant p<\infty \tag{1.42}$$

及

$$\frac{n}{p}+\frac{2}{q}\geqslant\frac{n}{r}>0 \tag{1.43}$$

的条件下得到完全相同的结果, 特别是在 (iii) 中, 仅需设 $u_0(x)\in E_n$, 当 $\|\varphi\|_n\ll 1$ 时, 就可以推出 (1.31) 或 (1.38) 有整体小解 $u(t)\in L^q(\mathbb{R}^+;L^p(\mathbb{R}^n))$, 见 [C1], [Ca1], [Gi1], [Ka2], [KP] 或第二节的讨论等.

(ii) 类同于初边值问题, 所有满足 (1.42) 的 $L^{p,q}$ 型弱解均是正则解. 借此可以推得, 若 $u_0(x)\in E_2\cap E_p$ $(n\leqslant p<\infty)$, $u\in L^q(0,T);L^p(\mathbb{R}^n)$ 是积分方程 (1.38) 的解, 这里 $\dfrac{2}{q}+\dfrac{n}{p}=1$. 那么 u 一定是一个 Leray-Hopf 弱解.

(iii) 作为 (ii) 的直接结果, 可以证明：若 $u_0(x)\in E_2\cap E_p$, $n\leqslant p<\infty$, 则 $\exists T_0>0$, 若 u,v 是满足能量不等式 (1.7) 的两个解, 那么 $u\equiv v$, $0\leqslant t\leqslant T_0$.

我们知道, 当 $u_0(x)\in L^2(\mathbb{R}^n)$, (1.31) 存在 Leray-Hopf 弱解

$$u(x,t)\in L^\infty((0,T);L^2(\mathbb{R}^n))\cap L^2((0,T);\dot{H}^1),\quad \forall T<\infty,$$

而当 $u_0(x)\in L^r(\mathbb{R}^n)$, $r\geqslant n$ 时, (1.31) 存在 $L^{p,q}$ 型弱解

$$u(x,t)\in L^q((0,T_0);L^p(\mathbb{R}^n)),$$

这里

$$T_0=\begin{cases}T(\|\varphi\|_r), & r>n,\\ T(\varphi), & r=n.\end{cases}$$

我们的问题是, 当 $2\leqslant \ell<n$ 时, 对 $u_0(x)\in L^\ell$, 是否存在相应的 Leray-Hopf 整体弱解或者 $L^{p,q}$ 型弱解. Calderón 采用初始函数分解技巧及调和分析工具, 证明了 $L^{p,q}$ 型弱解的存在性, 填补了这一个间隙. 重要的是它突破了 Scaling 建议的 $r\geqslant n$ 的限制, 在一般的条件

$$\frac{2}{q}=n\left(\frac{1}{r}-\frac{1}{p}\right),\quad 2\leqslant r<\infty \tag{1.44}$$

下建立了 $L^{p,q}$ 型弱解的存在性及临界情形下小解的整体存在性结果. 与此同时, 也说明了并非所有 $L^{p,q}$ 型弱解都是光滑解, 只有在 $\dfrac{2}{q}+\dfrac{n}{p}\leqslant 1$ 的条件下, 才能确保 $L^{p,q}$ 型弱解的正则性, 详见 [Ca1], [Se] 及 [Wa1].

现在的问题是, 当 $\dfrac{2}{q}+\dfrac{n}{p}>1$ 时, $L^{p,q}$ 型弱解与正则解差别有多大呢? Caffarelli, Kohn 及 Nirenberg 给出了一个部分正则性结果. 为陈述简单起见, 我们用 Scaling 方法来陈述.

记 $k=-1+\dfrac{n}{p}+\dfrac{2}{q}$, 若 (u,P) 是 Navier-Stokes 方程的 Cauchy 问题 (1.31) 的解, 由 Scaling 原理知

$$u_\lambda=\lambda^{-1}u(\lambda^{-1}x,\lambda^{-2}t),\quad P_\lambda=\lambda^{-2}P(\lambda^{-1}x,\lambda^{-2}t) \tag{1.45}$$

是 (1.31) 以 $\lambda^{-1}u_0(\lambda^{-1}x)$ 为初值的解. 直接验证知,

$$\|u_\lambda\|_{L^q(\mathbb{R}^+;L^p(\mathbb{R}^n))} = \lambda^k \|u\|_{L^q(\mathbb{R}^+;L^p(\mathbb{R}^n))}. \tag{1.46}$$

我们视 $k = -1 + \dfrac{n}{p} + \dfrac{2}{q}$ 是刻画 Navier-Stokes 方程解光滑性的尺度因子, 借此可以阐述 Caffarelli, Kohn 及 Nirenberg 的部分正则性.

定理 1.8　设 u 是 Navier-Stokes 方程的 Cauchy 问题 (1.31) 的 Leray-Hopf 弱解且 $u(t) \in L^q((0,T);L^p(\mathbb{R}^n))$, 则存在集合 $\Sigma \subset [0,T)$ 满足

$$\mathrm{mes}_{\frac{k}{2}}(\Sigma) = 0, \quad \mathrm{mes}_{\frac{k}{2}}\text{表示 } \frac{k}{2} \text{ 阶 Hausdoff 测度}, \tag{1.47}$$

使得

$$u \in C^\infty(\mathbb{R}^2 \times [0,T) \setminus \Sigma). \tag{1.48}$$

推论 1.9　在定理 1.8 的条件下, 若 $k = -1+\dfrac{n}{p}+\dfrac{2}{q} \leqslant 0$, 则 $u \in C^\infty(\mathbb{R}^n \times (0,T))$, 特别, 当 $u \in L^\infty((0,T);L^n(\mathbb{R}^n))$, $n \neq 3$ 时, $u \in C^\infty((0,T) \times \mathbb{R}^n)$.

注记 1.8　(i) 由推论 1.9, 当 $n=2$ 时, Navier-Stokes 方程的 Leray-Hopf 弱解 $u \in L^\infty((0,T);L^2(\mathbb{R}^2))$, 此意味着 $u \in C^\infty([0,T) \times \mathbb{R}^2)$.

(ii) 满足 $\dfrac{2}{q} + \dfrac{n}{p} \leqslant 1$, $p > n$ 的所有 $L^{p,q}$ 型弱解皆是正则解. 当 $n \geqslant 4$, 可以去掉条件 $p > n$.

近年来, 有关 Navier-Stokes 研究工作很多, 但本质进展似乎不多, 在处理不同类型的临界 Sobolev 空间中的小解问题时, Kato 提供了一个有效的方法, 见 [Ka2], [KP], [Gi2], [Ca1], [CM], [KT] 等, 或看下面第二节 – 第四节的内容.

在结束本节之前, 我们来回忆一下有关线性 Navier-Stokes 方程解的时空估计. 由 Helmholz 分解 [FM],

$$(L^r)^n = E_r \oplus G_r, \tag{1.49}$$

这里

$$E_r = \{h(x) \in (L^r)^n, \quad \mathrm{div}\, h(x) = 0\text{在弱意义下成立}\},$$

$$G_r = \{\nabla g, \quad g \in W^{1,r}\}.$$

记 $\mathcal{P}$ 是从 $(L^r)^n$ 到 E_r 上的投影算子, 并用 B_r 表示具有齐次边界条件的 Laplace 算子 $-\Delta$, 定义

$$A = -\mathcal{P}\Delta, \quad D(A) = E_r \cap D(B_r). \tag{1.50}$$

容易证明, A 在 $E_r(1 < r < \infty)$ 上生成一个解析半群 $S(t) = e^{-At}$, 并且 A 具有有界逆算子, 见 [FM], [Gi1]. 因此, 可以定义 A 的分数阶算子 A^α, 并且满足

$$\|A^\alpha e^{-At}\|_{\mathcal{L}(L^r,L^r)} \leqslant C_\alpha t^{-\alpha}, \quad \forall \alpha \geqslant 0, \quad t > 0. \tag{1.51}$$

用 $\mathcal{P}$ 作用 Navier-Stokes 方程的定解问题 (1.1), 它就转化成如下抽象的抛物型方程的 Cauchy 问题

$$\begin{cases} u_t + Au = F(u), & (x,t) \in \mathbb{R}^n \times \mathbb{R}^+, \\ u(0) = u_0(x), \end{cases} \tag{1.52}$$

这里 $A = -\mathcal{P}\Delta$, $F(u) = -\mathcal{P}\partial \cdot (u \otimes u)$, $u \otimes u$ 表示以 $(u_k u_j)$ 为元素的矩阵函数. 显然, $F_j(u) = \partial_k(u_k u_j)$, 重复指标表示求和. 当 $\Omega = \mathbb{R}^n$ 时, $S(t)$ 可以写成具体表达式

$$S(t)\varphi = \mathcal{F}^{-1}\left(\delta_{ij} e^{-|\xi|^2 t} - \frac{\xi_i \xi_j}{|\xi|^2} e^{-|\xi|^2 t}\right)\mathcal{F}\varphi. \tag{1.53}$$

特别, 对 $\varphi \in E_r$, 有

$$S(t)\varphi = \mathcal{F}^{-1}\left(\delta_{ij} e^{-|\xi|^2 t}\mathcal{F}(\varphi)\right) = \mathcal{F}^{-1}\left(e^{-|\xi|^2 t}\mathcal{F}\varphi\right),$$

这里

$$\delta_{ij} = \begin{cases} 1, & i = j, \\ 0, & i \neq j. \end{cases}$$

根据第二章第一节有关抛物型方程的时空估计, 对于 Navier-Stokes 方程而言, 仍然有效, 这里罗列如下:

定义 1.9 称 (q,p,r) 是关于 Navier-Stokes 方程的三元容许簇, 如果

$$\frac{1}{q} = \frac{n}{2}\left(\frac{1}{r} - \frac{1}{p}\right), \tag{1.54}$$

这里

$$1 < r \leqslant p < \begin{cases} \dfrac{rn}{n-2}, & n > 2, \\ \infty, & n \leqslant 2. \end{cases} \tag{1.55}$$

称 (q,p,r) 是关于 Navier-Stokes 方程的广义三元容许簇, 如果它满足 (1.54) 且

$$1 < r \leqslant p < \begin{cases} \dfrac{nr}{n-2r}, & n > 2r, \\ \infty, & n \leqslant 2r. \end{cases} \tag{1.56}$$

根据解析半群 $S(t) = e^{-At}$ 的估计, 容易看出

$$\|e^{-At}\varphi\|_p \leqslant Ct^{-\frac{n}{2}\left(\frac{1}{r}-\frac{1}{p}\right)}\|\varphi\|_r, \quad \forall t > 0, \quad p \geqslant r > 1. \tag{1.57}$$

证明见第二章引理 1.1 和引理 1.2. 直接验证, 有如下时空估计:

定理 1.10 设 (q,p,r) 是任意一个广义三元容许簇, $\varphi \in E_r$, 则 $v(t) = e^{-At}\varphi \in \mathcal{C}_{q(p,r)}(I; E_p)$ 且

$$\|e^{-At}\varphi; \mathcal{C}_{q(p,r)}(I; E_p)\| \leqslant C\|\varphi\|_r. \tag{1.58}$$

进而, 若 (q,p,r) 是满足 $p>r$ 的广义三元容许簇, 那么 $S(t)\varphi\in\dot{\mathcal{C}}_{q(p,r)}(I,E_p)$, 即

$$\lim_{t\to 0}t^{\frac{1}{q}}\|S(t)\varphi\|_p=0,$$

这里 $I=[0,T)$ 或 $[0,\infty)$, 而 $\mathcal{C}_{q(p,r)}(I,X)$ 及 $\dot{\mathcal{C}}_{q(p,r)}(I,X)$ 同第二章记号.

定理 1.11　设 (q,p,r) 是任意的三元容许簇, $\varphi(x)\in E_r$, 则 $v(x,t)=e^{-tA}\varphi\in L^q(I;E_p)\cap C_b(I;E_r)$, 并且

$$\|e^{-tA}\varphi\|_{L^q(I;E_p)}\leqslant C\|\varphi\|_r,\quad I=[0,T),\quad 0<T\leqslant\infty. \tag{1.59}$$

事实上, 当 $g\in E_r$ 时, $\|g\|_{E_r}=\|g\|_r$, 故定理 1.10 与定理 1.11 完全类同于第二章定理 1.3 及定理 1.5. 关于非齐次部分的时空估计, 我们有

定理 1.12　设 $Q(D)$ 是一个阶数 $d<2$ 的齐次拟微分算子, $r\geqslant r_c=\dfrac{nb}{2-d}>1$, (q,p,r) 是任意满足 $p>b+1$ 的广义三元容许簇, 我们有如下时空估计:

(i) 若 $f\in L^{\frac{q}{b+1}}([0,T);E_{\frac{p}{b+1}})$, 则

$$GQ(D)f=\int_0^t S(t-\tau)Q(D)fd\tau\in L^q([0,T);E_p)\cap C_b([0,T);E_r)$$

满足

$$\begin{aligned}&\|GQ(D)f\|_{L^q([0,T);E_p)}+\|GQ(D)f\|_{L^\infty([0,T);E_r)}\\ \lesssim &T^{1-\frac{d}{2}-\frac{nb}{2r}}\|f\|_{L^{\frac{q}{b+1}}([0,T);E_{\frac{p}{b+1}})},\quad p<r(1+b),\end{aligned}\tag{1.60}$$

$$\begin{aligned}&\|GQ(D)f\|_{L^q([0,T);E_p)}+\|GQ(D)f\|_{L^\infty([0,T);E_r)}\\ \lesssim &T^{1-\frac{d}{2}-\frac{nb}{2r}}\||f|^{\frac{1}{1+b}}\|^{\theta(b+1)}_{L^\infty([0,T);E_r)}\||f|^{\frac{1}{1+b}}\|^{(1-\theta)(b+1)}_{L^q([0,T);E_p)},\quad p\geqslant r(1+b),\end{aligned}\tag{1.61}$$

这里 $\theta=\dfrac{p-r(b+1)}{(b+1)(p-r)}$.

(ii) 若 $f\in\mathcal{C}_{\frac{q}{b+1}}([0,T);E_{\frac{p}{b+1}})$, 则 $GQ(D)f\in\mathcal{C}_q([0,T);E_p)\cap C_b([0,T);E_r)$ 且满足

$$\begin{aligned}&\|GQ(D)f\|_{\mathcal{C}_q([0,T);E_p)}+\|Gf\|_{L^\infty([0,T);E_r)}\\ \lesssim &T^{1-\frac{d}{2}-\frac{nb}{2r}}\|f\|_{\mathcal{C}_{\frac{q}{b+1}}([0,T);E_{\frac{p}{b+1}})},\quad p<r(1+b),\end{aligned}\tag{1.62}$$

$$\begin{aligned}&\|GQ(D)f\|_{\mathcal{C}_q([0,T);E_p)}+\|Gf\|_{L^\infty([0,T);E_r)}\\ \lesssim &T^{1-\frac{d}{2}-\frac{nb}{2r}}\||f|^{\frac{1}{1+b}}\|^{\theta(b+1)}_{L^\infty([0,T);E_r)}\||f|^{\frac{1}{1+b}}\|^{(1-\theta)(b+1)}_{\mathcal{C}_q([0,T);E_p)},\quad p\geqslant r(1+b),\end{aligned}\tag{1.63}$$

这里 $\theta=\dfrac{p-r(b+1)}{(b+1)(p-r)}$.

注记 1.10 容易看出, (1.52) 对应的积分方程

$$\begin{aligned} u(t) &= S(t)u_0 + \int_0^t S(t-\tau)F(u)d\tau \\ &\equiv S(t)u_0 + G\nabla f, \end{aligned} \tag{1.64}$$

这里 $f(u) = (f_{ij}(u))_{ij}$, $f_{ij} = -u_i u_j$. 特别, 当 $\Omega = \mathbb{R}^n$ 时, (1.64) 就是积分方程 (1.38), 此时

$$G\nabla f = B(u,u) = -\int_0^t \int_{\mathbb{R}^n} \langle u(y,s), \nabla E(x-y,t-s)\rangle (u(y,s))dyds \tag{1.65}$$

就满足定理 1.12 中的估计. 若取 $b=1$, $d=1$, $r_c = n$, 设 (q,p,r) 是任意的满足 $r \geqslant r_c$ 的广义三元容许簇, 直接估计可见

$$\|G\nabla f\|_{L^q(I;E_p)} = \|B(u,u)\|_{L^q(I;E_p)} \leqslant Ct^{\frac{1}{2}-\frac{n}{2r}}\|u\|^2_{L^q(I;E_p)}, \tag{1.66}$$

$$\|G\nabla f\|_{\mathcal{C}_{q(p,r)}(I;E_p)} \leqslant Ct^{\frac{1}{2}-\frac{n}{2r}}\|u\|^2_{\mathcal{C}_{q(p,r)}(I;E_p)}. \tag{1.67}$$

另一方面, 直接利用 E 的表达式 (1.36) 及

$$\partial_{x_k} E_{ij} = \delta_{ij}\partial_{x_k}\Gamma(x,t) + \int_0^{\frac{1}{t}} \partial^3_{x_i x_j x_k}\Omega(xs^{\frac{1}{2}})s^{\frac{n}{2}-\frac{1}{2}}ds, \tag{1.68}$$

就得估计

$$|E_{ij}| \leqslant \frac{C}{(|x|+t^{\frac{1}{2}})^n} \leqslant \frac{C_\theta}{|x|^{n\theta}t^{\frac{n}{2}(1-\theta)}}, \quad 1 \leqslant \theta \leqslant 1, \tag{1.69}$$

$$|\partial_{x_k} E_{ij}| \leqslant \frac{C}{(|x|+t^{\frac{1}{2}})^{n+1}} \leqslant \frac{C_\theta}{|x|^{(n+1)\theta}t^{\frac{n+1}{2}(1-\theta)}}, \quad 0 \leqslant \theta \leqslant 1. \tag{1.70}$$

借上述两个估计及 $B(u,u)$ 的表达式 (1.38) 或 (1.65). 直接利用 Young 不等式或 Hardy-Littlewood-Sobolev 不等式就可得非线性估计 (1.66) 和 (1.67).

§3.2 Navier-Stokes 方程的时空估计方法

本节我们采用时空估计方法来研究

$$\begin{cases} u_t - \Delta u + (u\cdot\nabla)u + \nabla P = 0, & (x,t) \in \mathbb{R}^n \times [0,T), \\ \operatorname{div} u = 0, \\ u(0) = u_0(x), \quad \operatorname{div} u_0(x) = 0, & x \in \mathbb{R}^n, \end{cases} \tag{2.1}$$

或

$$\begin{cases} u_t - \Delta u + (u \cdot \nabla)u + \nabla P = 0, \quad (x,t) \in \Omega \times [0,T), \\ \text{div } u = 0, \\ u(0) = u_0(x), \quad \text{div } u_0(x) = 0, \quad x \in \Omega, \\ u|_{\partial\Omega=0}, \end{cases} \tag{2.2}$$

的适定性问题. 用投影算子

$$\mathcal{P}: \quad (L^r(\mathbb{R}^n))^n \longmapsto E_r(\mathbb{R}^n) \quad (1 < r < \infty)$$

作用于 (2.1) 或 (2.2), 它们可转成如下抽象的 Cauchy 问题

$$\begin{cases} u_t + Au = F(u), \\ u(0) = u_0(x), \end{cases} \tag{2.3}$$

这里 $A = -\mathcal{P}\Delta$, $F(u) = \mathcal{P}\partial \cdot (u \otimes u)$, $u \otimes u = (u_j u_k)$ 表示 $n \times n$ 矩阵中的元素. 因此, $F_j(u) = \partial_k(u_j u_k)$, 重复出现指标表示求和. $D(A) = \{u | u \in W^{2,r}(\mathbb{R}^n) \cap E_r\}$ 或 $D(A) = \{u | u \in \dot{W}^{2,r}(\Omega) \cap E_r\}$, $1 < r < \infty$. 记 A 在 E_r 生成的解析半群为 $S(t) = e^{-At}$, 那么 (2.3) 就可归结为研究如下积分方程

$$\begin{aligned} u(t) =& e^{-At}u_0(x) - \int_0^t e^{-A(t-\tau)}\mathcal{P}\text{div}(u \otimes u)d\tau \\ \equiv& e^{-At}u_0(x) - \int_0^t e^{-A(t-\tau)}F(u)d\tau. \end{aligned} \tag{2.4}$$

由 Scaling 原理 (见第二章或本章上节), 推得 $r_c = n$. 因此, 我们将证明对任意初始函数 $u_0(x) \in E_r$, $r \geqslant r_c$, 存在唯一解 $u(t) \in C([0,T^*); E_r)$ 且属于适当的时空 Banach 空间. 由 Navier-Stokes 正则性理论, 这些解 $u \in C^\infty((0,T^*) \times \mathbb{R}^n)$ 或 $C^\infty((0,T^*) \times \Omega)$. 因此, 仅需研究 (2.4) 温和解的适定性就可以得到 Navier-Stokes 方程的定解问题 (2.1) 或 (2.2) 光滑解的适定性. 特别, 当 $r = r_c$ 时, 只要初始函数 $\|\varphi\|_{E_{r_c}} \ll 1$, 就可获得 (2.1) 或 (2.2) 的整体适定性. 当 $n = 2$ 时, Leray-Hopf 弱解就是正则解, 问题已彻底解决. 因此, 在本章余下的几节中, 总是假设 $n \geqslant 3$(除非特别声明).

定理 2.1　(i) 设 $r \geqslant r_c = n$, $u_0(x) \in E_r$, (q,p,r) 是任意一个广义三元容许簇, 则 (2.4) 存在唯一的极大解

$$u(t) \in C([0,T^*); E_r) \cap \mathcal{C}_{q(p,r)}([0,T^*); E_p), \quad T^* = T(\|\varphi\|_r), \quad r > r_c \tag{2.5}$$

或

$$u(t) \in C([0,T^*); E_r) \cap \dot{\mathcal{C}}_{q(p,r)}([0,T^*); E_p), \quad T^* = T(\varphi), \quad r = r_c. \tag{2.6}$$

(ii) 如果 $T^* < \infty$, 则

$$\lim_{t\uparrow T^*} \|u(t)\|_p = \infty, \quad r \leqslant p \leqslant \infty, \quad p > r_c, \tag{2.7}$$

进而

$$\|u(t)\|_p \geqslant \frac{C}{(T^* - t)^{\frac{1}{2} - \frac{n}{2p}}}. \tag{2.8}$$

(iii) 设 (q, p, r) 是任意的三元容许簇, 则 (i) 中得到的解 $u(t)$ 满足如下可积性

$$u(t) \in L^q((0, T^*); E_p). \tag{2.9}$$

(iv) 当 $r = r_c = n$ 时, 当 $\|u_0\|_r \ll 1$, 则 (i) 中得到的解是整体解, 即 $T^* = \infty$.

证明 为突出解空间 $C([0, T); E_r)$ 的地位, 记

$$\Gamma = \{\text{全体广义三元容许簇 } (q, p, r) \text{ 且 } p \neq r\},$$

$$\Xi = \{\text{全体三元容许簇 } (q, p, r) \text{ 且 } p \neq r\}.$$

先考虑 $r > r_c$ 的情形, 记 $I = [0, T)$, 构造工作空间:

$$X(I) = \left\{u \middle| u \in C_b(I; E_r) \cap \mathcal{C}_{q(p,r)}(I; E_p), \quad (q, p, r) \in \Gamma\right\}, \tag{2.10}$$

$$\|u\|_{X(I)} = \max_{(q,p,r)\in\Gamma} \sup_{t\in I} t^{\frac{1}{q}} \|u\|_p + \sup_{t\in I} \|u\|_r. \tag{2.11}$$

注意到定理 1.10, 有

$$\|S(t)u_0\|_{X(I)} \leqslant C\|u_0\|_r, \qquad u_0(x) \in E_r. \tag{2.12}$$

因此, 在如下完备的度量空间

$$\mathcal{X}(I) = \left\{u(t) \in X(I), \quad \|u\|_{X(I)} \leqslant 2C\|u_0(x)\|_r = M\right\},$$

$$d(u, v) = \|u - v\|_{X(I)}, \quad I = [0, T), \quad T\text{待定}$$

中研究由积分方程 (2.4) 的右边所确定的非线性映射 $\mathcal{T}$:

$$\begin{aligned} \mathcal{T}u =& e^{-At}u_0(x) - \int_0^t e^{-A(t-\tau)}\mathcal{P}\partial(u \otimes u)d\tau \\ \equiv& S(t)u_0(x) + Gu. \end{aligned} \tag{2.13}$$

直接估计, 得到

$$\|Gu;\mathcal{C}_{q(p,r)}(I;E_p)\| \leqslant \sup_{t\in I} t^{\frac{1}{q}}\int_0^t |t-\tau|^{-\frac{1}{2}-\frac{n}{2}(\frac{2}{p}-\frac{1}{p})}\|u\|_p^2 d\tau$$

$$\leqslant CT^{\frac{1}{2}-\frac{n}{2r}}\int_0^1 (1-\tau)^{-\frac{1}{2}-\frac{n}{2p}}\tau^{-\frac{2}{q}}d\tau\|u\|^2_{\mathcal{C}_{q(p,r)}(I;E_p)}$$

$$\leqslant CT^{\frac{1}{2}-\frac{n}{2r}}\|u\|^2_{\mathcal{C}_{q(p,r)}(I;E_p)}, \tag{2.14}$$

$$\|Gu;C_b(I;E_r)\| \leqslant \sup_{t\in I}\int_0^t |t-\tau|^{-\frac{1}{2}-\frac{n}{2}(\frac{2}{r}-\frac{1}{r})}\|u\|_r^2 d\tau$$

$$\leqslant CT^{\frac{1}{2}-\frac{n}{2r}}\sup_{t\in I}\|u\|_r^2. \tag{2.15}$$

因此,

$$\|\mathcal{T}u\|_{X(I)} \leqslant C\|u_0\|_r + CT^{\frac{1}{2}-\frac{n}{2r}}M^2. \tag{2.16}$$

同理, 对任意 $u,v\in\mathcal{X}(I)$, 有

$$d(\mathcal{T}u,\mathcal{T}v) \leqslant CT^{\frac{1}{2}-\frac{n}{2r}}Md(u,v). \tag{2.17}$$

于是, 只要取

$$T \leqslant \left(4C^2\|u_0\|_r\right)^{-\frac{2r}{r-n}}, \tag{2.18}$$

$\mathcal{T}$ 是 $\mathcal{X}(I)$ 到自身的压缩映射. 由 Banach 压缩映象原理知 (2.4) 存在唯一解 $u(t)\in\mathcal{X}(I)$, $I=[0,T)$. 进而, 由 Picard 方法, 存在最大的 $T^*=T(\|u_0\|_r)$ 使得 $u(t)\in X([0,T^*))$ 且满足如下二择性:

$$T^*=\infty \qquad 或 \qquad T^*<\infty, \quad \lim_{t\uparrow T^*}\|u(t)\|_r=\infty. \tag{2.19}$$

其次, 考虑 $r=r_c=n$ 的情形, 取 $(q,p,r)=(4,2n,n)\in\Gamma$, 构造

$$\dot{X}(I)=\left\{u\in C_b(I;E_r)\cap\dot{\mathcal{C}}_{q(p,r)}(I;L^p), \quad I=[0,T)\right\},$$

配带范数

$$\|u(t)\|_{\dot{X}(I)}=\|u\|_{\mathcal{C}_{q(p,r)}(I;E_p)}+\sup_{t\in I}\|u\|_r. \tag{2.20}$$

在如下完备的度量空间

$$\dot{\mathcal{X}}=\left\{u(t)\in\dot{X}(I), \quad \|u(t)\|_{\dot{X}(I)}\leqslant M=2C\|u_0\|_r, \quad I=[0,T)\right\},$$

$$d(u,v)=\|u-v\|_{\mathcal{C}_{q(p,r)}(I;E_p)}, \quad u,v\in\mathcal{X}(I)$$

上考虑非线性算子 $\mathcal{T}$, 类同于 (2.14) 的推导, 有

$$\|Gu\|_{\mathcal{C}_{q(p,r)}(I;E_p)} \leqslant C\|u\|^2_{\mathcal{C}_{q(p,r)}(I;E_p)}. \tag{2.21}$$

进而

$$\begin{aligned}\|Gu\|_{C_b(I;E_r)} &\leqslant \sup_{t\in I}\int_0^t |t-\tau|^{-\frac{1}{2}-\frac{n}{2}(\frac{2}{p}-\frac{1}{r})}\|u\|_p^2 d\tau \\ &\leqslant \sup_{t\in I}\int_0^t |t-\tau|^{-\frac{1}{2}-\frac{n}{2}(\frac{2}{p}-\frac{1}{r})}\tau^{-\frac{2}{q}}d\tau\cdot\|u\|^2_{\mathcal{C}_{q(p,r)}(I,E_p)} \\ &\leqslant C\|u\|_{\mathcal{C}_{q(p,r)}(I,E_p)}.\end{aligned} \tag{2.22}$$

这两式及定理 1.10 意味着

$$\|\mathcal{T}u\|_{\dot{X}(I)} \leqslant C\|u_0\|_r + C\|u\|^2_{\mathcal{C}_{q(p,r)}(I,E_p)}, \tag{2.23}$$

进而, 亦有类似的估计

$$t^{\frac{1}{q}}\|\mathcal{T}u\|_p \leqslant t^{\frac{1}{q}}\|S(t)u_0\|_p + C\left(t^{\frac{1}{q}}\|u\|_p\right)^2, \tag{2.24}$$

$$d(\mathcal{T}u,\mathcal{T}v) \leqslant C\left[\|u\|_{\mathcal{C}_{q(p,r)}(I,E_p)} + \|v\|_{\mathcal{C}_{q(p,r)}(I,E_p)}\right]d(u,v). \tag{2.25}$$

注意到

$$\lim_{t\downarrow 0} t^{\frac{1}{q}}\|u(t)\|_p = 0, \qquad \lim_{t\downarrow 0} t^{\frac{1}{q}}\|S(t)\varphi\|_p = 0 \tag{2.26}$$

及估计式 (2.23)-(2.25). 只要取 T 适当小, 就能确保 $\mathcal{T}$ 是 $\dot{\mathcal{X}}(I)$ 到自身的压缩映射, 此时 T 依赖于初始函数 u_0 自身. 进而, 利用 Picard 方法, 推得 (2.4) 存在唯一的解 $u(t)\in\dot{\mathcal{X}}([0,T^*))$, 这里 $T^*=T(\varphi)$.

对其他任意 $(\hat{q},\hat{p},r)=(\hat{q},\hat{p},n)\in\Gamma$, 记 $(q,p,r)=(4,2n,n)$, 直接验证

$$\begin{aligned}\|Gu\|_{\mathcal{C}_{\hat{q}(\hat{p},r)}(I;E_{\hat{p}})} &\leqslant \sup_{t\in I} t^{\frac{1}{\hat{q}}}\int_0^t |t-\tau|^{-\frac{1}{2}-\frac{n}{2}(\frac{2}{p}-\frac{1}{\hat{p}})}\|u\|_p^2 d\tau \\ &\leqslant \sup_{t\in I} t^{\frac{1}{\hat{q}}}\int_0^t |t-\tau|^{-\frac{1}{2}-\frac{n}{2}(\frac{2}{p}-\frac{1}{\hat{p}})}\tau^{-\frac{2}{q}}d\tau\cdot\|u\|^2_{\mathcal{C}_{q(p,r)}(I;E_p)} \\ &<\infty, \qquad I=[0,T^*),\end{aligned} \tag{2.27}$$

这里用到

$$-\frac{1}{2}-\frac{n}{2}\left(\frac{2}{p}-\frac{1}{\hat{p}}\right)<1, \qquad \frac{2}{q}<1.$$

(ii) 的证明：首先来证明

$$u(t)\in C((0,T^*),E_r\cap L^\infty). \tag{2.28}$$

仅需对 $\forall\varepsilon>0$, 证明 $u(t)\in C([\varepsilon,T^*);L^\infty)$. 事实上, 取 $(q,p,r)\in\Gamma$ 满足 $2n<p<2r$, $(r>n)$, 于是就有

$$
\begin{aligned}
&\|Gu, C([\varepsilon,T^*);L^\infty)\|\\
&\leqslant C\sup_{t\in[\varepsilon,T^*)}\int_\varepsilon^t |t-\tau|^{-\frac{n}{p}}\left\|S\left(\frac{t-\tau}{2}\right)\nabla\cdot(u\otimes u)\right\|_{p/2}d\tau\\
&\leqslant C\int_\varepsilon^{T^*}|t-\tau|^{-\frac{1}{2}-\frac{n}{p}}\|u\|_p^2 d\tau\\
&\leqslant CT^{*\frac{1}{2}-\frac{n}{p}}\|u\|^2_{\mathcal{C}_{q(p,r)}([\varepsilon,T^*),E_p)}<\infty.
\end{aligned}
$$

因此, 就有

$$
\|u;C([\varepsilon,T^*);L^\infty)\|\leqslant\varepsilon^{-\frac{n}{2r}}\|u_0\|_r+\|Gu\|_{C([\varepsilon,T^*);L^\infty)}<\infty, \tag{2.29}
$$

此即证明 (2.28), 并且

$$
u(t)\in C((0,T^*);E_p),\qquad r\leqslant p\leqslant\infty. \tag{2.30}
$$

易见, 当 $p=r>r_c=n$ 时, 由二择性定理, 当 $T^*<\infty$ 时, (2.7) 成立, 并且由 (2.18) 就推得 (2.8) 成立. 当 $p>n$ 时, 如果 $\|u(T^*)\|_p<\infty$, 此与 (2.30) 结合, 容易推得

$$
\|u(T^*)\|_r<\infty, \tag{2.31}
$$

详见第二章定理 2.1 的证明, 此与 T^* 的极大性相矛盾. 与此同时, 以 $u(t)\in E_p$ 为初值 ($t<T^*$ 且非常接近 T^*), 来求解积分方程 (2.4), 类同于第一步的证明, 便有

$$
(T^*-t)\leqslant(4C^2\|u(t)\|_p)^{-\frac{2p}{p-n}}.
$$

此意味着 (2.8) 成立.

(iii) 的证明： 构造

$$
\begin{aligned}
Y(I)=\big\{u\big|u\in&C_b(I;E_r)\cap\mathcal{C}_{q(p,r)}(I;E_p)\cap L^q(I;L^p),\\
&(q,p,r)\in\Xi,\quad I=[0,T)\big\},
\end{aligned}
$$

$$
\begin{aligned}
\|u\|_{Y(I)}=&\max_{(q,p,r)\in\Xi}\sup t^{\frac{1}{q}}\|u\|_p+\max_{(q,p,r)\in\Xi}\|u\|_{L^q(I;L^p)}\\
&+\sup_{t\in I}\|u\|_r,
\end{aligned}
$$

来代替 (i) 中的 $X(I)$, 或用相应的 $\dot{Y}(I)$ 来代替 $\dot{X}(I)$, 注意到

$$
\|Gu\|_{L^q(I;L^p)}\leqslant CT^{\frac{1}{2}-\frac{n}{2r}}\|u\|^2_{L^q(I;L^p)}. \tag{2.32}
$$

就得 (iii) 的证明.

(iv) 当 $r = r_c = n$ 时, 只要 $\|\varphi\|_{E_n} \ll 1$, 由估计 (2.23)-(2.25) 就推得, $u(t) \in C([0,\infty); E_r) \cap \dot{\mathcal{C}}_{q(p,r)}([0,\infty); E_p)$

注记 2.1 (i) 对 Navier-Stokes 方程而言, 对任意 $r > r_c = n$ 时, 可直接在 $C([0,T); E_r)$ 上利用不动点定理求解积分方程 (2.4). 然而, 当 $r = r_c = n$ 时, 必须用 $C([0,t); E_r)$ 的子空间 (即交上时空 Banach 空间) 来代替 $C([0,T); E_r)$ 才能求解, 定理 2.1 中 (iv) 首先由 Kato 建立, 故习惯称为 Kato 定理, 见 [Ka2].

(ii) 对任意 $r > r_c = n$, 亦可直接在 $C(I; E_r) \cap L^q(I; E_p)$ 中求解 (2.4), 勿需在工作空间交上 $\mathcal{C}_{q(p,r)}(I; E_p)$.

我们发现, Navier-Stokes 对应的临界空间 L^n 的度恰是

$$\deg(L^n) = -1,$$

此时, 只要 $\varphi \in L^n$ 且 $\|\varphi\|_n \ll 1$ 时, (2.1) 或 (2.2) 整体可解. 我们自然要问, $\|\varphi\|_n \ll 1$ 是否可以放宽? 是否对于度数为 -1 的更大的函数空间 B, 即

$$\deg B = -1, \qquad L^n \hookrightarrow B,$$

当 $\varphi \in B$ 且 $\|\varphi\|_B \ll 1$ 时, 有类似的小解整体适定性? 下面就以 Cauchy 问题 (2.1) 为例, 来说明这些事实是正确的. 为此, 我们先回忆一下 Littlewood-Paley 分解, 用它来刻画可微函数空间具有很多优势.

选取径向对称 Bump 函数 $\hat{\varphi}(\xi) \in C_c^\infty(\mathbb{R}^n)$ 满足

$$0 \leqslant \hat{\varphi}(\xi) \leqslant 1, \qquad \begin{cases} \hat{\varphi}(\xi) = 1, & |\xi| \leqslant 1, \\ \hat{\varphi}(\xi) = 0, & |\xi| \geqslant 2, \end{cases} \tag{2.33}$$

那么, $\hat{\varphi}(\xi)$ 的 Fourier 逆变换 $\varphi(x) \in \mathcal{S}(\mathbb{R}^n)$. 命

$$\begin{cases} \psi(x) = 2^n\varphi(2x) - \varphi(x), & \\ \varphi_j(x) = 2^{nj}\varphi(2^j x), & j \in \mathbb{N}, \\ \psi_j(x) = 2^{nj}\psi(2^j x), & j \in \mathbb{Z}, \end{cases} \tag{2.34}$$

$$S_j f = \varphi_j(x) * f, \qquad \Delta_j f = \psi_j(x) * f. \tag{2.35}$$

易见, $\{S_j, \Delta_j\}_{j\in\mathbb{Z}}$ 就对应着经典的 Littlewood-Paley 单位分解, 且

$$I = S_0 + \sum_{j\geqslant 0} \Delta_j, \qquad S_0 f = \varphi * f, \tag{2.36}$$

$$I = \sum_{j\in\mathbb{Z}} \Delta_j, \tag{2.37}$$

分别用非齐次可微函数空间或齐次可微函数的刻画. 容易验证,

$$X = \dot{B}_{p,q}^{\frac{n}{p}-1} \quad (n < p < \infty, \quad 1 \leqslant q \leqslant \infty), \qquad \text{或} \quad X = \dot{H}^{\frac{n}{2}-1}$$

及齐次 Morrey-Campanato 空间 $\dot{M}_2^n(\mathbb{R}^n)$ 均是度为 -1 的空间, 且 $L^n(\mathbb{R}^n)$ 是这些空间的子空间, 可用这些空间代替 L^n, 建立 N-S 方程 Cauchy 问题 (2.1) 小解的整体适定性 (修改一些术语). 我们在此亦选用 Besov 型的空间 $\dot{B}_{p,q}^s$ 为例来进行讨论. 由第一章 Besov 空间的各种不同的刻画, 就有

引理 2.2　设 $1 \leqslant p \leqslant \infty$, $\alpha > 0$, 则 $\dot{B}_{p,\infty}^{-\alpha}$ 有如下等价范数

$$\begin{aligned} \sup_{j\in\mathbb{Z}} 2^{-j\alpha}\|\Delta_j v\|_p &\sim \sup_{j\in\mathbb{Z}} 2^{-j\alpha}\|S_j v\|_p \sim \sup_{t\geqslant 0} t^{\frac{\alpha}{2}}\|S(t)v\|_p \\ &\sim \sup_{t\geqslant 0}\|S(t)v\|_{\dot{B}_{p,\infty}^{-\alpha}}, \quad v \in \dot{B}_{p,\infty}^{-\alpha}, \end{aligned} \tag{2.38}$$

这里 S_j, Δ_j 同 (2.35), $S(t)$ 表示 Poisson 半群, 证明详见 [Tr1], [Tr2] 或 [Ca2].

利用 Besov 空间的 Littlewood-Paley 刻画, 即

$$\|v\|_{\dot{B}_{p,\infty}^{-\alpha}} = \sup_{j\in\mathbb{Z}} 2^{-j\alpha}\|\Delta_j v\|_p, \quad v \in \dot{B}_{p,\infty}^{-\alpha}. \tag{2.39}$$

易见

$$\begin{gathered} L^n(\mathbb{R}^n) \hookrightarrow \dot{B}_{p_1,\infty}^{-\alpha_1}(\mathbb{R}^n) \hookrightarrow \dot{B}_{p_2,\infty}^{-\alpha_2}(\mathbb{R}^n), \\ \alpha_j = 1 - \frac{n}{p_j}, \quad j = 1,2, \quad n \leqslant p_1 \leqslant p_2 \leqslant \infty. \end{gathered} \tag{2.40}$$

事实上, (2.40) 是 Bernstein 不等式

$$\|\Delta_j v\|_{p_2} \leqslant 2^{nj(\frac{1}{p_1}-\frac{1}{p_2})}C\|\Delta_j v\|_{p_1} \tag{2.41}$$

的直接推论. 需要指出的是, (2.40) 的包含关系是严格的包含关系, 例如

$$|x|^{-1} \in \dot{B}_{p,\infty}^{-\alpha}, \qquad \alpha = 1 - \frac{n}{p}, \tag{2.42}$$

然而, $|x|^{-1} \notin L^n(\mathbb{R}^n)$. (2.42) 式可从 (2.38) 的等价模直接推得.

现在就可以证明定理 2.1 中 (iv) 的小解的整体适定性结果, 称为推广的 Kato 定理. Cannone 在 $n=3$ 时, 证明了推广的 Kato 定理 [Ca2], 这里我们证明更一般的形式.

定理 2.3　设 (q,p,n) 是满足 $n < p \leqslant 2n$ 的任意一个广义三元容许簇, 记 $\alpha = \alpha(p) = n\left(\frac{1}{n} - \frac{1}{p}\right) = \frac{2}{q}$. 那么存在 $\delta > 0$, 如果 $u_0(x) \in E_n(\mathbb{R}^n)$ 且

$$\|u_0(x)\|_{\dot{B}_{p,\infty}^{-\alpha}} < \delta, \tag{2.43}$$

则积分方程 (2.4) 或 (2.1) 存在唯一整体 mild 解

$$u(t) \in C([0,\infty);E_n(\mathbb{R}^n)) \cap \dot{\mathcal{C}}_{q(p,n)}([0,\infty);E_p(\mathbb{R}^n)),$$

即满足

$$t^{\frac{1}{q}}u(t) \in C([0,\infty);E_p(\mathbb{R}^n)) \quad 且 \quad \lim_{t\to 0} t^{\frac{1}{q}}\|u(t)\|_p = 0. \tag{2.44}$$

证明 记 Π 表示满足 $n < p \leqslant 2n$ 的任意的广义三元容许簇 (q,p,r) 的集合, 构造

$$\begin{aligned} X = \big\{u(t) \in C([0,\infty);&E_n(\mathbb{R}^n)) \cap \dot{\mathcal{C}}_{q(p,n)}([0,\infty);E_p(\mathbb{R}^n)),\\ &(q,p,r)\in\Pi\big\}, \end{aligned}$$

配带范数

$$\begin{aligned} &\|u\|_X = \sup_{t>0}\|u(t)\|_{\dot{B}^{-\alpha}_{p,\infty}} + \sup_{t>0} t^{\frac{1}{q}}\|u\|_p,\\ &\alpha = 1-\frac{n}{p} = \frac{2}{q}, \quad (q,p,n)\in\Pi, \end{aligned} \tag{2.45}$$

在 X 的基础上构造完备的度量空间

$$X_\delta = \{u(t)\in X, \quad \|u(t)\|_X \leqslant 2C\delta\},$$

$$d(u,v) = \|u-v\|_X, \quad u,v\in X_\delta.$$

今在 X_δ 上考虑非线性映射 $\mathcal{T}$(见 (2.13)). 直接验算并注意 Besov 空间的等价模刻画 (2.38), 就有

$$\begin{aligned} \|S(t)u_0\|_X \leqslant& \sup_{t>0}\|S(t)u_0\|_{\dot{B}^{-\alpha}_{p,\infty}} + \sup_{t>0} t^{\frac{1}{q}}\|S(t)u_0\|_p\\ \leqslant& 2\|u_0\|_{\dot{B}^{-\alpha}_{p,\infty}} \leqslant 2\delta. \end{aligned} \tag{2.46}$$

由 Sobolev 嵌入 $L^n \hookrightarrow \dot{B}^{-\alpha}_{p,\infty}$, 直接估计

$$\begin{aligned} \|Gu\|_{\dot{B}^{-\alpha}_{p,\infty}} \leqslant& C\|Gu\|_n \leqslant C\sup_{t\in[0,\infty)}\int_0^t |t-\tau|^{-\frac{1}{2}-\frac{n}{2}(\frac{2}{p}-\frac{1}{n})}\|u\|_p^2 d\tau\\ \leqslant& C\int_0^1 (1-\tau)^{-\frac{n}{p}}\tau^{-\frac{2}{q}}d\tau\cdot\|u\|^2_{\mathcal{C}_{q(p,n)}([0,\infty);E_p)}\\ \leqslant& C\|u;\mathcal{C}_{q(p,n)}([0,\infty);E_p)\|^2, \end{aligned} \tag{2.47}$$

$$\begin{aligned} \|Gu\|_{\mathcal{C}_{q(p,r)}([0,\infty);E_p)} \leqslant& \sup_{t\in[0,\infty)} t^{\frac{1}{q}}\int_0^t (t-\tau)^{-\frac{1}{2}-\frac{n}{2}(\frac{2}{p}-\frac{1}{p})}\|u\|_p^2 d\tau\\ \leqslant& C\|u;\mathcal{C}_{q(p,n)}([0,\infty);E_p)\|^2, \end{aligned} \tag{2.48}$$

因此

$$\|\mathcal{T}u\|_X \leqslant C\delta + C\|u\|_X^2. \tag{2.49}$$

另一方面, 类同于 (2.47), (2.48) 估计, 有

$$t^{\frac{1}{q}}\|Gu\|_p \leqslant C\left(\sup_{0\leqslant\tau\leqslant t} \tau^{\frac{1}{q}}\|u(t)\|_p\right)^2, \tag{2.50}$$

$$\|Gu\|_n \leqslant C\left(\sup_{0\leqslant\tau\leqslant t} \tau^{\frac{1}{q}}\|u(t)\|_p\right)^2. \tag{2.51}$$

由此及 $\lim\limits_{t\to 0} t^{1/q}\|S(t)\varphi\|_p = 0$, 就推得:

$$\lim_{t\to 0} t^{\frac{1}{q}}\|\mathcal{T}u\|_p = 0, \quad \lim_{t\to 0}\|\mathcal{T}u - u_0\|_n = 0. \tag{2.52}$$

这样, 由估计 (2.46), (2.49)-(2.52) 可知, 只要 δ 取的充分小, 就可保证 $\mathcal{T}$ 是 X_δ 到自身的压缩映射, 由 Banach 压缩映射原理就得定理 2.3 的证明.

注记 2.2　由于 $L^n \hookrightarrow \dot{B}^{-\alpha}_{p,\infty}\left(\alpha = 1 - \dfrac{n}{p}\right)$ 是严格的嵌入关系, 故这里要求 $\|u_0\|_{\dot{B}^{-\alpha}_{p,\infty}} < \delta$, 然而 $\|u_0\|_n$ 可以充分大, 例如, 对任意 $f(x) \in E_n$, 取 $\omega_k(x) = \exp(ix\cdot k)$, 显然

$$\|\omega_k f(x)\|_n = \|f(x)\|_n,$$

然而

$$\lim_{|k|\to\infty}\|\omega_k f(x)\|_{\dot{B}^{-\alpha}_{p,\infty}} = 0. \tag{2.53}$$

详细讨论见 [Ca2].

下面我们来考察第二个问题, 即对任意 $u_0 \in B$, $L^n(\mathbb{R}^n) \hookrightarrow B$, 且 $\deg B = -1$, (2.1) 或 (2.4) 是否可以决定一个整体小解 $u(t) \in C([0,\infty); B)$? 下面我们就 $B = \dot{B}^{-\alpha}_{p,\infty}(\mathbb{R}^n)$, $\alpha = 1 - \dfrac{n}{p}$ 为例来予以讨论. 注意到 $\dot{B}^{-\alpha}_{p,\infty}$ 与 $L^n(\mathbb{R}^n)$ 的差别在于 $B = \dot{B}^{-\alpha}_{p,\infty}(\mathbb{R}^n)$ 是一个不可分空间, 因此, 对 $u_0(x) \in \dot{B}^{-\alpha}_{p,\infty}$, 形如

$$\lim_{t\to 0} t^{\frac{1}{q}}\|S(t)u_0\|_p = 0, \qquad (q,p,n) \in \Pi \tag{2.54}$$

不能成立, 例如, 取

$$u_0(x) = \left(0, \frac{-x_3}{|x|}, \frac{x_2}{|x|^2}\right),$$

那么

$$\lim_{t\to 0} t^{\frac{1}{q}}\|S(t)u_0(x)\|_p = \|S(1)u_0(x)\|_p \neq 0, \quad (q,p,n) \in \Pi.$$

而 (2.54) 在定理 2.3 的唯一性、连续依赖性的证明中起重要作用.

另一方面, $S(t)$ 在不可分空间 B(如 $\dot{B}^{-\alpha}_{p,\infty}$, L^∞ 等) 中不能生成 C_0 半群, 因此, $S(t)u_0(x)$ 不是 $[0,\infty) \to B$ 上的连续抽象函数. 因此, 欲在 B(如 $\dot{B}^{-\alpha}_{p,\infty}$) 上研究 (2.1) 或 (2.4), 须将 $C([0,\infty);B)$ 换成 $C_*([0,\infty);B)$, 这里 $v \in C_*([0,\infty);B)$ 表示 $v(t) \in C((0,\infty);B)$, 在 $t=0$ 处是 $\sigma(B,B')$ 极限意义下是连续的, 即

$$\lim_{t\downarrow 0}\big(u(x,t)-u_0(x),\psi\big)=0, \quad \psi(x)\in B',$$

这里 B 是 B' 的对偶空间.

定理 2.4 设 (q,p,n) 是满足 $n<p\leqslant 2n$ 的任意的三元容许簇, 记 $\alpha = 1-\dfrac{n}{p}=\dfrac{2}{q}$. 则存在 $\delta>0$, 对任意的 $u_0(x)\in \dot{B}^{-\alpha}_{p,\infty}$ 且 $\operatorname{div} u_0 = 0$ (在弱意义下). 如果

$$\|u_0\|_{\dot{B}^{-\alpha}_{p,\infty}} < \delta,$$

则 (2.1) 或 (2.4) 存在唯一整体的 mild 解 $u(t)$ 满足

$$\begin{cases} u(t)\in C_*([0,\infty);\dot{B}^{-\alpha}_{p,\infty}), \\ t^{\frac{1}{q}}u(t)\in C_*((0,\infty);L^p(\mathbb{R}^n)), \end{cases} \tag{2.55}$$

$$\sup_{t\geqslant 0}\|u\|_{\dot{B}^{-\alpha}_{p,\infty}} + \sup_{t\geqslant 0} t^{\frac{1}{q}}\|u(t)\|_p \leqslant R(\|u_0\|_{\dot{B}^{-\alpha}_{p,\infty}}), \tag{2.56}$$

$$u(t)-S(t)u_0(x)\in C_*((0,\infty);L^n(\mathbb{R}^n)), \quad n<p\leqslant 2n. \tag{2.57}$$

特别, 当 $n=3$ 时, 有

$$u(t)-S(t)u_0\in C_*((0,\infty);\dot{H}^{\frac{1}{2}}(\mathbb{R}^3)), \quad 3<p\leqslant 4. \tag{2.58}$$

证明 类同于定理 2.3 的证明, 仅需用

$$Y=\Big\{u(t); u(t)\in C_*([0,\infty);\dot{B}^{-\alpha}_{p,\infty}),$$
$$t^{\frac{1}{q}}u(t)\in C_*([0,\infty);L^p), \quad (q,p,n)\in\Pi\Big\},$$

$$\|\cdot\|_Y = \sup_{t>0}\|\cdot\|_{\dot{B}^{-\alpha}_{p,\infty}} + \sup_{t\geqslant 0} t^{\frac{1}{q}}\|\cdot\|_p,$$

代替 X. 现仅需证明估计 (2.57) 及 (2.58), 事实上

$$\begin{aligned}\|Gu\|_{C_*(([0,\infty);L^n)} &\leqslant C\sup_{t\in[0,\infty)}\int_0^t |t-\tau|^{-\frac{1}{2}-\frac{n}{2}(\frac{2}{p}-\frac{1}{n})}\|u\|_p^2 d\tau \\ &\leqslant \left(\sup_{t\in[0,\infty)} t^{\frac{1}{q}}\|u(t)\|_p\right)^2 < \infty, \quad n<p\leqslant 2n,\end{aligned} \tag{2.59}$$

及

$$\|Gu\|_{C_*([0,\infty);\dot{H}^{\frac{1}{2}}(\mathbb{R}^3))} \leqslant C \sup_{t\in[0,\infty)} \int_0^t |t-\tau|^{-\frac{1}{2}-\frac{1}{4}-\frac{3}{2}(\frac{2}{p}-\frac{1}{2})}\|u\|_p^2 d\tau$$
$$\leqslant C\left(\sup_{t\in[0,\infty)} t^{\frac{1}{q}}\|u\|_p\right)^2 < \infty, \quad 3<p\leqslant 4, \tag{2.60}$$

这里用到

$$\frac{1}{2}+\frac{1}{4}-\frac{3}{2}\left(\frac{2}{p}-\frac{1}{2}\right)<1, \quad \frac{2}{q}=3\left(\frac{1}{2}-\frac{1}{p}\right)<1.$$

定理 2.4 可用于自相似解的存在性研究. 若 $\big(u(x,t),P(x,t)\big)$ 是 Navier-Stokes 方程

$$\begin{cases} \dfrac{\partial u}{\partial t}-\Delta u+(u\cdot\nabla)u+\nabla P=0, \\ \text{div } u=0 \end{cases} \tag{2.61}$$

的解, 则对任意 $\lambda>0$, $\big(u_\lambda(x,t),P_\lambda(x,t)\big)$ 亦是 (2.61) 的解, 这里

$$u_\lambda(x,t)=\lambda u(\lambda x,\lambda^2 t), \quad P_\lambda(x,t)=\lambda^2 P(\lambda x,\lambda^2 t). \tag{2.62}$$

定义 2.3　$u(x,t)$ 是 Navier-Stokes 方程 (2.1) 的自相似解, 如果对任意 $\lambda>0$ 总有

$$u_\lambda(x,t)=\lambda u(\lambda x,\lambda^2 t)=u(x,t), \quad \forall\lambda>0, \tag{2.63}$$

特别, 如果记 $U(x)=u(x,1)$, 则由 (2.63) 可见自相似解具有如下形式

$$u(x,t)=\frac{1}{\sqrt{t}}U\left(\frac{x}{\sqrt{t}}\right). \tag{2.64}$$

注意到 $v(x,t)\longmapsto v_\lambda(x,t)$ 在 Y 模意义下保持不变, 因此, 作为定理 2.4 的直接结果, 我们有如下定理:

定理 2.5　(q,p,r) 是满足 $n<p\leqslant 2n$ 任意广义三元容许簇, 记 $\alpha=1-\dfrac{n}{p}=\dfrac{2}{q}$. 则存在 $\delta>0$, 对于 $u_0(x)=\lambda u_0(\lambda x)\in \dot{B}^{-\alpha}_{p,\infty}$, div $u_0=0$, 且 $\|u_0(x)\|_{\dot{B}^{-\alpha}_{p,\infty}}<\delta$, Navier-Stokes 方程的 Cauchy 问题 (2.1) 总存在唯一 mild 解

$$u(x,t)=\frac{1}{\sqrt{t}}U\left(\frac{x}{\sqrt{t}}\right), \tag{2.65}$$

这里 $U(x)\in \dot{B}^{-\alpha}_{p,\infty}\cap L^p(\mathbb{R}^n)$ 且满足

$$U(x)=S(1)u_0(x)+W(x), \tag{2.66}$$

$$\|U(x)\|_{\dot{B}^{-\alpha}_{p,\infty}} + \|U(x)\|_p \leqslant R\left(\|u_0\|_{\dot{B}^{-\alpha}_{p,\infty}}\right), \tag{2.67}$$

进而,

$$W(x) \in L^n(\mathbb{R}^n), \quad 3 \leqslant p \leqslant 6. \tag{2.68}$$

特别, 当 $n=3$ 并且 $3<p\leqslant 4$ 时,

$$W(x) \in \dot{H}^{\frac{1}{2}}(\mathbb{R}^3), \tag{2.69}$$

这里 $R(\|u_0\|_{\dot{B}^{-\alpha}_{p,\infty}})$ 是给定的常数.

§3.3 Navier-Stokes 方程的局部适定性 ——Littlewood-Paley 方法

借助于 Littlewood-Paley 分解技术, Cannone 和 Meyer 定义了所谓的合适的 Banach 空间 X, 进而建立了 Navier-Stokes 方程的 Cauchy 问题在合适 Banach 空间 X 上的局部适定性. 需要指出的是, 通过 Littlewood-Paley 分解来定义的合适 Banach 空间 X[CM] 包含了我们处理 Navier-Stokes 方程的 Cauchy 问题过程中所用过的非临界 Banach 空间. 因此, 可以讲, 他们给出了一个处理 Navier-Stokes 方程的 Cauchy 问题的统一方法. 当然, 也可以用 Scaling 原理粗糙地分析这些所谓的合适的 Banach 空间. 事实上, 若 $u(x,t)$ 是如下 Navier-Stokes 方程的 Cauchy 问题

$$\begin{cases} u_t(t) - \Delta u + (u\cdot\nabla)u + \nabla P = 0, & (x,t)\in\mathbb{R}^n\times[0,\infty), \\ \operatorname{div} u = 0, & x\in\mathbb{R}^n, \\ u(0) = u_0(x), & x\in\mathbb{R}^n \end{cases} \tag{3.1}$$

的解, 那么

$$u_\lambda(x,t) = \lambda^{-1}u(\lambda^{-1}x, \lambda^{-2}t), \quad P_\lambda(x,t) = \lambda^{-2}P(\lambda^{-1}x, \lambda^{-2}t) \tag{3.2}$$

是问题 (3.1) 将初始条件换成 $\lambda^{-1}u_0(\lambda^{-1}x)$ 时的解. 由 Scaling 技术 (见第一章第四节), 所谓合适的 Banach 空间 X 起码应满足:

$$\deg(X) \geqslant -1, \tag{3.3}$$

这样才能确保 (3.1) 在 $C([0,T);X)$ 上生成一个局部连续流 ($T=\infty$ 对应着整体流). 事实上, Cannone 和 Meyer 定义的所谓合适的 Banach 空间正是满足 $\deg(X) > -1$

的可微函数空间 (即排除了临界情形). 例如, X 可取如下类型的空间

$$X=\begin{cases} L^p(\mathbb{R}^n), & -\dfrac{n}{p}>-1,\\ H^{s,p}(\mathbb{R}^n), & s-\dfrac{n}{p}>-1,\quad p>1,\\ M_q^p(\mathbb{R}^n), & -\dfrac{n}{p}>-1, p\geqslant q>1,\\ B_{p,q}^s(\mathbb{R}^n), & s-\dfrac{n}{p}>-1,\quad 1<p,q\leqslant\infty,\\ \mathcal{C}^s(\mathbb{R}^n), & s>-1,\\ L^{(n,p)}, & \infty\geqslant p\geqslant n \end{cases}$$

等, 这里 M_q^p 是 Morrey-Campanato 空间, $\mathcal{C}^s$ 是 Zygmund 空间, 而 $L^{(n,p)}$ 则表示 Lorentz 空间.

为简单起见, 限定 $n=3$ 来进行我们的讨论. 对一般的 $n\geqslant 3$, 结果完全类同. 记 $D_j=-i\dfrac{\partial}{\partial x_j}(j=1,2,3)$, 那么 $R_j=D_j/(-\Delta)^{\frac{1}{2}}$ 就是 Riesz 算子, 它对应的象征是 $\dfrac{\xi_j}{|\xi|}$. 这样, 从 $(L^p(\mathbb{R}^3))^3$ 到 $E_p(\mathbb{R}^3)$ 上的投影算子 $\mathcal{P}$ 可表示成

$$(\mathcal{P}v)_k=v_k(x)-\sum_{j=1}^{3}R_kR_jv_j(x),\quad 1\leqslant k\leqslant 3. \tag{3.4}$$

相应地, $\mathcal{P}$ 对应的象征是

$$\left(\delta_{kj}-\frac{\xi_k\xi_j}{|\xi|^2}\right)_{3\times 3}.$$

类同于上节 Littlewood-Paley 的分解定义 (2.33)-(2.37), 仅需设 Bump 函数 $\hat{\varphi}(\xi)\in C_c^\infty$ 所满足 (2.33) 改为

$$\hat{\varphi}(\xi)=\begin{cases}1, & |\xi|\leqslant\dfrac{3}{4},\\ 0, & |\xi|\geqslant\dfrac{3}{2}\end{cases} \tag{3.5}$$

(这仅是为了今后讲解方便, 无本质区别), 就可获得经典的 Littlewood -Paley 分解 $\{S_j,\Delta_j\}$. 借此可引入如下合适 Banach 空间 X 的定义.

定义 3.1 称 $\mathbb{R}^3$ 上的分布向量函数所构成的 Banach 空间 X 是一个合适的 Banach 空间 (就 Navier-Stokes 方程而言), 如果它满足

(i) X 是平移不变空间, 即

$$\|v(\cdot+h)\|_X=\|v(\cdot)\|_X,\quad \forall h\in\mathbb{R}^3,\quad v\in X(\mathbb{R}^3). \tag{3.6}$$

(ii) 存在正实数列 $\{\eta_j\}_{j\in\mathbb{Z}}$ 满足

$$\sum_{j\in\mathbb{Z}}2^{-|j|}\eta_j<\infty,\quad j\in\mathbb{Z}, \tag{3.7}$$

并且满足

$$\|\Delta_j(fg)\|_X \leqslant \eta_j\|f\|_X\|g\|_X, \quad \forall f,g \in X, \quad j \in \mathbb{Z}. \tag{3.8}$$

定义 3.2 对每个合适的 Banach 空间 X, 在此基础上可定义抽象的 Besov 型空间

$$\dot{B}^0_{X,1} = \left\{ f \in X, \quad \sum_{j\in\mathbb{Z}} \|\Delta_j f\|_X < \infty \right\}. \tag{3.9}$$

易见, 如果 $X = L^p(\mathbb{R}^n)$ 是合适的 Banach 空间, 那么

$$\dot{B}^0_{L^p,1} = \dot{B}^0_{p,1} = \{f \in L^p(\mathbb{R}^n) \text{且} \sum_{j\in\mathbb{Z}} \|\Delta_j f\|_p < \infty\}.$$

定理 3.1 设 X 是一个合适的 Banach 空间, 对任意 $u_0(x) \in X$ 且在分布意义下成立 $\operatorname{div} u_0(x) = 0$. 存在 $T = T(\|u_0(x)\|_X) > 0$ 和 (3.1) 的唯一解 $u(t) \in C([0,T);X)$ 满足

$$u(t) = S(t)u_0(x) - \int_0^t \mathcal{P}S(t-\tau)\nabla\cdot(u\otimes u)d\tau, \tag{3.10}$$

这里 $S(t) = \mathcal{F}^{-1}e^{-|\xi|^2 t}\mathcal{F}$ 是经典的热半群, 进而, 相应的流函数

$$\omega(t) = u(t) - S(t)u_0(x) \in \dot{B}^0_{X,1}, \quad \forall t \in [0,T). \tag{3.11}$$

注记 3.3 (i) 对于合适的 Banach 空间, 它排除了极限或临界空间的情形, 故不用时空估计仍可以研究局部适定性. 本节的目的在于用 Littlewood-Paley 分解给出一个统一结果, 从而体现调和分析方法的普遍性.

(ii) 流函数 $\omega(t) \in \dot{B}^0_{X,1}$, 表示 $\omega(t)$ 可展开成以小波为基底的快速收敛级数, 然而对于 $u(t)$ 与 $S(t)u_0(x)$ 而言未必如此.

(iii) 称满足积分方程 (3.10) 的解为 mild 解, 易见属于合适 Banach 空间 X 中的 mild 解均是正则解. 读者可见第二章抛物型方程解的正则性的讨论, 而 Navier-Stokes 方程本质上就是抽象的抛物型方程.

在定理 3.1 的证明之前, 我们先给出两个预备引理.

引理 3.2 设 X 是一个合适的 Banach 空间, 则存在函数 $\lambda(t) \geqslant 0$, $\lambda(t) \in L^1([0,4])$ (这里无妨设 $T \leqslant 4$, $\lambda(t) \in L^1([0,4])$), 使得对 $\forall t \in [0,T)$,

$$\|\mathcal{P}S(t)\nabla\cdot(u\otimes v)\|_X \leqslant \lambda(t)\|u\|_X\|v\|_X, \quad \forall u,v \in X. \tag{3.12}$$

证明 注意到向量算子 $\mathcal{P}\nabla\cdot$ 的分量

$$(\mathcal{P}\nabla\cdot)_j = \mathcal{F}^{-1}\frac{\xi_j\xi_i\xi_k}{|\xi|^2}\mathcal{F}.$$

是一个一阶拟微分算子 (作用于矩阵函数), 故不失一般性, (3.12) 可归纳证明如下数量形式不等式

$$\|\Lambda S(t)(fg)\|_X \leqslant \lambda(t)\|f\|_X \cdot \|g\|_X, \tag{3.13}$$

$\Lambda = (-\Delta)^{1/2} = \mathcal{F}^{-1}|\xi|\mathcal{F}$ 是 Calderón 算子. 易见

$$[0,4] = \bigcup_{m=0}^{\infty}[4^{-m}, 4^{-m+1}] \equiv \bigcup_{m=0}^{\infty} J_m. \tag{3.14}$$

我们断言:

$$\lambda(t) \leqslant C\sum_{j\leqslant m} 2^j\eta_j + C\sum_{j\geqslant m+1} 2^{-2j+3m}\eta_j, \quad t\in J_m \tag{3.15}$$

就意味着估计 (3.13), 这里 η_j 是合适 Banach 空间 X 定义中的数列. 事实上, 由 (3.15), 直接计算可得:

$$\begin{aligned}\int_0^4 \lambda(t)dt &= \sum_{m=0}^{\infty}\int_{4^{-m}}^{4^{-m+1}}\lambda(t)dt \leqslant 3\sum_{m=0}^{\infty}\sup_{t\in J_m}\lambda(t)\cdot 4^{-m}\\ &\leqslant C\sum_{m=0}^{\infty}\sum_{j\leqslant m}2^{j-2m}\eta_j + C\sum_{m=0}^{\infty}\sum_{j\geqslant m+1}2^{-2j+m}\eta_j\\ &\leqslant 2C\sum_{j\in\mathbb{Z}}2^{-|j|}\eta_j,\end{aligned} \tag{3.16}$$

这里用到求和交换次序. 现构造一个新的 Littlewood-Paley 分解

$$\widetilde{\psi}(x) = 2^6\varphi(2^2x) - 2^{-3}\varphi\left(\frac{x}{2}\right),$$

相应地

$$\widetilde{\psi}_j(x) = 2^{3j}\psi(2^jx), \quad j\in\mathbb{Z}. \tag{3.17}$$

而 $\varphi(x)$ 仍由 (3.5) 确定, 相应的 Littlewood-Paley 分解记为

$$\{\widetilde{S}_j, \widetilde{\Delta}_j\}_{j\in\mathbb{Z}}.$$

容易看出

$$\widetilde{\Delta}_j\Delta_j = \Delta_j, \quad j\in\mathbb{Z}, \tag{3.18}$$

于是, 利用

$$\sum_{j\in\mathbb{Z}}\Delta_j = \sum_{j\in\mathbb{Z}}\widetilde{\Delta}_j\Delta_j = I,$$

就有如下算子分解

$$\Lambda S(t)=\sum_{j\in\mathbb{Z}}\widetilde{\Delta}_j\Lambda S(t)\Delta_j. \tag{3.19}$$

现令

$$\begin{cases}2^jW_{j,t}=\widetilde{\Delta}_j\Lambda S(t), & j\leqslant m,\\ 2^{-2j+3m}W_{j,t}=\widetilde{\Delta}_j\Lambda S(t), & j\geqslant m+1.\end{cases} \tag{3.20}$$

相应地, 算子 $W_{j,t}$ 可表示成

$$W_{j,t}f=\omega_{j,t}*f,\quad j\in\mathbb{Z}. \tag{3.21}$$

若 $\omega_{j,t}\in L^1(\mathbb{R}^3)$ 且 $\|\omega_{j,t}\|_{L^1}\leqslant C$, 由分解式 (3.19) 及 (3.20) 就得

$$\begin{aligned}\|\Lambda S(t)(fg)\|_X &\leqslant\left\|\sum_{j=-\infty}^{m}2^j\Delta_jW_{j,t}(fg)+\sum_{j=m+1}^{\infty}2^{-2j+3m}\Delta_jW_{j,t}(fg)\right\|_X\\ &\leqslant\sum_{j\leqslant m}\|2^j\Delta_j(fg)*\omega_{j,t}\|_X+\sum_{j\geqslant m+1}\|2^{-2j+3m}\Delta_j(fg)*\omega_{j,t}\|_X\\ &\leqslant\sum_{j\leqslant m}\|\omega_{j,t}\|_1\|2^j\Delta_j(fg)\|_X+\sum_{j\geqslant m+1}\|\omega_{j,t}\|_1\|2^{-2j+3m}\Delta_j(fg)\|_X\\ &\lesssim\sum_{j\leqslant m}2^j\eta_j\|f\|_X\|g\|_X+\sum_{j\geqslant m+1}2^{-2j+3m}\eta_j\|f\|_X\|g\|_X\\ &\leqslant\lambda(t)\|f\|_X\|g\|_X,\end{aligned} \tag{3.22}$$

这里用到 X 的平移不变性 (确保 Young 不等式成立) 及 (3.8), 剩下仅需证明

$$\|\omega_{j,t}\|_1\leqslant C,\quad j\in\mathbb{Z},\quad t\in J_m. \tag{3.23}$$

事实上, 我们仅需对 $t\in J_0$, 证明 (3.23). 而对一般 $t\in J_m$, 则可通过变换转化成 $t\in J_0$ 的情形. 因为

$$\Lambda S(t)=\sum_{j\leqslant 0}2^j\Delta_jW_{j,t}+\sum_{j\geqslant 1}2^{-2j}\Delta_jW_{j,t},\quad m=0. \tag{3.24}$$

两边取 Fourier 变换, 可得

$$|\xi|\exp(-t|\xi|^2)=\sum_{j\leqslant 0}2^j\hat{\psi}(2^{-j}\xi)\hat{\omega}_{j,t}(\xi)+\sum_{j\geqslant 1}2^{-2j}\hat{\psi}(2^{-j}\xi)\hat{\omega}_{j,t}(\xi). \tag{3.25}$$

注意到 $\hat{\psi}(\xi)=\hat{\psi}(\xi)\hat{\widetilde{\psi}}(\xi)$, 就有

$$|\xi|\exp(-t|\xi|^2)=\sum_{j\in\mathbb{Z}}|\xi|\exp(-t|\xi|^2)\hat{\psi}(2^{-j}\xi)\hat{\widetilde{\psi}}(2^{-j}\xi). \tag{3.26}$$

比较 (3.25), (3.26) 就得

$$\begin{cases} \hat{\omega}_{j,t}(2^j\xi) = |\xi|\hat{\tilde{\psi}}(\xi)\exp(-4^j t|\xi|^2), & j \leqslant 0, \\ \hat{\omega}_{j,t}(2^j\xi) = 8^j|\xi|\hat{\tilde{\psi}}(\xi)\exp(-4^j t|\xi|^2), & j \geqslant 1, \end{cases} \tag{3.27}$$

由 $\widetilde{\psi}$ 的构造可见 $\omega_{j,t} \in S(\mathbb{R}^n)$, 并且对 $t \in J_0$ 有形如 (3.23) 的一致估计. 另一方面, 对于 $t \in J_m$, 令

$$t = 4^{-m}s, \quad \xi = 2^m\eta,$$

将其代入

$$|\xi|\exp(-t|\xi|^2) = \sum_{j\leqslant m} 2^j\hat{\psi}(2^{-j}\xi)\hat{\omega}_{j,t}(\xi) + \sum_{j\geqslant m+1} 2^{-2j+3m}\hat{\psi}(2^{-j}\xi)\hat{\omega}_{j,t}(\xi), \tag{3.28}$$

整理可得:

$$\begin{aligned} \eta\exp(-s|\eta|^2) &= \sum_{j\leqslant m} 2^{j-m}\hat{\psi}(2^{-(j-m)}\eta)\hat{\tilde{\psi}}(2^{-(j-m)}\eta)\hat{\omega}_{j,t}(2^m\eta) \\ &\quad + \sum_{j\geqslant m+1} 2^{-2(j-m)}\hat{\psi}(2^{-(j-m)}\eta)\hat{\tilde{\psi}}(2^{-(j-m)}\eta)\hat{\omega}_{j,t}(2^m\eta) \\ &= \sum_{j\leqslant m} 2^{j-m}\hat{\psi}(2^{-(j-m)}\eta)\hat{\tilde{\psi}}(2^{-(j-m)}\eta)\hat{\omega}_{j-m,t}(\eta) \\ &\quad + \sum_{j\geqslant m+1} 2^{-2(j-m)}\hat{\psi}(2^{-(j-m)}\eta)\hat{\tilde{\psi}}(2^{-(j-m)}\eta)\hat{\omega}_{j-m,t}(\eta) \\ &= \sum_{j\leqslant 0} 2^j\hat{\psi}(2^{-j}\xi)\hat{\omega}_{j,t}(\xi) + \sum_{j\geqslant 1} 2^{-2j}\hat{\psi}(2^{-j}\xi)\hat{\omega}_{j,t}(\xi). \end{aligned}$$

由此可见, $t \in J_m$ 情形的估计可以归结成 $s \in J_0$ 情形的估计.

注记 3.4　本质上, 引理 3.2 意味着双线性估计

$$\begin{aligned} \sup_{0\leqslant t\leqslant T}\|B(u,v)\|_X &= \sup_{0\leqslant t\leqslant T}\left\|\int_0^t \mathcal{P}S(t-s)\nabla(u\otimes u)ds\right\| \\ &\leqslant C\int_0^T \lambda(t)dt\left(\sup_{0\leqslant t\leqslant T}\|u(t)\|_X\right)^2. \end{aligned} \tag{3.29}$$

引理 3.3　设 Y 是一个抽象的 Banach 空间, 算子 B 是 $Y\times Y\to Y$ 上的双线性算子, 并且满足

$$\|B(x_1,x_2)\|_Y \leqslant \eta\|x_1\|_Y\|x_2\|_Y. \qquad \forall x_1, x_2 \in Y, \tag{3.30}$$

则对任意 $y \in Y$ 满足 $4\eta\|y\|_Y < 1$, 方程

$$x = y + B(x,x) \tag{3.31}$$

有唯一解 $x \in Y$ 且

$$\|x\|_Y \leqslant \frac{1-\sqrt{1-4\eta\|y\|_Y}}{2\eta}. \tag{3.32}$$

证明 记

$$R = \frac{1-\sqrt{1-4\eta\|y\|_Y}}{2\eta},$$

构造闭集

$$B_R = \{x \in Y, \quad \|x\|_Y \leqslant R\}.$$

直接验算, 有

$$\|y\|_Y + \eta R^2 = R, \quad R < 2\|y\|_Y, \tag{3.33}$$

今在 B_R 上研究映射

$$F(x) = y + B(x, x). \tag{3.34}$$

容易看出

$$\begin{aligned}\|F(x) - F(x')\|_Y \leqslant & \|B(x-x', x)\|_Y + \|B(x', x-x')\|_Y \\ \leqslant & 2\eta R\|x-x'\|_Y, \quad x, x' \in B_R,\end{aligned}$$

$$\|F(x)\|_Y \leqslant \|y\|_Y + \eta R^2 = R.$$

从而推得映射 F 是 $B_R \to B_R$ 的压缩映射, 由 Banach 不动点定理得引理 3.3.

定理 3.1 的证明 由引理 3.2 和引理 3.3 就得定理 3.1 的存在性部分, 下仅需证明流函数 $\omega(t)$ 的正则性 (3.11). 换言之, 就是要证明函数 $\omega(t) = u(x,t) - S(t)u_0(x)$ 在 X 中有一个分解

$$\omega(t) = u(x,t) - S(t)u_0(x) = \sum_{j\in\mathbb{Z}} d_j(t) \tag{3.35}$$

满足

$$\text{supp}\hat{d}_j \subset \left\{\xi \in \mathbb{R}^3, \quad \alpha \cdot 2^j \leqslant |\xi| \leqslant \beta 2^{j+1}, \beta > \alpha > 0\right\}, \tag{3.36}$$

并且满足估计

$$\sum_{j\in\mathbb{Z}} \|d_j(t)\|_X < \infty, \quad \forall t \in [0, T). \tag{3.37}$$

事实上, 注意到算子分解公式 (3.19), 就可验算

$$u(t) - S(t)u_0(x) = \sum_{j\in\mathbb{Z}} \int_0^t \widetilde{\Delta}_j \mathcal{P} S(t-\tau)\Delta_j \nabla(u \otimes u)d\tau \equiv \sum_{j\in\mathbb{Z}} d_j, \tag{3.38}$$

这里 $d_j(t)=\int_0^t \tilde{d}_j(t-\tau,\tau)d\tau$. 这样, 对 $t-\tau\in J_m$, 有

$$\|\tilde{d}_j(t-\tau,\tau)\|_X\leqslant C2^j\eta_j\left(\sup_{0\leqslant t\leqslant T}\|u(t)\|_X\right)^2,\quad j\leqslant m,$$

$$\|\tilde{d}_j(t-\tau,\tau)\|_X\leqslant C2^{-2j+3m}\eta_j\left(\sup_{0\leqslant t\leqslant T}\|u(t)\|_X\right)^2,\quad j>m,$$

因此推得

$$\|d_j(t)\|_X\leqslant C(2^{-|j|}\eta_j)\left(\sup_{0\leqslant t\leqslant T}\|u(t)\|_X\right)^2. \tag{3.39}$$

从而完成定理 3.1 的证明.

注记 3.5 (i) 在定理 3.1 中, 实际上默许 $S(t)$ 在 X 上生成一个 C_0 半群这一条件, 否则, 即使 $S(t)u_0$ 也不能保证属于 $C([0,T);X)$.

(ii) 当 X 是不可分的 Banach 空间时, 不必假设 $S(t)$ 在 X 上生成 C_0 半群, 由于 X 平移不变, 从而

$$\|S(t)u_0\|_X\leqslant\|S(t)\|_1\|u_0\|_X=\|u_0\|_X, \tag{3.40}$$

这里 $\|S(t)\|_1$ 表示 $S(t)$ 所对应核函数的 L^1 模数, 此意味着 $S(t)u_0$ 在分布意义下弱 * 连续, 即

$$S(t)u_0\in C_*([0,T);X).$$

这样, 仅需在定理 3.1 中, 用 $C_*([0,T),X)$ 来取代 $C([0,T),X)$ 即可.

我们下面来验证一些可微函数空间 X, 例如: $\mathcal{C}^s$, L^p, $H^{s,p}$, Morrey- Campanato 空间 M_q^p 或更一般 Besov 空间 $B^s_{p,q}$, Triebel-Lizorkon 空间 $F^s_{p,q}$. 只要 $\deg(X)>-1$. 则 X 就是合适的 Banach 空间. 下面举几个简单的例子, 更复杂的例子可见 [Ca1].

(a) Hölder-Zygmund 空间 $\mathcal{C}^s(\mathbb{R}^3)$, $s>0$.

此时, 当 $s\in\mathbb{Z}^+$ 时, $\mathcal{C}^s(\mathbb{R}^3)$ 对应着 Zygmund 空间, 当 $s\in\mathbb{R}^+\setminus\mathbb{Z}^+$ 时, $\mathcal{C}^s$ 对应着 Hölder 空间 (见第一章). 先来回忆 $\mathcal{C}^s$ 的 Littlewood-Paley 刻画. 设 $\{S_j,\Delta_j\}_{j\in\mathbb{Z}}$ 是 Littlewood-Paley 分解, $f(x)\in\mathcal{C}^s$ 的充分必要条件是

(i) $\|S_0f\|_\infty\leqslant C$.

(ii) $\|\Delta_jf\|_\infty\leqslant C\cdot2^{-js}$, $j\geqslant0$.

注意到 $\mathcal{C}^s$ 是一个 Banach 代数, 从而

$$\|\Delta_j(fg)\|_{\mathcal{C}^s}\leqslant C\|fg\|_{\mathcal{C}^s}\leqslant C\|f\|_{\mathcal{C}^s}\|g\|_{\mathcal{C}^s},\quad\forall s\in\mathbb{R}^+.$$

因此, 仅需取

$$\eta_j=\|2^{3j}\psi(2^jx)\|_1\equiv\|\psi(x)\|_1=C,$$

就有

$$\sum_{j\in\mathbb{Z}} 2^{-|j|}\eta_j < \infty.$$

因此, $\mathcal{C}^s$ 是一个合适的 Banach 空间, 流函数 $\omega(t) = u(x,t) - S(t)u_0 \in \dot{B}^0_{X,1}$, 且满足

$$\omega(t) = u(x,t) - S(t)u_0 \in \mathcal{C}^{s+1}(\mathbb{R}^3). \tag{3.41}$$

根据 $\mathcal{C}^{s+1}$ 的 Littlewood-Paley 刻画, 仅需证明

$$\|S_0(u(t) - S(t)u_0)\|_\infty \leqslant C, \tag{3.42}$$

$$\|\Delta_j(u(x,t) - S(t)u_0)\|_\infty \leqslant 2^{-j(s+1)}C, \quad j \in \mathbb{Z}^+. \tag{3.43}$$

因为 $u(x,t)$, $S(t)u_0 \in \mathcal{C}^s$, 故 (3.42) 是显然. 下面仅需证明 (3.43). 注意到

$$\Delta_j(u(t) - S(t)u_0) = \sum_{k\in\mathbb{Z}} \int_0^t \widetilde{\Delta}_k \mathcal{P} S(t-\tau)\Delta_k \nabla\cdot(\Delta_j(u\otimes u))d\tau.$$

直接估计, 可得

$$\begin{aligned}\|\Delta_j(u(t) - S(t)u_0)\|_\infty \leqslant & C2^{-js} \sum_{j-1\leqslant k\leqslant j+1} 2^{-k}\eta_k \cdot \sup_{0\leqslant t\leqslant T} \|u\|^2_{\mathcal{C}^s} \\ \sim & 2^{-j}\cdot 2^{-js} \sim 2^{-j(s+1)}.\end{aligned} \tag{3.44}$$

由此推得如下结果:

定理 3.4 设 $s > 0$, $X = \mathcal{C}^s(\mathbb{R}^3)$ 是 Hölder-Zygmund 空间. 对任意 $u_0(x) \in \mathcal{C}^s(\mathbb{R}^3)$, $\mathrm{div}\ u_0(x) = 0$, 则存在 $T = T(\|u_0\|_{\mathcal{C}^s}) > 0$ 和唯一函数 $u(x,t) \in C_*([0,T);\mathcal{C}^s(\mathbb{R}^3))$ 满足积分方程 (3.10), 并且相应的流函数 $\omega(t) = u(x,t) - S(t)u_0 \in \mathcal{C}^{s+1}(\mathbb{R}^3)$.

注记 3.6 粗糙地来看, 因

$$\|\partial_t^\alpha S(t)f\|_{\mathcal{C}^s} \sim \|(-\Delta)^\alpha S(t)f\|_{\mathcal{C}^s} \sim \|S(t)f\|_{\mathcal{C}^{2\alpha+s}}, \tag{3.45}$$

$$\|\nabla f\|_{\mathcal{C}^s} \sim 2^k\|f\|_{\mathcal{C}^s}, \quad \mathrm{supp} f \subset \{2^{k-1} \leqslant |\xi| \leqslant 2^{k+1}\}, \tag{3.46}$$

$$\nabla \sim \sum_{k\in\mathbb{Z}} 2^k\Delta_k. \tag{3.47}$$

因此

$$\begin{aligned}|d_k| = & \left|\int_0^t \widetilde{\Delta}_k \mathcal{P} S(t-\tau)\Delta_k \nabla\cdot(u\otimes u)d\tau\right| \\ \sim & \left|(\partial_t)^{-1}\widetilde{\Delta}_k \mathcal{P} S(t-\tau)\Delta_k\cdot\nabla(u\otimes u)\right| \\ \sim & 2^{-2k}\cdot 2^k\cdot C2^{-ks} \\ \sim & C\cdot 2^{-k(s+1)}.\end{aligned} \tag{3.48}$$

(b) Lebesgue 空间 $L^p(\mathbb{R}^3)$.

由 Young 不等式, 易见

$$\|\Delta_j(fg)\|_p \leqslant \|\psi_j\|_r \|f\|_p \|g\|_p, \quad \frac{1}{p} = \frac{2}{p} + \frac{1}{r} - 1, \tag{3.49}$$

而

$$\begin{aligned}\|\psi_j(x)\|_r = &\left(\int_{\mathbb{R}^3} 2^{3jr}|\psi(2^j x)|^r dx\right)^{\frac{1}{r}} \\ =&2^{3j-\frac{3j}{r}}\|\psi\|_r = 2^{\frac{3j}{p}}C,\end{aligned}$$

推出

$$\|\Delta_j(fg)\|_p \leqslant 2^{\frac{3j}{p}} C\|f\|_p \|g\|_p. \tag{3.50}$$

今取 $\eta_j = 2^{\frac{3j}{p}}$, 欲使 L^p 是合适的 Banach 空间, 须满足

$$\sum_{j\in\mathbb{Z}} \eta_j 2^{-|j|} < \infty, \tag{3.51}$$

这意味着 $p > 3$. 因此, 我们有:

定理 3.5　设 $p > 3$, $X = L^p(\mathbb{R}^3)$. 对任意 $u_0(x) \in X$ 且在分布意义下成立 $\operatorname{div}\, u_0(x) = 0$. 则存在 $T = T(\|u_0\|_p) > 0$ 及 (3.10) 的唯一 mild 解 $u(x,t) \in C([0,T); L^p(\mathbb{R}^3))$, 进而流函数 $\omega(t)$ 满足如下正则性:

$$\omega(t) = u(x,t) - S(t)u_0(x) \in B^s_{p,\infty}, \quad s = 1 - \frac{3}{p}. \tag{3.52}$$

证明　仅需证明流函数 $\omega(t)$ 的正则性. 由定理 3.1 知 $\omega(t) \in \dot{B}^0_{p,1}$, 从而 $\|S_0\omega\|_p < \infty$. 由 Besov 空间的 Littlewood-Paley 刻画, (3.52) 就等价于

$$\|S_0\omega\|_p + \sup_{j\geqslant 0} 2^{sj}\|\Delta_j\omega\|_p < \infty, \tag{3.53}$$

因此, 仅需证明

$$2^{sj}\|\Delta_j\omega\|_p < \infty, \qquad j \geqslant 0, \quad s = 1 - \frac{3}{p}. \tag{3.54}$$

事实上, 由表达式 (3.38) 就推得

$$\Delta_j\omega = \sum_{j-1\leqslant k\leqslant j+1} \int_0^t \widetilde{\Delta}_k \mathcal{P} S(t-\tau)\Delta_k \nabla\cdot\Delta_j(u\otimes u)d\tau.$$

直接验证

$$\|\Delta_j\omega\|_p \leqslant \sum_{j-1\leqslant k\leqslant j+1} C2^{-|k|}\eta_k\|u\|_p^2 \leqslant C2^{-j}\cdot 2^{\frac{3j}{p}}\|u\|_p^2, \tag{3.55}$$

由此推得 (3.54) 成立.

(c) Sobolev 空间 $H^s(\mathbb{R}^3)$.

验证 $H^s(\mathbb{R}^3)$ 在 $s-\dfrac{3}{2}>-1$ 下是合适的 Banach 空间的过程, 本质上就给出了一个很一般的方法, 即 Bony 的 para-product 分解, 可见 [Me].

对任意两个分布函数 $f, g\in S'(\mathbb{R}^3)$, 形式验证有:

$$\begin{aligned} fg &= \sum_{k=0}^{\infty}(S_{k+1}fS_{k+1}g - S_kfS_kg) + S_0fS_0g \\ &= \sum_{k=0}^{\infty}(\Delta_kf\Delta_kg + \Delta_kgS_kf + \Delta_kfS_kg) + S_0fS_0g \\ &= \sum_{k=0}^{\infty}\Delta_kfS_{k-2}g + \sum_{k=0}^{\infty}\Delta_kgS_{k-2}f \\ &\quad + \sum_{|k-k'|<2}\Delta_{k'}f\Delta_kg + S_0fS_0g. \end{aligned} \tag{3.56}$$

为简单起见, 抹去一些非对角项, 就有

$$\Delta_j(fg) = \Delta_jfS_{j-2}g + \Delta_jgS_{j-2}f + \Delta_j\left(\sum_{k\geqslant j}\Delta_kf\Delta_kg\right), \quad j\geqslant 0. \tag{3.57}$$

由 $H^s(\mathbb{R}^3)$ 空间的 Littlewood-Paley 刻画, $f\in H^s(\mathbb{R}^3)$ 的充分必要条件是

$$\|f\|_{H^s} = \|S_0f\|_2 + \left(\sum_{j\geqslant 0}2^{2js}\|\Delta_jf\|_2^2\right)^{1/2} < \infty. \tag{3.58}$$

现来估计 $\|\Delta_j(fg)\|_2$. 为此, 需考虑 (3.57) 右端三项的贡献.

(i) 若 $j\geqslant 0$, $0<s<\dfrac{3}{2}$, 由经典的 Bernstein 型估计

$$\|\Delta_jf\|_p \leqslant C2^{3j(\frac{1}{q}-\frac{1}{p})}\|\Delta_jf\|_q, \quad 1\leqslant q\leqslant p\leqslant\infty, \tag{3.59}$$

就得

$$\begin{aligned} \|S_{j-2}f\Delta_jg\|_2 \leqslant &\|S_{j-2}f\|_2\|\Delta_jg\|_\infty \leqslant 2^{\frac{3j}{2}}\|S_{j-2}f\|_2\|\Delta_jg\|_2 \\ \leqslant &C\cdot 2^{\frac{3j}{2}}2^{-js}\|g\|_{H^s}\|f\|_{H^s}. \end{aligned} \tag{3.60}$$

(ii) 若 $j\geqslant 0$, $s=\dfrac{3}{2}$, 注意到

$$\|S_{j-2}u\|_\infty \leqslant C(j+1)\|u\|_{H^s}, \qquad j\geqslant 0.$$

因此

$$\|S_{j-2}f\Delta_j g\|_2 \leqslant Cj\|f\|_{H^s} \cdot 2^{-js}\|g\|_{H^s}, \tag{3.61}$$

结合 (3.60), (3.61) 就有

$$\|S_{j-2}f\Delta_j g\|_2 \leqslant \max\left(C2^{\frac{3j}{2}}, Cj\right) \cdot 2^{-js}\|f\|_{H^s}\|g\|_{H^s},$$
$$0 < s \leqslant 3/2, \tag{3.62}$$

另一方面, 对 $j \geqslant 0$ 和 $s \geqslant 0$, 由 Young 不等式可见

$$\begin{aligned}\Big\|\Delta_j\Big(\sum_{k\geqslant j}\Delta_k f\Delta_k g\Big)\Big\|_2 &\leqslant C \cdot 2^{\frac{3j}{2}}\sum_{k\geqslant j}\|\Delta_k f\Delta_k g\|_1\\ &\leqslant 2^{\frac{3j}{2}}C\sum_{k\geqslant j}\|\Delta_k f\|_2 \cdot \|\Delta_k g\|_2\\ &\leqslant 2^{\frac{3j}{2}} \cdot 2^{-2js}C\|f\|_{H^s}\|g\|_{H^s}.\end{aligned} \tag{3.63}$$

当 $s > \dfrac{3}{2}$ 时, 注意到 H^s 是一个 Banach 代数, 故

$$\|\Delta_j(fg)\|_{H^s} \leqslant C\|f\|_{H^s}\|g\|_{H^s}. \tag{3.64}$$

结合 (3.58), (3.62)-(3.64) 可推得

$$\eta_j \leqslant \max\left(C, Cj2^{-js}, 2^{\frac{3j}{2}-js}C\right). \tag{3.65}$$

因此, 欲使

$$\sum_{j=0}^{\infty} 2^{-|j|}\eta_j < \infty,$$

仅需 $s > \dfrac{1}{2}$, 说明当 $s > 1/2$ 时, H^s 是合适的 Banach 空间.

定理 3.6　设 $s > 1/2$, $X = H^s(\mathbb{R}^3)$. 对任意 $u_0 \in X$ 且在分布意义下成立 $\operatorname{div} u_0(x) = 0$. 则存在 $T = T(\|u_0\|_{H^s}) > 0$ 和 (3.10) 的唯一 mild 解 $u(t) \in C([0,T); H^s(\mathbb{R}^3))$, 并且流函数 $\omega(t)$ 满足如下正则性

$$\omega(t) \in \begin{cases} H^{2s-\frac{1}{2}-\varepsilon}, & 1/2 < s \leqslant \dfrac{3}{2},\\ H^{s+1-\varepsilon}, & s > 3/2,\end{cases} \qquad \forall \varepsilon > 0. \tag{3.66}$$

证明 由抽象定理 3.1, 仅需证明 (3.66). 事实上

$$\begin{aligned}\|\Delta_j(u(t)-S(t)u_0)\|_2 &= 2^{-js}\sum_{j-1\leqslant k\leqslant j+1}\int_0^t \|\tilde{d}_k(t-\tau,\tau)\|_{H^s}d\tau\\ &\leqslant 2^{-js}\sum_{j-1\leqslant k\leqslant j+1}2^{-|k|}\eta_k\cdot\left(\sup_{0\leqslant t<T}\|u(t)\|_{H^s}\right)^2\\ &\sim 2^{-j}2^{\frac{3j}{2}}\cdot 2^{-2js}\left(\sup_{0\leqslant t<T}\|u(t)\|_{H^s}\right)^2,\end{aligned}$$

因此

$$2^{(2s-\frac{1}{2})j}\|\Delta_j(u(t)-S(t)u_0)\|_2 \sim \left(\sup_{0\leqslant t\leqslant T}\|u(t)\|_{H^s}\right)^2,\quad j\geqslant 0. \tag{3.67}$$

这意味着, 对 $\forall\varepsilon>0$, 当 $1/2<s<\dfrac{3}{2}$, 有

$$2^{(2s-1/2-\varepsilon)j}\|\Delta_j(u(t)-S(t)u_0)\|_2 \sim 2^{-\varepsilon j}\left(\sup_{0\leqslant t\leqslant T}\|u(t)\|\right)^2.$$

因此, 当 $1/2<s\leqslant 3/2$ 时, 有

$$\omega(t)=u(t)-S(t)u_0(x)\in H^{2s-\frac{1}{2}-\varepsilon},\quad \forall\varepsilon>0.$$

另一方面, 当 $s>3/2$ 时, 注意到

$$\|\Delta_j(fg)\|_2\sim 2^{-js}\|\Delta_j(fg)\|_{H^s}\leqslant 2^{-js}\cdot\|f\|_{H^s}\|g\|_{H^s},$$

那么

$$\begin{aligned}\|\Delta_j(u(t)-S(t)u_0)\|_2 &\sim \sum_{j-1\leqslant k\leqslant j+1}C2^{-|k|}2^{-js}\|u(t)\|_{H^s}^2\\ &\sim 2^{-j(1+s)}\left(\sup_{0\leqslant t\leqslant T}\|u(t)\|_{H^s}\right)^2,\end{aligned}$$

说明, 对 $\forall\varepsilon>0$, 有

$$2^{j(1+s-\varepsilon)}\|\Delta_j(u(t)-S(t)u_0)\|_2\leqslant 2^{-\varepsilon j}\left(\sup_{0\leqslant t\leqslant T}\|u(t)\|_{H^s}\right)^2, \tag{3.68}$$

从而 (3.66) 成立.

(d) Morrey-Campanato 空间 $M_2^p(\mathbb{R}^n)$.

由 Morrey-Campanato 空间的 Littlewood-Paley 刻画, $f \in M_2^p$ 的充分必要条件是

(i) $\|S_0 f\|_\infty \leqslant C$.

(ii)

$$\left(\int_{Q_m} \sum_{j\geqslant m} |\Delta_j f|^2 dx\right)^{1/2} \leqslant C2^{-3m(\frac{1}{2}-\frac{1}{p})}, \quad m \in \mathbb{Z}^+ \cup \{0\},$$

这里 $Q_m = Q_m(x, 2^{-m})$ 是以 x 为中心, 2^{-m} 为边长的立方体, x 可遍历整个 $\mathbb{R}^3$. 类同于 Sobolev 空间的讨论, 自然求助于 Bony 分解 (3.57), 可以证明, 当 $p > 3$ 时, $M_2^p(\mathbb{R}^3)$ 是一个合适的 Banach 空间, 并且有如下定理:

定理 3.7　设 $p > 3$, $X = M_2^p(\mathbb{R}^3)$. 对任意 $u_0(x) \in X$ 且在分布意义下成立 div $u_0(x) = 0$. 则存在 $T = T(\|u_0\|_X) > 0$ 和 (3.10) 的唯一 mild 解 $u(t) \in C_*([0,T]; M_2^p(\mathbb{R}^3))$ 且流函数 $\omega(t)$ 满足如下正则性

$$\omega(t) \in C_*([0,T]; M_2^{\frac{3p}{6-p}}(\mathbb{R}^3)), \quad 3 < p < 6,$$

$$\omega(t) \in C_*([0,T]; \mathrm{BMO}(\mathbb{R}^3)), \quad p = 6,$$

$$\omega(t) \in C_*([0,T]; \mathcal{C}^{1-\frac{6}{p}}(\mathbb{R}^3)), \quad p > 6.$$

注记 3.7　(i) 直观地来看, 平移不变的函数空间 X 是 Navier- Stokes 方程合适的 Banach 空间, 当且仅当 $\deg(X) > -1$.

(ii) 当 $\deg(X) = -1$ 时, X 对应着研究 Navier-Stokes 方程的临界空间 (或极限空间).

§3.4　临界空间中的 Navier-Stokes 方程

上节通过 Littlewood-Paley 分解理论, 引入了合适的 Banach 空间 X, 证明了 Navier-Stokes 方程的 Cauchy 问题

$$\begin{cases} u_t - \Delta u + (u\cdot\nabla)u + \nabla P = 0, \\ \mathrm{div}\ u = 0, \\ u(0) = u_0(x), \quad \mathrm{div} u_0(x) = 0, \end{cases} \tag{4.1}$$

在 X 上决定了一个局部流, 即 $u(t) \in C([0,T]; X)$ 满足 (4.1) 对应的积分方程

$$u(t) = S(t)u_0(x) - \int_0^t \mathcal{P}S(t-\tau)\nabla(u\otimes u)d\tau, \tag{4.2}$$

这里 $S(t)=\mathcal{F}^{-1}e^{-|\xi|^2t}\mathcal{F}$ 是经典热半群, $\mathcal{P}$ 是 $(L^r)^n\to E_r(\mathbb{R}^n)$ 的投影算子. 我们知道, 所谓合适的 Banach 空间, 就是满足

$$\deg(X)>-1 \tag{4.3}$$

的一些可微函数空间. 例如

$$X=\begin{cases} L^p(\mathbb{R}^n), & -\dfrac{n}{p}>-1,\\ H^{s,p}(\mathbb{R}^n), & s-\dfrac{n}{p}>-1,\quad p>1,\\ M_q^p(\mathbb{R}^n), & -\dfrac{n}{p}>-1,\quad p\geqslant q>1,\\ B^s_{p,q}(\mathbb{R}^n), & s-\dfrac{n}{p}>-1,\quad 1<p,q\leqslant\infty,\\ \mathcal{C}^s(\mathbb{R}^n), & s>-1,\\ F^s_{p,q}(\mathbb{R}^n), & s-\dfrac{n}{p}>-1,\quad 1\leqslant q\leqslant\infty,\quad 1\leqslant p<\infty,\\ L^{(n,p)}, & \infty\geqslant p>n.\end{cases}$$

合适的 Banach 空间只是给出 (4.1) 或 (4.2) 局部可解的一个充分条件, 但不是必要的. 如同第二节的讨论, 当 $\deg(X)=-1$ 时, 仍可证明在上述列举的例子空间中, (4.1) 仍是局部可解的. 不仅如此, 当 $\|u_0\|_X\ll 1$ 时, 还是整体可解的.

本节的目的, 就是寻求尽可能大的临界空间 X, 证明 (4.1) 或 (4.2) 在 X 中生成一个局部强流. 由第二节的讨论在具体实现这一目的时, 需借助于时空估计方法, 即证明

$$u(t)\in C([0,T);X)\cap\cdots,\qquad T=T(u_0). \tag{4.4}$$

进而, 当 $\|u_0(x)\|_X\ll 1$ 时, 证明 (4.1) 或 (4.2) 决定一个整体强流 $u(t)\in C([0,\infty);X)\cap\cdots$.

事实上, 对具体的临界空间 X, 如 $X=L^n(\mathbb{R}^n)$, $\dot{B}^{\frac{n}{p}-1}_{p,\infty}$, 均已有讨论 (见第二节), 即使对于 $M_q^n(\mathbb{R}^n)$、$L^{n,q}(n\leqslant q\leqslant\infty)$, 已有一些数学家验证这一事实成立, 这些方法源于 Kato[K2]. 本节主要介绍 Koch 与 Tataru 的最新结果, 通过 BMO 的 Carleson 测度刻画, 定义了一个所谓的 BMO^{-1} 空间, 并证明 (4.1) 或 (4.2) 在 $X=\mathrm{BMO}^{-1}$ 上局部适定, 并且当 $\|u_0\|_{\mathrm{BMO}^{-1}}\ll 1$, 问题 (4.1) 或 (4.2) 整体适定. 需要指出的是, BMO^{-1} 比我们熟知的 L^n, $\dot{B}^{\frac{n}{p}-1}_{p,\infty}$ $(n\leqslant p<\infty)$ 都要大.

先来回忆一下 BMO 空间的刻画, 我们知道

$$\mathrm{BMO}=\{f\in L^1_{loc}(\mathbb{R}^n);\|f\|_{BMO}=\sup_{Q\subset\mathbb{R}^n}\frac{1}{|Q|}\int_Q|f-f_Q|dx<\infty\}$$

是 $\mathrm{bmo}(\mathbb{R}^n)$ 空间对应的齐次空间, 这里

$$\begin{aligned}&\mathrm{bmo}(\mathbb{R}^n)=\{f\in L^1_{\mathrm{loc}}(\mathbb{R}^n);\\&\|f\|_{\mathrm{bmo}}=\sup_{|Q|=1}\int_Q|f|dx+\sup_{|Q|\leqslant 1}\frac{1}{|Q|}\int_Q|f-f_Q|dx<\infty,\end{aligned}\tag{4.5}$$

这里 $Q\subset\mathbb{R}^n$ 表示 $\mathbb{R}^n$ 中方体,

$$|Q|=\mathrm{meas}(Q),\quad f_Q=\frac{1}{|Q|}\int_Q fdx\tag{4.6}$$

在 Besov-Triebel 空间的框架下, 有

$$BMO=\dot F^0_{\infty,2}=\left(\dot F^0_{1,2}\right)^*=(\mathcal{H}_1)^*,\tag{4.7}$$

这里 $\mathcal{H}_1$ 是 Hardy 空间, 由于 $\mathcal{H}_1\subset L^1(\mathbb{R}^n)$, 因此

$$L^\infty(\mathbb{R}^n)\hookrightarrow \mathrm{BMO}(\mathbb{R}^n).\tag{4.8}$$

并且这一关系是严格的, 例如

$$\log|x|\notin L^\infty,\quad 然而\quad \log|x|\in\mathrm{BMO}.\tag{4.9}$$

命题 4.1 (BMO 空间的 Carleson 测度刻画)　记

$$\Phi(x)=(4\pi)^{-\frac{n}{2}}e^{\frac{-|x|^2}{4}},$$

则

$$\begin{aligned}\mathrm{BMO}=\Bigg\{v\in &S'(\mathbb{R}^n),\quad \|v\|_{\mathrm{BMO}}=\sup_{\substack{x\in\mathbb{R}^n\\R>0}}\Bigg(\frac{2}{|B(x,R)|}\\&\int_{B(x,R)}\int_0^R t|\nabla\Phi_t*v|^2dtdy\Bigg)^{1/2}<\infty.\Bigg\}\end{aligned}\tag{4.10}$$

这里 $\Phi_t(x)=t^{-n}\Phi\left(\frac{x}{t}\right)$.

证明可见 [Ste3]. 上述的 Carleson 测度刻画是借助于高斯核, 它本质上等价于热算子群刻画. 对任意一个 $v\in\mathrm{BMO}\subset S'(\mathbb{R}^n)$, 则

$$\begin{cases}\omega_t-\Delta\omega=0,\\ \omega(0)=v(x)\end{cases}\tag{4.11}$$

有解 $\omega(t)=\Phi_{\sqrt{t}}*v$, 那么

$$\|v\|_{\mathrm{BMO}}=\sup_{\substack{x\in\mathbb{R}^n\\0<R<\infty}}\left(\frac{1}{|B(x,R)|}\int_{B(x,R)}\int_0^{R^2}|\nabla\omega|^2dtdy\right)^{1/2},\tag{4.12}$$

事实上, 令 $t=\sqrt{\tau}$, 由 BMO 空间的 Carleson 测度刻画, 有

$$\begin{aligned}\|v\|_{\mathrm{BMO}}&=\sup_{\substack{x\in\mathbb{R}^n\\R>0}}\left(\frac{2}{|B(x,R)|}\int_{B(x,R)}\int_0^{R}t|\nabla\Phi_t*v|^2dtdy\right)^{1/2}\\&=\sup_{\substack{x\in\mathbb{R}^n\\R>0}}\left(\frac{1}{|B(x,R)|}\int_{B(x,R)}\int_0^{R^2}|\nabla\Phi_{\sqrt{t}}*v|^2dtdy\right)^{1/2}.\end{aligned}$$

因此, 就得 (4.12). 但遗憾的是, BMO 不是一个非齐的 Banach 空间, 为此在 BMO 空间 Carleson 刻画的基础上引入 BMO^{-1} 空间.

定义 4.1 称 BMO^{-1} 是集合

$$\left\{f\in\mathcal{S}(\mathbb{R}^n);\|f\|_{\mathrm{BMO}^{-1}}<\infty\right\}$$

在 $\|\cdot\|_{\mathrm{BMO}^{-1}}$ 下的完备化空间, 这里

$$\|f\|_{\mathrm{BMO}^{-1}}=\sup_{\substack{x\in\mathbb{R}^n\\0<R}}\left(\frac{1}{|B(x,R)|}\int_{B(x,R)}\int_0^{R^2}|\omega|^2dtdy\right)^{1/2}\tag{4.13}$$

及 $\omega=\Phi_{\sqrt{t}}*f$.

容易看出 BMO^{-1} 是一个 Banach 空间, 且有如下基本结论:

命题 4.2 设 $m(x)\in C^\infty(\mathbb{R}^n\setminus\{0\})$ 是一个 0 齐次函数, 则

$$\|m(D_x)f\|_{\mathrm{BMO}^{-1}}\leqslant C\|f\|_{\mathrm{BMO}^{-1}}.\tag{4.14}$$

证明 依定义 4.1, $\forall f\in\mathrm{BMO}^{-1}$, 记 $v=\Phi_{\sqrt{t}}*f$, 仅需证明

$$\frac{1}{|B(x,R)|}\int_{B(x,R)}\int_0^{R^2}|Tv|^2dtdy\leqslant C\|f\|^2_{\mathrm{BMO}^{-1}},\qquad T=m(D_x),\quad\forall R>0,\tag{4.15}$$

此处用到 $Tv=\Phi_{\sqrt{t}}*Tf$. 由 rescaling 及 translation 性质, (4.15) 就归结为

$$\int_{B(0,1)}\int_0^1|Tv|^2dtdy\leqslant C\|f\|^2_{\mathrm{BMO}^{-1}}.\tag{4.16}$$

我们断言：

$$|v(x,t)| \leqslant Ct^{-\frac{1}{2}}\|f\|_{\mathrm{BMO}^{-1}}. \tag{4.17}$$

由 Scaling 及平移不变性, 上述断言等价于证明

$$|v(0,1)| \leqslant C\|f\|_{\mathrm{BMO}^{-1}}. \tag{4.18}$$

这是 $\Phi(x) \in \mathcal{S}(\mathbb{R}^n) \subset (BMO^{-1})^*$ 的直接结果. 接下来证 (4.16), 对 $0 < t \leqslant 1$, 直接验证

$$\begin{aligned} Tv(t) =&TS(t)f = T(S(t)-S(1))f + TS(1)f \\ =&T(S(t)-S(1))f - \int_1^\infty T\Delta S(\tau)f d\tau \\ =&T(1-S(1-t))v - \int_1^\infty T\Delta S\left(\frac{\tau}{2}\right) v\left(\frac{\tau}{2}\right) d\tau. \end{aligned} \tag{4.19}$$

注意到 $T(I-S(1-t))$ 是 L^2 上有界算子, 它对应的核函数 K_t 满足

$$|\tilde{K}_t(x)| \leqslant C|x|^{-n-2}, \quad 0 < t < 1. \tag{4.20}$$

另一方面, 利用 (4.17) 可获得

$$\begin{aligned} \left\|\int_1^\infty T\Delta S\left(\frac{\tau}{2}\right) v\left(\frac{\tau}{2}\right) d\tau\right\|_\infty \leqslant&C\int_1^\infty \tau^{-1}\left\|v\left(\frac{\tau}{2}\right)\right\|_\infty d\tau \\ \leqslant&C\|f\|_{\mathrm{BMO}^{-1}}, \end{aligned} \tag{4.21}$$

这里用到 $T\Delta S(t)$ 的核函数 $\widetilde{K}_t(x)$ 满足估计

$$\|K_t(x)\|_{L^1(\mathbb{R}^n)} \leqslant Ct^{-1}. \tag{4.22}$$

由此推得命题 4.2 成立.

命题 4.3　设 u 是一个缓增分布, $u \in \mathrm{BMO}^{-1}(\mathbb{R}^n)$ 的充要条件是存在 $f^j \in \mathrm{BMO}$, $j = 1, 2, \cdots, n$, 并且满足

$$u = \sum_{j=1}^n \partial_j f^j = \operatorname{div} f. \tag{4.23}$$

证明　“$\Longleftarrow$”　$f^j \in \mathrm{BMO}$, 则 $v^j = \Phi_{\sqrt{t}} * f^j$ 满足

$$\sup_{\substack{x\in\mathbb{R}^n \\ 0<R<\infty}} \frac{1}{|B(x,R)|}\int_{B(x,R)}\int_0^{R^2}\sum_{j=1}^n |\partial_j v^j|^2 dt dx$$

$$\leqslant \sup_{\substack{x\in\mathbb{R}^n\\0<R<\infty}} \frac{1}{|B(x,R)|}\int_{B(x,R)}\int_0^{R^2}\sum_{j=1}^n |\nabla\Phi_{\sqrt{t}} * f^j|^2 dtdx$$
$$\leqslant \sum_{j=1}^n \|f^j\|_{\mathrm{BMO}}^2 < \infty.$$

由此推得

$$\sup_{\substack{x\in\mathbb{R}^n\\0<R<\infty}} \frac{1}{|B(x,R)|}\int_{B(x,R)}\int_0^{R^2}\sum_{j=1}^n |\Phi_{\sqrt{t}} * \partial_j f^j|^2 dtdx < \infty,$$

此意味着 $u=\sum_{j=1}^n \partial_j f^j \in \mathrm{BMO}^{-1}$.

"$\Longrightarrow$" 设 $u\in \mathrm{BMO}^{-1}$, 令 $R_{kj}=\partial_k\partial_j\Delta^{-1}$ 及

$$u_{kj}=R_{kj}u, \qquad \hat{R}_{kj}=\frac{\xi_k\xi_j}{|\xi|^2}\text{是零齐次函数.} \tag{4.24}$$

由此推得 $u_{kj}\in \mathrm{BMO}^{-1}$. 令

$$f^i=\partial_i\Delta^{-1}u \tag{4.25}$$

则 $\{f^i\}$ 满足 $\partial_j f^i = u_{ij}$, 由此推出 $f^i\in \mathrm{BMO}$ 且

$$\partial_k u_{ij}=\partial_i u_{kj}.$$

由 f^i 的构造, 就推得 $u=\sum \partial_i f^i = \mathrm{div}\ f$.

注记 4.2 (i) 我们可引入限制性 BMO 空间 BMO_R, 即

$$\mathrm{BMO}_R=\left\{f(x)\in S'(\mathbb{R}^n), \quad \|f\|_{\mathrm{BMO}_R}<\infty,\right\},$$

这里

$$\|f\|_{\mathrm{BMO}_R}=\sup_{\substack{B_\rho\subset\mathbb{R}^n\\ \rho\leqslant R}}\left(\frac{1}{|B(x,\rho)|}\int_{B(x,\rho)|}\int_0^{\rho^2}|\nabla\Phi_{\sqrt{t}} * f|^2 dtdy\right)^{1/2}. \tag{4.26}$$

(ii) 可以借助于 BMO_R 定义 VMO 空间 (即满足 Vanishing 条件的 BMO 空间),

$$\mathrm{VMO}=\left\{f\in \mathrm{BMO};\quad \lim_{R\to 0}\|f\|_{\mathrm{BMO}_R}=0 \quad \text{或} \lim_{R\to\infty}\|f\|_{\mathrm{BMO}_R}=0\right\}.$$

(iii) 可引入 $\overline{VMO}$ 及 $\overline{VMO}^{-1}$ 空间如下:

$$\overline{VMO}=\left\{f\in \mathrm{BMO}_1;\quad \lim_{\rho\to 0}\|f\|_{\mathrm{BMO}_\rho}=0\right\},$$

$$\overline{VMO}^{-1} = \left\{ f \middle| f \in \mathrm{BMO}_1^{-1} \quad 且 \quad \lim_{\rho \to 0} \|f\|_{\mathrm{BMO}_\rho^{-1}} = 0 \right\}.$$

(iv) 若 $C_0(\mathbb{R}^n)$ 表示集合 $\{f(x) \mid f(x) \in C(\mathbb{R}^n), 且 \lim\limits_{|x| \to \infty} f(x) = 0\}$, 则 VMO 空间是集合 $C_0(\mathbb{R}^n)$ 在 BMO 范数下的完备化空间.

(v) 记 $n \leqslant p < \infty$, $q > 2$, 则有如下等度的空间嵌入关系:

$$\begin{aligned}\dot{H}^{\frac{n}{2}-1}(\mathbb{R}^n) \hookrightarrow & L^n(\mathbb{R}^n) \hookrightarrow \dot{B}_{p,\infty}^{-1+\frac{n}{p}}(\mathbb{R}^n) \hookrightarrow \mathrm{BMO}^{-1}(\mathbb{R}^n) \\ & \hookrightarrow \dot{F}_{\infty,q}^{-1}(\mathbb{R}^n) \hookrightarrow \dot{B}_{\infty,\infty}^{-1}(\mathbb{R}^n).\end{aligned}$$

因此, 在更大的函数空间 $\dot{F}_{\infty,q}^{-1}(\mathbb{R}^n)$ 或 $\dot{B}_{\infty,\infty}^{-1}(\mathbb{R}^n)$ 中研究 Navier-Stokes 方程也是有意思的问题.

在陈述主要定理之前, 来考察一下 BMO^{-1} 空间是否较已知的临界空间 $\dot{B}_{p,q}^{\frac{n}{p}-1}$ $(1 < q \leqslant \infty)$, L^n, $\dot{H}^{\frac{n}{p}-1,p}$, M_q^n 更大些, 并且 $\deg(\mathrm{BMO}^{-1}) = -1$.

当 $p > n$, $s > 0$ 时, $B_{p,\infty}^{-s}$ 有如下 Gauss 核刻画

$$B_{p,\infty}^{-s} = \left\{ u \in \mathcal{S}'(\mathbb{R}^n), \quad v = \Phi_{\sqrt{t}} * u, \quad \|u\|_{B_{p,\infty}^{-s}} = \sup_{0<t\leqslant 1} t^{\frac{s}{2}} \|v(t)\|_p < \infty \right\}, \tag{4.27}$$

特别有

$$\|u\|_{B_{p,\infty}^{\frac{n}{p}-1}} = \sup_{0<t\leqslant 1} \sqrt{t}^{1-\frac{n}{p}} \|v\|_p, \quad p > n. \tag{4.28}$$

注意到, 对 $R \leqslant 1$ 有

$$\begin{aligned}& \left(\frac{1}{|B_R(x)|} \int_{B_R(x)} \int_0^{R^2} |v|^2 dt dy \right)^{1/2} \\ \leqslant & |B_R(x)|^{-\frac{1}{p}} \left(\int_0^{R^2} \|v\|_p^2 dt \right)^{1/2} \\ \leqslant & \sqrt{\frac{p}{n}} |B_1(x)|^{-\frac{1}{p}} \sup_{0<t\leqslant R^2} t^{\frac{1-\frac{n}{p}}{2}} \|v\|_p.\end{aligned} \tag{4.29}$$

另一方面, 由热方程的 $L^p - L^n$ 估计, 有

$$C|t|^{\frac{1-\frac{n}{p}}{2}} \|v(t)\|_p \leqslant C\|u\|_n. \tag{4.30}$$

由 (4.27)-(4.30) 就推得

$$L^n(\mathbb{R}^n) \hookrightarrow B_{p,\infty}^{\frac{n}{p}-1} \hookrightarrow \mathrm{BMO}^{-1}, \quad n \leqslant p < \infty. \tag{4.31}$$

关于 Morrey-Campanato 空间, 注意到

$$M_q^n = \left\{ u \in L^1_{\text{loc}}(\mathbb{R}^n); \quad \sup_{\substack{x\in\mathbb{R}^n \\ 0<R\leqslant 1}} R\left(\frac{1}{|B_R(x)|}\int_{B_R(x)} |u|^q dx\right)^{\frac{1}{q}} \right.$$
$$\left. \sim \|u\|_{M_q^n} < \infty \right\}, \tag{4.32}$$

仍可推得

$$M_q^n \hookrightarrow \mathrm{BMO}^{-1}, \quad n \geqslant q > 1, \tag{4.33}$$

证明详见 [KT] 或 [Ta2]. 由 (4.31) 和 (4.33) 就可以看出, BMO^{-1} 的确是一个较大的空间, 并且由

$$\begin{aligned}
\|\varphi(\lambda x)\|_{\mathrm{BMO}^{-1}} &= \sup_{\substack{x\in\mathbb{R}^n \\ 0<R}} \left(\frac{1}{|B_R(x)|}\int_{B_R(x)}\int_0^{R^2} |\omega(\lambda y, \lambda^2 t)|^2 dt dy\right)^{\frac{1}{2}} \\
&= \sup_{\substack{x\in\mathbb{R}^n \\ 0<R}} \left(\frac{\lambda^{-2}}{|B_R(x)|}\int_{B_R(x)}\int_0^{(\lambda R)^2} |\omega(\lambda y, \tau)|^2 d\tau dy\right)^{\frac{1}{2}} \\
&= \sup_{\substack{x\in\mathbb{R}^n \\ 0<R}} \left(\frac{\lambda^{-n-2}}{|B_R(x)|}\int_{B_{\lambda R}(\lambda x)}\int_0^{(\lambda R)^2} |\omega(z, \tau)|^2 d\tau dz\right)^{\frac{1}{2}} \\
&= \sup_{\substack{x\in\mathbb{R}^n \\ 0<R}} \left(\frac{\lambda^{-2}}{|B_{\lambda R}(\lambda x)|}\int_{B_{\lambda R}(\lambda x)}\int_0^{(\lambda R)^2} |\omega(z, \tau)|^2 d\tau dz\right)^{1/2} \\
&= \lambda^{-1}\|\varphi(x)\|_{\mathrm{BMO}^{-1}}, \quad \omega = G_{\sqrt{t}} * \varphi,
\end{aligned} \tag{4.34}$$

可推得 $\deg(\mathrm{BMO}^{-1}) = -1$. 此就意味着在 Scaling 变换

$$u_\lambda(x,t) = \lambda u(\lambda x, \lambda^2 t), \quad P_\lambda = \lambda^2 P(\lambda x, \lambda^2 t)$$

下, 能保证

$$F(\lambda) = \|u_\lambda(x,t)\|_{\mathrm{BMO}^{-1}} = \|u(x,t)\|_{\mathrm{BMO}^{-1}} = \text{const.} \tag{4.35}$$

这一点为后面构造中介空间很有指导作用, 下面通过类比方法, 来确定工作空间与中介空间.

我们在第二节里知道, 当 $u_0(x) \in L^n$ 或 $\dot{B}^{\frac{n}{p}-1}_{p,\infty}$ $(p > n)$ 时, 所构造的工作空间相当于

$$X = \{u(t) \in C([0,\infty); L^n(\mathbb{R}^n)) \cap \dot{C}_{q(p,n)}([0,\infty); L^p(\mathbb{R}^n))$$
$$\operatorname{div} u = 0\} \tag{4.36}$$

或

$$X = \{u(t) \in C_*((0,\infty); \dot{B}^{\frac{n}{p}-1}_{p,\infty}), \quad t^{\frac{1}{q}} u(t) \in C_*([0,\infty); L^p)$$
$$\operatorname{div} u = 0\}, \tag{4.37}$$

这里 (q,p,n) 是满足 $n < p \leqslant 2n$ 的任意广义容许三元簇. 这里的辅助空间均满足

$$\|u_\lambda(x,t); \dot{\mathcal{C}}_{q(p,n)}(\mathbb{R}^+; L^p)\| = \|u(x,t); \dot{\mathcal{C}}_{q(p,n)}(\mathbb{R}^+; L^p)\|,$$

$$\|t^{\frac{1}{q}} u_\lambda; C_*(\mathbb{R}^+; L^p)\| = \|t^{\frac{1}{q}} u; L^\infty(\mathbb{R}^+; L^p)\|.$$

因此, 我们选择与 BMO^{-1} 匹配的辅助空间亦是基于 Scaling 的原则, 本质上 BMO^{-1} 就相当于 $p=\infty$ 时, $(2,\infty,n)$ 是一个特殊的广义容许三元簇, 受此与 BMO^{-1} 构造的启发, 即当 $u_0(x) \in \mathrm{BMO}^{-1}$ 时, 确保 $S(t)u_0(x) \in X$, 这里取

$$X = \Bigg\{u \in L^2_{\mathrm{loc}}(\mathbb{R}^n \times [0,\infty)); \quad \|u\|_X = \sup_t t^{\frac{1}{2}} \|u(t)\|_\infty$$
$$+ \Bigg(\sup_{\substack{x\in\mathbb{R}^n\\0<R}} \frac{1}{|B_R(x)|} \int_{B_R(x)} \int_0^{R^2} |u|^2 dt dy\Bigg)^{\frac{1}{2}} < \infty, \ \operatorname{div} u = 0\Bigg\}, \tag{4.38}$$

相应地中介空间

$$Y = \{f(x,t) \in L^1_{\mathrm{loc}}(\mathbb{R}^n \times [0,\infty)); \|f\|_Y = \sup_t t\|f\|_\infty$$
$$+ \sup_{\substack{x\in\mathbb{R}^n\\0<R}} \frac{1}{|B_R(x)|} \int_{B_R(x)} \int_0^{R^2} |f| dy dt < \infty\}. \tag{4.39}$$

中介空间 Y 的取法很自然的, 就相当于 Y 可以确保 $N(u) = u \otimes u$: 是 $X \to Y$ 上的非线性映射. 有了上面的准备, 我们就有如下定理

定理 4.4 设 $u_0(x) \in \mathrm{BMO}^{-1}$, $\operatorname{div} u_0(x) = 0$ 在分布意义下成立, 且 $\|u_0\|_{\mathrm{BMO}^{-1}} \ll 1$, 则 (4.1) 或 (4.2) 存在唯一整体解 $u(t) \in X$.

类同于 BMO^{-1}_R 的定义, 可定义 X_R, 同时, 记 $X(I)$, $X_R(I)$ 是将 X, X_R 中区间 $[0,\infty)$ 换成 $I = [0,T)$ 的空间. 类同于定理 4.4, 易得:

推论 4.5 存在 $\varepsilon > 0$, 对任意 $R > 0$, 若

$$u_0(x) \in \mathrm{BMO}^{-1}, \quad \operatorname{div} u_0 = 0 \quad \text{在分布意义下成立},$$

并且满足 $\|u_0(x)\|_{\mathrm{BMO}^{-1}} < \varepsilon$, 则 (4.1) 或 (4.2) 存在唯一解 $u(x,t) \in X_R(0,R^2)$, 特别, 对任意 $u_0(x) \in \overline{\mathrm{VMO}}^{-1}$, $\operatorname{div} u_0 = 0$ 在分布意义下成立, (4.1) 或 (4.2) 存在唯一

局部解, 这里

$$X_R = \left\{ u \in L^1_{loc}(\mathbb{R}^n \times [0,\infty)); \|u\|_{X_R} = \sup_t t^{\frac{1}{2}} \|u\|_\infty \right.$$
$$\left. + \left(\sup_{\substack{x\in\mathbb{R}^n \\ 0<\rho\leqslant R}} \frac{1}{|B_\rho(x)|} \int_{B_\rho(x)} \int_0^{\rho^2} |u|^2 dtdy \right)^{\frac{1}{2}} < \infty \right\}. \tag{4.40}$$

定理 4.4 的证明 记 $N(u) = u \otimes u$, 那么积分方程 (4.2) 就是

$$\begin{aligned} u(t) =& S(t)u_0(x) - \int_0^t S(t-\tau)\mathcal{P}\nabla(u\otimes u)d\tau \\ \equiv& S(t)u_0(x) - \int_0^t S(t-\tau)\mathcal{P}\nabla N(u)d\tau \\ \equiv& S(t)u_0(x) + G\mathcal{P}\nabla N(u). \end{aligned} \tag{4.41}$$

注意到 $\mathrm{BMO}^{-1} \hookrightarrow \dot{B}^{-1}_{\infty,\infty}$, 那么

$$\begin{aligned} \|S(t)u_0(x)\|_X =& \sup_t t^{\frac{1}{2}} \|S(t)u_0(x)\|_\infty \\ &+ \left(\sup_{\substack{x\in\mathbb{R}^n \\ 0<R}} \frac{1}{|B_R(x)|} \int_{B_R(x)} \int_0^{R^2} |S(t)u_0|^2 dtdy \right)^{1/2} \\ \leqslant& \|u_0\|_{\dot{B}^{-1}_{\infty,\infty}} + \|u_0\|_{\mathrm{BMO}^{-1}} \\ \leqslant& C\|u_0\|_{\mathrm{BMO}^{-1}}. \end{aligned} \tag{4.42}$$

于是, 定理 4.4 的证明就归结于证明下面的引理:

引理 4.6 N 是 X 到 Y 的映射.

引理 4.7 $G\nabla\mathcal{P}$: 是从 $Y \to X$ 的映射.

显然,

$$\|N(u)\|_Y \leqslant 2\|u\|_X^2. \tag{4.43}$$

因此, 下仅需证明引理 4.7. 首先注意到如下基本估计:

$$|\mathcal{P}\Phi| \leqslant C(1+|x|)^{-n}, \quad \Phi(x) = (4\pi)^{-\frac{n}{2}} \exp\left(-\frac{|x|^2}{4}\right), \tag{4.44}$$

$$|K_t(x)| \leqslant C(\sqrt{t}+|x|)^{-n}, \quad K_t(x) = \mathcal{P}\Phi_{\sqrt{t}}(x), \tag{4.45}$$

$$|\mathcal{P}\nabla\Phi_{\sqrt{t}}(x)| \leqslant C(\sqrt{t}+|x|)^{-n-1}, \tag{4.46}$$

$$|\mathcal{P}(\delta_0 - \Phi_{\sqrt{t}}(x))| \leqslant Ct|x|^{-n-2}, \tag{4.47}$$

这里用到 $\mathcal{P}$ 对应的乘子 $m(\xi) = \delta_{ij} - \dfrac{\xi_i \xi_j}{|\xi|^2}$ 是经典的 C–Z 奇导积分算子及

$$\int \nabla\Phi dx = 0, \quad \int (\delta_0 - \Phi_{\sqrt{t}}) dx = 0, \quad \int x_i(\delta_0 - \Phi_{\sqrt{t}}) dx = 0, \tag{4.48}$$

$\mathcal{P}(\delta_0 - \Phi_{\sqrt{t}}(x))$ 是算子 $\mathcal{P}(I - S(t))$ 对应的核函数.

记 $a(x) \in C_c^\infty(\mathbb{R}^n)$, supp$a(x) \subset B_1(0)$, 若 $\widetilde{K}_t(x)$ 是拟微分算子

$$S(-t)a(t^{\frac{1}{2}} D_x)$$

对应的核函数, 则

$$\widetilde{K}_t(x) = \mathcal{F}^{-1}\big(e^{t|\xi|^2} a(\sqrt{t}\xi)\big), \quad \hat{\varphi}(\sqrt{t}\xi)\Delta e^{t|\xi|^2} a(\sqrt{t}\xi).$$

注意到 $\varphi(x) \in \mathcal{S}(\mathbb{R}^n)$, 因此

$$|\varphi(x)| \leqslant (1 + |x|)^{-N}, \quad \forall N \geqslant 0.$$

由乘子估计及 Scaling 原理就得

$$|\widetilde{K}_t(x)| = |\varphi_{\sqrt{t}}(x)| \leqslant C_n t^{-\frac{n}{2}} \left(1 + \frac{|x|}{\sqrt{t}}\right)^{-N}, \quad \forall N \geqslant 1. \tag{4.49}$$

下面分 4 步证明引理 4.7.

Step 1 (Scaling 及 Localization)　易见, 引理 4.7 等价于

$$|G\nabla\mathcal{P}f| \leqslant Ct^{-\frac{1}{2}}\|f\|_Y \tag{4.50}$$

及

$$\|G\nabla\mathcal{P}f\|^2_{L^2(B(x,R)\times[0,R^2])} \leqslant C|B_R(x)|\|f\|^2_Y. \tag{4.51}$$

与此同时, 利用估计 (4.50), (4.51) 在 Scaling 变换:

$$f(x,t) \to \tilde{f}_{(\lambda)}(x,t) = \lambda f(\lambda^2 t, \lambda x)$$

及平移变换下的不变性, 可将 (4.50) 及 (4.51) 就归结为证明:

$$|G\nabla\mathcal{P}f(0,1)| \leqslant C\|f\|_{Y_1}, \tag{4.52}$$

$$\|G\nabla\mathcal{P}f\|^2_{L^2(B(0,1)\times[0,1))} \leqslant C\|f\|^2_{Y_1}. \tag{4.53}$$

$$\begin{aligned}\int_0^t \mathcal{P}\nabla\Phi_{\sqrt{t-s}} * f(\cdot,s)ds &= \int_0^t (\mathcal{P}\nabla\Phi)_{\sqrt{t-s}} * f(\cdot,s)\frac{ds}{\sqrt{t-s}}\\ &= \int_0^1 (\mathcal{P}\nabla\Phi)_{\sqrt{1-s}\sqrt{t}} * f(\cdot,st)\frac{ds}{\sqrt{1-s}}\cdot\sqrt{t}\\ &= \left[\int_0^1 (\mathcal{P}\nabla\Phi)_{\sqrt{1-s}} * f_{\sqrt{t}^{-1}}(\cdot,ts)\frac{ds}{\sqrt{1-s}}\right]_{\sqrt{t}}\cdot\sqrt{t}\\ &= \left[\int_0^1 \mathcal{P}\nabla\Phi_{\sqrt{1-s}} * \sqrt{t}f(\sqrt{t}\cdot,ts)ds\right]\left(\frac{x}{\sqrt{t}}\right)t^{-\frac{n}{2}}\sqrt{t}^{n-1}\cdot\sqrt{t}\\ &= \left[\int_0^1 \mathcal{P}\nabla\Phi_{\sqrt{1-s}} * \tilde{f}_{(\sqrt{t})}(\cdot,s)ds\right]\left(\frac{x}{\sqrt{t}}\right),\end{aligned}$$

因此,

$$|G\nabla\mathcal{P}f| = \left|(G\nabla\mathcal{P}\tilde{f}_{(\sqrt{t})})\left(\frac{x}{\sqrt{t}},1\right)\right| = C\|\tilde{f}_{(\sqrt{t})}\|_{Y_1} \leqslant Ct^{-\frac{1}{2}}\|f\|_Y.$$

同理也可证明 (4.51) 与 (4.53) 的等价性.

今设 $\chi(x,t)$ 是 $B(0,2)\times[0,1]$ 上的特征函数, 分解 $f\in Y$ 如下:

$$f = \chi f + (1-\chi)f \equiv f_1 + f_2. \tag{4.54}$$

显然, $f_1, f_2 \in Y$, 注意到 $G\nabla\mathcal{P}$ 对应的核函数 $K(x,t) = \mathcal{P}\nabla\Phi_{\sqrt{t}}(x)$ 满足估计 (4.46).

易见, 以 $\widetilde{\mathbb{Z}}^n$ 表示满足 $|x|>1$ 的整数节点 $(x\in\mathbb{Z}^n)$, 易见以这些点为中心的单位球构成了 $\{y,|y|\leqslant 1\}^c$ 的覆盖. 记 $Q(0,m)$ 是以 0 为中心, 边长为 m 的立方体, 于是

$$\begin{aligned}&\|G\nabla\mathcal{P}(1-\chi)f\|_{L^\infty(B(0,1)\times[0,1])}\\ \leqslant&\left\|\int_0^1\int_{\mathbb{R}^n}\frac{1-\chi(y,s)}{(\sqrt{1-s}+|x-y|)^{n+1}}|f(y,s)|dyds\right\|_{L^\infty(B(0,1)\times[0,1])}\\ \leqslant&\int_0^1\int_{|y|\geqslant 2}\frac{|f(y,s)|}{|y|^{n+1}}dyds \quad (\text{上一步用到}\quad |y|\geqslant 2, |x|\leqslant 1)\\ \leqslant&C\sum_{m=2}^\infty\sum_{x\in\{Q(0,m)\setminus Q(0,m-1)\}\cap\widetilde{\mathbb{Z}}^n}\int_0^1\int_{B(x,1)}m^{-n-1}|f(y,s)|dyds\\ \leqslant&C\sum_{m=2}^\infty\frac{1}{m^2}\sup_{x\in\mathbb{R}^n}\int_0^1\int_{B(x,1)}|f(y,s)|dyds\\ \leqslant&C\sup_{x\in\mathbb{R}^n}\int_{Q(x,1)}|f|dtdy.\end{aligned} \tag{4.55}$$

由此推得 (4.52) 对 f_2 成立.

Step 2 (逐点估计)　证明 $f_1 = \chi f$ 时, 或对 f, $\mathrm{supp} f \subset B(0,2)\times[0,1]$ 来证明估计 (4.52). 事实上, 注意到

$$\begin{aligned}
&\int_0^1 \mathcal{P}\nabla\Phi_{\sqrt{s}} * f(\cdot,1-s)ds = \int_0^1 (\mathcal{P}\nabla\Phi)_{\sqrt{s}} * f(\cdot,1-s)\frac{ds}{\sqrt{s}}\\
=&\int_0^{\frac12} (\mathcal{P}\nabla\Phi)_{\sqrt{s}} * f(\cdot,1-s)\frac{ds}{\sqrt{s}} + \int_{\frac12}^1 (\mathcal{P}\nabla\Phi)_{\sqrt{s}} * f(\cdot,1-s)\frac{ds}{\sqrt{s}}\\
=&\int_0^{\frac12}\int_{\mathbb{R}^n} (\mathcal{P}\nabla\Phi)_{\sqrt{s}}(0-\cdot) f(\cdot,1-s)dy\frac{ds}{\sqrt{s}}\\
&+\int_{\frac12}^1\int_{\mathbb{R}^n} (\mathcal{P}\nabla\Phi)_{\sqrt{s}}(0-\cdot) f(\cdot,1-s)dy\frac{ds}{\sqrt{s}}\Delta I + II.
\end{aligned}$$

则

$$\begin{aligned}
I =&C\int_0^{\frac12}\int_{\mathbb{R}^n} (\mathcal{P}\nabla\Phi)_{\sqrt{s}}(0-\cdot)(1-s)^{-1}(1-s)f(\cdot,1-s)dy\frac{ds}{\sqrt{s}}\\
\leqslant& C\int_0^{\frac12}\|\sqrt{s}^{-1}(\mathcal{P}\nabla\Phi)_{\sqrt{s}}(y)\|_1 ds\cdot\sup_s|(1-s)f(1-s,y)|\\
\leqslant& C\|f\|_{Y_1},
\end{aligned}$$

$$\begin{aligned}
II \leqslant& C\int_{\frac12}^1\int_{|y|\leqslant 2}\sqrt{s}^{-1}(\mathcal{P}\nabla\Phi)_{\sqrt{s}}(y)|f(\cdot,1-s)|dyds\\
\leqslant& C\int_{\frac12}^1\int_{|y|\leqslant 2}\frac{1}{(\sqrt{s}+|y|)^{n+1}}|f(y,1-s)|dyds\\
\leqslant& C\int_0^{\frac12}\int_{|y|\leqslant 2}|f(y,t)|dydt \leqslant C\|f\|_{Y_1}.
\end{aligned}$$

Step 3 (Cutting off higher frequencies)

事实上, 我们可以证明较 (4.53) 更强的估计

$$\int_0^1\int_{\mathbb{R}^n}|\nabla Gf|^2 dxdt \leqslant \|f\|_Y\|f\|_{L^1(\mathbb{R}^n\times\mathbb{R})}. \tag{4.56}$$

这里去掉投影算子 $\mathcal{P}$, 主要因为 $\mathcal{P}$ 是 $L^2\to L^2$ 有界算子, 且与 ∇G 可交换. 进而亦可推知 (4.56) 对于不满足 $\mathrm{supp} f\subset B(0,2)\times[0,1]$ 的函数仍然有效.

令 $a(\xi)\in C_c^\infty(\mathbb{R}^n)$ 满足

$$a(\xi) = \begin{cases} 1, & |\xi|\leqslant 1,\\ 0, & |\xi|\geqslant 2.\end{cases}$$

构造乘子算子

$$A_t = a(t^{\frac{1}{2}} D_x). \tag{4.57}$$

此乘子算子去掉了频率 $\geqslant 2t^{-\frac{1}{2}}$ 的高频部分, 那么对 $t \leqslant 1$, 有

$$\|(1-A_t)g\|_{H^{-1}(\mathbb{R}^n)} \leqslant Ct^{\frac{1}{2}}\|g\|_{L^2(\mathbb{R}^n)}, \tag{4.58}$$

及

$$\begin{aligned}\|G\nabla(1-A_t)f\|^2_{L^2(\mathbb{R}^n\times[0,1))} &\leqslant C\int_0^1 \|(1-A_t)f\|^2_{H^{-1}(\mathbb{R}^n)}dt \\ &\leqslant C\|f\|_Y\|f\|_{L^1(\mathbb{R}^n\times(0,1))}.\end{aligned} \tag{4.59}$$

Step 4 (The key estimate, 低频部分估计) 下面仅剩 $A_t f$ 的 L^2 估计. 记 $\widetilde{K}_t(x)$ 是算子 $S(-t)A_t$ 对应的核, 由于 A_t 值域中的函数的 Fourier 变换具有紧子集, 故 $\widetilde{K}_t(x)$ 良定, 并且对 $\forall N \geqslant 1$ 满足估计 (4.49). 特别

$$\|\widetilde{K}_t(x)\|_{L^1(\mathbb{R}^n)} < \infty, \quad 关于 t \in [0,\infty) 成立, \tag{4.60}$$

因此,

$$\|S(-t)A_t f\|_Y \leqslant C\|f\|_Y, \quad \|S(-t)A_t f\|_1 \leqslant C\|f\|_1. \tag{4.61}$$

现设 $\omega(t) = S(-t)A_t f$, 那么 $v(t) = \nabla G A_t f$ 可表示为

$$v(t) = \nabla S(t)\int_0^t \omega(\tau)d\tau. \tag{4.62}$$

欲得所需的估计, 只需证明

$$\|v(t)\|^2_{L^2(\mathbb{R}^n\times(0,1))} \leqslant C\|\omega\|_Y\|\omega\|_{L^1(\mathbb{R}^n\times(0,1))}. \tag{4.63}$$

事实上, 直接计算

$$\begin{aligned}\|v(t)\|^2_{L^2(\mathbb{R}^n\times(0,1))} &= \int_0^1 \left\|\nabla S(t)\int_0^t \omega(\tau)d\tau\right\|^2_{L^2(\mathbb{R}^n)} dt \\ &= -\int_0^1\int_0^t\int_0^t \langle \Delta S(2t)\omega(\tau), \omega(\theta)\rangle_{L^2(\mathbb{R}^n)} d\theta d\tau dt \\ &= -2\int_0^1\int_0^t\int_0^\tau \langle \Delta S(2t)\omega(\tau), \omega(\theta)\rangle_{L^2(\mathbb{R}^n)} d\theta d\tau dt \\ &= -2\int_0^1\int_\tau^1\int_0^\tau \langle \Delta S(2t)\omega(\tau), \omega(\theta)\rangle_{L^2(\mathbb{R}^n)} d\theta dt d\tau \\ &= \int_0^1\int_0^\tau \langle (S(2\tau)-S(2))\omega(s), \omega(\theta)\rangle_{L^2(\mathbb{R}^n)} d\theta d\tau\end{aligned}$$

$$
\begin{aligned}
&= \int_0^1 \langle (S(2\tau) - S(2))\omega(s), \int_0^\tau \omega(\theta)d\theta \rangle_{L^2(\mathbb{R}^n)} d\tau \\
&\leqslant \int_0^1 \|\omega(\tau)\|_{L^1(\mathbb{R}^n)} \left\| (S(2\tau) - S(2)) \int_0^\tau \omega(\theta)d\theta \right\|_{L^\infty(\mathbb{R}^n)} d\tau,
\end{aligned} \tag{4.64}
$$

这里用到表示公式 (4.62)、分部积分、Fubini 定理及 $\partial_t S(t) = \Delta S(t)$.

如果能够证明

$$
\left\| S(2t) \int_0^t \omega(\theta)d\theta \right\|_{L^\infty(\mathbb{R}^n)} \leqslant C\|\omega\|_Y, \quad \forall t > 0, \tag{4.65}
$$

那么, 由 (4.65) 就得估计 (4.63).

Step 5 (4.65) 的估计. 注意到

$$
\begin{aligned}
\frac{1}{|B_R(x)|} \left\| \int_0^{R^2} \omega(t)dt \right\|_{L^1(B_R(x))} &\leqslant \frac{1}{|B_R(x)|} \int_{B_R(x)} \int_0^{R^2} |\omega(t)|dtdx \\
&\leqslant \|\omega(t)\|_Y,
\end{aligned} \tag{4.66}
$$

以及 $S(2t)$ 对应的核函数 $\widetilde{K}_t(x)$ 满足

$$
\widetilde{K}_t(x) = C_n t^{-\frac{n}{2}} \exp\left(-\frac{|x|^2}{8t} \right),
$$

直接计算, 就得

$$
\begin{aligned}
&\left\| S(2t) \int_0^t \omega(\theta)d\theta \right\|_{L^\infty(\mathbb{R}^n)} = \left\| \int_0^t \Phi_{\sqrt{2t}} * \omega(\theta)d\theta \right\|_\infty \\
\leqslant & \left\| \int_0^t \int_{\mathbb{R}^n} (8\pi t)^{-\frac{n}{2}} e^{-\frac{|x-y|^2}{8t}} \omega(y,\theta)dyd\theta \right\|_\infty \\
\leqslant & \sum_{k\in\mathbb{Z}^n} \int_0^t \int_{y-x\in\sqrt{8t}(k+[0,1]^n)} (8\pi t)^{-\frac{n}{2}} e^{-\frac{|x-y|^2}{8t}} |\omega(y,\theta)|dyd\theta \\
\leqslant & \sum_{k\in\mathbb{Z}^n} \sup_{z\in(k+[0,1]^n)} e^{-|z|^2} (8\pi t)^{-\frac{n}{2}} \left(\int_0^t \int_{y-x\in\sqrt{8t}(k+[0,1]^n)} |\omega(y,\theta)|dyd\theta \right) \\
\leqslant & C \sup_B \frac{1}{|B|} \int_Q |\omega(y,\theta)|dyd\theta.
\end{aligned}
$$

于是, 根据引理 4.6、引理 4.7 就完成定理 4.4 的证明.

注记 4.3　经典的不可压 Navier-Stokes 方程 (及 Euler 方程) 的整体光滑解的存在性是数学物理最关注的问题之一 (数学界 7 个百万美元征题之一). 目前还没有发现解决此问题的有效方法, 著名数学家 Nirenberg 认为解决这一问题的方法应是调和分析方法. Meyer, Chemin 及其学派利用微局部分析技术, 研究不可压缩 Euler 方程、不可压缩 Navier-Stokes 方程等流体动力学方程, 做出了一系列突出贡献. 判别流体动力学方程光滑解否导致奇性有著名的 Beale-Kato-Majda 准则及 Fefferman-Constantin 的几何性准则. 在频谱层次上研究不可压流体动力学方程解的适定性及建立的 Beale-Kato-Majda 准则的工作可见 [CCM], [CMZ1], [CMZ2], [CM1], [MY2].

第四章　非线性 Schrödinger 方程

非线性 Schrödinger 方程是一个典型的色散波方程, 它出现在量子力学等现代物理的研究中. 近年来吸引了许多数学家的兴趣, 但许多问题特别是 Cauchy 问题的适定性及散射性理论尚未彻底解决. 本章的主旨是介绍 Schrödinger 方程最新的研究成果. 首先, 从经典的 Strichartz 时空估计 (源于 Fourier 限制性估计) 出发, 扼要阐述近几十年来 Schrödinger 方程经典研究方法与研究进程. 其次, 以三次非线性 Schrödinger 方程为例, 用两节的篇幅, 讨论 Bourgain 的 Fourier 截断分解技术与 Tao 的 I- 能量方法来处理低正则性问题, 即 $H^s(s<1)$ 中的适定性及解的散射理论, 特别是 Bourgain 型空间的刻画、经典的 Morawetz 型估计及相互作用的 Morawetz 估计及最后, 借助于 Morawetz 型估计的局部化形式, 给出了临界 Schrödinger 方程在对称初值 $\varphi \in \dot{H}^1(\mathbb{R}^n)$ 下的整体适定性及散射性. 希望读者可以从中体会到调和分析方法在 Schrödigner 方程的研究中起着本质的作用.

一般来讲, 非线性 Schrödinger 方程的 Cauchy 问题可表示为

$$\begin{cases} iu_t = -\dfrac{1}{2}\Delta u + f(u), \quad (x,t) \in \mathbb{R}^n \times \mathbb{R}, \\ u(0) = \varphi(x) \quad x \in \mathbb{R}^n, \end{cases} \tag{0.1}$$

这里 u 是复值函数, Δ 是 $\mathbb{R}^n$ 中的 Laplace 算子, 非线性相互作用项 $f(u)$ 满足如下基本假设.

(H1) $f \in C^1(\mathbb{C};\mathbb{C})$, $f(0)=0$ 且对某个 $1<p<\infty$, 成立

$$|f'(z)| \leqslant \max\left(\left|\frac{\partial f}{\partial z}\right|, \left|\frac{\partial f}{\partial \bar{z}}\right|\right) \leqslant C(1+|z|^{p-1}). \tag{0.2}$$

(H2) 存在函数 $V \in C^1(\mathbb{C};\mathbb{R})$ 满足 $V(0)=0$, $V(z)=V(|z|)$ 使得

$$\frac{\partial V}{\partial \bar{z}} = f(z). \tag{0.3}$$

换言之, 存在 $G \in C^1(\mathbb{R}^+;\mathbb{R})$, 使得

$$f(z) = zG'(|z|^2), \qquad \text{即相当于} \quad V(z) = G(|z|^2). \tag{0.4}$$

注记 0.1　(i) (H1) 是多项式增长条件, 而 (H2) 是规范不变条件, 即满足

$$f(e^{i\theta}z) = e^{i\theta}f(z). \tag{0.5}$$

在规范不变条件下,(0.1) 的光滑解满足如下能量守恒式

$$E_0(u(t)) \triangleq \|u(t)\|_2^2 = E_0(\varphi), \tag{0.6}$$

$$E_1(u(t)) \triangleq \int_{\mathbb{R}^n} \left[\frac{1}{2}|\nabla u|^2 + V(u(t))\right] dx = E_1(\varphi). \tag{0.7}$$

能量等式可直接用积分估计得到, 详见 [Mi5].

(ii) 有许多函数满足 (H1),(H2) 的条件, 如

$$f(z) = a_1|z|^{q-1}z + a_2|z|^{p-1}z, \qquad 1 \leqslant q < p, \quad 1 < p < \infty,$$

$$f(z) = (1 - e^{-\gamma|z|^2})z,$$

$$f(z) = \sin|z|^2 \cdot z, \qquad z\cos|z|^2$$

等. 对于不满足 (H1)、(H2) 的非线性 Schrödinger 方程, 从数学研究的角度来讲, 局部存在性的结果是类似的. 但整体性结果仅限于小解情形的研究, 详见 [NO1], [NO2].

(iii) 为更明确起见 (但不失一般性), 本章限于考虑 (0.1) 的特殊情形

$$\begin{cases} iu_t = -\dfrac{1}{2}\Delta u + \mu|u|^{p-1}u, & (x,t) \in \mathbb{R}^n \times \mathbb{R}, \\ u(0) = \varphi(x), & x \in \mathbb{R}^n, \end{cases} \tag{0.8}$$

此时, 相应的 $E_1(u(t))$ 有如下具体形式

$$E_1(u(t)) = \int_{\mathbb{R}^n} \left(\frac{1}{2}|\nabla u|^2 + \frac{2\mu}{p+1}|u|^{p+1}\right) dx = E_1(\varphi). \tag{0.9}$$

(iv) 当 $\mu < 0$ 时, (0.8) 对应着聚焦 (focuing) 情形. 若 $p \geqslant 2 + \dfrac{4}{n}$, 具聚焦非线性项的 Cauchy 问题 (0.8) 的光滑解可以在有限时间内发生 Blow-up 现象 [Gl1], 其最近研究详见 [Bo2]. 当 $\mu > 0$, (0.8) 对应着非聚焦 (defocuing) 情形. 我们将着重讨论非聚焦非线性 Schrödinger 方程在 H^s 中的适定性及散射性理论.

现回忆第一章 §4 的 Scaling 分析. 对 Schrödinger 方程而言, $S(t) = e^{\pm\frac{1}{2}i\Delta t} = \mathcal{F}^{-1}e^{\mp\frac{1}{2}i|\xi|^2 t}\mathcal{F}$ 仅在 $C(I; H^s)$ 型空间上生成 C_0 群. 当 $0 \leqslant s \leqslant \dfrac{n}{2}$ 时, 非线性 Schrödinger 方程的 Cauchy 问题适定性的研究只能在 $C(I; H^s)$ 的子空间, 即

$$\mathcal{X}(I) = C(I; H^s) \cap \cdots, \qquad s \geqslant 0 \tag{0.10}$$

中进行, 这里 $\cdots$ 表示时空 Banach 空间 $L^q(I; B^s_{r,2}(\mathbb{R}^n))$. 自然, 当 $s > \dfrac{n}{2}$ 时, 由于 H^s 是一个 Banach 代数, 则由经典的适定性理论, 就可以直接在 $C(I; H^s)$ 中研究.

就 (0.8) 而言, $u_\lambda(x,t)=\lambda^{-\frac{2}{p-1}}u(\lambda^{-1}x,\lambda^{-2}t)$ 保持非线性 Schrödinger 方程不变. 由 Scaling 原理, 欲使 (0.8) 在 H^s 中可解, 应有

$$\text{h-deg}(H^s)=s-\frac{n}{2}\geqslant-\frac{2}{p-1}\quad 即\quad s\geqslant\frac{n}{2}-\frac{2}{p-1}. \tag{0.11}$$

特别, 当 $s=s_c=\dfrac{n}{2}-\dfrac{2}{p-1}$ 时, H^{s_c} 对应着研究 (0.8) 的临界空间. 反过来, 对任意 H^s $(s\geqslant 0)$, 欲使 (0.8) 在 H^s 上决定一个连续流, 要求 $p\leqslant 1+\dfrac{4}{n-2s}$. 特别, $p_c=1+\dfrac{4}{n-2s}$ 对应着 H^s- 所容许最大指标, 通常称 $p_c=1+\dfrac{4}{n-2s}$ 是 H^s– 临界指标, 简单表示如下:

(I) 对固定的非线性增长 p, 相应的临界空间是 $H^{s_c}(\mathbb{R}^n)$, $s_c=\dfrac{n}{2}-\dfrac{2}{p-1}$ 是临界指标. 若 $s>s_c$, $H^s(\mathbb{R}^n)$ 对应着次临界空间; 若 $s<s_c$, $H^s(\mathbb{R}^n)$ 就对应着超临界空间.

(II) 对固定的 $s>0$, $H^s(\mathbb{R}^n)$ 所能容许的非线性增长指标是 $p\leqslant p_c$. 称 $p_c=1+\dfrac{4}{n-2s}$ 是 H^s- 临界指标. $p_c<1+\dfrac{4}{n-2s}$ 就是 H^s- 次临界指标. $p_c>1+\dfrac{4}{n-2s}$ 就是 H^s- 超临界指标. 特别, $p_c=1+\dfrac{4}{n}$ 就是 L^2- 临界指标, $p_c=1+\dfrac{4}{n-2}$ 就是 H^1- 临界指标.

关于 Schrödinger 方程, 它的容许对定义 (见第一章 §4) 如下:

定义 0.1 称 (q,r) 是关于 Schrödinger 方程的时空容许对, 如果

$$\frac{2}{q}=n\left(\frac{1}{2}-\frac{1}{r}\right), \tag{0.12}$$

其中

$$\begin{cases}2\leqslant r\leqslant\infty, & n=1,\\ 2\leqslant r<\infty, & n=2,\\ 2\leqslant r\leqslant\dfrac{2n}{n-2}\triangleq 2^*, & n\geqslant 3.\end{cases} \tag{0.13}$$

通常记为 $(q,r)\in\Lambda$.

易见, $q=q(r,n)$ 由 r 与 n 唯一确定, 并且

$$\begin{cases}2\leqslant q\leqslant\infty, & n\geqslant 3,\\ 2<q\leqslant\infty, & n=2,\\ 4\leqslant q\leqslant\infty, & n=1.\end{cases} \tag{0.14}$$

当 $r=2$ 时, $q=\infty$ 就对应着形如 $L^\infty(I;H^s)$, $s\geqslant 0$. 一般地, (q,r) 对应着时空可积空间 $L^q(I;B^s_{r,2}(\mathbb{R}^n))$, $s\geqslant 0$.

§4.1 线性 Schrödinger 方程解的时空估计及其光滑性估计

容易看出,

$$\begin{aligned} v(t) =& S(t)\varphi - i\int_0^t S(t-\tau)g(x,\tau)d\tau \\ \triangleq& S(t)\varphi + Jg(t,x) \end{aligned} \tag{1.1}$$

是线性 Schrödinger 方程 Cauchy 问题

$$\begin{cases} iv_t = -\dfrac{1}{2}\Delta v + g(x,t), & (x,t)\in\mathbb{R}^n\times\mathbb{R} \\ v(0)=\varphi(x), & x\in\mathbb{R}^n \end{cases} \tag{1.2}$$

的解, 这里

$$\begin{aligned} S(t)\varphi =& \exp\left(i\frac{t}{2}\Delta\right)\varphi = \mathcal{F}^{-1}e^{-\frac{i}{2}|\xi|^2 t}\mathcal{F}\varphi \\ =& M(t)D(t)\mathcal{F}M(t)\varphi(x), \end{aligned} \tag{1.3}$$

其中

$$M(t) = \exp\left(i\frac{|x|^2}{2t}\right), \quad D(t)\varphi(x) = (it)^{-\frac{n}{2}}\varphi\left(\frac{x}{t}\right). \tag{1.4}$$

事实上, 注意到

$$\int_{\mathbb{R}^n} e^{-i\frac{t}{2}|x|^2}dx = \left(\frac{2\pi}{it}\right)^{\frac{n}{2}},$$

则

$$\begin{aligned} S(t)\varphi =& \frac{1}{(2\pi it)^{n/2}}\int_{\mathbb{R}^n} e^{\frac{i|x-y|^2}{2t}}\varphi(y)dy \\ =& \frac{1}{(2\pi it)^{n/2}}e^{\frac{i|x|^2}{2t}}\int_{\mathbb{R}^n} e^{-i\frac{x}{t}\cdot y}\left(e^{\frac{i|y|^2}{2t}}\varphi(y)\right)dy \\ =& \frac{1}{(2\pi it)^{n/2}}M(2\pi)^{\frac{n}{2}}\mathcal{F}(M\varphi)\left(\frac{x}{t}\right) \\ =& M\frac{1}{(it)^{n/2}}(\mathcal{F}M\varphi)\left(\frac{x}{t}\right) = MD(t)\mathcal{F}M\varphi(x). \end{aligned}$$

定理 1.1 (Strichartz 时空估计) 设 $(q,r)\in\Lambda$, $(\gamma,\rho)\in\Lambda$, $I=\mathbb{R}$ 或 I 是满足 $0\in\bar{I}$ 的区间. 则有如下结果

(i) 对 $\forall\varphi\in L^2(\mathbb{R}^n)$, $S(t)\varphi\in C(I;L^2)\cap L^q(I;L^r(\mathbb{R}^n))$ 且存在一个不依赖于 I 的常数 C, 使得

$$\|S(t)\varphi;L^q(I;L^r(\mathbb{R}^n))\|\leqslant C\|\varphi\|_2. \tag{1.5}$$

(ii) 设 $g(x,t)\in L^{\gamma'}(I;L^{\rho'}(\mathbb{R}^n))$, 则

$$Jg\in L^q(I;L^r(\mathbb{R}^n))\cap C(I;L^2(\mathbb{R}^n)),$$

并且存在不依赖于 I 的常数 C 使得

$$\|Jg;L^q(I;L^r(\mathbb{R}^n))\|\leqslant C\|g;L^{\gamma'}(I;L^{\rho'}(\mathbb{R}^n))\|, \tag{1.6}$$

这里 $\dfrac{1}{\gamma'}+\dfrac{1}{\gamma}=\dfrac{1}{\rho'}+\dfrac{1}{\rho}=1$.

注记 1.1 (a) 定理 1.1 中的不等式称为 Strichartz 不等式, 它的原始形式是

$$\|v\|_{L^q(\mathbb{R}^{n+1})}\leqslant C[\|\varphi\|_2+\|g\|_p], \tag{1.7}$$

这里

$$q=\frac{2(n+2)}{n},\quad p=q'=\frac{2(n+2)}{n+4}, \tag{1.8}$$

可参见 [St4]. 它本质上是 Fourier 变换在具非零曲率的紧致曲面上的限制性估计的一个直接结果. 具体说来, 对称性的 Strichartz 估计 (1.7) 恰是 Fourier 变换在抛物面上的限制估计的对称形式. 抛物面上的限制估计可通过 Fourier 变换在截断抛物面上的限制性估计与 Scaling 原则而得到.

(b) 借助于 Tomas-Stein 限制性估计, 给出对称形式的 Strichartz 估计的一个简单证明, 读者从中可以体会 Fourier 变换的限制性估计与时空估计之间的关系.

定理 1.2 (Tomas-Stein 限制性估计). 设 S 是 $\mathbb{R}^n$ 上具有非零高斯曲率的光滑超曲面, 则有如下 L^p 限制性估计

$$\begin{gathered}\left(\int_{S_0}|\hat f(\xi)|^2d\sigma(\xi)\right)^{1/2}\leqslant A_p(S_0)\|f\|_p,\\ \forall f\in L^p(\mathbb{R}^n),\qquad 1\leqslant p\leqslant p_0=\frac{2n+2}{n+3},\end{gathered} \tag{1.9}$$

这里 $S_0\subset S$ 是开集且 $\bar S_0$ 是 S 的紧子集.

Tomas-Stein 定理的证明可参见 [Ste3], [St4], [Mi6] 或第五章. 今记

$$S=\left\{(\xi,\tau):\qquad R(\xi,\tau)=\tau-\frac{1}{2}|\xi|^2=0\right\} \tag{1.10}$$

是 $\mathbb{R}^{n+1}$ 上的抛物面. 易见, 自由 Schrödinger 方程的解 $S(t)f$ 可表示成为

$$S(t)f=(2\pi)^{-\frac{n}{2}}\int_{\mathbb{R}^{n+1}}e^{i\bar{x}\cdot\bar{\xi}}\hat{f}(\xi)d\mu(\bar{\xi})=\mathcal{F}^{-1}(\hat{f}d\mu). \tag{1.11}$$

这里 $d\mu(\bar{\xi})=\delta\Big(\tau-\dfrac{1}{2}|\xi|^2\Big)d\tau d\xi$, $\bar{x}=(x,t)$, $\bar{\xi}=(\xi,\tau)$.

由 Tomas-Stein 限制性估计, 可得

$$\bigg(\int_{S\cap\{\frac{1}{2}\leqslant|\xi|\leqslant 2\}}|\hat{f}(\bar{\xi})|^2d\mu(\bar{\xi})\bigg)^{1/2}\leqslant A_p\|f\|_p,\quad 1\leqslant p\leqslant\frac{2n+4}{n+4}. \tag{1.12}$$

由 Scaling 原理, 可见

$$\bigg(\int_{S\cap\{2^{k-1}\leqslant|\xi|\leqslant 2^{k+1}\}}|\hat{f}_k(\bar{\xi})|^2d\mu(\bar{\xi})\bigg)^{1/2}\leqslant A_p\|f_k\|_p,\quad p=\frac{2n+4}{n+4}. \tag{1.13}$$

由 Littlewood-Paley 分解

$$f=\sum_{k\in\mathbb{Z}}\Delta_k f\equiv\sum_{k\in\mathbb{Z}}f_k,$$

容易推出

$$\begin{aligned}\bigg(\int_S|\hat{f}(\xi)|^2d\mu\bigg)^{1/2}&\leqslant\bigg(\sum_{k\in\mathbb{Z}}\int_{S\cap\{2^{k-1}\leqslant|\xi|\leqslant 2^{k+1}\}}|\hat{f}_k|^2d\mu\bigg)^{1/2}\\&\leqslant A_p\bigg(\sum_{k\in\mathbb{Z}}\|f_k\|_p^2\bigg)^{1/2}\leqslant A_p\bigg\|\bigg(\sum_{k\in\mathbb{Z}}|f_k|^2\bigg)^{1/2}\bigg\|_p\\&=A_p\|f\|_{\dot{F}^0_{p,2}}\leqslant A_p\|f\|_p,\qquad p=\frac{2(n+2)}{n+4}.\end{aligned} \tag{1.14}$$

因此, 由 Tomas 对称性原理 (见 [To] 或 [Mi6]), 就有

$$\|S(t)f\|_q=\|\mathcal{F}^{-1}(\hat{f}d\mu)\|_q\leqslant C\|f\|_2, \tag{1.15}$$

这里

$$q=\frac{2n+4}{n}=2+\frac{4}{n}.$$

取 $f(x)=\varphi(x)$, 就得 (1.7) 在 $g=0$ 时的估计. 至于 $g\neq 0$ 的情形, 它是 (1.15) 与 Hardy-Littlewood-Sobolev 不等式的直接结果.

(c) 设 S 是 $\mathbb{R}^n$ 上具有非零曲率的、紧致的光滑超曲面. 若

$$p<\frac{2n}{n+1},\quad \frac{n-1}{n+1}\cdot\frac{1}{r}+\frac{1}{p}\geqslant 1, \tag{1.16}$$

Stein 猜想如下不等式

$$\|\hat{f}|_S\|_{L^r(d\sigma)} \leqslant C\|f\|_{L^p(\mathbb{R}^n)} \tag{1.17}$$

成立, 这里 $d\sigma$ 是曲面 S 的测度.

容易看出, 当 $r=2$, $p \leqslant \dfrac{2(n+1)}{n+3}$. Stein 猜想 (1.17) 就是定理 1.2. 另一方面, 如果 Stein 猜想正确, 它是最优的. 事实上, 由插值定理, Stein 猜想本质上等价于证明:

$$\|\hat{f}|_S\|_{L^1(d\sigma)} \leqslant C\|f\|_{L^p(\mathbb{R}^n)}, \quad p < \frac{2n}{n+1}. \tag{1.18}$$

若取 $S=\Sigma^n$ 是 $\mathbb{R}^n$ 上的单位球面, 易见

$$\hat{\sigma}(\xi) \sim \frac{|\cos|\xi||}{|\xi|^{\frac{n-1}{2}}}, \quad 当 \quad |\xi| \to \infty. \tag{1.19}$$

欲使 (1.18) 成立, 须有 $p'\dfrac{n-1}{2} > n$, 即 $p < \dfrac{2n}{n+1}$. 此意味着 $p < \dfrac{2n}{n+1}$ 是最优的.

当 $n=2$ 时, Stein 猜想 (1.17) 或 (1.18) 已获证明, 详见 [Bo2]. 当 $n \geqslant 3$ 时, Stein 猜想仍然是公开的, 需要指出的是 Stein 猜想与 Kakeya needle 问题有密切关系, 有兴趣的读者可见 [T4] 及 [Bo2]. 目前关于 Stein 猜想的最佳结果是

$$\|\hat{f}|_S\|_{L^1(d\sigma)} \leqslant C\|f\|_{L^p(\mathbb{R}^3)}, \quad p < \frac{26}{19}. \tag{1.20}$$

作为 (1.20) 的直接结果, 应用到 Schrödinger 方程上, 有如下估计

$$\left\| \int_{|\xi|\leqslant 1} e^{i(x\cdot\xi + \frac{1}{2}|\xi|^2 t)} \varphi(\xi) d\xi \right\|_{L^q(\mathbb{R}^3)} \leqslant C\|\varphi\|_{L^\infty(\mathbb{R}^3)}, \quad q > \frac{26}{7}. \tag{1.21}$$

证明可见 [Bo2].

定理 1.1 的证明 我们将借助于自由 Schrödinger 方程的能量估计

$$\|S(t)\varphi\|_2 = \|\varphi\|_2 \tag{1.22}$$

及衰减估计

$$\|S(t)\varphi\|_{L^\infty(\mathbb{R}^n)} \leqslant C|t|^{-\frac{n}{2}}\|\varphi\|_1 \tag{1.23}$$

来给出定理 1.1 一个简单的证明, 至于端点的 Strichartz 估计 ($(q,r)=\left(2, \dfrac{2n}{n-2}\right)$, $n \geqslant 3$), 第五章采用于 Keel 与 Tao 的抽象方法统一给出波方程和 Schrödinger 方程的端点时空估计; 关于 $(q,r)=(4,\infty)$, $n=1$ 的情形, 可见 [KPV1] 或 [Mi6].

由 Riesz 插值定理,(1.22) 及 (1.23) 就意味着

$$\|S(t)\varphi\|_r \leqslant C|t|^{-\delta(r)}\|\varphi\|_{r'}, \quad 2 \leqslant r \leqslant \infty, \tag{1.24}$$

这里

$$\delta(r)=n\left(\frac{1}{2}-\frac{1}{r}\right),\quad r'=\frac{r}{r-1}. \tag{1.25}$$

不失一般性, 取 $I=[0,T]$, $\psi(x,t)\in\mathcal{S}(\mathbb{R}^{n+1})$. 考虑

$$\begin{aligned}\langle S(t)\varphi,\psi(x,t)\rangle&=\int_0^T\left(\mathcal{F}^{-1}\exp\left(-\frac{i}{2}|\xi|^2t\right)\mathcal{F}\varphi,\psi(x,t)\right)dt\\&=\int_0^T\left(\varphi,\mathcal{F}^{-1}\exp\left(\frac{i}{2}|\xi|^2t\right)\mathcal{F}\psi\right)dt\\&\leqslant\|\varphi\|_2\left\|\int_0^T\mathcal{F}^{-1}\exp\left(\frac{i}{2}|\xi|^2t\right)\mathcal{F}\psi dt\right\|_2,\end{aligned} \tag{1.26}$$

这里 $\langle\cdot\quad\cdot\rangle$ 表示 $L^2(\mathbb{R}^n\times[0,T])$ 上的内积, $(\cdot\quad\cdot)$ 表示 $L^2(\mathbb{R}^n)$ 上的内积. 今对 $0<t\leqslant T$, 考察

$$\begin{aligned}&\left\|\int_0^t\mathcal{F}^{-1}\exp\left(\frac{i}{2}|\xi|^2\tau\right)\mathcal{F}\psi d\tau\right\|_2^2\\=&\left(\int_0^t\mathcal{F}^{-1}\exp\left(\frac{i}{2}|\xi|^2\tau\right)\mathcal{F}\psi d\tau,\int_0^t\mathcal{F}^{-1}\exp\left(\frac{i}{2}|\xi|^2s\right)\mathcal{F}\psi ds\right)\\=&\int_0^t\left(\psi(x,\tau),\int_0^t\mathcal{F}^{-1}\exp\left(-\frac{i}{2}|\xi|^2(\tau-s)\right)\mathcal{F}\psi ds\right)d\tau\\\leqslant&\|\psi(x,t)\|_{L^{q'}(I;L^{r'})}\cdot\left(\int_0^t\left\|\int_0^t\mathcal{F}^{-1}e^{\frac{-i(\tau-s)}{2}|\xi|^2}\mathcal{F}\psi ds\right\|_r^q d\tau\right)^{\frac{1}{q}}\\\leqslant&C\|\psi(x,t)\|_{L^{q'}(I;L^{r'})}\left(\int_0^t\left(\int_0^t|\tau-s|^{-\delta(r)}\|\psi\|_{r'}ds\right)^q d\tau\right)^{\frac{1}{q}}\\\leqslant&C\|\psi(x,t)\|^2_{L^{q'}(I;L^{r'})},\end{aligned}$$

这里用到 (1.24) 及 Hardy-Littlewood-Sobolev 不等式. 将上式代入 (1.26) 就有

$$\begin{aligned}&\langle S(t)\varphi,\psi(x,t)\rangle\leqslant C\|\varphi\|_2\|\psi(t,x)\|_{L^{q'}(I;L^{r'}(\mathbb{R}^n))},\\&\forall\psi\in S(\mathbb{R}^{n+1}),\quad I=[0,T].\end{aligned} \tag{1.27}$$

由泛函模的定义, 就有

$$\|S(t)\varphi\|_{L^q(I;L^r(\mathbb{R}^n))}\leqslant C\|\varphi\|_{L^2(\mathbb{R}^n)}, \tag{1.28}$$

这里 C 与 I 无关. 容易看出, 上面证明对 $I=\mathbb{R}$ 亦然成立.

接下来证明估计 (1.6). 先证明三种特殊情形, 然后用插值定理证明一般结果.

Case I　$(q,r)=(\gamma,\rho)\in\Lambda$, 注意到 Hardy-Littlewood-Sobolev 不等式, 直接验算

$$\begin{aligned}\|Jg\|_{L^q(I;L^r)}\leqslant&C\left\|\int_0^t|t-\tau|^{-\frac{2}{q}}\|g\|_{r'}d\tau\right\|_q\\ \leqslant&C\|g;L^{q'}(I;L^{r'})\|.\end{aligned}\tag{1.29}$$

Case II　$(\gamma,\rho)=(\infty,2),(q,r)$ 是任意容许对. 任取 $\psi(x,t)\in S(\mathbb{R}^{n+1})$, $0<t\leqslant T$, 考察

$$\begin{aligned}\langle Jg,\psi\rangle=&\int_0^T\left(\int_0^t\mathcal{F}^{-1}\exp\left(-\frac{i}{2}(t-s)|\xi|^2\right)\mathcal{F}gds,\psi\right)dt\\ =&\int_0^T\int_0^t\left(\mathcal{F}^{-1}\exp\left(-\frac{i}{2}(t-s)|\xi|^2\right)\mathcal{F}g(s),\psi\right)dsdt\\ =&\int_0^T\left(g,\int_s^T\mathcal{F}^{-1}\exp\left(\frac{i}{2}(t-s)|\xi|^2\right)\mathcal{F}\psi dt\right)ds\\ \leqslant&\int_0^T\|g\|_{L^2}\|J\psi\|_2ds\\ \leqslant&\|g\|_{L^1(I;L^2)}\|J\psi;L^\infty(I;L^2)\|\\ \leqslant&C\|g\|_{L^1(I;L^2)}\|\psi;L^{q'}(I;L^{r'})\|,\end{aligned}$$

这里用到 (1.27). 因此

$$\|Jg;L^q(I;L^r(\mathbb{R}^n))\|\leqslant C\|g\|_{L^1(I;L^2(\mathbb{R}^n))}.\tag{1.30}$$

Case III　$(q,r)=(\infty,2)$, $(\gamma,\rho)\in\Lambda$. 由 (1.27) 的证明过程推得

$$\|Jg;L^\infty(I;L^2)\|=\sup_{t\in I}\|Jg\|_{L^2}\leqslant C\|g;L^{\gamma'}(I;L^{\rho'})\|.\tag{1.31}$$

由 (1.29)~(1.31) 可知

$$\begin{aligned}&J:\quad L^{\gamma'}(I;L^{\rho'})\longmapsto L^\gamma(I;L^\rho)\quad\text{是有界线性算子},\\ &J:\quad L^1(I;L^2)\longmapsto L^q(I;L^r)\quad\text{是有界线性算子},\\ &J:\quad L^{\gamma'}(I;L^{\rho'})\longmapsto L^\infty(I;L^2)\quad\text{是有界线性算子}.\end{aligned}$$

因此, 当 $2\leqslant r\leqslant\rho$ 时, 存在 $\theta\in[0,1]$ 使得

$$\frac{1}{r}=\frac{\theta}{\rho}+\frac{1-\theta}{2},\quad\frac{1}{q}=\frac{\theta}{\gamma}+\frac{1-\theta}{\infty}.\tag{1.32}$$

由 Ginibre-Velo 插值定理 (见 [GV4]) 可见

$$\begin{aligned}\|Jg\|_{L^q(I;L^r)} &\leqslant C\|Jg;L^\gamma(I;L^\rho)\|^\theta\|Jg;L^\infty(I;L^2)\|^{1-\theta}\\&\leqslant C\|g;L^{\gamma'}(I;L^{\rho'})\|^\theta\|g;L^{\gamma'}(I;L^{\rho'})\|^{1-\theta}\\&\leqslant C\|g;L^{\gamma'}(I;L^{\rho'})\|.\end{aligned}\tag{1.33}$$

当 $2\leqslant\rho\leqslant r$ 时, 易见 $r'\leqslant\rho'\leqslant 2$. 用 (1.29) 与 (1.30) 插值就得

$$\|Jg;L^q(I;L^r)\|\leqslant C\|g;L^{\gamma'}(I;L^{\rho'})\|.\tag{1.34}$$

因此, 由 (1.28), (1.33) 及 (1.34) 就完成定理 1.1 的证明.

作为插值定理、Besov 空间的等价模刻画及定理 1.1 的直接结果, 我们有:

定理 1.3 设 $(q,r)\in\Lambda$, $(q_1,r_1)\in\Lambda$, $s\in\mathbb{R}$, $I=\mathbb{R}$ 或 I 满足 $0\in\bar{I}$ 的区间. 若 $\varphi(x)\in H^s(\mathbb{R}^n)$, $g(x,t)\in L^{q_1'}(I;B^s_{r_1',2})$, 则 (1.1) 的解 $v(x,t)=S(t)\varphi+Jg(x,t)$ 满足

$$v(x,t)\in C(I;H^s(\mathbb{R}^n))\cap\bigcap_{(q,r)\in\Lambda}L^q(I;B^s_{r,2}),\tag{1.35}$$

及估计

$$\|S(t)\varphi\|_{L^q(I;B^s_{r,2})}\leqslant C\|\varphi\|_{H^s},\quad (q,r)\in\Lambda,\tag{1.36}$$

$$\|Jg\|_{L^q(I;B^s_{r,2})}\leqslant C\|g(x,t)\|_{L^{q_1'}(I;B^s_{r_1',2})}.\tag{1.37}$$

我们知道, 对线性 Schrödinger 方程的解, 除了形如定理 1.1 或定理 1.3 的 Strichartz 估计所刻画的可积性外, 没有整体的光滑性. 具体的讲, 设 $\varphi(x)\in H^s$, 则 $S(t)\varphi\in H^s$, $\forall t\neq 0$. 但是

$$S(t)\varphi\notin H^{s+\varepsilon},\quad \varepsilon>0,\quad \forall t\neq 0.\tag{1.38}$$

而热传导方程就具有这种类型的整体光滑性. 然而, 对线性 Schrödinger 方程 (及一般的色散波方程) 的解, 它满足局部光滑效应 (Kato 光滑效应).

定理 1.4 (i) 当 $n=1$, 有

$$\sup_x\|D_x^{\frac12}S(t)\varphi\|_{L^2(dt)}\leqslant C\|\varphi\|_2,\tag{1.39}$$

$$\sup_x\left(\int_{\mathbb{R}}\left|D_x\int_0^t S(t-\tau)gd\tau\right|^2dt\right)^{1/2}\leqslant C\|g;L^1_x(\mathbb{R};L^2_t)\|,\tag{1.40}$$

这里 $D_x=(-\Delta)^{1/2}$.

(ii) 当 $n \geqslant 2$, 记 $\{Q_\alpha\}$ 是边长为 R 的立方体, 且

$$\bigcup_{\alpha\in\mathbb{Z}^n} Q_\alpha = \mathbb{R}^n,$$

则有如下 Kato 局部光滑效应

$$\sup_{\alpha\in\mathbb{Z}^n}\left(\int_{Q_\alpha}\left(\int_{-\infty}^{\infty}|D_x^{\frac{1}{2}}S(t)\varphi|^2dt\right)dx\right)^{1/2} \leqslant CR\|\varphi\|_2, \tag{1.41}$$

$$\begin{aligned}&\sup_{\alpha\in\mathbb{Z}^n}\left(\int_{Q_\alpha}\int_{\mathbb{R}}\left|\nabla_x\int_0^t S(t-\tau)g(x,\tau)d\tau\right|^2 dtdx\right)^{1/2}\\ \leqslant& CR\sum_{\alpha\in\mathbb{Z}^n}\|g\|_{L^2(Q_\alpha;L_t^2(\mathbb{R}))},\end{aligned} \tag{1.42}$$

这里 $D_x = (-\Delta)^{1/2}$.

定理 1.4 可用来研究形如

$$\begin{cases} iu_t + \dfrac{1}{2}\Delta u + F(u,\bar{u},\nabla_x u,\nabla_x\bar{u}) = 0,\\ u(0) = \varphi(x)\end{cases} \tag{1.43}$$

的非线性 Schrödinger 方程 Cauchy 问题的局部适定性、小解的整体适定性. 详见 [KPV1] 或 [Mi6]. 与此同时, 亦可将 Kato 的局部光滑效应视为倒向的时空估计.

有关线性 Schrödinger 方程解的另一类重要的估计就是极大不等式 (maximal inequality), 它源于著名的 L.Carleson 猜想, 即使得下面点态收敛

$$\lim_{t\to 0} S(t)\varphi = \lim_{t\to 0} e^{\frac{i}{2}t\Delta}\varphi \overset{\text{a.e.}}{=\!=} \varphi, \quad \forall\varphi\in H^s \tag{1.44}$$

成立的最小的 $s = s_0$ 是多少?

当 $n=1$ 时, L.Carleson 在 1979 年证明了：当 $s \geqslant \dfrac{1}{4}$ 时, (1.44) 成立. 进而, 在 1982 年, Dahlberg 和 Kenig 证明了 $s_0 = \dfrac{1}{4}$ 是最佳的.

当 $n \geqslant 2$ 时, Kenig、Stein 及 Komogorov 证明：当 $s \geqslant \dfrac{n}{4}$ 时, (1.44) 成立. Sjölin 1987[Sj] 利用一种全新的方法, 证明了当 $s > 1/2$ 时, 有

$$\lim_{t\to 0} S(t)\varphi \overset{a.e.}{=\!=} \varphi, \quad \varphi\in H^s(\mathbb{R}^n), \quad s > 1/2, \quad n \geqslant 2. \tag{1.45}$$

这意味着 $s_0 = \dfrac{n}{4}$ 不是最佳的. 最近, Kenig、Ponce、Vega [KPV1](用振荡积分估计), 证明了

$$\int_{\mathbb{R}^n}|\hat{\varphi}|^2\left|\frac{P'(\xi)}{P''(\xi)}\right|^{\frac{1}{2}}d\xi < \infty, \quad n = 1, \tag{1.46}$$

这里 $P(\xi)$ 是阶数 $\geqslant 2$ 的多项式. 此估计恰好意味着：$n=1$ 情形的 Carleson 猜想在 $s \geqslant s_0 = \dfrac{1}{4}$ 条件下成立. 类似地, 对其他色散波方程 (例如：KdV 方程的自由部分 $S(t)\varphi = \mathcal{F}^{-1}e^{i\xi^3 t}\mathcal{F}\varphi$) 亦有类似的点态收敛问题. 对于 $n \geqslant 2$ 的情形, $s > \dfrac{1}{2}$ 是否最佳, 仍没有肯定的回答.

从另一个侧面来看,Carleson 猜想的解决可归结为自由解的最大估计, 即

定理 1.5 (i) $n=1$ 时, 有

$$\Big\|\sup_{t\in\mathbb{R}}|S(t)\varphi|\Big\|_{L_x^4(\mathbb{R})} \leqslant C\|\varphi\|_{H^{\frac{1}{4}}(\mathbb{R})}. \tag{1.47}$$

(ii) $n \geqslant 2$, 对 $\mathbb{R}^n$ 中的单位方体 Q, 有

$$\Big\|\sup_{t\in\mathbb{R}}|S(t)\varphi|\Big\|_{L_x^2(Q)} \leqslant C\|\varphi\|_{H^s(\mathbb{R}^n)}, \quad s > 1/2. \tag{1.48}$$

注记 1.2 高维情形下的极大不等式 (1.48) 并不是最优的 (例如 $n=2$ 的情形), 相应的研究进展可参见 [Bo2].

§4.2 非线性 Schrödinger 方程的经典研究进程

为简单起见, 考虑 (0.1) 的特殊情形

$$\begin{cases} iu_t + \dfrac{1}{2}\Delta u = \lambda|u|^{p-1}u, & (t,x) \in \mathbb{R}\times\mathbb{R}^n, \\ u(0) = \varphi(x), & x \in \mathbb{R}^n, \end{cases} \tag{2.1}$$

与 (0.1) 相应的积分方程为

$$u(t) = S(t)\varphi - i\int_0^t S(t-\tau)[\lambda|u|^{p-1}u](\tau)d\tau, \tag{2.2}$$

其中 $S(t) = e^{\frac{i}{2}\Delta t}$. $\lambda > 0$ 对应着非聚焦情形, $\lambda < 0$ 对应着聚焦情形. 除能量守恒律

$$E_0(u(t)) = \int_{\mathbb{R}^n}|u|^2dx = E_0(\varphi), \tag{2.3}$$

$$E_1(u(t)) = \int_{\mathbb{R}^n}\left[\frac{1}{2}|\nabla u|^2 + \frac{2\lambda}{p+1}|u|^{p+1}\right]dx = E_1(\varphi). \tag{2.4}$$

利用拟共形变换

$$u(t) = \mathcal{C}v(x,t) = \left(\frac{1}{it}\right)^{\frac{n}{2}}\exp\left(\frac{i|x|^2}{2t}\right)\overline{v\Big(\frac{1}{t},\frac{x}{t}\Big)}. \tag{2.5}$$

可以导出拟共形守恒等式

$$\begin{aligned}\|xS(-t)u\|_2^2+&\frac{2\lambda t^2}{p+1}\|u\|_{p+1}^{p+1}+\frac{(np-n-4)}{p+1}\lambda\int_0^t\tau\|u\|_{p+1}^{p+1}d\tau\\ =&\|x\varphi\|_2^2,\quad \forall\varphi\in H^1\cap\mathcal{F}H^1=\Sigma.\end{aligned}\tag{2.6}$$

事实上, 利用初等方法很容易得出 (2.6) 的等价形式 [Ba]

$$\begin{aligned}\|(x+it\nabla)u\|_2^2+&\frac{2\lambda t^2}{p+1}\|u(t)\|_{p+1}^{p+1}+\frac{np-n-4}{p+1}\lambda\int_0^t\tau\|u\|_{p+1}^{p+1}d\tau\\ =&\|x\varphi\|_2^2,\quad \forall\varphi\in H^1\cap\mathcal{F}H^1=\Sigma,\end{aligned}\tag{2.7}$$

这里 $\Sigma=H^1\cap\mathcal{F}H^1=H^1\cap L^2(|x|^2dx)$.

注意到非线性项是共形不变的, 故 Galilean 变换

$$u\longmapsto v=G_hu=\exp\Big(ih\cdot x-\frac{ih^2t}{2}\Big)u(x-ht,t),\quad h\in\mathbb{R}^n$$

保持非线性 Schrödinger 方程 (2.1) 不变, 它对应的母元是 $iJ(t)$, 其中

$$J(t)=x+it\nabla\quad 或\quad J_j=x_j+it\partial_{x_j},\quad j=1,2,\cdots,n.\tag{2.8}$$

直接验算, 并利用自由 Schrödinger 群的表示式 (1.3), 就得

$$J(t)=S(t)xS(-t)=S(t-\tau)J(\tau)S(\tau-t)=itM(t)\nabla M(-t),\tag{2.9}$$

这里 $M(t)=\exp\Big(i\dfrac{|x|^2}{2t}\Big)$. 由 (2.9) 易见 (2.6) 与 (2.7) 等价. 特别有

$$\begin{aligned}\|(x+it\nabla)u\|_2^2+\frac{2\lambda}{p+1}t^2\|u(t)\|_{p+1}^{p+1}=\|x\varphi\|_2^2,\\ \forall\varphi\in\Sigma\quad,\quad p=1+\frac{4}{n},\end{aligned}\tag{2.10}$$

$$\|u(t)\|_{p+1}^{p+1}\leqslant\frac{C}{t^2},\quad p\geqslant 1+\frac{4}{n},\quad \lambda>0,\tag{2.11}$$

此二式在散射性理论研究中有重要作用.

定理 2.1(局部适定性)　设 $s_c=\dfrac{n}{2}-\dfrac{2}{p-1}$, $s\geqslant\max(0,s_c)$, 并且

$$p-1>[s],\quad 如果 p-1\notin 2\mathbb{Z}.$$

则对 $\forall\varphi(x)\in H^s(\mathbb{R}^n)$, 存在 $T^*>0$ 及 (2.1) 或 (2.2) 的唯一解

$$u(t)\in C([0,T^*);H^s)\cap\bigcap_{(q,r)\in\Lambda}L^q([0,T^*);B^s_{r,2}),\tag{2.12}$$

满足如下二择性

$$T^* = \infty \quad \text{或} \quad T^* < \infty \quad \text{且} \quad \lim_{t \to T^*} \|u(t)\|_{H^s} = \infty,$$

这里

$$\begin{cases} T^* = T(\|\varphi\|_{H^s}) & \text{如果} \quad s > s_c, \quad (\text{次临界情形}), \\ T^* = T(\varphi) & \text{如果} \quad s = s_c, \quad (\text{临界情形}). \end{cases} \tag{2.13}$$

进而, 在 $s = s_c$ 情形下, 如果 $\|\varphi\|_{H^{s_c}} << 1$, 则 $T^* = \infty$.

定理 2.1 的证明概要 仍用 Λ 表示全体容许对集合, $I = [0, T)$. 今取特殊的容许对 (γ, ρ) 如下:

$$(\gamma, \rho) = \left(\frac{4(p+1)}{(p-1)(n-2s)}, \frac{n(p+1)}{n+(p-1)s} \right) \in \Lambda. \tag{2.14}$$

显然, 由 Strichartz 估计 (1.37), 在 $X(I) = L^\gamma(I; B^s_{\rho,2}) \cap C(I; H^s)$ 中得到的解满足 (2.12). 考虑 $X(I)$ 的闭集

$$\mathcal{X}(I) = \{u(t) \in X(I), \quad \|u(t)\|_{X(I)} \leqslant M = 4C\|\varphi\|_{H^s}, \}, \tag{2.15}$$

这里

$$\|u\|_{X(I)} = \|u; L^\gamma(I; B^s_{\rho,2})\| + \sup_{t \in I} \|u(t)\|_{H^s}.$$

在其上赋予度量

$$d(u, v) = \|u - v\|_{L^\gamma(I; L^\rho)}, \tag{2.16}$$

就是一个完备的度量空间. 注意到 $B^s_{\rho,2} = \dot{B}^s_{\rho,2} \cap L^\rho$, 由 Strichartz 型时空估计, 亦见

$$\|S(t)\varphi\|_{X(I)} \leqslant 2C\|\varphi\|_{H^s}. \tag{2.17}$$

与此同时, 由非线性项在 Besov 空间中的非线性估计技术, 易见

$$\begin{aligned} &\left\| \int_0^t S(t-\tau) f(u(\tau)) d\tau \right\|_{L^\gamma(I; \dot{B}^s_{\rho,2})} \leqslant C\|f(u)\|_{L^{\gamma'}(I; \dot{B}^s_{\rho',2})} \\ \leqslant & CT^{1-\frac{p+1}{\gamma}} \|u\|^p_{L^\gamma(I; \dot{B}^s_{\rho,2})}, \end{aligned} \tag{2.18}$$

$$\begin{aligned} &\left\| \int_0^t S(t-\tau) f(u(\tau)) d\tau \right\|_{L^\gamma(I; L^\rho)} \leqslant C\|f(u)\|_{L^{\gamma'}(I; L^{\rho'})} \\ \leqslant & CT^{1-\frac{p+1}{\gamma}} \|u\|^{p-1}_{L^\gamma(I; \dot{B}^s_{\rho,2})} C\|u\|_{L^\gamma(I; L^\rho)}, \end{aligned} \tag{2.19}$$

$$\left\| \int_0^t S(t-\tau)(f(u(\tau)) - f(v(\tau)))d\tau \right\|_{L^\gamma(I;L^\rho)}$$
$$\leqslant CT^{1-\frac{p+1}{\gamma}} \left(\|u\|^{p-1}_{L^\gamma(I;\dot{B}^s_{\rho,2})} + \|v\|^{p-1}_{L^\gamma(I;\dot{B}^s_{\rho,2})} \right) \|u-v\|_{L^\gamma(I;L^\rho)}, \tag{2.20}$$

$$\left\| \int_0^t S(t-\tau)f(u(\tau))d\tau \right\|_{L^\infty(I;H^s)} \leqslant CT^{1-\frac{p+1}{\gamma}} \|u\|^{p-1}_{L^\gamma(I;\dot{B}^s_{\rho,2})} \times \|u\|_{L^\gamma(I;B^s_{\rho,2})}. \tag{2.21}$$

现在 $\mathcal{X}(I)$ 上考虑由积分方程 (2.2) 右边决定的算子 $\mathcal{T}$:

$$\mathcal{T}: \quad u \to \mathcal{T}u = S(t)\varphi - i\int_0^t S(t-\tau)f(u(\tau))d\tau. \tag{2.22}$$

由估计 (2.18)-(2.21) 就有

$$\begin{aligned} \|\mathcal{T}u\|_{X(I)} &\leqslant 2C\|\varphi\|_{H^s} + 2CT^{1-\frac{p+1}{\gamma}}M^p \\ &\leqslant \frac{M}{2} + 2CT^{1-\frac{p+1}{\gamma}}M^p, \end{aligned} \tag{2.23}$$

$$d(\mathcal{T}u, \mathcal{T}v) \leqslant 2CM^{p-1}T^{1-\frac{p+1}{\gamma}}d(u,v). \tag{2.24}$$

因此, 在 $s > s_c$ 情形下, 只要 $T > 0$ 充分小, $\mathcal{T}$ 是 $\mathcal{X}(I)$ 到自身的压缩映射且 T 仅依赖于 $\|\varphi\|_{H^s}$. 由 Banach 压缩映射原理及 Picard 方法即得定理 2.1 的所有结论.

当 $s = s_c$ 时, 此时 (2.23),(2.24) 可修正为

$$\|\mathcal{T}u\|_{X(I)} \leqslant 2C\|\varphi\|_{H^s} + 2C\|u\|^{p-1}_{L^\gamma(I;\dot{B}^s_{\rho,2})}\|u\|_{L^\gamma(I;B^s_{\rho,2})}, \tag{2.23$'$}$$

$$d(\mathcal{T}u, \mathcal{T}v) \leqslant C\left(\|u\|^{p-1}_{L^\gamma(I;\dot{B}^s_{\rho,2})} + \|v\|^{p-1}_{L^\gamma(I;\dot{B}^s_{\rho,2})} \right) d(u,v). \tag{2.24$'$}$$

只要 $T > 0$ 充分小, 亦可保证 $\mathcal{T}$ 是 $\mathcal{X}(I)$ 到自身的压缩映射, 从而推得局部适定性, 此时, $T = T(\varphi)$ 依赖于 φ 自身. 由 Picard 方法, 可将 T 扩充到极大的 $T^* = T(\varphi)$. 特别, 如果 $\|\varphi\|_{H^{s_c}} \ll 1$ 就可推得 $T^* = \infty$.

注记 2.1　(i) 定理 2.1 是对 $t > 0$ 方向求解, 同理亦可对 $t < 0$ 方向来求解, 或同时双向求解, 有完全类似结果, 详见 [CW1]、[GV1]、[GV2]、[GV3] 及 [Mi6].

(ii) 由估计 (2.23)$'$, (2.24)$'$, 容易看出: 对任意的 $s \geqslant s_c$, 当 $\|\varphi\|_{\dot{H}^s} \ll 1$ 时, (2.1) 或 (2.2) 存在唯一的整体解 $u(t) \in C(\mathbb{R}; H^s) \cap L^q(\mathbb{R}; B^s_{r,2})$. 事实上, 由非线性估计:

$$\|f(u)\|_{\dot{B}^s_{\rho',2}} \leqslant C\|u\|^{p-1}_{\dot{B}^{s_c}_{\rho,2}}\|u\|_{\dot{B}^s_{\rho,2}}, \quad s \geqslant s_c,$$

$$\|f(u)\|_{\rho'} \leqslant C\|u\|_{\dot{B}^{s_c}_{\rho,2}}^{p-1}\|u\|_{\rho},$$
$$\|f(u)-f(v)\|_{\rho'} \leqslant C[\|u\|_{\dot{B}^{s_c}_{\rho,2}}^{p-1}+\|v\|_{\dot{B}^{s_c}_{\rho,2}}^{p-1}]\|u-v\|_{\rho},$$

与定理 2.1 就得上面的结果, 这里 $\rho=\rho_c=\dfrac{2n(p+1)}{n(p-1)-4}$.

(iii) 当 $s=0$, $1<p<1+\dfrac{4}{n}$ 或 $s=1$, $1<p<1+\dfrac{4}{n-2}$. 在定理 1.2 意义下的解满足守恒积分 (2.3) 与 (2.4). 采用双卷积型光滑子的正则化方法 [GV1], 即取非负的对称函数 $h(x)=h(|x|)\in C_c^\infty(\mathbb{R}^n)$, $\|h\|_1=1$, $h_j(x)\triangleq j^n h(jx)$, 构造 (2.1) 的双卷积光滑化问题

$$\begin{cases} i\partial_t u_j(t)+\dfrac{1}{2}\Delta u_j = h_j * f(h_j*u_j), \\ u_j(0)=h_j*\varphi. \end{cases} \tag{2.25}$$

由抽象 Segal 定理,(2.25) 存在唯一光滑解

$$u_j(t)\in\bigcap_{l=0}^{k} C^l(\mathbb{R};H^{2k-2l}),\qquad k\in\mathbb{N}^+, \tag{2.26}$$

并且满足

$$E_0(u_j(t))=E_0(h_j*\varphi), \tag{2.27}$$
$$E_1(u_j(t))=E_1(h_j*\varphi). \tag{2.28}$$

因此, 在定理 2.1 解的意义下, 取 $j\to\infty$ 并利用时空可积性就可推得守恒积分 (2.3),(2.4) 有效, 详见 [GV1].

作为定理 2.1 及能量守恒积分、Sobolev 定理及插值公式的结果, 我们有如下 L^2、H^1 整体适定性定理:

定理 2.2 (L^2 整体适定性) 设 $1<p<1+\dfrac{4}{n}$, $\varphi\in L^2(\mathbb{R}^n)$, 则 Cauchy 问题 (2.1) 或积分方程 (2.2) 存在唯一的整体解 $u(t)$. 换言之, 非线性 Schrödinger 方程的 Cauchy 问题 (1.1) 在 L^2 中决定一个整体流 $u(t)\in C(\mathbb{R};L^2(\mathbb{R}^n))$ 满足积分方程 (2.2), 并且对 $\forall T>0$ 有

$$u(t)\in C(\mathbb{R};L^2(\mathbb{R}^n))\cap\bigcap_{(q,r)\in\Lambda} L^q([-T,T];L^r(\mathbb{R}^n)). \tag{2.29}$$

定理 2.3 (H^1 整体适定性) 设 $1<p<1+\dfrac{4}{n-2}$, $\varphi(x)\in H^1(\mathbb{R}^n)$, 则有如下整体适定性结果:

(i) 若 $\lambda>0$, (2.1) 或 (2.2) 在 H^1 中决定唯一整体解 $u(t)\in C(\mathbb{R};H^1(\mathbb{R}^n))$, 并且对任意 $T>0$, 满足

$$u(t)\in C(\mathbb{R};H^1(\mathbb{R}^n))\cap\bigcap_{(q,r)\in\Lambda} L^q([-T,T];W^{1,r}(\mathbb{R}^n)). \tag{2.30}$$

(ii) $\lambda < 0$, 进而要求 $1 < p < 1 + \dfrac{4}{n}$, 那么 (2.1) 或 (2.2) 在 $H^1(\mathbb{R}^n)$ 中决定唯一的整体连续流 (即 (2.1) 或 (2.2) 存在唯一的整体解 $u(t)$ 满足 (2.30)).

定理 2.2 及定理 2.3 证明梗概　L^2 或 H^1 局部适定性已由定理 2.1 给出, 仅需考虑整体存在性. 由注记 (2.1) 的 (ii) 可知

$$E_0(u(t)) = E_0(\varphi) = \int_{\mathbb{R}^n} |\varphi|^2 dx < \infty, \tag{2.31}$$

$$E_1(u(t)) \triangleq \int_{\mathbb{R}^n} \left(\frac{1}{2}|\nabla u|^2 + \frac{2\lambda}{p+1}|u|^{p+1}\right) dx = E_1(\varphi) < \infty. \tag{2.32}$$

先来证明定理 2.2. 注意到 $1 < p < 1 + \dfrac{4}{n}$, 故局部存在区间 $I = [-T, T]$ 满足 $T = T(\|\varphi\|_2)$. 因此 (2.31) 就意味着整体存在性.

再来证明定理 2.3. 当 $\lambda > 0$ 时, 由 (2.31) 及 (2.32) 可推得

$$\|u(t)\|_{H^1} \leqslant C(\|\varphi\|_{H^1}). \tag{2.33}$$

与此同时, 注意到 $1 < p < 1 + \dfrac{4}{n-2}$ 是次临界情形, 故 $T = T(\|\varphi\|_{H^1})$. 从而由 (2.33) 推得定理 2.3 的 (i) 成立.

当 $\lambda < 0$ 时, 由 Gagliardo-Nirenberg 不等式可见

$$\int_{\mathbb{R}^n} |u|^{p+1} dx \leqslant \|u\|_2^{(1-\theta)(p+1)} \|\nabla u\|_2^{\theta(p+1)}, \tag{2.34}$$

其中 $\theta = \left(\dfrac{n}{2} - \dfrac{n}{p+1}\right)$. 由 (2.32) 及 (2.34) 可见, 仅当

$$(p+1)\theta < 2, \quad \text{即} \quad 1 < p < 1 + \frac{4}{n} \tag{2.35}$$

时, 就能借助于带 ε 的 Hölder 不等式推得 (2.33) 成立, 从而定理 2.3 得证.

注记 2.2　(i) 我们发现, 在建立非线性 Schrödinger 方程的 L^2 或 H^1 整体适定性时, 守恒积分 (2.31) 和 (2.32) 起着关键作用. 当 $\varphi \in H^\theta$, $0 < \theta < 1$ 时,(2.1) 或 (2.2) 在 $\lambda > 0$ 时能否决定一个整体连续流 $u(t) \in C(\mathbb{R}; H^\theta)$? 对其他色散波方程、经典的波方程、Klein-Gordon 方程同样有类似问题. Bourgain[Bo1] 给出了一个一般的方法, 证明了当 θ 适当接近 1 时,(2.1) 或 (2.2) 决定一个整体连续流 $u(t) \in C(\mathbb{R}, H^\theta)$. 例如, 当 $n = 3$, $p = 3$ 时, 只要 $\theta > \dfrac{11}{13}$, 就可保证 (2.1) 或 (2.3) 决定一个整体连续流 $u(t) \in C(\mathbb{R}, H^\theta)$. 其核心思想是将初始函数分解成高频部分与低频部分, 借助于 Bourgain 空间与双线性估计来完成. 我们将在后面的章节中予以讨论, 有兴趣读者亦可参见 [Bo1], [KPV6], [KT2], [MZ1], [MZF] 等文章.

(ii) 对于具 L^2 临界增长 $\left(p=1+\frac{4}{n}\right)$ 或 H^1 临界增长 $\left(p=1+\frac{4}{n-2}\right)$ 的情形, 局部解存在区间的最大值 $T^*=T(\varphi)$ 依赖于 φ 自身, 而不是仅仅依赖于 $\|\varphi\|_2$ 或 $\|\varphi\|_{H^1}$. 因此, 如何建立临界增长情形的 L^2 整体适定性、H^1 整体适定性是一个公开问题. 我们知道, 对于临界增长的波动方程

$$\begin{cases} u_{tt}-\Delta u=-|u|^{2^*-2}u, & 2^*=\dfrac{2n}{n-2},\quad n\geqslant 3 \\ u(0)=\varphi,\quad u_t(0)=\psi(x), \end{cases} \tag{2.36}$$

Grillakis[Gr2] 证明：当 $n=3$ 时, 问题 (2.36) 的光滑解整体适定. 其方法是通过 Morawetz 不等式 [MS] 排除能量的无限次 "聚积" 效应. 对一般维数 (如 $3\leqslant n\leqslant 7$) 的情形, 相应的结果可见 [SS1]. Shatah 与 Struwe 对临界波方程还证明了 H^1 能量解的整体适定性 [SS2]. 对于临界 Schrödinger 方程, 相应的 Morawetz 估计 (例如 $n=3$)

$$\int_{\mathbb{R}}\int_{\mathbb{R}^3}\frac{|u|^6}{|x|}dxdt<\infty \tag{2.37}$$

不足以排除能量 "聚积" 效应. 但是, 对于对称初始函数, Bourgain 采用 Morawetz 估计的局部化形式、弱型的 L^2 色散性估计及 Littlewood-Paley 分解方法建立了临界 Schrödinger 方程 H^1 整体适定性结果. 详见第 5 节 Tao 给出的简化证明.

(iii) 采用紧致性方法 (见 Lions[Li] 书), 容易证明

$$\begin{cases} iu_t+\dfrac{1}{2}\Delta u=\lambda|u|^{p-1}u, & \lambda>0,\quad p>1+\dfrac{4}{n-2}, \\ u(0)=\varphi, \end{cases} \tag{2.38}$$

存在弱整体解

$$u(t)\in(L^\infty\cap C_w)(\mathbb{R};H^1\cap L^{p+1}), \tag{2.39}$$

且满足能量不等式

$$E_1(u(t))=\int_{\mathbb{R}^n}\left[\frac{1}{2}|\nabla u|^2+\frac{2\lambda}{p+1}|u|^{p+1}\right]dx\leqslant E_1(\varphi),\quad t\in\mathbb{R}. \tag{2.40}$$

但是, 我们不知道能量守恒是否成立? 解是否唯一? 容易看出, 如果解唯一, 就有

$$E_1(\varphi)\leqslant E_1(u(t)), \tag{2.41}$$

从而推得能量守恒. 由此看出, 能量守恒是超临界 Schrödinger 方程 Cauchy 问题 (2.38) 适定的必要条件.

现在回顾非线性 Schrödinger 方程的散射性理论. 对其他色散波方程、经典的波动方程、Klein-Gordon 方程, 散射性理论的概念是完全类似的. 这里以 (2.1) 为例来予以描述或刻画.

问题的提出:　设 (2.1) 存在整体解

$$u(t,x) \in C(\mathbb{R}; H^1(\mathbb{R}^n)) \cap X^1_{loc}(\mathbb{R}), \tag{2.42}$$

这里

$$X^1_{loc}(\mathbb{R}) = L^q_{loc}(\mathbb{R}; W^{1,r}(\mathbb{R}^n)), \quad (q,r) \in \Lambda. \tag{2.43}$$

当 $t \to \pm\infty$ 时, $u(t)$ 具有什么样的渐近行为? 是否在某种意义下趋向于相应的自由 Schrödinger 方程的解 $u_0(t) = S(t)\varphi$, 即

$$\lim_{t\to\pm\infty} \|u(t) - S(t)\varphi\|_{H^1} = 0. \tag{2.44}$$

一般来讲, 回答是否定的. 事实上, 当 $1 < p \leqslant 1 + \dfrac{2}{n}$, 存在 $\varphi(x) \in S(\mathbb{R}^n)$, 无论 $\|\varphi\|_{H^1}$ 多么小, 总有

$$\lim_{t\to\pm\infty} \|u(t) - S(t)\varphi\|_{H^1} \neq 0,$$

这里 $u(t)$ 是 (2.1) 的整体解, 可见 [Gl]. 基于上述原因, 我们有必要寻找合适的条件, 在此条件下寻求整体解 $u(t)$ 在 $t \to \pm\infty$ 时的渐近态.

一般来讲,(2.1) 的整体解

$$u(t) = S(t)\varphi - i\int_0^t S(t-\tau)f(u(\tau))d\tau, \quad f(u) = \lambda|u|^{p-1}u. \tag{2.45}$$

虽然在 $t \to \pm\infty$ 时与 $S(t)\varphi$ 不接近, 但是 $u(t)$ 很可能与

$$v_\pm(t) = S(t)\varphi_\pm(x) \tag{2.46}$$

在 $t \to \pm\infty$ 时充分接近, 这里 $v_\pm(t)$ 是

$$\begin{cases} iv_t + \dfrac{1}{2}\Delta v = 0, \\ v(0) = \varphi_\pm(x) \end{cases} \tag{2.47}$$

的解. 下面给出散射性理论的主要内容, 它主要涉及以下两个方面的内容:

(a) 波算子 $\Omega_\pm$: 设 $v_\pm(t) = S(t)\varphi_\pm(x)$, $\varphi_\pm(x) \in Y$(或 Y 的稠子集). 若总存在非线性 Schrödinger 方程 (2.1) 的解 $u(t)$, 使得

$$\|u(t) - v_\pm(t); Y\| = \|u(t) - S(t)\varphi_\pm(x); Y\| \to 0, \quad t \to \pm\infty \tag{2.48}$$

或

$$\|S(-t)u(t) - \varphi_\pm(x); Y\| \to 0. \tag{2.48$'$}$$

这里 $Y \subset L^2(\mathbb{R}^n)$ 是一个合适的 Banach 空间. 当 $S(t)$ 不在 Y 上生成有界的算子群时, 常用 (2.48)′ 来代替 (2.48) 式, 就诱导出波算子的定义：

$$\Omega_\pm: \qquad \varphi_\pm(x) \longmapsto u(0) \overset{\Delta}{\equiv} \varphi(x) \in H^1(\mathbb{R}^n). \tag{2.49}$$

它是 Y (或 Y 的稠子集) 到 $H^1(\mathbb{R}^n)$ 的映射, 特别称 Ω_+ 是正向波算子, Ω_- 是负向波算子. 通常称 $\varphi_\pm(x)$ 是 $u(t)$ 在 $t=\pm\infty$ 处的渐近态.

(b) 渐近完备性: 设 $u(t)$ 是 (2.1) 的整体解, 问是否存在渐近态 $\varphi_\pm(x) \in Y$, 使得 (2.48) 或 (2.48)′ 成立? 对 $\forall \varphi(x) \in H^1(\mathbb{R}^n)$, 总存在 $\varphi_\pm(x) \in Y$(或 Y 的稠子集), 使得 (2.48) 或 (2.48)′ 成立, 就称 (2.1) 是渐近完备的.

若 (a), (b) 都成立, 则映射 $\Omega_\pm$ 满足

$$\Omega_+(\varphi_+) = \Omega_-(\varphi_-) = \varphi(x), \tag{2.50}$$

与此同时, 若 $\varphi \in H^1$, 问题 (2.1) 决定唯一整体解 $u(t)$, 则由渐近完备性, 存在渐近态 $\varphi_\pm(x) \in Y$ 使得 (2.48) 或 (2.48)′ 成立. 这样就诱导出散射算子 S

$$S = \Omega_+^{-1} \circ \Omega_- \qquad Y :\longmapsto Y, \tag{2.51}$$

用图示如下：

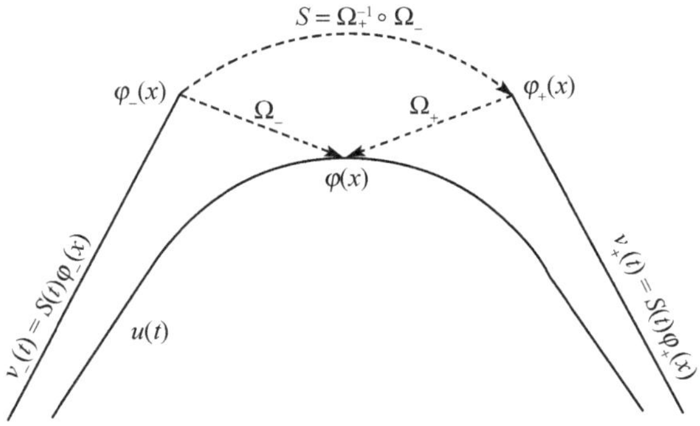

在散射性理论中, 研究散射算子 S 的连续性、解析性及它是否是一个同胚映射等也是散射性理论中富有挑战性的课题.

本质上, 波算子的存在性等价于求解如下终值问题

$$u(t) = S(t)\varphi_\pm(x) + i\int_t^{\pm\infty} S(t-\tau) f(u(\tau)) d\tau \tag{2.52}$$

的适定性. 另一方面, 由于 (2.45), 可改写成

$$u(t) = S(t)\left[\varphi(x) - i\int_0^{\pm\infty} S(-\tau)f(u(\tau))d\tau\right] + i\int_t^{\pm\infty} S(t-\tau)f(u(\tau))d\tau, \tag{2.53}$$

则渐近完备性就等价于证明 (2.1) 的整体解 $u(t)$ 满足：

$$\begin{cases} \varphi(x) - i\displaystyle\int_0^{\pm\infty} S(-\tau)f(u(\tau))d\tau \in Y, & (2.54) \\ \left\| \displaystyle\int_t^{\pm\infty} S(t-\tau)f(u(\tau))d\tau \right\|_Y \to 0, \quad t \to \pm\infty. & (2.55) \end{cases}$$

由此推知散射算子 S 的复合过程如下：

$$S:\quad \varphi_-(x) \xrightarrow{\Omega_-} \Omega_-(\varphi_-) = \varphi_-(x) + i\int_0^{-\infty} S(-\tau)f(u(\tau))d\tau \equiv \varphi(x) \xrightarrow{\Omega_+^{-1}} \varphi(x) - i\int_0^{+\infty} S(-\tau)f(u(\tau))d\tau = \varphi_+(x). \tag{2.56}$$

注记 2.3 (i) 在小解的散射理论中, 波算子的存在性就意味着渐近完备性. 然而, 在通常情形下, 渐近完备性是一个较波算子存在问题更为困难的问题, 它要求非线项 $f(u)$ 具有相斥性及非线性发展方程解的先验估计. 而波算子的存在性具有较统一的处理方法.

(ii) 在散射性理论定义中, 将 (2.48) 换成

$$\|u(t) - e^{i\theta(x,t)}S(t)\varphi_\pm; Y\| \to 0, \qquad t \to \pm\infty, \tag{2.57}$$

其中 $\theta(x,t) \neq 0$ 是修正相函数, 类同于散射性理论的概念, 可建立所谓的修正散射理论的概念. 有兴趣的读者可参见 [O1]、[Mi2]、[Mi6]、[GO] 等.

散射性理论的研究源于 Segal I(1963 年) 的一个猜想, 它的研究主要经历了两个历史阶段. 其一就是在经典解的意义下研究小解的散射性理论, 这方面的主要代表人物是 Segal I、Strauss W、Reed 及 Simon, 读者可参见 [Se1], [Se2], [Re] 及 [RS]. 第二个阶段, 由于 Segal I 及 Strichartz 建立了 Strichartz 型时空估计、Ginibre-Velo 建立拟共形守恒积分 (见 [Se3], [Str2] 及 [GV1] 等), 使得散射性理论能在能量解意义下进行. 下面扼要回顾一下散射性理论研究的主要工作 (含波动方程的散射性理论) 与研究进程. 为简单起见, 以非聚焦情形 ($\lambda > 0$) 为例说明.

(i) Strauss W 及 Glassey[S3] 证明了：当

$$\begin{cases} 1 < p \leqslant 1 + \dfrac{2}{n}, & n \geqslant 2, \\ 1 < p \leqslant 2, & n = 1 \end{cases} \tag{2.58}$$

时, 散射性理论不能成立. 具体地说, 存在 $\varphi(x) \in S(\mathbb{R}^n)$, $u(t)$ 是 (2.1) 的对应的整体解, 找不到渐近态 $\varphi_\pm(x)$, 使得

$$\lim_{t\to\pm\infty} \|u(t) - S(t)\varphi_\pm\|_2 = 0 \tag{2.59}$$

成立. Barab J [Ba] 在 1984 年, 利用 Ginibre-Velo 的拟共形守恒等式 (2.6) 或 (2.7), 证明了在

$$1 < p \leqslant 3, \quad n = 1 \tag{2.60}$$

的条件下, 证明了相同结论. 这就意味着将条件 (2.58) 改进成

$$1 < p \leqslant 1 + \frac{2}{n}, \quad n \geqslant 1, \tag{2.61}$$

渐近完备性不能成立.

(ii) W. Strauss 在 [S4] 中, 借助于 Strichartz 型时空估计建立了在

$$1 + \frac{4}{n} < p < 1 + \frac{4}{n-2} \tag{2.62}$$

下, 非线性 Schrödinger 方程在小能量解意义下的散射性理论. 与此同时, 在

$$1 + \frac{4}{n-1} < p < 1 + \frac{4}{n-2} \tag{2.63}$$

条件下, 获得了 Klein-Gordon 方程在小能量解意义下的散射性理论. 之后, H.Pecher [P2] 及 Tsutsumi M 将 (2.63) 改进成 (2.62), 得到非线性 Klein-Gordon 方程在小能量解的散射性结果.

(iii) 1984 年, Tsutsumi Y 及 Yajima[TY] 证明了：当 $\varphi \in \Sigma = H^1 \cap \mathcal{F}H^1$ 时,(2.1) 或 (2.2) 存在唯一整体解

$$u(t) \in C(\mathbb{R}; \Sigma), \quad u, \nabla u, J(t)u \in \bigcap_{(q,r)\in\Lambda} L^q_{loc}(\mathbb{R}; L^r), \tag{2.64}$$

这里 $\lambda > 0$, $1 < p < 1 + \dfrac{4}{n-2}$. 进而, 在

$$1 + \frac{2}{n} < p < 1 + \frac{4}{n-2} \tag{2.65}$$

的最佳条件下, 证明了存在渐近态 $\varphi_\pm(x) \in L^2(\mathbb{R}^n)$, 使得

$$\lim_{t\to\pm\infty} \|u(t) - S(t)\varphi_\pm(x)\|_2 = 0. \tag{2.66}$$

从某种意义上来讲, 此结果是渐近完备性最好的结果. 当然, 如果 (2.66) 能在 Σ 模意义下成立的话, 就显得更加自然.

(iv) 1985 年, 在条件 (2.62) 下,Ginibre-Velo[GV2] 及 Brenner[Br3] 分别建立了非线性 Schrödinger 方程 (2.1) 及非线性 Klein-Gordon 方程

$$\begin{cases} u_{tt} - \Delta u + m^2 u = \lambda |u|^{p-1} u, \quad m \neq 0, \lambda > 0, \\ u(0) = \varphi, \quad u_t(0) = \psi(x) \end{cases} \tag{2.67}$$

在能量模意义下解的散射性理论, 其工具是 Strichartz 型时空估计及非线性项在分数阶 Besov 空间中的非线性估计.

(v) 就非线性 Schrödinger 方程的散射性理论而言, Tsutsumi 与 Yajima 在某种意义下已解决了渐近完备性问题, 故问题似乎集中在波算子的存在性问题. 1987 年 Tsutsumi Y 在 [Ts1] 中证明了：在

$$\gamma(n) < p < 1 + \frac{4}{n-2} \tag{2.68}$$

的条件下,(2.1) 在 Σ 模意义下的散射性理论, 并证明 $S: \Sigma \longmapsto \Sigma$ 是同胚映射, 这里

$$\gamma(n) = \frac{1}{2} + \frac{1}{n} + \sqrt{\left(\frac{1}{2} + \frac{1}{n}\right)^2 + \frac{2}{n}}. \tag{2.69}$$

显然, $1 + \frac{2}{n} < \gamma(n) < 1 + \frac{4}{n}$. 1993 年, Weissler 和 Cazenave[CW2] 在条件

$$1 + \max\left(\frac{2}{n}, \frac{4}{n+2}\right) < p < 1 + \frac{4}{n-2} \tag{2.70}$$

下, 建立了 (2.1) 在 Σ 模意义下波算子的存在性. 显然, 当 $n = 1, 2$ 时, 得到了 $1 + \frac{2}{n} < p < 1 + \frac{4}{n-2}$ 的最佳结果. 最近, Ginibre、Ozawa 和 Velo 在 [GOV] 中, 通过引入广义 Besov 空间, 在

$$1 + \frac{2}{n} < p < 1 + \frac{4}{n-2}, \quad n = 3$$

条件下, 建立了在 $\Sigma^{\rho,\rho} = H^\rho \cap \mathcal{F}H^\rho$ 意义下波算子的存在性结果.

注记 2.4　指标 $\gamma(n)$ 的出现背景. 若 $(q, p+1) \in \Lambda$, 应有：

$$\left\| \int_t^\infty S(t-\tau) f(u(\tau)) d\tau; L^q((t,\infty); L^{p+1}(\mathbb{R}^n)) \right\| \to 0,$$

特别, 对 $u(t) = S(t)\varphi$, 应有上式成立. 由 Strichartz 估计, 仅需证明

$$\left\| \int_t^\infty |t-\tau|^{-\delta(p+1)} \tau^{-p\delta(p+1)} d\tau \right\|_{L^q([t,\infty))} \cdot \|\varphi\|_{(p+1)'}^p \to 0, \tag{2.71}$$

这里 $\delta(p+1)=n\Big(\dfrac{1}{2}-\dfrac{1}{p+1}\Big)=\dfrac{2}{q}$. 注意到 $\|\varphi\|_{(p+1)'}\leqslant C\|\varphi\|_{\Sigma}$, 条件

$$p\delta(p+1)>1 \tag{2.72}$$

就能保证 (2.71) 成立. 求解 $p\delta(p+1)=1$, 就得

$$\gamma(n)=\frac{n+2+\sqrt{n^2+12n+4}}{2n}.$$

下面我们罗列一下非线性 Schrödinger 方程散射性理论的经典结果, 并给出一些简明的分析. 我们限定考虑非聚焦的情形即

$$\begin{cases} iu_t+\dfrac{1}{2}\Delta u=\lambda|u|^{p-1}u, \quad \lambda>0, \\ u(0)=\varphi(x). \end{cases} \tag{2.73}$$

定理 2.4 设 $1+\dfrac{2}{n}<p<1+\dfrac{4}{n-2}$, 则对 $\forall\varphi(x)\in\Sigma$, 存在唯一渐近态 $\varphi_\pm(x)\in L^2(\mathbb{R}^n)$, 使得

$$\lim_{t\to\pm\infty}\|u(t)-S(t)\varphi_\pm(x)\|_2=0, \tag{2.74}$$

这里 $u(t)$ 是 (2.73) 的整体解且 $u(t)$ 满足 (2.64).

证明技术与思想 根据表示式 $S(t)=M(t)D(t)\mathcal{F}M$, 可以看出自由发展系 $S(t)f$ 具有渐近曲面

$$\left(\frac{1}{it}\right)^{\frac{n}{2}}\exp\left(\frac{i|x|^2}{2t}\right)\hat{f}\left(\frac{x}{t}\right), \tag{2.75}$$

可见 Reed 及 Simon 书 [RS]. 进而可构造共形变换

$$u(t)=\mathcal{C}v(x,t)=\left(\frac{1}{it}\right)^{\frac{n}{2}}\exp\left(\frac{i|x|^2}{2t}\right)\overline{v\Big(\frac{1}{t},\frac{x}{t}\Big)}. \tag{2.76}$$

在此变换下,(2.73) 就可转化成

$$iv_t+\frac{1}{2}\Delta v=\lambda|t|^{\frac{n(p-1)}{2}-2}|v|^{p-1}v. \tag{2.77}$$

这样, 渐近完备性就等价于证明

$$\lim_{t\to\pm0}\|v(t)-v_\pm(0)\|_2=0. \tag{2.78}$$

事实上, 在拟共形变换 (2.76) 下, 从 $u(t)\in C(\mathbb{R},\Sigma)$ 满足 (2.73) 就推得 $v(t)=\mathcal{C}^{-1}u(t)\in C(\mathbb{R}^\pm;\Sigma)$ 满足 (2.77). 因此, 仅需证明

$$\lim_{t,s\to\pm0}\|v(t)-v(s)\|_2=0. \tag{2.79}$$

此意味着：存在 $v_\pm(0)\in L^2(\mathbb{R}^n)$, 使得

$$\lim_{t\to 0^\pm}\|v(t)-v_\pm(0)\|_2=0. \tag{2.80}$$

于是, 取 $\varphi_\pm(x)=\check{V}_\pm(0)$, 就完成了定理 2.4 的证明. 借助于弱极限

$$\lim_{t\to 0^\pm} v(t)\overset{w}{=}v_\pm(0), \tag{2.81}$$

就可获得 (2.79) 的证明, 详见 [TY].

注记 2.5　(i) 由 Strauss 及 Barab 的结果可以看出, 定理 2.4 中渐近完备性关于非线性增长指标的假设是最优的.

(ii) 从方程 (2.78) 亦可以看出, 当 $p\leqslant 1+\dfrac{2}{n}$ 时, $t^{\frac{n(p-1)}{2}-2}$ 在 0 点具有不可去的奇性, 这正是散射性在 $p\leqslant 1+\dfrac{2}{n}$ 情形下不能成立的原因, 即使对小解散射亦然.

(iii) 从另一个角度来看, 散射性 (渐近完备性) 要求 (2.54) 成立. 若取 $Y=L^2$, 那么起码对 $v(t)=S(t)\varphi$ 亦有 (2.54) 中的极限式成立. 换言之, 它需要 $\|f(S(t)\varphi)\|_2$ 关于 t 具有可积性, 注意到

$$\begin{aligned}\|f(S(t)\varphi)\|_2\leqslant&\|S(t)\varphi\|_{2p}^p\leqslant\|S(t)\varphi\|_\infty^{p-1}\|S(t)\varphi\|_2\\ \leqslant&C|t|^{-\frac{n}{2}(p-1)}\|\varphi\|_\Sigma^{p-1}\|\varphi\|_2,\end{aligned}$$

因此, 当 $(p-1)\dfrac{n}{2}>1$ 时, 可保证 $f(S(t)\varphi)$ 满足

$$\int_t^\infty\|f(S(t)\varphi)\|_2d\tau\to 0,\quad t\to\infty. \tag{2.82}$$

而条件 $(p-1)\dfrac{n}{2}>1$ 就是 $p>1+\dfrac{2}{n}$.

(iv) 与非线性 Schrödinger 方程相类似, 对于 Hartree 型方程

$$iu_t+\frac{1}{2}\Delta u=\lambda(|x|^{-\rho}*|u|^2)u,\qquad \lambda>0. \tag{2.83}$$

类似地可研究其散射性理论. 类同于前面的分析, $\rho=1$ 是其散射临界指标. 当 $\rho\leqslant 1$ 时, 渐近完备性失败 [HT2]. 粗糙地来看, 由于

$$\begin{aligned}&\|(|x|^{-\rho}*|S(t)\varphi|^2)S(t)\varphi\|_2\leqslant\||x|^{-\rho}*|S(t)\varphi|^2\|_{\frac{2n}{\rho}}\|S(t)\varphi\|_{\frac{2n}{n-\rho}}\\ \leqslant&C\|S(t)\varphi\|^2_{\frac{4n}{2n-\rho}}\|S(t)\varphi\|_{\frac{2n}{n-\rho}}\\ \leqslant&C\|S(t)\varphi\|_\infty^{\frac{\rho}{n}}\|S(t)\varphi\|_2^{2(1-\frac{\rho}{2n})}\|S(t)\varphi\|_\infty^{\frac{\rho}{n}}\|S(t)\varphi\|_2^{1-\frac{\rho}{n}}\\ \leqslant&C|t|^{-\rho}\|\varphi\|_1^{\frac{2\rho}{n}}\|\varphi\|_2^{3-\frac{2\rho}{n}}\leqslant C|t|^{-\rho}\|\varphi\|_\Sigma^{\frac{2\rho}{n}}\|\varphi\|_2^{3-\frac{2\rho}{n}},\end{aligned}$$

可以看出, 欲使

$$\int_t^{\pm\infty} \|(|x|^{-\rho} * |u(t)|^2)u(t)\|_2 dt \longrightarrow 0, \quad t \to \pm\infty$$

就需要条件 $\rho > 1$ 才能保证渐近完备性成立.

定理 2.5 设 $\gamma(n) < p < 1 + \dfrac{4}{n-2}$, 则有如下散射性结果:

(i) 对任意 $\varphi_\pm(x) \in \Sigma$, 存在唯一 $\varphi(x) \in \Sigma$, 使得

$$\lim_{t\to\pm\infty} \|\varphi_\pm(x) - S(-t)u(t)\|_\Sigma = 0, \tag{2.84}$$

这里 $u(t) \in C(\mathbb{R}, \Sigma) \cap \cdots$ 是 (2.73) 的解.

(ii) 对 $\forall\varphi \in \Sigma$, $u(t)$ 是 (2.73) 的解, 则存在唯一 $\varphi_\pm(x) \in \Sigma$ 使得 (2.84) 成立.

(iii) $\Omega_+^{-1} \circ \Omega_-$ 是 Σ 到 Σ 的同胚映射.

注记 2.6 (a) 当 $\gamma(n) < p < 1 + \dfrac{4}{n-2}$ 时, 定理 2.5 的 (ii) 就蕴含定理 2.4 的结果.

(b) 定理 2.5 的 (i) 意味着 $\Omega_\pm$: $\Sigma \longmapsto \Sigma$ 是良定的. 定理 (2.5) 的 (ii) 意味着

$$\text{Range}(\Omega_+) = \text{Range}(\Omega_-) = \Sigma.$$

由此就可确定散射算子 $S = \Omega_+^{-1} \circ \Omega_-: \quad \Sigma \longmapsto \Sigma$.

定理 2.5 的证明概要 由 Ginibre-Velo 拟共形守恒积分

$$\begin{aligned}\|xS(-t)u\|_2^2 &+ \frac{2\lambda}{p+1} t^2 \|u(t)\|_{p+1}^{p+1} + \frac{(np-n-4)}{p+1}\lambda \int_0^t \tau \|u\|_{p+1}^{p+1} d\tau \\ &= \|x\varphi\|_2^2\end{aligned} \tag{2.85}$$

及能量守恒式

$$\|\nabla u\|_2^2 + \frac{2\lambda}{p+1}\|u(t)\|_{p+1}^{p+1} = \|\nabla\varphi\|_2^2 + \frac{2\lambda}{p+1}\|\varphi\|_{p+1}^{p+1} \tag{2.86}$$

就可建立

$$\|u(t)\|_{p+1} \leqslant C(1+|t|)^{-\theta}, \qquad \theta = \frac{n(p-1)}{2(p+1)}, \tag{2.87}$$

$$\|xS(-t)u\|_2 \leqslant C(1+|t|)^{a(p)}, \quad a(p) = \max\left(0, 1 - \frac{n}{4}(p-1)\right), \tag{2.88}$$

$$\|J_j u; L^q(\mathbb{R}; L^{p+1}(\mathbb{R}^n)\|, \quad \|\nabla u; L^q(\mathbb{R}; L^{p+1}(\mathbb{R}^n))\| \leqslant C, \tag{2.89}$$

借此就可建立定理 2.5, 详见 [HY2] 或 [Mi6].

关于波算子的存在性, 无论是聚焦情形还是非聚焦情形, 均可通过统一的模式处理, 甚至可用如下一般条件:

($\tilde{\text{H}}1$)　$f(z)\in C^1(\mathbb{C},\mathbb{C})$, $f(0)=0$, 并且

$$|f'(z)|\leqslant \max\left(\left|\frac{\partial f}{\partial z}\right|,\left|\frac{\partial f}{\partial \bar{z}}\right|\right)\leqslant C\Big(|z|^{p_1-1}+|z|^{p_2-1}\Big) \tag{2.90}$$

代替 (H1) 来研究波算子的存在性问题, 这里

$$1<p_1\leqslant p_2<1+\frac{4}{n-2}. \tag{2.91}$$

我们知道, 波算子的存在性就等价于求解如下积分方程

$$u(t)=S(t)\varphi_\pm(x)+i\int_t^{\pm\infty}S(t-\tau)f(u(\tau))d\tau. \tag{2.92}$$

它本质上可以视为非线性 Schrödinger 方程的终值问题

$$\begin{cases} iu_t+\dfrac{1}{2}\Delta u=f(u),\\ u\big|_{t=\pm\infty}=\varphi_\pm(x)\end{cases} \tag{2.93}$$

的解.

以 $t=+\infty$ 为例说明 (2.92) 中的 $u(t)$ 满足终值条件. 事实上, 它等价于证明

$$\lim_{t\to+\infty}S(t)\varphi_+(x)=\varphi_+(x). \tag{2.94}$$

注意到

$$S(t)\varphi_+(x)=(2\pi it)^{-\frac{n}{2}}\exp\left(i\frac{|x|^2}{2t}\right)*\varphi_+(x), \tag{2.95}$$

并且

$$\int\frac{1}{(2\pi i)^{n/2}}\exp\left(i\frac{|x|^2}{2}\right)dx=1.$$

从而, 由 L^p 正则性原理就有

$$\lim_{t\to+\infty}\psi_{\sqrt{\frac{1}{t}}}*\varphi_+(x)=\lim_{t\to\infty}S(t)\varphi_+(x)\overset{L^2}{=\!=}\varphi_+(x),$$

这里 $\psi(x)=(2\pi i)^{-\frac{n}{2}}\exp\left(i\dfrac{|x|^2}{2}\right)$.

需要指出的是, 有关散射性理论的许多问题仍未解决, 它也是目前研究的热门课题. 我们将在后面的章节里讨论 Bourgain 的方法及相关的最新研究.

注记 2.7 (i) 对于聚焦情形, 例如

$$\begin{cases} iu_t + \frac{1}{2}\Delta u = \lambda |u|^{p-1}u, \quad \lambda < 0, \\ u(0) = \varphi(x). \end{cases} \tag{2.96}$$

当 $p \geqslant 1 + \frac{4}{n}$ 时, 存在 $\varphi \in S(\mathbb{R}^n)$($\varphi$ 满足合适的条件), 使得问题 (2.96) 的解发生 Blow-up 现象. 特别, 当 $p = 1 + \frac{4}{n}$ 时, Merle F 通过研究 (2.96) 的形如 $u(t) = Q(x)e^{it}$ 的驻波解, 即:

$$\frac{1}{2}\Delta Q = \lambda Q^{1+\frac{4}{n}} + Q, \quad Q > 0 \tag{2.97}$$

满足轴对称条件和拟共形变换, 可以构造显式的 Blow-up 解, 有兴趣的读者可参见 [Gl1] 及 [Me1], [Me2] 等.

(ii) 对于一般的具有导数的非线性 Schrödinger 方程的 Cauchy 问题

$$\begin{cases} iu_t + \frac{1}{2}\Delta u = F(u, \bar{u}, \nabla_x u, \nabla_x \bar{u}), \\ u(0) = \varphi(x). \end{cases} \tag{2.98}$$

通过 Kato 的局部光滑正则性, 可以补偿非线性项的导数损失 (1 阶导数损失). Kenig, Ponce 和 Vega 建立了一般的局部适定性及小解的整体适定性结论, 见 [KPV3].

§4.3 非线性 Schrödinger 方程的低正则性问题

Bourgain 给出了一个一般的方法, 用于处理低能量空间中波方程与色散波方程解的适定性及散射性理论 [Bo1]. 本节以 3− 次非线性 Schrödinger 方程

$$\begin{cases} iu_t - \Delta u = -|u|^2 u, & x \in \mathbb{R}^3, \\ u(0) = \varphi(x) \in H^s(\mathbb{R}^3), & s < 1 \end{cases} \tag{3.1}$$

为例, 建立 (3.1) 在 H^s 空间 $\left(s > \frac{11}{13}\right)$ 中的整体适定性及散射性. 当然, 对于一般的非线性函数 $f(u) = |u|^{p-1}u$ 及一般的空间维数 n, 相应的结果对 $s > s_0 = s_0(p, n)$ 仍然是一个公开的问题. 至于波方程在低能量空间中解的整体适定性问题, 将在第五章予以讨论.

为此目的, 引入新的工作空间及建立推广形式的 Strichartz 型估计.

定义 3.1 (Bourgain 空间) 定义

$$X_{s,b} = \left\{ f(x,t) \in S'(\mathbb{R}^{n+1}); \quad \|f\|_{X_{s,b}} = \left(\int_{\mathbb{R}} \int_{\mathbb{R}^n} (1 + |\tau - |\xi|^2|^2)^b \right.\right.$$
$$\left.\left. \times (1 + |\xi|^2)^s |\hat{f}(\xi, \tau)|^2 d\xi d\tau \right)^{1/2} < \infty \right\}.$$

这里 ^ 表示关于 (x,t) 取 Fourier 变换. 一般的色散波方程

$$iu_t+\phi(D)u=N(u),\quad D_x=\frac{1}{i}\partial_x. \tag{3.2}$$

定义类似的 Bourgain 型空间 $X_{s,b}(\phi)$ 如下:

$$X_{s,b}(\phi)=\Big\{f\in S'(\mathbb{R}^{n+1});\quad \|f\|_{X_{s,b}(\phi)}=\Big(\int_{\mathbb{R}}\int_{\mathbb{R}^n}(1+|\tau-\phi(\xi)|^2)^b \times(1+|\xi|^2)^s|\hat f(\xi,\tau)|^2d\xi d\tau\Big)^{\frac12}<\infty\Big\}.$$

若引入记号 $\langle\xi\rangle=(1+|\xi|^2)^{\frac12}$, $\langle\tau\rangle=(1+|\tau|^2)^{\frac12}$, 则 Bourgain 空间 $X_{s,b}(\phi)$ 的范数可以简写成

$$\begin{aligned}\|f\|_{X_{s,b}(\phi)}=&\Big(\int_{\mathbb{R}}\int_{\mathbb{R}^n}\langle\tau-\phi\rangle^{2b}\langle\xi\rangle^{2s}|\hat f(\xi,\tau)|^2d\xi d\tau\Big)^{1/2}\\=&\|\langle\tau-\phi\rangle^{b}\langle\xi\rangle^{s}\hat f\|_{L_t^2L_x^2}.\end{aligned}$$

特别, 当 $\phi(\xi)=|\xi|^2$ 时, $F(u)=-|u|^2u$, (3.2) 就是 (3.1), 相应的 Bourgain 空间就是 $X_{s,b}(\phi)=X_{s,b}$.

命题 3.1 (1) 记 $W_\phi(t)=e^{it\phi(D)}$ 是

$$iu_t+\phi(D)u=0$$

决定的自由酉算子群, 则

$$\|f\|_{X_{s,b}(\phi)}=\|W_\phi(-t)f\|_{H_t^b(\mathbb{R};H^s)}. \tag{3.3}$$

特别, 对于 Schrödinger 方程 (3.1) 而言,

$$\|f\|_{X_{s,b}(\phi)}=\|W_\phi(-t)f\|_{H_t^b(\mathbb{R};H^s)}. \tag{3.4}$$

(2) 设 $s,b,\sigma,\rho\in\mathbb{R}$, 记 $J_x^\sigma f=\mathcal{F}_x^{-1}\langle\xi\rangle^\sigma\mathcal{F}_xf$, $J_t^\rho f=\mathcal{F}_x^{-1}\langle\tau\rangle^\rho\mathcal{F}_tf$, $\mathcal{J}^\rho f=W_\phi(t)J_t^\rho W_\phi(-\cdot)f$. 则映射

$$J_x^\sigma:\quad X_{s,b}(\phi)\longmapsto X_{s-\sigma,b}(\phi)$$

与

$$\mathcal{J}^\rho:\quad X_{s,b}(\phi)\longmapsto X_{s,b-\rho}(\phi)$$

是等距同构.

证明 记 $\hat{}$ 表示对 (x,t) 变换 Fourier 变换, $^{\frown(x)}$ 表示对 $x=(x_1,\cdots,x_n)$ 的 Fourier 变换, $^{\frown(t)}$ 表示对 t 的 Fourier 变换. 由 Fourier 变换的性质, 容易验证

$$\begin{aligned}\|f\|_{X_{s,b}(\phi)} =&\|W_\phi(-t)f\|_{H_t^b(\mathbb{R};H^s)} = \|e^{-it\phi(D)}f\|_{H_t^b(\mathbb{R};H^s)}\\ =&\|(1+|\xi|^2)^{\frac{s}{2}}(1+|\tau|^2)^{\frac{b}{2}}(e^{-it\phi(\xi)}\hat{f}^{(x)}(\xi,t))^{\frown(t)}\|_{L_\tau^2L_\xi^2}\\ =&\|(1+|\xi|^2)^{\frac{s}{2}}(1+|\tau|^2)^{\frac{b}{2}}\hat{f}(\xi,\tau+\phi(\xi))\|_{L_\tau^2L_\xi^2}\\ =&\|(1+|\xi|^2)^{\frac{s}{2}}(1+|\tau-\phi(\xi)|^2)^{\frac{b}{2}}\hat{f}(\xi,\tau)\|_{L_\tau^2L_\xi^2},\end{aligned}$$

由此就得 (1).

由 Bourgain 空间的定义, Bessel 算子 J_x^σ 是 $X_{s,b}$ 到 $X_{s-\sigma,b}$ 上的等距同构. 下面仅需证明 $\mathcal{J}^\rho$ 是 $X_{s,b}$ 到 $X_{s,b-\rho}$. 事实上,

$$\begin{aligned}\|\mathcal{J}^\rho f\|_{X_{s,b-\rho}(\phi)} =&\|W_\phi J_t^\rho W_\phi(-\cdot)f\|_{X_{s,b-\rho}(\phi)} = \|J_t^\rho W_\phi(-\cdot)f\|_{H_t^{b-\rho}H_x^s}\\ =&\|W_\phi(-\cdot)f\|_{H_t^bH_x^s} = \|f\|_{X_{s,b}(\phi)},\end{aligned}$$

$$\begin{aligned}\|\mathcal{J}^{-\rho} f\|_{X_{s,b}(\phi)} =&\|W_\phi J_t^{-\rho} W_\phi(-\cdot)f\|_{X_{s,b}(\phi)} = \|J_t^{-\rho} W_\phi(-\cdot)f\|_{H_t^{b}H_x^s}\\ =&\|W_\phi(-\cdot)f\|_{H_t^{b-\rho}H_x^s} = \|f\|_{X_{s,b-\rho}(\phi)}.\end{aligned}$$

因此, (2) 得证.

注记 3.2 (i) 设 $\phi_1(\xi),\phi_2(\xi)$ 是 $\mathbb{R}^n\longmapsto\mathbb{R}$ 上的可测函数, 若 $\phi_1(\xi)-\phi_2(\xi)\in L^\infty(\mathbb{R}^n)$, 则 $X_{s,b}(\phi_1)$ 与 $X_{s,b}(\phi_2)$ 等价.

(ii) 定义: $\Phi: X_{-s,-b}(\phi)\longmapsto(X_{s,b}(\phi))'$:

$$\Phi(g)[f]\triangleq\left\langle J_x^s\mathcal{J}^bf, J_x^{-s}\mathcal{J}^{-b}g\right\rangle,\quad \langle\cdot,\cdot\rangle\text{表示}L^2(\mathbb{R}^n\times\mathbb{R})\text{上的内积}. \tag{3.5}$$

则 Φ 是 $X_{-s,-b}(\phi)$ 到 $(X_{s,b}(\phi))'$ 上的等距同构.

(iii) 设相函数 $\phi_1(\xi),\phi_2(\xi)$ 是 $\mathbb{R}^n\longmapsto\mathbb{R}$ 上的连续函数, 且 $\|\phi_1(\xi)-\phi_2(\xi)\|_\infty=\infty$, 则对任意的 $b\neq0$ 及任意的 $C\in\mathbb{R}^+$, 关系式

$$C^{-1}\|f\|_{X_{s,b}(\phi_1)}\leqslant\|f\|_{X_{s,b}(\phi_2)}\leqslant C\|f\|_{X_{s,b}(\phi_1)}$$

均不成立, 此说明 $X_{s,b}(\phi_1)$ 与 $X_{s,b}(\phi_2)$ 不等价. 特别, 若连续的相函数满足 $\|\phi(\xi)+\phi(-\xi)\|_\infty=\infty$, 则 $X_{s,b}(\phi)$ 在复共轭意义下不封闭; 若连续的相函数满足 $\|\phi(\xi)\|_\infty=\infty$, 则 $X_{s,b}(\phi)$ 在关于时间的逆变换下不封闭.

(iv) 设 $s\in\mathbb{R}$, 对任意可测的相函数 $\phi(\xi)$, 总有如下嵌入关系:

$$X_{s,b}(\phi)\subset C_t(\mathbb{R};H^s(\mathbb{R}^n)),\quad \forall b>\frac{1}{2},$$

$$X_{s,b}(\phi) \subset L_t^q(\mathbb{R}; H^s(\mathbb{R}^n)), \quad 2 \leqslant q < \infty, \quad b \geqslant \frac{1}{2} - \frac{1}{q}.$$

它们的对偶形式就是：

$$\|f\|_{X_{s,b}(\phi)} \leqslant C\|f\|_{L_t^1(\mathbb{R};H^s(\mathbb{R}^n))}, \quad \forall b < -\frac{1}{2},$$

$$\|f\|_{X_{s,b}(\phi)} \leqslant C\|f\|_{L_t^q(\mathbb{R};H^s(\mathbb{R}^n))}, \quad 1 < q \leqslant 2, \quad b \leqslant \frac{1}{2} - \frac{1}{q}.$$

在应用中, 通常取 $b' < -\frac{1}{2}$ 以保证嵌入关系 $L_t^1(\mathbb{R}; H^s(\mathbb{R}^n)) \hookrightarrow X_{s,b'}(\phi)$. 然而, 当 $b' = -\frac{1}{2}$ 时, 上面嵌入关系不再成立. 因此, 就引入一个辅助空间 Y_s 来处理这一临界情形. 定义 Y_s 就是集合

$$\big\{f(x,t) \in \mathcal{S}(\mathbb{R}^n \times \mathbb{R}): \quad \|\cdot\|_{Y_s(\phi)} = \|\langle\xi\rangle^s \langle\tau - \phi(\xi)\rangle^{-1} \mathcal{F}\cdot\|_{L_\xi^2(L_\tau^1)} < \infty\big\} \tag{3.6}$$

在 $\|\cdot\|_{Y_s(\phi)}$ 下的完备化空间. 利用 Hölder 不等式, 就有 $X_{s,b'}(\phi) \hookrightarrow Y_s(\phi)$, 这里 $b' > -\frac{1}{2}$.

命题 3.2　设 $0 < \delta \leqslant 1$, $\psi(t) \in C_c^\infty(\mathbb{R})$ 满足 $0 \leqslant \psi(t) \leqslant 1$ 与

$$\begin{cases} \psi \equiv 1, & |t| \leqslant 1, \\ \psi \equiv 0, & |t| \geqslant 2 \end{cases}$$

的 Bump 函数. 记 $W_\phi(t) = \exp(it\phi(D))$, 相应的

$$W_{\phi \star R} F = \int_0^t W_\phi(t-\tau) F(\tau) d\tau. \tag{3.7}$$

则有如下结果：

(1) 齐次部分及其相应的估计.

$$\|\psi(\delta^{-1}t) W_\phi(t)\varphi\|_{X_{s,b}(\phi)} \leqslant C\delta^{\frac{1-2b}{2}} \|\varphi\|_{H^s(\mathbb{R}^n)}, \quad b \geqslant 0, \tag{3.8}$$

$$\|\psi(\delta^{-1}t) F\|_{X_{s,b}(\phi)} \leqslant C\delta^{\frac{1-2b}{2}} \|F\|_{X_{s,b}(\phi)}, \qquad b > \frac{1}{2}. \tag{3.9}$$

(2) 非齐次部分估计.　设 $b' + 1 \geqslant b \geqslant 0 \geqslant b'$, 则

$$\big\|\psi(\delta^{-1}t) W_{\phi\star R} F\big\|_{X_{s,b}(\phi)} \leqslant C\delta^{1+b'-b} \|F\|_{X_{s,b'}(\phi)} + C_1 \delta^{\frac{1-2b}{2}} \|F\|_{Y_s(\phi)}, \tag{3.10}$$

特别, 当 $b' > -\frac{1}{2}$, $C_1 = 0$.

(3) 非齐次部分在 H^s 连续有界性. 设 $F \in Y_s(\phi)$, 则对任意的 $0 < T < \infty$, $W_{\phi\star R}F \in C_t([-T,T];H^s(\mathbb{R}^n))$ 且

$$\sup_{|t|\leqslant T}\left\|W_{\phi\star R}F\right\|_{H^s} \leqslant C\langle T\rangle\|F\|_{Y_s(\phi)}, \quad s\in\mathbb{R}. \tag{3.11}$$

证明 (i) 注意到

$$\|\psi(\delta^{-1}t)\|_{H_t^b(\mathbb{R})} \lesssim \delta^{\frac{1}{2}}\|\psi\|_2 + \delta^{\frac{1-2b}{2}}\|\psi\|_{\dot{H}_t^b(\mathbb{R})} \lesssim \delta^{\frac{1-2b}{2}}\|\psi\|_{H_t^b(\mathbb{R})},$$

及 Bourgain 空间的定义, 就得:

$$\begin{aligned}\|\psi(\delta^{-1}t)W_\phi\varphi\|_{X_{s,b}(\phi)} =&\|W_\phi(-\cdot)\psi(\delta^{-1}t)W_\phi\varphi\|_{H_t^b(H_x^s)} = \|\psi(\delta^{-1}t)\varphi\|_{H_t^b(H_x^s)}\\ \leqslant&\|\psi(\delta^{-1}t)\|_{H_t^b}\|\varphi\|_{H_x^s} \leqslant C\delta^{\frac{1-2b}{2}}\|\varphi\|_{H_t^b(\mathbb{R})}.\end{aligned}$$

另一方面, 注意到

$$F(t,x) = \int_{\mathbb{R}} e^{it\tau}W_\phi(t)(\mathcal{F}_tW_\phi(-\cdot)F)(\tau)d\tau = W_\phi(t)\mathcal{F}_t^{-1}\{\mathcal{F}_tW_\phi(-\cdot)F\}(\tau),$$

故利用 Sobolev 嵌入定理, 直接计算就得:

$$\begin{aligned}\|\psi(\delta^{-1}t)F\|_{X_{s,b}(\phi)} =&\|\psi(\delta^{-1}t)W_\phi(-\cdot)F\|_{H_t^b(H_x^s)}\\ \leqslant&\|\psi(\delta^{-1}t)\|_{H_t^b(\mathbb{R})}\|W_\phi(-\cdot)F\|_{H_t^b(H_x^s)}\\ \leqslant&C\delta^{\frac{1-2b}{2}}\|F\|_{X_{s,b}(\phi)},\end{aligned}$$

这里用到 $b > \dfrac{1}{2}$.

(ii) (3.10) 的证明. 不失一般性, 仅需对 $F \in \mathcal{S}(\mathbb{R}^n \times \mathbb{R})$ 来证明即可. 令 $Kg \triangleq \psi(\delta^{-1}t)\int_0^t g(\tau)d\tau$, 先证明 Sobolev 空间中的估计

$$\|Kg\|_{H_t^b} \leqslant C\delta^{1+b'-b}\|F\|_{H_t^{b'}} + C_0\delta^{\frac{1-2b}{2}}\|\langle\tau\rangle^{-1}\mathcal{F}_tg\|_{L_\tau^1}, \tag{3.12}$$

其中当 $b' > -\dfrac{1}{2}$ 时, $C_0 = 0$.

注意到

$$\int_0^t g(\tau)d\tau = g * \chi_{[0,t]}(t),$$

则

$$\mathcal{F}_t\{g*\chi_{[0,t]}(t)\}(\tau) = C\mathcal{F}_tg(\tau)\mathcal{F}_t\chi_{[0,t]}(\tau) = C\frac{1-e^{-it\tau}}{i\tau}\mathcal{F}_tg(\tau).$$

因此,

$$\int_0^t g(\tau)d\tau = C\int_{\mathbb{R}}\frac{e^{it\tau}-1}{i\tau}\mathcal{F}_tg(\tau)d\tau. \tag{3.13}$$

利用 Taylor 公式及分频技术, 有

$$
\begin{aligned}
Kg =&\psi(\delta^{-1}t)\sum_{k\geqslant 1}\frac{t^k}{k!}\int_{|\tau|\delta\leqslant 1}(i\tau)^{k-1}\mathcal{F}_t g(\tau)d\tau-\psi(\delta^{-1}t)\int_{|\tau|\delta\geqslant 1}(i\tau)^{-1}\mathcal{F}_t g(\tau)d\tau\\
&+\psi(\delta^{-1}t)\int_{|\tau|\delta\geqslant 1}(i\tau)^{-1}\exp(it\tau)\mathcal{F}_t g(\tau)d\tau\triangleq \mathrm{I}+\mathrm{II}+\mathrm{III}.
\end{aligned}\tag{3.14}
$$

注意到 $\mathrm{supp}\psi(t)\subset(-2,2)$, 直接计算:

$$
\begin{aligned}
\int_{|\tau|\delta\leqslant 1}|\tau|^{k-1}|\mathcal{F}_t g(\tau)|d\tau \leqslant&\delta^{1-k}\int_{|\tau|\delta\leqslant 1}\langle\tau\rangle^{-b'}\langle\tau\rangle^{b'}|\mathcal{F}_t g(\tau)|d\tau\\
\leqslant&\delta^{1-k}\left(\int_{|\tau|\delta\leqslant 1}\langle\tau\rangle^{-2b'}d\tau\right)^{\frac{1}{2}}\|g\|_{H_t^{b'}}\\
\leqslant&C\delta^{\frac{1}{2}+b'-k}\|g\|_{H_t^{b'}},
\end{aligned}
$$

$$
\begin{aligned}
\|t^k\psi(\delta^{-1}t)\|_{H_t^b}^2\leqslant&\int_{\mathbb{R}}\langle\tau\rangle^{2b}|(\partial_\tau^k(\mathcal{F}_t\psi(\delta^{-1}\cdot)))(\tau)|^2d\tau=\delta^{2k+2}\int_{\mathbb{R}}\langle\tau\rangle^{2b}|(\mathcal{F}_t\psi)^{(k)}(\delta\tau)|^2d\tau\\
\leqslant&C\delta^{2k-2b+1}\int_{\mathbb{R}}\langle\tau\rangle^{2b}|(\mathcal{F}_t\psi)^{(k)}(\tau)|^2d\tau=C\delta^{2k-2b+1}\|t^k\psi\|_{H_t^b}^2\\
\leqslant&C\delta^{2k-2b+1}\|t^k\psi\|_{H_t^1}^2\leqslant C\delta^{2k-2b+1}2^k(k+1)\|\psi\|_{H_t^1}^2.
\end{aligned}
$$

因此,

$$
\|\mathrm{I}\|_{H_t^b}\leqslant\sum_{k\geqslant 1}\frac{1}{k!}\|t^k\psi(\delta^{-1}t)\|_{H_t^b}\int_{|\tau|\delta\leqslant 1}|\tau|^{k-1}|\mathcal{F}_t g(\tau)|d\tau\leqslant C\delta^{1+b'-b}\|g\|_{H_t^{b'}}.\tag{3.15}
$$

其次, 估计 II. 对于 $b\geqslant 0$, 总有:

$$
\|\mathrm{II}\|_{H_t^b}\leqslant C\|\psi(\delta^{-1}t)\|_{H_t^b}\int_{|\tau|\delta\geqslant 1}|\tau|^{-1}|\mathcal{F}_t g(\tau)|d\tau\leqslant C_0\delta^{\frac{1-2b}{2}}\|\langle\tau\rangle^{-1}\mathcal{F}_t g\|_{L_\tau^1}.\tag{3.16}
$$

对于 $b'>-\dfrac{1}{2}$, 由 Cauchy 不等式, 得

$$
\begin{aligned}
\|\mathrm{II}\|_{H_t^b}\leqslant&C\|\psi(\delta^{-1}t)\|_{H_t^b}\int_{|\tau|\delta\geqslant 1}|\tau|^{-1}|\mathcal{F}_t g(\tau)|d\tau\\
\leqslant&C\delta^{\frac{1-2b}{2}}\|g\|_{H_t^{b'}}\left(\int_{|\tau|\delta\geqslant 1}|\tau|^{-2}\langle\tau\rangle^{-2b'}d\tau\right)^{\frac{1}{2}}\\
\leqslant&C\delta^{1+b'-b}\|g\|_{H_t^{b'}}.
\end{aligned}\tag{3.17}
$$

最后, 来估计 III. 易见

$$
\int_{|\tau|\delta\geqslant 1}(i\tau)^{-1}\exp(it\tau)\mathcal{F}_t g(\tau)d\tau=C\mathcal{F}_t^{-1}(i\tau)^{-1}\chi_{|\tau|\delta\geqslant 1}\mathcal{F}_t g\triangleq J.
$$

直接计算, 就得

$$\|J\|_{H_t^b}^2 \leqslant C\int_{|\tau|\delta\geqslant 1}\langle\tau\rangle^{2b-2-2b'}\langle\tau\rangle^{2b'}|\mathcal{F}_t g(\tau)|^2 d\tau \leqslant C\sup_{|\tau|\delta\geqslant 1}|\tau|^{2b-2-2b'}\|g\|_{H_t^{b'}}.$$

因此, 对于任意的 $b, b' \in \mathbb{R}$, 若 $b-b'<1$, 有

$$\|J\|_{H_t^b} \leqslant C\delta^{1+b'-b}\|g\|_{H_t^{b'}}. \tag{3.18}$$

直接验证

$$\begin{aligned}\langle\tau\rangle^b\mathcal{F}_t(\psi(\delta^{-1}\cdot)J)(\tau) =&\langle\tau\rangle^b\int_{\mathbb{R}}\mathcal{F}_t\psi(\delta^{-1}\cdot)(\tau_1)\mathcal{F}_t J(\tau-\tau_1)d\tau_1\\ \leqslant& C\int_{\mathbb{R}}|\tau_1|^b|\mathcal{F}_t\psi(\delta^{-1}\cdot)(\tau_1)\mathcal{F}_t J(\tau-\tau_1)|d\tau_1\\ &+C\int_{\mathbb{R}}|\mathcal{F}_t\psi(\delta^{-1}\cdot)(\tau_1)|\langle\tau-\tau_1\rangle^b|\mathcal{F}_t J(\tau-\tau_1)|d\tau_1.\end{aligned}$$

由此可见

$$\begin{aligned}\|\mathrm{III}\|_{H_t^b} \lesssim&\|(|\tau|^b|\mathcal{F}_t\psi(\delta^{-1}\cdot)|)*|\mathcal{F}_t J|\|_{L_\tau^2}+\||\mathcal{F}_t\psi(\delta^{-1}\cdot)|*(\langle\tau-\tau_1\rangle^b|\mathcal{F}_t J|)\|_{L_\tau^2}\\ \lesssim&\||\tau|^b|\mathcal{F}_t\psi(\delta^{-1}\cdot)|\|_{L_\tau^1}\|\mathcal{F}_t J\|_{L_\tau^2}+\|\mathcal{F}_t\psi(\delta^{-1}\cdot)\|_{L_\tau^1}\|J\|_{H_\tau^b}\\ \leqslant& C(\delta^{-b}\|J\|_{L_\tau^2}+\|J\|_{H_\tau^b}) \leqslant C\delta^{1+b'-b}\|g\|_{H_t^{b'}}.\end{aligned} \tag{3.19}$$

将 I, II, III 的估计 (3.15)-(3.17), (3.19) 代入 (3.14) 的估计 (3.12). (3.12) 两边平方, 然后同乘以 $\langle\xi\rangle^{2s}$, 并且关于 $\xi \in \mathbb{R}^n$ 积分, 就得:

$$\|Kg\|_{H_t^b H_x^s}^2 \leqslant C\delta^{2(1+b'-b)}\|g\|_{H_t^{b'}H_x^s}^2+2C_0\delta^{1-2b}\|\langle\xi\rangle^s\langle\tau\rangle^{-1}\mathcal{F}g\|_{L_\xi^2 L_t^1}^2.$$

于是

$$\|Kg\|_{H_t^b H_x^s} \leqslant C\delta^{1+b'-b}\|g\|_{H_t^{b'}H_x^s}+C_1\delta^{\frac{1-2b}{2}}\|\langle\xi\rangle^s\langle\tau\rangle^{-1}\mathcal{F}g\|_{L_\xi^2 L_t^1}, \quad C_1=\sqrt{2}C_0. \tag{3.20}$$

在 (3.20) 中, 取 $g(t)=W_\phi(-t)F(t)$ 就得估计 (3.10).

(iii) 当 $F(x,t) \in \mathcal{S}(\mathbb{R}^n \times \mathbb{R})$ 时, 易见 $W_{\phi\star R}F \in C_t([-T,T];H^s(\mathbb{R}^n))$. 对一般情形由 (3.11) 与逼近技术容易推出. 下面仅需证明估计 (3.11). 事实上, 通过分频 $|\tau|\leqslant 1$ 及 $|\tau|\geqslant 1$, 总有

$$\left|\frac{e^{it\tau}-1}{\tau}\right| \leqslant |t|\chi_{|\tau|\leqslant 1}+2|\tau|^{-1}\chi_{|\tau|\geqslant 1} \leqslant C(1+|t|)\langle\tau\rangle^{-1}.$$

由表示公式 (3.13) 及 Plancherel 公式可以推出：

$$\begin{aligned}\left\|\int_0^t g(\tau)d\tau\right\|_{L_x^2}^2 =&\int_{\mathbb{R}^n}\int_0^t\int_0^t \frac{e^{it\tau}-1}{i\tau}\mathcal{F}_t g(\tau)\frac{e^{-it\tau'}-1}{-i\tau'}\overline{\mathcal{F}_t g(\tau')}d\tau' d\tau dx\\ \leqslant& C(1+t^2)\int_{\mathbb{R}^n}\int_0^t\int_0^t \langle\tau\rangle^{-1}|\mathcal{F}_t g(\tau)|\langle\tau'\rangle^{-1}|\mathcal{F}_t g(\tau')|d\tau' d\tau dx\\ \leqslant& C(1+t^2)\|\langle\tau\rangle^{-1}|\mathcal{F}_t g(\tau)\|_{L_\xi^2 L_\tau^1}^2. \end{aligned} \tag{3.21}$$

将 $g(t)=J_x^s W_\phi(-t)F(t)$ 代入上式, 就得 (3.11).

注记 3.3　(i) 设 $s\in\mathbb{R}$, $\delta\in(0,1]$, $b\in(1/2,1]$, 若取 $b'=1-b$, 那么

$$\left\|\psi(\delta^{-1}t)W_{\phi\bigstar R}F\right\|_{X_{s,b}(\phi)}\leqslant C\|F\|_{X_{s,b'}(\phi)}\leqslant C\delta^{\frac{1-2b}{2}}\|F\|_{X_{s,b-1}(\phi)}. \tag{3.22}$$

注意到 $W_\phi(t)$ 是 $H^s(\mathbb{R}^n)$ 上的酉群, 由 Sobolev 嵌入定理得

$$\sup_t\left\|\psi(\delta^{-1}t)W_{\phi\bigstar R}F(\tau,x)\right\|_{H^s}\leqslant C\delta^{\frac{1-2b}{2}}\|F\|_{X_{s,b-1}}. \tag{3.23}$$

抽象地视积分 $\int_0^t$ 是求导的逆运算, 则由 (3.9) 可见：

$$\begin{aligned}\left\|\psi(\delta^{-1}t)\int_0^t e^{i(t-\tau)\phi(D)}F(\tau,x)d\tau\right\|_{X_{s,b}} \lesssim&\delta^{\frac{1-2b}{2}}\left\|\int_0^t e^{i\tau\Delta}F(\tau,x)d\tau\right\|_{X_{s,b}}\\ \lesssim&\delta^{\frac{1-2b}{2}}\|F\|_{X_{s,b-1}},\end{aligned}$$

此即估计 (3.22).

(ii) 非齐次部分 $W_{\phi\bigstar R}F$ 满足如下恒等式：

$$W_{\phi\bigstar R}F(t+t_1)=W_\phi(t)W_{\phi\bigstar R}F(t_1)+W_{\phi\bigstar R}(\tau_{-t_1}F)(t),\quad \tau_{-t_1}F(t)=F(t+t_1). \tag{3.24}$$

(iii) 估计 (3.9) 有如下推广形式. 设 $0\leqslant b'<b<\dfrac{1}{2}$ 或 $-\dfrac{1}{2}<b'<b\leqslant 0$, 则

$$\|\psi(\delta^{-1}t)F\|_{X_{s,b'}(\phi)}\leqslant C\delta^{b-b'}\|F\|_{X_{s,b}(\phi)}. \tag{3.25}$$

$$\|\psi(\delta^{-1}t)F\|_{X_{s,\frac{1}{2}}(\phi)}\leqslant C(\varepsilon)\delta^{-\varepsilon}\|F\|_{X_{s,\frac{1}{2}}(\phi)},\quad \varepsilon>0. \tag{3.26}$$

容易看出, (3.26) 是简单乘子估计：

$$\|fg\|_{H_t^{\frac{1}{2}}}\leqslant C\|f\|_{H_t^{\frac{1}{2}+\varepsilon}}\|g\|_{H_t^{\frac{1}{2}}},\forall\varepsilon>0 \tag{3.27}$$

的直接结果. (3.25) 的证明则可以求助于乘子估计：

$$\|fg\|_{H_y^s}\leqslant C\|f\|_{H_y^{s_1}}\|g\|_{H_y^{s_2}}, \tag{3.28}$$

这里要求

$$0 \leqslant s \leqslant \min(s_1, s_2), s < s_1 + s_2 - \frac{n}{2} \tag{3.29}$$

或

$$0 \leqslant s < \min(s_1, s_2), s \leqslant s_1 + s_2 - \frac{n}{2}. \tag{3.30}$$

事实上, 若 $b > b' \geqslant 0$, 令 $s = b'$, $s_1 = \frac{1}{2} - (b - b')$, $s_2 = b$, 则

$$\|\psi(\delta^{-1}\cdot)g\|_{H_t^{b'}} \leqslant C\|\psi(\delta^{-1}t)\|_{H_t^{s_1}}\|g\|_{H_t^b} \leqslant C\delta^{b-b'}\|g\|_{H_t^b}.$$

这里用到

$$\|\psi(\delta^{-1}t)\|_{H_t^{s_1}} = C\delta^{\frac{1}{2}-s_1}\|\psi\|_{H_t^{s_1}}.$$

因此, 对于 $F \in X_{s,b}(\phi)$, 直接计算有:

$$\begin{aligned}\|\psi(\delta^{-1}\cdot)F\|_{X_{s,b'}(\phi)} \leqslant & C\|W_\phi(-\cdot)\psi(\delta^{-1}\cdot)F\|_{H_t^{b'}(H_x^s)} = C\|\psi(\delta^{-1}t)W_\phi(-\cdot)F\|_{H_t^{b'}(H_x^s)}\\ \leqslant & C\delta^{b-b'}\|W_\phi(-\cdot)F\|_{H_t^b(H_x^s)} = C\delta^{b-b'}\|F\|_{X_{s,b}(\phi)}.\end{aligned}$$

当 $-\frac{1}{2} < b' < b \leqslant 0$ 时, 由对偶关系就得 (3.25).

在讨论 Bourgain 的双线性 Strichartz 估计之前, 先引入一些记号. 设 $\chi(\xi) \in C_c(\mathbb{R}^n)$ 是满足

$$\chi(\xi) = 1, \quad |\xi| < 1; \qquad \chi(\xi) = 0, \quad |\xi| \geqslant 2$$

的 Bump 函数. 令 $\psi(\xi) = \chi\left(\frac{\xi}{2}\right) - \chi(\xi)$, $\chi_j(\xi) = \chi(2^{-j}\xi)$, $\psi_j(\chi) = \psi(2^{-1}\xi)$, 则算子 $S_0 = \mathcal{F}^{-1}\chi(\xi)\mathcal{F}\cdot$, $\Delta_j = \mathcal{F}^{-1}\psi_j(\xi)\mathcal{F}\cdot$ 就构成了一个标准的 Littlewood-Paley 分解, 即

$$\sum_{j\in\mathbb{Z}} \Delta_j = I \text{ (齐次分解)}, \qquad S_0 + \sum_{j\in\mathbb{N}} \Delta_j = I \text{ (非齐次分解)}. \tag{3.31}$$

引理 3.3 设 $n = 3$, $\ell \geqslant m$, 则有估计

$$\left\|\left(e^{-it\Delta}\Delta_\ell\varphi_1\right)\left(e^{-it\Delta}\Delta_m\varphi_2\right)\right\|_2 \lesssim 2^{m-\frac{\ell}{2}}\|\Delta_\ell\varphi_1\|_2\|\Delta_m\varphi_2\|_2, \tag{3.32}$$

这里左边 $\|\cdot\|_2$ 表示在 $\mathbb{R} \times \mathbb{R}^3$ 上, 右边的 $\|\cdot\|_2$ 表示在 $\mathbb{R}^3$ 上所取.

证明 由经典的 Strichartz 估计, 可得:

$$\begin{aligned}&\left\|\left(e^{-it\Delta}\Delta_\ell\varphi_1\right)\left(e^{-it\Delta}\Delta_m\varphi_2\right)\right\|_2 \leqslant \left\|e^{-it\Delta}\Delta_\ell\varphi_1\right\|_4 \cdot \left\|e^{-it\Delta}\Delta_m\varphi_2\right\|_4\\ \leqslant & C\|\Delta_\ell\varphi_1\|_{\dot{H}^{\frac{1}{4}}}\|\Delta_m\varphi_2\|_{\dot{H}^{\frac{1}{4}}} \leqslant 2^{\frac{\ell+m}{4}}\|\Delta_\ell\varphi_1\|_2\|\varphi_2\|_2\\ \lesssim & 2^{\frac{3}{4}(\ell-m)}2^{m-\frac{\ell}{2}}\|\Delta_\ell\varphi_1\|_2\|\Delta_m\varphi_2\|_2.\end{aligned}$$

于是, 当 $\ell \sim m$ 时, 就得 (3.32).

下面仅需对 $m \ll \ell$ 的情形来证明. 由 Fourier 变换及 Cauchy 不等式

$$
\begin{aligned}
&\hat{\varphi}_1(\xi_1)\hat{\varphi}_2(\xi_2)\psi_\ell(\eta_1)\psi_m(\eta_2)\cdot\hat{\varphi}_1(\eta_1)\hat{\varphi}_2(\eta_2)\psi_\ell(\xi_1)\psi_m(\xi_2)\\
\leqslant&\frac{1}{2}|\hat{\varphi}_1(\xi_1)\hat{\varphi}_2(\xi_2)|^2\psi_\ell(\eta_1)\psi_m(\eta_2)+\frac{1}{2}|\hat{\varphi}_1(\eta_1)\hat{\varphi}_2(\eta_2)|^2\psi_\ell(\xi_1)\psi_m(\xi_2),
\end{aligned}
$$

可以推得:

$$
\begin{aligned}
&\left\|\left(e^{-it\Delta}\Delta_\ell\varphi_1\right)\left(e^{-it\Delta}\Delta_m\varphi_2\right)\right\|_2^2\\
=&C\int_{\mathbb{R}^3}\int_{\xi_1+\xi_2=\xi}\int_{\eta_1+\eta_2=\xi}\delta\left(\sum_{i=1}^2(|\xi_i|^2-|\eta_i|^2)\right)\prod_{i=1}^2\hat{\varphi}_i(\xi_i)\hat{\varphi}_i(\eta_i)\\
&\times\psi_\ell(\xi_1)\psi_m(\xi_2)\psi_\ell(\eta_1)\psi_m(\eta_2)d\xi_1d\eta_1d\xi\\
\leqslant&\frac{1}{2}C(I_1+I_2)=CI_1\quad(\text{用到积分变量的对称性}),
\end{aligned}\tag{3.33}
$$

这里

$$
\begin{aligned}
I_1=&\int_{\mathbb{R}^3}\int_{\xi_1+\xi_2=\xi}\int_{\eta_1+\eta_2=\xi}\delta\left(\sum_{i=1}^2(|\xi_i|^2-|\eta_i|^2)\right)\psi_\ell(\eta_1)\psi_m(\eta_2)d\eta_1\\
&\times|\hat{\varphi}_1(\xi_1)\hat{\varphi}_2(\xi_2)|^2d\xi_1d\xi,
\end{aligned}
$$

注意到

$$
\int_{\mathbb{R}^3}\delta(P(x))f(x)dx=\int_{\{x:P(x)=0\}}\frac{f(x)}{|\nabla P(x)|}d\sigma_x,\tag{3.34}
$$

则

$$
\begin{aligned}
J(\xi,\xi_1)\triangleq&\int_{\eta_1+\eta_2=\xi}\delta(|\xi_1|^2+|\xi_2|^2-|\eta_1|^2-|\eta_2|^2)\psi_\ell(\eta_1)\psi_m(\eta_2)d\eta_1\\
=&\int_{\{\eta_1:P(\eta_1)=0\}}\psi_\ell(\eta_1)\psi_m(\xi-\eta_1)\frac{d\sigma_{\eta_1}}{|\nabla_{\eta_1}P(\eta_1)|},
\end{aligned}\tag{3.35}
$$

这里 $P(\eta_1)\triangleq|\eta_1|^2+|\xi-\eta_1|^2-|\xi_1|^2-|\xi_2|^2$. 直接验证

$$
|\nabla P(\eta_1)|=|4\eta_1-2\xi|=2|\eta_1-\eta_2|\gtrsim 2^\ell.
$$

因此

$$
|J(\xi,\xi_1)|\leqslant C2^{-\ell}\int_{\{\eta_1:P(\eta_1)=0\}}\psi_m(\xi-\eta_1)d\sigma_{\eta_1}\lesssim 2^{2m-\ell},\tag{3.36}
$$

这里用到上式的积分就是曲面 $\{\eta_1:P(\eta_1)=0\}$ 被环体 $B_{2^m}(\xi)-B_{2^{m-1}}$ 所截的面积. 将 J 的估计代入到 I_1, 就得

$$
I_1\lesssim 2^{2m-\ell}\|\varphi_1\|_2^2\|\varphi_2\|_2^2
$$

(3.33) 两边开方就得 (3.32).

由引理 3.3, 可建立如下推广形式的 Strichartz 估计:

定理 3.4 (双线性 Strichartz 估计) 设 $0 \leqslant \rho < 1/2$, 记 $a_+ = a + \varepsilon$, $0 < \varepsilon \ll 1$. 那么

$$\left\|D_x^\rho\left((e^{-it\Delta}\varphi_1)\cdot(e^{-it\Delta}\varphi_2)\right)\right\|_2 \leqslant C\|\varphi_1\|_{H^{\frac{1}{2}+\rho}}\|\varphi_2\|_2, \tag{3.37}$$

$$\left\|D_x^\rho(u_1u_2)\right\|_2 \leqslant C\|u_1\|_{X_{\frac{1}{2}+\rho,\frac{1}{2}+}(I)}\|u_2\|_{X_{0,\frac{1}{2}+}(I)}, \tag{3.38}$$

进而, 若 $\dfrac{1}{2} \leqslant \rho < \sigma + \dfrac{1}{2}$, $\sigma \leqslant 1$, 则

$$\left\|D_x^\rho\left(e^{-it\Delta}\varphi_1\cdot e^{-it\Delta}\varphi_2\right)\right\|_2 \leqslant C\|\varphi_1\|_{H^\sigma}\|\varphi_2\|_{H^{\rho+\frac{1}{2}-\sigma}}, \tag{3.39}$$

$$\left\|D_x^\rho(u_1u_2)\right\|_2 \leqslant C\|u_1\|_{X_{\sigma,\frac{1}{2}+}(I)}\|u_2\|_{X_{\rho+\frac{1}{2}-\sigma,\frac{1}{2}+}(I)},. \tag{3.40}$$

这里 $X_{s,b}(I)$ 是与 $X_{s,b}$ 在区间 I 的限制性空间, 相应的范数定义为:

$$\|u\|_{X_{s,b}(I)} = \inf_{\tilde{u}|_I = u}\|\tilde{u}\|_{X_{s,b}}. \tag{3.41}$$

证明 先来证明 (3.37) 与 (3.39). 由 Littlewood-Paley 分解就有:

$$\varphi_1 = \sum_{j\in\mathbb{Z}}\Delta_j\varphi_1, \quad \varphi_2 = \sum_{k\in\mathbb{Z}}\Delta_k\varphi_2,$$

这里 $\Delta_j f(x) = \mathcal{F}^{-1}\hat{\psi}_j\mathcal{F}f$, $\text{supp}\hat{\psi}(\xi) = \{\xi, |\xi| \sim 2^j\}$. 于是,

$$\begin{aligned}\|D_x^\rho\left(e^{-it\Delta}\varphi_1\cdot e^{-it\Delta}\varphi_2\right)\|_2 &\leqslant \sum_j\sum_k\|D_x^\rho\left(e^{-it\Delta}\Delta_j\varphi_1\cdot e^{-it\Delta}\Delta_k\varphi_2\right)\|_2\\ &\lesssim \sum_j\sum_k 2^{j\rho}\|e^{-it\Delta}\Delta_j\varphi_1\cdot e^{-it\Delta}\Delta_k\varphi_2\|_2\\ &\quad + \sum_j\sum_k 2^{k\rho}\|e^{-it\Delta}\Delta_j\varphi_1\cdot e^{-it\Delta}\Delta_k\varphi_2\|_2.\end{aligned} \tag{3.42}$$

注意到

$$2^{j\rho}\cdot\frac{2^j}{2^{\frac{k}{2}}},\quad 2^{k\rho}\cdot\frac{2^j}{2^{\frac{k}{2}}} \leqslant 2^{j(\rho+\frac{1}{2})},\quad j \leqslant k,\quad 0 \leqslant \rho < \frac{1}{2}.$$

$$2^{j\rho}\cdot\frac{2^k}{2^{\frac{j}{2}}},\quad 2^{k\rho}\cdot\frac{2^k}{2^{\frac{j}{2}}} \leqslant 2^{j(\rho+\frac{1}{2})},\quad j \geqslant k,\quad 0 \leqslant \rho < \frac{1}{2}.$$

则由 (3.33),(3.42) 与 Sobolev 空间的 Littlewood-Paley 刻画, 就得:

$$\begin{aligned}\|D_x^\rho\left(e^{-it\Delta}\varphi_1\cdot e^{-it\Delta}\varphi_2\right)\|_2 &\leqslant \sum_j\sum_k 2^{j(\rho+\frac{1}{2})}\|\Delta_j\varphi_1\|_2\cdot\|\Delta_k\varphi_2\|_2\\ &\leqslant C\|\varphi_1\|_{H^{\frac{1}{2}+\rho}}\|\varphi_2\|_2,\quad 0 \leqslant \rho < \frac{1}{2}.\end{aligned} \tag{3.43}$$

另一方面, 注意到

$$2^{j\rho}\cdot\frac{2^j}{2^{\frac{k}{2}}},\quad 2^{k\rho}\cdot\frac{2^j}{2^{\frac{k}{2}}}\leqslant 2^{j\sigma}2^{k(\rho+\frac{1}{2}-\sigma)},\quad j\leqslant k,\quad \frac{1}{2}\leqslant\rho<\sigma+\frac{1}{2},\sigma\leqslant 1.$$

$$2^{j\rho}\cdot\frac{2^k}{2^{\frac{j}{2}}},\quad 2^{k\rho}\cdot\frac{2^k}{2^{\frac{j}{2}}}\leqslant 2^{j\sigma}2^{k(\rho+\frac{1}{2}-\sigma)},\quad j\geqslant k,\quad \frac{1}{2}\leqslant\rho<\sigma+\frac{1}{2},\sigma\leqslant 1.$$

则由 (3.33),(3.42) 与 Sobolev 空间的 Littlewood-Paley 刻画, 就得:

$$\begin{aligned}\|D_x^\rho(e^{-it\Delta}\varphi_1\cdot e^{-it\Delta}\varphi_2)\|_2\leqslant&\sum_j\sum_k 2^{j\sigma}\|\Delta_j\varphi_1\|_2\cdot 2^{k(\rho+\frac{1}{2}-\sigma)}\|\Delta_k\varphi_2\|_2\\ \leqslant&C\|\varphi_1\|_{H^\sigma}\|\varphi_2\|_{H^{\rho+\frac{1}{2}-\sigma}}.\end{aligned}\tag{3.44}$$

现来证明估计 (3.38) 及 (3.40). 令

$$u_1=e^{-it\Delta}v_1,\qquad u_2=e^{-it\Delta}v_2.$$

对于 $0\leqslant\rho<1/2$, 有

$$\begin{aligned}&\|D_x^\rho(u_1u_2)\|_{L^2(I\times\mathbb{R}^3)}=\big\|D_x^\rho\big((e^{-it\Delta}v_1)(e^{-it\Delta}v_2)\big)\big\|_{L^2(I\times\mathbb{R}^3)}\\ \leqslant&C\|v_1\|_{H^{\frac{1}{2}+\rho}}\|v_2\|_2=C\big\|e^{it\Delta}u_1\big\|_{H^{\frac{1}{2}+\rho}}\big\|e^{it\Delta}u_2\big\|_2\\ \leqslant&C\big\|e^{it\Delta}u_1\big\|_{H_t^{\frac{1}{2}+}(I;H^{\frac{1}{2}+\rho}(\mathbb{R}^3))}\big\|e^{it\Delta}u_2\big\|_{H_t^{\frac{1}{2}+}(I;L^2(\mathbb{R}^3))}\\ \leqslant&C\|u_1\|_{X_{\frac{1}{2}+\rho,\frac{1}{2}+}(I)}\|u_2\|_{X_{0,\frac{1}{2}+}(I)},\end{aligned}$$

此即推得 (3.38). 对 $1/2\leqslant\rho<\sigma+1/2$, $\sigma\leqslant 1$ 情形, 借助于 Sobolev 嵌入定理, 有

$$\begin{aligned}&\|D_x^\rho(u_1u_2)\|_{L^2(I\times\mathbb{R}^3)}\leqslant C\big\|e^{it\Delta}u_1\big\|_{H^\sigma}\big\|e^{it\Delta}u_2\big\|_{H^{\rho+\frac{1}{2}-\sigma}}\\ \leqslant&C\big\|e^{it\Delta}u_1\big\|_{H_t^{\frac{1}{2}+}(I;H^\sigma)}\big\|e^{it\Delta}u_2\big\|_{H_t^{\frac{1}{2}+}(I;H^{\rho+\frac{1}{2}-\sigma})}\\ \leqslant&C\|u_1\|_{X_{\frac{1}{2}+\rho,\frac{1}{2}+}(I)}\|u_2\|_{X_{0,\frac{1}{2}+}(I)}.\end{aligned}$$

从而定理 3.4 得证.

注记 3.4　由第二节定理 2.1, 当 $s\geqslant\max(s_c,0)$, 可以借助于 Strichartz 估计, 在形如

$$X(I)=C([0,T^*);H^s)\cap\bigcap_{(q,r)\in\Lambda}L^q([0,T^*);B_{r,2}^s)$$

的空间中研究非线性 Schrödinger 方程在 H^s 中的局部适定性. 详见第二节的讨论. 当临界空间的可微指标 $s_c<0$, 我们希望在负指数空间 H^s 研究非线性 Schrödinger 方程或一般非线性色散方程 Cauchy 问题的局部适定性, 这里 $s\geqslant s_c$. 此时, 就需要

在 Bourgain 空间的框架下, 借助于 Bourgain 的 Fourier 限制模方法 (充分利用色散算子象征的代数结构、多线性估计技术), 建立一般非线性色散方程 Cauchy 问题的局部适定性. 粗略地可概括如下：一般非线性色散方程 Cauchy 问题

$$iu_t + \phi(D)u = N(u), \quad u(0) = u_0(x), \tag{3.45}$$

在 $I = (-\delta, \delta)$ 上适定性就等价于

$$u(t) = \psi(\delta^{-1}t)W_\phi(t)u_0 + \psi(\delta^{-1}t)W_{\phi\bigstar R}N(u)(t)(t-\tau)d\tau. \tag{3.46}$$

(i) 设 $b + b' = 1$, $b > \dfrac{1}{2}$, 借助于引理 3.2 及形如

$$\begin{aligned}\|W_{\phi\bigstar R}(N(u) - N(v)\|_{X^I_{s,b}(\phi)} \leqslant & C\delta^{1-b-b'}C_0(\|u\|_{X^I_{s,b}(\phi)} + \|v\|_{X^I_{s,b}(\phi)}) \\ & \times \|u - v\|_{X^I_{s,b}(\phi)}\end{aligned} \tag{3.47}$$

的非线性估计, 就可建立 (3.45) 在 $X^I_{s,b}(\phi) \subset C(I; H^s(\mathbb{R}^n)$ 的适定性, 这里 $X^I_{s,b}(\phi)$ 是 $\mathbb{R} \times \mathbb{R}^n$ 上的 Bourgain 空间在 $I \times \mathbb{R}^n$ 的限制性空间. 需要说明的是, $\delta = \delta(\|u_0(x)\|_{H^s}) > 0$ 是单调下降函数.

(ii) 设 $b + b' = 1$, $b = \dfrac{1}{2}$. $X^I_{s,b}(\phi)$ 恰好对应着关于时间变量的临界空间, 此时考虑 (3.45) 的另一种等价形式

$$u(t) = \psi(\delta^{-1}t)W_\phi(t)u_0 + \psi(\delta^{-1}t)W_{\phi\bigstar R}N(\psi(2\delta)^{-1}t)u(t)(t-\tau)d\tau. \tag{3.45$'$}$$

究其原因是在临界空间中压缩因子不能从线性估计中产生, 欲获得压缩因子, 只能求助于非线性估计. 在临界空间中研究 (3.47) 的适定性, 就需要使用引理 3.2 及形如

$$\begin{aligned}&\|W_{\phi\bigstar R}(N(\psi((2\delta)^{-1}t)u) - N(\psi((2\delta)^{-1}t)v)\|_{X^I_{s,b}(\phi)\cap Y^I_s(\phi)} \\ \leqslant & C\delta^\theta C_0(\|u\|_{X^I_{s,b}(\phi)} + \|v\|_{X^I_{s,b}(\phi)})\|u - v\|_{X^I_{s,b}(\phi)}\end{aligned} \tag{3.48}$$

的非线性估计, 这里 $\theta > 0$. 详见 [Gr].

在上面讨论的基础上, 我们着手在 H^s $(s < 1)$ 上建立非线性 Schrödinger 方程 (3.1) 的整体适定性及散射性理论. 依照 Bourgain 的方法, 分下面几步来进行：

Step 1 (初始函数分解技术) 对任意 $\varphi(x) \in H^s(\mathbb{R}^3)$, 将 φ 分解成高频部分与低频部分 (光滑部分) 之和, 即

$$\varphi = \varphi_0(x) + \psi_0(x), \quad \varphi_0(x) = (2\pi)^{-\frac{3}{2}}\int_{|\xi|\leqslant N_0} \hat{\varphi}(\xi)e^{ix\cdot\xi}d\xi, \tag{3.49}$$

这里 N_0 是待定的充分大的数. 易见

$$\hat{\varphi}(\xi)=\hat{\varphi}_0(\xi)+\hat{\psi}_0(\xi)\equiv\hat{\varphi}(\xi)\chi_{|\xi|\leqslant N_0}+\hat{\varphi}(\xi)(1-\chi_{|\xi|\leqslant N_0}),\tag{3.50}$$

且满足估计

$$\begin{aligned}\|\varphi_0(x)\|_{H^1}=&\|\xi\hat{\varphi}_0\|_2+\|\hat{\varphi}_0\|_2\leqslant N_0^{1-s}\|\xi^s\hat{\varphi}_0\|_2+\|\hat{\varphi}_0\|_2\\ \lesssim&N_0^{1-s},\quad 0<s<1.\end{aligned}\tag{3.51}$$

注意到 $s\geqslant\dfrac{3}{4}$, $H^s\hookrightarrow L^4$, 易见:

$$E_1(\varphi_0)=\frac{1}{4}\int_{\mathbb{R}^3}|\varphi_0|^4dx+\frac{1}{2}\int_{\mathbb{R}^3}|\nabla\varphi_0|^2dx\lesssim N_0^{2(1-s)}.\tag{3.52}$$

Step 2 (低频部分对应的 Cauchy 问题解在 $I=[0,\Delta T]$ 上的估计):

注意到 $\varphi_0(x)\in C^\infty(\mathbb{R}^3)\cap H^k(\mathbb{R}^3)$, $\forall k\in\mathbb{Z}$. 由经典的适定性理论,

$$\begin{cases}iu_{0t}(t)-\Delta u_0=-|u_0|^2u_0,\\ u_0(0,x)=\varphi_0(x),\end{cases}\tag{3.53}$$

存在整体光滑解 $u_0(t)\in C(\mathbb{R};H^1(\mathbb{R}^3))\cap C^1(\mathbb{R};L^2(\mathbb{R}^3))$. 记 $I=[0,\Delta T]$, $\Delta T\sim N_0^{-(1-s)\frac{9}{2}-}$, 这里 N_0 是充分大的待定常数. 则 $u_0(t)$ 在 I 上满足如下估计:

$$\|u_0(t)\|_{L^5_{t,x}(I\times\mathbb{R}^3)},\quad \left\|D_x^{\frac{3}{10}}u_0(t)\right\|_{L_t^5(I;L_x^{\frac{10}{3}})}=o(1),\tag{3.54}$$

$$\|u_0(t)\|_{X_{0,\frac{1}{2}+}(I)}<C,\quad \|u_0(t)\|_{X_{1,\frac{1}{2}+}(I)}<N_0^{1-s}.\tag{3.55}$$

事实上, 注意到 $\operatorname{supp}\varphi_0(x)\subset\{\xi\,|\,|\xi|\leqslant N_0\}$ 与 Sobolev 嵌入定理, 直接计算就有

$$\begin{aligned}\|e^{-it\Delta}\varphi_0\|_{L^5_{t,x}(I\times\mathbb{R}^3)}\lesssim&\left\|D_x^{\frac{3}{10}}(e^{-it\Delta}\varphi_0)\right\|_{L_t^5(I;L_x^{\frac{10}{3}}(\mathbb{R}^3))}\\ \lesssim&|I|^{\frac{1}{5}}\sup_t\left\|D_x^{\frac{3}{10}}\left(e^{-it\Delta}\varphi_0\right)\right\|_{\frac{10}{3}}\lesssim|I|^{\frac{1}{5}}\|\varphi_0\|_{\dot{H}^{\frac{9}{10}}}\\ \lesssim&|I|^{\frac{1}{5}}N_0^{\frac{9}{10}-s}<|I|^{\frac{1}{5}}N_0^{\frac{9}{10}(1-s)},\end{aligned}$$

这里用到 $\dot{H}^{\frac{9}{10}}\hookrightarrow\dot{W}^{\frac{3}{10},\frac{10}{3}}$. 注意到 $|I|=\Delta T=N_0^{-(1-s)\frac{9}{2}-}$, 就有:

$$\left\|D_x^{\frac{3}{10}}\left(e^{-it\Delta}\varphi_0\right)\right\|_{L_t^5(I;L_x^{\frac{10}{3}}(\mathbb{R}^3))}=o(1).\tag{3.56}$$

因此, 由 (3.56)、Hardy-Littlewood-Sobolev 不等式、Sobolev 嵌入关系

$$\|u_0(t)\|_{L^5_{t,x}(I\times\mathbb{R}^3)}\lesssim\left\|D_x^{\frac{3}{10}}u_0(t)\right\|_{L_t^5(I;L_x^{\frac{10}{3}})},$$

就得

$$\begin{aligned}
&\left\|D_x^{\frac{3}{10}}u_0(t)\right\|_{L_t^5(I;L_x^{\frac{10}{3}})}\\
\lesssim&o(1)+\left\|\int_0^t|t-\tau|^{-\frac{3}{5}}\left\|D_x^{\frac{3}{10}}u_0(t)\right\|_{L_x^{\frac{10}{3}}}\|u_0(t)\|_{L_x^5}^2d\tau\right\|_{L_t^5}\\
\leqslant&o(1)+\left\|D_x^{\frac{3}{10}}u_0(t)\right\|_{L_t^5(I;L_x^{\frac{10}{3}})}\|u_0(t)\|_{L_t^5(I;L^5(\mathbb{R}^3))}^2\\
\lesssim&o(1)+\left\|D_x^{\frac{3}{10}}u_0(t)\right\|_{L_t^5(I;L_x^{\frac{10}{3}})}^3.
\end{aligned}$$

因此, 仅需取 $|I|$ 充分小 (即 N_0 取充分大), 就能推得 (3.54).

下来证明 (3.55). 由 Strichartz 估计

$$\|e^{\pm it\Delta}\varphi\|_{L^q(I;L^r(\mathbb{R}^3))}\lesssim\|\varphi\|_2,\qquad(q,r)\in\Lambda$$

与嵌入定理, 容易看出:

$$\begin{aligned}
\|F(x,t)\|_{L^q(I;L^r(\mathbb{R}^3))}=&\|e^{-it\Delta}e^{it\Delta}F(x,t)\|_{L^q(I;L^r(\mathbb{R}^3))}\lesssim\|e^{it\Delta}F(x,t)\|_{L^2(\mathbb{R}^3)}\\
\lesssim&\|e^{it\Delta}F(x,t)\|_{H^{\frac{1}{2}+}(I;L^2(\mathbb{R}^3))}\lesssim\|F\|_{X_{0,\frac{1}{2}+}}.
\end{aligned}$$

由此推出其对偶形式是:

$$\|F\|_{X_{0,-\frac{1}{2}-}}\lesssim\|F(x,t)\|_{L^{q'}(I;L^{r'}(\mathbb{R}^3))},\quad(q,r)\in\Lambda.\tag{3.57}$$

将 (3.57) 与 $\|F\|_{X_{0,0}}=\|F(x,t)\|_{L^2(I;L^2(\mathbb{R}^3))}$ 插值就得

$$\|F\|_{X_{0,-\frac{1}{2}+}}\lesssim\|F(x,t)\|_{L^{q'+}(I;L^{r'+}(\mathbb{R}^3))},\quad(q,r)\in\Lambda,\tag{3.58}$$

特别有:

$$\|F\|_{X_{0,-\frac{1}{2}+}}\lesssim\|F\|_{L^{\frac{10}{7}+}(I;L^{\frac{10}{7}+})}.\tag{3.59}$$

类似于 (3.57),(3.58) 的推导, 记 $D=(-\Delta)^{\frac{1}{2}}$ (或 $(I-\Delta)^{\frac{1}{2}}$), $(q,r)\in\Lambda$, 我们有:

$$\begin{aligned}
\|D^\rho F(x,t)\|_{L^q(I;L^r(\mathbb{R}^3))}=&\|e^{-it\Delta}D^\rho e^{it\Delta}F\|_{L^q(I;L^r(\mathbb{R}^3))}\lesssim\|D^\rho e^{it\Delta}F\|_{L^2(\mathbb{R}^3)}\\
\lesssim&\|F\|_{H^{\frac{1}{2}+}(I;H^\rho(\mathbb{R}^3))}\lesssim\|F\|_{X_{\rho,\frac{1}{2}+}},\quad 0\leqslant\rho\leqslant1.
\end{aligned}\tag{3.60}$$

由 Sobolev 嵌入定理就得:

$$\|F(x,t)\|_{L^q(I;L^{\tilde r}(\mathbb{R}^3))}\lesssim\|F\|_{X_{\rho,\frac{1}{2}+}},\quad\frac{2}{q}=3\Big(\frac{1}{2}-\frac{\rho}{3}-\frac{1}{\tilde r}\Big),\quad 0\leqslant\rho\leqslant1.\tag{3.61}$$

特别, 有

$$\|F\|_{L^5(I;L^5(\mathbb{R}^3))} \lesssim \|F\|_{X_{\frac{1}{2},\frac{1}{2}+}(I)}, \quad \|F\|_{L^{10}(I;L^{10}(\mathbb{R}^3))} \lesssim \|F\|_{X_{1,\frac{1}{2}+}(I)}. \tag{3.62}$$

注意到 $\|\varphi_0\|_2 \leqslant C$, $\|\varphi_0\|_{H^1} \leqslant N_0^{1-s}$, 取 $\psi(t) \in C_c^\infty(\mathbb{R})$ 满足命题 3.2 中的条件 (无妨假设 $|I| = \Delta T < 1/2$), 则由 (3.59) 及插值公式

$$\|u_0(t)\|_{L^{5+}(I\times\mathbb{R}^3)} \leqslant \|u_0(t)\|_{L^5(I\times\mathbb{R}^3)}^{1-} \|u_0(t)\|_{L_t^{10}(I;L^{10}(\mathbb{R}^3))}^{0+}, \tag{3.63}$$

就得:

$$\begin{aligned}
\|u_0(t)\|_{X_{1,\frac{1}{2}+}(I)} \lesssim & \|\varphi_0\|_{H^1} + \left\||u_0(t)|^2 Du_0(t)\right\|_{X_{0,-\frac{1}{2}+}(I)} \\
\lesssim & \|\varphi_0\|_{H^1} + \left\||u_0|^2 Du_0\right\|_{L^{\frac{10}{7}+}(I\times\mathbb{R}^3)} \\
\lesssim & \|\varphi_0\|_{H^1} + \|u_0(t)\|_{L^5(I\times\mathbb{R}^3)} \|u_0(t)\|_{L^{5+}(I\times\mathbb{R}^3)} \|Du_0(t)\|_{L^{\frac{10}{3}}(I\times\mathbb{R}^3)} \\
\lesssim & N_0^{1-s} + \|u_0(t)\|_{L^5(I\times\mathbb{R}^3)}^{2-} \|u_0(t)\|_{L_t^{10}(I;L^{10}(\mathbb{R}^3))}^{0+} \|Du_0(t)\|_{L^{\frac{10}{3}}(I\times\mathbb{R}^3)} \\
\lesssim & N_0^{1-s} + o(1) \|u_0(t)\|_{X_{1,\frac{1}{2}+}}^{1+},
\end{aligned}$$

由此就推出 (3.55) 中的第二个估计.

$$\begin{aligned}
\|u_0(t)\|_{X_{0,\frac{1}{2}+}(I)} \leqslant & \|\psi(t) u_0(t)\|_{X_{0,\frac{1}{2}+}(I)} \lesssim \|\varphi_0\|_2 + \||u_0|^2 u_0\|_{X_{0,-\frac{1}{2}+}(I)} \\
\lesssim & \|\varphi_0\|_2 + \left\||u_0|^2 u_0\right\|_{L_t^{\frac{10}{7}+}(I;L^{\frac{10}{7}+}(\mathbb{R}^3))} \\
\lesssim & \|\varphi_0\|_2 + \|u_0(t)\|_{L^5(I\times\mathbb{R}^3)} \|u_0(t)\|_{L^{5+}(I\times\mathbb{R}^3)} \|u_0(t)\|_{L^{\frac{10}{3}}(I\times\mathbb{R}^3)} \\
\leqslant & \|\varphi_0\|_2 + o(1) N_0^{-\frac{1}{5+}(1-s)\frac{9}{2}-} \|u_0(t)\|_2^{\frac{1}{10}-} \|u_0(t)\|_6^{\frac{9}{10}+} \|u_0(t)\|_{X_{0,\frac{1}{2}+}(I)} \\
\leqslant & \|\varphi_0\|_2 + o(1) N_0^{-(1-s)\frac{9}{10}-} \|u_0(t)\|_{X_{1,\frac{1}{2}+}}^{\frac{9}{10}+} \|u_0(t)\|_{X_{0,\frac{1}{2}+}(I)} \\
\leqslant & \|\varphi_0\|_2 + o(1) N_0^{-(1-s)\frac{9}{10}-} N_0^{\frac{9}{10}(1-s)+} \|u_0(t)\|_{X_{0,\frac{1}{2}+}(I)} \\
\leqslant & \|\varphi_0\|_2 + o(1) \|u_0(t)\|_{X_{0,\frac{1}{2}+}(I)},
\end{aligned}$$

由此推得估计 (3.55) 的第一个估计.

Step 3 相差方程解的先验估计:

令

$$u(t) = u_0(t) + v(t), \tag{3.64}$$

则 v 应满足如下 Cauchy 问题 (相差方程对应的 Cauchy 问题)

$$\begin{cases} i\partial_t v - \Delta v = -\left[2|u_0|^2 v + 2u_0^2 \bar{v} + 2\bar{u}_0 v^2 + 2u_0 |v|^2 + |v|^2 v\right], \\ v(0) = \psi_0(x). \end{cases} \tag{3.65}$$

与 (3.65) 对应的积分方程是

$$v(t) = e^{-it\Delta}\psi_0(x) + \omega(t), \tag{3.66}$$

这里

$$\omega(t) = i\int_0^t e^{-i(t-\tau)\Delta}[2|u_0|^2 v + 2u_0^2\bar{v} + 2\bar{u}_0 v^2 + 2u_0|v|^2 + |v|^2 v]d\tau. \tag{3.67}$$

注意到

$$\|\psi_0\|_{H^s} \leqslant C, \quad \|\psi_0\|_2 = \left\||\xi|^{-s}|\xi|^s\psi_0\right\|_2 \lesssim N_0^{-s}. \tag{3.68}$$

直接计算并利用 (3.59), (3.62),(3.68) 及 Hölder 不等式, 可见

$$\begin{aligned}\|v\|_{X_{0,\frac{1}{2}+}(I)} \lesssim& \|\psi_0\|_2 + \|2|u_0|^2 v + 2u_0^2\bar{v} + 2\bar{u}_0 v^2 + 2u_0|v|^2 + |v|^2 v\|_{X_{0,-\frac{1}{2}+}(I)} \\ \lesssim& \|\psi_0\|_2 + \|v\|_{X_{0,\frac{1}{2}+}(I)}[o(1) + o(1)\|v\|_{X_{\frac{1}{2},\frac{1}{2}+}(I)} + \|v\|^2_{X_{\frac{1}{2},\frac{1}{2}+}(I)}].\end{aligned} \tag{3.69}$$

$$\begin{aligned}\|v\|_{X_{s,\frac{1}{2}+}(I)} \lesssim& \|\psi_0\|_{H^s} + \|v\|_{X_{s,\frac{1}{2}+}(I)}[o(1) + o(1)\|v\|_{X_{\frac{1}{2},\frac{1}{2}+}(I)} + \|v\|^2_{X_{\frac{1}{2},\frac{1}{2}+}(I)}] \\ &+ \|u_0\|_{X_{s,\frac{1}{2}+}(I)}[o(1)\|v\|_{X_{\frac{1}{2},\frac{1}{2}+}(I)} + \|v\|^2_{X_{\frac{1}{2},\frac{1}{2}+}(I)}], \\ &\forall s > 1/2.\end{aligned} \tag{3.70}$$

注意到嵌入关系 $X_{s,\frac{1}{2}+}(I) \hookrightarrow X_{\frac{1}{2},\frac{1}{2}+}(I)$, 插值公式

$$\|u_0\|_{X_{s,\frac{1}{2}+}(I)} \lesssim \|u_0(t)\|^{1-s}_{X_{0,\frac{1}{2}+}(I)}\|u_0(t)\|^s_{X_{1,\frac{1}{2}+}} \lesssim N_0^{(1-s)s}, \tag{3.71}$$

(3.69) 及 (3.70) 就推得 $(s > \frac{1}{\sqrt{2}})$

$$\|v\|_{X_{0,\frac{1}{2}+}(I)} \lesssim N_0^{-s}, \quad \|v\|_{X_{s,\frac{1}{2}+}(I)} \lesssim C. \tag{3.72}$$

进而, 由插值公式就推出

$$\|v\|_{X_{\frac{1}{2},\frac{1}{2}+(I)}} \lesssim \|v\|^{1-\frac{1}{2s}}_{0,\frac{1}{2}+}\|v\|^{\frac{1}{2s}}_{X_{s,\frac{1}{2}+}} \lesssim N_0^{\frac{1}{2}-s}. \tag{3.73}$$

接下来估计相差方程能量的增量. 考虑

$$\begin{aligned}&\|D_x\omega(t)\|_{L^\infty(I;L^2(\mathbb{R}^3))} \\ \leqslant& \sup_{\|\psi(x)\|_2\leqslant 1}\int_I \left(e^{i\tau\Delta}\psi, D_x[|2|u_0|^2 v + 2u_0^2\bar{v} + 2\bar{u}_0 v^2 + 2u_0|v|^2 + v|v|^2]\right)d\tau \\ \leqslant& \sup_{\|W\|_{X_{0,\frac{1}{2}+}}\leqslant 1}\int \left(W, D_x[\|2|u_0|^2 v + 2u_0^2\bar{v} + 2\bar{u}_0 v^2 + 2u_0|v|^2 + v|v|^2]\right)dt.\end{aligned} \tag{3.74}$$

固定 $\rho = \frac{1}{2}-$, 由 (3.55) 及

$$\begin{aligned}(f, D_x g) &= \int_{\mathbb{R}^n} f D_x \bar{g} dx = \int_{\mathbb{R}^n} \hat{f} \cdot |\xi| \bar{\hat{g}} d\xi \\ &= \int_{\mathbb{R}^n} |\xi|^\rho \hat{f} \cdot |\xi|^{|1-\rho|} \bar{\hat{g}} d\xi = (D_x^\rho f, D_x^{1-\rho} g),\end{aligned}$$

容易推得:

$$\begin{aligned}&\int_I |(W, D_x(|u_0|^2 v))| d\tau = \int_I |(W D_x u_0, u_0 v) + (W u_0, D_x(u_0 v))| d\tau \\ \leqslant &\iint_{I\times\mathbb{R}^3} [|W||u_0||v||D_x u_0| + |D_x^\rho(W u_0)| \cdot |D_x^{1-\rho}(v u_0)|] dx d\tau. \qquad (3.75)\end{aligned}$$

由 Hölder 不等式及不同层次上 Strichartz 估计 (3.61), 可见

$$\begin{aligned}&\iint_{I\times\mathbb{R}^3} |W| \cdot |u_0(t)| \cdot |v| \cdot |D_x u_0| dx d\tau \\ \lesssim &\|W\|_{\frac{10}{3}} \cdot \|u_0(t)\|_{10} \cdot \|v\|_{\frac{10}{3}} \cdot \|D_x u_0(t)\|_{\frac{10}{3}} \\ \lesssim &\|u_0(t)\|^2_{X_{1,\frac{1}{2}+}} \|v\|_{X_{0,\frac{1}{2}+}} \lesssim N_0^{2-3s}, \qquad (3.76)\end{aligned}$$

$$\begin{aligned}&\iint_{I\times\mathbb{R}^3} \big|D_x^\rho(W u_0)\big| \big|D_x^{1-\rho}(v u_0)\big| dx d\tau \\ \lesssim &\big\|D_x^\rho(W u_0)\big\|_2 \big\|D_x^{1-\rho}(v u_0)\big\|_2 \\ \lesssim &\|u_0\|_{X_{\frac{1}{2}+\rho,\frac{1}{2}+}} \|v\|_{X_{\frac{1}{2}-\rho,\frac{1}{2}+}} \|u_0\|_{X_{1,\frac{1}{2}+}} \lesssim N_0^{2-3s_+}, \qquad (3.77)\end{aligned}$$

这里用到定理 3.3. 于是

$$\int_I |(W, D_x(|u_0|^2 v))| dt \lesssim N_0^{2-3s_+}. \qquad (3.78)$$

同理亦有

$$\int_I |(W, D_x(u_0^2 \bar{v}))| dt \lesssim N_0^{2-3s_+}. \qquad (3.79)$$

进而, 对于有 v^2 贡献的非线性项, 利用定理 3.4,(3.59) 及 (3.61), 就得

$$\begin{aligned}\int_I |(W, D_x(\bar{u}_0 v^2))| dt \lesssim &\iint_{I\times\mathbb{R}^3} |W||D_x \bar{u}_0||v|^2 dx dt \\ &+ \|D_x^\rho(W \bar{u}_0)\|_2 \|D_x^{1-\rho}(v^2)\|_2 \\ \lesssim &\|u_0\|_{X_{1,\frac{1}{2}+}} \|v\|^2_{X_{\frac{1}{2},\frac{1}{2}+}} + \|u_0\|_{X_{\frac{1}{2}+\rho,\frac{1}{2}+}} \|v\|_{X_{s,\frac{1}{2}+}} \|v\|_{X_{\frac{3}{2}-\rho-s,\frac{1}{2}+}} \\ \lesssim &N_0^{2-3s_+}. \qquad (3.80)\end{aligned}$$

类似地, 有

$$\int_I |(W, D_x(u_0|v|^2))|dt \lesssim N_0^{2-3s_+}. \tag{3.81}$$

至于含 v^3 的非线性项, 有

$$\begin{aligned}
&\int_I |(W, D_x(|v|^2 v)|d\tau \lesssim \int_I |(W, D_x v \cdot v\bar{v})|dt + \int_I |(W, vD_x|v|^2)|dt \\
\lesssim &\|D_x^{s-\frac{1}{2}}(Wv)\|_2 \|D_x^{\frac{3}{2}-s}(v^2)\|_2 + \|D_x^{s-\frac{1}{2}}(W\bar{v})\|_2 \|D_x^{\frac{3}{2}-s}(|v|^2)\|_2 \\
\lesssim &\|v\|_{X_{s,\frac{1}{2}+}} \|v\|_{X_{s,\frac{1}{2}+}} \|v\|_{X_{2(1-s),\frac{1}{2}+}} \\
\lesssim &N_0^{2-3s_+}.
\end{aligned} \tag{3.82}$$

注意到 $s > \dfrac{1}{\sqrt{2}} > \dfrac{2}{3}$ 及 (3.69) 就得

$$\sup_{t\in I} \|\omega(t)\|_{H^1} \lesssim N_0^{2-3s_+}. \tag{3.83}$$

Step 4 重复求解及 Hamilton 能量的增量估计

今来考虑在 $t_1 = \Delta T$ 时, 有

$$u(t_1) = u_0(t_1) + e^{-it_1\Delta}\psi_0 + \omega(t_1) \triangleq \varphi_1(t_1) + \psi_1(t_1), \tag{3.84}$$

这里

$$\varphi_1(t_1) = u_0(t_1) + \omega(t_1), \quad \psi_1 = e^{-it_1\Delta}\psi_0. \tag{3.85}$$

因此, 可用 $(\varphi_1(t_1), \psi_1(t_1))$ 代替 (φ_0, ψ_0) 为初值, 来重复上面步骤. 事实上, $\psi_1(t_1)$ 与 ψ_0 相似, 而用 $\varphi_1(t_1)$ 代替 φ_0 时, 所诱导的 Hamilton 增量应是

$$\begin{aligned}
|E_1(\varphi_1(t_1)) - E_1(\varphi_0)| &= |E_1(u_0(t_1) + \omega(t_1)) - E(u_0(t_1))| \\
&\lesssim (\|u_0(t_1)\|_{H^1} + \|\omega(t_1)\|_{H^1})\|\omega(t_1)\|_{H^1} \\
&\qquad + (\|u_0(t_1)\|_6 + \|\omega(t_1)\|_6)^3 \|\omega(t_1)\|_2 \\
&\lesssim N_0^{1-s} N_0^{2-3s_+} + N_0^{3(1-s)-s} \\
&\lesssim N_0^{3-4s_+}.
\end{aligned} \tag{3.86}$$

这里用到 (3.55),(3.73) 和 (3.83).

由 (3.86) 可见, 欲使解延拓到任意 $T > 0$, 至多需要

$$\frac{T}{\Delta T} \sim T N_0^{\frac{9(1-s)}{2}-} \tag{3.87}$$

步, 能量的增加量应满足如下条件

$$T N_0^{\frac{9(1-s)}{2}-} N_0^{3-4s_+} < E_1(\varphi_0) \sim N_0^{2(1-s)}, \tag{3.88}$$

这等价于

$$TN_0^{\frac{11-13s}{2}+} < 1. \tag{3.89}$$

因此, 只要

$$s > \frac{11}{13}, \tag{3.90}$$

就能确保在 $[0,T]$ 上求解, 并且保持能量的增长条件 (3.88). 因此, 取

$$N_0 = N_0(T) = T^{\frac{2}{13s-11}+}, \tag{3.91}$$

就得出如下整体适定性定理.

定理 3.5　设 $s > \frac{11}{13}$, $\varphi(x) \in H^s$, 则 (3.1) 在 $H^s(\mathbb{R}^3)$ 中确定一个整体流 $u(t) \in C(\mathbb{R}; H^s(\mathbb{R}^3))$ 且具有如下表示式及估计

$$u(t) = e^{-it\Delta}\varphi + v(t), \tag{3.92}$$

$$\|v(t)\|_{H^1} \lesssim (1+|t|)^{\frac{2(1-s)}{13s-11}+}. \tag{3.93}$$

证明　由 Step1~Step4 就得定理 3.5 的主要结果, 仅需证明估计 (3.93). 注意到

$$\begin{aligned}\|v(t)\|_{H^1} \leqslant & E_1(v(t))^{\frac{1}{2}} + \|v(t)\|_2 \\ \lesssim & N_0^{1-s} \lesssim (1+|t|)^{\frac{2(1-s)}{13s-11}+}.\end{aligned} \tag{3.94}$$

就完成定理 3.5 的证明.

注记 3.5　(i) 在定理 3.5 中, 没有获得解的时空可积性, 故无法直接得到散射性结果. 然而, 当初始函数 $\varphi(x) = \varphi(|x|) \in H^s$ 为径向函数时, 借助于 Morawetz 不等式

$$\begin{aligned}\int_0^T |u(0,t)|^2 dt + \int_0^T \int_{\mathbb{R}^3} \frac{|\nabla u|^2 - u_r^2}{r} dxdt + \int_0^T \int_{\mathbb{R}^3} \frac{|u|^4}{r} dxdt \\ \lesssim \sup_{0\leqslant t\leqslant T} \|u(t)\|^2_{H^{\frac{1}{2}}},\end{aligned} \tag{3.95}$$

及

$$\sup_{r\geqslant 0} r|\varphi(r)| \leqslant C\|\varphi\|_{H^{\frac{1}{2}+}}, \qquad \varphi(x) = \varphi(|x|) \in H^{\frac{1}{2}+}, \tag{3.96}$$

容易推得 Cauchy 问题 (3.1) 在 $H^s \left(s > \frac{5}{7}\right)$ 中整体适定性及散射性结果 (详见 [Bo2]).

(ii) Morawetz 不等式 (2.95) 将在下一节证明, 点态估计 (3.96) 是 Hardy 不等式

$$\left\|\frac{\varphi}{|x|}\right\|_2 \lesssim \|\nabla\varphi\|_2$$

及插值定理的直接结果. 事实上, 记 $v = r\varphi$, 则

$$\begin{aligned}\|v\|_{L^2(dr)} =&\left(\int_0^\infty |\varphi|^2 r^2 dr\right)^{1/2} \leqslant \left(\frac{1}{|\Sigma^2|}\int_{\Sigma^2}\int_0^\infty |\varphi|^2 r^2 dr d\sigma\right)^{\frac{1}{2}}\\ \leqslant&\|\varphi\|_{L^2(\mathbb{R}^3)},\end{aligned}$$

Σ^2 是 $\mathbb{R}^3$ 中单位球面,

$$\|v'\|_{L^2(dr)} \leqslant \|r\varphi'\|_{L^2(dr)} + \|\varphi\|_{L^2(dr)} \sim \|\nabla\varphi\|_2 + \left\|\frac{\varphi}{|x|}\right\|_2 \lesssim \|\varphi\|_{\dot{H}^1}.$$

对上面两个不等式进行插值, 就得:

$$\|v\|_{\dot{H}^{\frac{1}{2}+}} \lesssim \|\varphi\|_{\dot{H}^{\frac{1}{2}+}}.$$

由 Sobolev 嵌入定理就得点态估计

$$\sup_r r|\varphi(r)| \leqslant \|v\|_\infty \lesssim \|v\|_{H^{\frac{1}{2}+}} \lesssim \|\varphi\|_{H^{\frac{1}{2}+}}.$$

(iii) Hardy 不等式的一般形式是

$$\left\|\frac{\varphi}{|x|}\right\|_p \leqslant C(p,n)\|\nabla\varphi\|_p, \quad C(p,n) = (p/(n-p))^p, \quad 1 < p < n, \tag{3.97}$$

这里 $C(p,n)$ 是最佳 Sobolev 常数. 为方便读者, 这里给出一个初等的证明. 事实上, 仅需对 $\forall\varphi(x) \in C_c^\infty(\mathbb{R}^n)$ 来证明 (3.97). 直接验证:

$$|\varphi(x)|^p = -\int_1^\infty \frac{d}{d\lambda}|\varphi(\lambda x)|^p d\lambda = -p\int_1^\infty \varphi^{p-1}(\lambda x)\langle x, \nabla\varphi(\lambda x)\rangle d\lambda.$$

由 Hölder 不等式, 容易推出

$$\begin{aligned}\int_{\mathbb{R}^n} \frac{|\varphi|^p}{|x|^p}dx =& -p\int_1^\infty \int_{\mathbb{R}^n} \frac{\varphi^{p-1}(\lambda x)}{|x|^{p-1}}\left\langle \frac{x}{|x|}, \nabla\varphi(\lambda x)\right\rangle dx d\lambda\\ =& -p\int_1^\infty \frac{d\lambda}{\lambda^{n+1-p}}\int_{\mathbb{R}^n} \frac{\varphi(y)^{p-1}}{|y|^{p-1}}\frac{\partial\varphi(y)}{\partial r}dy\\ =& -\frac{p}{n-p}\int_{\mathbb{R}^n} \frac{\varphi(y)^{p-1}}{|y|^{p-1}}\frac{\partial\varphi(y)}{\partial r}dy\\ =&\frac{p}{n-p}\left(\int_{\mathbb{R}^n} \frac{|\varphi|^p}{|y|^p}dy\right)^{\frac{p-1}{p}}\left(\int_{\mathbb{R}^n}\left|\frac{\partial\varphi(y)}{\partial r}\right|^p dy\right)^{\frac{1}{p}},\end{aligned}$$

由此就推得 (3.97).

注记 3.6 (i) 当 $n = 2$ 时, 类似于引理 3.3, 有如下的估计:

$$\begin{aligned}&\left\|\left(e^{-it\Delta}\Delta_\ell\varphi_1\right)\left(e^{-it\Delta}\Delta_m\varphi_2\right)\right\|_{L^2(\mathbb{R}\times\mathbb{R}^2)}\\ \lesssim&2^{m-\ell}\|\Delta_\ell\varphi_1\|_{L^2(\mathbb{R}^2)}\|\Delta_m\varphi_2\|_{L^2(\mathbb{R}^2)}, \quad \ell \geqslant m.\end{aligned} \tag{3.98}$$

借助于 Littlewood-Paley 分解, 容易推出如下双线性的 Strichartz 估计:

$$\left\|D_x^s(e^{it\Delta}\psi_1)\cdot(e^{it\Delta}\psi_2)\right\|_2 \lesssim \|\psi_1\|_{H^s}\|\psi_2\|_2, \quad 0\leqslant s<1/2, \tag{3.99}$$

$$\left\|D_x^s(e^{it\Delta}\psi_1\cdot e^{it\Delta}\psi_2)\right\|_2 \lesssim \|\psi_1\|_{H^s}\|\psi_2\|_2+\|\psi_1\|_{H^{\frac12+}}\|\psi_2\|_{H^{s-\frac12}}, \quad s\geqslant\frac12, \tag{3.100}$$

$$\|D_x^s(u_1u_2)\|_{L^2(I\times\mathbb{R}^2)} \lesssim \|u_1\|_{X_{s,\frac12+}}\|u_2\|_{X_{0,\frac12+}}, \quad 0\leqslant s<\frac12, \tag{3.101}$$

$$\|D_x^s(u_1u_2)\|_{L^2(I\times\mathbb{R}^2)} \lesssim \|u_1\|_{X_{s,\frac12+}}\|u_2\|_{X_{0,\frac12+}}+\|u_1\|_{X_{\frac12,\frac12+}}\|u_2\|_{X_{s-\frac12,\frac12+}}, \quad s\geqslant\frac12 \tag{3.102}$$

及

$$\|D_x^s(u_1u_2)\|_{L^2(I\times\mathbb{R}^2)} \leqslant C\|u_1\|_{X_{s,\frac12+}}\|u_2\|_{X_{0,\frac12-}}, \quad 0\leqslant s<\frac12, \tag{3.103}$$

在 (3.103) 中 $\frac12-$ 依赖于 $s+$.

(ii) 类似与三维空间的情形, 可建立如下 Cauchy 问题

$$\begin{cases} iu_t-\Delta u=-|u|^2u, & (x,t)\in\mathbb{R}^2\times\mathbb{R}, \\ u(0)=\varphi(x), \end{cases} \tag{3.104}$$

在 $H^s(s>2/3)$ 中的整体适定性定理, 即: 对任意的 $\varphi(x)\in H^s(\mathbb{R}^2)$, 则问题 (3.104) 存在唯一整体解 $u(t)\in C(\mathbb{R},H^s)$ 满足

$$u(t)-e^{-it\Delta}\varphi\in H^1, \qquad \forall t\in\mathbb{R} \tag{3.105}$$

及

$$\|u(t)-e^{-it\Delta}\varphi\|_{H^1}\leqslant C(1+|t|)^{\frac{1-s}{3s-2}+}. \tag{3.106}$$

详见 [Bo1] 或 [Bo2].

(iii) 当 $0\leqslant s\leqslant 2/3$ 时,(3.104) 是否在 H^s 中决定一个整体的连续流仍是公开的. 特别, 当 $s=0$ 时,(1.104) 恰好对应着 L^2 临界 Schrödinger 方程的 Cauchy 问题, Bourgain 在 [Bo] 中建立如下著名的结果: 设 $u(t)\in C((-T^*,T^*);L^2(\mathbb{R}^2))\cap L^4((-T^*,T^*)\times\mathbb{R}^2)$ 是如下 Cauchy 问题

$$\begin{cases} iu_t+\Delta u=\pm|u|^2u, & (t,x)\in\mathbb{R}\times\mathbb{R}^2, \\ u(0)=\varphi(x), & x\in\mathbb{R}^2 \end{cases} \tag{3.107}$$

的解, 其中 $(-T^*,T^*)$ 是最大的存在区间. 则

$$\lim_{t\to T^*}\sup_{\substack{A\subset\mathbb{R}^2\\ |A|<(T^*-t)^{1/2}}}\int_A|u(t)|^2dx>C>0. \tag{3.108}$$

这里 C 是一个绝对正常数.

(iv) 设 $s > 2/3$, $\varphi(x) \in L^2(\mathbb{R}^2)$ 且 $|x|^s\varphi \in L^2(\mathbb{R}^2)$, 则问题 (3.104) 在 $L^2(\mathbb{R}^2)$ 整体适定, 并且 $u(t,x) \in L^4(\mathbb{R}\times\mathbb{R}^2)$, 由此就推得散射性结果成立. 详见 Bourgain 书 [Bo2].

(v) 有关耦合方程的低正则问题的整体适定性, 可参见 [MX1] 及 [MX2].

§4.4 Tao 的 I- 能量方法

我们知道, Bourgain 的 Fourier 截断方法 (即低 - 高频分解技术) 是处理低正则性问题的有力武器. 然而, 用它很难获得解的散射性结果. 本节着重介绍 Tao 的 I-能量方法, 它是处理低正则性问题的另一种有效方法, 它可以直接用于散射性理论的研究. 其局限性是仅适用于处理特殊的非线性项. 如果 Tao 的 I–能量方法能适用于一般的非线性项, 它的适用范围将会更广泛, 威力更强大.

以非聚焦的三次非线性 Schrödinger 方程的 Cauchy 问题

$$\begin{cases} iu_t + \Delta u = |u|^2 u, & x \in \mathbb{R}^3, t \in \mathbb{R}, \\ u(0) = \varphi(x) \in H^s(\mathbb{R}^3), & x \in \mathbb{R}^3 \end{cases} \tag{4.1}$$

为例, 来说明 Tao 的 I-能量方法.

由局部存在性理论与第一章的 Scaling 分析 ([CW1] 或 [Mi6]), 当 $s \geqslant 1/2$ 时, Cauchy 问题 (4.1) 在 H^s 上是局部适定. 具体地说, 就是存在 $u(t) \in C(I;H^s) \cap \bigcap_{(q,r)\in\Lambda} L^q(I;B^s_{r,2})$ 满足

$$u(t) = S(t)\varphi - i\int_0^t S(t-\tau)[|u|^2u](\tau)d\tau, \tag{4.2}$$

这里

$$\begin{cases} T = T(\|\varphi\|_{H^s}), & s > \dfrac{1}{2}, \\ T = T(\varphi), & s = s_c = \dfrac{1}{2}(\text{临界值}), \end{cases}$$

$(q,r) \in \Lambda$ 表示时空容许对.

注记 4.1 (i) 对于 (4.1) 的光滑解, 直接验算, 就会发现如下守恒积分

$$E_0(u(t)) = \int_{\mathbb{R}^3} |u(t)|^2 dx = E_0(\varphi),$$

$$E_1(u(t)) = \int_{\mathbb{R}^3} \left[\frac{1}{2}|\nabla u|^2 + \frac{1}{4}|u|^4\right] dx = E_1(\varphi). \tag{4.3}$$

(ii) 借助于局部适定性、能量守恒积分就可推出：当 $\varphi \in H^1(\mathbb{R}^3)$ 时, Cauchy 问题 (4.1) 就决定了一个整体解 $u(t) \in C(\mathbb{R}; H^1(\mathbb{R}^3))$ 且具有如下可积性

$$u(t) \in C(\mathbb{R}; H^1(\mathbb{R}^3)) \cap \bigcap_{(q,r)\in\Lambda} L^q_{\mathrm{loc}}(\mathbb{R}; W^{1,r}(\mathbb{R}^3)).$$

(iii) Cauchy 问题 (4.1) 在 H^1 意义下散射性结论成立. 1985 年 Ginibre-Velo 在 $1+\dfrac{4}{n}<p<1+\dfrac{4}{n-2}$ 条件下, 建立了非聚焦半线性 Schrödinger 方程 ($f(u) = |u|^{p-1}u$) 的 Cauchy 问题的 H^1 散射性理论.

(iv) 由于 $f(u) = |u|^2 u$ 是 C^∞ 函数, 故对 $\forall s > 1$, $\forall \varphi(x) \in H^s$, (4.1) 或 (4.2) 在 H^s 中生成一个整体连续流 $u(t) \in C(\mathbb{R}; H^s(\mathbb{R}^3))$ 并且 H^s 散射性理论成立.

回忆一下散射性的概念. 记 $S(t) = e^{it\Delta}$ 是自由 Schrödinger 群, $S^{NL}(t)$ 表示由 (4.1) 决定的非线性群. 自然,

$$u(t) = S^{NL}(t)\varphi = S(t)\varphi - i\int_0^t S(t-\tau)|u(\tau)|^2 u(\tau)d\tau$$

就是 (4.1) 或 (4.2) 的解.

H^s– **散射性的概念** 对 $\forall \varphi_\pm(x) \in H^s$, 存在问题 (4.1) 或 (4.2) 的整体解 $u(t) \in C(\mathbb{R}, H^s(\mathbb{R}^3))$, 使得

$$\lim_{t\to\pm\infty} S(-t)u(t) = \lim_{t\to\pm\infty} S(-t)S^{NL}(t)\varphi \overset{H^s}{=\!=} \varphi_\pm(x). \tag{4.4}$$

定义波算子 $\Omega_\pm$：$H^s(\mathbb{R}^3) \mapsto H^s(\mathbb{R}^3)$ 如下：

$$\Omega^\pm \varphi_\pm(x) = u(0) = \varphi(x). \tag{4.5}$$

如果波算子 $\Omega^\pm$ 是满射, 就称问题 (4.1) 或 (4.2) 在 $H^s(\mathbb{R}^3)$ 中是渐近完备的.

问题: (a) 对任意 $\varphi(x) \in H^s(\mathbb{R}^3)$, $s \geqslant \dfrac{1}{2}$, 问题 (4.1) 或 (4.2) 是否决定一个唯一的强连续流 $u(t) \in C(\mathbb{R}; H^s(\mathbb{R}) \cap \cdots$?

(b) 在 $H^s(\mathbb{R}^3)$ 拓扑下是否有散射性结果?

当 $s \geqslant 1$ 时, (4.1) 或 (4.2) 的整体适定性可由局部适定性与能量守恒积分直接推得. 然而, 当 $\dfrac{1}{2} \leqslant s < 1$ 时, 无守恒积分可利用, 故建立 H^s 中的整体适定性 (低正则性问题) 是极其困难的. 另一方面, 在 $H^s(\mathbb{R}^3)$ 拓扑下的散射性还需要获得解的 H^s- 层次整体时空估计, 即形如

$$\|u(t); L^q(\mathbb{R}; B^s_{r,2}(\mathbb{R}^3))\| < \infty, \quad (q,r) \in \Lambda.$$

Bourgain 利用 Fourier 截断方法获得了如下结果：

Bourgain 定理 (a) 设 $s > \frac{11}{13}$, $\varphi(x) \in H^s(\mathbb{R}^n)$, 则 (4.1) 存在唯一整体解 $u(t) \in C(\mathbb{R}; H^s(\mathbb{R}^3))$ 且有如下分解

$$u(t) = e^{it\Delta}\varphi + v(t), \quad \|v(t)\|_{H^1} \lesssim (1+|t|)^{\frac{2(1-s)}{13s-11}+}. \tag{4.6}$$

(b) 设 $\varphi(x) = \varphi(|x|) \in H^s(\mathbb{R}^3)$, $s > \frac{5}{7}$. 则 (4.1) 决定一个整体解 $u(t) \in C(\mathbb{R}; H^s(\mathbb{R}^3))$ 满足 $\|u(t) - e^{it\Delta}\varphi\|_{H^1} \leqslant C(\|\varphi\|_{H^s})$, 并且在 H^s 意义下, 散射性结果成立.

注记 4.2 (i) Bourgain 首次给出处理低正则性问题的有效方法, 它的本质是将初始函数分解成高频与低频部分

$$\varphi(x) = \varphi_0(x) + \psi_0(x), \qquad \varphi_0(x) = \mathcal{F}^{-1}(\hat{\varphi}|_{|\xi|\leqslant N}) \in C^\infty(\mathbb{R}^3) \cap H^1(\mathbb{R}^3). \tag{4.7}$$

在 $I = [0, \Delta T]$ 上, 进行如下操作:

(a) 用自由 Schrödinger 群演化高频部分 $e^{it\Delta}\psi_0(x)$.

(b) 非线性方程来演化低频部分

$$u_0(t) = e^{it\Delta}\varphi_0(x) - i\int_0^t e^{i(t-\tau)\Delta}\Big[|u_0(\tau)|^2 u_0(\tau)\Big]d\tau.$$

(c) 证明修正部分 $\omega(t) = u(t) - u_0(t) - e^{it\Delta}\psi_0(x) \in H^1$ (需要从 $\omega(t)$ 满足的相差方程来给出此估计, 是较困难的一步). 这样, 可在 $[\Delta T, 2\Delta T]$ 进行上述操作, 此时

$$\varphi_1(x) = u_0(t_1) + \omega(t_1) \in H^1(\mathbb{R}^3), \quad \psi_1(x) = e^{it_1\Delta}\psi_0(x).$$

换言之, 将修正部分 (等价于解的高频部分中有一些转化到低频部分) 加到低频部分后仍有 $\varphi_1(x) \in H^1(\mathbb{R}^3)$, 这足以让它保证经非线性方程演化后仍能获得 H^1 整体解, 相应的高频部分 $\psi_1(x)$ 具有与 $\psi_0(x)$ 完全相同的特点, 仍可用自由群来演化. 如此等等, 对任意的 $T > 0$, 可获得 (4.1) 或 (4.2) 在 $[0, T]$ 的 H^s 解.

(ii) Bourgain 方法可以使用的关键在于如下估计

$$\int_0^t S(t-\tau)|u(\tau)|^2 u(\tau)d\tau \in H^1(\mathbb{R}^3), \quad \forall u(\tau) \in H^s(\mathbb{R}^3), \quad s > \frac{11}{13}, \tag{4.8}$$

故许多色散波方程及波方程都具有这种类型的光滑效应, 例如 KdV 方程, Bo 方程, 波动方程, Klein-Gordon 方程等, 可参见 Kenig-Ponce-Vega, Miao-Zhang 等人的文章, [KPV6], [MZ1].

(iii) 并不是所有的发展型方程都具备类同于 (4.8) 的光滑效应. 例如: 对于 Wave 映照方程

$$\begin{cases} u_{tt} - \Delta u = (|\nabla u|^2 - |u_t|^2)u, \\ u(0) = \varphi(x), \quad u_t(0) = \psi(x), \end{cases} \tag{4.9}$$

见 Keel-Tao 的文章 [KT2]. 再如：对于 Maxwell-Klein-Gordon 方程似乎亦没有光滑效应.

问题: 对于不具备光滑效应的发展方程 (波或色散波方程), 是否可以研究低正则性问题?

受 Bourgain 的 Fourier 截断方法的启示, Tao 发明了所谓的 I-能量方法或准能量技术 [CKSTT1].

Tao 的 I-守恒量方法的核心 通过光滑算子 I, 来构造解 $u(t)$ 的光滑部分 Iu 满足几乎守恒积分

$$E_1(Iu) = E_1(I\varphi) + N^{-1+}C(\|\varphi\|_{H^s}), \tag{4.10}$$

这里

$$Iu = \mathcal{F}^{-1}m_N(\xi) * u, \quad m_N(\xi) = m_N(|\xi|) \in C^\infty(\mathbb{R}^n),$$

$$m_N(\xi) = \begin{cases} 1, & |\xi| \leqslant N \\ \left(\dfrac{N}{|\xi|}\right)^{1-s} & |\xi| \geqslant 2N, \end{cases} \quad 0 \leqslant m_N(\xi) \leqslant 1, \tag{4.11}$$

这里 N 是充分大的待定常数. 直接验算

$$\|u\|_{H^s}^2 \sim E_1(Iu) + \|u\|_2^2.$$

这样, 通过准守恒积分、新的 Morawetz 估计、Scaling 技术, 连续性方法推出：当 $s > s_0$ 时, $\|u\|_{H^s}$ 及 u 的整体时空估计, 进而建立 (4.1) 或 (4.2) 在 H^s 空间的整体适定性及散射性理论.

注记 4.3 Tao 的 I-能量方法的关键技术及优势表现在：

(i) 通过解的光滑部分所满足的准能量等式来控制 $\|u(t)\|_{H^s}$ 的估计 (关于变量 t 是多项式增长). 光滑解在低正则 Sobolev 模的具体估计 (关于时间变量 t 的多项式增长估计), 可以定性地刻画光滑解的能量如何从高频向低频部分的转移.

(ii) Tao 的 I-能量方法可以用于不具类同于 (4.8) 光滑效应的非线性波 (色散波) 方程的低正则性. 与此同时, 即使应用到某些具有光滑效应的方程, 亦可以获得更深刻的结果. 例如：Tao 的 I-能量方法可以获得当 $s > \dfrac{4}{5}$ 时, (4.1) 在 H^s 的整体适定性与散射性. 然而, Bourgain 的方法则仅能获得当 $s > \dfrac{11}{13}$ 时, (4.1) 在 H^s 中的整体适定性, 无法同时获得散射性. 另一个例子是 Tao 的 I-能量方法可以研究波映射方程整体正则解的存在性 (目标流形是二维球面、具小能量初值).

在论述主要定理之前, 给出一些记号与约定. 给定 $A, B > 0$.

(1) $A \lesssim B$ 意味着存在 $K > 2$, 满足 $A \leqslant KB$.

(2) $A \sim B \Longleftrightarrow A \lesssim B$ 且 $B \lesssim A$.

(3) $A \ll B$ 意味着存在 $K > 2$, 满足 $B > KA$.

(4) $\langle A\rangle=(1+A^2)^{\frac{1}{2}}$, $\langle\nabla\rangle=(1+(-\Delta))^{\frac{1}{2}}$, $\langle\nabla\rangle$ 的象征是 $(1+|\xi|^2)^{\frac{1}{2}}$.

(5) $\frac{1}{2}+\equiv\frac{1}{2}+\varepsilon$, $\frac{1}{2}-\equiv\frac{1}{2}-\varepsilon$, 这里 $0<\varepsilon<<1$.

定理 4.1 设 $s>\frac{4}{5}$, $\varphi(x)\in H^s(\mathbb{R}^n)$. 则有

(a) Cauchy 问题 (4.1) 或 (4.2) 存在唯一解 $u(t)\in C(\mathbb{R};H^s(\mathbb{R}^3))$.

(b) H^s 散射性理论成立, 即对 $\forall\varphi_\pm(x)\in H^s(\mathbb{R}^3)$, 总存在 (4.1) 或 (4.2) 的解 $u(t)=S^{NL}(t)\varphi$ 使得

$$\left\|u(t)-e^{it\Delta}\varphi_\pm\right\|_{H^s}\to 0\quad t\to\pm\infty. \tag{4.12}$$

由此定义波算子 $\Omega_\pm:H^s(\mathbb{R}^3)\longmapsto H^s(\mathbb{R}^3)$ 如下:

$$\Omega_\pm:\varphi_\pm(x)\longmapsto u(0)=\varphi(x) \tag{4.13}$$

另一方面, 对 $\forall\varphi(x)\in H^s(\mathbb{R}^3)$, 总存在唯一 $\varphi_\pm(x)\in H^s(\mathbb{R}^3)$ 使得 (4.12) 式成立 (渐近完备性), 这等价于 $\Omega_\pm$ 是满射.

注记 4.4 (i) Tao 的方法可以获得: 当 $s>\frac{4}{5}$ 时, Cauchy 问题 (4.1) 或 (4.2) 在 H^s 中适定性与散射性 (不需要径向对称的假设), 这明显地优于 Bourgain 的方法. 然而, 是否可以用 Tao 的方法处理一般非线性项, 是一个很有意思的问题.

(ii) 定理 4.1 中的结果并不是最佳的, 最优结果可能是当 $s>\frac{1}{2}$ 时, 问题 (4.1) 或 (4.2) 整体适定且 H^s 意义下散射性结果成立.

(iii) 证明主要定理需要建立新的 Morawetz 型估计、I-守恒型积分等新的工具, 这些思想对于其他方程的研究同样具有重要意义.

Morawetz 相互作用位势与新的 Morawetz 估计

在 Morawetz 作用量的基础上, 构造 Morawetz 相互作用位势, 借此导出形如 $L^4_{t,x}(\mathbb{R}\times\mathbb{R}^3)$ 的 Morawetz 型不等式. 进而建立 H^s- 适定性及散射性理论.

考虑一般的非线性 Schrödinger 方程的 Cauchy 问题

$$\begin{cases} i\partial_t u+\alpha\Delta u=\mu f(|u|^2)u, & (x,t)\in\mathbb{R}^3\times\mathbb{R},\\ u(0)=\varphi(x), & x\in\mathbb{R}^3,\end{cases} \tag{4.14}$$

这里 $u:\mathbb{R}\times\mathbb{R}^3\longmapsto\mathbb{C}$, f 是 $\mathbb{R}^+\longmapsto\mathbb{R}^+$ 的光滑函数, $\alpha,\mu\in\mathbb{R}$ 是常数. 记

$$F(z)=\int_0^z f(s)ds. \tag{4.15}$$

引入极坐标

$$x=r\omega,\quad r>0,\quad \omega\in\Sigma^2,$$

Σ 表示单位球面, Δ_ω 表示 Σ^2 上的 Laplace-Beltrami 算子. 于是, 可以将 (4.14) 进行如下形变:

$$u_t = i\alpha\Delta u - i\mu f(|u|^2)u, \tag{4.16}$$

$$\bar{u}_t = -i\alpha\Delta\bar{u} + i\mu f(|u|^2)\bar{u}, \tag{4.17}$$

$$u_t = i\alpha u_{rr} + i\frac{2\alpha}{r}u_r + i\frac{\alpha}{r^2}\Delta_\omega u - i\mu f(|u|^2)u, \tag{4.18}$$

$$ru_t = i\alpha(ru)_{rr} + i\frac{\alpha}{r}\Delta_\omega u - i\mu rf(|u|^2)u, \tag{4.19}$$

$$(r\bar{u}_t) = -i\alpha(r\bar{u})_{rr} - i\frac{\alpha}{r}\Delta_\omega u + i\mu rf(|u|^2)\bar{u}. \tag{4.20}$$

引入标准的 Morawetz 作用

$$M_0[u](t) = \mathrm{Im}\int_{\mathbb{R}^3}\bar{u}(x,t)\partial_r u(x,t)dx \ = \int_{\mathbb{R}^3}\mathrm{Im}\big[\bar{u}(x,t)\nabla u(x,t)\big]\cdot\frac{x}{|x|}dx.$$

Morawetz 作用 M_0 的物理意义　施行 (4.16) $\times\ \bar{u}$ + (4.17) $\times\ u$ 的运算, 就可以推出:

$$\begin{aligned}\frac{\partial}{\partial t}|u|^2 =& i\alpha(\Delta u\cdot\bar{u} - \Delta\bar{u}\cdot u) = -\alpha\mathrm{Im}(\Delta u\cdot\bar{u} - \Delta\bar{u}\cdot u))\\ =& -\alpha\mathrm{Im}\nabla\cdot(\bar{u}\nabla u - u\nabla\bar{u}) = -2\alpha\nabla\cdot\mathrm{Im}\big[\bar{u}(x,t)\nabla u(x,t)\big],\end{aligned} \tag{4.21}$$

故 M_0 的物理意义可以解释为 L^2 质量流在径向分量的空间平均. 我们期望: 当 u 具有散射性时, M_0 随时间的增加而增长.

命题 4.2　若 u 是 (4.14) 的 Schwartz 解, 则 Morawetz 作用 $M_0[u]$ 满足

$$\begin{aligned}\frac{d}{dt}M_0[u](t) =& 4\pi\alpha|u(t,0)|^2 + \int_{\mathbb{R}^3}\frac{2\alpha}{|x|}|\not\nabla_0 u(x,t)|^2dx\\ &+\mu\int_{\mathbb{R}^3}\frac{2}{|x|}\big\{|u|^2f(|u|^2)(t) - F(|u|^2)\big\}dx,\end{aligned} \tag{4.22}$$

这里 $\not\nabla_0$ 表示导数的角分量, 即

$$\not\nabla_0 u = \nabla u - \frac{x}{|x|}\left(\frac{x}{|x|}\cdot\nabla u\right). \tag{4.23}$$

特别, 当非线性项满足互斥条件

$$\mu\big\{|u|^2f(|u|^2) - F(|u|^2)\big\} \geqslant 0 \tag{4.24}$$

时, $M_0(t)$ 是关于 t 的增函数.

注记 4.5 若 $f(|u|^2)=|u|^{p-1}$, 则 $F(|u|^2)=\dfrac{2}{p+1}|u|^{p+1}$. 此时, 就有

$$|u|^2f(|u|^2)-F(|u|^2)=\frac{p-1}{p+1}|u|^{p+1}=\frac{p-1}{2}F(|u|^2)>0.$$

命题 4.2 的证明 直接计算就得:

$$\begin{aligned}M_0(t)=&\int_{\mathbb{R}^3}\mathrm{Im}(\bar u(x,t)\partial_r u(x,t))dx=\mathrm{Im}\int_{\mathbb{R}^3}\bar u(x,t)\left(\partial_r+\frac{1}{r}\right)u(x,t)dx\\ =&\mathrm{Im}\int_0^\infty\int_{\Sigma^2}\overline{ru}(ru)_r d\omega dr.\end{aligned}\tag{4.25}$$

由 (4.19) 与 (4.20) 式就可推出:

$$\begin{aligned}\frac{d}{dt}M_0(t)=&\mathrm{Im}\int_0^\infty\int_{\Sigma^2}\overline{ru}(ru_t)_r+\overline{ru}_t(ru)_r d\omega dr=-2\mathrm{Im}\int_0^\infty\int_{\Sigma^2}\overline{(ru)}_r(ru_t)d\omega dr\\ =&-2\mathrm{Im}\int_0^\infty\int_{\Sigma^2}\overline{(ru)}_r\{i\alpha(ru)_{rr}+i\frac{\alpha}{r}\Delta_\omega u-i\mu rf(|u|^2)u\}d\omega dr\\ =&-2\alpha\mathrm{Re}\int_0^\infty\int_{\Sigma^2}(\overline{ru})_r(ru)_{rr}d\omega dr-2\alpha\mathrm{Re}\int_0^\infty\int_{\Sigma^2}(\overline{ru})_r\frac{\Delta_\omega u}{r}d\omega dr\\ &+2\mu\mathrm{Re}\int_0^\infty\int_{\Sigma^2}(\overline{ru})_r rf(|u|^2)ud\omega dr=\mathrm{I}+\mathrm{II}+\mathrm{III},\end{aligned}\tag{4.26}$$

注意到 $\partial_r|(ru)_r|^2=2\mathrm{Re}\{(\overline{ru})_r(ru)_{rr}\}$, 故

$$\mathrm{I}=-\alpha\int_{\Sigma^2}|(ru)_r|^2|_0^\infty d\sigma=4\pi\alpha|u(t,0)|^2.$$

其次, 注意到 $\Delta_\omega=\nabla_\omega\cdot\nabla_\omega$, 分部积分

$$\begin{aligned}\mathrm{II}=&-2\alpha\mathrm{Re}\int_0^\infty\int_{\Sigma^2}(\bar u+r\bar u_r)\frac{1}{r}\nabla_\omega\nabla_\omega ud\omega dr\\ =&\alpha\mathrm{Re}\int_0^\infty\int_{\Sigma^2}\left[\frac{2}{r}|\nabla_\omega u|^2+\partial_r|\nabla_\omega u|^2\right]d\omega dr.\end{aligned}$$

由 $\nabla_\omega u=r\,\not\nabla_0 u$, 就可推得

$$\mathrm{II}=\int_{\mathbb{R}^3}\frac{2\alpha}{|x|}|\not\nabla_0 u(x,t)|^2dx.$$

最后估计 III. 由 Leibniz 公式, 易见

$$(\overline{ru})_r rf(|u|^2)u=(\bar u+r\bar u_r)rf(|u|^2)u=r|u|^2f(|u|^2)+r^2f(|u|^2)u\bar u_r,$$

$$2\mu\mathrm{Re}\{(\overline{ru})_r rf(|u|^2)u\}=2\mu r|u|^2f(|u|^2)+\mu r^2(F(|u|^2))_r.$$

两边积分并利用分部积分公式, 可推得

$$\mathrm{III}=\mu\int_{\mathbb{R}^3}\left[\frac{2}{|x|}|u|^2 f(|u|^2)(t)-\frac{2}{|x|}F(|u|^2)\right]dx.$$

综上三步的推导, 就知 (4.22) 成立.

现定义中心在 y 处的 Morawetz 作用量

$$M_y[u](t)=\int_{\mathbb{R}^3}\mathrm{Im}\left[\bar{u}(x,t)\frac{x-y}{|x-y|}\cdot\nabla u(x,t)\right]dx. \tag{4.27}$$

那么有

推论 4.3 设 $u(x,t)$ 是问题 (4.14) 的解, 则它在 y 处的 Morawetz 作用 $M_y[u](t)$ 满足

$$\begin{aligned}\frac{d}{dt}M_y[u](t)=&4\pi\alpha|u(y,t)|^2+\int_{\mathbb{R}^3}\frac{2\alpha}{|x-y|}|\not\nabla_y u(x,t)|^2dx\\&+\int_{\mathbb{R}^3}\frac{2\mu}{|x-y|}\{|u|^2f(|u|^2)-F(|u|^2)\}dx,\end{aligned} \tag{4.28}$$

这里

$$\not\nabla_y u(x,t)=\nabla u-\frac{x-y}{|x-y|}\left(\frac{x-y}{|x-y|}\cdot\nabla u\right), \tag{4.29}$$

特别, 当非线性项满足相斥条件 (4.24) 时, $M_y(t)$ 是关于 t 的增函数.

命题 4.4 设 $u(x,t)$ 是 (4.14) 的解, 则

$$|M_y[u](t)|\overset{\Delta}{=}|M_y(t)|\lesssim\|u(t)\|^2_{\dot{H}_x^{\frac{1}{2}}}. \tag{4.30}$$

证明 不失一般性, 仅考虑 $y=0$ 的情形. 由对偶性原理, 有

$$\left|\mathrm{Im}\int_{\mathbb{R}^3}\overline{u(x,t)}\partial_r u(x,t)dx\right|\lesssim\|u\|_{\dot{H}^{\frac{1}{2}}(\mathbb{R}^3)}\|\partial_r u\|_{\dot{H}^{-\frac{1}{2}}(\mathbb{R}^3)}. \tag{4.31}$$

下仅需证明 $\|\partial_r u\|_{\dot{H}^{-\frac{1}{2}}(\mathbb{R}^3)}\leqslant\|u\|_{\dot{H}^{\frac{1}{2}}(\mathbb{R}^3)}$. 注意到 $\partial_r=\dfrac{x}{|x|}\cdot\nabla$, 此就归结为证明 (对偶原理):

$$\left\|\frac{x}{|x|}f\right\|_{\dot{H}^{\frac{1}{2}}(\mathbb{R}^3)}\lesssim\|f\|_{\dot{H}^{\frac{1}{2}}(\mathbb{R}^3)}. \tag{4.32}$$

事实上

$$\left\|\frac{x}{|x|}f\right\|_2\leqslant\|f\|_2,$$

$$\left\|\frac{x}{|x|}f\right\|_{\dot{H}^1}\leqslant\left\|\frac{x}{|x|}\nabla f\right\|_2+\left\|\frac{f}{|x|}\right\|_2\leqslant\|\nabla f\|_2.$$

插值上面两式就得 (4.32).

注记 4.6 关于 (4.32) 与估计 $\|\partial_r u\|_{\dot{H}^{-\frac{1}{2}}} \leqslant \|u\|_{\dot{H}^{\frac{1}{2}}}$ 等价性的证明：事实上, $\forall \psi(x) \in S(\mathbb{R}^3)$, 考虑

$$(\psi, \partial_r u) = \left(\psi, \frac{x}{|x|} \cdot \nabla u\right) = \left(\frac{x}{|x|}\psi, \nabla u\right)$$
$$\leqslant \left\|\frac{x}{|x|}\psi\right\|_{\dot{H}^{\frac{1}{2}}} \|\nabla u\|_{\dot{H}^{-\frac{1}{2}}} \leqslant \|\psi\|_{\dot{H}^{\frac{1}{2}}} \|u\|_{\dot{H}^{\frac{1}{2}}}. \tag{4.33}$$

因此, 由对偶性原理就得：

$$\|\partial_r u\|_{\dot{H}^{-\frac{1}{2}}} \lesssim \|u\|_{\dot{H}^{\frac{1}{2}}}.$$

推论 4.5(Morawetz 不等式) 设 $u(x,t)$ 是 (4.14) 的解, 则对 $\forall y \in \mathbb{R}^3$, 有

$$4\pi\alpha \int_0^T |u(y,t)|^2 dt + \int_0^T \int_{\mathbb{R}^3} \frac{2\alpha}{|x-y|} | \nabla\!\!\!/_y u(x,t)|^2 dxdt$$
$$+ \int_0^T \int_{\mathbb{R}^3} \frac{2\mu\{|u|^2 f(|u|^2) - F(|u|^2)\}}{|x-y|} dxdt \lesssim 2 \sup_{t\in[0,T]} \|u(t)\|^2_{\dot{H}^{\frac{1}{2}}}. \tag{4.34}$$

注记 4.7 (a) Morawetz 估计在研究 (4.14) 的散射性理论或局部衰减性时起着至关重要的作用. 当非线性项 $f(u)$ 满足互斥条件 (4.24) 时, (4.34) 左边各项均是正号. 特别, 取 $f(u) = |u|^{p-1}u$, 就可以得到经典 Morawetz 型估计. 具体地说, 对 $\forall T > 0$, 就有：

$$\int_0^T \int_{\mathbb{R}^3} \frac{|u(x,t)|^{p+1}}{|x-y|} dxdt \lesssim \sup_{t\in[0,T]} \|u(t)\|^2_{\dot{H}^{\frac{1}{2}}}, \quad \forall y \in \mathbb{R}^n, \tag{4.35}$$

$$\int_0^T \int_{\mathbb{R}^3} \frac{| \nabla\!\!\!/ u(x,t)|^2}{|x-y|} dxdt \lesssim \sup_{t\in[0,T]} \|u(t)\|^2_{\dot{H}^{\frac{1}{2}}}, \quad \forall y \in \mathbb{R}^n, \tag{4.36}$$

$$\int_0^T |u(y,t)|^2 dt \lesssim \sup_{t\in[0,T]} \|u(t)\|^2_{\dot{H}^{\frac{1}{2}}}, \quad \forall y \in \mathbb{R}^n. \tag{4.37}$$

当 $\varphi \in H^1(\mathbb{R}^3)$, 由能量守恒律及 $f(u)$ 的互斥性就可推出经典的 Morawetz 估计

$$\int_{\mathbb{R}} \int_{\mathbb{R}^3} \frac{|u(x,t)|^{p+1}}{|x-y|} dxdt \lesssim \|\varphi\|^2_{H^1}, \qquad \forall y \in \mathbb{R}^n. \tag{4.38}$$

(b) 1985 年, Ginibre-Velo 在 [GV3] 中首次解决了非线性 Schrödinger 方程散射性结果, 这里

$$f(u) = |u|^{p+1}u, \quad 1 + \frac{4}{n} < p < 1 + \frac{4}{n-2}.$$

他们采用相应的局部化的 Morawetz 估计、色散不等式及 Strichartz 型估计获得 u 在 $L^q(\mathbb{R}, L^r(\mathbb{R}^3))$ 的整体可积性, 从而建立 (4.14) 的散射性理论.

Morawetz 相互作用位势　记 $u(t)$ 是 (4.14) 的解, 构造 Morawetz 位势

$$M(t) = \int_{\mathbb{R}^3} |u(y,t)|^2 M_y(t)dy. \tag{4.39}$$

直接验算可见

$$|M(t)| \lesssim \|u(t)\|_{L^2}^2 \|u(t)\|_{\dot{H}^{\frac{1}{2}}}^2, \tag{4.40}$$

$$\begin{aligned}\frac{d}{dt}M(t) =&4\pi\alpha \int_{\mathbb{R}^3} |u(y,t)|^4 dy + \int_{\mathbb{R}^3}\int_{\mathbb{R}^3} \frac{2\alpha}{|x-y|}|u(y,t)|^2| \nabla u(x,t)|^2 dxdy \\ &+ \int_{\mathbb{R}^3}\int_{\mathbb{R}^3} \frac{2\mu|u(y,t)|^2}{|x-y|}\{|u(x,t)|^2 f|u(x,t)|^2 - F(|u(x,t)|^2)\}dxdy \\ &+ \int_{\mathbb{R}^3} \partial_t(|u(t,y)|^2)M_y(t)dy \triangleq \mathrm{I}+\mathrm{II}+\mathrm{III}+\mathrm{IV}.\end{aligned} \tag{4.41}$$

命题 4.6　设 $u(x,t)$ 是 (4.14) 的解, 则

$$\begin{aligned}4\pi\alpha \int_{\mathbb{R}^3} |u(y,t)|^4 dy + \int_{\mathbb{R}^3}\int_{\mathbb{R}^3} \frac{2\mu|u(y,t)|^2}{|x-y|}\{|u|^2 f(|u|^2) - F(|u|^2)\}dxdy \\ \leqslant \frac{dM(t)}{dt}.\end{aligned} \tag{4.42}$$

特别, 当 $f(u)$ 满足互斥条件时, $M(t)$ 是 t 的增函数.

推论 4.7　设 $u(x,t)$ 是 (4.14) 的光滑解, $f(u)$ 满足互斥条件 (4.24), 则有如下相互作用的 Morawetz 估计:

$$\begin{aligned}4\pi\alpha \int_0^T \int_{\mathbb{R}^3} |u(y,t)|^4 dydt + \int_0^T \int_{\mathbb{R}^3\times\mathbb{R}^3} \frac{2\mu|u(y,t)|^2}{|x-y|}\{|u|^2 f(|u|^2) \\ - F(|u|^2)\}(x,t)dxdydt \leqslant 2\|\varphi(x)\|_2^2 \sup_{t\in[0,T]} \|u(t)\|_{\dot{H}^{\frac{1}{2}}}^2, \quad \forall T>0.\end{aligned} \tag{4.43}$$

特别有

$$\int_0^T \int_{\mathbb{R}^3} |u(y,t)|^4 dydt \lesssim \|\varphi\|_2^2 \sup_{t\in[0,T]} \|u(t)\|_{\dot{H}^{\frac{1}{2}}}^2, \quad \forall T>0. \tag{4.44}$$

注记 4.8　(i) 经典的 Morawetz 估计

$$\int_{\mathbb{R}}\int_{\mathbb{R}^3} \frac{|u(x,t)|^{p+1}}{|x|} dxdt \lesssim \|u(t)\|_{\dot{H}^{\frac{1}{2}}}^2$$

源于非线性项, 而新的 Morawetz 估计源于线性项.

(ii) 估计 (4.34) 意味着 $u(x,t)$ 在奇点 y 处的衰减, 排除了 $u(x,t)$ 在定点 y 附近的能量聚积. 然而, (4.34) 无法排除迅速离开 y 点时, 解产生能量聚积现象. 因此, 无法直接获得 H^s 的散射性结果 (径向对称解例外). 在一定的非线性假设下, 新的 Morawetz 估计就很好地克服了这一困难.

(iii) 对于具有能量初值 $(\varphi(x) \in H^1(\mathbb{R}^3))$ 的情形, 由 (4.43) 可获得一致的新的 Morawetz 估计:

$$\int_{\mathbb{R}}\int_{\mathbb{R}^3} |u(x,t)|^4 dxdt \leqslant C(\|\varphi\|_{H^1}^2). \tag{4.45}$$

由此可以给出 Ginibre-Velo 的 H^1- 散射性定理的一个简化证明. 事实上, 将 Strichartz 估计及插值定理应用到积分方程 (4.2), 可见

$$\begin{aligned}
&\|u(t)\|_{L^{10}_{x,t}(\mathbb{R}^3\times\mathbb{R})} + \|\nabla u(t)\|_{L^{\frac{10}{3}}_{x,t}(\mathbb{R}^3\times\mathbb{R})} \\
\lesssim& \|\varphi\|_{\dot H^1} + \||u|^2\nabla u(t)\|_{L^{\frac{10}{7}}_{x,t}(\mathbb{R}^3\times\mathbb{R})} \\
\lesssim& \|\varphi\|_{\dot H^1} + \|u\|^2_{L^5_{x,t}(\mathbb{R}^3\times\mathbb{R})}\|\nabla u(t)\|_{L^{\frac{10}{3}}_{x,t}(\mathbb{R}^3\times\mathbb{R})} \\
\lesssim& \|\varphi\|_{\dot H^1} + \|u\|^{\frac{4}{3}}_{L^4_{x,t}(\mathbb{R}^3\times\mathbb{R})}\|u\|^{\frac{2}{3}}_{L^{10}_{x,t}(\mathbb{R}^3\times\mathbb{R})}\|\nabla u(t)\|_{L^{\frac{10}{3}}_{x,t}(\mathbb{R}^3\times\mathbb{R})} \\
\lesssim& \|\varphi\|_{\dot H^1} + \|u\|^{\frac{4}{3}}_{L^4_{x,t}(\mathbb{R}^3\times\mathbb{R})}\left[\|u\|_{L^{10}_{x,t}(\mathbb{R}^3\times\mathbb{R})} + \|\nabla u(t)\|_{L^{\frac{10}{3}}_{x,t}(\mathbb{R}^3\times\mathbb{R})}\right]^{\frac{5}{3}}.
\end{aligned} \tag{4.46}$$

对任意的 $\epsilon > 0$, 存在 $\mathbb{R}$ 的有限分解 $\mathbb{R} = \cup_{j=1}^{J_0} I_j$, 使得

$$\|u\|^{\frac{4}{3}}_{L^4_{x,t}(\mathbb{R}^3\times I_j)} < \epsilon, \qquad j = 1,2,\cdots,J_0. \tag{4.47}$$

(iv) 可以推测在研究 H^s- 散射理论过程中, 如果将新的 Morawetz 推广到一致估计

$$\int_{\mathbb{R}}\int_{\mathbb{R}^3} |u|^4 dxdt \lesssim C(\|\varphi\|_{H^s}) \tag{4.48}$$

是极其关键的步骤. 做到这一点, 需要用到 Scaling 技术、准能量守恒等分析技术.

命题 4.6 的证明 由 (4.44) 易见命题 4.6(及其推论 4.7) 可以归结为证明:

$$\mathrm{IV} \geqslant -\mathrm{II}. \tag{4.49}$$

由 (4.21) 可见

$$\begin{aligned}
\mathrm{IV} &= -\int_{\mathbb{R}^3_y} \nabla\cdot \mathrm{Im}[2\alpha\bar u(y,t)\nabla u(y,t)]M_y(t)dy \\
&= \int_{\mathbb{R}^3_y}\int_{\mathbb{R}^3_x} \partial_{y_\ell}\mathrm{Im}[2\alpha\bar u(y,t)\partial_{y_\ell}u(y)]\mathrm{Im}\Big[\bar u(x,t)\frac{x_m-y_m}{|x-y|}\partial_{x_m}u(x)\Big]dxdy,
\end{aligned} \tag{4.50}$$

这里重复出现的指标表示求和. 记 $P(x) = \mathrm{Im}(\bar{u}(x)\nabla u(x))$ 表示在 x 处的质量流, (4.50) 两边关于 y 分部积分, 注意到

$$\partial_{y_\ell}\left(\frac{x_m - y_m}{|x-y|}\right) = \frac{-\delta_{m\ell}}{|x-y|} + \frac{(x_\ell - y_\ell)(x_m - y_m)}{|x-y|^3}, \tag{4.51}$$

就得

$$\mathrm{IV} = -2\alpha \int_{\mathbb{R}^3_y}\int_{\mathbb{R}^3_x}\left[P(y)P(x) - P(y)\frac{x-y}{|x-y|}\left(P(x)\frac{x-y}{|x-y|}\right)\right]\frac{dxdy}{|x-y|}. \tag{4.52}$$

上面被积函数有一个自然的几何解释是内积 $P(x)\cdot P(y)$ 与它们在 $\dfrac{x-y}{|x-y|}$ 平行的分量之间的内积之差. 由分解

$$\begin{cases} P(y) = \left(P(y)\cdot \dfrac{x-y}{|x-y|}\right)\dfrac{x-y}{|x-y|} + \Pi_{(x-y)^\perp}P(y), \\ P(x) = \left(P(x)\cdot \dfrac{x-y}{|x-y|}\right)\dfrac{x-y}{|x-y|} + \Pi_{(x-y)^\perp}P(x), \end{cases} \tag{4.53}$$

就有：

$$P(x)P(y) = P(y)\frac{x-y}{|x-y|}\cdot P(x)\frac{x-y}{|x-y|} + \Pi_{(x-y)^\perp}P(x)\cdot\Pi_{(x-y)^\perp}P(y). \tag{4.54}$$

注意到

$$\begin{aligned} |\Pi_{(x-y)^\perp}P(y)| =& \left|P(y) - \frac{x-y}{|x-y|}\left(\frac{x-y}{|x-y|}\cdot P(y)\right)\right| \\ =& |\mathrm{Im}\big(\bar{u}(y)\ \nabla_x u(y)\big)| \leqslant |u(y)||\ \nabla_x u(y)|, \end{aligned} \tag{4.55}$$

$$\mathrm{IV} = -2\alpha \int_{\mathbb{R}^3_y}\int_{\mathbb{R}^3_x}\Pi_{(x-y)^\perp}P(x)\cdot\Pi_{(x-y)^\perp}P(y)\frac{dxdy}{|x-y|}, \tag{4.56}$$

就可推出：

$$\begin{aligned} \mathrm{IV} \geqslant& -2\alpha\int_{\mathbb{R}^3_y}\int_{\mathbb{R}^3_x}|u(x)||u(y)||\ \nabla_y u(x)||\ \nabla_x u(y)|\frac{dxdy}{|x-y|} \\ \geqslant& -\alpha\int_{\mathbb{R}^3}\int_{\mathbb{R}^3}|u(y)|^2|\ \nabla_y(u(x))|^2\frac{dxdy}{|x-y|} \\ &-\alpha\int_{\mathbb{R}^3}\int_{\mathbb{R}^3}|u(x)|^2|\ \nabla_x(u(y))|^2\frac{dxdy}{|x-y|} \\ =& -\int_{\mathbb{R}^3}\int_{\mathbb{R}^3}\frac{2\alpha}{|x-y|}|u(y)|^2|\ \nabla_y u(x)|^2 dxdy. \end{aligned} \tag{4.57}$$

准守恒量 当 $s<1$ 时, 一般来讲, $u(t)\in H^s(\mathbb{R}^3)$ 所对应的能量 $E_1(u(t))=\infty$. 但是, $u(t)$ 的光滑化部分 $Iu(t)$ 可以满足 $E_1(Iu(t))<\infty$. 我们的目标是证明 Iu 是满足形如

$$E_1(Iu)=E_1(I\varphi)+O(N^{-1+})$$

的准守恒量, 其中 N 是充分大的正数. 借此给出 $\|u(t)\|_{H^s(\mathbb{R}^3)}$ 的一致性估计, 从而获得 $H^s(\mathbb{R}^3)$ 解的整体适定性及 H^s- 散射性结果.

定义 4.9 给定 $s<1$ 和 $N\gg 1$, 定义 Fourier 乘子 $m_N(\xi)\in C^\infty(\mathbb{R})$ 是径向对称、关于 $|\xi|$ 是非增且满足

$$m_N(\xi)=\begin{cases}1, & |\xi|\leqslant N,\\ \left(\dfrac{N}{|\xi|}\right)^{1-s}, & |\xi|>2N\end{cases} \tag{4.58}$$

的函数. 记 I 是以 $m_N(\xi)$ 为象征的光滑算子, 即:

$$Iu(t)=\mathcal{F}^{-1}(m_N(\xi)\hat{u}(\xi,t)). \tag{4.59}$$

注记 4.10 (a) 直接验算

$$\left|\frac{\partial^\alpha m_N(\xi)}{\partial\xi^\alpha}\right|\lesssim|\xi|^{-|\alpha|},\quad |\alpha|\leqslant\left[\frac{n}{2}\right]+1,$$

从而 $m_N(\xi)$ 是一个 L^p 乘子 $(1<p<\infty)$. 此外, $m_N(\xi)$ 还满足

$$m_N(\xi)\xi\lesssim\left\{\begin{matrix}|\xi|, & |\xi|\leqslant N,\\ |\xi|^sN^{1-s}, & |\xi|\geqslant 2N\end{matrix}\right\}\leqslant|\xi|^sN^{1-s},$$

$$|\xi|^s\lesssim m_N(\xi)|\xi|+1\cong\begin{cases}|\xi|+1, & |\xi|\leqslant N,\\ N^{1-s}|\xi|^s+1, & |\xi|\geqslant 2N.\end{cases}$$

从而推得

$$\begin{cases}E_1(Iu(t))\lesssim(N^{1-s}\|u\|_{H^s})^2+\|Iu(x,t)\|_{L^4}^4,\\ \|u(t)\|_{H^s}^2\lesssim E_1(Iu)+\|u\|_2^2.\end{cases} \tag{4.60}$$

(b) 容易看出, 可以通过 $E_1(Iu(t))$ 的有界性来建立 $\|u\|_{H^s}$ 一致有界性. 由于 (4.1) 是非线性方程, Iu 不是 (4.1) 的解, 它仅满足

$$\begin{cases}i(Iu)_t+\Delta(Iu)=I(|u|^2u),\\ Iu(0)=I\varphi(x).\end{cases} \tag{4.61}$$

故 $Iu(t)$ 不能满足能量守恒. 本节的主要部分是证明 $Iu(t)$ 满足准能量守恒, 从而可以推出 $E_1(Iu(t))$ 满足

$$E_1(Iu(t))\leqslant C(\|\varphi\|_{H^s}). \tag{4.62}$$

命题 4.8 (几乎守恒律)　设 $s > 1/2$, $N \gg 1$, $0 < \varepsilon \ll 1$, $\varphi(x) \in C_c^\infty(\mathbb{R}^3)$, $u(t)$ 是 (4.1) 或 (4.2) 在 $[0, T]$ 上的解并且满足

$$\|u(t)\|_{L^4_{x,t}([0,T]\times\mathbb{R}^3)} \lesssim \varepsilon. \tag{4.63}$$

若

$$E_1(I\varphi) \lesssim 1, \tag{4.64}$$

则对 $\forall t \in [0, T]$, 有

$$E_1(Iu(t)) = E_1(I\varphi) + O(N^{-1+}). \tag{4.65}$$

注记 4.11　若能证明

$$E_1(Iu(t)) = E_1(I\varphi) + O(N^{-\alpha}), \tag{4.66}$$

则可以证明当 $s > \dfrac{3+\alpha}{3+2\alpha}$ 时, (4.1) 或 (4.2) 在 H^s 中整体适定性. 特别, 当 $\alpha = \infty$, $s > 1/2$ 时, 就能获得 $\dot{H}^s$ 整体适定性.

(b) 在建立准能量守恒等式中, 时空 Banach 范数起着关键作用, 具体地, 所需的时空 Banach 范数是:

$$Z_I(t) = \sup_{(q,r)\in\Lambda} \|\nabla(Iu)\|_{L^q([0,t);L^r(\mathbb{R}^3))}. \tag{4.67}$$

引理 4.9　设 $\varphi(x) \in C_c^\infty(\mathbb{R}^3)$, $0 < \varepsilon \ll 1$, $u(x,t)$ 是 (4.1),(4.2) 在 $[0, T^*]$ 上的解, 且满足

$$\|u(x,t)\|_{L^4([0,T^*]\times\mathbb{R}^3)} \leqslant \varepsilon. \tag{4.68}$$

则对 $\forall s > 1/2$ 和充分大的 N, 有

$$Z_I(t) \lesssim C(\|\varphi\|_{H^s(\mathbb{R}^3)}). \tag{4.69}$$

证明　用 $I\nabla$ 作用于 (4.1) 两边, 即

$$\begin{cases} i(I\nabla u)_t + \Delta(I\nabla u) = I\nabla(|u|^2 u), \\ I\nabla u(0) = I\nabla\varphi. \end{cases} \tag{4.70}$$

取 $(q_2, r_2) = \left(\dfrac{10}{3}, \dfrac{10}{3}\right) \in \Lambda$, 由 Strichartz 估计就得

$$\begin{aligned} Z_I(t) &\lesssim \|\nabla I\varphi\|_2 + \|\nabla I(|u|^2 u)\|_{L^{\frac{10}{7}}_{x,t}([0,t]\times\mathbb{R}^3)} \\ &\lesssim \|\varphi\|_{H^s} + \|\nabla Iu\|_{L^{\frac{10}{3}}_{x,t}([0,t]\times\mathbb{R}^3)} \|u\|^2_{L^5_{x,t}([0,t]\times\mathbb{R}^3)}, \quad \forall t \in [0, T^*]. \end{aligned} \tag{4.71}$$

由 Littlewood-Paley 分解

$$u(x,t)=\psi_0(x,t)+\sum_{i=1}^{\infty}\psi_j(x,t),$$

$$\mathrm{supp}\hat{\psi}_0(\xi,t)\subset\{\xi:\langle\xi\rangle=(1+|\xi|^2)^{\frac{1}{2}}\leqslant N_0=N\},$$

$$\mathrm{supp}\hat{\psi_j}(t,\xi)\subset\{\xi:\langle\xi\rangle\sim N_j=2^{k_j},\quad k_j\gtrsim\log_2(N)\text{是整数}\},\quad j=1,2\cdots.$$

我们的技术是：对于低频部分采用 $(L^4_{x,t},L^{10}_{x,t})_{\theta_1}\sim L^5_{x,t}$, 对于高频部分采用

$$(L^{\frac{10}{3}}_{x,t},L^{10}_{x,t})_{\theta_2}\sim L^5_{x,t}.$$

直接验算

$$\|I\psi_j\|_{L^{10}_{x,t}}\sim\begin{cases}\|\psi_j\|_{L^{10}_{x,t}}, & j=0,\\ N^{1-s}N_j^{s-1}\|\psi_j\|_{L^{10}_{x,t}}, & j\geqslant 1.\end{cases}$$

由 Sobolev 嵌入定理

$$\|\psi_j\|_{L^{10}_{x,t}([0,T^*]\times\mathbb{R}^3)}\leqslant\begin{cases}Z_I(T^*), & j=0,\\ N_j^{1-s}N^{s-1}Z_I(T^*), & j\geqslant 1,\end{cases}\tag{4.72}$$

类似地有

$$\|\nabla I\psi_j\|_{L^{\frac{10}{3}}_{x,t}}\sim N_j^sN^{1-s}\|\psi_j\|_{L^{\frac{10}{3}}_{x,t}},\quad j=1,2,\cdots.$$

从而推出

$$\|\psi_j\|_{L^{\frac{10}{3}}_{x,t}}\lesssim N^{s-1}N_j^{-s}Z_I(T^*),\quad j\geqslant 1.\tag{4.73}$$

由插值不等式

$$\|\psi_0\|_{L^5_{x,t}}\lesssim\|\psi_0\|^{\frac{2}{3}}_{L^4_{x,t}}\|\psi_0\|^{\frac{1}{3}}_{L^{10}_{x,t}}\lesssim\varepsilon^{\frac{2}{3}}Z_I(T^*)^{\frac{1}{3}},\tag{4.74}$$

$$\|\psi_j\|_{L^5_{x,t}}\lesssim\|\psi_j\|^{\frac{1}{2}}_{L^{\frac{10}{3}}_{x,t}}\|\psi_j\|^{\frac{1}{2}}_{L^{10}_{x,t}}\lesssim N^{s-1}N_j^{1/2-s}Z_I(T^*).\tag{4.75}$$

推出

$$\begin{aligned}\|u(x,t)\|_{L^5_{x,t}}\leqslant&\sum_{j=0}^{\infty}\|\psi_j\|_{L^5_{x,t}}\leqslant\varepsilon^{\frac{2}{3}}Z_I(T^*)^{\frac{1}{3}}+\sum_{j=1}^{\infty}\|\psi_j\|_{L^5_{x,t}}\\ \leqslant&\varepsilon^{\frac{2}{3}}Z_I(T^*)^{\frac{1}{3}}+N^{s-1}Z_I(T^*).\end{aligned}\tag{4.76}$$

取 N 充分大 (依赖于 ε), 就有

$$\begin{aligned}Z_I(t)\lesssim&\|\varphi\|_{H^s}+\varepsilon^{\frac{2}{3}}Z_I(T^*)^{\frac{4}{3}}+N^{s-1}Z_I(T^*)^2\\ \lesssim&1+\varepsilon^{\delta_1}Z_I(T^*)^{1+\delta_2}.\end{aligned}\tag{4.77}$$

只要 ε 充分小, 就能推出：

$$Z_I(t) \leqslant C(\|\varphi\|_{H^s}).$$

命题 4.8 的证明思想　我们仅需对 (4.1) 的光滑解证明命题 4.8. 直接计算

$$\begin{aligned}\partial_t E_1(u(t)) =& \frac{d}{dt}\int_{\mathbb{R}^3}\left[\frac{1}{2}|\nabla u|^2+\frac{1}{4}|u|^4\right]dx = \mathrm{Re}\int_{\mathbb{R}^3}(\nabla\bar{u}_t\cdot\nabla u+|u|^2u\bar{u}_t)dx\\ =&\mathrm{Re}\int_{\mathbb{R}^3}\bar{u}_t(-\Delta u+|u|^2u)dx = \mathrm{Re}\int_{\mathbb{R}^3}\bar{u}_t\cdot iu_t dx\\ =&0.\end{aligned}$$

类似地, 由 Iu 满足的方程 (4.61), 直接计算

$$\begin{aligned}\frac{d}{dt}E_1(Iu(t)) =& \mathrm{Re}\int_{\mathbb{R}^3}(\overline{Iu})_t(|Iu|^2Iu-\Delta(Iu)-i(Iu)_t)dx\\ =&\mathrm{Re}\int_{\mathbb{R}^3}(\overline{Iu})_t(|Iu|^2Iu-I(|u|^2u))dx.\end{aligned}\tag{4.78}$$

注意到

$$\begin{aligned}&\int_{\mathbb{R}^3} fghl dx \xlongequal{\text{Parseval 等式}} \int_{\mathbb{R}^3}\check{f}(\xi)\widehat{ghl}(\xi)d\xi\\ =&\int_{\mathbb{R}^3}\hat{f}(-\xi)\int_{\mathbb{R}^3}\widehat{fh}(\xi-\xi_4)\hat{l}(\xi_4)d\xi_4 d\xi\\ =&\int_{\mathbb{R}^3}\hat{f}(-\xi)\int_{\mathbb{R}^3}\int_{\mathbb{R}^3}\hat{g}(\xi-\xi_4-\xi_3)\hat{h}(\xi_3)\hat{l}(\xi_4)d\xi_4 d\xi_3 d\xi\\ =&(-1)^3\int_{\mathbb{R}^3}\hat{f}(\xi_1)\int_{\mathbb{R}^3}\int_{\mathbb{R}^3}\hat{g}(-\xi_1-\xi_4-\xi_3)\hat{h}(\xi_3)\hat{l}(\xi_4)d\xi_4 d\xi_3 d\xi_1 \quad (\xi_1=-\xi)\\ =&\int_{\mathbb{R}^3\times\mathbb{R}^3\times\mathbb{R}^3}\hat{f}(\xi_1)\hat{g}(-\xi_1-\xi_4-\xi_3)\hat{h}(\xi_3)\hat{l}(\xi_4)d\xi_3 d\xi_4 d\xi_1 \quad (\xi_1\text{积分上下限改变})\\ =&\int_{\xi_1+\xi_2+\xi_3+\xi_4=0}\hat{f}(\xi_1)\hat{g}(\xi_2)\hat{h}(\xi_3)\hat{l}(\xi_4)d\sigma,\end{aligned}\tag{4.79}$$

这里 $d\sigma=\delta(\xi_1+\cdots+\xi_4)d\xi_1 d\xi_2 d\xi_3 d\xi_4$. 由此推得：

$$\begin{aligned}E_1(Iu(t))-E_1(I\varphi)=&\int_0^t\int_{\xi_1+\xi_2+\xi_3+\xi_4=0}\left(1-\frac{m(\xi_2+\xi_3+\xi_4)}{m(\xi_2)m(\xi_3)m(\xi_4)}\right)\\ &\times\widehat{\overline{Iu_t}}(\xi_1)\widehat{Iu}(\xi_2)\widehat{\overline{Iu}}(\xi_3)\widehat{Iu}(\xi_4)d\sigma dt.\end{aligned}\tag{4.80}$$

利用到方程本身及公式, 就归结为证明

$$\text{Term 1}+\text{Term 2}\lesssim N^{-1+}(Z_I(T))^{\rho},\quad \rho>0,\tag{4.81}$$

这里

$$\text{Term 1} := \left| \int_0^T \int_{\xi_1+\xi_2+\xi_3+\xi_4=0} \left(1 - \frac{m(\xi_2+\xi_3+\xi_4)}{m(\xi_2)m(\xi_3)m(\xi_4)}\right) \times \widehat{\overline{\Delta(Iu)}}(\xi_1)\widehat{Iu}(\xi_2)\widehat{\overline{Iu}}(\xi_3)\widehat{Iu}(\xi_4)d\sigma dt \right|, \tag{4.82}$$

$$\text{Term 2} := \left| \int_0^T \int_{\xi_1+\xi_2+\xi_3+\xi_4=0} \left(1 - \frac{m(\xi_2+\xi_3+\xi_4)}{m(\xi_2)m(\xi_3)m(\xi_4)}\right) \times \widehat{\overline{I(|u|^2u)}}(\xi_1)\widehat{Iu}(\xi_2)\widehat{\overline{Iu}}(\xi_3)\widehat{Iu}(\xi_4)d\sigma dt \right|. \tag{4.83}$$

为了估计 Term 1 与 Term 2, 我们将会用到 Littlewood-Paley 分解

$$u = S_0u + \sum_{j=1}^{\infty}\Delta_j u = \sum_{j=0}^{\infty}u_j, \quad \text{supp}\hat{u}_0(\xi) \sim \{\xi, \langle\xi\rangle \lesssim N_0\},$$
$$\text{supp}\hat{u}_j(\xi) \sim \{\xi, \langle\xi\rangle \sim 2^{k_j} \equiv N_j, \quad k_j \in \{1,2,\cdots\}\}$$

及 Coifman 与 Meyer 一个多线性算子估计.

考虑无穷次可微的象征 $\sigma : \mathbb{R}^{nk} \longmapsto \mathbb{C}$ 满足:

$$|\partial_\xi^\alpha \sigma(\xi)| \leqslant C(\alpha)(1+|\xi|)^{-|\alpha|}, \quad \alpha \in \mathbb{N}^{nk}, \quad \xi = (\xi_1,\cdots,\xi_k) \in \mathbb{R}^{nk}. \tag{4.84}$$

定义多线性算子如下:

$$T[f_1,f_2,\cdots,f_k](x) = \int_{\mathbb{R}^{nk}} e^{ix(\xi_1+\xi_2+\cdots+\xi_k)}\sigma(\xi_1,\cdots,\xi_k)\hat{f}_1(\xi_1) \hat{f}_2(\xi_2)\cdots\hat{f}_k(\xi_k)d\xi_1\cdots d\xi_k. \tag{4.85}$$

定理 4.10 设 $p_j \in (1,\infty)$, $j = 1,2,\cdots,k$ 满足

$$\frac{1}{p} = \frac{1}{p_1} + \frac{1}{p_2} + \cdots + \frac{1}{p_k} \leqslant 1,$$

设 $\sigma(\xi_1,\cdots,\xi_k)$ 是满足 (4.84) 的光滑象征. 则存在常数 $C = C(p_j,n,k,C(\alpha))$ 使得

$$\|\mathcal{T}(f_1,\cdots,f_k)\|_{L^p(\mathbb{R}^n)} \leqslant C\|f_1\|_{p_1}\cdots\|f_k\|_{p_k}. \tag{4.86}$$

注记 4.12 (a) 定理 4.10 的条件可以放宽. 具体地说, 可以将条件 (4.84) 的有界性放宽, 见 Coifman 与 Meyer 结果.

(b) 欲给出形如 (4.82),(4.83) 的估计, 首先需给出象征的逐点估计, 即:

$$\left|1 - \frac{m(\xi_2+\xi_3+\xi_4)}{m(\xi_2)m(\xi_3)m(\xi_4)}\right| \leqslant B(N_2,N_3,N_4). \tag{4.87}$$

剩余部分恰好可写成

$$\left|\int_0^T \int_{\mathbb{R}^3} \mathcal{T}[f_1,f_2,f_3]^\wedge(\xi_4)\bar{\hat{f}}_4(\xi_4)d\xi_4 dt\right| \cdot B(N_2,N_3,N_4) \tag{4.88}$$

的形式, 其中

$$\mathcal{T}[f_1,f_2,f_3]=\int_{\mathbb{R}^9} e^{i(\xi_1+\xi_2+\xi_3)x}\sigma(\xi_1,\cdots,\xi_4)\hat{f}_1(\xi_1)\hat{f}_2(\xi_2)\hat{f}_3(\xi_3)d\xi_1 d\xi_2 d\xi_3. \tag{4.89}$$

因此, 可以采用 Plancherel 公式、Hölder 不等式、Coifman-Meyer 估计、Strichartz 估计等来建立估计 (4.82),(4.83).

(c) 我们可以通过 u_j 的估计来获得 u 的估计. 这种方法的优点是在 $|\xi|\sim N_j$ 的层次上可获得更快的衰减估计. 故问题就归结证明在每一类频率相互作用上建立形如 $O(N^{-1+})$ 的衰减估计. 为简单起见, 将共轭的符号去掉不影响我们的目的. 例如: 欲证 Term 1$\leqslant N^{-1+}$, 仅需证明

$$\begin{aligned}&\left|\int_0^T \int_{\xi_1+\xi_2+\xi_3+\xi_4=0}\left(1-\frac{m(\xi_2+\xi_3+\xi_4)}{m(\xi_2)m(\xi_3)m(\xi_4)}\right)\widehat{\Delta Iu_1}(\xi_1)\widehat{Iu_2}(\xi_2)\widehat{Iu_3}(\xi_3)\widehat{Iu_4}(\xi_4)\right|\\ &\qquad\lesssim N^{-1+}C(N_1,N_2,N_3,N_4)Z_I(T)^4,\end{aligned} \tag{4.90}$$

这里 $C(N_1,N_2,N_3,N_4)$ 充分小. 由对称性, 无妨假设 $N_2\geqslant N_3\geqslant N_4$. 至于 $C(N_1,N_2,N_3,N_4)$ 的具体衰减程度, 就是确保将来二进制分解时的可和性.

完成命题 4.8 证明　先来估计 Term 1. 可分下面几种情形 (前提 $N_2\geqslant N_3\geqslant N_4$)

Case I　$N\gg N_2$,

Case II　$N_2\gtrsim N\gg N_3\geqslant N_4$,

Case III　$N_2\geqslant N_3\gtrsim N$, 具体来说, 此情形又可分为: (a) $N_1\sim N_2\gtrsim N_3\gtrsim N$ 与 (b) $N_2\sim N_3\geqslant N$.

Case I　由 $m(\xi)=m_N(\xi)$ 的定义及 $N\gg N_2$, 易见

$$1-\frac{m(\xi_2+\xi_3+\xi_4)}{m(\xi_2)m(\xi_3)m(\xi_4)}=0.$$

由此推出 (4.90) 成立.

Case II　$N_2\gtrsim N\gg N_3\geqslant N_4$. 由 $\xi_1+\xi_2+\xi_3+\xi_4=0$, 易见 $N_1\sim N_2$. 我们断言 (4.90) 成立, 且

$$C(N_1,N_2,N_3,N_4)\sim N_2^{0-}. \tag{4.91}$$

借助于上面衰减估计, 可对所有满足条件 $N_1\sim N_2$ 的 $\{N_1,N_2,N_3,N_4\}$ 求和, 可获得形如 (4.90) 的估计.

注意到平均定理

$$\begin{aligned}&\left|1-\frac{m(\xi_2+\xi_3+\xi_4)}{m(\xi_2)m(\xi_3)m(\xi_4)}\right|=\left|\frac{m(\xi_2)-m(\xi_2+\xi_3+\xi_4)}{m(\xi_2)}\right|\\ \lesssim&\frac{|\nabla m(\xi_2)|\cdot|\xi_3+\xi_4|}{|m(\xi_2)|}\lesssim\frac{N_3}{N_2},\end{aligned}$$

将 N_3 拉回到 Iu_3 项之中, 可见

$$\begin{aligned}\text{(4.90) 的左端}\lesssim&\frac{N_3}{N_2}\left|\int_0^T\int_{\mathbb{R}^3}\mathcal{T}[\Delta Iu_1,Iu_2,Iu_3]Iu_4dxdt\right|\\ \lesssim&\frac{1}{N_2}\|\Delta Iu_1\|_{L^{\frac{10}{3}}_{x,t}}\|Iu_2\|_{L^{\frac{10}{3}}_{x,t}}\|\nabla Iu_3\|_{L^{\frac{10}{3}}_{x,t}}\|Iu_4\|_{L^{10}_{x,t}}\\ \lesssim&\frac{N_1}{N_2\cdot N_2}(Z_I(T))^4\lesssim\frac{1}{N_2}Z_I(T)^4\\ \lesssim&N^{-1+}N_2^{0-}Z_I(T)^4.\end{aligned}\tag{4.92}$$

Case III 在此情形下, 仅象征部分的逐点估计

$$\left|1-\frac{m(\xi_2+\xi_3+\xi_4)}{m(\xi_2)m(\xi_3)m(\xi_4)}\right|=\left|1-\frac{m(\xi_1)}{m(\xi_2)m(\xi_3)m(\xi_4)}\right|$$

是直接的, 如果 $|\xi_1|,|\xi_2|$ 不可比较, 则上式非零. 当 $|\xi_1|\sim|\xi_2|$ 时, 欲使上式为零, 亦需要假设 $|\xi_3|,|\xi_4|\leqslant N$. 因此, 在一般的情形下, 总有

$$\left|1-\frac{m(\xi_2+\xi_3+\xi_4)}{m(\xi_3)m(\xi_3)m(\xi_4)}\right|\lesssim\left|\frac{m(\xi_1)}{m(\xi_2)m(\xi_3)m(\xi_4)}\right|.\tag{4.93}$$

以 N_2 为参照标准, 频率相互作用可分成如下两种子情形.

Case III(a) $N_1\sim N_2\geqslant N_3\gtrsim N$. 记 $s=\dfrac{1}{2}+\delta$, $\delta>0$. 在此情形下, 我们可以证明估计 (4.90) 且

$$N^{-1+}C(N_1,N_2,N_3,N_4)=N^{-1+2\delta}N_3^{0-2\delta}.\tag{4.94}$$

估计 (4.94) 可以确保对 (4.90) 两边关于 N_3, N_4 直接求和, 对这些因子使用 Cauchy-Schwartz 不等式之后, 再对 N_1,N_2 求和. 利用 (4.93) 估计 (4.90) 中的象征部分. 由 Coifman-Meyer 定理和 Hölder 不等式, 可以证明剩余部分被形如

$$\|\nabla Iu_1\|_{L^{\frac{10}{3}}_{x,t}}\|\nabla Iu_2\|_{L^{\frac{10}{3}}_{x,t}}\|\nabla Iu_3\|_{L^{\frac{10}{3}}_{x,t}}\|Iu_4\|_{L^{10}_{x,t}}$$

所控制. 因此, 获得估计 (4.90),(4.94), 仅需证明

$$\frac{m(N_1)N_1N^{1-2\delta}N_3^{2\delta}}{m(N_2)m(N_3)m(N_4)N_2N_3}\lesssim 1.\tag{4.95}$$

注意到 $m(x)\langle x\rangle$ 下方有界, 且当 $p>\frac{1}{2}-\delta(\delta$ 充分小) 时, $m(x)|x|^p$ 单调增加. 容易看出:

$$\begin{aligned}(4.95)\text{左边}\lesssim&\frac{N^{1-2\delta}N_3^{2\delta}}{m(N_3)m(N_4)N_3}\lesssim\frac{N^{1-2\delta}N_3^{2\delta}}{m(N_3)^2N_3}\\ \lesssim&\frac{N^{1-2\delta}}{m(N_3)N_3^{\frac{1}{2}-\delta}m(N_3)N_3^{\frac{1}{2}-\delta}}\lesssim\frac{N^{1-2\delta}N_3^{2\delta}}{N^{1-2\delta}N_3^{2\delta}}\leqslant 1.\end{aligned}$$

从而推出 (4.90) 及 (4.94) 成立.

Case (b) $N_2\sim N_3\gtrsim N$. 此时我们仅需证明 (4.90) 成立且

$$N^{-1+}C(N_1,N_2,N_3,N_4)=N^{-1+2\delta}N_2^{-2\delta},\tag{4.96}$$

这里 δ 是适当小的正数, 可容许我们直接对所有 N_1 求和. 类同于 Case(a) 的想法, 仅需证明

$$\frac{m(N_1)N_1N^{1-2\delta}N_1^{2\delta}}{m(N_2)m(N_3)m(N_4)N_2N_3}\lesssim 1\tag{4.97}$$

即可. 事实上

$$\begin{aligned}(4.97)\text{左边}\lesssim&\frac{m(N_1)N_1N^{1-2\delta}N_2^{2\delta}}{m(N_2)^3N_2^2}\lesssim\frac{m(N_2)N_2N^{1-2\delta}N_2^{2\delta}}{(m(N_2))^3N_2^2}\\ \lesssim&\frac{N^{1-2\delta}N_2^{2\delta}}{m(N_2)^2N_2}\leqslant\frac{N^{1-2\delta}N_2^{2\delta}}{N_2^{2\delta}N^{1-2\delta}}\quad(N_2\geqslant N)\\ \lesssim&1.\end{aligned}$$

下面估计 Term 2. 当我们在频率空间中分解 Term 2 中的被积项时, 用 N_{123} 表示投影在非线性因子 (Iu^3) 上的二进制频率. 比较 Term1 的处理, 差别在于可将 Term1 中的估计

$$\|P_{N_1}(I\Delta u)\|_{L_{x,t}^{\frac{10}{3}}}\lesssim N_1Z_I(T)$$

换成形如

$$\|P_{N_{123}}I(u^3)\|_{L_{x,t}^{\frac{10}{3}}}\lesssim N_{123}(Z_I(T))^3$$

即可, 具体地有:

引理 4.11 设 $u(t)$ 是 (4.1) 或 (4.2) 光滑解, 则

$$\|P_{N_{123}}(I(u^3))\|_{L_{x,t}^{\frac{10}{3}}([0,T]\times\mathbb{R}^3)}\lesssim N_{123}Z_I(T)^3,\tag{4.98}$$

这里 P_M 表示 Littlewood-Paley 在频率为 M 的部分上的投影.

证明 分解 $u = u_\ell + u_h$ 满足

$$\mathrm{supp}\hat{u}_\ell(\xi,t) \subseteq \{\xi \,\big|\, |\xi| < 2\}, \quad \mathrm{supp}\hat{u}_h(\xi,t) \subseteq \{\xi \,\big|\, |\xi| > 1\}.$$

因此, 由 $N_{123} \geqslant 1$, 容易推出

$$\begin{aligned}\|P_{N_{123}}(I(u_\ell^3))\|_{L^{\frac{10}{3}}_{x,t}} &\lesssim \|u_\ell\|^3_{L^{10}_{x,t}} = \|Iu_\ell\|^3_{L^{10}_{x,t}} \\ &\leqslant (Z_I(T))^3 \lesssim N_{123}(Z_I(T))^3. \end{aligned} \tag{4.99}$$

由 Littlewood-Paley 理论、Sobolev 嵌入定理与 Leibniz 法则有

$$\begin{aligned}&\|\frac{1}{N_{123}} P_{N_{123}}(I(u_h^3))\|_{L^{\frac{10}{3}}_{x,t}} \lesssim \|\nabla^{-1} P_{N_{123}}(Iu_h^3)\|_{L^{\frac{10}{3}}_{x,t}} \\ \lesssim& \|\nabla^{\frac12} I(u_h^3)\|_{L_t^{\frac{10}{3}} L_x^{\frac{10}{8}}} \leqslant \|\nabla^{\frac12} Iu_h\|^3_{L_t^{10} L_x^{\frac{30}{8}}} \\ \lesssim& \|\nabla Iu_h\|^3_{L_t^{10} L_x^{\frac{30}{13}}} \lesssim Z_I(T)^3, \end{aligned} \tag{4.100}$$

这里用到

$$H^{\frac32, \frac{10}{8}}(\mathbb{R}^3) \hookrightarrow L^{\frac{10}{3}}(\mathbb{R}^3), \quad H^{\frac12, \frac{30}{13}}(\mathbb{R}^3) \hookrightarrow L^{\frac{30}{8}}(\mathbb{R}^3), \quad (10, \frac{30}{13}) \in \Lambda.$$

类似地,

$$\begin{aligned}&\|\frac{1}{N_{123}} P_{N_{123}} I(u_h \cdot u_h \cdot u_\ell)\|_{L^{\frac{10}{3}}_{x,t}} \lesssim \|\nabla^{\frac12} I(u_h \cdot u_h \cdot u_\ell)\|_{L_t^{\frac{10}{3}} L_x^{\frac{10}{8}}} \\ \lesssim& \|\nabla^{\frac12} Iu_h\|_{L_t^{10} L_x^{\frac{30}{8}}} \|u_h\|_{L_t^{10} L_x^{\frac{30}{13}}} \cdot \|u_\ell\|_{L^{10}_{x,t}} \\ &\quad + \|u_h\|_{L_t^{10} L_x^{\frac{30}{8}}} \|u_h\|_{L_t^{10} L_x^{\frac{30}{8}}} \|\nabla^{\frac12} Iu_\ell\|_{L_t^{10} L_x^{\frac{30}{8}}} \\ \lesssim& \|\nabla Iu_h\|_{L_t^{10} L_x^{\frac{30}{13}}} \|\nabla Iu_h\|_{L_t^{10} L_x^{\frac{30}{13}}} \|Iu_\ell\|_{L_t^{10} L_x^{10}} \\ &\quad + \|\nabla^{\frac12} Iu_h\|_{L_t^{10} L_x^{\frac{30}{8}}} \|\nabla^{\frac12} Iu_h\|_{L_t^{10} L_x^{\frac{30}{8}}} \|\nabla Iu_\ell\|_{L_t^{10} L_x^{\frac{30}{13}}} \\ \lesssim& Z_I(T)^3, \end{aligned} \tag{4.101}$$

这里用到 $\dfrac{2}{10} = 3\Big(\dfrac12 - \dfrac16 - \dfrac{8}{30}\Big)$. 同样的, 有

$$\begin{aligned}&\|\frac{1}{N_{123}} P_{N_{123}} I(u_h \cdot u_\ell \cdot u_\ell)\|_{L^{\frac{10}{3}}_{x,t}} \lesssim \|u_h \cdot u_\ell \cdot u_\ell\|_{L_t^{\frac{10}{3}} L_x^{\frac{30}{19}}} \\ \leqslant& \|u_h\|_{L_t^{10} L_x^{\frac{30}{13}}} \|u_\ell\|^2_{L^{10}_{x,t}} \leqslant \|\nabla(Iu_h)\|_{L_t^{10} L_x^{\frac{30}{13}}} \|\nabla Iu_\ell\|^2_{L_t^{10} L_x^{\frac{30}{13}}} \\ \lesssim& Z_I(T)^3. \end{aligned} \tag{4.102}$$

由此推得 Term 2 的估计.

定理 4.1 的证明

首先利用相互作用的 Morawetz 估计 (4.43) 或 (4.44)、准能量守恒律与 Scaling 来给出如下一致性时空估计.

命题 4.12　设 $\varphi(x)\in C_c^\infty(\mathbb{R}^3)$, $u(t)$ 是 (4.1) 或 (4.2) 对应的整体解, 若 $s>\dfrac{4}{5}$, 则有

$$\|u(t)\|_{L^4([0,\infty)\times\mathbb{R}^3])}\lesssim C(\|\varphi\|_{H^s}),\tag{4.103}$$

$$\sup_{0\leqslant t<\infty}\|u(t)\|_{H^s(\mathbb{R}^3)}\lesssim C(\|\varphi\|_{H^s}).\tag{4.104}$$

注记 4.13　我们知道, 对 $\forall\varphi(x)\in H^s$ $(s>1/2)$, (4.1) 或 (4.2) 是局部适定的且 $T=T(\|\varphi\|_{H^s})$, 由稠密性及命题 4.12 给出的估计 (4.104), 就可推出 (4.1) 或 (4.2) 在 H^s 中的整体适定性.

证明　Step I(Scaling 技术)　u 是 (4.1) 的解, 则

$$u_\lambda(x,t)=\lambda^{-1}u(\lambda^{-1}x,\lambda^{-2}t)\tag{4.105}$$

是 (4.1) 具有初始函数 $\varphi_\lambda(x)=\lambda^{-\frac{1}{2}}\varphi(\lambda^{-\frac{1}{2}}x)$ 的解, 注意到

$$\begin{aligned}E_1(I\varphi_\lambda)=&\frac{1}{2}\|\nabla I\varphi_\lambda\|_2^2+\frac{1}{4}\|I\varphi_\lambda\|_4^4\\ \leqslant&\frac{1}{2}\|\nabla I\varphi_\lambda\|_2^2+\frac{1}{4}\|I\varphi_\lambda\|_6^2\|I\varphi_\lambda\|_3^2\\ \leqslant&\frac{1}{2}\|\nabla I\varphi_\lambda\|_2^2\left(1+\frac{1}{2}\|I\varphi_\lambda\|_3^2\right)\\ \lesssim&N^{2(1-s)}\|\varphi_\lambda\|_{H^s}^2(1+\|\varphi\|_3^2)\\ \lesssim&N^{2(1-s)}\lambda^{1-2s}(1+\|\varphi\|_{H^s}^2)\|\varphi\|_{H^s}^2.\end{aligned}$$

因此, 可取

$$\lambda\approx N^{\frac{1-s}{s-\frac{1}{2}}},\tag{4.106}$$

确保

$$E_1(I\varphi_\lambda)\leqslant\frac{1}{2}.\tag{4.107}$$

想法与断言　使得 (4.103) 成立的时间的集合 $W=[0,\infty)$. 在证明这一断言的过程中, 就可直接推知在集合 $W=[0,\infty)$ 上, (4.104) 成立.

定义：

$$W\equiv\{T:\quad\|u_\lambda\|_{L^4_{x,t}([0,T]\times\mathbb{R}^3)}\leqslant C_1\lambda^{\frac{3}{8}}\},\tag{4.108}$$

这里 C_1 是某个合适的绝对常数 (待定). 则 W 既开又闭. 下面仅需证明 W 是开集, 例如：设 T_0 满足

$$\|u_\lambda\|_{L^4_{x,t}([0,T_0]\times\mathbb{R}^3)}\leqslant 2C_1\lambda^{\frac{3}{8}},\tag{4.109}$$

则 $T_0 \in W$. 事实上, 由新的 Morawetz 估计, 就有

$$\|u_\lambda\|_{L^4_{x,t}([0,T_0]\times\mathbb{R}^3)} \lesssim \|\varphi_\lambda\|_2^{\frac{1}{2}} \sup_{0\leqslant t\leqslant T_0} \|u_\lambda\|_{\dot{H}^{\frac{1}{2}}}^{\frac{1}{2}} \leqslant C(\|\varphi\|_2)\lambda^{\frac{1}{4}} \sup_{0\leqslant t\leqslant T_0} \|u_\lambda\|_{\dot{H}^{\frac{1}{2}}}^{\frac{1}{2}}, \tag{4.110}$$

这里用到 L^2 守恒. 为估计 (4.110) 的第二项, 分解

$$u_\lambda(t) = P_{\leqslant N}u_\lambda(t) + P_{\geqslant N}u_\lambda(t), \tag{4.111}$$

(表示 supp $\widehat{P_{\leqslant N}u_\lambda} \subset \{\xi, |\xi| \leqslant N\}$, supp$\widehat{P_{\geqslant N}u_\lambda} \subset \{\|\xi, |\xi| \geqslant N\}$). 注意到 I 在低频部分是单位算子的特征及插值定理就可推出

$$\begin{aligned}\|P_{\leqslant N}u_\lambda(t)\|_{\dot{H}_x^{\frac{1}{2}}} \leqslant & \|P_{\leqslant N}u_\lambda(t)\|_2^{\frac{1}{2}} \|P_{\leqslant N}u_\lambda(t)\|_{\dot{H}_x^1}^{\frac{1}{2}} \\ \lesssim & \|\varphi_\lambda\|_2^{\frac{1}{2}} \|P_{\leqslant N}Iu_\lambda\|_{\dot{H}^1}^{\frac{1}{2}} \\ \leqslant & C(\|\varphi\|_2)\lambda^{\frac{1}{4}} \|Iu_\lambda\|_{\dot{H}^1}^{\frac{1}{2}}.\end{aligned} \tag{4.112}$$

关于高频部分估计, 根据插值定理可见

$$\begin{aligned}\|P_{\geqslant N}u_\lambda(t)\|_{\dot{H}_x^{\frac{1}{2}}} \lesssim & \|P_{\geqslant N}u_\lambda(t)\|_2^{1-\frac{1}{2s}} \|P_{\geqslant N}u_\lambda(t)\|_{\dot{H}_x^s}^{\frac{1}{2s}} \\ \lesssim & \|P_{\geqslant N}u_\lambda(t)\|_2^{1-\frac{1}{2s}} N^{\frac{s-1}{2s}} \|IP_{\geqslant N}u_\lambda(t)\|_{\dot{H}_x^1}^{\frac{1}{2s}} \\ \lesssim & C(\|\varphi\|_2)\|Iu_\lambda\|_{\dot{H}_x^1}^{\frac{1}{2s}},\end{aligned} \tag{4.113}$$

这里用到

$$\lambda^{\frac{1}{2}-\frac{1}{4s}} = N^{\frac{1-s}{s-\frac{1}{2}}\cdot\frac{2s-1}{4s}} = N^{\frac{1-s}{2s}}.$$

由 (4.110)~(4.113) 可推出

$$\|u_\lambda\|_{L^4_{x,t}([0,T_0]\times\mathbb{R}^3)} \leqslant C(\|\varphi\|_2)(\lambda^{\frac{3}{8}} \sup_{0\leqslant t\leqslant T_0} \|Iu_\lambda\|_{\dot{H}_x^1}^{\frac{1}{4}} + \lambda^{\frac{1}{4}} \sup_{0\leqslant t\leqslant T_0} \|Iu_\lambda(t)\|_{\dot{H}_x^1}^{\frac{1}{4s}}). \tag{4.114}$$

因此, 如果建立了形如

$$\sup_{0\leqslant t\leqslant T_0} \|Iu_\lambda\|_{\dot{H}^1} \lesssim 1 \tag{4.115}$$

的估计, 就可推出 $T_0 \in W$, 这里 $\lesssim$ 中隐含的常数仅依赖于 $\|\varphi\|_{H^s(\mathbb{R}^3)}$. 由条件 (4.109), 可以将 $[0, T_0]$ 分解成有限个子区间

$$[0, T_0] = \bigcup_{j=1}^{L} I_j,$$

使得

$$\|u_\lambda\|_{L^4_{x,t}(I_j\times\mathbb{R}^3)} \leqslant \varepsilon, \quad j = 1, 2, \cdots, L. \tag{4.116}$$

采用准守恒量 (在每一个 I_j 上), 利用递推方法就有

$$\sup_{0\leqslant t\leqslant T_0}\|\nabla Iu_\lambda(t)\|_{L^2(\mathbb{R}^3)}\leqslant E_1(I\varphi_\lambda)+LN^{-1+}. \tag{4.117}$$

因此, 只要

$$LN^{-1+}\leqslant\frac{1}{4} \tag{4.118}$$

就能推出 (4.115). 现在回头来看, L 本质上是由 (4.116) 确定, 而

$$\|u_\lambda\|^4_{L^4_{x,t}([0,T_0]\times\mathbb{R}^3)}\lesssim\lambda^{\frac{3}{2}},$$

就意味着

$$L\approx\lambda^{\frac{3}{2}}. \tag{4.119}$$

回到 (4.118) 式就有

$$\lambda^{\frac{3}{2}}N^{-1+}=N^{\frac{3-3s}{2s-1}}N^{-1+}\lesssim\frac{1}{4}. \tag{4.120}$$

故仅当 $s>\dfrac{4}{5}$ 时,(4.120) 中 N 的指标是负值. 与此同时, 由 (4.115)、L^2 能量守恒及算子 I 的性质推出 (4.104) 在 W 成立. 由一致性估计 (4.2) 及局部适定性, 就得 H^s 整体适定性. 下面建立散射性理论. 先来考虑渐近完备性. 这本质上等价于如下一致性估计:

$$Z(t)\equiv\sup_{(q,r)\in\Lambda}\|\langle\nabla\rangle^s u\|_{L^q_t(\mathbb{R}^+;L^r(\mathbb{R}^3))}\lesssim C(\|\varphi\|_{H^s}). \tag{4.121}$$

由一致性估计 (4.103), 可分解 $[0,\infty]$ 成有限个区间

$$\mathbb{R}=\bigcup_{j=1}^K J_j,\qquad j=1,2,\cdots,K,$$

并使得

$$\|u\|_{L^4_{x,t}(J_j\times\mathbb{R}^3)}\leqslant\varepsilon(\|\varphi\|_{H^s}). \tag{4.122}$$

用 $\langle\nabla\rangle^s$ 作用 (4.1) 两边, 并用 Strichartz 估计可得

$$\begin{aligned}Z(t)\leqslant&\|\langle\nabla\rangle^s\varphi\|_{L^2(\mathbb{R}^3)}+\|\langle\nabla\rangle^s(u\bar{u}u)\|_{L^{\frac{10}{7}}_{x,t}([0,t]\times\mathbb{R}^3)}\\\leqslant&\|\varphi\|_{H^s}+\|\langle\nabla\rangle^s u\|_{L^{\frac{10}{3}}_{x,t}}\|u\|^2_{L^5_{x,t}([0,t]\times\mathbb{R}^3)}\\\leqslant&\|\varphi\|_{H^s}+\|\langle\nabla\rangle^s u\|_{L^{\frac{10}{3}}_{x,t}}\|u\|^{\frac{4}{5}}_{L^4_{x,t}}\|u\|^{\frac{6}{5}}_{L^{10}_{x,t}},\end{aligned}$$

这里用到插值定理. 于是,

$$Z(t)\leqslant\|\varphi\|_{H^s}+\varepsilon^{\frac{4}{5}}Z(t)^{1+\frac{6}{5}},\quad t\in J_1. \tag{4.123}$$

因此

$$Z(t) \leqslant C(\|\varphi\|_{H^s}), \quad t \in J_1,$$

如此下去, 在 J_j 上考虑上面过程就得估计 (4.121).

下来证明渐近完备性. 给定 $\varphi \in H^s(\mathbb{R}^n)$, 令

$$\varphi_\pm(x) = \varphi(x) - i\int_0^{\pm\infty} S(-\tau)[|u|^2u](\tau)d\tau \tag{4.124}$$

(其中 $u(t)$ 是 (4.1) 或 (4.2) 的整体解). 证明 $\varphi_\pm \in H^s$ 并且

$$\lim_{t\to\pm\infty} \|u(t) - S(t)\varphi_\pm\|_{H^s} = 0. \tag{4.125}$$

由 $S(t)$ 是 L^2 上的酉群, 可见上面事实等价于证明

$$\lim_{t\to\infty} \left\| \int_t^\infty \langle\nabla\rangle^s S(-\tau)[|u|^2u](\tau)d\tau \right\|_{L^2(\mathbb{R}^3)} = 0. \tag{4.126}$$

对 $\forall F(x) \in L^2(\mathbb{R}^3)$, 由分数阶求导的 Leibniz 法则, 有

$$\begin{aligned}
&\left\langle F(x), \int_t^\infty \langle\nabla\rangle^s S(-\tau)(|u|^2u)d\tau \right\rangle_{L^2(\mathbb{R}^3)} \approx \langle S(\tau)F(x), \langle\nabla\rangle^s u \cdot u^2\rangle_{L^2_{x,t}([t,\infty)\times\mathbb{R}^3)} \\
\leqslant&\|S(\tau)F(x)\|_{L^{\frac{10}{3}}_{x,t}([t,\infty)\times\mathbb{R}^3)} \|\langle\nabla\rangle^s u\|_{L^{\frac{10}{3}}_{x,t}([t,\infty)\times\mathbb{R}^3)} \|u\|^2_{L^5([t,\infty)\times\mathbb{R}^3)} \\
&\longrightarrow \quad 0, \quad t \to +\infty,
\end{aligned} \tag{4.127}$$

这里用到估计 (4.121)、插值定理及 Strichartz 估计. 为完备起见, 下面来证明波算子 Ω_+ 的存在性. 对 $\forall \varphi_+(x) \in H^s(\mathbb{R}^3)$, 寻找 (4.1) 或 (4.2) 的解 $u(t)$(具有初值 $\varphi(x)$) 满足

$$\begin{aligned}
u(x,t) =&S(t)\varphi(x) - i\int_0^t S(t-\tau)|u|^2ud\tau \\
=&S(t)(S^{NL}(-\infty)S(\infty)\varphi_+) - i\int_0^t S(t-\tau)|u|^2ud\tau \\
=&S(t)(\varphi_+(x) - i\int_\infty^0 S(-\tau)|u|^2ud\tau) - i\int_0^t S(t-\tau)|u|^2ud\tau \\
=&S(t)\varphi_+(x) - i\int_t^\infty S(t-\tau)|u|^2ud\tau.
\end{aligned} \tag{4.128}$$

下面来证明 (4.128) 的可解性并且 u 满足

$$\lim_{t\to+\infty} \left\| \int_t^\infty S(t-\tau)|u|^2ud\tau \right\|_{H^s} = 0. \tag{4.129}$$

由 Strichartz 估计及 $\left(\frac{8}{3},4\right),\left(8,\frac{12}{5}\right)\in\Lambda$, 就有

$$S(t)\varphi_+\in L_t^{\frac{8}{3}}([0,\infty);W^{s,4}(\mathbb{R}^3))\cap L_t^8((t,\infty),W^{s,\frac{12}{5}}(\mathbb{R}^3)). \tag{4.130}$$

令

$$K_{t_0}=\|S(t)\varphi_+\|_{L^{\frac{8}{3}}([t_0,\infty);W^{s,4}(\mathbb{R}^3))}+\|S(t)\varphi_+\|_{L^8((t_0,\infty),W^{s,\frac{12}{5}}(\mathbb{R}^3))}. \tag{4.131}$$

显然有

$$\lim_{t_0\to\infty}K_{t_0}=0. \tag{4.132}$$

定义完备的度量空间

$$\begin{aligned}X=&\big\{u(t)\in L_t^{\frac{8}{3}}([t_0,\infty);W^{s,4}(\mathbb{R}^3))\cap L_t^8([t_0,\infty);W^{s,\frac{12}{5}}(\mathbb{R}^3))\\ &\|u\|_X=\|u\|_{L_t^{\frac{8}{3}}([t_0,\infty);W^{s,4}(\mathbb{R}^3))}+\|u\|_{L_t^8([t_0,\infty);W^{s,\frac{12}{5}}(\mathbb{R}^3))}\leqslant 4K_{t_0}\big\},\end{aligned}$$

其上的度量是

$$d(u,v)=\|u-v\|_{L_t^{\frac{8}{3}}([t_0,\infty);W^{s,4}(\mathbb{R}^3))}.$$

在 X 上考虑映射

$$\mathcal{T}:\quad \mathcal{T}u=S(t)\varphi_+(x)+i\int_t^\infty S(t-\tau)|u|^2ud\tau. \tag{4.133}$$

$\forall u(t)\in X$, 有

$$\begin{aligned}\|\mathcal{T}u\|_X\leqslant&2K_{t_0}+2\||u|^2u\|_{L_t^{\frac{8}{5}}([t_1,\infty);W^{s,\frac{4}{3}})}\\ \lesssim&2K_{t_0}+2\|\langle\nabla\rangle^s u\|_{L_t^{\frac{8}{3}}L_x^4}\|u\|^2_{L_t^8L_x^4}\\ \leqslant&2K_{t_0}+C(2K_{t_0})^3,\end{aligned} \tag{4.134}$$

这里用到 $W^{s,\frac{12}{5}}(\mathbb{R}^3)\hookrightarrow L_x^4(\mathbb{R}^3)$. 同理, 对 $\forall u(t),v(t)\in X$, 也有:

$$d(\mathcal{T}u,\mathcal{T}v)\leqslant 2C(2K_{t_0})^2d(u,v). \tag{4.135}$$

因此, 只要取 t_0 充分大, 就有 $\mathcal{T}u\in X$ 且 $\mathcal{T}$ 是 X 到自身的压缩映射. 故存在唯一的解 $u(t)$ 满足

$$u(t)\in C([t_0,\infty);H^s(\mathbb{R}^3))\cap X. \tag{4.136}$$

由 (4.1) 的整体存在性, 关于时间的可逆性, 可以将 $u(t)$ 从 t_0 出发, 延拓到 $[0,\infty)$. 利用 Strichartz 估计, 推知

$$\lim_{t\to\infty}\|u(t)-S(t)\varphi_+\|_{H^s(\mathbb{R}^3)}=0. \tag{4.137}$$

§4.5 临界非线性 Schrödinger 方程的 Cauchy 问题及散射性

本节着重介绍当初值是 $H^1(\mathbb{R}^3)$ 中的径向函数时, 能量临界径向初值非线性 Schrödinger 方程的 Cauchy 问题

$$\begin{cases} iu_t + \Delta u = |u|^4 u, \quad (x,t) \in \mathbb{R}^3 \times \mathbb{R}, \\ u(0) = \varphi(x), \quad \varphi(x) = \varphi(|x|) \in \dot{H}^1(\mathbb{R}^3) \end{cases} \tag{5.1}$$

的整体可解性及相应的散射性理论. 进而, 当径向初值 $\varphi(x) \in H^s(\mathbb{R}^3)$, $s > 1$, 我们仍可获得 (5.1) 在 $H^s(\mathbb{R}^3)$ 中的整体可解性及散射性.

众所周知, 对于临界的波方程, Struwe[Str] 在 1988 年得到了在初始函数对称的情形下整体光滑解的存在唯一性. 尔后, M. Grillakis 于 1990[Gr1] 去掉了对称性的假设, 对一般的初始光滑函数 $(\varphi(x), \psi(x))$, 建立了临界波方程的整体光滑解的存在唯一性, 亦可见 [SS1]. 有关临界波方程的能量解的整体适定性, 可见 Shatah 和 Struwe 的工作 [SS2]. 处理临界波方程整体适定性的方法, 主要基于下面两个事实:

(i) 作为局部存在性理论的结果, 如果整体解不存在, 则解 $u(t,x)$ 一定在某个小球上产生 "聚积" 效应, 即: 存在时空方体 Q, $\mathrm{mes}(Q) \sim \delta^3 \times \delta^2$, 使得

$$\inf_{\delta>0} \|u(x,t)\|_{L^{10}(Q)} > 0$$

或存在时间区间 I 满足 $\mathrm{mes}(I) \sim \delta^2$, 使得

$$\inf_{\delta>0} \|u(x,t)\|_{L^\infty(I;L^6(\mathbb{R}^3))} > 0 \quad 或 \quad \inf_{\delta>0} \|u(x,t)\|_{L^\infty(I;H^1(\mathbb{R}^3))} > 0.$$

(ii) Morawetz 估计排除了无限多次 "聚积" 效应.

是否可以利用处理波方程的方法来处理临界 Schrödinger 方程 (5.1) 呢? 我们知道, 虽然 (5.1) 的解满足如下形式的 Morawetz 不等式

$$\int_{\mathbb{R}} \int_{\mathbb{R}^3} \frac{|u|^6}{|x|} dxdt \leqslant C(\|\varphi\|_{H^1}),$$

然而, 它所给出的先验估计不足以确保消除能量的 "聚积" 效应. 本质上, 上式左边可被 $\sup_t \|u\|^2_{\dot{H}^{\frac{1}{2}}}$ 所控制, 即

$$\int_{\mathbb{R}} \int_{\mathbb{R}^3} \frac{|u|^6}{|x|} dxdt \leqslant \sup_t \|u(t)\|^2_{\dot{H}^{\frac{1}{2}}}. \tag{5.2}$$

然而, 采用局部的 Morawetz 估计、L^2 弱色散型估计、不同层次上的 Strichartz 估计及 Littlewood-Paley 的分解技术可以建立径向初值情形下的 H^1 理论.

我们知道, 问题 (5.1) 在 $H^1(\mathbb{R}^3)$ 中是局部适定的, 在极大的存在区间 $I = (-T^*, T^*)$ 上满足

$$E_1(u(t)) = \frac{1}{2}\int_{\mathbb{R}^3} |\nabla u|^2 dx + \frac{1}{6}\int_{\mathbb{R}^3} |u|^6 dx = E_1(\varphi). \tag{5.3}$$

虽然, 由 (5.3) 可以推出

$$\|u(t)\|_{\dot{H}^1} \leqslant C(\|\varphi\|_{\dot{H}^1}), \quad \forall \varphi \in \dot{H}^1(\mathbb{R}^3). \tag{5.4}$$

然而, 对一般 $\varphi \in H^1(\mathbb{R}^3)$, $T^* = T(\varphi)$ 依赖于 φ 本身 (在次临界增长条件下, $T^* = T(\|\varphi\|_{H^1})$, 由 (5.4) 与质量守恒就推得次临界非线性 Schrödinger 方程 H^1 解的整体适定性). 因此, 单就 $\|\varphi\|_{H^1}$ 模的有界性亦不足以消除 $\dot{H}^1$ “能量聚积”现象.

对于径向初值, 可以建立如下结果:

定理 5.1　设 $[t_-, t_+]$ 是紧区间, $u \in C([t_-, t_+]; H^1(\mathbb{R}^3)) \cap L^{10}_{t,x}([t_-, t_+] \times \mathbb{R}^3)$ 是方程 (5.1) 的径向解, 存在常数 $E > 0$, 满足 $E(u) \leqslant E$. 那么

$$\|u(t)\|_{L^{10}_{t,x}([t_-,t_+]\times\mathbb{R}^3)} \leqslant Ce^{CE^C}, \tag{5.5}$$

其中常数 C 仅依赖于维数 n, E, 不依赖于 $t_\pm$.

注记 5.1　众所周知, 由于解的时空模的界不依赖于时间区间 $[t_-, t_+]$ 的长度, 所以结合局部适定性 [CW2] 就得径向大初值能量解的整体适定以及散射理论. 详细可见 [Bo2].

局部质量守恒与 Morawetz 不等式

众所周知, Schrödinger 方程不具备有限传播速度. 为了建立散射理论, 首先需要对于质量守恒估计与 Morawetz 估计进行局部化, 使得局部化的质量守恒估计可以控制空间区域中的质量流, 而局部化的 Morawetz 估计可以排除能量的聚积现象.

为方便起见, 引入如下简化记号, 任给时间区间 I, 记

$$\|u\|_{X(I)} \triangleq \|u\|_{L^{10}_{t,x}(I\times\mathbb{R}^3)}; \qquad \|u\|_{W(I)} \triangleq \|\nabla u\|_{L^{10}_t L^{\frac{30}{13}}_x (I\times\mathbb{R}^3)}.$$

对于时空带域 $I \times \mathbb{R}^n$, 定义 $\dot{S}^0(I)$ 范数如下:

$$\|u\|_{\dot{S}^0(I)} := \sup_{(q,r)\in\Lambda} \|u\|_{L^q_t L^r_x(I\times\mathbb{R}^3)}.$$

定义 $\dot{S}^1(I)$ 范数如下:

$$\|u\|_{\dot{S}^1(I)} := \|\nabla u\|_{\dot{S}^0(I)}.$$

局部质量守恒 首先给出局部质量守恒律 (即几乎有限的传播速度). 令 χ 是一支撑在 $B_1(0)$ 上的 bump 函数, 并且在 $B_{\frac{1}{2}}(0)$ 上等于 1. 注意到如果 u 是 (5.1) 的有限能量解, 那么

$$\partial_t\big|u(t,x)\big|^2 = -2\nabla\cdot \mathrm{Im}(\overline{u}\nabla u(t,x)). \tag{5.6}$$

定义

$$\mathrm{Mass}(u(t),B(x_0,R)) := \int\Big|\chi\Big(\frac{x-x_0}{R}\Big)u(t,x)\Big|^2dx. \tag{5.7}$$

关于时间微分, 然后分部积分得

$$\begin{aligned}\partial_t\mathrm{Mass}(u(t),B(x_0,R)) ==& \int\Big|\chi\Big(\frac{x-x_0}{R}\Big)\Big|^2\partial_t\big|u(t,x)\big|^2dx\\ =&-2\int\Big|\chi\Big(\frac{x-x_0}{R}\Big)\Big|^2\nabla\cdot\mathrm{Im}(\overline{u}\nabla u)dx\\ =&-\frac{4}{R}\int\chi\Big(\frac{x-x_0}{R}\Big)\nabla\chi\Big(\frac{x-x_0}{R}\Big)\mathrm{Im}(\overline{u}\nabla u)dx\\ \lesssim&\frac{1}{R}\big\|\nabla u(t)\big\|_{L^2}\Big(\mathrm{Mass}(u(t),B(x_0,R))\Big)^{1/2},\end{aligned}$$

因此, 得到

$$\Big|\mathrm{Mass}(u(t_1),B(x_0,R))^{1/2}-\mathrm{Mass}(u(t_2),B(x_0,R))^{1/2}\Big|\lesssim\frac{|t_1-t_2|}{R}. \tag{5.8}$$

此意味对某时刻 t, 如果局部质量 $\mathrm{Mass}(u(t),B(x_0,R))$ 很大, 则对于 t 附近的时刻, 局部质量同样可以很大 (必要的话, 可以增加 R 减小质量的变化率).

另一方面, 根据 Sobolev 不等式及 Hölder 不等式, 有

$$\mathrm{Mass}(u(t),B(x_0,R))\leqslant\Big\|\chi\Big(\frac{x-x_0}{R}\Big)\Big\|^2_{L^3_x}\big\|u\big\|^2_{L^6_x}\lesssim R^2\big\|\nabla u\big\|^2_{L^2_x}. \tag{5.9}$$

此就给出小空间体积上质量的控制.

Morawetz 不等式 下面给出 Morawetz 估计的局部化形式的具体证明.

命题 5.2 设 u 是方程 (5.1) 在时空带域 $I\times\mathbb{R}^3$ 上的解, 那么, 对于任意的 $A\geqslant 1$, 下面估计成立:

$$\int_I\int_{|x|\leqslant A|I|^{1/2}}\frac{|u|^6}{|x|}dxdt\lesssim A|I|^{1/2}E(u). \tag{5.10}$$

利用尺度不变性, 无妨假设 $A|I|^{1/2}=1$. 根据动量恒等式

$$\partial_t\mathrm{Im}(\partial_k u\overline{u}) = -2\partial_j\mathrm{Re}(\partial_k u\overline{\partial_j u})+\frac{1}{2}\partial_k\Delta(|u|^2)-\frac{2}{3}\partial_k|u|^6, \tag{5.11}$$

其中 j,k 取值为空间指标 $1,2,3$, 重复出现的指标表示求和. 注意到当 u 有有限能量时, 等式两边在分布的意义下均有意义, 因此 H^1- 能量解均满足此等式.

对于光滑具紧支撑的加权函数 a, 用 $\partial_k a$ 乘以等式两边, 并分部积分, 得到

$$\begin{aligned}\partial_t \int_{\mathbb{R}^3} (\partial_k a)\mathrm{Im}(\partial_k u\bar{u})dx =&2\int_{\mathbb{R}^3}(\partial_j\partial_k a)\mathrm{Re}(\partial_k u\overline{\partial_j u})dx+\frac{1}{2}\int_{\mathbb{R}^3}(-\Delta\Delta a)(|u|^2)dx\\&+\frac{2}{3}\int_{\mathbb{R}^3}\Delta a|u|^6dx. \end{aligned}\tag{5.12}$$

令 χ 是支撑在球 $B_2(0)$, 且在球 $B_1(0)$ 恒等于 1, $0<\epsilon<1$ 是小参数. 取 $a(x):=(\epsilon^2+|x|^2)^{1/2}\chi(x)$. 在区域 $|x|\leqslant 1$, 可得

$$\begin{aligned}&(\partial_j\partial_k a)\mathrm{Re}(\partial_k u\overline{\partial_j u})\geqslant 0,\\&\Delta a=\frac{2}{(\epsilon^2+|x|^2)^{1/2}}+\frac{\epsilon^2}{(\epsilon^2+|x|^2)^{3/2}},\\&-\Delta\Delta a=\frac{15\epsilon^4}{(\epsilon^2+|x|^2)^{7/2}}.\end{aligned}$$

在区域 $1\leqslant|x|\leqslant 2$ 中, a 以及其所有导数均关于 ϵ 是一致有界, 因此 (5.12) 右边的积分均被 $O(E(u))$ 所控制. 结合这些估计, 得到

$$\partial_t\int_{|x|\leqslant 2}(\partial_k a)\mathrm{Im}(\partial_k u\bar{u})\geqslant c\int_{|x|\leqslant 1}\frac{|u(t,x)|^6}{(\epsilon^2+|x|^2)^{1/2}}dx-CE(u).$$

在 I 上关于时间积分此式, 利用微积分基本定理, 以及 a 是 Lipschitz 连续的, 得到

$$\sup_{t\in I}\int_{|x|\leqslant 2}|\nabla u(t,x)||u(t,x)|dx\geqslant c\int_I\int_{|x|\leqslant 1}\frac{|u(t,x)|^6}{(\epsilon^2+|x|^2)^{1/2}}dxdt-C(E(u))|I|.$$

根据 (5.9), Cauchy-Schwartz 不等式以及 $|I|=A^{-2}<1$, 得到

$$\int_I\int_{|x|\leqslant 1}\frac{|u(t,x)|^6}{(\epsilon^2+|x|^2)^{1/2}}dxdt\leqslant C(E(u)).$$

令 $\epsilon\to 0$, 以及单调收敛定理即可得 (5.10).

局部适定理论

作为准备, 我们先讨论方程 (5.1) 的局部适定性理论及爆破准则.

命题 5.3 (局部适定性) 设 $u(t_0)\in\dot{H}^1$, 及 I 是包含 t_0 的闭区间, 并且

$$\left\|U(t-t_0)u(t_0)\right\|_{X(I)}\leqslant\eta,\tag{5.13}$$

成立, 其中 $\eta>0$ 是充分小的绝对常数. 则方程 (5.1) 在 $I\times\mathbb{R}^3$ 上存在唯一的强解, 并且有

$$\left\|u\right\|_{X(I)}\leqslant C(\left\|u(t_0)\right\|_{\dot{H}^1}).\tag{5.14}$$

证明 命题的证明是基于标准的压缩映像原理. 为此, 定义集合

$$\mathcal{B}=\{u:\|u\|_{X(I)}\leqslant 2\eta,\|u\|_{W(I)}\leqslant 2C\|u(t_0)\|_{\dot{H}^1}\}$$

及度量

$$\|u\|_{\mathcal{B}}=\|u\|_{X(I)}+\|u\|_{W(I)}.$$

在 $\mathcal{B}$ 上考虑非线性映射:

$$\Phi(u)(t):=U(t-t_0)u(t_0)-i\int_{t_0}^{t}U(t-s)f(u(s))ds. \tag{5.15}$$

对于充分小的 $\eta>0$, $u\in\mathcal{B}$, 容易推出:

$$\begin{aligned}\|\Phi(u)\|_{X(I)}\leqslant&\|U(t-t_0)u(t_0)\|_{X(I)}+C\|u\|_{X(I)}^4\|u\|_{W(I)}\\ \leqslant&\eta+32C\eta^4\|u(t_0)\|_{\dot{H}^1}\leqslant 2\eta;\end{aligned}$$

$$\begin{aligned}\|\Phi(u)\|_{W(I)}\leqslant&C\|u(t_0)\|_{\dot{H}^1}+C\|u\|_{X(I)}^4\|u\|_{W(I)}\\ \leqslant&C\|u(t_0)\|_{\dot{H}^1}+32C\eta^4\|u(t_0)\|_{\dot{H}^1}\leqslant 2C\|u(t_0)\|_{\dot{H}^1}.\end{aligned}$$

因此, Φ 是 $\mathcal{B}$ 自身到自身的映射.

下面仅需证明 Φ 是压缩映射. 设 u, $v\in\mathcal{B}$, 由非线性估计技术, 对于充分小的 $\eta>0$, 可见

$$\begin{aligned}\|\Phi(u)-\Phi(v)\|_{W(I)}\leqslant&\Big\|\int_0^t U(t-s)(|u|^4u-|v|^4v)ds\Big\|_{W(I)}\\ \leqslant&C\|u-v\|_{X(I)}\big(\|u\|_{W(I)}\|u\|_{X(I)}^3+\|v\|_{W(I)}\|v\|_{X(I)}^3\big)\\ &+C\|u-v\|_{W(I)}\big(\|u\|_{X(I)}^4+\|v\|_{X(I)}^4\big)\\ \leqslant&16C\eta^3\|u(t_0)\|_{\dot{H}^1}\|u-v\|_{X(I)}+16\eta^4\|u-v\|_{W(I)}\\ \leqslant&\frac{1}{4}(\|u-v\|_{X(I)}+\|u-v\|_{W(I)}),\end{aligned}$$

同理还有

$$\begin{aligned}\|\Phi(u)-\Phi(v)\|_{X(I)}\leqslant&16C\eta^3\|u(t_0)\|_{\dot{H}^1}\|u-v\|_{X(I)}+16\eta^4\|u-v\|_{W(I)}\\ \leqslant&\frac{1}{4}(\|u-v\|_{X(I)}+\|u-v\|_{W(I)}).\end{aligned}$$

那么根据压缩映像原理即可推出方程 (5.1) 在 I 上存在唯一的强解.

其次, 对于方程 (5.1) 的解而言, 我们可以给出局部强解可延拓的可积性判别准则.

命题 5.4 [爆破判别准则] 设 $\varphi \in \dot{H}^1$, u 是方程 (5.1) 在 $[0,T)\times\mathbb{R}^3$ 上的强解, 并且有

$$\|u\|_{X([0,T))} < \infty, \quad T < \infty.$$

那么, 存在 $\delta > 0$ 使得解 u 可延拓为方程 (5.1) 在 $[0, T+\delta]\times\mathbb{R}^3$ 上的强解.

证明 根据积分的绝对连续性, 存在 $t_0 \in [0,T)$, 使得

$$\|u\|_{X([t_0,T))} \leqslant \eta/4$$

成立, 那么根据 Strichartz 估计以及非线性估计, 得到

$$\|u\|_{W([t_0,T))} \lesssim \|u(t_0)\|_{\dot{H}^1} + \|u\|^4_{X([t_0,T))}\|u\|_{W([t_0,T))}.$$

因此

$$\|u\|_{W([t_0,T))} \lesssim \|u(t_0)\|_{\dot{H}^1}.$$

由于

$$u(t) = U(t-t_0)u(t_0) - i\int_{t_0}^t U(t-s)|u|^4 u(s,x)ds, \tag{5.16}$$

那么, 对于充分小的 $\eta > 0$, 可见

$$\begin{aligned}\|U(t-t_0)u(t_0)\|_{X([t_0,T))} \leqslant& \|u\|_{X([t_0,T))} + C\|u\|^4_{X([t_0,T))}\|u\|_{W([t_0,T))}\\ \leqslant& \frac{\eta}{4} + C\eta^4\|u(t_0)\|_{\dot{H}^1} \leqslant \frac{\eta}{2}.\end{aligned}$$

再次利用积分的绝对连续性, 存在 $\delta > 0$, 使得

$$\|U(t-t_0)u(t_0)\|_{X([t_0,T+\delta))} \leqslant \eta$$

成立, 因此在区间 $[t_0, T+\delta]$ 上应用命题 5.3 即可得到结论.

换句话说, 如果 $[0, T^*)$ 是问题 (5.1) 的正向极大存在区间, $T^* < \infty$, 则

$$\|u(t)\|_{X([0,T^*))} = \infty.$$

扰动结果

下面证明一个重要的扰动引理, 它意味着: 如果解的线性部分不大, 那么解也不会很大.

引理 5.5 [扰动引理] 设 u 是方程 (5.1) 在 $I = [t_1, t_2]$ 的解, 且满足

$$\frac{1}{2}\eta \leqslant \|u\|_{X(I)} \leqslant \eta, \tag{5.17}$$

其中 η 是依赖于初值的充分小的常数. 那么

$$\|u\|_{\dot{S}^1(I)} \lesssim 1, \quad \|u_k\|_{X(I)} \geqslant \frac{1}{4}\eta, \tag{5.18}$$

其中 $u_k(t) = U(t-t_k)u(t_k)$, $k=1,2$.

证明 根据 Strichartz 估计以及非线性估计, 得到

$$\begin{aligned}\|u\|_{\dot{S}^1(I)} &\lesssim \|u(t_1)\|_{\dot{H}^1} + \|u\|_{X(I)}^4 \|u\|_{W(I)} \\ &\lesssim \|u(t_1)\|_{\dot{H}^1} + \|u\|_{X(I)}^4 \|u\|_{\dot{S}^1(I)} \\ &\lesssim \|u(t_1)\|_{\dot{H}^1} + \eta^4 \|u\|_{\dot{S}^1(I)}.\end{aligned}$$

如果 η 充分小, 那么可推出第一个断言

$$\|u\|_{\dot{S}^1(I)} \lesssim 1.$$

至于第二个断言, 这里给出 $k=1$ 情形的证明, $k=2$ 情形的证明类似. 再次使用 Strichartz 估计以及非线性估计, 得到

$$\|u-u_1\|_{X(I)} \lesssim \eta^4 \|u\|_{\dot{S}^1(I)} \lesssim \eta^4,$$

因此选取 $\eta>0$ 充分小, 由三角不等式即可推出第二个断言.

整体适定性

现在着手证明定理 5.1. 我们将会发现 u 的径向对称性的假设可以确保解的质量流只能在原点附近产生聚积现象 (见下面的推论 5.7).

为了阅读方便, 定义以下几个常数:

$$C_1 = 40; \quad C_2 = 2; \quad C_3 = 150. \tag{5.19}$$

它们来源于下文中的一些限制. 本节的隐常数可以依赖于维数和能量.

固定 E, $[t_-, t_+]$, u. 根据小初值的散射理论, 不妨假设能量 $E > c > 0$. 根据 $E(u)<\infty$ 及 Sobolev 嵌入, 对于任意的 $t\in[t_-,t_+]$, 得到

$$\|u(t)\|_{\dot{H}_x^1} + \|u(t)\|_{L_x^6} \lesssim 1. \tag{5.20}$$

假设解 u 已在区间 $[t_-,t_+]$ 上存在, 根据命题 5.4 仅需得到如下先验估计

$$\|u\|_{X([t_-,t_+])} \leqslant O(1), \tag{5.21}$$

其中 $O(1)$ 是不依赖于 t_-, t_+ 的常数.

令 $\eta > 0$ 是依赖于维数和能量的小常数, 不妨假设

$$\|u\|_{X([t_-,t_+])} \geqslant 2\eta,$$

否则结论即得. 对于常数 $J \geqslant 2$, 剖分区间 $[t_-,t_+]$ 成 J 个子区间 $I_j = [t_j, t_{j+1}]$ 并且满足

$$\frac{\eta}{2} \leqslant \|u\|_{X(I_j)} \leqslant \eta. \tag{5.22}$$

因此, 只需要给出 J 的上界估计就行了.

令 $u_\pm = U(t-t_\pm)u(t_\pm)$. 由 Sobolev 嵌入及 Strichartz 估计, 得到

$$\|u_\pm\|_{X([t_-,t_+])} \lesssim 1. \tag{5.23}$$

为方便起见, 首先给出如下定义 [T2].

定义 5.2　如果对于 $\pm$ 中至少一个符号, 有

$$\|u_\pm\|_{X(I_j)} > \eta^{C_3}, \tag{5.24}$$

成立, 则称 I_j 为例外区间. 否则称 I_j 为非例外区间.

由 (5.23) 可知例外区间个数上界是 $O(\eta^{-10C_3})$, 因此我们不妨假设总存在非例外区间, 否则从此上界以及 (5.22) 即可推出所需要的估计 (5.21). 因此, 问题就转化为估计非例外区间的个数.

Step 1.　证明在每个非例外区间上存在质量集中的泡, 见 [Bo3] 及 [T2]. 具体地说, 有如下引理:

命题 5.6 [泡的存在性]　设 I_j 是非例外区间. 那么对于任意的 $t \in I_j$, 存在 $x_j \in \mathbb{R}^3$ 满足

$$\mathrm{Mass}(u(t), B(x_j, \eta^{-C_1}|I_j|^{1/2})) \gtrsim \eta^{C_1}|I_j|. \tag{5.25}$$

证明　根据时间平移不变性以及尺度不变性, 不妨假设 $I_j = [0,1]$. 进一步分解 I_j 为 $\left[0,\frac{1}{2}\right]$ 及 $\left[\frac{1}{2},1\right]$. 根据 (5.22) 及鸽笼原理, 不妨假设

$$\|u\|_{X([\frac{1}{2},1])} \geqslant \frac{\eta}{4}.$$

因此, 根据引理 5.5, 得到

$$\left\|U\Big(t-\frac{1}{2}\Big)u\Big(\frac{1}{2}\Big)\right\|_{X([\frac{1}{2},1])} \geqslant \frac{\eta}{8}. \tag{5.26}$$

根据 Duhamel 公式

$$u\Big(\frac{1}{2}\Big) = U\Big(\frac{1}{2}-t_-\Big)u(t_-) - i\int_{t_-}^{\frac{1}{2}} U\Big(\frac{1}{2}-s\Big)f(u(s))ds,$$

用自由群 $U\Big(t-\dfrac{1}{2}\Big)$ 作用上式, 就得

$$U\Big(t-\frac{1}{2}\Big)u\Big(\frac{1}{2}\Big)=U(t-t_-)u(t_-)-i\int_0^{\frac{1}{2}}U(t-s)f(u(s))ds \\ -i\int_{t_-}^0 U(t-s)f(u(s))ds. \tag{5.27}$$

由于 $[0,1]$ 是非例外区间, 得到

$$\big\|U(t-t_-)u(t_-)\big\|_{X([\frac{1}{2},1])}\triangleq\big\|u_-(t)\big\|_{X([\frac{1}{2},1])}\leqslant\big\|u_-(t)\big\|_{X([0,1])}\leqslant\eta^{C_3}. \tag{5.28}$$

另一方面, 由于 u 满足扰动条件 (5.22), 因此, 由非线性估计以及扰动引理 5.5, 得到

$$\begin{aligned}\Big\|\int_0^{\frac{1}{2}}U(t-s)f(u(s))ds\Big\|_{X([\frac{1}{2},1])}&\lesssim\big\|u\big\|^4_{X([\frac{1}{2},1])}\big\|u\big\|_{W([\frac{1}{2},1])}\\&\lesssim\eta^4\big\|u\big\|_{\dot S^1([\frac{1}{2},1])}\lesssim\eta^4.\end{aligned}$$

因此, 如果 η 选取充分小, 根据三角不等式, 可得

$$\Big\|\int_{t_-}^0 U(t-s)f(u(s))ds\Big\|_{X([\frac{1}{2},1])}\geqslant\frac{1}{100}\eta.$$

换言之, 如果定义

$$v(t):=\int_{t_-}^0 U(t-s)f(u(s))ds,$$

则有

$$\big\|v\big\|_{X([\frac{1}{2},1])}\geqslant\frac{1}{100}\eta.$$

另一方面, 我们需要估计 $\|v\|_{\dot S^1([\frac{1}{2},1])}$ 的上界. 根据 (5.22), (5.27), Strichartz 估计以及引理 5.5, 得到

$$\begin{aligned}\big\|v\big\|_{\dot S^1([\frac{1}{2},1])}\leqslant&\Big\|U\Big(t-\frac{1}{2}\Big)u\Big(\frac{1}{2}\Big)\Big\|_{\dot S^1([\frac{1}{2},1])}+\big\|U(t-t_-)u(t_-)\big\|_{\dot S^1([\frac{1}{2},1])}\\&+\Big\|\int_0^{\frac{1}{2}}U(t-s)f(u(s))ds\Big\|_{\dot S^1([\frac{1}{2},1])}\\\lesssim&\big\|u\big\|_{\dot H^1}+\big\|u\big\|^4_{X([0,\frac{1}{2}])}\big\|u\big\|_{W([0,\frac{1}{2}])}\\\lesssim&\big\|u\big\|_{\dot H^1}+\big\|u\big\|^4_{X([0,\frac{1}{2}])}\big\|u\big\|_{\dot S^1([0,\frac{1}{2}])}\\\lesssim&1.\end{aligned} \tag{5.29}$$

下面还需要关于 v 一些额外的正则性估计. 对于任意的 $h\in\mathbb{R}^3$, 令 $u^{(h)}$ 表示 u 的平移, 即 $u^{(h)}(t,x)=u(t,x-h)$. 则有

引理 5.7　设 $\chi(x)$ 是支撑在 $B_1(0)$ 上, 积分为 1 的 bump 函数, 定义

$$v_{av}(x)=\int\chi(y)v(x+\eta^{5C_2}y)dy, \tag{5.30}$$

那么, 有

$$\|v-v_{av}\|_{X([\frac{1}{2},1])}\lesssim\eta^{C_2}. \tag{5.31}$$

成立.

证明　由 Hölder 不等式可知, 仅需证明

$$\|v-v_{av}\|_{L^\infty L^{10}([\frac{1}{2},1]\times\mathbb{R}^3)}\lesssim\eta^{C_2}. \tag{5.32}$$

由于 (5.4), 只需要证明

$$\|v-v^{(h)}\|_{L^\infty L^{10}([\frac{1}{2},1]\times\mathbb{R}^3)}\lesssim\|\nabla u\|^5_{L^\infty L^2([\frac{1}{2},1]\times\mathbb{R}^3)}|h|^{\frac{1}{5}}. \tag{5.33}$$

事实上,

$$\begin{aligned}\|v-v_{av}\|_{L^\infty L^{10}([\frac{1}{2},1]\times\mathbb{R}^3)}=&\Big\|\int\chi(y)\big[v(x)-v(x+\eta^{5C_2}y)\big]dy\|_{L^\infty L^{10}([\frac{1}{2},1]\times\mathbb{R}^3)}\\ \leqslant&\Big\|\int\chi(y)\|\big[v(x)-v(x+\eta^{5C_2}y)\big]\|_{L^\infty L^{10}([\frac{1}{2},1]\times\mathbb{R}^3)}dy\\ \leqslant&\Big\|\int\chi(y)\|\nabla u\|^5_{L^\infty L^2([\frac{1}{2},1]\times\mathbb{R}^3)}\eta^{C_2}|y|^{\frac{1}{5}}dy\\ \lesssim&\,\eta^{C_2}.\end{aligned}$$

由色散估计, Hölder 不等式及 Sobolev 嵌入定理, 得到

$$\begin{aligned}&\|v-v^{(h)}\|_{L^\infty L^{10}([\frac{1}{2},1]\times\mathbb{R}^3)}\\ \lesssim&\Big\|\int_{t_-}^0|t-s|^{-\frac{6}{5}}\||u^{(h)}(s)|^4u^{(h)}(s)-|u(s)|^4u(s)\|_{L^{\frac{10}{9}}}ds\Big\|_{L_t^\infty([\frac{1}{2},1])}\\ \lesssim&\|u\|^4_{L^\infty L^6}\|u^{(h)}-u\|_{L^\infty L^{\frac{30}{7}}}\\ \lesssim&\|\nabla u\|^4_{L^\infty L^2}\|u^{(h)}-u\|^{\frac{4}{5}}_{L^\infty L^6}\|u^{(h)}-u\|^{\frac{1}{5}}_{L^\infty L^2}\\ \lesssim&\|\nabla u\|^5_{L^\infty L^2}|h|^{\frac{1}{5}}.\end{aligned} \tag{5.34}$$

这样就证明了引理 5.7. 下面完成命题 5.6 的证明. 由引理 5.7 及 (5.28), 可得

$$\|v_{av}\|_{X([\frac{1}{2},1])}\gtrsim\eta. \tag{5.35}$$

另一方面, 由 Hölder 不等式, Young 不等式以及 (5.29), 得到

$$\begin{aligned}\|v_{av}\|_{L^6_{t,x}([\frac{1}{2},1]\times\mathbb{R}^3)} &\lesssim \|v_{av}\|_{L^\infty_t L^6_x([\frac{1}{2},1]\times\mathbb{R}^3)}\\ &\lesssim \|v\|_{L^\infty_t L^6_x([\frac{1}{2},1]\times\mathbb{R}^3)}\\ &\lesssim 1.\end{aligned}$$

与 (5.35) 插值可得到

$$\|v_{av}\|_{L^\infty_{t,x}([\frac{1}{2},1]\times\mathbb{R}^n)} \gtrsim \|v_{av}\|^{\frac{5}{2}}_{X([\frac{1}{2},1])}\|v_{av}\|^{-\frac{3}{2}}_{L^6_{t,x}([\frac{1}{2},1]\times\mathbb{R}^n)} \gtrsim \eta^{\frac{5}{2}}. \tag{5.36}$$

因此, 存在 $(s_j, x_j) \in \left[\frac{1}{2}, 1\right] \times \mathbb{R}^3$ 使得

$$|v_{av}(s_j, x_j)| \gtrsim \eta^{\frac{5}{2}} \tag{5.37}$$

成立. 由 Cauchy-Schwartz 不等式, 得到

$$\begin{aligned}|v_{av}(s_j, x_j)| &= \left|\int \chi(y)v(s_j, x_j+\eta^{5C_2}y)dy\right|\\ &= \eta^{-15C_2}\left|\int \chi\Big(\frac{x-x_j}{\eta^{5C_2}}\Big)v(s_j,x)dx\right|\\ &\lesssim \eta^{-15C_2}\eta^{\frac{15}{2}C_2}\mathrm{Mass}(v(s_j), B(x_j,\eta^{C_2}))^{1/2},\end{aligned}$$

换言之,

$$\mathrm{Mass}(v(s_j), B(x_j,\eta^{C_2})) \gtrsim \eta^{15C_2+5} \gtrsim \eta^{C_1}. \tag{5.38}$$

对于任意的 $t \in [0,1]$, 如果取 $R = \eta^{-C_1}$, 以及选取 η 充分小, 由 (5.8) 及简单的几何事实可得

$$\begin{aligned}\mathrm{Mass}(v(t), B(x_j,\eta^{-C_1})) &\gtrsim \Big(\mathrm{Mass}(v(s_j), B(x_j,\eta^{-C_1}))^{1/2} - \frac{1}{\eta^{-C_1}}\Big)^2\\ &\gtrsim (\mathrm{Mass}(v(s_j), B(x_j,\eta^{C_2}))^{1/2} - \eta^{C_1})^2\\ &\gtrsim \eta^{C_1}.\end{aligned} \tag{5.39}$$

最后, 证明对于 u 而言也有质量集中现象. 为此首先证明在 $t=0$ 时刻, u 有质量集中现象.

因为 $[0,1]$ 是非例外区间, 由鸽笼原理, 存在 $\tau_j \in [0,1]$ 使得

$$\|u_-(\tau_j)\|_{L^{10}_x} \lesssim \eta^{C_3}. \tag{5.40}$$

因此, 由 Hölder 不等式, 得到

$$\begin{aligned}\mathrm{Mass}(u_-(\tau_j), B(x_j,\eta^{-C_1})) &\lesssim \left\|\chi\Big(\frac{x-x_j}{\eta^{-C_1}}\Big)\right\|^2_{L^{\frac{5}{2}}_x}\|u_-(\tau_j)\|^2_{L^{10}_x}\\ &\lesssim \eta^{-\frac{12}{5}C_1+2C_3} \lesssim \eta^{2C_1}.\end{aligned} \tag{5.41}$$

由 (5.8) 得到

$$\mathrm{Mass}(u_-(0), B(x_j, \eta^{-C_1})) \lesssim \eta^{2C_1}. \tag{5.42}$$

注意到 $u(0) = u_-(0) - iv(0)$. 结合 (5.39), (5.40) 以及三角不等式, 得到

$$\mathrm{Mass}(u(0), B(x_j, \eta^{-C_1})) \gtrsim \eta^{C_1}. \tag{5.43}$$

再次应用质量的几乎有限传播速度 (5.8), 即可推出命题 5.6.

下面应用对称性假设证明质量集中现象只能产生在空间原点附近.

推论 5.8 [集中在原点的泡]　设 I_j 是非例外区间, 那么对于任意的 $t \in I_j$, 有

$$\mathrm{Mass}(u(t), B(0, \eta^{-6C_1}|I_j|^{1/2})) \gtrsim \eta^{C_1}|I_j| \tag{5.44}$$

成立.

证明　如果命题 5.6 中的 x_j 距离原点小于 $\frac{1}{2}\eta^{-6C_1}|I_j|^{1/2}$, 则直接可以得到结论. 否则, 由对称性假设, 至少有

$$O\Big(\frac{(\eta^{-6C_1}|I_j|^{1/2})^2}{(\eta^{-C_1}|I_j|^{1/2})^2}\Big) \approx O(\eta^{-10C_1}) \tag{5.45}$$

个互不相交的球, 在每个球上至少有 $\eta^{C_1}|I_j|$ 质量. 根据 Hölder 不等式, 得到

$$\begin{aligned}
\eta^{-10C_1} \times \eta^{C_1}|I_j| &\lesssim \int_{(\eta^{-6C_1}-\eta^{-C_1})|I_j|^{1/2}\leqslant|x|\leqslant(\eta^{-6C_1}+\eta^{-C_1})|I_j|^{1/2}} |u(t,x)|^2 dx \\
&\lesssim \|u\|_{L_x^6}^2 \times \Big(\int_{(\eta^{-6C_1}-\eta^{-C_1})|I_j|^{1/2}\leqslant|x|\leqslant(\eta^{-6C_1}+\eta^{-C_1})|I_j|^{1/2}} dx\Big)^{2/3} \\
&\approx \|u\|_{L_x^6}^2 \times \Big((\eta^{-6C_1}|I_j|^{1/2})^2 \times \eta^{-C_1}|I_j|^{1/2}\Big)^{\frac{2}{3}},
\end{aligned}$$

即：

$$\|u\|_{L_x^6}^2 \gtrsim \eta^{-\frac{1}{3}C_1}. \tag{5.46}$$

所以这与 (5.20) 的能量的有界性相矛盾. 证毕.

下面将使用 Morawetz 估计 (见命题 5.2), 证明如果存在许多的非例外区间, 那么这些区间必形成串级, 并且集中于某一时刻 t_*.

推论 5.9　设 u 径向对称. 对于任意的由相邻的非例外区间的并构成的区间 $I \subseteq [t_-, t_+]$, 有

$$\sum_{I_j \subseteq I} |I_j|^{1/2} \lesssim \eta^{-51C_1}|I|^{1/2} \tag{5.47}$$

成立, 且存在 j 满足

$$|I_j| \gtrsim \eta^{102C_1}|I|. \tag{5.48}$$

证明 对于任意的非例外区间 I_j, 由 Hölder 不等式以及推论 5.8, 得到

$$\begin{aligned}\left(\eta^{C_1}|I_j|\right)^3 &\leqslant \Big(\int_{|x|\leqslant 2\eta^{-6C_1}|I_j|^{\frac{1}{2}}} |u|^2 dx\Big)^3\\ &\leqslant \Big(\int_{|x|\leqslant 2\eta^{-6C_1}|I_j|^{\frac{1}{2}}} \frac{|u|^6}{|x|} dx\Big)\cdot\Big(\int_{|x|\leqslant 2\eta^{-6C_1}|I_j|^{\frac{1}{2}}} |x|^{\frac{1}{2}} dx\Big)^2.\end{aligned}$$

由此可见

$$\begin{aligned}\int_{|x|\leqslant 2\eta^{-6C_1}|I|^{1/2}} \frac{|u(t,x)|^6}{|x|} dx &\gtrsim \left(2\eta^{-6C_1}|I_j|^{1/2}\right)^{-7}\left(\eta^{C_1}|I_j|\right)^3\\ &\gtrsim \eta^{45C_1}|I_j|^{-\frac{1}{2}}.\end{aligned} \tag{5.49}$$

在每个非例外区间 I_j 上积分, 并对 j 求和, 得到

$$\begin{aligned}\eta^{45C_1}\sum_{I_j\subseteq I}|I_j|^{\frac{1}{2}} &\lesssim \sum_{I_j\subseteq I}\int_{I_j}\int_{|x|\leqslant 2\eta^{-6C_1}|I_j|^{1/2}} \frac{|u(t,x)|^6}{|x|}dx\\ &\lesssim \sum_{I_j\subseteq I}\int_{I_j}\int_{|x|\leqslant 2\eta^{-6C_1}|I|^{1/2}} \frac{|u(t,x)|^6}{|x|}dx\\ &\lesssim \int_I\int_{|x|\leqslant 2\eta^{-6C_1}|I|^{1/2}} \frac{|u(t,x)|^6}{|x|}dx\\ &\lesssim \eta^{-6C_1}|I|^{1/2}.\end{aligned}$$

注意到

$$|I_j|^{1/2} \geqslant |I_j|\big(\sup_{I_k\subseteq I}|I_k|\big)^{-1/2},$$

则由第一个断言 (5.47) 容易推出

$$\big(\sup_{I_k\subseteq I}|I_k|\big)^{-1/2}|I| = \big(\sup_{I_k\subseteq I}|I_k|\big)^{-1/2}\sum_{I_j\subset I}|I_j| \leqslant \sum_{I_j\subset I}|I_j|^{\frac{1}{2}} \lesssim \eta^{-51C_1}|I|^{\frac{1}{2}},$$

由此即可推出 (5.48).

命题 5.10 [串级原理] 设 I 是由有限多个连续的非例外区间 $I_1,\cdots,I_N$ 所组成. 存在常数 $0<a<1$, 对于任意给定的连续相邻的非例外区间簇 $\{I_j : j\in\mathcal{J}\}$, 存在 $j_*\in\mathcal{J}$ 满足

$$|I_{j_*}| \geqslant a\Big|\bigcup_{j\in\mathcal{J}} I_j\Big|. \tag{5.50}$$

那么存在 $K\geqslant \log(N)/\log(2a^{-1})$ 个不同的指标 $j_1,\cdots,j_K$ 满足

$$|I_{j_1}| \geqslant 2|I_{j_2}| \geqslant \cdots \geqslant 2^{K-1}|I_{j_K}|, \tag{5.51}$$

以及对于任意的 $t_* \in I_{j_K}$ 以及 $1 \leqslant k \leqslant K$, 有

$$\operatorname{dist}(I_{j_k}, t_*) \lesssim \frac{1}{a}\left|I_{j_k}\right| \tag{5.52}$$

成立.

证明 这里采用 [Bo3] 以及 [T2] 中的算法对每个 I_j 分配一个 "级" 中, 定义级的概念.

定义 $I_0 = I$ 是第 0 级. 根据假设 I 至少包含一个长度为 $a|I|$ 的区间. 对于所有长度大于 $a|I|/2$ 的所有区间, 我们指定为属于第一 "级". 根据整个的测度, 属于第一 "级" 的区间至多有 $2a^{-1}-1$ 个. 从 I 中去除第一 "级" 的区间, 至多形成 $2a^{-1}$ 个 "间隙", 这些 "间隙" 均是由有限多个连续的非例外区间 I_j 排列而成.

根据 (5.50) 以及反证法可知, 没有一个 "间隙" 的长度超过 $|I|/2$, 否则

$$|I_j| \geqslant \frac{|I|}{2} > \frac{a}{2}|I|,$$

矛盾.

……

在上一步产生的每一个间隙上用上述方法定义下一 "级", 直到每个 I_j 都被分配一个 "级" 中.

容易看出, 每一次定义级的至多去除 $2a^{-1}-1$ 个区间, 并生成至多 $2a^{-1}$ 个 "间隙". 假设 I 最初有 N 个连续的非例外区间, 最多执行 K 次迭代, 那么 K 满足

$$\begin{aligned} N &\leqslant (2a^{-1}-1) + (2a^{-1}-1)2a^{-1} + \cdots + (2a^{-1}-1)(2a^{-1})^{K-1} \\ &\leqslant (2a^{-1})^K, \end{aligned} \tag{5.53}$$

由此可得 $K \geqslant \log(N)/\log(2a^{-1})$.

设 $I^{(K)}$ 是 $K-1$ 步迭代以后得到的 "间隙", 记 I_{j_K} 为 $I^{(K)}$ 中的任意的区间. 对于 $1 \leqslant i \leqslant K-1$, 设 $I^{(i)}$ 为包含 I_{j_K} 的第 $(i-1)$ 代生成的 "间隙", 定义 I_{j_i} 为包含在 $I^{(i)}$ 中的任意的第 i"级" 区间. (见图 1). 根据构造, 当 $1 \leqslant k \leqslant K$, 对于任意的 $t_* \in I_{j_K}$, 有

$$\operatorname{dist}(t_*, I_{j_k}) \leqslant |I^{(k)}| \leqslant 2a^{-1}\left|I_{j_k}\right|. \tag{5.54}$$

命题 5.11 [能量非抽空] 设 $I_{j_1}, \cdots, I_{j_K}$ 是互不相交的非例外区间, 并满足

$$\left|I_{j_1}\right| \geqslant 2\left|I_{j_2}\right| \geqslant \cdots \geqslant 2^{K-1}\left|I_{j_K}\right|. \tag{5.55}$$

对于任意的 $t_* \in I_{j_K}$ 以及 $1 \leqslant k \leqslant K$, 成立

$$\operatorname{dist}(I_{j_k}, t_*) \lesssim \eta^{-102C_1}\left|I_{j_k}\right|. \tag{5.56}$$

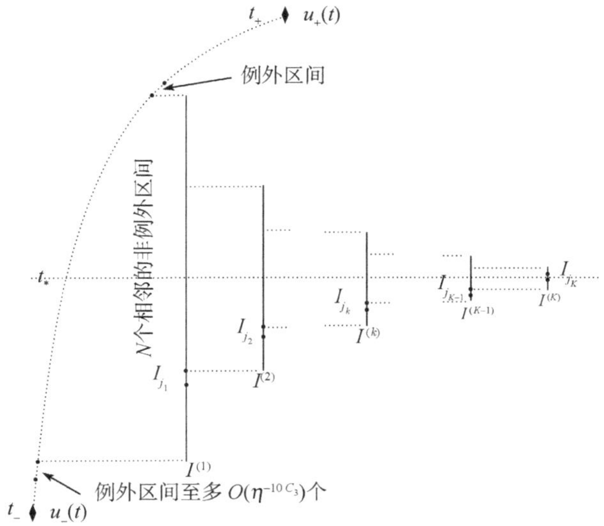

图 1

那么

$$K \leqslant \eta^{-10^3 C_1}. \tag{5.57}$$

证明 对于任意的 $t \in I_{j_k}$, 根据推论 5.8, 有

$$\text{Mass}(u(t), B(0, \eta^{-6C_1}|I_{j_k}|^{1/2})) \gtrsim \eta^{C_1}|I_{j_k}|.$$

由几乎有限传播速度 (5.8), 得到

$$\begin{aligned}\text{Mass}(u(t), B(0, \eta^{-103C_1}|I_{j_k}|^{1/2})) &\gtrsim \left(\left(\eta^{C_1}|I_{j_k}|\right)^{1/2} - \frac{\text{dist}(t_*, I_{j_k})}{\eta^{-103C_1}|I_{j_k}|^{1/2}}\right)^2 \\ &\gtrsim \eta^{C_1}|I_{j_k}|.\end{aligned} \tag{5.58}$$

另一方面, 由 (5.9) 得到

$$\text{Mass}(u(t), B(0, 2\eta^{C_1}|I_{j_k}|^{1/2})) \lesssim \eta^{2C_1}|I_{j_k}|. \tag{5.59}$$

定义

$$A(k) = \{x : \eta^{C_1}|I_{j_k}|^{1/2} \leqslant |x| \leqslant \eta^{-103C_1}|I_{j_k}|^{1/2}\}, \tag{5.60}$$

那么,

$$\begin{aligned}\int_{A(k)} |u(t_*, x)|^2 dx \gtrsim & \text{Mass}(u(t), B(0, \eta^{-103C_1}|I_{j_k}|^{1/2})) \\ & - \text{Mass}(u(t), B(0, 2\eta^{C_1}|I_{j_k}|^{1/2})) \\ \gtrsim & \eta^{C_1}|I_{j_k}|.\end{aligned} \tag{5.61}$$

根据 Hölder 不等式, 得到

$$\int_{A(k)} \left|u(t_*,x)\right|^6 dx \gtrsim \left(\eta^{C_1}|I_{j_k}|\right)^3 \left(\eta^{-103C_1}|I_{j_k}|^{1/2}\right)^{-6}$$
$$\gtrsim \eta^{700C_1}. \tag{5.62}$$

选取 $M = -208C_1 \log \eta$, 那么由 (5.55) 得到

$$\eta^{-103C_1}|I_{j_{M+1}}|^{1/2} \leqslant \eta^{C_1}|I_{j_1}|^{1/2};$$
$$\eta^{-103C_1}|I_{j_{2M+1}}|^{1/2} \leqslant \eta^{C_1}|I_{j_{M+1}}|^{1/2};$$
$$\cdots$$

因此, 对应于 $k = 1, M+1, 2M+1, \cdots$ 的环 $A(k)$ 是不相交的. 这样的环的个数是 $O(K/M)$.

因此, 根据 (5.21), 得到

$$\frac{K}{M}\eta^{700C_1} \lesssim \int_{\mathbb{R}^n} \left|u(t_*,x)\right|^6 dx \lesssim 1.$$

也就是说

$$K \lesssim M\eta^{-700C_1} \lesssim \eta^{-10^3 C_1}. \tag{5.63}$$

最后, 来完成定理 5.1 的证明. 如本节的开始, 只需要估计出非例外区间的个数. 注意到例外区间的个数至多 $O(\eta^{-10C_3})$ 个, 因此, 问题就归结为估计连续相邻的非例外区间的个数 N.

对于每一个连续相邻的非例外区间的并 I, 根据推论 5.9, 取 $a = \eta^{102C_1}$, 命题 5.10 的假设满足, 因此可以找出 K 个区间的串级, 并满足命题 5.11 的假设. 由 K 的界就可得到 N 的界, 即

$$N \lesssim (2\eta^{-102C_1})^K \approx (2\eta^{-102C_1})^{\eta^{-10^3 C_1}}. \tag{5.64}$$

最后由于至多 $O(\eta^{-10C_3})$ 个例外区间, 所以区间最多有

$$J \lesssim \eta^{-10C_3} + \eta^{-10C_3} N \lesssim e^{\eta^{-10^4 C_1}}.$$

由此即可得到解的整体时空估计, 从而得证定理 1.1.

注记 5.3　对于一般的初值, 我们必须使用相互作用的 Morawetz 估计、Morawetz 估计在物理空间及频率空间中的局部化、频率局部化 L^2 几乎守恒技术等去掉对称性要求以排除在空间中任意点能量集中的可能性, 见 [CKSTT2].

第五章　波动型方程

§5.1　限制性估计与经典的 Strichartz 估计

Fourier 分析中的限制性问题是现代调和分析的基本问题之一. 本节所考虑的线性波动方程的 Cauchy 问题

$$\Box u = F(t,x), \quad (u, \partial_t u)\big|_{t=0} = (f(x), g(x)) \tag{1.1}$$

的解 $u(t,x)$ 的时空可积性与 Fourier 变换的 (L^p, L^2) 限制性估计密切关联, 它本质上蕴含了线性波动方程解的 Strichartz 型时空估计 (类似地, 可以从 Fourier 变换在抛物面上的限制性估计给出 Schrödinger 方程的 Strichartz 型时空估计).

Fourier 限制性问题　设 $\Sigma \subset \mathbb{R}^n$ 是超曲面, $\mathbb{R}^n$ 上的 Fourier 变换 $f :\longrightarrow \hat{f} = \mathcal{F}f$ 在 Σ 的限制算子记为 $Rf = \hat{f}|_\Sigma$. 是否存在 $p_0 \in [1,2)$, 使得当 $1 \leqslant p \leqslant p_0$ 时, 限制性算子 R 是 $L^p(\mathbb{R}^n)$ 到 $L^2(\Sigma)$ 上的有界算子, 即

$$\|Rf\|_{L^2(\Sigma)} \leqslant C\|f\|_{L^p(\mathbb{R}^n)}. \tag{1.2}$$

事实上, 当 $p = 1$ 时, 根据 Riemann-Lebesgue 引理, $\hat{f} \in C_b(\mathbb{R}^n)$. 因此, R 是 $L^1(\mathbb{R}^n)$ 到 $L^2(\Sigma)$ 上的有界算子. 当 $p = 2$ 时, 对于任意 L^2 函数 $f(x)$, $\hat{f} \in L^2(\mathbb{R}^n)$, 由于在 R^n 上, $m(\Sigma) = 0$, 故 $\hat{f}\big|_\Sigma$ 是没有意义的. $p > 2$ 时, $\hat{f} \in \mathcal{S}'(\mathbb{R}^n)$ 就超出了可积函数类. 因此, Fourier 限制性问题的合理范围就限定在 $1 \leqslant p < 2$.

另一方面, 限制性算子 R 的有界性还依赖于超曲面 Σ 的曲率. 当 Σ 是一个平面时, 对任意的 $p > 1$, 限制性估计均不成立. 对于 $\mathbb{R}^n$ 上的单位球面 $\Sigma = S^{n-1}$, Stein-Tomas [Ste3] 证明了当

$$1 \leqslant p \leqslant p_0 = \frac{2(n+1)}{n+3}$$

时, 限制性算子 R 是 $L^p(\mathbb{R}^n)$ 到 $L^2(S^{n-1})$ 上的有界算子. 进而, Knapp 举例说明, 当 $p > p_0$ 时, Stein-Tomas 限制性估计 (1.2) 是不成立的.

Strichartz [St4] 意识到通过对偶性原理, 即著名的 TT^* 方法, 及 Fourier 变换在锥面上限制性估计 (抛物面上的限制性估计) 就可以获得线性波动方程 (线性 Schrödinger 方程) 的时空可积性. 这种时空可积性就称为 Strichartz 估计, 尽管这类

估计被许多数学家推广成各种不同的形式, 我们仍然将其称为 Strichartz 估计, 例如：下一节要讲的 Keel-Tao 证明的端点 Strichartz 估计.

为了方便讨论, 我们先给出几个经典的结果.

命题 1.1　设 $n>1$, S^{n-1} 是 $\mathbb{R}^n$ 中的单位球面, $d\sigma$ 是 $\mathbb{R}^n$ 上单位球面上的面测度, 则 $d\sigma$ 的 Fourier 变换

$$\widehat{d\sigma}(x)=(2\pi)^{-\frac{n}{2}}\int_{S^{n-1}}e^{-ix\xi}d\sigma(\xi) \tag{1.3}$$

满足估计

$$|\widehat{d\sigma}(x)|\lesssim|x|^{-\frac{n-1}{2}}. \tag{1.4}$$

证明　直接计算, 可得

$$|\widehat{d\sigma}(x)|\cong|x|^{-\frac{n-2}{2}}J_{\frac{n-2}{2}}(|x|),$$

这里 Bessel 函数

$$J_m(x)=\frac{1}{2\pi}\int_0^{2\pi}e^{ir\sin\theta}e^{-im\theta}d\theta\sim O(r^{-\frac{1}{2}}),\quad r\longrightarrow+\infty.$$

于是, 就有估计 (1.4). 更进一步, 有

$$|\widehat{d\sigma}(x)|\leqslant(1+|x|)^{-\frac{n-1}{2}}. \tag{1.5}$$

定理 1.2　设 Σ 是 $\mathbb{R}^n$ 上光滑的超曲面, 且在 Σ 上每一点至少有 k 个不为零的主曲率. 用 $d\sigma$ 表示 $\mathbb{R}^n$ 上超曲面 Σ 上的面测度, $\psi\in C_c^\infty(\mathbb{R}^n)$ 则 $d\mu=\psi d\sigma$ 满足

$$|\widehat{d\mu}(x)|=O(|x|^{-\frac{k}{2}}),\quad |x|\longrightarrow\infty. \tag{1.6}$$

自然有估计

$$|\widehat{d\mu}(x)|\leqslant C(1+|x|)^{-\frac{k}{2}}, \tag{1.7}$$

这里

$$\widehat{d\mu}(x)\sim\int_{\Sigma}e^{-ix\xi}\psi(\xi)d\sigma(\xi). \tag{1.8}$$

特别, 若光滑的超曲面 Σ 上的任意一点处高斯曲率不等于 0, 则

$$|\widehat{d\mu}(x)|\leqslant C(1+|x|)^{-\frac{n-1}{2}}. \tag{1.9}$$

证明可见 [Ste3] 或 [Mi6]. 下面来介绍一个抽象 TT^* 方法, 它是联系 Fourier 限制性估计与 Strichartz 估计的桥梁.

定理 1.3 设 H 是 Hilbert 空间 (无妨设 $H=H^*$), B 是一个 Banach 空间, B^* 表示 B 之对偶空间, 考虑线性算子

$$T:\quad H\longrightarrow B,$$

则 T 的共轭算子 $T^*: B^*\longrightarrow H$ 可以由

$$(T^*\varphi,h)=\varphi(Th),\quad \forall\, h\in H,\quad \varphi\in B^* \tag{1.10}$$

来确定, 并且有如下等价的刻画:

(a) T: $H\longrightarrow B$ 是有界线性算子.

(b) T^*: $B^*\longrightarrow H$ 是有界线性算子.

(c) TT^*: $B^*\longrightarrow B$ 有界线性算子.

(d) 双线性形式

$$(\varphi,\psi)\longmapsto\langle T^*\varphi,T^*\psi\rangle$$

在 $B^*\times B^*$ 上有界.

进而还成立

$$\|T\|^2=\|T^*\|^2=\|TT^*\|. \tag{1.11}$$

证明 (a) $\Longleftrightarrow$ (b):

$$\begin{aligned}\|T^*\|&=\sup_{\|\varphi\|_{B^*}=1}\|T^*\varphi\|_H=\sup_{\substack{\|\varphi\|_{B^*}=1\\ \|h\|_H=1}}|\langle T^*\varphi,h\rangle|\\&=\sup_{\substack{\|\varphi\|_{B^*}=1\\ \|h\|_B=1}}|\varphi(Th)|=\sup_{\|h\|_H=1}\|Th\|_B=\|T\|.\end{aligned} \tag{1.12}$$

(a), (b) $\Longrightarrow$ (c): 由 $\|TT^*\|\leqslant\|T\|\|T^*\|$ 即可得知.

(c)$\Longrightarrow$ (d): 注意到

$$\begin{aligned}|\langle T^*\varphi,T^*\psi\rangle|&=|\varphi(TT^*(\psi)|\leqslant\|\varphi\|_{B^*}\|TT^*\psi\|_B\\&\leqslant\|\varphi\|_{B^*}\|TT^*\|\cdot\|\psi\|_{B^*}\\&=\|TT^*\|\cdot\|\psi\|_{B^*}\|\varphi\|_{B^*},\end{aligned}$$

从而推得 (d) 成立.

(d)$\Longrightarrow$ (b): 注意到

$$\|T^*\|^2=\sup_{\|\varphi\|_{B^*}=1}\|T^*\varphi\|_H^2=\sup_{\|\varphi\|_{B^*}=1}\langle T^*\varphi,T^*\varphi\rangle<\infty.$$

进而, 我们还有恒等式

$$\|T^*\|^2 = \sup_{\|\varphi\|_{B^*}=1} \varphi(TT^*\varphi) = \sup_{\|\varphi\|_{B^*}=1} \|TT^*\varphi\|_B = \|TT^*\|, \tag{1.13}$$

由 (1.12) 及 (1.13) 就推出 (1.11).

在研究 Strichartz 估计过程中, 如何通过齐次 Strichartz 估计来证明非齐次 Strichartz 估计, 即: 从算子 TT^* 的有界性, 证明相应的延迟算子 $(TT^*)_R$ 有界. 经典的证明是通过研究三种特殊情形, 然后再进行插值得到. 这个过程很繁琐. Christ-Kiselev 引理 [CK] 表明延迟算子的估计均可以从齐次性估计及其对偶形式得到. 为此, 先来证明 Christ-Kiselev 引理.

引理 1.4　设 X、Y 是两个 Banach 空间, 用 $B(X,Y)$ 表示从 X 到 Y 的有界线性算子所组成的 Banach 空间. 设 $-\infty \leqslant a < b \leqslant \infty$, $K(t,s)$ 是定义在 $[a,b]^2$ 上, 取值在 $B(X,Y)$ 上的连续函数. 定义

$$Tf(t) = \int_a^b K(t,s)f(s)ds,$$

并假设

$$\|Tf\|_{L^q([a,b];Y)} \leqslant C\|f\|_{L^p([a,b];X)}. \tag{1.14}$$

则当 $1 \leqslant p < q \leqslant \infty$ 时, 限制算子

$$Wf(t) = \int_a^t K(t,s)f(s)ds, \quad a \leqslant t \leqslant b$$

满足估计

$$\|Wf\|_{L^q([a,b];Y)} \leqslant \frac{2^{-2(\frac{1}{p}-\frac{1}{q})} \cdot 2C}{1-2^{-(\frac{1}{p}-\frac{1}{q})}} \|f\|_{L^p([a,b];X)}. \tag{1.15}$$

证明　采用 Smith-Sogge 的证明方法 [SmS]. 我们仅对 $q < \infty$ 的情形来明, 而 $q = \infty$ 的情形的证明可用类似的方法得到. 无妨设 $\|f\|_{L^p([a,b],X)} = 1$ 且 $f(s) \in C([a,b];X)$. 令

$$F(t) = \int_a^t \|f(s)\|_X^p ds.$$

则 $F:\ [a,b] \longrightarrow [0,1]$ 就是一个双射. 注意到当区间 $I \subset [0,1]$, 那么

$$\|\chi_{F^{-1}(I)}(s)f(s)\|_{L^p([a,b];X)} = |I|^{\frac{1}{p}}. \tag{1.16}$$

事实上, 令 $F^{-1}(I)=[a_1,b_1]$, 则

$$\begin{aligned}\|\chi_{F^{-1}(I)}(s)f(s)\|^p_{L^p([a,b];X)}=&\int_a^b\chi_{[a_1,b_1]}(s)\|f(s)\|^p_X ds\\=&\int_a^{b_1}\|f(s)\|^p_X ds-\int_a^{a_1}\|f(s)\|^p_X ds\\=&|I|.\end{aligned}$$

现考虑 $[0,1]$ 上所有的 2- 进制子区间的集合 Ξ. 对于 $I,J\in\Xi$, 定义 $I\sim J$, 如果满足下面条件:

(i) $|I|=|J|,\quad \max_{x\in I}x\leqslant\min_{x\in J}x$.

(ii) I, J 互不相交, 但有相交的母区间, 即: $\exists I_0,J_0\in\Xi$, 满足 $I\subset I_0$, $J\subset J_0$, $|I_0|=2|I|$, $|J_0|=2|J|$ 及 $I_0\cap J_0\neq\emptyset$..

容易验证, 对于固定的 $J\in\Xi$, 顶多存在两个区间 I 满足 $I\sim J$. 进而, 对于每一个 $(x,y)\in[0,1]^2$, $x<y$, 存在唯一的一对 $I,J\in\Xi$ 满足 $I\sim J$, $x\in I$, $y\in J$.

对于 $x=F(s)$, $y=F(t)$, 利用上面的观察, 我们推出下面等式几乎处处成立:

$$\begin{aligned}\chi_{\{(s,t)\in[a,b]^2:s<t\}}(s,t)=&\chi_{\{(x,y)\in[0,1]^2:x<y\}}(x,y)=\sum_{I,J:I\sim J}\chi_I(x)\chi_J(y)\\=&\sum_{I,J:I\sim J}\chi_{F^{-1}(I)}(s)\chi_{F^{-1}(J)}(t).\end{aligned}$$

因此, 将 W 表示式代入就得:

$$Wf=\sum_{I,J:I\sim J}\chi_{F^{-1}(J)}(t)T(\chi_{F^{-1}(I)}f).$$

由此推出:

$$\|Wf\|_{L^q([a,b],Y)}\leqslant\sum_{j=2}^{\infty}\Big\|\sum_{I,J:I\sim J,|I|=2^{-j}}\chi_{F^{-1}(J)}(t)T(\chi_{F^{-1}(I)}f)\Big\|_{L^q([a,b],Y)}.\tag{1.17}$$

由于最多有两个 I 满足 $I\sim J$, 且满足 $|J|=2^{-j}$ 的区间互不相交, 故

$$\begin{aligned}&\Big\|\sum_{I,J:I\sim J,|I|=2^{-j}}\chi_{F^{-1}(J)}(t)T(\chi_{F^{-1}(I)}f)\Big\|_{L^q([a,b],Y)}\\\leqslant&2\Big(\sum_{I:|I|=2^{-j}}\Big\|T(\chi_{F^{-1}(I)}f)\Big\|^q_{L^q([a,b],Y)}\Big)^{\frac1q}.\end{aligned}$$

利用 (1.14) 及 (1.16), 容易看出：

$$\text{上式右边} \leqslant 2C\Big(\sum_{I:|I|=2^{-j}}\big\|\chi_{F^{-1}(I)}f\big\|^q_{L^p([a,b],X)}\Big)^{\frac{1}{q}}$$

$$\leqslant 2C\Big(\sum_{I:|I|=2^{-j}}2^{-\frac{jq}{p}}\Big)^{\frac{1}{q}} \leqslant 2^{-j(\frac{1}{p}-\frac{1}{q})}\cdot 2C.$$

注意到 $p<q<\infty$, 将此式代入到 (1.17), 关于 j 求和就得 (1.15) 的证明.

从 (1.15) 可以看出, 当 $p=q$ 时, 定理 1.4 未必成立. 例如：取 $K(s,t)=(t-s)^{-1}$, $1<p=q<\infty$.

定义 1.1　称 $(q,r)\in\tilde{\Lambda}$ 是一个波容许对, 如果它满足 $2\leqslant q,r\leqslant\infty$, 及

$$\frac{2}{q}\leqslant\gamma(r)\triangleq(n-1)\Big(\frac{1}{2}-\frac{1}{r}\Big),\quad (q,r,n)\neq(2,\infty,3). \tag{1.18}$$

特别, 当 (1.18) 中的等号成立时, 就称 (q,r) 是一个最佳波容许对. 习惯记为 $(q,r)\in\Lambda$.

注记 1.2　(1) 在 $\left(\frac{1}{q},\frac{1}{r}\right)$ 坐标系中, 波容许对所对应的范围是：

(a) 当 $n=2$ 时, $\left(\frac{1}{q},\frac{1}{r}\right)$ 对应的区域是三角形 $\triangle OPR$, 其中

$$O=(0,0),\quad P=\Big(\frac{1}{4},0\Big),\quad R=\Big(0,\frac{1}{2}\Big).$$

(b) 当 $n=3$ 时, $\left(\frac{1}{q},\frac{1}{r}\right)$ 对应的区域是三角形 $\triangle OPR$(去掉顶点 P 点), 其中

$$O=(0,0),\quad P=\Big(\frac{1}{2},0\Big),\quad R=\Big(0,\frac{1}{2}\Big).$$

(c) 当 $n\geqslant 4$ 时, $\left(\frac{1}{q},\frac{1}{r}\right)$ 对应的区域是梯形 $OPQR$, 其中

$$O=(0,0),\quad P=\Big(\frac{1}{2},0\Big),\quad Q=\Big(\frac{1}{2},\frac{n-3}{2(n-1)}\Big),\quad R=\Big(0,\frac{1}{2}\Big).$$

(d) $(q,r)\in\Lambda$ 就意味着 $\left(\frac{1}{q},\frac{1}{r}\right)$ 对应着一个三角形的斜边或直角梯形的斜边.

(2) 容易看出, $(q,r)\in\tilde{\Lambda}$ 所确定的 r 的范围是：

$$\begin{cases} 2\leqslant r\leqslant\dfrac{2(n-1)}{n-3}, & n\geqslant 4,\\ 2\leqslant r<\infty, & n=3,\\ 2\leqslant r\leqslant\infty, & n=2.\end{cases} \tag{1.19}$$

习惯上, 在 $(q,r)\in\tilde{\Lambda}$ 所确定的 r 的范围上, 我们引入记号:

$$\beta(r)=\frac{n+1}{2}\Big(\frac{1}{2}-\frac{1}{r}\Big),\quad \delta(r)=n\Big(\frac{1}{2}-\frac{1}{r}\Big),\quad \gamma(r)=(n-1)\Big(\frac{1}{2}-\frac{1}{r}\Big). \tag{1.20}$$

定理 1.5(经典的 Strichartz 估计) 设 $n\geqslant 2$, 线性波动方程的 Cauchy 问题 (1.1) 的解

$$\begin{aligned}u(x,t)&=\mathcal{F}^{-1}\cos|\xi|t\mathcal{F}f+\mathcal{F}^{-1}\frac{\sin|\xi|t}{|\xi|}\mathcal{F}g+\int_0^t\mathcal{F}^{-1}\frac{\sin|\xi|(t-\tau)}{|\xi|}\mathcal{F}Fd\tau\\&\triangleq\cos(-\Delta)^{\frac{1}{2}}tf+\frac{\sin(-\Delta)^{\frac{1}{2}}t}{(-\Delta)^{\frac{1}{2}}}g+\int_0^t\frac{\sin(-\Delta)^{\frac{1}{2}}(t-\tau)}{(-\Delta)^{\frac{1}{2}}}F(\tau,x)d\tau\\&\triangleq\dot{K}(t)f+K(t)g+\int_0^tK(t-\tau)F(x,\tau)d\tau,\quad K(t)=\frac{\sin(-\Delta)^{\frac{1}{2}}t}{(-\Delta)^{\frac{1}{2}}}\end{aligned} \tag{1.21}$$

满足如下经典的 Strichartz 估计

$$\|u(t,x)\|_{L^q_tL^r_x}\lesssim\|f\|_{\dot{H}^s}+\|g\|_{\dot{H}^{s-1}}+\|F\|_{L_t^{\bar{q}'}(L_x^{\bar{r}'})} \tag{1.22}$$

的充要条件是: $(q,r)\in\tilde{\Lambda}$, $(\bar{q},\bar{r})\in\tilde{\Lambda}$ 且满足 Scaling 间隙条件

$$\frac{1}{q}+\frac{n}{r}=\frac{n}{2}-s=\frac{1}{\bar{q}'}+\frac{n}{\bar{r}'}-2. \tag{1.23}$$

或 $\delta(r)-\dfrac{1}{q}=s$, $\delta(r)+\delta(\bar{r})-\dfrac{1}{q}-\dfrac{1}{\bar{q}}=1$. 这里

$$L^q_tL^r_x=L^q_t(\mathbb{R};L^r_x(\mathbb{R}^n)),\quad 或\quad L^q_tL^r_x=L^q_t(I;L^r_x(\mathbb{R}^n)),\quad I\subset\mathbb{R},\quad 0\in\bar{I}.$$

注记 1.3 (1) 在一般 Besov 框架下的 Strichartz 估计将在第二节给出, 与此同时, 端点 Strichartz 估计的证明也将在下节中详细讨论. 这里的证明过程着重强调 Fourier 限制性估计如何蕴涵经典 Strichartz 估计, 所有证明均不包含端点情形.

(2) 经典的 Strichartz 时空估计不包含端点 Q $(n\geqslant 4)$ 或 $P=Q$ $(n=3)$. 当 $n\geqslant 4$, Keel 和 Tao 证明了 $Q=\left(\dfrac{1}{2},\dfrac{n-3}{2(n-1)}\right)$ 点仍是容许的. 当 $n=3$ 时, 有反例说明 $P=Q$ 不是容许的.

(3) $S=\left(\dfrac{2(n+1)}{n-1},\dfrac{2(n+1)}{n-1}\right)$ 对应的对称性的 Strichartz 型时空估计, $R=\left(0,\dfrac{1}{2}\right)$ 对应着能量估计. 事实上, 当 $n=3$, Strichartz [St3] 证明 Strichartz 估计的原始形式是:

$$\begin{aligned}&\|u(t,x)\|_{L^4(\mathbb{R}^{1+3}_+)}+\|u(t)\|_{\dot{H}^{\frac{1}{2}}(\mathbb{R}^3)}+\|\partial_tu\|_{H^{-\frac{1}{2}}(\mathbb{R}^3)}\\\leqslant&C\|f\|_{\dot{H}^{\frac{1}{2}}(\mathbb{R}^3)}+C\|g\|_{\dot{H}^{-\frac{1}{2}}(\mathbb{R}^3)}+C\|F\|_{L^{\frac{4}{3}}(\mathbb{R}^{1+3}_+)}.\end{aligned} \tag{1.24}$$

(4) 读者将会发现, 仅需对于 $(q,r)\in\Lambda$, $(\bar{q},\bar{r})\in\Lambda$ 即: $\left(\frac{1}{q},\frac{1}{r}\right)\in\overline{QR}$, 来证明定理 1.5, 其他情形均可借助于 Sobolev 嵌入定理可获得.

(5) 当 $n=2$ 时, 对应的端点时空估计成立仅是在 Scaling 意义下而言, 具体地讲, 在 P 点满足:

$$\|K(t)f+\dot{K}(t)g\|_{L_t^4\dot{C}_x^\alpha(\mathbb{R}^2)}\leqslant C\|f\|_{\dot{H}^{\alpha+\frac{1}{4}}}+C\|g\|_{\dot{H}^{\alpha-\frac{1}{4}}},\quad 0<\alpha<1, \tag{1.25}$$

这里

$$\|h\|_{\dot{C}_x^\alpha}=\sup_{x\neq y}\frac{|h(x+y)-h(x)|}{|y|^\alpha}. \tag{1.26}$$

定理 1.5 的证明与思路　将线性波动方程 (1.1) 的解 $u(t,x)$ 可以分解成:

$$u=v_++v_-+\frac{\omega_+-\omega_-}{2}, \tag{1.27}$$

其中

$$v_\pm(t,x)\cong\int e^{ix\xi}e^{\pm it|\xi|}\hat{f}_\pm(\xi)d\xi,\quad \hat{f}_\pm(\xi)=\frac{1}{2}\Big(\hat{f}(\xi)\pm\frac{\hat{g}(\xi)}{i|\xi|}\Big), \tag{1.28}$$

$$\omega_\pm(t,x)\cong\int_0^t\int_{\mathbb{R}^n}e^{ix\xi}e^{\pm i(t-\tau)|\xi|}\frac{\hat{F}(\xi,\tau)}{i|\xi|}d\xi d\tau. \tag{1.29}$$

显然, 表达式 (1.28) 意味着

$$v_\pm(t,x)\cong\int_{\mathbb{R}^{n+1}}e^{ix\cdot\xi}e^{it\cdot\tau}\delta(\tau\mp|\xi|)\hat{f}_\pm(\xi)d\tau d\xi$$

的时空 Fourier 变换

$$\tilde{v}_\pm(\tau,\xi)\cong\delta(\tau\mp|\xi|)\hat{f}(\xi)$$

在锥面 $\tau=\pm|\xi|$ 上的限制, "+" 表示在 $\tau=|\xi|$ 上的限制, "−" 表示在 $\tau=-|\xi|$ 上的限制. 容易验算, $v_\pm$ 恰是 Fourier 变换在锥面上的限制算子的共轭算子. 由于在锥面 $\tau=|\xi|$ 与 $\tau=-|\xi|$ 上的限制性估计完全等同, 并且利用 Schwartz 空间 $\mathcal{S}$ 在可积空间的稠密性, 定理 1.5 中的估计可以归结为证明:

$$\|U(t)f\|_{L^q(L^r)}\triangleq\left\|e^{it(-\Delta)^{\frac{1}{2}}}f\right\|_{L^q(L^r)}\leqslant C\|f\|_{\dot{H}^s},\quad f(x)\in\mathcal{S}(\mathbb{R}^n), \tag{1.30}$$

$$\left\|\int_0^t e^{i(t-\tau)(-\Delta)^{\frac{1}{2}}}F(\tau,x)d\tau\right\|_{L^q(L^r)}\leqslant C\|F\|_{L^{\bar{q}'}(L^{\bar{r}'})},\quad F(t,x)\in\mathcal{S}(\mathbb{R}^{1+n}), \tag{1.31}$$

其中 $(q,r)\in\tilde{\Lambda}$, $(\bar{q},\bar{r})\in\tilde{\Lambda}$ 满足 Scaling 间隙条件 (1.23).

Step 1 我们的想法是对于频率局部化的 f 证明 (1.30), 然后利用 Littlewood-Paley 分解证明 (1.30). 现在仍然沿用第一章关于 Littlewood-Paley 分解的记号. 令 $\beta(\xi) \in C_c^\infty(\mathbb{R}^n)$, 考虑截断波算子:

$$Tf(t,x) = \int_{\mathbb{R}^n} e^{i(t|\xi|+x\xi)}\beta(\xi)\hat{f}(\xi)d\xi, \quad f(x) \in \mathcal{S}(\mathbb{R}^n). \tag{1.32}$$

可以选取 $\tilde{\beta}(\xi) \in C_c^\infty(\mathbb{R}^n)$ 并且在 $\text{supp}\beta(\xi)$ 的邻域内恒等于 1, 因此, 估计 (1.30) 的证明就可以归结为证明:

$$\big\|Tf\big\|_{L^q(L^r)} \leqslant C\|f\|_2. \tag{1.33}$$

事实上, 利用 Littlewood-Paley 分解, 我们有

$$f(x) = \sum_{j\in\mathbb{Z}} \Delta_j f = \sum_{j\in\mathbb{Z}} \tilde{\Delta}_j \Delta_j f, \quad \tilde{\Delta}_j = \Delta_{j-1} + \Delta_j + \Delta_{j+1}.$$

注意到 (1.33) 就意味着

$$\big\|U(t)\Delta_0 f\big\|_{L^q(L^r)} = \big\|U(t)\tilde{\Delta}_0(\Delta_0 f)\big\|_{L^q(L^r)} \leqslant C\|\Delta_0 f\|_{L^2}. \tag{1.34}$$

利用 Scaling 可见,

$$\begin{aligned} U(t)\Delta_j f &= \int_{\mathbb{R}^n} e^{ix\xi}e^{it|\xi|}\tilde{\psi}_0(2^{-j}\xi)(\widehat{\Delta_j f})(\xi)d\xi \\ &= 2^{jn}\int_{\mathbb{R}^n} e^{i2^j x\xi}e^{i2^j t|\xi|}\tilde{\psi}_0(\xi)(\widehat{\Delta_j f})(2^j\xi)d\xi \\ &= [U(2^j t)\tilde{\Delta}_0(\Delta_j f)(2^{-j}\cdot)](2^j x). \end{aligned} \tag{1.35}$$

因此,

$$\|U(t)\Delta_j f\|_{L^q(L^r)} \leqslant C2^{-\left(\frac{1}{q}+\frac{n}{r}\right)j}\|\Delta_j f(2^{-j}\cdot)\|_{L^2} \leqslant C2^{sj}\|\Delta_j f\|_2, \tag{1.36}$$

这里 $s = \delta(r) - \dfrac{1}{q}$. 注意到 Sobolev 嵌入关系

$$\dot{B}^s_{p,\min\{p,q\}} \hookrightarrow \dot{F}^s_{p,q} \hookrightarrow \dot{B}^s_{p,\max\{p,q\}}.$$

利用 Minkowski 不等式, 就得

$$\begin{aligned} \|U(t)f\|_{L^q(L^r)} \leqslant & \left\|\Big(\sum_{j\in\mathbb{Z}}\|U(t)\Delta_j f\|^2_{L^r}\Big)^{\frac{1}{2}}\right\|_{L^q} \leqslant \Big(\sum_{j\in\mathbb{Z}}\|U(t)\Delta_j f\|^2_{L^qL^r}\Big)^{\frac{1}{2}} \\ \leqslant & C\Big(\sum_{j\in\mathbb{Z}}2^{2sj}\|\Delta_j f\|_2^2\Big)^{\frac{1}{2}} = C\|f\|_{\dot{H}^s}. \end{aligned}$$

Step 2　算子 T 的对偶形式 T^* 与 TT^* 原理. 将截断波算子 Tf 改写成：

$$Tf = \int_{\mathbb{R}^{n+1}} e^{ix\cdot\xi} e^{it\cdot\tau} \delta(\tau - |\xi|)\beta(\xi)\hat{f}(\xi) d\tau d\xi. \tag{1.37}$$

根据对偶性定理 1.3, 截断波算子 Tf 对应的时空估计 (1.33) 可以转化成 TT^* 或 T^* 的时空可积性, 这里 T^* 是 T 的共轭算子. 具体地说, 就是：

推论 1.6　下面的三条是相互等价的, 即

(1) T：$L^2(\mathbb{R}^n) \longrightarrow L_t^q(L_x^r)$ 是有界算子.

(2) T^*：$L_t^{q'}(L_x^{r'}) \longrightarrow L^2(\mathbb{R}^n)$ 是有界算子.

(3) TT^*：$L_t^{q'}(L_x^{r'}) \longrightarrow L_t^q(L_x^r)$ 是有界算子.

下面具体计算 T^* 与 TT^* 的具体表达式, 并进行一些必要而有意义的分析. T 的共轭算子的形式应是：$F(t,x) \longrightarrow (T^*F)(x)$, 应由下面的内积形式确定：

$$\langle Tf, F\rangle = \langle f, T^*F\rangle, \quad f \in \mathcal{S}(\mathbb{R}^n), \qquad F \in \mathcal{S}(\mathbb{R}^{n+1}), \tag{1.38}$$

这里 $\langle\cdot,\cdot\rangle$ 表示 L^2 内积. 换句话说, 就是

$$\int Tf \cdot \overline{F} dtdx = \int f \cdot \overline{T^*F} dx.$$

按定义, 直接计算

$$\begin{aligned}\int Tf \cdot \overline{F} dtdx &= \int \widehat{Tf} \cdot \overline{\widehat{F}(t,\xi)} dtd\xi = \int e^{it|\xi|}\beta(|\xi|)\hat{f}(\xi)\overline{\widehat{F}(t,\xi)} dtd\xi \\ &= \int f(x)\Big(\int e^{it|\xi| - ix\xi}\beta(|\xi|)\overline{\widehat{F}(t,\xi)} dtd\xi\Big) dx.\end{aligned}$$

因此,

$$(T^*F)(x) = \int e^{ix\xi - it|\xi|}\overline{\beta(|\xi|)}\widehat{F}(t,\xi) d\xi dt = \int e^{ix\xi}\overline{\beta(|\xi|)}\widetilde{F}(|\xi|,\xi) d\xi, \tag{1.39}$$

这里 $\widetilde{F}$ 表示时空 Fourier 变换.

注记 1.4　(i) T^* 的表示方法就给出了时空估计与在 $\mathbb{R}^{n+1}$ 中的前向光锥

$$\wedge = \big\{(\tau,\xi) : \tau = |\xi| > 0\big\}$$

上的限制性问题的联系. 事实上, 由 (1.39) 可见

$$\widehat{T^*F}(\xi) \cong \overline{\beta(\xi)}\widetilde{F}(|\xi|,\xi) = \overline{\beta(\xi)}\widetilde{F}(\tau,\xi)\delta(\tau - |\xi|) \triangleq RF(\xi). \tag{1.40}$$

恰好是 $F(t,x)$ 的时空 Fourier 变换在前向光锥 $\wedge$ 上的限制乘以一个光滑的截断函数. 注意到前向光锥 $\wedge$ 就是映射：$\xi :\longrightarrow (|\xi|,\xi)$ 的图像, 在这个参数化表示下, 面测度 $d\sigma(\xi)$ 与 $d\xi$ 仅相差一个常数. 因此, 利用 Plancherel 定理,

$$\|T^*F\|_{L^2} \cong \|RF(\xi)\|_{L^2(\wedge,d\sigma)}. \tag{1.41}$$

因此, 由 TT^* 方法就推知截断波算子对应的时空估计 (1.33) 就等价于如下限制性结果：

定理 1.7 对于任意的 $(q,r)\in\tilde{\Lambda}$, $R: L^{q'}(L^{r'})\longrightarrow L^2(\wedge;d\sigma)$ 有界, 即

$$\|RF(\xi)\|_{L^2(\wedge,d\sigma)}\cong\|T^*F\|_{L^2}\leqslant C\|F(t,x)\|_{L^{q'}(L^{r'})}.$$

下面来考虑 TT^*F 的具体表示式. 将 (1.39) 代入 (1.32), 就得

$$\begin{aligned}TT^*F&=\int_{\mathbb{R}^n}e^{it|\xi|+ix\xi}|\beta|^2\int_{\mathbb{R}^{n+1}}e^{-is\tau-iy\xi}F(s,y)dyds\delta(\tau-|\xi|)d\xi d\tau\\&=\int_{\mathbb{R}^n}\int_{\mathbb{R}^n}\int_{\mathbb{R}}e^{i(t-s)|\xi|+i(x-y)\xi}|\beta(\xi)|^2F(s,y)dyd\xi ds\end{aligned}\tag{1.42}$$

或

$$\widehat{TT^*F}(t,\xi)\cong e^{it|\xi|}\beta(\xi)\widehat{T^*F}(\xi)\cong\int e^{i(t-s)|\xi|}|\beta(\xi)|^2\widehat{F}(s,\xi)ds.\tag{1.43}$$

由此推出

$$TT^*F(t,x)=K*F\triangleq\int_{\mathbb{R}}W(t-s)F(s,x)ds,\tag{1.44}$$

这里

$$W(t)f(x)=\int_{\mathbb{R}^n}e^{i(t|\xi|+x\cdot\xi)}|\beta(\xi)|^2\hat{f}(\xi)d\xi\triangleq K_t*f(x).\tag{1.45}$$

本质上, W 与截断波算子 T 是类同的, 差别是将 $|\beta(\xi)|^2$ 替代 $\beta(\xi)$.

Step 3 由 TT^* 原理, 截断波算子 T 所满足的时空估计 (1.33) 可以归结为证明

$$\|TT^*F\|_{L^q(L^r)}=\|K*F\|_{L^q(L^r)}\leqslant C\|F\|_{L^{\overline{q}'}(L^{\overline{r}'})},\quad(q,r),(\overline{q},\overline{r})\in\tilde{\Lambda}.\tag{1.46}$$

断言 截断合成型算子 TT^* 所对应的时空估计 (1.46) 意味着非齐次部分的时空估计 (1.31).

事实上, 利用 Christ-Kiselev 定理, 取 $\beta(\xi)=\tilde{\psi}_0(\xi)>0$, (1.46) 意味着如下截断延迟算子估计：

$$\left\|\int_0^t U(t-s)\widetilde{\Delta}_0^2F(s,x)ds\right\|_{L^q(L^r)}\leqslant C\|F\|_{L^{\overline{q}'}(L^{\overline{r}'})}.\tag{1.47}$$

利用 Scaling 可见,

$$\begin{aligned}&\int_0^t U(t-s)\Delta_jFds=\int_0^t\int_{\mathbb{R}^n}e^{ix\cdot\xi}e^{i(t-s)|\xi|}|\tilde{\psi}_0(2^{-j}\xi)|^2(\widehat{\Delta_jF})(\xi,s)d\xi ds\\&=2^{jn}\int_0^t\int_{\mathbb{R}^n}e^{i2^jx\cdot\xi}e^{i2^j(t-s)|\xi|}|\tilde{\psi}_0(\xi)|^2(\widehat{\Delta_jF})(2^j\xi,s)d\xi ds\\&=2^{jn-j}\int_0^{2^jt}\int_{\mathbb{R}^n}e^{i2^jx\cdot\xi}e^{i(2^jt-s)|\xi|}|\tilde{\psi}_0(\xi)|^2(\widehat{\Delta_jF})(2^j\xi,2^{-j}s)d\xi ds.\end{aligned}$$

因此,

$$
\begin{aligned}
&\left\| \int_0^t U(t-s)\Delta_j F(x,s)ds \right\|_{L^q(L^r)} \\
\leqslant & C2^{-(\frac{1}{q}+\frac{n}{r})j}2^{-j}\left\| \int_0^t U(t-s)\widetilde{\Delta}_0^2(\Delta_j F(2^{-j}x, 2^{-j}s))ds \right\|_{L^q(L^r)} \\
\leqslant & C2^{-(\frac{1}{q}+\frac{n}{r})j}2^{-j}\|\Delta_j F(2^{-j}\cdot, 2^{-j}\cdot)\|_{L^{\overline{q}'}(L^{\overline{r}'})} \\
\leqslant & C2^{\left(\delta(r)+\delta(\overline{r})-\frac{1}{q}-\frac{1}{\overline{q}}\right)j}\|\Delta_j F\|_{L^{\overline{q}'}(L^{\overline{r}'})}.
\end{aligned}
\tag{1.48}
$$

当 $(q,r),(\overline{q},\overline{r})\in\widetilde{\Lambda}$ 满足 Scaling 间隙条件 (1.23) 时, 并注意到 Sobolev 嵌入关系

$$
\dot{B}^0_{p,\min\{p,2\}}\hookrightarrow \dot{F}^0_{p,2}=L^p\hookrightarrow \dot{B}^0_{p,\max\{p,2\}},
$$

就得

$$
\begin{aligned}
&\left\| \int_0^t U(t-s)F(x,s)ds \right\|_{L^q(L^r)} \\
=&\left\| \Big(\sum_{j\in\mathbb{Z}}\left\| \int_0^t U(t-s)\Delta_j F(x,s)ds \right\|^2_{L^r}\Big)^{\frac{1}{2}} \right\|_{L^q} \\
\leqslant&\Big(\sum_{j\in\mathbb{Z}}\left\| \int_0^t U(t-s)\Delta_j F(x,s)ds \right\|^2_{L^q(L^r)}\Big)^{\frac{1}{2}} \\
=&C\Big(\sum_{j\in\mathbb{Z}}2^{2j}\|\Delta_j F\|^2_{L^{\overline{q}'}(L^{\overline{r}'})}\Big)^{\frac{1}{2}}\leqslant C\|F\|_{L^{\overline{q}'}(\dot{H}^{1,\overline{r}'})}.
\end{aligned}
$$

由此就证明了非齐次部分的 Strichartz 估计.

注记 1.5　(i) 如果不用 Christ-Kiselev 定理, 可以利用传统的插值的方法, 仍然可以从 (1.46) 证明延迟算子估计 (1.47). 事实上注意到 Sobolev 嵌入定理, 仅需对最佳的波容许对 $(q_1,r_1),(q_2,r_2)\in\Lambda$ 来予以证明. 为此目的, 仅需证明如下三种情况:

Case I　$(q_1,r_1)=(q_2,r_2)=(q,r)$. 此对应着对角线的情形, 与 TT^* 完全一样, 直接利用 Hardy-Littlewood-Sobolev 不等式就得

$$
\|(TT^*)_R F\|_{L^q(I;L^r)}\leqslant C\|F\|_{L^{q'}(I;L^{r'})}. \tag{1.49}
$$

Case II　$(q_1,r_1)=(\infty,2)$, $(q_2,r_2)=(q,r)$. 注意到

$$
(TT^*)_R F(t)=T(T^*(\chi_{[0,t)}F))(t)
$$

及

$$\|T^*G\|_{L^2(\mathbb{R}^n)} \lesssim \|G\|_{L^{q'}(I;L^{r'})},$$

容易推出：

$$\begin{aligned}\|(TT^*)_R F(t)\|_{L^2} \lesssim & \|T^*\chi_{[0,t]}F\|_{L^2} \lesssim \|\chi_{[0,t]}F\|_{L_t^{q'}L_x^{r'}} \\ \lesssim & \|F\|_{L_t^{q'}(L^{r'})}. \end{aligned} \tag{1.50}$$

Case III $(q_1, r_1) = (q, r)$, $(q_2, r_2) = (\infty, 2)$.

注意到 $(TT^*)_R$ 的对偶算子是与 $(TT^*)_R$ 形式相同, 但限制函数 $\chi_{[0,t]}$ 应换成 $\chi_{[t,\infty)}$ 的算子, 即

$$((TT^*)_R)^*G(t) = \int_t^\infty W(t-\tau)G(\tau)d\tau.$$

由对偶性原理就推出：

$$\|(TT^*)_R F(t)\|_{L_t^q L_x^r} \leqslant C\|F\|_{L_t^1(L_x^2)}, \tag{1.51}$$

由插值公式就可获得 (1.47) 的证明.

Step 4 下面证明截断算子 T 满足的估计 (1.46) 或 (1.33) 成立的必要条件就是 $(q, r) \in \widetilde{\Lambda}$. 考虑与 Knapp 相似的例子. 对固定 $\delta > 0$ 令

$$D = \{\xi \in \mathbb{R}^n, \quad |\xi_1 - 1| < 1/2, \quad |\xi'| < \delta\}.$$

考虑 $\hat{f} = \chi_D$, 我们有

$$Tf(t,x) = e^{i(t+x_1)}\int_D e^{i[t(|\xi|-\xi_1)+(t+x_1)(\xi_1-1)+x'\cdot\xi']}d\xi, \tag{1.52}$$

注意到

$$|\xi| - \xi_1 = \frac{|\xi'|^2}{|\xi|+\xi_1} \lesssim \delta^2,$$

在物理空间中选取

$$R = \{(t,x)| \quad |t| \lesssim \delta^{-2}, \quad |t+x_1| \lesssim 1, \quad |x'| \lesssim \delta^{-1}\},$$

使得当 $(t,x) \in R$, $\xi \in D$ 时, 积分 (1.52) 中的因子可被常数控制. 因此

$$|Tf(t,x)| \gtrsim |D|, \qquad (t,x) \in \mathbb{R}.$$

进而有

$$\frac{\|Tf\|_{L_t^q L_x^r}}{\|f\|_{L^2}} \gtrsim \frac{|D| \cdot \|\chi_R\|_{L_t^q L_x^r}}{|D|^{1/2}} \sim \delta^{\frac{n-1}{2}-\frac{2}{q}-\frac{n-1}{r}}. \tag{1.53}$$

因此, 取 $\delta \to 0$, 由 (1.53) 可以看出, 确保估计 (1.33) 成立的必要条件是

$$\frac{2}{q} \leqslant (n-1)\left(\frac{1}{2}-\frac{1}{r}\right).$$

另一方面, 注意到 TT^* 是一个卷积型算子, 故 TT^* 是平移不变算子. 由 Hörmander 平移不变算子理论, 若 TT^* 是 $L_t^{q'}L_x^{r'} \to L_t^q L_x^r$ 上的平移不变算子, 起码要求 $q \geqslant 2$, $r \geqslant 2$. 由此说明保证 Strichartz 估计成立的必要条件是 $(q,r) \in \widetilde{\Lambda}$.

Step 5　限制性估计与不变导数方法导出色散估计. 为了证明 (1.46), 首先证明 $TT^*f = K_t * f$ 满足能量估计

$$\|K_t * f\|_{L^2} \leqslant C\|f\|_{L^2} \tag{1.54}$$

与色散估计

$$\|K_t * f\|_{L^\infty} \leqslant C(1+|t|)^{-\frac{(n-1)}{2}}\|f\|_{L^1}. \tag{1.55}$$

对 (1.54) 与 (1.55) 利用 Riesz-Thorin 插值定理就得 $L^{r'} - L^r$ 估计:

$$\|K_t * f\|_{L^r} \leqslant C(1+|t|)^{-\gamma(r)}\|f\|_{L^{r'}}, \quad 2 \leqslant r \leqslant \infty. \tag{1.56}$$

这样一来, 就可以利用 Young 不等式, Hardy-Littlewood-Sobolev 不等式及插值方法等证明 (1.46). 注意到

$$\widehat{K_t}(\xi) \cong e^{it|\xi|}|\beta(\xi)|^2,$$

则能量估计 (1.54) 是显然的. 由 Young 不等式,

$$\|K_t * f\|_{L^\infty} \leqslant \|K_t\|_{L^\infty}\|f\|_{L^1}.$$

故 (1.55) 就可以归结为证明如下点态估计:

$$\|K(t,x)\|_{L^\infty(\mathbb{R}^n)} \leqslant C(1+|t|)^{-\frac{n-1}{2}}. \tag{1.57}$$

方法 1　注意到 $\mathbb{R}^{n+1}$ 上的前向光锥 $\wedge$ 上每一点均有 $n-1$ 个主曲率非零, 且

$$K(t,x) = \int_{\mathbb{R}^n} e^{it|\xi|}e^{ix\xi}|\beta(|\xi|)|^2 d\xi = \int_{\mathbb{R}^{n+1}} e^{i(t,x)\cdot(\tau,\xi)}|\beta(|\xi|)|^2\delta(\tau-|\xi|)d\tau d\xi, \tag{1.58}$$

这里 $\delta(\tau-|\xi|)d\tau d\xi$ 是 $\wedge$ 的面测度, 利用限制性定理 1.2 就得估计

$$\|K(t,x)\|_{L^\infty(\mathbb{R}^n)} \leqslant C(1+|(t,x)|)^{-\frac{n-1}{2}} \leqslant C(1+|t|)^{-\frac{n-1}{2}}.$$

方法 2　记 $\sigma(x)$ 是 $\mathbb{R}^n$ 上的单位球面 S^{n-1} 的面测度, 由命题 1.1 就有

$$|\hat{\sigma}(\xi)| \leqslant C(1+|\xi|)^{-\frac{n-1}{2}}. \tag{1.59}$$

下面利用这一特殊的限制性估计与不变导数方法导出点态估计 (1.57). 注意到 $\beta(\xi)=\tilde{\psi}_0$ 是具有紧支集的径向函数, 且支集不含 0 点. 引入极坐标变换 $\xi=\rho\omega$, 则 $K(t,x)$ 在极坐标下可以表示成：

$$K(t,x)=\int_0^\infty\int_{S^{n-1}}e^{i\rho(x\cdot\omega+t)}a(\rho)d\sigma(\omega)d\rho=\int_0^\infty\hat{\sigma}(\rho x)e^{it\rho}a(\rho)d\rho,\tag{1.60}$$

这里 $a(\rho)=|\beta(\rho)|^2$ 是具有紧支集的径向函数, 且支集不含 0 点.

Case I $|t|\geqslant 2|x|$. 引入 $e^{i\rho(x\cdot\omega+t)}$ 的不变导数

$$D=\frac{\partial_\rho}{i(x\cdot\omega+t)}\quad\Longrightarrow\quad D^Ne^{i\rho(x\cdot\omega+t)}=e^{i\rho(x\cdot\omega+t)}.$$

这里 N 是任意自然数. 利用 (1.60) 的第一个表示式, 直接分部积分, 就得：

$$|I|\leqslant C_N|t+x\cdot\omega|^{-N}\leqslant C_N2^N|t|^{-N}.\tag{1.61}$$

Case II $|t|<2|x|$. 利用球面上的限制性估计 (1.59), 就得：

$$\begin{aligned}|K(t,x)|\leqslant&\int_0^\infty|\hat{\sigma}(\rho x)||a(\rho)|d\rho\leqslant C\int_0^\infty|\rho x|^{-\frac{n-1}{2}}|\cdot|a(\rho)|d\rho\\ \leqslant&C|x|^{-\frac{n-1}{2}}\leqslant C|t|^{-\frac{n-1}{2}}.\end{aligned}\tag{1.62}$$

注意到 $|K(t,x)|<\infty$, 结合 Case I 与 Case II 的估计就得点态估计 (1.57).

Step 6 (1.46) 的证明. 仅需对 $(q,r),(\bar{q},\bar{r})\in\Lambda$ 证明 (1.46) 即可. 事实上, 设 $\tilde{\beta}(\xi)\in C_c^\infty$ 且在 $\mathrm{supp}\beta(\xi)$ 的附近恒等于 1. 于是, 在 TT^*F 中, 可用 $\mathcal{F}^{-1}(\tilde{\beta}(\xi)\hat{F})$ 代替 F, 即无妨假设 F 的 Fourier 变换具有紧支集. 故对于任意的 $(q_1,r_1),(q_2,r_2)\in\tilde{\Lambda}$, 总存在 $(q_1,\tilde{r}_1),(q_2,\tilde{r}_2)\in\Lambda$, 且满足 $\tilde{r}_1\leqslant r_1$, $\tilde{r}_2\leqslant r_2$. 于是, 由 Bernstein 估计与 (1.43), 就得

$$\begin{aligned}\|K_t*F\|_{L^{q_1}(L^{r_1})}\leqslant&\|K*F\|_{L^{q_1}(L^{\tilde{r}_1})}\leqslant C\|F\|_{L^{q_2'}(L^{\tilde{r}_2'})}\\ \leqslant&C\|F\|_{L^{q_2'}(L^{r_2'})},\quad(q_1,r_1),(q_2,r_2)\in\tilde{\Lambda}.\end{aligned}$$

下面对 $(q,r),(\bar{q},\bar{r})\in\Lambda$ 且 $\left(\frac{2}{q},\gamma(r)\right)\neq(1,1)$, $\left(\frac{2}{\bar{q}},\gamma(\bar{r})\right)\neq(1,1)$, (即不含 Keel-Tao 的端点时空估计), 来证明 (1.46). 引入双线性算子

$$\begin{aligned}\mathcal{B}(F,G)=&\int_{\mathbb{R}}\langle K*F(t,x),\ G(t,x)\rangle dt=\int_{\mathbb{R}}\Big\langle\int_{\mathbb{R}}W(t-s)F(s,x)ds,G(t,x)\Big\rangle dt\\ =&\int_{\mathbb{R}^2}\Big\langle T(t)T^*(s)F(s,x),\ G(t,x)\Big\rangle dsdt\\ =&\int_{\mathbb{R}^2}\Big\langle T^*(s)F(s,x),T^*(t)G(t,x)\Big\rangle dsdt.\end{aligned}\tag{1.63}$$

故 (1.46) 就归结为证明：

$$|\mathcal{B}(F,G)| \leqslant C\|F\|_{L^{\bar{q}'}(L^{\bar{r}'})}\|G\|_{L^{q'}(L^{r'})}, \qquad (q,r),\ (\bar{q},\bar{r}) \in \Lambda. \tag{1.64}$$

Case 1 $(q_1,r_1)=(\infty,2)$, $(q_2,r_2)=(q,r)$. 利用 Hölder 不等式, (1.63) 及 Hardy-Littlewood-Sobolev 不等式, 容易验证：

$$\begin{aligned}\Big\|\int_{\mathbb{R}} T^*(t)F(t)dt\Big\|_2^2 &= \int_{\mathbb{R}^2}\Big\langle T^*(s)F(s,x), T^*(t)F(t,x)\Big\rangle dsdt\\ &= \int_{\mathbb{R}^2}\Big\langle T(t)T^*(s)F(s,x),\ F(t,x)\Big\rangle dsdt\\ &= \int_{\mathbb{R}}\Big\langle \int_{\mathbb{R}} W(t-s)F(s,x)ds, F(x,t)\Big\rangle dt\\ &\leqslant \Big\|\int_{\mathbb{R}} |t-s|^{-\gamma(r)}\|F(s,x)\|_{L^{r'}}ds\Big\|_{L^q}\|F(t,x)\|_{L^{q'}(L^{r'})}\\ &\leqslant C\|F(t,x)\|_{L^{q'}(L^{r'})}^2,\end{aligned}$$

故

$$\Big\|\int_{\mathbb{R}} T^*(t)F(t)dt\Big\|_{L^2} \leqslant C\|F(t,x)\|_{L^{q'}(L^{r'})}. \tag{1.65}$$

所以,

$$\begin{aligned}|\mathcal{B}(F,G)| &= \Big|\int_{\mathbb{R}}\Big\langle \int_{\mathbb{R}} T^*(s)F(s,x)ds,\ T^*(t)G(t,x)\Big\rangle dt\Big|\\ &\leqslant \Big\|\int_{\mathbb{R}} T^*(t)F(t)dt\Big\|_{L^2}\|G\|_{L^1(L^2)}\\ &\leqslant C\|F(t,x)\|_{L^{q'}(L^{r'})}\|G\|_{L^1(L^2)}.\end{aligned} \tag{1.66}$$

Case 2 $(q_1,r_1)=(q_2,r_2)=(q,r)$. 直接利用 $L^p-L^{p'}$ 估计 (1.56) 及 Hardy-Littlewood-Sobolev 不等式, 就得

$$\begin{aligned}|\mathcal{B}(F,G)| &= \Big|\int_{\mathbb{R}}\Big\langle \int_{\mathbb{R}} T(t)T^*(s)F(s,x)ds,\ G(t,x)\Big\rangle dt\Big|\\ &\leqslant C\int_{\mathbb{R}}(1+|t-s|)^{-\gamma(r)}\|F(s,x)\|_{L^{r'}}\|G(s,x)\|_{L^{r'}}ds\\ &\leqslant C\|F(t,x)\|_{L^{q'}(L^{r'})}\|G(t,x)\|_{L^{q'}(L^{r'})}.\end{aligned} \tag{1.67}$$

Case 3 $(q_1,r_1)=(q,r),(q_2,r_2)=(\infty,2)$. 直接利用能量估计 (1.65), 类似于 (1.66) 的证明, 就得

$$\begin{aligned}|\mathcal{B}(F,G)| &= \Big|\int_{\mathbb{R}}\Big\langle \int_{\mathbb{R}} T^*(s)F(s,x)ds,\ T^*(t)G(t,x)\Big\rangle dt\Big|\\ &\leqslant C\|F(t,x)\|_{L^1(L^2)}\|G(t,x)\|_{L^{q'}(L^{r'})}.\end{aligned} \tag{1.68}$$

对 Case I~Case III 所得的估计利用通常的插值方法与 Ginibre-Velo 插值定理 (见 [GV4]) 就得 (1.64) 的证明.

§5.2 双线性方法及端点 Strichartz 估计

上一节建立了 Fourier 变换在锥面上的限制性估计与线性波动方程解的 Strichartz 时空估计的等价性, 并且给出了线性波动方程解的非端点 Strichartz 估计的证明. 但是没有对端点情形 Strichartz 进行讨论, 究其原因在于 $\gamma(r)=1$, 无法利用 Hardy-Littlewood-Sobolev 不等式. Keel-Tao 采用 L^p 的原子刻画, 使得 Strichartz 估计所对应的双线性算子在不同的原子上获得衰减因子. 借助于双线性估计方法, 对于满足能量估计, 色散型衰减估计或截断的色散型衰减估计的抽象算子 $U(t)$, 建立抽象的 Strichartz 估计. 作为特例, 它包含了线性波动方程 $(n\geqslant 4)$ 与线性 Schröinger 方程 $(n\geqslant 3)$ 解的端点 Strichartz 型估计. 与此同时, 我们还将举例说明端点 Strichartz 估计在非线性波方程、非线性 Schrödinger 方程的低正则性问题中有着重要的应用.

另一方面, 从上一节证明经典 Strichartz 时空估计过程可以看出, TT^* 方法的基础是能量估计与色散估计. 众所周知, 对于色散波方程与波动方程, 能量估计是 Plancherel 定理的直接结果. 对自由 Schrödinger 方程而言, 从解的表示式

$$u(t,x)=\mathcal{F}^{-1}e^{-i|\xi|^2t}\mathcal{F}\varphi=(4\pi it)^{-n/2}\int_{\mathbb{R}^n}e^{\frac{i|x-y|^2}{4t}}\varphi(y)dy\triangleq S(t)\varphi, \tag{2.1}$$

就可以直接看出色散估计

$$\|u\|_{L^\infty(\mathbb{R}^n)}=\|S(t)\varphi\|_{L^\infty(\mathbb{R}^n)}\leqslant C|t|^{-\frac{n}{2}}\|\varphi\|_{L^1(\mathbb{R}^n)}. \tag{2.2}$$

然而, 对于自由波方程

$$\Box u=0,\qquad (u,\partial_t u)\big|_{t=0}=(f(x),g(x)), \tag{2.3}$$

我们很难直接从解的表达式 $u(t,x)=v_++v_-$ 获得相应的色散估计, 这里

$$v_\pm(t,x)\cong\int e^{ix\xi}e^{\pm it|\xi|}\hat{f}_\pm(\xi)d\xi,\quad \hat{f}_\pm(\xi)=\frac{1}{2}\Big(\hat{f}(\xi)\pm\frac{\hat{g}(\xi)}{i|\xi|}\Big). \tag{2.4}$$

容易验证, 自由波方程的解对应的色散估计可以归结为建立

$$U(t)=e^{it(-\Delta)^{\frac{1}{2}}}=\mathcal{F}^{-1}e^{i|\xi|t}\mathcal{F} \tag{2.5}$$

所对应的色散估计. 由 Young 不等式及上一节的讨论, 色散估计 (2.5) 归结为如下的振荡积分的点态估计:

$$\|K(t,x)\|_{L^\infty(\mathbb{R}^n)}\lesssim(1+|t|)^{-\frac{n-1}{2}},\quad K(t,x)=\int_{\mathbb{R}^n}e^{it|\xi|}e^{ix\xi}\beta(\xi)d\xi, \tag{2.6}$$

这里 $\beta(\xi) \in C_c^\infty(\mathbb{R}^n)$. 基于上述考虑, 首先介绍驻相分析方法及振荡积分估计.

考虑下面形式的振荡积分:

$$I_\psi(\tau) = \int_{\mathbb{R}^n} e^{i\tau\Phi(\xi)}\psi(\xi)d\xi, \tag{2.7}$$

这里 τ 是参数, $\psi(\xi) \in \mathcal{D}(\mathbb{R}^n) \subset C_c^\infty(\mathbb{R}^n)$, $\Phi(\xi)$ 是定义在 $\mathrm{supp}\psi(\xi)$ 邻域上的光滑的实函数. 用 $\mathcal{D}_K$ 表示 $\mathcal{D}(\mathbb{R}^n)$ 上支集含在 K 内的函数所组成的集合. 在下面表述振荡积分估计的定理中, C 表示一般的常数, 它依赖于 ψ 的有限阶导数及 Φ 的阶数大于或等于 2 的导数. 下面分别就 $|\nabla\Phi| \neq 0$ 与在 $\nabla\Phi = 0$ 附近两种情形展开讨论.

引理 2.1　设 $K \subset\subset \mathbb{R}^n$ 紧, 存在 $c_0 > 0$ 满足

$$|\nabla\Phi| \geqslant c_0, \quad \xi \in K, \tag{2.8}$$

则对于任意的自然数 N, 任意的光滑函数 $\psi \in \mathcal{D}_K$, 存在常数 C 使得

$$I_\psi(\tau) \leqslant C\tau^{-N}. \tag{2.9}$$

证明　引入 $e^{i\Phi(\xi)}$ 的不变导数

$$L \triangleq -i\sum_{j=1}^n \frac{\partial_j\Phi}{|\nabla\Phi|^2}\partial_j, \quad \Longrightarrow \quad L^* = -i\sum_{j=1}^n \partial_j\Big(\frac{\partial_j\Phi}{|\nabla\Phi|^2}\Big).$$

显然, $Le^{i\Phi(\xi)} = e^{i\Phi(\xi)}$, 因此

$$e^{i\tau\Phi(\xi)} = \frac{1}{\tau}Le^{i\tau\Phi(\xi)}.$$

利用分部积分, 容易看出

$$I_\psi(\tau) = \frac{1}{\tau^N}\int_{\mathbb{R}^n} e^{i\tau\Phi(\xi)}(L^*)^N\psi(\xi)d\xi. \tag{2.10}$$

注意到向量场的系数及其导数在 K 中有界, 自然 $(L^*)^N\psi$ 在 K 上有界. 从而推出引理 2.1.

下面考虑相函数的梯度可能出现零点的情形.

引理 2.2　设 $K \subset\subset \mathbb{R}^n$ 紧, 存在 $c_0 > 0$ 满足

$$|\nabla\Phi| \leqslant c_0, \quad \xi \in K. \tag{2.8$'$}$$

则对于任意的自然数 N, 任意的光滑函数 $\psi \in \mathcal{D}_K$, 存在常数 C 使得

$$I_\psi(\tau) \leqslant C\int_K \frac{1}{(1+\tau|\nabla\Phi|^2)^N}d\xi. \tag{2.11}$$

证明 我们的想法仍旧是通过分部积分，使得振荡产生衰减. 为此，引入 $e^{i\tau\Phi(\xi)}$ 的非齐次不变导数

$$L \triangleq \frac{1}{1+\tau|\nabla\Phi|^2}(1-i\nabla\Phi\cdot\partial), \qquad \nabla\Phi\cdot\partial=\sum_{j=1}^n \partial_j\Phi\partial_j.$$

显然，$Le^{i\tau\Phi(\xi)}=e^{i\tau\Phi(\xi)}$，因此 $e^{i\tau\Phi(\xi)}=Le^{i\tau\Phi(\xi)}$. 利用分部积分，容易看出

$$I_\psi(\tau)=\int_{\mathbb{R}^n} e^{i\tau\Phi(\xi)}(L^*)^N\psi(\xi)d\xi.$$

因此，仅需证明：对任意的自然数 N，存在 $C>0$，使得

$$\left|(L^*)^N\psi(\xi)\right| \leqslant \frac{C}{(1+\tau|\nabla\Phi|^2)^N}. \tag{2.12}$$

为给出形如 $(L^*)^N$ 的估计，需要做一些预备工作.

定义 2.1 设 $N\in\mathbb{Z}$，用 S^N 表示 $K\times\mathbb{R}^n$ 上的满足

$$|\partial_\xi^\alpha\partial_\theta^\beta f(\xi,\theta)| \lesssim (1+|\theta|^2)^{\frac{N-|\beta|}{2}},\ \forall(\xi,\theta)\in \mathrm{supp}\psi\times\mathbb{R}^n,\ \forall(\alpha,\beta)\in\mathbb{N}^n\times\mathbb{N}^n \tag{2.13}$$

的光滑函数所构成的集合.

容易看出，空间 S^N 随着 N 的增加而变大，S^{N_1} 与 S^{N_2} 中的元素的乘积属于 $S^{N_1+N_2}$. 同时，$\partial_\theta^\beta(S^N)\subset S^{N-|\beta|}$.

引理 2.3 设 $N\in\mathbb{Z}$，存在 $f_N\in S^{-2N}$ 使得

$$(L_\tau^*)^N\psi=f_N(\xi,\tau^{\frac12}\nabla\Phi). \tag{2.14}$$

证明 由于 $\mathcal{D}_K\subset S^0$，利用归纳法，仅需证明如下事实：如果 $f\in S^M$，那么

$$L_\tau^* f(\xi,\tau^{\frac12}\nabla\Phi)=g(\xi,\tau^{\frac12}\nabla\Phi), \quad \text{s.t.} \quad g(\xi,\theta)\in S^{M-2}. \tag{2.15}$$

对任意的 $a(x)\in\mathcal{D}_K$，考虑

$$\begin{aligned}
(f,L_\tau^*a) \triangleq &(L_\tau f,a)=\int_{\mathbb{R}^n}\frac{(I-i\nabla\Phi\cdot\partial)f}{1+\tau|\nabla\Phi|^2}\overline{a}(\xi)d\xi\\
&=\int_{\mathbb{R}^n}\frac{\bar a}{1+\tau|\nabla\Phi|^2}f(\xi)d\xi+i\sum_{j=1}^n\int_{\mathbb{R}^n}\partial_j\left(\frac{\overline{a}\partial_j\Phi}{1+\tau|\nabla\Phi|^2}\right)f(\xi)d\xi\\
&=\int_{\mathbb{R}^n}\frac{\bar a}{1+\tau|\nabla\Phi|^2}f(\xi)d\xi+i\sum_{j=1}^n\int_{\mathbb{R}^n}\overline{\frac{a\partial_j^2\Phi+\partial_j\Phi\partial_j a}{1+\tau|\nabla\Phi|^2}}f(\xi)d\xi\\
&\quad -i\sum_{j=1}^n\int_{\mathbb{R}^n}2\overline{\frac{a\partial_j\Phi\cdot\tau\partial_j\partial_i\Phi\cdot\partial_i\Phi}{(1+\tau|\nabla\Phi|^2)^2}}f(\xi)d\xi.
\end{aligned}$$

由此推出：

$$\begin{aligned}L_\tau^* a =&\frac{a}{1+\tau|\nabla\Phi|^2}-i\frac{a\Delta\Phi}{1+\tau|\nabla\Phi|^2}-i\frac{\nabla\Phi\nabla a}{1+\tau|\nabla\Phi|^2}+i\frac{2\tau\partial_j\Phi D_{ij}^2\Phi\cdot\partial_i\Phi}{(1+\tau|\nabla\Phi|^2)^2}a\\ =&i\frac{\nabla\Phi\nabla a}{1+\tau|\nabla\Phi|^2}+\sigma(\xi,\tau^{\frac12}\nabla\Phi)a(\xi).\end{aligned}\tag{2.16}$$

其中

$$\sigma(\xi,\theta)=\frac{1-i\Delta\Phi}{1+|\theta|^2}+\frac{D^2\Phi_\xi(\theta,\theta)}{(1+|\theta|^2)^2}.\tag{2.17}$$

将 $a(\xi)$ 换成 $f(\xi,\tau^{\frac12}\nabla\Phi)$, 由求导的链锁法则就得：

$$\nabla\Phi\cdot\nabla f(\xi,\tau^{\frac12}\nabla\Phi)=\big(\nabla\Phi\cdot\nabla_\xi f+D^2\Phi(\xi)(\theta,\nabla_\theta f)\big)(\xi,\tau^{\frac12}\nabla\Phi).\tag{2.18}$$

利用 (2.15)~(2.18) 就得

$$g(\xi,\theta)=\frac{-i}{1+|\theta|^2}\big[\nabla\Phi\cdot\nabla_\xi f(\xi,\theta)+D_\xi^2\Phi(\xi)(\theta,\nabla_\theta f(\xi,\theta))\big]+(\sigma f)(\xi,\theta).\tag{2.19}$$

由此推出 $g(\xi,\theta)\in S^{M-2}$, 引理 2.3 得证.

定理 2.4　设 $K\subset\subset\mathbb{R}^n$ 紧, 对任意给定的 $c_0>0$, 则对于任意的自然数 N_1 及 N_2, 存在常数 C 使得

$$I(\tau)\leqslant\frac{C}{\tau^{N_1}}+C\int_K\frac{I_{\{\xi\in\mathbb{R}^n,|\nabla\Phi|\leqslant c_0\}}}{(1+\tau|\nabla\Phi|^2)^{N_2}}d\xi.\tag{2.20}$$

证明　选取 $\chi(x)\in\mathcal{D}(\mathbb{R}^n)$, 满足

$$\mathrm{supp}\chi(x)\subset B_1(0),\quad \chi(x)=1,\ 当\ x\in B_{\frac12}(0).$$

分解 $I(\tau)=I_1(\tau)+I_2(\tau)$, 这里

$$I_1=\int e^{i\tau\Phi(\xi)}\Big(1-\chi\Big(\frac{\nabla\Phi}{c_0}\Big)\Big)\psi(\xi)d\xi,$$

$$I_2=\int e^{i\tau\Phi(\xi)}\chi\Big(\frac{\nabla\Phi}{c_0}\Big)\psi(\xi)d\xi.$$

对于 I_1 与 I_2 分别利用引理 2.1 与引理 2.2, 此就得到定理 2.4 中的估计.

应用定理 2.4, 来建立自由波动方程的解对应的色散估计.

定理 2.5　设 $n\geqslant 2$, 记 $\mathcal{C}\triangleq\{\xi\in\mathbb{R}^n\big|\ r\leqslant|\xi|\leqslant R\}$. 存在常数 $C>0$, 对于自由波动方程 (2.3) 的解 $u(t,x)$, 如果$\mathrm{supp}\widehat{f}(\xi)\subset\mathcal{C}$ 及$\mathrm{supp}\widehat{g}(\xi)\subset\mathcal{C}$, 则

$$\|u(t,x)\|_{L^\infty}\leqslant\frac{C}{(1+|t|)^{\frac{n-1}{2}}}(\|f_+\|_{L^1}+\|f_-\|_{L^1})\leqslant\frac{C}{(1+|t|)^{\frac{n-1}{2}}}(\|f\|_{L^1}+\|g\|_{L^1}).\tag{2.21}$$

$f_\pm$ 同 (2.4) 的记号.

证明 选取 $\varphi(\xi) \in \mathcal{D}(\mathbb{R}^n \setminus \{0\})$ 且 $\varphi(\xi)$ 在 $\mathcal{C}$ 的附近恒等于 1. 这样一来,

$$\widehat{u} = \sum_\pm e^{\pm it|\xi|} \hat{f}_\pm(\xi) = \sum_\pm e^{\pm it|\xi|} \varphi(\xi)\varphi(\xi)\hat{f}_\pm(\xi).$$

于是,

$$u(t,x) = \sum_\pm K^\pm(t,\cdot) * \widetilde{f}_\pm, \tag{2.22}$$

这里

$$K^\pm(t,x) \cong \int_{\mathbb{R}^n} e^{ix\cdot\xi} e^{\pm it|\xi|}\varphi(\xi)d\xi, \qquad \widetilde{f}_\pm = \mathcal{F}^{-1}\big(\varphi(\xi)\hat{f}_\pm(\xi)\big). \tag{2.23}$$

注意到 $\varphi(\xi) \in \mathcal{D}(\mathbb{R}^n \setminus \{0\})$, $\mathcal{F}^{-1}(|\xi|^{-1}\varphi) \in \mathcal{S}(\mathbb{R}^n)$ 及

$$\sum_\pm \|\widetilde{f}_\pm\|_{L^1} \leqslant C(\|f_+\|_{L^1} + \|f_-\|_{L^1}) \leqslant C(\|f\|_{L^1} + \|g\|_{L^1}).$$

因此, 根据 Young 不等式

$$\|u\|_{L^\infty} \leqslant \|K^\pm\|_{L^\infty}\|\widetilde{f}_\pm\|_{L^1},$$

注意到 $|K(t,x)| \leqslant C < \infty$, 故 (2.21) 就可以归结为证明点态估计

$$\|K^\pm(t,x)\|_{L^\infty} \leqslant C|t|^{-\frac{n-1}{2}}. \tag{2.24}$$

考察

$$K^\pm(t,tx) \cong \int_{\mathbb{R}^n} e^{itx\cdot\xi \pm it|\xi|}\varphi(\xi)d\xi = \int_{\mathbb{R}^n} e^{it\xi\left(x \pm \frac{\xi}{|\xi|}\right)}\varphi(\xi)d\xi. \tag{2.25}$$

则由定理 2.4 可见,

$$|K^\pm(t,tx)| \leqslant \frac{C}{|t|^{\frac{n-1}{2}}} + C\int_{\mathcal{C}_x} \frac{d\xi}{\left(1 + |t|\left|x \pm \dfrac{\xi}{|\xi|}\right|^2\right)^n}, \tag{2.26}$$

这里

$$\mathcal{C}_x = \left\{\xi \in \mathcal{C} : \qquad \left|x \pm \frac{\xi}{|\xi|}\right| \leqslant \frac{1}{2}\right\}.$$

由于 $\mathcal{C}_x$ 的定义, $x \neq 0$. 作变量替换 (将 ξ 作沿 x 的径向及切向分解):

$$\zeta_1 = \left(\xi \cdot \frac{x}{|x|}\right)\frac{x}{|x|}, \quad \zeta' = \xi - \left(\xi \cdot \frac{x}{|x|}\right)\frac{x}{|x|}.$$

由 $\mathcal{C}$ 的定义及 $|\zeta| = |\xi|$, 可见

$$|K^\pm(t,tx)| \leqslant \frac{C}{|t|^{\frac{n-1}{2}}} + C\int_{\mathcal{C}} \frac{d\zeta}{\left(1 + |t|\dfrac{|\zeta'|^2}{|\xi|^2}\right)^n}$$

$$
\begin{aligned}
&\leqslant C|t|^{-\frac{n-1}{2}}+C\int_{\mathcal{C}}\frac{d\zeta}{(1+|t||\zeta'|^2)^n}\\
&\leqslant C|t|^{-\frac{n-1}{2}}+C|t|^{-\frac{n-1}{2}}\int_{\mathcal{C}}\frac{d\tilde{\zeta}}{(1+|\tilde{\zeta}'|^2)^n}\\
&\leqslant C|t|^{-\frac{n-1}{2}}.
\end{aligned}\tag{2.27}
$$

这里用到变量代换 $\tilde{\zeta}'=t^{\frac{1}{2}}\zeta'$, ζ_1 与 x 同向, 即：$x=|x|\big(\xi\cdot\frac{x}{|x|}\big)^{-1}\zeta_1$, 相应的就有：

$$
x\pm\frac{\xi}{|\xi|}=x\pm\frac{\zeta_1}{|\xi|}\pm\frac{\zeta'}{|\xi|}=\left[|x|\Big(\xi\cdot\frac{x}{|x|}\Big)^{-1}\pm\frac{1}{|\xi|}\right]\zeta_1\pm\frac{\zeta'}{|\xi|}.
$$

此就导出在估计 (2.27) 中所用到的估计式：

$$
\left|x\pm\frac{\xi}{|\xi|}\right|^2\geqslant\frac{|\zeta'|^2}{|\xi|^2},\quad(\ \zeta_1\perp\zeta'\ ).
$$

在讨论 Keel-Tao 的端点 Strichartz 估计之前, 我们先回忆一下 L^p 空间的原子分解, 并以 Hardy-Littlewood-Sobolev 不等式为例, 分析 L^p 空间的原子分解的作用, 从中可以理解 Keel-Tao 在证明端点 Strichartz 估计的思路与方法.

定理 2.6　设 $p\in[1,\infty)$, 则对任意 $f\in L^p(\mathbb{R}^n)$, 有如下分解

$$
f(x)=\sum_{k=-\infty}^{\infty}c_kf_k,\qquad \text{正交分解}.\tag{2.28}
$$

这里 $\mathrm{supp}f_k$ 两两互不相交, 并且满足如下条件：

$$
\begin{cases}
\mu(\mathrm{supp}f_k)\leqslant 2^{k+1}, & \text{支集条件},\\
\|f_k\|_\infty\leqslant 2^{-\frac{k}{p}}, & \text{点态估计},\\
\displaystyle\sum_{k\in\mathbb{Z}}|c_k|^p\leqslant C\|f\|_p^p, & \text{范数的等价性}.
\end{cases}\tag{2.29}
$$

证明　定义分布函数

$$
f_*(\alpha)=\mu\{x|\quad |f(x)|>\alpha\}\tag{2.30}
$$

及其单调非升重排函数 (见 [Mi6] 第四章)

$$
f^*(\lambda)=\inf_{f_*(\alpha)\leqslant\lambda}\{\alpha\}.\tag{2.31}
$$

容易看出：

$$
f^*(\lambda)\leqslant\alpha\Longleftrightarrow f_*(\alpha)\leqslant\lambda.\tag{2.32}
$$

定义

$$\begin{cases} \lambda_k = \inf\left\{\alpha \middle| \quad f_*(\alpha) \leqslant 2^k\right\} = f^*(2^k), \\ c_k = 2^{\frac{k}{p}}\lambda_k, \\ f_k = \dfrac{1}{c_k}\chi_{(\lambda_{k+1},\lambda_k]}(|f|)f, \end{cases} \tag{2.33}$$

显然, $\mathrm{supp} f_k$ 两两互不相交并且

$$\|f_k\|_\infty \leqslant 2^{-\frac{k}{p}}\lambda_k{}^{-1}\|\chi_{\{\lambda_{k+1}<|f|\leqslant\lambda_k\}}\cdot f\|_\infty \leqslant 2^{-\frac{k}{p}}.$$

由 λ_k 的定义, $f_*(\lambda_k) = \mu\big\{x\big|\ |f| > \lambda_k\big\} < 2^k$, 故

$$\mu\big\{x\big|\ \mathrm{supp}\chi_{(\lambda_{k+1},\lambda_k]}\big\} \leqslant f_*(\lambda_{k+1}) \leqslant 2^{k+1}.$$

直接验证, 利用 Fubini 定理就得

$$\begin{aligned}\sum_{k\in\mathbb{Z}} c_k^p =& \sum_{k\in\mathbb{Z}} 2^k\lambda_k^p = p\sum_{k\in\mathbb{Z}} 2^k\int_0^\infty \lambda^{p-1} I_{\lambda\leqslant\lambda_k} d\lambda \\ =& p\int_0^\infty \lambda^{p-1}\Big(\sum_{k:\ \lambda_k\geqslant\lambda} 2^k\Big)d\lambda.\end{aligned}$$

注意到 (2.32) 意味着

$$\lambda_k = f^*(2^k) \geqslant \lambda \Longleftrightarrow \mu\big\{x\big|\ |f| > \lambda\big\} = f_*(\lambda) \geqslant 2^k,$$

则再次利用 Fubini 定理, 可以看出

$$\begin{aligned}\sum_{k\in\mathbb{Z}} c_k^p =& p\int_0^\infty \lambda^{p-1}\sum_{k:\ \mu\{x:\ |f|>\lambda\}\geqslant 2^k} 2^k d\lambda \\ \leqslant& 2p\int_0^\infty \lambda^{p-1}\mu\{x:\ |f|>\lambda\}d\lambda \leqslant 2\|f\|_p^p.\end{aligned} \tag{2.34}$$

注记 2.2 在定理 2.6 中, $\|f\|_p \cong \|\{c_k\}\|_{\ell^p}$. 事实上, 当 $\lambda_{k+1} = f^*(2^{k+1}) < \alpha < f^*(2^k) = \lambda_k$ 时, $f_*(\alpha) \cong 2^k$. 由 Chebyshev 不等式, 就有

$$\begin{aligned}\int_{\mathbb{R}^n}|f(x)|^p dx =& p\int_0^\infty f_*(\alpha)\alpha^{p-1}d\alpha = \sum_{k\in\mathbb{Z}} p\int_{\lambda_{k+1}}^{\lambda_k} f_*(\alpha)\alpha^{p-1}d\alpha \\ \backsimeq& \sum_{k\in\mathbb{Z}} 2^k p\int_{\lambda_{k+1}}^{\lambda_k}\alpha^{p-1}d\alpha = \sum_{k\in\mathbb{Z}} 2^k(\lambda_k^p - \lambda_{k+1}^p) \\ \leqslant& \sum_{k\in\mathbb{Z}} 2^k\lambda_k^p = \sum_{k\in\mathbb{Z}} c_k^p.\end{aligned} \tag{2.35}$$

众所周知, 无法直接利用 Young 不等式来证明著名的 Hardy-Littlewood-Sobolev 不等式

$$\||\cdot|^{-\alpha}*f\|_q \leqslant C\|f\|_p, \quad \frac{1}{q}+1=\frac{1}{p}+\frac{\alpha}{n},\ 0<\alpha<n,\ p,q\in[1,\infty). \tag{2.36}$$

然而, 采用 L^p 空间的原子分解就可以克服这一困难. 下面给出这一过程的数学分析, 得到如何证明端点时空估计的启示.

不失一般性, 考虑两个非负函数满足 $\|f\|_p=\|g\|_{q'}=1$, 考虑双线性算子

$$I(f,g)\triangleq\int_{\mathbb{R}^{2n}}|x-y|^{-\alpha}f(y)g(x)dydx. \tag{2.37}$$

Hardy-Littlewood-Sobolev 不等式就归结为证明:

$$I(f,g)\leqslant C<\infty. \tag{2.38}$$

Step 1　分解 $I(f,g)$ 如下:

$$I(f,g)=\sum_{j\in\mathbb{Z}}I_j(f,g),\quad I_j(f,g)=\int_{C_j}f(y)|x-y|^{-\alpha}g(x)dydx, \tag{2.39}$$

这里

$$C_j=\Big\{(x,y)\in\mathbb{R}^{2n}\Big|\ 2^j\leqslant|x-y|\leqslant 2^{j+1}\Big\}.$$

对于任意的 $(a,b)\in[1,\infty]^2$, $b\leqslant a'$, $(f,g)\in L^a(\mathbb{R}^n)\times L^b(\mathbb{R}^n)$, 利用 Young 不等式, 直接验证

$$\begin{aligned}
&\int_{C_j}f(y)|x-y|^{-\alpha}g(x)dxdy\\
=&\int_{\mathbb{R}^n}f(y)\int_{\mathbb{R}^n}\chi_{C_j}|x-y|^{-\alpha}g(x)dxdy\\
\leqslant&\|f\|_a\Big\|\int_{\mathbb{R}^n}\chi_{C_j}(x,y)|x-y|^{-\alpha}g(x)dx\Big\|_{L^{a'}}\\
\leqslant&\|f\|_a\|g\|_b\Big(\int_{|x-y|\sim 2^j}|x-y|^{-\alpha\ell}dx\Big)^{\frac{1}{\ell}}\\
\leqslant&2^{jn(2-\frac{\alpha}{n}-\frac{1}{a}-\frac{1}{b})}\|f\|_a\|g\|_b,\quad 1+\frac{1}{a'}=\frac{1}{b}+\frac{1}{\ell}.
\end{aligned} \tag{2.40}$$

特别, 取 $b=q'$, $a=p$, 我们有

$$I_j(f,g)\leqslant C2^{jn(1-\frac{\alpha}{n}-\frac{1}{p}+\frac{1}{q})}\|f\|_p\|g\|_{q'}\leqslant C\|f\|_p\|g\|_{q'}, \tag{2.41}$$

然而, 从这个估计无法得到级数 $\sum\limits_{j\in\mathbb{Z}} I_j(f,g)$ 的敛散性. 我们期望通过 f 及 g 的 L^p 空间的原子分解, 在每一个原子上获得一个衰减因子, 这些衰减因子足以保证所对应级数的收敛性.

Step 2 采用原子分解 $f(x)=\sum\limits_{k\in\mathbb{Z}} c_k f_k$, $g(x)=\sum\limits_{k'\in\mathbb{Z}} d_{k'}g_{k'}$. 则

$$I(f,g)=\sum_{j,k,k'\in\mathbb{Z}} c_k d_{k'} I_j(f_k,g_{k'}), \tag{2.42}$$

这里 $I_j(f_k,g_{k'})=\displaystyle\int_{C_j} f_k(y)|x-y|^{-\alpha}g_{k'}(x)dydx$. 注意到

$$\|f_k\|_a\leqslant\|f_k\|_\infty\mu(\mathrm{supp}f_k)^{\frac{1}{a}}\cong 2^{k(\frac{1}{a}-\frac{1}{p})},\quad \|g_{k'}\|_b\cong 2^{k'(\frac{1}{b}-\frac{1}{q'})},$$

利用 (2.41) 就得

$$I_j(f_k,g_{k'})\leqslant 2^{jn(2-\frac{\alpha}{n}-\frac{1}{a}-\frac{1}{b})}\|f_k\|_a\|g_{k'}\|_b=C2^{(jn-k)(\frac{1}{p}-\frac{1}{a})}2^{(jn-k')(\frac{1}{q'}-\frac{1}{b})}. \tag{2.43}$$

注意到 (2.36) 中的条件意味着 $p<q$ 或 $q'<p'$. 这样一来, 就容许我们寻找 (a,b) 满足

$$\begin{cases} b\leqslant a', & a<p, \quad b<q', \\ b\leqslant a', & a<p, \quad b>q', \\ b\leqslant a', & a>p, \quad b<q', \\ b\leqslant a', & a>p, \quad b>q'. \end{cases}$$

由此推出, 存在 $\varepsilon>0$, 使得

$$I_j(f_k,g_{k'})\leqslant C2^{-2\varepsilon|jn-k|-2\varepsilon|jn-k'|}\leqslant C2^{-\varepsilon|jn-k|-\varepsilon|jn-k'|-\varepsilon|k-k'|}. \tag{2.44}$$

注意到 $q'\leqslant p'$, 利用加权 Hölder 不等式与离散的 Young 不等式, 可见

$$\begin{aligned} I(f,g)\leqslant& C\sum_{j,k,k'\in\mathbb{Z}} c_k d_{k'}2^{-\varepsilon|jn-k|-\varepsilon|jn-k'|-\varepsilon|k-k'|}\leqslant C_\varepsilon\sum_{k,k'\in\mathbb{Z}} c_k d_{k'}2^{-\varepsilon|k-k'|} \\ \leqslant& C_\varepsilon\|\{c_k\}\|_{\ell^p}\Big\|\Big\{\sum_{k'\in\mathbb{Z}} d_{k'}2^{-\varepsilon|k-k'|}\Big\}\Big\|_{\ell^{p'}} \\ \leqslant& C_\varepsilon\|\{c_k\}\|_{\ell^p}\|\{d_{k'}\}\|_{\ell^{p'}}\leqslant C_\varepsilon\|\{c_k\}\|_{\ell^p}\|\{d_{k'}\}\|_{\ell^{q'}}. \end{aligned} \tag{2.45}$$

从而就证明了 Hardy-Littlewood-Sobolev 不等式. 从上面的分析使我们联想到, 处理端点情形的有效方法就是函数空间各种的分解理论.

下面给出 Keel-Tao 在 1998 年证明 [KT1] 抽象的 Strichartz 估计, 它包含了端点情形.

记 (X, dx) 是一个可测函数空间, H 是一个 Hilbert 空间, $L^p(X)$ 表示通常的 Lebesgue 空间, 对 $\forall t \in \mathbb{R}$, 设算子 $V(t): H \longmapsto L^2(X)$ 满足如下基本假设.

(H1)(能量估计). $\forall t \in \mathbb{R}$, $f \in H$, $V(t)$ 满足

$$\|V(t)f\|_{L^2(X)} \lesssim \|f\|_H. \tag{2.46}$$

(H2)(衰减估计). 存在 $\sigma > 0$, 对任意 $t \neq s$, $g \in L^1(X)$, $V(t)$ 满足如下非截断衰减估计

$$\|V(s)V^*(t)g\|_\infty \lesssim |t-s|^{-\sigma}\|g\|_1, \tag{2.47}$$

或截断衰减估计

$$\|V(s)V^*(t)g\|_\infty \leqslant (1+|t-s|)^{-\sigma}\|g\|_1. \tag{2.48}$$

我们的目标是借助于 $V(t)f$ 所满足的能量估计及衰减估计导出形如 $\|V(t)f\|_{L_t^q L_x^r}$ 及相应的非齐次性时空估计.

定义 2.3　称 (q, r) 是 σ- 容许对, 如果 $q, r \geqslant 2$, $(q, r, \sigma) \neq (2, \infty, 1)$ 且

$$\frac{1}{q} \leqslant \sigma\left(\frac{1}{2} - \frac{1}{r}\right). \tag{2.49}$$

进而, 当 (2.49) 变成等式时, 称 (q, r) 是最佳 σ- 容许对. 特别, 当 $\sigma > 1$ 时, 端点

$$P = \left(2, \frac{2\sigma}{\sigma - 1}\right)$$

也是最佳 σ- 容许对.

定理 2.7　设 $V(t)$ 满足能量估计 (2.46) 和非截断衰减估计 (2.47), 则有如下 Strichartz 型估计:

$$\|V(t)f\|_{L_t^q L_x^r} \lesssim \|f\|_H, \tag{2.50}$$

$$\left\|\int V^*(s)F(s)ds\right\|_H \lesssim \|F\|_{L_t^{q'} L_x^{r'}}, \tag{2.51}$$

$$\left\|\int V(t)V^*(s)F(s)ds\right\|_{L_t^q L_x^r} \lesssim \|F\|_{L_t^{\tilde{q}'} L_x^{\tilde{r}'}}, \tag{2.52}$$

$$\left\|\int_{s<t} V(t)V^*(s)F(s)ds\right\|_{L_t^q L_x^r} \lesssim \|F\|_{L_t^{\tilde{q}'} L_x^{\tilde{r}'}}, \tag{2.53}$$

这里 (q, r), $(\tilde{q}, \tilde{r})$ 是最佳的 σ- 容许对.

进而, 如果 $V(t)$ 满足 (2.46) 及截断衰减估计 (2.48), 那么, Strichartz 型时空估计 (2.50)~(2.53) 对任意的 σ- 容许对 (q, r), $(\tilde{q}, \tilde{r})$ 都成立.

注记 2.4 (i) 由 TT^* 原理, 我们知道估计 (2.51)~(2.52) 是等价的, 均对应着齐次性估计. (2.53) 对应着非齐次性估计 (就波动方程而言, 也就是所谓的延迟算子对应的时空估计). 利用上一节证明的著名的 Christ-Kiselev 引理, 齐次性估计 (2.52) 就意味着非齐次性估计 (2.53). 因此, 定理 2.7 就归结为证明 (2.52). 当然, 不用 Christ-Kiselev 引理也可以利用传统的插值方法证明 (2.53), 具体可见 [KT1].

(ii) 对于自由波方程而言, $\sigma = \dfrac{n-1}{2}$ 相应的解算子 $V(t)$ 满足截断型衰减估计, 在此情形下, 我们亦称 $\dfrac{n-1}{2}$– 容许对 (q,r) 是波容许对. 特别, 当 $n>3$ 时, $\sigma = \dfrac{n-1}{2} > 1$, 定理 2.7 蕴涵了端点 $P = \left(2, \dfrac{2(n-1)}{n-3}\right)$ 处的 Strichartz 估计.

(iii) 对 Schrödinger 方程而言, $\sigma = \dfrac{n}{2}$. 相应的解算子 $V(t)$ 满足非截断型衰减估计. 因此, 称 (q,r) 是 Schrödinger 型容许对, 是指 (q,r) 是最佳 $\dfrac{n}{2}$– 容许对. 特别, 当 $n>2$ 时, $\sigma = \dfrac{n}{2} > 1$, 定理 2.7 就蕴涵了 $n>2$ 情形下在端点 $P = \left(2, \dfrac{2n}{n-2}\right)$ 处的 Strichartz 型时空估计.

作为定理 2.7 的直接结果, 我们有如下定理:

推论 2.8 设 $n \geqslant 2$, (q,r), $(\tilde{q},\tilde{r})$ 是任意的波容许对且 $r, \tilde{r} < \infty$, $u(t)$ 是

$$\begin{cases} u_{tt} - \Delta u = F(t,x), & (t,x) \in [0,T] \times \mathbb{R}^n, \\ u(0) = f, \quad \partial_t u(0) = g, & x \in \mathbb{R}^n \end{cases} \tag{2.54}$$

的解. 则对任意 $0 < T < \infty$, u 满足如下 Strichartz 估计

$$\begin{aligned} &\|u\|_{L^q([0,T];L^r(\mathbb{R}^n))} + \|u\|_{C([0,T];\dot{H}^\gamma)} + \|\partial_t u\|_{C([0,T];\dot{H}^{\gamma-1})} \\ \lesssim &\|f\|_{\dot{H}^\gamma} + \|g\|_{\dot{H}^{\gamma-1}} + \|F\|_{L^{\tilde{q}'}([0,T];L^{\tilde{r}'}(\mathbb{R}^n))}, \end{aligned} \tag{2.55}$$

这里 (q,r) 与 $(\tilde{q},\tilde{r})$ 满足间隙条件

$$\frac{1}{q} + \frac{n}{r} = \frac{n}{2} - \gamma = \frac{1}{\tilde{q}'} + \frac{n}{\tilde{r}'} - 2. \tag{2.56}$$

反之, 如果 (2.55) 成立, 则 (q,r), $(\tilde{q},\tilde{r})$ 必是满足间隙条件 (2.56) 的波容许对.

推论 2.9 设 $n \geqslant 1$, (q,r) 和 $(\tilde{q},\tilde{r})$ 是 Schrödinger 容许对. 记 $u(t)$ 是

$$\begin{cases} i\partial_t u + \Delta u = F(t,x), & (t,x) \in [0,T] \times \mathbb{R}^n, \\ u(0,x) = f(x) \end{cases} \tag{2.57}$$

的解, 则对 $\forall T, 0 < T < \infty$ 有

$$\begin{aligned} &\|u\|_{L^q_t([0,T];L^r_x(\mathbb{R}^n))} + \|u\|_{C([0,T];L^2(\mathbb{R}^n))} \\ \lesssim &\|f\|_{L^2(\mathbb{R}^n)} + \|F\|_{L^{\tilde{q}'}([0,T];L^{\tilde{r}'}(\mathbb{R}^n))}. \end{aligned} \tag{2.58}$$

反过来讲, 如果 (2.58) 对所有的 $f(x)$, $F(t,x)$, T 都成立, 则 (q,r) 与 $(\tilde{q},\tilde{r})$ 一定是 Schrödinger 容许对.

注记 2.5 (i) 推论 2.8 就是上一节的定理 1.5. 推论 2.9 就是 Schrödinger 方程对应的经典时空估计, 在 Besov 空间框架下 Schrödinger 方程的 Strichartz 估计, 见第四章或 [GV11], [So2], [Mi6] 等. 我们将会在后面给出波动方程 Besov 空间框架下的 Strichartz 估计.

(ii) 在推论 2.8 中, 如果用 $\dot{B}^0_{r,2}$ 代替 L^r, 估计 (2.55) 对 $r=\infty$, 亦然成立. 同理, 如果用 $\dot{B}^0_{\tilde{r}',2}$, 来代替 $L^{\tilde{r}'}$, 估计 (2.55) 对 $\tilde{r}=\infty$ 亦能成立.

(iii) 在推论 2.8 中, 间隙条件 (2.56) 可以改写成

$$\delta(r)-\frac{1}{q}=\gamma,\quad \delta(r)+\delta(\tilde{r})-\frac{1}{q}-\frac{1}{\tilde{q}}=1,$$

它完全是由 Scaling 原则所决定的. 事实上, 若 $u(t,x)$ 是 (2.55) 的解, 易见 $u_\lambda(t,x)=u(\lambda t,\lambda x)$ 是

$$\begin{cases} u_{tt}-\Delta u=\lambda^2F(\lambda t,\lambda x),\\ u(0)=\varphi(\lambda x),\quad u_t(0)=\lambda\psi(\lambda x)\end{cases}$$

的解且满足

$$\begin{aligned}&\|u_\lambda(t,x)\|_{L^q(\mathbb{R},L^r(\mathbb{R}^n))}+\|u_\lambda\|_{C(\mathbb{R};\dot{H}^\gamma)}+\|\partial_tu_\lambda\|_{C(\mathbb{R};\dot{H}^{\gamma-1})}\\ \leqslant&\|\varphi(\lambda x)\|_{\dot{H}^\gamma}+\lambda\|\psi(\lambda x)\|_{\dot{H}^{\gamma-1}}+\lambda^2\|F(\lambda t,\lambda x)\|_{L^{\tilde{q}'}(\mathbb{R};L^{\tilde{r}'}(\mathbb{R}^n))},\end{aligned}$$

这样, 利用 rescaling 将上式还原到 (2.55) 时, 当且仅当 (q,r), $(\tilde{q},\tilde{r})$ 满足间隙条件 (2.56) 或上面的等价形式. 同理, 对 Schrödinger 方程 (2.57) 所对应的估计, 亦有类似的 Scaling 原则.

(iv) $n=3$ 时, 三维波方程的端点 Strichartz 估计及二维 Schrödinger 方程的端点 Strichartz 估计不成立. 反例可见 Montgomerey-Smith [Mon] 或 Tao[T3].

注记 2.6 定理 2.7 所表达的抽象 Strichartz 估计具有如下优点:

(i) (统一性) 给出了一个统一的方法描述与刻画波方程和 Schrödinger 方程的 Strichartz 型时空估计.

(ii) (简洁性) 抽象定理排除了一些不必要的假设, 有更强的针对性.

(iii) 定理 2.7 给出的最佳估计, 在如下 Scaling 原则

$$\begin{cases} V\left(\dfrac{t}{\lambda}\right)\longmapsto V(t),\quad V^*\left(\dfrac{s}{\lambda}\right)\longmapsto V^*(s),\\ \lambda^\sigma dx\longmapsto dx,\qquad \lambda^\sigma\langle f,g\rangle\longmapsto\langle f,g\rangle\end{cases}\tag{2.59}$$

下保持不变. 事实上, 记 $u(x,t)=U(t)f$ 是自由波方程的解, 那么

$$u_\lambda(t,x)=\left(U\left(\frac{t}{\lambda}\right)f\right)\left(\frac{x}{\lambda}\right)$$

仍然是自由波方程的解, 直接验算

$$u_\lambda(t,x)=\int_{\mathbb{R}^n}e^{i\xi\cdot\frac{x}{\lambda}}e^{\pm\frac{t}{\lambda}\cdot|\xi|i}\hat f(\xi)d\xi=\int_{\mathbb{R}^n}e^{ix\cdot\xi}e^{\pm i|\xi|t}\lambda^n\hat f(\lambda\xi)d\xi$$
$$=\int_{\mathbb{R}^n}e^{ix\cdot\xi}e^{\pm i|\xi|t}\widehat{f\left(\frac{\cdot}{\lambda}\right)}(\xi)d\xi=(U\tilde f)(x,t),\qquad \tilde f(x)=f\left(\frac{x}{\lambda}\right),$$

$$\|u_\lambda(t,x)\|_{L^q(\mathbb{R};L^r(X))}\lesssim\left\|f\left(\frac{x}{\lambda}\right)\right\|_H. \tag{2.60}$$

由 rescaling 原理, 就有

$$\lambda^{\frac1q+\frac{\sigma}{r}}\|u\|_{L^q(\mathbb{R};L^r(X))}\lesssim\lambda^{\frac{\sigma}{2}}\|f(x)\|_H. \tag{2.61}$$

确保 (2.60) 与 (2.61) 等价的充要条件是 $\dfrac1q=\sigma\left(\dfrac12-\dfrac1r\right)$, $\sigma=\dfrac{n-1}{2}$.

记 $u(t,x)$ 是自由 Schrödinger 方程的解, 则

$$u_\lambda(t,x)=u(\lambda^{-2}t,\lambda^{-1}x)$$

也是自由 Schrödinger 方程的解. 直接计算,

$$u_\lambda(t,x)=\left(S\left(\frac{t}{\lambda^2}\right)f\right)\left(\frac{x}{\lambda}\right)=\int_{\mathbb{R}^n}e^{i\lambda^{-1}x\cdot\xi}e^{i|\xi|^2\lambda^{-2}t}\hat f(\xi)d\xi$$
$$=\int_{\mathbb{R}^n}e^{ix\cdot\xi}e^{i|\xi|^2t}\widehat{f\left(\frac{\cdot}{\lambda}\right)}(\xi)d\xi=\left[S(t)f\left(\frac{\cdot}{\lambda}\right)\right](x,t),$$

根据 Strichartz 估计

$$\|u_\lambda(t,x)\|_{L^q(\mathbb{R};L^r(X))}\lesssim\left\|f\left(\frac{x}{\lambda}\right)\right\|_H. \tag{2.62}$$

注意到此时 (2.59) 中出现的 λ 均变成 λ^2(Schrödinger 方程与 wave 方程关于时间 t 的 Scaling 是不同的). 由 rescaling 原理, 就有:

$$\lambda^{\frac2q+\frac{2\sigma}{r}}\|u(t,x)\|_{L^q(\mathbb{R};L^r(X))}\lesssim\lambda^{\sigma}\|f\|_X. \tag{2.63}$$

因此, 确保 (2.62) 与 (2.63) 等价的条件是 $\dfrac1q=\sigma\left(\dfrac12-\dfrac1r\right)$.

下面来证明定理 2.7, 分几个步骤来进行:

Step I 非端点的情形. 当 $(q,r)\neq P$ 时, 齐次 Strichartz 估计 (2.50), (2.51), (2.52) 等价, 非齐次 Strichartz 估计 (2.53) 则是 Christ-Kiselev 引理与 (2.52) 的直接结果. 因此, 由 TT^* 方法, 问题就归结为证明

$$T(F,G)\triangleq\left|\iint\langle V(s)^*F(s),V(t)^*G(t)\rangle dsdt\right|\lesssim\|F\|_{L_t^{q'}L_x^{r'}}\|G\|_{L_t^{q'}L_x^{r'}}. \tag{2.64}$$

由能量估计 (2.46) 及衰减估计 (2.47) 亦有

$$
\begin{aligned}
|\langle V(s)^*F(s), V(t)^*G(t)\rangle| \lesssim & \|V^*(t)F(t)\|_H\|V^*(s)G(s)\|_H \\
\lesssim & \|F(t)\|_2\|G(s)\|_2,
\end{aligned}
\tag{2.65}
$$

$$
|\langle V(s)^*F(s), V(t)^*G(t)\rangle| \lesssim |t-s|^{-\sigma}\|F(s)\|_1\|G(t)\|_1. \tag{2.66}
$$

由插值公式就得

$$
|\langle V(s)^*F(s), V(t)^*G(t)\rangle| \leqslant |t-s|^{-1-\beta(r,r)}\|F(s)\|_{r'}\|G(t)\|_{r'}. \tag{2.67}
$$

这里

$$
\beta(r,\tilde{r}) \triangleq \sigma - 1 - \frac{\sigma}{r} - \frac{\sigma}{\tilde{r}}. \tag{2.68}
$$

易见, 对于任意的容许对, $\beta(r,r) \leqslant 0$. 当 (q,r) 是 σ 最佳容许对时, 我们有

$$
\frac{1}{q'} - \frac{1}{q} = -\beta(r,r).
$$

因此, 当 $(q,r) \neq P$ 时, $q > q'$, $\beta(r,r) < 0$. 于是, 由 Hardy-Littlewood-Sobolev 不等式就得估计 (2.64).

若 $V(t)$ 满足截断衰减估计, 则 (2.66) 可以改进成

$$
|\langle V(s)^*F(s), V(t)^*G(t)\rangle| \lesssim (1+|t-s|)^{-1-\beta(r,r)}\|F(s)\|_{r'}\|G(t)\|_{r'}. \tag{2.69}
$$

当 (q,r) 是非最佳 σ 容许对时,

$$
-\beta(r,r) + \frac{1}{q} < \frac{1}{q'}.
$$

由广义 Young 不等式, 就可推出估计 (2.64).

注记 2.7 (i) $V(t)$ 满足截断衰减估计主要是针对波动方程. 然而, 从上一节的讨论可以看出, 对于波动方程而言, 利用非截断衰减估计与嵌入定理, 可以得到完全一样的结果, 详细见上一节的讨论.

(ii) 在 Step I 中, 用到的 Hardy-Littlewood-Sobolev 不等式是

$$
\left|\int_{\mathbb{R}}\int_{\mathbb{R}} f(x)g(y)|x-y|^{-\lambda}dxdy\right| \lesssim \|f(x)\|_{L^p(\mathbb{R})}\cdot\|g(x)\|_{L^q(\mathbb{R})}, \tag{2.70}
$$

这里 $f \in L^p(\mathbb{R})$, $g \in L^q(\mathbb{R})$, $q,p > 1$ 满足

$$
\frac{1}{p} + \frac{1}{q} + \lambda = 2.
$$

与此对应的 Young 不等式是

$$\left|\int_{\mathbb{R}}\int_{\mathbb{R}} f(x)g(y)h(x-y)dxdy\right| \lesssim \|f\|_{L^p}\|g\|_{L^q}\|h\|_{L^l}, \tag{2.71}$$

这里 $f\in L^p$, $g\in L^q$, $h\in L^l$, $p,q,l>1$ 满足

$$\frac{1}{p}+\frac{1}{q}+\frac{1}{l}=2.$$

Step II 端点情形. 由于

$$P=(q,r)=\left(2,\frac{2\sigma}{\sigma-1}\right),\quad \sigma>1$$

是最佳 σ 容许对, 我们仅需要在 $V(t)$ 满足非截断衰减估计 (较弱的情形) 下证明 Strichartz 估计. 由 TT^* 方法, 等价于证明 (2.64). 采用二进制分解

$$T(F,G)=\sum_{j\in\mathbb{Z}} T_j(F,G), \tag{2.72}$$

此处

$$T_j(F,G)=\int_{t-2^{j+1}<s\leqslant t-2^j}\langle V(s)^*F(s),V(t)^*G(t)\rangle dsdt.$$

这样, (2.64) 就可归纳为证明

$$\sum_{j\in\mathbb{Z}}|T_j(F,G)|\lesssim \|F\|_{L_t^2L_x^{r'}}\|G\|_{L_t^2L_x^{r'}}. \tag{2.73}$$

引理 2.10 估计

$$|T_j(F,G)|\lesssim 2^{-j\beta(a,b)}\|F\|_{L_t^2L_x^{a'}}\|G\|_{L_t^2L_x^{b'}},\quad j\in\mathbb{Z}, \tag{2.74}$$

这里 $\left(\frac{1}{a},\frac{1}{b}\right)\in\left(\frac{1}{r},\frac{1}{r}\right)$ 的邻域 ■, 即

$$■=\left\{\left(\frac{1}{a},\frac{1}{b}\right)\middle|\left(\frac{1}{a},\frac{1}{b}\right)\in\overline{ABCD}\setminus\{B,D\},\quad A=(0,0),\right.$$
$$\left.B=\left(\frac{1}{2},\frac{1}{r}\right),\quad C=\left(\frac{1}{2},\frac{1}{2}\right),\quad D=\left(\frac{1}{r},\frac{1}{2}\right)\right\}.$$

证明 先证明 (2.73) 在 Scaling 变换 (2.59) 下不变 (以波方程为例).

$$\begin{aligned}T_j(F,G)=&\int_{t-2^{j+1}<s\leqslant t-2^j}\langle V(s)^*F(s),\quad V(t)^*G(t)\rangle dsdt\\
=&2^{2j}\int_{2^j\tilde{t}-2^{j+1}<2^j\tilde{s}\leqslant 2^j\tilde{t}-2^j}\langle V(2^j\tilde{s})^*F(2^j\tilde{s}),V(2^j\tilde{t})^*G(2^j\tilde{t})\rangle d\tilde{s}d\tilde{t}\\
=&2^{2j}\int_{t-2<s\leqslant t-1}\langle V(2^js)F(2^js),V(2^jt)G(2^jt)\rangle dsdt.\end{aligned}$$

注意到

$$
\begin{aligned}
V(2^j s)F(2^j s) &= \int_{\mathbb{R}^n} e^{ix\xi} e^{\pm i 2^j |\xi| s} \hat{F}(2^j s, \xi) d\xi \\
&= \int_{\mathbb{R}^n} e^{i2^{-j} x\cdot\xi} e^{\pm i|\xi|s} (F(2^j s, 2^j x))^\wedge(\xi) d\xi.
\end{aligned}
$$

因此, 由 Scaling 变换 (2.59), 可见

$$
\begin{aligned}
T_j(F,G) =& 2^{2j} \int_{t-2<s\leqslant t-1} \langle (V(s)F(2^j s, 2^j x))(s, 2^{-j}x) \\
& \cdot (V(t)F(2^j t, 2^j x))(t, 2^{-j}x)\rangle ds dt \\
\lesssim& 2^{2j+j\sigma} \int_{t-2<s\leqslant t-1} \langle (V(s)F(2^j s, 2^j x))(s, x) \\
& \cdot (V(t)F(2^j t, 2^j x))(t, x)\rangle ds dt \\
\lesssim& 2^{2j+j\sigma} \|F(2^j s, 2^j x)\|_{L_t^2 L_x^{a'}} \|G(2^j t, 2^j x)\|_{L_t^2 L_x^{b'}} \\
\lesssim& 2^{2j+j\sigma - \frac{1}{2}j - \frac{\sigma}{a'}j - \frac{1}{2}j - \frac{\sigma}{b'}j} \|F\|_{L_t^2 L_x^{a'}} \|G\|_{L_t^2 L_x^{b'}} \\
\lesssim& 2^{j - \sigma j + \frac{\sigma}{a}j + \frac{\sigma}{b}j} \|F\|_{L_t^2 L_x^{a'}} \|G\|_{L_t^2 L_x^{b'}} \\
=& 2^{-\beta(a,b)j} \|F\|_{L_t^2 L_x^{a'}} \|G\|_{L_t^2 L_x^{b'}}.
\end{aligned} \tag{2.75}
$$

因此, $T_j(F,G)$, $\forall j \in \mathbb{Z}$ 都可归结于 $T_0(F,G)$ 之估计. 由插值公式, 仅需就下面三种情形

(i) $a = b = \infty$,

(ii) $2 \leqslant a < r, \quad b = 2$,

(iii) $2 \leqslant b < r, \quad a = 2$

来证明 (2.73) 即可. 先来证明 (i). 就 (2.66) 两边关于 t 和 s 积分, 就有

$$
\begin{aligned}
|T_0(F,G)| \lesssim& \int_{1\leqslant|t-s|\leqslant 2} \|V(t)V^*(s)F(t)\|_{L_x^\infty} \|G(s)\|_{L_x^1} dt ds \\
\leqslant& C \int_{\mathbb{R}} \int_{1\leqslant|t-s|\leqslant 2} \|F(t)\|_{L_x^1} dt \|G(s)\|_{L_x^1} ds \\
\leqslant& C \left\| \int_{1\leqslant|t-s|\leqslant 2} \|F(t)\|_1 dt \right\|_{L_s^2} \|G(s)\|_{L_t^2(L_x^1)} \\
\leqslant& C \|F\|_{L_t^2 L_x^1} \|G\|_{L_s^2 L_x^1}.
\end{aligned} \tag{2.76}
$$

其次证明情形 (ii). 对于任意的 $r > a$, 记 $(q(a), a)$ 是最佳 σ 容许对, $F_t(s) =$

$I_{1\leqslant|t-s|\leqslant 2}F(s)$. 由能量估计及非端点 Strichartz 估计就推出

$$\begin{aligned}|T_0(F,G)| =&\Big|\int_{1\leqslant|t-s|\leqslant 2}\langle V(s)^*F(s),V(t)^*G(t)\rangle dsdt\Big|\\ =&\Big|\int_{\mathbb{R}}\int_{\mathbb{R}}\langle V(s)^*F_t(s),V(t)^*G(t)\rangle dsdt\Big|\\ \leqslant&\int_{\mathbb{R}}\Big\|\int_{\mathbb{R}}V(s)^*F_t(s)ds\Big\|_H\|V(t)^*G(t)\|_H dt\\ \leqslant&\int_{\mathbb{R}}\Big(\int_{1\leqslant|t-s|\leqslant 2}\|F(s)\|_{L^{a'}}^{q(a)'}ds\Big)^{\frac{1}{q(a)'}}\|G(t)\|_2 dt\\ \leqslant&\Big\|\Big(\int_{\mathbb{R}}I_{1\leqslant|t-s|\leqslant 2}(t-s)\|F(s)\|_{L^{a'}}^{q(a)'}ds\Big)^{\frac{1}{q(a)'}}\Big\|_{L_t^2}\|G(t)\|_{L^2(L^2)}\\ \lesssim&\|F\|_{L_t^2L_x^{a'}}\|G\|_{L_t^2L_x^2}.\end{aligned}\tag{2.77}$$

由对称性就得情形 (iii) 的证明.

引理 2.11 设 $j=0,1$, $1\leqslant p_j,q_j\leqslant\infty$. 设双线性算子 $\mathcal{T}(\cdot,\cdot)$ 是 $L_t^2(L^{p_j})\times L_t^2(L^{q_j})$ 上连续. 则对于 $\forall\theta\in[0,1]$, 双线性算子 $\mathcal{T}(\cdot,\cdot)$ 是 $L_t^2(L^{p_\theta})\times L_t^2(L^{q_\theta})$ 上连续, 这里

$$\Big(\frac{1}{p_\theta},\frac{1}{q_\theta}\Big)=(1-\theta)\Big(\frac{1}{p_0},\frac{1}{q_0}\Big)+\theta\Big(\frac{1}{p_1},\frac{1}{q_1}\Big).\tag{2.78}$$

利用上面形式的双线性估计, 就得引理 2.10 的证明.

Step III 完成定理 2.7 的证明. 选取

$$a=r,\quad b=r,\quad \beta(r,r)=\sigma-1-\frac{2\sigma}{r}=0.\tag{2.79}$$

引理 2.10 就意味着

$$|T_j(F,G)|\lesssim\|F\|_{L_t^2L_x^{r'}}\|G\|_{L_t^2L_x^{r'}}.\tag{2.80}$$

这不足以证明形如 (2.73) 的估计, 然而对于其他 $\Big(\dfrac{1}{a},\dfrac{1}{b}\Big)\in$ ■, 有形如 (2.74) 的具有指数衰减因子的估计, 这表明我们有提升或改进估计 (2.80) 的余地.

对 $F(t),G(s)\in L^{r'}(\mathbb{R}^n)$ 进行原子分解, 由 $L^{r'}$ 原子分解刻画有

$$F(t)=\sum_{k\in\mathbb{Z}}c_k(t)F_k(t,x),\quad G(s)=\sum_{k'\in\mathbb{Z}}d_{k'}(s)G_{k'}(s).\tag{2.81}$$

对于 $\Big(\dfrac{1}{a},\dfrac{1}{b}\Big)\in\Big(\dfrac{1}{r},\dfrac{1}{r}\Big)$ 的邻域 ■, 注意到 $\sigma-1=\dfrac{2\sigma}{r}$, 利用定理 2.6 与引理 2.10 可见

$$\begin{aligned}T_j(F_k,G_{k'})\lesssim&\|c_k\|_{L_t^2}\|d_{k'}\|_{L_t^2}2^{-j\beta(a,b)}2^{-k(\frac{1}{r'}-\frac{1}{a'})}2^{-k'(\frac{1}{r'}-\frac{1}{b'})}\\ \leqslant&\|c_k\|_{L_t^2}\|d_{k'}\|_{L_t^2}2^{(-j\sigma+k)(\frac{1}{r}-\frac{1}{a})}2^{(-j\sigma+k')(\frac{1}{r}-\frac{1}{b})}.\end{aligned}\tag{2.82}$$

对于 $r<\infty$ 固定, 存在 $\varepsilon>0$, 总可以选取 a,b 使得

$$(-j\sigma+k)\left(\frac{1}{r}-\frac{1}{a}\right)\leqslant -2\varepsilon|j\sigma-k|,\quad (-j\sigma+k')\left(\frac{1}{r}-\frac{1}{b}\right)\leqslant -2\varepsilon|j\sigma-k'|. \tag{2.83}$$

因此,

$$|T_j(F_k,G_{k'})|\lesssim \|c_k\|_{L_t^2}\|d_{k'}\|_{L_t^2}2^{-\varepsilon|j\sigma-k|}2^{-\varepsilon|j\sigma-k'|}2^{-\varepsilon|k-k'|}. \tag{2.84}$$

利用 Hölder 不等式与离散的 Young 不等式, 就得:

$$\begin{aligned}|T(F,G)|\leqslant& C\sum_{j,k,k'\in\mathbb{Z}}\|c_k\|_{L_t^2(\mathbb{R})}\|d_{k'}\|_{L_t^2(\mathbb{R})}2^{-\varepsilon|j\sigma-k|}2^{-\varepsilon|k-k'|}\\ \leqslant& C\sum_{k,k'\in\mathbb{Z}}\|c_k\|_{L_t^2(\mathbb{R})}\|d_{k'}\|_{L_t^2(\mathbb{R})}2^{-\varepsilon|k-k'|}\\ \leqslant& C_\varepsilon\Big(\sum_{k\in\mathbb{Z}}\|c_k\|_{L_t^2(\mathbb{R})}^2\Big)^{\frac12}\Big(\sum_{k'\in\mathbb{Z}}\|d_{k'}\|_{L_t^2(\mathbb{R})}^2\Big)^{\frac12}\\ \leqslant& C_\varepsilon\Big(\int_{\mathbb{R}}\|\{c_k\}\|_{\ell^2}^2dt\Big)^{\frac12}\Big(\int_{\mathbb{R}}\|\{d_{k'}\}\|_{\ell^2}^2dt\Big)^{\frac12}\\ \leqslant& C_\varepsilon\Big(\int_{\mathbb{R}}\|\{c_k\}\|_{\ell^{r'}}^2dt\Big)^{\frac12}\Big(\int_{\mathbb{R}}\|\{d_{k'}\}\|_{\ell^{r'}}^2dt\Big)^{\frac12}\\ \leqslant& C_\varepsilon\|F\|_{L_t^2(L_x^{r'})}\|G\|_{L_t^2(L_x^{r'})},\end{aligned} \tag{2.85}$$

这里用到了嵌入关系 $\ell^{r'}\hookrightarrow\ell^2$, $r'\leqslant 2$. 定理 2.7 证毕.

注记 2.8　(i) 由 (2.84) 容易看出, 仅当 F 和 G 的支集均含在度量是 $2^{j\sigma}$ 的集合中时, 估计 (2.80) 才能是最佳估计, 否则总有形如 (2.84) 的衰减估计.

(ii) 注意到 $r'<2$, 因此, 在 $\ell^{r'}\hookrightarrow\ell^2$ 中仍有一些间隙. 事实上, 由插值定理可以推出, Strichartz 估计 (2.50) 中可将 L_x^r 换成相应的 Lorentz 型空间 $L_x^{r,2}$.

(iii) 可以用 [BL] 中的双线性插值定理: 给出 (2.73) 的一个直接的证明, 可参见 [KT1].

下面应用抽象 Strichartz 估计来证明波动方程、Schrödinger 方程所对应的 Strichartz 型估计.

推论 2.8 的证明　"必要性的证明"　由注记 2.3 知, 间隙条件 (2.56) 是 Scaling 原理 (维量分析) 的直接结果, 容许关系

$$\frac{2}{q}\leqslant(n-1)\left(\frac12-\frac1r\right),\quad \frac{2}{\tilde q}\leqslant(n-1)\left(\frac12-\frac1{\tilde r}\right)$$

是 Knapp 反例 (见上一节) 所界定的.

$$(q,r,n)\neq(2,\infty,3),\quad (\tilde q,\tilde r,n)\neq(2,\infty,3) \tag{2.86}$$

已由 Montgomery-Smith[Mon] 给出的反例所确定. 由 TT^* 方法, Strichartz 型估计本质上是归结为：算子 $V_\pm V_\pm^* = K*$：$L_t^{q'}L_x^{r'} \to L_t^q L_x^r$ 上是有界的. 特别, 当 $T=\infty$ 时, $V_\pm V_\pm^*$ 是平移不变算子, 由此推出 $q > q'$. 由对称性, 亦有 $\tilde{q} > \tilde{q}'$, 这里 $V_\pm$ 是截断波演化算子定义为：

$$V_\pm(t)f(x) = \mathcal{F}^{-1}(\chi_{[0,T]}\beta(\xi)e^{\pm it|\xi|}\hat{f}(\xi)). \tag{2.87}$$

这里 $\beta(\xi) = \beta(|\xi|) \in C_0^\infty(\mathbb{R}^n)$ 满足

$$\beta(\xi) = \begin{cases} 1, & \dfrac{3}{4} \leqslant |\xi| \leqslant \dfrac{8}{3}, \\ 0, & |\xi| \geqslant \dfrac{3}{8} \text{ 或 } |\xi| > \dfrac{16}{3}, \end{cases} \qquad \beta_j = \beta\Big(\frac{\xi}{2^j}\Big)$$

的 Bump 函数, 事实上, $\beta(\xi)$ 就是 Littlewood-Paley 分解中的 $\widetilde{\psi}_0(\xi) = \psi_{-1}(\xi) + \psi_0(\xi) + \psi_1(\xi)$.

充分性的证明：假设 $q, r, \gamma, \tilde{q}, \tilde{r}$ 满足推论 2.8 的条件. 我们知道

$$\begin{aligned} u(t) &= \cos(t\sqrt{-\Delta})f + \frac{\sin(t\sqrt{-\Delta})}{\sqrt{-\Delta}}g + GF(t) \\ &\triangleq \cos(t\sqrt{-\Delta})f + \frac{\sin(t\sqrt{-\Delta})}{\sqrt{-\Delta}}g + \int_0^t \frac{\sin((t-s)\sqrt{-\Delta})}{\sqrt{-\Delta}}F(s)ds \end{aligned} \tag{2.88}$$

是问题 (2.1) 的解. 如果取 $H = L^2(\mathbb{R}^n)$, $X = \mathbb{R}^n$, $\sigma = \dfrac{n-1}{2}$, 由 Plancherel 定理, $V_\pm(t)$ 满足能量不等式 (2.46). 由标准的驻相分析 (即 $V_\pm(t)(V_\pm(s))^*$ 对应的核函数的振荡积分估计), 可见 $V_\pm(t)$ 满足截断性衰减估计 (2.48). 根据定理 2.7 就推得 $V_\pm(t)$ 满足如下 Strichartz 型估计

$$\|V_\pm(t)f\|_{C(I;L_x^2)}, \|V_\pm^*(t)f\|_{L_t^qL_x^r} \lesssim \|f\|_2, \tag{2.89}$$

$$\Big\|\int_{t>s} V_\pm(t)V_\pm^*(s)F(s)ds\Big\|_{C(I;L_x^2)\cap L_t^qL_x^r} \lesssim \|F\|_{L_t^{\tilde{q}'}L_x^{\tilde{r}'}}. \tag{2.90}$$

完全类同上节的讨论, 由 Littlewood-Paley 理论, (2.88), (2.89), (2.90) 就可推出估计 (2.55). 由 Plancherel 定理知 $V_\pm f$ 在 L^2 模意义下连续, 关于非齐次部分 $G_\pm F(t)$ 的连续性. 注意到

$$G_\pm F = \int_{t>s} V_\pm(t)V_\pm^*(s)F(s)ds = e^{i\varepsilon\sqrt{-\Delta}}G_\pm F(t) - G_\pm(\chi_{[t,t+\varepsilon]}F)(t)$$

及

$$\|\chi_{[t,t+\varepsilon]}F\|_{L_t^{\tilde{q}'}L_x^{\tilde{r}'}} \longrightarrow 0, \quad \varepsilon \to 0,$$

就可以了.

推论 2.9 的证明(必要性)　由 Scaling 原理, 容易推出 (q,r) 及 $(\tilde{q},\tilde{r})$ 满足容许关系, 同时由 Montgomerey-Smith 的反例就知, 当 $n=2$ 时, 端点 $(q,r)=(2,\infty)$ 不是容许对. 关于充分性, 注意到

$$u(t)=S(t)f+GF(t)=\chi_{[0,T]}e^{it\Delta}f+\int_{s<t}S(t)S^*(s)F(s)ds$$

是 (2.57) 的解, 仅需取 $H=L^2(\mathbb{R}^n)$, $X=\mathbb{R}^n$, $\sigma=n/2$, 注意到能量估计 $\|e^{it\Delta}f\|_2\lesssim\|f\|_2$ 及衰减估计

$$\|e^{i(t-s)\Delta}f\|_\infty\lesssim|t-s|^{-\frac{n}{2}}\|f\|_1,$$

这里

$$e^{it\Delta}f=\frac{1}{(4\pi it)^{n/2}}\int_{\mathbb{R}^n}e^{-\frac{|x-y|^2}{4it}}f(y)dy.$$

就可推得推论 2.9 成立.

下面在 Besov 空间的框架下给出波动方程的 Strichartz 估计. 我们先从频段上的 Strichartz 估计展开讨论.

定理 2.12　设 $u(t,x)$ 是线性波方程 (1.1), 即:

$$\Box u=F(t,x),\quad \partial u\big|_{t=0}=\gamma(x)\triangleq(\nabla f,g)$$

的解, 这里

$$\partial u=(\nabla u,\partial_t u)=(\partial_1 u,\cdots,\partial_n u,\partial_t).$$

则对于任意的波容许对 $(q_j,r_j)\in\widetilde{\Lambda}$, $j=1,2$, 有如下形式的 Strichartz 估计:

$$\|\partial\Delta_j u\|_{L^{q_1}(L^{r_1}(\mathbb{R}^n))}\leqslant C2^{j\mu_1}\|\Delta_j\gamma\|_{L^2}+C2^{j\mu_{12}}\|\Delta_j F\|_{L^{q_2'}(L^{r_2'})}. \tag{2.91}$$

这里

$$\mu_1=\delta(r_1)-\frac{1}{q_1},\quad \mu_{12}=\delta(r_1)+\delta(r_2)-\frac{1}{q_1}-\frac{1}{q_2}. \tag{2.92}$$

注记 2.9　Chemin Y 采用上述记号具有简单明确的特点, 回到我们熟悉的记号, (2.91) 就是:

$$\|\Delta_j u\|_{L^{q_1}(L^{r_1}(\mathbb{R}^n))}\lesssim 2^{j\mu_1}\|\Delta_j f\|_{L^2}+2^{j(\mu_1-1)}\|\Delta_j g\|_{L^2}+2^{(\mu_{12}-1)j}\|\Delta_j F\|_{L^{q_2'}(L^{r_2'})}. \tag{2.93}$$

证明　记

$$U(t)h=e^{it(-\Delta)^{\frac{1}{2}}}h=\mathcal{F}^{-1}(e^{i|\xi|t}\widehat{h}(\xi)),\quad U^*(t)h=U(-t)h.$$

因此, (1.1) 的解可以表示成

$$
\begin{aligned}
u(x,t) &= U(t)f_+ + U(-t)f_- + \int_0^t \frac{U(t-\tau)-U^*(t-\tau)}{2(-\Delta)^{\frac{1}{2}}i}F(t,x)d\tau \\
&= \frac{U(t)+U^*(t)}{2}f + \frac{U(t)-U^*(t)}{2(-\Delta)^{\frac{1}{2}}i}g + \int_0^t \frac{U(t-\tau)-U^*(t-\tau)}{2(-\Delta)^{\frac{1}{2}}i}F(t,x)d\tau \\
&= \cos(-\Delta)^{\frac{1}{2}}tf + \frac{\sin(-\Delta)^{\frac{1}{2}}t}{(-\Delta)^{\frac{1}{2}}}g + \int_0^t \frac{\sin(-\Delta)^{\frac{1}{2}}(t-\tau)}{(-\Delta)^{\frac{1}{2}}}F(\tau,x)d\tau, \qquad (2.94)
\end{aligned}
$$

这里 $\hat{f}_\pm(\xi) = \frac{1}{2}\Big(\hat{f}(\xi) \pm \frac{\hat{g}(\xi)}{i|\xi|}\Big)$. 同 (2.87), 引入截断波算子

$$V_\pm(t)h(x) = \mathcal{F}^{-1}(\chi_{[0,T]}\beta(\xi)e^{\pm it|\xi|}\hat{h}(\xi)).$$

取 $H = L^2(\mathbb{R}^n)$, $\sigma = \frac{n-1}{2}$, $X = \mathbb{R}^n$, 由振荡积分估计定理 2.5, $V_\pm$ 满足能量估计 (2.46) 与截断色散型衰减估计 (2.48), 因此, Keel-Tao 的抽象的 Strichartz 就意味着

$$\|V_\pm(t)h\|_{C(I;L^2_x(\mathbb{R}^n))}, \quad \|V^*_\pm(t)h\|_{C(I;L^2_x(\mathbb{R}^n))} \lesssim \|h\|_{L^2(\mathbb{R}^n)}, \qquad (2.95)$$

$$\Big\| \int_{s<t} V_\pm(t)V^*_\pm(s)F(s)ds \Big\|_{C(I;L^2_x)\cap L^{q_1}_t(L^{r_1}_x)} \lesssim \|F\|_{L^{q_2'}_t L^{r_2'}_x}, \qquad (2.96)$$

这里 $(q_j, r_j) \in \widetilde{\Lambda}$, $j = 1, 2$. 注意到

$$\beta(\xi)\psi_0(\xi) = \psi_0(\xi), \quad |\beta(\xi)|^2\psi_0(\xi) = \psi_0(\xi),$$

从而

$$U_\pm\Delta_0 h = \mathcal{F}^{-1}(e^{\pm it|\xi|}\psi_0\hat{h}(\xi)) = \mathcal{F}^{-1}(e^{\pm it|\xi|}\beta(\xi)\psi_0\hat{h}(\xi)) = V_\pm(t)\Delta_0 h.$$

所以,

$$\|U_\pm(t)\Delta_0 h\|_{C(I;L^2_x(\mathbb{R}^n))}, \quad \|U^*_\pm(t)\Delta_0 h\|_{C(I;L^2_x(\mathbb{R}^n))} \lesssim \|\Delta_0 h\|_{L^2(\mathbb{R}^n)}, \qquad (2.97)$$

$$\Big\| \int_{s<t} U(t)U^*(s)\Delta_0 F(s)ds \Big\|_{C(I;L^2_x(\mathbb{R}^n)\cap L^{q_1}_t(L^{r_1}_x)} \lesssim \|\Delta_0 F\|_{L^{q_2'}_t L^{r_2'}_x}. \qquad (2.98)$$

这样, 对于任意的波容许对 $(q_1, r_1), (q_2, r_2) \in \widetilde{\Lambda}$, 推出

$$\|\Delta_0 u\|_{L^{q_1}(L^{r_1}(\mathbb{R}^n))} \lesssim \|\Delta_0 f\|_{L^2} + \|\Delta_0 g\|_{L^2} + \|\Delta_0 F\|_{L^{q_2'}(L^{r_2'})}. \qquad (2.99)$$

利用 Scaling 可见

$$
\begin{aligned}
&\|\Delta_j \partial u(t,x)\|_{L^{q_1}(L^{r_1})} \leqslant \left\| \int_{\mathbb{R}^n} 2^{jn}\psi_0(2^j y)\partial u(t,x-y)dy \right\|_{L^{q_1}(L^{r_1})}\\
\leqslant &\left\| \int_{\mathbb{R}^n} \psi_0(y)(\partial u)(2^{-j}(2^j t), 2^{-j}(2^j x - y))dy \right\|_{L^{q_1}(L^{r_1})}\\
\leqslant &2^{-\frac{n}{r_1}j-\frac{j}{q_1}} \left\| \int_{\mathbb{R}^n} \psi_0(y)(\partial u)(2^{-j}t, 2^{-j}(x-y))dy \right\|_{L^{q_1}(L^{r_1})}\\
\leqslant &C2^{-\frac{n}{r_1}j-\frac{j}{q_1}} \left[\left\| \Delta_0 \gamma(2^{-j}x) \right\|_{L^2(\mathbb{R}^n)} + \left\| \Delta_0 F(2^{-j}x, 2^{-j}t) \right\|_{L^{q_2'}(L^{r_2'})} \right]\\
\leqslant &C2^{-\frac{n}{r_1}j-\frac{j}{q_1}} \left[\left\| \int \psi_0(y)\gamma(2^{-j}(x-y))dy \right\|_{L^2(\mathbb{R}^n)} \right.\\
&\left. + \left\| \int \psi_0(y)F(2^{-j}(x-y), 2^{-j}t) \right\|_{L^{q_2'}(L^{r_2'})} \right]\\
\leqslant &C2^{-\frac{n}{r_1}j-\frac{j}{q_1}} \left[\left\| \int \psi_j(y)\gamma(2^{-j}x-y)dy \right\|_{L^2(\mathbb{R}^n)} \right.\\
&\left. + \left\| \int \psi_j(y)F(2^{-j}x-y, 2^{-j}t)dy \right\|_{L^{q_2'}(L^{r_2'})} \right]\\
\leqslant &C2^{-\frac{n}{r_1}j-\frac{j}{q_1}} \left[\left\| \Delta_j \gamma \right\|_{L^2(\mathbb{R}^n)} 2^{\frac{jn}{2}} + \left\| \Delta_j F \right\|_{L^{q_2'}(L^{r_2'})} 2^{\frac{j}{q_2'}+\frac{j}{r_2'}} \right]\\
\leqslant &C2^{j\mu_1}\|\Delta_j\gamma\|_{L^2} + C2^{j\mu_{12}}\|\Delta_j F\|_{L^{q_2'}(L^{r_2'})}.
\end{aligned} \tag{2.100}
$$

同理亦有 (2.93).

就 (2.100) 两边同乘以 $2^{j\sigma}$, 然后再对两边取 ℓ^2 范数, 就得混合时空空间的 Strichartz 估计：

$$
\|\partial u\|_{\mathcal{L}^{q_1}(\dot{B}^{\sigma}_{r_1,2}(\mathbb{R}^n))} \leqslant C\|\gamma\|_{\dot{H}^{\mu_1+\sigma}} + C\|F\|_{\mathcal{L}^{q_2'}(\dot{B}^{\sigma+\mu_{12}}_{r_2',2})}. \tag{2.101}
$$

注意到 $q_1 \geqslant 2$, $q_2' \leqslant 2$, 利用 Minkowski 不等式可得 Besov 框架下的 Strichartz 估计.

定理 2.13　设 $\sigma \in \mathbb{R}$, 在定理 2.12 的条件下, 有如下形式的 Strichartz 估计：

$$
\|\partial u\|_{L^{q_1}(\dot{B}^{\sigma}_{r_1,2})} \leqslant C\|\gamma\|_{\dot{H}^{\mu_1+\sigma}} + C\|F\|_{L^{q_2'}(\dot{B}^{\sigma+\mu_{12}}_{r_2',2})} \tag{2.102}
$$

或

$$
\|u\|_{L^{q_1}(\dot{B}^{\sigma}_{r_1,2})} \leqslant C\|f\|_{\dot{H}^{\mu_1+\sigma}} + C\|g\|_{\dot{H}^{\mu_1+\sigma-1}} + C\|F\|_{L^{q_2'}(\dot{B}^{\sigma+\mu_{12}-1}_{r_2',2})}. \tag{2.103}
$$

注记 2.10　(i) 注意到 $\dot{B}^0_{r_1,2} \hookrightarrow L^{r_1}$, $L^{r_2'} \hookrightarrow \dot{B}^0_{r_2',2}$, 则定理 2.13 就意味着

$$
\begin{aligned}
&\|u\|_{L^{q_1}([0,T);L^{r_1})} + \|u\|_{C([0,T)(\dot{H}^{\mu_1})} + \|u\|_{C([0,T)(\dot{H}^{\mu_1-1})}\\
\leqslant &C\|f\|_{\dot{H}^{\mu_1}} + C\|g\|_{\dot{H}^{\mu_1-1}} + C\|F\|_{L^{q_2'}([0,T);L^{r_2'})},
\end{aligned} \tag{2.104}
$$

这里 $(q_j, r_j) \in \widetilde{\Lambda}$, $j = 1, 2$, 及

$$\mu_1 = \delta(r_1) - \frac{1}{q_1}, \quad \delta(r_1) + \delta(r_2) - \frac{1}{q_1} - \frac{1}{q_2} = 1.$$

(ii) 注意到能量估计及 $\dot{B}^0_{r,2} \hookrightarrow \dot{F}^0_{r,2} = L^r$, 则定理 2.13 就意味着

$$\begin{aligned}&\|u\|_{L^q([0,T);L^r)} + \|u\|_{C([0,T)(\dot{H}^\mu)} + \|u_t\|_{C([0,T)(\dot{H}^{\mu-1})}\\ \leqslant& C\|f\|_{\dot{H}^\mu} + C\|g\|_{\dot{H}^{\mu-1}} + C\|F\|_{L^1([0,T);\dot{H}^{\mu-1})},\end{aligned} \tag{2.105}$$

这里 $(q, r) \in \widetilde{\Lambda}$, 且 $\mu = \delta(r) - \dfrac{1}{q}$.

注记 2.11 (2.99) 对于任意的最佳波容许对成立就意味着对于任意的波容许对成立. 事实上, 对于任意的波容许对 $(q_1, r_1), (q_2, r_2) \in \widetilde{\Lambda}$, 总可以找到 $\tilde{r}_1 \leqslant r_1$, $\tilde{r}_2 \leqslant r_2$ 使得 $(q_1, \tilde{r}_1), (q_2, \tilde{r}_2) \in \Lambda$ 是 Sharp 型波容许对. 因此, (2.99) 对于 $(q_1, \tilde{r}_1)$ 与 $(q_2, \tilde{r}_2)$ 成立. 由 Bernstein 估计

$$\begin{cases}\|\Delta_0 u\|_{L^{q_1}_t L^{r_1}_x} \lesssim \|\Delta_0 u\|_{L^{q_1}_t L^{\tilde{r}_1}_x},\\ \|\partial\Delta_0 u\|_{L^{q_1}_t L^{r_1}_x} \lesssim \|\Delta_0 \partial u\|_{L^{q_1}_t L^{\tilde{r}_1}_x},\\ \|\Delta_0 f\|_{L^{q_2'}_t L^{r_2'}_x} \gtrsim \|\Delta_0 f\|_{L^{q_2'}_t L^{\tilde{r}_2'}_x},\end{cases}$$

这样一来, 对任意波容许对 (q_1, r_1), (q_2, r_2) 有

$$\|\Delta_0 u\|_{L^{q_1}_t L^{r_1}_x} \leqslant C(\|\Delta_0 u_0\|_2 + \|\Delta_0 u_1\|_2 + \|\Delta_0 f\|_{L^{q_2'}_t L^{r_2'}_x}).$$

下面我们给出端点 Strichartz 估计的一个应用. 考虑半线性波动方程

$$\begin{cases} u_{tt} - \Delta u = F_k(u), & k > 1,\\ u(x, 0) = f(x) \in \dot{H}^\gamma(\mathbb{R}^n), \\ \partial_t u(x, 0) = g(x) \in \dot{H}^{\gamma-1}(\mathbb{R}^n),\end{cases} \tag{2.106}$$

这里 u 是纯量或向量函数, 非线性项 $F_k(u) \in C^1$ 满足

$$\begin{cases}|F_k(u)| \lesssim |u|^k,\\ |uF_k(u)| \sim F_k(u).\end{cases} \tag{2.107}$$

我们总是寻求最小值 $\gamma = \gamma(k, n)$, 以保证 (2.106) 是局部适定性, 换言之, 保证 (2.106) 在 $\dot{H}^\gamma$ 中决定一个局部连续流. Kapitanskii[Ka1] 首次研究 $n = 3$ 的情形, 而 Lindblad 和 Sogge[LS1] 给出了几乎最好的结果. 记

$$k_0 = \begin{cases}\dfrac{(n+1)^2}{(n-1)^2+4}, & n \geqslant 3,\\ 3, & n = 2.\end{cases} \tag{2.108}$$

如果

$$\begin{cases} k_0 < k < \infty, & n = 2, 3, \\ k_0 < k \leqslant \dfrac{n+1}{n-3}, & n \geqslant 4, \end{cases} \tag{2.109}$$

特别, 当 $n \geqslant 4$, $F_k(u) \in C^\infty$ 时, (2.109) 中的亦可换成

$$k_0 \leqslant k < \infty, \qquad n \geqslant 4. \tag{2.110}$$

则对于

$$\gamma > \gamma(n,k) = \begin{cases} \dfrac{n+1}{4} - \dfrac{1}{k-1}, & k_0 < k \leqslant \dfrac{n+3}{n-1}, \\ \dfrac{n}{2} - \dfrac{2}{k-1}, & k \geqslant \dfrac{n+3}{n-1}, \end{cases} \tag{2.111}$$

问题 (2.106) 是局部适定的. 当 $k < k_0$ 时, 目前还没有最佳结果, 然而 Lindblad 和 Sogge[LS1] 对于

$$\gamma = \frac{n+1}{4} - \frac{(n+1)(n+5)}{4} \cdot \frac{1}{2nk - (n+1)}, \quad 1 + \frac{3}{n} < k < k_0, \tag{2.112}$$

证明了 (2.106) 的局部适定性.

下面用端点 Strichartz 时空估计, 建立 $k = k_0$ 时, 问题 (2.90) 的局部适定性.

定理 2.14　设 $n \geqslant 4$,

$$\gamma = \gamma_0 = \frac{n-3}{2(n-1)}, \quad k = k_0 = \frac{(n+1)^2}{(n-1)^2 + 4}. \tag{2.113}$$

那么, 对任意 $f(x) \in \dot{H}^\gamma$, $g(x) \in \dot{H}^{\gamma-1}$, 存在 $T = T(\|f\|_{\dot{H}^\gamma}, \|g\|_{\dot{H}^{\gamma-1}}) > 0$ 和 (2.106) 的唯一弱解 $u(t) \in C([0,T); \dot{H}^\gamma) \cap C^1([0,T); \dot{H}^{\gamma-1})$ 并且具有如下可积性

$$u \in L_t^{q_0}([0,T); L^{r_0}(\mathbb{R}^n)), \quad q_0 = \frac{2(n+1)}{n-3}, \quad r_0 = \frac{2(n^2-1)}{(n-1)^2+4}. \tag{2.114}$$

证明　今取 $\gamma = \gamma_0$, $(q, r) = (q_0, r_0)$ 及

$$(\tilde{q}, \tilde{r}) = \left(2, \frac{2(n-1)}{n-3}\right). \tag{2.115}$$

易见 (q, r) 和 $(\tilde{q}, \tilde{r})$ 是满足间隙条件 (2.56) 的两个波容许对. 采用端点 Strichartz 估计 (2.55) 来证明定理 2.14.

由标准的压缩映射技术, 构造完备度量空间

$$\begin{aligned} X = & X(T, M) = \{u \in L_t^q([0,T); L_x^r), \quad u(t) \in C[0,T); \dot{H}^\gamma) \\ & \cap C^1([0,T), \dot{H}^{\gamma-1}), \quad \|u\|_{L^q((0,T], L^r)} + \|u\|_{C([0,T); \dot{H}^\gamma)} \leqslant M\}, \\ & d(u,v) = \|u - v\|_{L^q([0,T], L^r(\mathbb{R}^n))}, \end{aligned}$$

这里 T, M 待定. 众所周知, 与 (2.106) 等价的积分方程是

$$\begin{aligned}u(t) =&\mathcal{F}^{-1}\cos|\xi|t\mathcal{F}f+\mathcal{F}^{-1}\frac{\sin|\xi|t}{|\xi|}\mathcal{F}g\\&+\int_0^t\mathcal{F}^{-1}\frac{\sin|\xi|(t-\tau)}{|\xi|}\mathcal{F}F_{k_0}(u(\tau))d\tau\\\equiv&S(t)(f,g)+GF_{k_0}(u).\end{aligned}\tag{2.116}$$

这样, 问题就转化为研究非线性映射

$$\mathcal{T}:\mathcal{T}u(t)=S(t)(f,g)+GF_{k_0}(u)\tag{2.117}$$

是否在合适的度量空间 X 中存在唯一的不动点. 今取 $M=6(\|f\|_{\dot{H}^\gamma}+\|g\|_{\dot{H}^{\gamma-1}})$, 由端点 Strichartz 估计可见

$$\begin{aligned}\|\mathcal{T}u(t)\|_X\leqslant&3(\|f\|_{\dot{H}^\gamma}+\|g\|_{\dot{H}^{\gamma-1}})+3C\|F_{k_0}(u)\|_{L^{\tilde{q}'}L_x^{\tilde{r}'}}\\\leqslant&M/2+3CT^{\frac{1}{\tilde{q}'}-\frac{k}{q}}\|u\|^k_{L^q([0,T);L^r)}\\=&\frac{M}{2}+3CT^{\frac{1}{2}-\frac{(n+1)(n-3)}{2(n-1)^2+8}}M^k,\end{aligned}\tag{2.118}$$

这里用到

$$r=\tilde{r}'k,\quad q>\tilde{q}'k.\tag{2.119}$$

另一方面, 注意到

$$\begin{aligned}|F_k(u)-F_k(v)|=&\left|\int_0^t\frac{d}{d\theta}F_k(\theta u+(1-\theta)v)d\theta\right|\\=&\left|\int_0^1(u-v)\cdot\nabla F_k(\theta u+(1-\theta)v)d\theta\right|\\\lesssim&|u-v|(|u|+|v|)^{k-1},\end{aligned}\tag{2.120}$$

$$\begin{aligned}d(\mathcal{T}u,\mathcal{T}v)\lesssim&\||u-v|(|u|+|v|)^{k-1}\|_{L^{\tilde{q}'}L_x^{\tilde{r}'}}\\\lesssim&T^{\frac{1}{\tilde{q}'}-\frac{k}{q}}\|u-v\|_{L_t^qL_x^r}\|(|u|+|v|)^{k-1}\|_{L_t^{\frac{q}{k-1}}L_x^{\frac{r}{k-1}}}\\\lesssim&M^{k-1}T^{\frac{1}{2}-\frac{(n+1)(n-3)}{2(n-1)^2+8}}d(u,v),\end{aligned}\tag{2.121}$$

这里用到 (2.119). 因此, 仅需取

$$M^{k-1}T^{1/2-\frac{(n+1)(n-3)}{2(n-1)^2+8}}\ll 1,\tag{2.122}$$

那么, (2.118), (2.121) 就可确保 $\mathcal{T}$ 是 $X(T,M)$ 到自身的压缩映射, 从而完成定理 2.14 的证明.

§5.3 非线性 Klein-Gordon 型方程的 Cauchy 问题的能量解

本节我们考虑如下非线性 Klein-Gordon 型方程

$$\square u = u_{tt} - \Delta u = -f(u), \quad (t,x) \in \mathbb{R} \times \mathbb{R}^n \tag{3.1}$$

的 Cauchy 问题

$$u(t_0) = \varphi(x), \quad u_t(t_0) = \psi(x), \quad x \in \mathbb{R}^n \tag{3.2}$$

在能量空间 $H^1 \oplus L^2(\mathbb{R}^n)$ 中的整体适定性, 这里 u 是定义在 $\mathbb{R} \times \mathbb{R}^n$ 上的复值 (或实值) 函数, $f(u)$ 是一个非线性函数. 特别, 当 $f(u)$ 取成如下特殊形式

$$f(u) = \lambda_0 u + \lambda u|u|^{p-1}, \quad \lambda_0 \geqslant 0, \quad 1 \leqslant p < \infty \tag{3.3}$$

时, (3.1) 就对应着经典的非线性波动方程 ($\lambda_0 = 0$) 和非线性 Klein-Gordon 方程 ($\lambda_0 > 0$). 沿用有关波方程通常所引入的记号, 例如

$$2\beta(r)/(n+1) = \gamma(r)/(n-1) = \delta(r)/n = \alpha(r) = (1/2 - 1/r) \tag{3.4}$$

来决定参数 $\beta(r)$, $\gamma(r)$, $\delta(r)$ 及 $\alpha(r)$; 其余记号恕不一一重复. 问题 (3.1), (3.2) 的经典研究主要有两种方法. 其一是紧性方法; 其二是压缩映射方法. 这两种方法本质上都是基于能量守恒律, 在能量空间 $X_e = H^1 \oplus L^2$ 的子空间中证明 (3.1), (3.2) 解的整体存在性. 自然, 欲使能量守恒律成立, 非线性相互作用项需要满足共形条件 $f(e^{i\omega}u) = e^{i\omega}f(u)$. 例如

$$f(u) = \sum_{j=1,2} \lambda_j |u|^{p_j-1}u, \quad 1 \leqslant p_1 \leqslant p_2 < \infty, \quad \lambda_j \geqslant 0. \tag{3.5}$$

然而, 解的唯一性需要限定 p_2. 例如, 就形如 (3.5) 的非线性相互作用函数, 利用紧性方法, 对任意的 $1 \leqslant p_1 \leqslant p_2 < \infty$, 可建立 (3.1), (3.2) 整体弱解的存在性. 而唯一性的研究进展缓慢, Segal 在 [Se1] 中借助于压缩方法, 在 $p_2 < 1 + \dfrac{2}{n-2}$ 情形下, 建立了 (3.1), (3.2) 在能量空间 X_e 中的整体存在性和唯一性. Glassey 和 Tsutsumi 在 [GT] 中证明, 当 $p_2 \leqslant 1 + \dfrac{4n}{(n+1)(n-2)}$ 时, 建立了问题 (3.1), (3.2) 整体弱解的唯一性. 人们试图在 $p_2 \leqslant 1 + \dfrac{4}{n-2}$ 情形下, 在能量空间 X_e 中建立 (3.1), (3.2) 的整体适定性, 但苦于没有合适的数学工具, 进展不大. 仅有的结果局限于在能量空间 X_e 子空间 (且 $n \leqslant 3$) 的特殊情形下, 得到这一结果, 见 [J] 和 [P1]. 自从 Segal I[Se2] 和 Strichartz [St4] 建立波动方程的时空估计之后, 这一面貌得到了很大改观, 各种

精细的 Strichartz 估计结合部分压缩映射技术, 彻底地解决 Klein-Gordon 型方程在次临界条件下在能量空间中的整体适定性, 见 [GV4]. 更值得一提的是, 对于临界增长的非线性波动方程的整体可解性, 也已基本解决 ($n \leqslant 7$) 详见 [Gr1], [SS2]. 本节的主旨就是建立问题 (3.1), (3.2) 在能量空间的整体适定性理论. 为行文之便, 先对 $f(z)$ 引入一些基本假设:

(H_1) $f(z) \in C^1(\mathbb{C}, \mathbb{C}), f(0) = 0$ 且对 $1 \leqslant p < \infty$ 满足估计

$$|f'(z)| = \max\left\{\left|\frac{\partial f}{\partial z}\right|, \left|\frac{\partial f}{\partial \bar{z}}\right|\right\} \leqslant C(1 + |z|^{p-1}), \qquad z \in \mathbb{C}. \tag{3.6}$$

(H_2) 存在函数 $V \in C^1(\mathbb{C}, \mathbb{R})$ 满足 $V(0) = 0, V(z) = V(|z|), z \in \mathbb{C}$ 使得 $f(z) = \dfrac{\partial V}{\partial \bar{z}}$. 对任意 $R > 0$, $V(z)$ 满足如下估计

$$V(R) > -a^2R^2, \quad a \geqslant 0. \tag{3.7}$$

在进行我们的讨论之前, 先回忆一下弱解的整体存在性定理. 记 $X = H^1 \cap L^{p+1}$, 则 $X' = H^1 + L^{(p+1)/p}$. 用 $\langle \cdot, \cdot \rangle$ 表示 L^2 中的内积. 对 $(u, u_t) \in (H^1 \cap L^{p+1}) \oplus L^2$, 那么 ($H_2$) 至少在形式上意味着能量守恒

$$E(u, u_t) = \|u_t\|_2^2 + \|\nabla u\|_2^2 + \int_\Omega V(u)dx = E(\varphi, \psi). \tag{3.8}$$

弱解整体存在性可表述为

定理 3.1 设 $f(u)$ 满足 (H_1) 和 (H_2), 若 $p + 1 > 2^* = \dfrac{2n}{n-2}$, 则需要进一步假设

$$V(\rho) \geqslant -a^2\rho^2 + C\rho^{p+1}, \quad C > 0, \quad \rho > 0. \tag{3.9}$$

设 $t_0 \in \mathbb{R}$, $(\varphi, \psi) \in X \oplus L^2$, 则问题 (3.1), (3.2) 存在一个解 u 满足

$$u \in (L^\infty_{\text{loc}} \cap C_w)(\mathbb{R}; X) \cap \text{Lip}(\mathbb{R}; L^2) \cap \bigcap_{2 \leqslant r < \max(p+1, 2^*)} C^{\mu(r)}(\mathbb{R}; L^2),$$

$$u_t \in L^\infty_{\text{loc}}(\mathbb{R}; X) \cap C_w(\mathbb{R}; X) \cap \text{Lip}(\mathbb{R}; X')$$

及估计式

$$\|u(t)\|_2 \leqslant e(E, t - t_0), \tag{3.10}$$

$$\|u_t\|_2^2 + \|\nabla u\|_2^2 + C\|u(t)\|_{p+1}^{p+1} \leqslant \dot{e}(E, t - t_0)^2, \tag{3.11}$$

这里

$$e(E, \tau) = \|\varphi\|_2 \text{ch}(a\tau) + (E(\varphi, \psi) + a^2\|\varphi\|_2^2)^{\frac{1}{2}} a^{-1} \text{sh}(a|\tau|). \tag{3.12}$$

进而如果映射 $u \to \int V(u)dx$ 是 X 上的有界集到 $\mathbb{R}$ 上的弱下半连续函数, 那么 $u(t)$ 满足能量不等式

$$E(u, u_t) \leqslant E(\varphi, \psi), \tag{3.13}$$

这里 $\mu(r) = 1 - \delta(r)\min\{1, \delta(p+1)^{-1}\}$, $\dot{e}(t)$ 是 $e(t)$ 关于 t 的导数.

注记 3.1　(i) 将 (H_1) 换成更弱的条件 $(\mathrm{H}_1)'$: $f(z) \in C(\mathbb{C}, \mathbb{C})$, 且对 $1 \leqslant p < \infty$ 满足

$$|f(z)| \leqslant C(|z| + |z|^p), \tag{3.6$'$}$$

则定理 3.1 仍然成立.

(ii) 定理 3.1 的证明参见 [Li]. 采用 Galerkin 方法, 对任意 t, 近似解在 $X \cap L^2(\mathbb{R}^n)$ 中弱收敛, 此意味着能量不等式 (3.12) 对任意的 t 成立. 估计 (3.10) 及 (3.11) 则是通过基本计算和有限维逼近得到的. 形式推导过程如下：由条件 (3.9) 及能量守恒量 (3.13), 容易看出

$$\begin{aligned} E = E(\varphi, \psi) \geqslant & \|u_t\|_2^2 + \|\nabla u\|_2^2 - a^2\|u\|_2^2 + C\|u\|_{p+1}^{p+1} \\ \geqslant & \|u_t\|_2^2 - a^2\|u\|_2^2. \end{aligned} \tag{3.14}$$

令 $y = a\|u(t)\|_2$, 则 y 满足

$$|\dot{y}| \leqslant a(E + y^2)^{\frac{1}{2}}. \tag{3.15}$$

注意到 $\displaystyle\int 1/\sqrt{1+x^2}dx = \mathrm{sh}^{-1}x$, 积分上式就得

$$\mathrm{sh}^{-1}\left(\frac{y}{\sqrt{E}}\right) \leqslant a(t - t_0) + \mathrm{sh}^{-1}\left(\frac{y_0}{\sqrt{E}}\right).$$

变形就推出：

$$\begin{aligned} |y| \leqslant & \sqrt{E}\mathrm{sh}(a(t-t_0))\mathrm{ch}\big(\mathrm{sh}^{-1}(|y_0|/\sqrt{E})\big) + |y_0|\mathrm{ch}(a(t-t_0)) \\ \leqslant & \sqrt{E + |y_0|^2}\mathrm{sh}(a(t-t_0)) + |y_0|\mathrm{ch}(a(t-t_0)). \end{aligned}$$

从而推出估计 (3.10). 最后, 将所得结果代入 (3.14) 的第一个不等式, 就得估计 (3.11).

下面我们采用时空估计的方法, 直接建立问题 (3.1), (3.2) 的适定性理论. 为方便起见, 在 $n \geqslant 2$ 情形下予以证明, 对于 $n = 1$ 的情形, 仅需适当修正即可. 依照标准的方法, 考虑与 (3.1), (3.2) 等价的积分方程

$$\begin{aligned} u(t,x) = & \dot{K}(t-t_0)\varphi + K(t-t_0)\psi - \int_{t_0}^{t} K(t-\tau)f(u(\tau))d\tau \\ \equiv & u^{(0)}(t) - F(t_0, u)(t) \equiv A(t_0, u^{(0)}(t), u(t)). \end{aligned} \tag{3.16}$$

若记

$$G(t_1,t_2,u(t)) = -\int_{t_1}^{t_2} K(t-\tau)f(u(\tau))d\tau, \tag{3.17}$$

那么

$$F(t_0,u) = G(t_0,t,u)(t), \quad F(t_2,u)-F(t_1,u) = G(t_1,t_2,u(t)). \tag{3.18}$$

对任意区间 $I \subset \mathbb{R}$ 和合适的 $l,\ q,\ r,\ q_1$, 我们记

$$\mathcal{X}_0(I) = L^q(I;L^l), \quad \mathcal{X}_1(I) = L^{q_1}(I,L^r). \tag{3.19}$$

引理 3.2 设 $n \geqslant 2, f(u)$ 满足 (H_1), $l,\ r,\ q_1,\ q$ 满足

$$\begin{cases} 1 \leqslant l,r,q,q_1 \leqslant \infty, \quad \text{且当 } n=2 \text{ 时, 要求 } 1<r<\infty, \\ \text{当 } n>3 \text{ 时,} \quad \text{要求} \quad |\gamma(r)| \leqslant 1. \end{cases} \tag{3.20}$$

$$\frac{(p-1)n}{l} \leqslant \min\{1+\gamma(r), n(1-\gamma(r))\}, \tag{3.21}$$

$$(p-1)/q + 1/q_1 \leqslant 1, \tag{3.22}$$

$$\eta_1 = 2-(p-1)\left(\frac{n}{l}+\frac{1}{q}\right) > 0. \tag{3.23}$$

设 I 是 $\mathbb{R}$ 有界区间, $u \in \mathcal{X}_0(I)\cap\mathcal{X}_1(I)$, 则有如下结论:

(1) 对任意 $t_0 \in I, F(t_0,u) \in \mathcal{X}_1(I)$ 且 $F(t_0,u)$ 是变量 t_0 的取值在 $\mathcal{X}_1(I)$ 上的连续函数, 对于 $t_0 \in I$ 和任意 $u_1,u_2 \in \mathcal{X}_0(I)\cap\mathcal{X}_1(I)$, 有如下估计

$$\begin{aligned}\|F(t_0,u_1)-F(t_0,u_2)\|_{\mathcal{X}_1(\mathcal{I})} \leqslant C_1\|u_1-u_2;\mathcal{X}_1(I)\| \times \{|I|^2 \\ + |I|^{\eta_1}\sum_{j=1}^2 \|u_j;\mathcal{X}_0(I)\|^{p-1}\}.\end{aligned} \tag{3.24}$$

(2) 对任意 $t_1,t_2 \in I, G(t_1,t_2,u) \in \mathcal{X}_{1,\mathrm{loc}}(\mathbb{R})$. 对任意有界区间 $J \subset \mathbb{R}, G(t_1,t_2,u)$ 是变量 t_1,t_2 的取值在 $\mathcal{X}_1(J)$ 上的连续函数. 对任意 $t_1,t_2 \in I,\ u_1,u_2 \in \mathcal{X}_1(I)\cap\mathcal{X}_0(I)$ 及任意有界区间 $J \supset I$, 有如下估计

$$\begin{aligned}&\|G(t_1,t_2,u_1)-G(t_1,t_2,u_2);\mathcal{X}_1(J)\| \\ \leqslant& C_1\,\|u_1-u_2;\mathcal{X}_1([t_1,t_2])\|\cdot\{|J|^2+|J|^{\eta_1}\sum_{j=1}^2\|u_j;\mathcal{X}_0([t_1,t_2])\|^{p-1}\}.\end{aligned} \tag{3.25}$$

(3) 对任意 $t_0 \in I, F(t_0,u)$ 在 $\mathcal{S}'(I\times\mathbb{R}^n)$ 上满足 $\Box F(t_0,u) = f(u)$, 并且对任意 $t_1,t_2 \in I, G(t_1,t_2,u)$ 在 $\mathcal{S}'(\mathbb{R}^{n+1})$ 意义下满足 $\Box G(t_1,t_2,u) = 0$.

证明 先来证明 (1) 和 (2). 由 (H_1) 可将 f 分解成 $f=f_1+f_2$, 并且满足

$$|f_1'(z)|\leqslant C,\quad |f_2'(z)|\leqslant C|z|^{p-1},$$

这样可分别估计 f_1 和 f_2 对非线性函数 F 及 G 的贡献. 由线性 Klein-Gordon 方程解的 L^r-L^s 估计可见

$$\|K(t)u\|_r\leqslant C|t|^{1-\delta(r)+\delta(s)}\|u\|_s, \tag{3.26}$$

这里要求

$$\begin{cases}0\leqslant \delta(r)-\delta(s)\leqslant \min\{1+\gamma(r),n(1-\gamma(r))\},\\ \quad 1<r,s<\infty,\quad n=2.\end{cases} \tag{3.27}$$

对于函数 $f_1(z)$, 取 $r=s$, 就有

$$\|K(t-\tau)(f_1(u_1(\tau))-f_1(u_2(\tau)))\|_r\leqslant C|t-\tau|\cdot\|u_1(\tau)-u_2(\tau)\|_r. \tag{3.28}$$

而对于 $f_2(z)$, 则有估计

$$\begin{aligned}&\|K(t-\tau)(f_2(u_1(\tau))-f_2(u_2(\tau)))\|_r\\ \leqslant& C|t-\tau|^{1-\delta(r)+\delta(s)}\|f_2(u_1(\tau))-f_2(u_2(\tau))\|_s\\ \leqslant& C|t-\tau|^{1-\delta(r)+\delta(s)}\|u_1(\tau)-u_2(\tau)\|_r\\ &\times\{\|u_1(\tau)\|_l^{p-1}+\|u_2(\tau)\|_l^{p-1}\},\end{aligned} \tag{3.29}$$

这里

$$(p-1)n/l=\delta(r)-\delta(s). \tag{3.30}$$

由 (3.21) 知此式确定的 s 恰满足 (3.27). 注意到 (3.22), (3.23) 及

$$\begin{cases}\dfrac{1}{q_1}+1=\dfrac{1}{q_1}+1,\\ \dfrac{1}{q_1}+1=\left(\dfrac{p-1}{q}+\dfrac{1}{q_1}\right)+\dfrac{1}{y},\quad y=\left(1-\dfrac{p-1}{q}\right)^{-1}.\end{cases} \tag{3.31}$$

分别将 (3.28), (3.29) 代入 F 和 G 的表达式, 关于变量 t 使用 Young 不等式就得估计 (3.24), (3.25). $G(t_1,t_2,u(t))$ 关于 t_1,t_2 的连续性可由 (3.25) 直接得到. 而 $F(t_0,u(t))$ 关于 t_0 的连续性则由 (3.18) 及 $G(t_1,t_2,u(t))$ 的连续性直接推得.

至于 (3), 由广义解的定义及泛函对偶技巧, 直接计算就得到. 它本质上给出了积分方程 (3.16) 与问题 (3.1), (3.2) 在广义解意义下是等价的. 同时给出不同初始时刻对应的积分方程 (3.16) 之间的关系. 作为引理 3.2 的直接结论, 我们有

推论 3.3 设 $n\geqslant 2$, $f(u)$ 满足条件 (H_1), l, r, q 和 q_1 满足 (3.20)~(3.23). 设 I 是 $\mathbb{R}$ 中有界开区间, $u\in\mathcal{X}_1(I)\cap\mathcal{X}_0(I)$. 则

(1) $u(t,x)$ 在 $\mathcal{S}'(I\times\mathbb{R}^n)$ 下满足 (3.1) 的充分必要条件是：对任意 $t_0\in I$, $u^{(0)}\equiv u(t)-F(t_0,u(t,x))$ 在 $\mathcal{S}'(I\times\mathbb{R}^n)$ 意义下满足 $\Box u^{(0)}=0$.

(2) 如果 $u(t)$ 满足 (3.16), 则对任意 $t_1\in I$, $u(t)$ 满足积分方程 $u(t)=A(t_1,u^{(1)};u)$, 这里

$$u^{(1)}=u^{(0)}+G(t_0,t_1;u(t,x)),\tag{3.32}$$

并且 $u^{(1)}$ 是变量 t_1 的取值在 $\mathcal{X}_1(I)$ 中连续函数.

注记 3.2 在引理 3.2 及推论 3.3 中, 若区间 I 换成无限区间, 此时仅需将 $\mathcal{X}_j(j=0,1)$ 换成 $\mathcal{X}_{j,\mathrm{loc}}$, 相应的结论仍然成立.

定理 3.4 设 $n\geqslant 2$, l, r, q, q_1 满足 (3.20)~(3.23), $f(u)$ 满足 (H_1). 设 $I\subset\mathbb{R}$ 是一开区间, $t_0\in I, u^{(0)}\in\mathcal{X}_{1,\mathrm{loc}}(I)$, 则方程 (3.16) 在 $\mathcal{X}_{1,\mathrm{loc}}(I)\cap\mathcal{X}_{0,\mathrm{loc}}(I)$ 中至多有一个解.

证明 设 u_1,u_2 是积分方程 (3.16) 具有相同初始函数的解, 则 u_1-u_2 满足

$$u_1-u_2=F(t_0,u_1)-F(t_0,u_2).\tag{3.33}$$

取 J 是含 t_0 的充分小的区间, 满足

$$C_1\{|J|^2+|J|^{\eta_1}\sum_{j=1}^{2}\|u_j;\mathcal{X}_0(J)\|^{p-1}\}\leqslant\frac{1}{2}.\tag{3.34}$$

那么, 在估计 (3.24) 中用 J 来代替 I, 利用 (3.34) 式, 就有

$$\|u_1-u_2\|_{\mathcal{X}_1(I)}\leqslant\frac{1}{2}\|u_1-u_2\|_{\mathcal{X}_1(I)}.\tag{3.35}$$

从而推得 $u_1\equiv u_2$, $t\in J$. 重复利用这一过程, 可推得在整个区间 I 上, 有 $u_1\equiv u_2$.

注记 3.3 定理 3.4 对充分大的 p 也是有效的. 事实上, 对给定 $1<p<\infty$, 可选

$$\gamma(r)=\frac{n-1}{n+1},q_1=\infty,\quad (\text{对应着}1-\gamma(r)=n(1-\gamma(r))\text{情形}).$$

此时, 条件 (3.21), (3.22) 就变成了

$$(p-1)n/l\leqslant\frac{2n}{n+1},\quad \frac{p-1}{q}\leqslant 1.\tag{3.36}$$

由此可见, 仅需取 l,q 充分大, 就可保证上式与 (3.23) 成立. 然而, 在此情形下, 有限能量解 u 属于 $L^{\infty}_{\mathrm{loc}}(\mathbb{R},L^r)$ $\left(\gamma(r)=\dfrac{n-1}{n+1}\right)$. 但对充分大的 l 或 q, 一般来讲, 有限能量解 $u(t)$ 并不一定属于 $\mathcal{X}_{0,\mathrm{loc}}(\mathbb{R})$. 事实上, 仅当 $1-\dfrac{n}{2}\geqslant-\dfrac{n}{l}-\dfrac{1}{q}$ 时, 有限能量解

$u(t)$ 才属于 $\mathcal{X}_{0,\mathrm{loc}}(\mathbb{R})$, 此条件与 (3.23) 恰是条件 $p < 1 + \dfrac{4}{n-2}$, 这正是保证能量解唯一的条件.

引理 3.5　设 $n \geqslant 2$, $0 \leqslant \gamma(r) \leqslant 1$, 则 $K(t)$ 满足如下估计

$$\|K(t)u; \dot{B}^{\rho}_{r,2}\| \leqslant C|t|^{-\mu}\|u; \dot{B}^{\bar{\rho}}_{\bar{r},2}\|, \tag{3.37}$$

这里要求 ρ, $\bar{\rho}$, $\bar{r}$, μ 满足

$$0 \leqslant 1 + \mu = \delta(r) + \rho - \delta(\bar{r}) - \bar{\rho} \leqslant \frac{1}{2}(\gamma(r) - \gamma(\bar{r}))(1 + 1/\gamma(r)) \leqslant 1 + \gamma(r). \tag{3.38}$$

特别, 上式意味着 $|\gamma(\bar{r})| \leqslant \gamma(r)$.

证明　线性波动方程解的 $L^{r'} - L^r$ 估计是

$$\|K(t)u; \dot{B}^{\rho}_{r,2}\| \leqslant C|t|^{-\gamma(r)}\|u; \dot{B}^{\rho+2\beta(r)-1}_{r',2}\|, \ \frac{1}{r} + \frac{1}{r'} = 1. \tag{3.39}$$

由乘子估计与插值公式, 容易看出

$$\|K(t)u; \dot{B}^{\rho}_{r,2}\| \leqslant C|t| \cdot \|u; \dot{B}^{\rho}_{r,2}\|. \tag{3.40}$$

注意到 $|\sin y| \leqslant |y|$ 及振荡积分估计式

$$\begin{aligned}\|K(t)\varphi_k\|_\infty &= (2\pi)^{-\frac{n}{2}}\left|\int \frac{\sin t|\xi|}{|\xi|}\hat{\varphi}_k(\xi)e^{ix\cdot\xi}d\xi\right| \\ &\leqslant (2\pi)^{-\frac{n}{2}}2^{nk}|t| \cdot \|\hat{\varphi}_0\|_1,\end{aligned} \tag{3.41}$$

这里 $\{\varphi_j\}$ 是齐次 Besov 空间的分解定义中的单位分解函数列. 容易看出

$$\|K(t)(u * \varphi_j)\|_2 \leqslant |t| \cdot \|u * \varphi_j\|_2, \tag{3.42}$$

$$\begin{aligned}\|K(t)(u * \varphi_j)\|_\infty &\leqslant \sum_{|k-j|\leqslant 1}\|K * \varphi_k\|_\infty \|u * \varphi_j\|_1 \\ &\leqslant 2(2\pi)^{-\frac{n}{2}}|t|2^{nk}\|\hat{\varphi}_0\|_1\|u * \varphi_j\|_1.\end{aligned} \tag{3.43}$$

对 (3.42), (3.43) 进行插值, 并利用齐次 Besov 空间的定义, 可得

$$\|K(t)u; \dot{B}^{\rho}_{r,2}\| \leqslant C|t| \cdot \|u; \dot{B}^{\rho+2\delta(r)}_{r',2}\|, \tag{3.44}$$

先对 (3.39) 与 (3.44) 插值就有

$$\|K(t)u; \dot{B}^{\rho}_{r,2}\| \leqslant C|t|^{-\gamma(r)\theta+(1-\theta)}\|u; \dot{B}^{\rho+2\delta(r)-\gamma(r)\theta-\theta}_{r',2}\|, \tag{3.45}$$

这里 $0 \leqslant \theta \leqslant 1$ 待定. 对 (3.40) 与 (3.45) 进行插值, 就得估计 (3.37), 此时, 相应指标满足

$$\begin{cases} \left(1-\dfrac{1}{r}\right)\tilde{\theta}+\dfrac{1-\tilde{\theta}}{r}=\dfrac{1}{\bar{r}}, \\ (\rho+2\delta(r)-\gamma(r)\theta-\theta)\tilde{\theta}+\rho(1-\tilde{\theta})=\bar{\rho}, \\ -\mu=[-\gamma(r)\theta+(1-\theta)]\tilde{\theta}+(1-\tilde{\theta}). \end{cases} \tag{3.46}$$

直接验算, (3.46) 的第一个等式意味着 $2\delta(r)\tilde{\theta}=\delta(r)-\delta(\bar{r})$, 将此代入 (3.46) 后两个式子, 就得

$$\begin{cases} \bar{\rho}=\delta(r)-\delta(\bar{r})-(\gamma(r)+1)\theta\tilde{\theta}+\rho, \\ 1+\mu=(\gamma(r)+1)\theta\tilde{\theta}. \end{cases} \tag{3.47}$$

于是, 将 (3.47) 的第一式代入第二式, 就知 (3.38) 式的第一个不等式成立. 进而, 注意到 $0 \leqslant \theta \leqslant 1$ 及

$$[\delta(r)-\delta(\bar{r})]/2\delta(r)=[\gamma(r)-\gamma(\bar{r})]/2\gamma(r)=\tilde{\theta},$$

从而条件 (3.38) 满足.

对任意区间 $I \subset \mathbb{R}$ 及合适的 ρ, r, q. 记 $\mathcal{X}_2(I)=L^q(I,\dot{B}^{\rho}_{r,2})$. 同时, 记 $B_j(I,R)$ 是 $\mathcal{X}_j(I)$ $(j=1,2)$ 中以原点为中心, 半径为 R 的闭球. 则有如下非线性估计:

引理 3.6 设 $n \geqslant 2$, $f(u)$ 满足 (H_1). 设 ρ, r, q 满足 $0 \leqslant \rho < 1$ 及

$$0 \leqslant \gamma(r) \leqslant \frac{n-1}{n+1}, \tag{3.48}$$

$$(p-1)\left(\frac{n}{r}-\rho\right) \leqslant 1+\gamma(r), \tag{3.49}$$

$$p \leqslant q, \tag{3.50}$$

$$\eta_2 \equiv 2-(p-1)\left(\frac{n}{r}-\rho+\frac{1}{q}\right)>0. \tag{3.51}$$

设 I 是有界开区间, $t_0 \in I$, $u(t) \in \mathcal{X}_2(I)$, 则有

(1) $F(t_0,u) \in \mathcal{X}_2(I)$ 且满足如下估计:

$$\|F(t_0,u);\mathcal{X}_2(I)\| \leqslant C_2\{|I|^2\|u;\mathcal{X}_2(I)\|+|I|^{\eta_2}\|u;\mathcal{X}_2(I)\|^p\}. \tag{3.52}$$

(2) 对任意有界区间 $J \supset I$ 及任意 $t_1,t_2 \in I, G(t_1,t_2,\varphi)$ 是变量 t_1,t_2 的取值在 $\mathcal{X}_2(J)$ 上的连续函数. 并且满足如下估计:

$$\begin{aligned}\|G(t_1,t_2,u);\mathcal{X}_2(J)\| \leqslant & C_2\{|J|^2\|u;\mathcal{X}_2([t_1,t_2])\| \\ &+|J|^{\eta_2}\|u;\mathcal{X}_2([t_1,t_2])\|^p\}.\end{aligned} \tag{3.53}$$

证明 类似引理 3.2 的证明, 将 f 分解成 $f = f_1 + f_2$ 来分别予以估计. 我们仅来考虑 $f_2(u)$ 对应的估计 (取 $p = 1$ 就得 $f_1(u)$ 对应的项的估计). 由引理 3.5 及非线性函数在齐次 Besov 空间中的估计, 容易看出

$$\begin{aligned}\|K(t-\tau)f_2(u);\dot{B}^{\rho}_{r,2}\| &\leqslant C|t-\tau|^{-\mu}\|f_2(u);\dot{B}^{\bar{\rho}}_{\bar{r},2}\|\\ &\leqslant C|t-\tau|^{-\mu}\|u;\dot{B}^{\rho}_{r,2}\|^p,\end{aligned} \tag{3.54}$$

这里 $\bar{\rho} \leqslant \rho$ 且 $p\left(\dfrac{n}{r}-\rho\right) = \dfrac{n}{\bar{r}} - \bar{\rho}$, 或等价地有

$$(p-1)\left(\frac{n}{r}-\rho\right) = \rho + \delta(r) - \bar{\rho} - \delta(\bar{r}) = 1 + \mu. \tag{3.55}$$

本质上, 取 $\bar{\rho} = \rho$, (3.54) 就是 Cazenave 和 Weissler 在 [CW1] 中的给出的非线性估计, $\bar{r}$ 的选取则是由

$$0 \leqslant \delta(r) - \delta(\bar{r}) \leqslant (p-1)\left(\frac{n}{r}-\rho\right) \leqslant \frac{1}{2}(\gamma(r)-\gamma(\bar{r}))\left(1+\frac{1}{\gamma(r)}\right) \leqslant 1 + \gamma(r)$$

来确定. 对于满足 (3.48) 的 r, 容易找到 $\bar{r}$ 满足上述要求. 现将 (3.54) 代入 F 和 G, 注意到 (3.50), (3.51) 及 Young 不等式, 容易推得 (3.52), (3.53) 成立.

定理 3.7 设 $n \geqslant 2$, $f(u)$ 满足 (H_1), ρ, r, q, q_1, 满足 $0 \leqslant \rho < 1$, $1 \leqslant q \leqslant q_1 \leqslant \infty$ 及 (3.48)~(3.51), 则对任意 $R > 0$, 存在 $T(R) > 0$, 使得对任意 $t_0 \in \mathbb{R}$ 和 $u^{(0)} \in B_2(I,R) \cap \mathcal{X}_1(I)$, $I = [t_0 - T(R), t_0 + T(R)]$, 积分方程 (3.16) 在 $B_2(I,2R) \cap \mathcal{X}_1(I)$ 中存在解 $u(t)$ 且满足估计

$$\|u;\mathcal{X}_1(I)\| \leqslant 2\|u^{(0)};\mathcal{X}_1(I)\|. \tag{3.56}$$

进而, 此解在 $\mathcal{X}_1(I) \cap \mathcal{X}_2(I)$ 中是唯一的.

证明 取 $\dfrac{n}{l} = \dfrac{n}{r} - \rho$, 条件 (3.48)~(3.51) 意味着 (3.21)~(3.23) 在 $\eta_1 = \eta_2 = \eta$ 成立. 注意到 Sobolev 嵌入定理 $\dot{B}^{\rho}_{r,2} \hookrightarrow L^l$, 就有 $\mathcal{X}_2(\cdot) \hookrightarrow \mathcal{X}_0(\cdot)$ 且

$$\|u\|_l \leqslant C_3\|u;\dot{B}^{\rho}_{r,2}\|, \quad \|u;\mathcal{X}_0(I)\| \leqslant C_3\|u;\mathcal{X}_2(I)\|. \tag{3.57}$$

取 $R = 2\|u^{(0)}\|_{\mathcal{X}_1(I)}$, $T = T(R)$ 充分小, 使得

$$C_1\{(2T)^2 + (2T)^{\eta}2(2C_3R)^{p-1}\} \leqslant \frac{1}{2}, \tag{3.58}$$

$$C_2\{(2T)^2 + (2T)^{\eta}(2R)^{p-1}\} \leqslant \frac{1}{2}. \tag{3.59}$$

那么, 由引理 3.2 及引理 3.6 就有

$$\|A(t_0,u^{(0)}(t),u(t))\|_{\mathcal{X}_1(I)\cap\mathcal{X}_2(I)} \leqslant 2R, \tag{3.60}$$

$$\|A(t_0,u^{(0)}(t),u(t))-A(t_0,u^{(0)}(t),v(t))\|_{\mathcal{X}_1(I)}\leqslant\frac{1}{2}\|u-v;\mathcal{X}_1(I)\|. \tag{3.61}$$

因此, 映射 $A(t_0,u^{(0)}(t),u(t))$ 是 $S=B_2(I,2R)\cap\mathcal{X}_1(I)$ 到自身的部分压缩映射 (在 $\mathcal{X}_1(I)$ 范数意义下). 对任意 $R_1>0$, 因为 $B_1(I,R_1)\cap B_2(I,2R)$ 是 $\mathcal{X}_1(I)\cap\mathcal{X}_2(I)$ 中的 w^* 紧集, 自然它也是 $\mathcal{X}_1(I)$ 中的 w^* 拓扑下的紧集. 因此, 它也是 $\mathcal{X}_1(I)$ 中的闭集, 这说明 S 是 $\mathcal{X}_1(I)$ 中的闭集. 利用压缩映射原理, 就得定理 3.7.

注记 3.4 由定理 3.7 可以看出, (3.49)~(3.51) 本质上给出了 p 的上限. 当然, 最佳的情形是 $\rho\preceq 1$, $\gamma(r)=\dfrac{n-1}{n+1}$, $q=q_1=\infty$ ($\preceq$ 表示小于且可以任意接近). 此时, 条件 (3.49)~(3.51) 就成了

$$(p-1)\left(\frac{n}{2}-\frac{n}{n+1}-1\right)<\frac{2n}{n+1}$$

或等价于

$$(p-1)\left(\frac{n}{2}-\frac{3}{2}-\frac{1}{n}\right)<2. \tag{3.62}$$

显然此条件要比 $p<1+\dfrac{4}{n-2}$ 要弱. 由此可以看出, 当 $n\leqslant 3$ 时, 对 p 没有上界限制. 然而, 类似于定理 3.4, 仅当 ρ, r, q 不太大时, 才能保证有限能量解属于 $\mathcal{X}_2(I)$.

现来讨论问题 (3.1), (3.2) 或 (3.16) 的有限能量解的整体适定性. 为此, 引入能量空间

$$X_e=\{(\varphi,\psi);\varphi\in H^1,\psi\in L^2\}=H^1\oplus L^2. \tag{3.63}$$

对任意 $(\varphi,\psi)\in X_e$, 与此对应的自由 Klein-Gordon 方程 Cauchy 问题的解是

$$u^{(0)}(t)=\dot{K}(t-t_0)\varphi+K(t-t_0)\psi\in C(\mathbb{R},H^1). \tag{3.64}$$

作为波动方程时空估计的特例, $u^{(0)}(t)$ 满足:

引理 3.8 设 $n\geqslant 2$, ρ,r,q 满足

$$\begin{cases}0\leqslant\delta(r)\leqslant\dfrac{n}{2},\\ -1\leqslant\sigma\equiv\rho+\delta(r)-1<\dfrac{1}{2},\\ \sigma\leqslant\gamma(r)/2.\end{cases} \tag{3.65}$$

$$\frac{1}{q}=\max(0,\sigma). \tag{3.66}$$

则对任意 $(\varphi,\psi)\in X_e$, $u^{(0)}(t)\in\mathcal{X}_2(\mathbb{R})$ 且满足如下时空估计

$$\|u^{(0)}(t),\mathcal{X}_2(\mathbb{R})\|\leqslant C(\|\psi\|_2+\|\nabla\varphi\|_2). \tag{3.67}$$

借助于上述时空估计, 我们就有如下结果:

定理 3.9 (i) 设 $n \geqslant 2$, $f(u)$ 满足 (H_1) 且 $p < 1 + \dfrac{4}{n-2}$. 则存在 q, r, ρ 满足 $0 \leqslant \rho < 1$ 及 (3.48)∼(3.51), (3.65) 及 (3.66).

(ii) 现记 $\mathcal{X}_1$ 和 $\mathcal{X}_2$ 是由 (i) 给出的 ρ, r, q 及 $q_1 \geqslant q$ 确定的函数空间, 那么, 对任意 $t_0 \in \mathbb{R}$ 和任意的 $(\varphi, \psi) \in X_e$, 存在 $T = T(\|(\varphi, \psi), X_e\|) > 0$ 使得 (3.16) 在 $\mathcal{X}_1(I) \cap \mathcal{X}_2(I)$ 中有唯一的解, 这里 $I = [t_0 - T, t_0 + T]$.

(iii) 对任意 $(\varphi, \psi) \in X_e$ 及任意区间 I, 若 $t_0 \in I$, 积分方程 (3.16) 在 $\mathcal{X}_{1,\mathrm{loc}}(I) \cap \mathcal{X}_{2,\mathrm{loc}}(I)$ 中最多有一个解.

证明 (i) 根据 (3.65) 式, 条件 (3.49) 就变成

$$(p-1)(n/2 - 1 - \sigma) \leqslant 1 + \gamma(r). \tag{3.68}$$

利用 (3.66), 条件 (3.49), (3.50) 分别变成了

$$p\sigma \leqslant 1, \tag{3.69}$$

$$p < 1 + 4/(n-2). \tag{3.70}$$

下面来证明对任意 p 满足 (3.70), 总可选取 r 和 σ 满足其余的条件, 即 $0 \leqslant \rho < 1$ 及 (3.48), (3.65), (3.68), (3.69). 事实上, 如果 $p-1 \leqslant 4/(n-1)$, 可取 $\rho = 0$, 此时, 如果 σ 取负值, 显然其他条件均成立. 如果 $p-1 \geqslant 4/(n-1)$, 则可取 $\gamma(r) = (n-1)/(n+1)$, 此时 (3.68) 就是

$$\sigma \geqslant n/2 - 1 - 2n/[(n+1)(p-1)],$$

它是 p 的一个增长函数. 对于 (3.70) 中 p 的上限, σ 对应的下限是

$$\sigma \geqslant n/2 - 1 - n(n-2)/[2(n+1)] = (n-2)/2(n+1). \tag{3.71}$$

这恰好与 (3.65) 中的上界条件 $\sigma \leqslant (n-2)/2(n+1)$ 及 (3.69) 中确定的上界条件 $\sigma \leqslant (n-2)/(n+2)$ 相容, 而条件 $0 \leqslant \rho < 1$ 自然满足. 因此 (i) 得证.

(ii) 对任意满足 (3.48) 的 r 及任意 q_1, 均有 $u^{(0)}(t) \in \mathcal{X}_{1,\mathrm{loc}}(R)$. 因此借助于时空估计 (3.67) 及定理 3.7 就得 (ii).

(iii) 类似于定理 3.7 的证明, 取 $\dfrac{n}{l} = \dfrac{n}{r} - \rho$, 由 (i) 的结果, 引理 3.8 及定理 3.4 就得 (iii).

下面我们来讨论 (3.1), (3.2) 或 (3.16) 的整体可解性, 在 $f(u)$ 满足 (H_2) 的条件下, 定理 3.9 所得的解满足能量守恒律

$$E(u, u_t) = \|u_t\|_2^2 + \|\nabla u\|_2^2 + \int_{\mathbb{R}^n} V(u(t))dx = E(\varphi, \psi). \tag{3.72}$$

显然, 由 (H_2) 形式验算就得 (3.72). 我们目的就是在能量解的意义下严格证明能量等式 (3.72). 为此, 需要通过正则化方程, 来构造光滑的逼近解的途径来实现这一目的. 记 $h_0(x) \in C_c^\infty(\mathbb{R}^n)$ 且 $\|h_0\|_1 = 1$. 对任意的自然数 j, 定义 $h_j(x) = j^n h_0(jx)$ 及

$$f_j(u) = h_j * f(h_j * u), \tag{3.73}$$

$$E_j(u,v) = \|v\|_2^2 + \|\nabla u\|_2^2 + \int V(h_j * u)dx. \tag{3.74}$$

现考虑 (3.16) 的正则化形式

$$u = h_j * u^{(0)} + F_j(t_0, u) \equiv A_j(t, u^{(0)}; u(t)), \tag{3.75}$$

这里 F_j 中 (3.18) 是将 F 中的 $f(u)$ 换成 $f_j(u)$. 关于正则化方程 (3.75), 我们有如下结果:

引理 3.10 设 $n \geqslant 2$, $f(u)$ 满足 (H_1) 且 $p < 1 + \dfrac{4}{n-2}$. 设 ρ, r, q, q_1 满足定理 3.9 的 (i) 所满足的条件, 则

(i) 定理 3.9 的结论 (ii) 对正则化方程 (3.75) 仍然成立, 且具有相同的 T(不依赖于 j).

(ii) (3.75) 的解 u_j 在 $\mathcal{X}_1(I)$ 意义下收敛于 (3.16) 的解.

证明 注意到由 h_j* 决定的算子是 L^r 或 $\dot{B}^{\rho}_{r,2}$ 上的收缩算子. 因此, 将 $f(u)$ 换成 $f_j(u)$, 前面建立的估计及结果均成立. 从而 (i) 得证.

下面证明 (ii). 注意到

$$\begin{aligned} h_j * f(h_j * u_j) - f(u) = {} & h_j * f(u) - f(u) + h_j * \bigg\{ \int_0^1 f'\big(\theta h_j * u_j \\ & + (1-\theta)u\big) \cdot \big(h_j * u - u + h_j * (u_j - u)\big) d\theta \bigg\}. \end{aligned} \tag{3.76}$$

由引理 3.2 的估计 (3.24), 可见

$$\begin{aligned} \|u_j - u; \mathcal{X}_1(I)\| \leqslant {} & \|h_j * u^{(0)}(t) - u^{(0)}(t); \mathcal{X}_1(I)\| \\ & + C_1[\|h_j * u - u; \mathcal{X}_1(I)\| + \|h_j * (u_j - u); \mathcal{X}_1(I)\|] \\ & \times \Big\{ |I|^2 + |I|^{\eta_1} \sum_{j=1}^{2} [\|h_j * u_j; \mathcal{X}_0(I)\|^{p-1} + \|u; \mathcal{X}_0(I)\|^{p-1}] \Big\}. \end{aligned} \tag{3.77}$$

因为 $\|u_j; \mathcal{X}_0(I)\|$, $\|u; \mathcal{X}_0(I)\|$ 有界, $I = [t_0 - T, t_0 + T]$. 故在 $\tilde{I} = \left[t_0 - \dfrac{T}{m}, t_0 + \dfrac{T}{m}\right]$ 上, 只要 m 适当大, 就有

$$\|u_j - u; \mathcal{X}_1(\tilde{I})\| \to 0, \quad j \to \infty.$$

重复上面步骤, 将 t_0 平移到 $t_0-\frac{T}{m}$, 或 $t_0+\frac{T}{m}$ 处, 就得

$$\|u_j-u;\mathcal{X}_1(I)\|\to 0,\quad j\to\infty.$$

引理 3.11 设 $u_j(t,x)$ 是正则化积分方程 (3.75) 的解, 则它满足如下性质:

(i) 对任意自然数 k, $(u_j,\dot{u}_j)\in C^1(I,H^{k+1}\oplus H^k)$ 且 u_j 满足方程

$$\Box u_j+f_j(u_j)=0. \tag{3.78}$$

(ii) 设 $f(u)$ 满足 (H_2), $p<1+\frac{4}{n-2}$. 则 u_j 满足能量守恒律

$$E_j(u_j(t),\dot{u}_j(t))=E_j(h_j*\varphi,h_j*\psi)\equiv E_j \tag{3.79}$$

及能量不等式

$$\|u_j(t)\|_2\leqslant e(E_j,t-t_0)\leqslant e(\bar{E},t-t_0), \tag{3.80}$$

$$\|\dot{u}_j\|_2^2+\|\nabla u_j(t)\|_2^2\leqslant \dot{e}(E_j,t-t_0)^2\leqslant \dot{e}(\bar{E},t-t_0)^2, \tag{3.81}$$

这里 $e(E,t)$ 同 (3.12) 表达式, $\bar{E}=\sup_j E_j<\infty$. 特别, $(u_j(t),\dot{u}_j(t))$ 关于 j 在 $H^1\oplus L^2$ 中一致有界.

证明 (i) 的证明是显然的. 至于 (ii), 取 $k>\frac{n}{2}+2$, u_j 就是经典解, 直接验算 (3.79) 成立, 与此同时, 注意到 (H_2) 及注记 3.1 就可推得估计 (3.80), (3.81).

注记 3.5 注意到 $u_j\in C(I,L^r)$, $\forall j\in\mathbb{Z}^+$. 利用引理 3.10 的结论 (ii) (对应 $q_1=\infty$ 的情形), 容易看出

$$u_j\xrightarrow{C(I,L^r)}u,\quad j\longrightarrow\infty. \tag{3.82}$$

定理 3.12 设 $n\geqslant 2$, $f(u)$ 满足 (H_1), (H_2) 且 $p<1+\frac{4}{n-2}$. 设 $(\varphi,\psi)\in X_e$, I 是一个开区间, $t_0\in I$. 设 ρ, r,q 满足 $0\leqslant\rho<1$, (3.48)~(3.50), (3.65) 及 (3.66), $q_1=\infty$. 设 $u^{(0)}(t)$ 是 (3.64) 所确定自由波方程的解, $u(t)$ 是积分方程 (3.16) 在 $\mathcal{X}_1(I)\cap\mathcal{X}_2(I)$ 中的解, 则 $(u(t),\dot{u}(t))\in C(I,H^1\oplus L^2)$ 并且 u 满足能量守恒律

$$E(u(t),\dot{u}(t))=E(\varphi,\psi)\equiv E,\quad t\in I \tag{3.83}$$

及估计式

$$\|u(t)\|_2\leqslant e(E,t_0-t),\quad \forall t\in I, \tag{3.84}$$

$$\|\dot{u}(t)\|_2^2+\|\nabla u(t)\|_2^2\leqslant \dot{e}(E,t_0-t)^2,\quad \forall t\in I. \tag{3.85}$$

证明 仅需证明上述结果对任意含 t_0 的有界子区间 $I'\subset\subset I$ 成立即可. 记

$$R=\sup_{s\in I'}\|u^{(0)}+G(t_0,s,u);\quad \mathcal{X}_2(I')\|. \tag{3.86}$$

由引理 3.6 的 (3.53) 式可见 $R<\infty$. 设 $T=T(R)$ 是由定理 3.7 的 (3.58), (3.59) 所确定的. 利用定理 3.7 及推论 3.3 可知, 对任意 $t\in I'$, 可通过求解以 t 初始时刻的积分方程 (3.16), 得到区间 $I'\cap[t-T,t+T]$ 上的解 $u(t)$. 显然 I' 可被以 $t_k=t_0+(1-\varepsilon)kT$ 为中心, 长度为 $2T$ 的有限个区间 I_k 覆盖, 这里 $\varepsilon>0$. 因此, I' 的结果就由 I_k $(k=0,\pm1,\pm2,\cdots)$ 上的结果来得到. 由此看来, 仅需在含 t_0 的小区间 I(确保在此区间上压缩映射定理成立) 上证明定理 3.12 就行了. 下面就这种情形来予以证明.

记 u_j 是积分方程 (3.75) 在区间 I 上的解. 由 (3.80), (3.81), 注记 3.5 和标准的紧性原理, 容易推得

$$u_j \xrightarrow{w^*} u, \quad \text{in} \quad L^\infty(I;H^1); \quad \dot{u}_j \xrightarrow{w^*} \dot{u}, \quad \text{in} \quad L^\infty(I;L^2). \tag{3.87}$$

这里 $\{u_j\}$ 是序列本身而非子列, 详见 Lions J L 的书 [Li]. 进而, 对每一个 $t\in I$, 由 $\|u_j\|_{H^1}$ 一致有界性及 $u_j\xrightarrow{L^r}u$ $(j\to\infty)$ 可推知

$$u_j(t) \xrightarrow{w} u(t), \quad \text{in } H^1,\ j\to\infty. \tag{3.88}$$

下面仅需证明对每一个 $t\in I$, $\dot{u}_j(t)$ 在 $L^2(\mathbb{R}^n)$ 是弱收敛于 $\dot{u}(t)$. 事实上, 由方程 (3.78) 知 $\dot{u}_j(t)$ 关于 j 在 H^{-1} 中 Lip 连续, 同时 (3.81) 意味着 $\|\dot{u}_j\|_2$ 一致有界, 从而 $\{\dot{u}_j\}$ 是 $L^2(\mathbb{R}^n)$ 中的弱紧集的. 由紧致性原理, 存在 $\{\dot{u}_j\}$ 的子序列 (仍记成 $\{\dot{u}_j\}$) 使得

$$\dot{u}_j(t) \xrightarrow{w} \chi(t), \qquad \chi\in L^2(\mathbb{R}^n). \tag{3.89}$$

现对任意 $v\in H^1$ 和 $\theta>0$, 考虑

$$\begin{aligned}\langle v,\dot{u}-\chi\rangle =&2\theta^{-1}\int_{t-\theta}^{t+\theta}\langle v,(\dot{u}(t)-\dot{u}(\tau))+(\dot{u}(\tau)-\dot{u}_j(\tau))\\ &+(\dot{u}_j(\tau)-\dot{u}_j(t))+(\dot{u}_j(t)-\chi)\rangle d\tau.\end{aligned} \tag{3.90}$$

注意到 $\dot{u}$, $\dot{u}_j$ 在 H^{-1} 中的一致连续性, 当 $\theta\to0$ 时, (3.90) 中的第一项和第三项趋向于 0. 至于第二项, 对固定 θ, 由 $\dot{u}_j$ 在 $L^\infty(I,L^2)$ 中弱 * 收敛于 $\dot{u}$, 可见此项亦趋向于 $0(j\to\infty)$. 利用 (3.89) 可知, 当 $j\to\infty$ 时, 最后一项亦然趋向于 0. 由 θ 和 j 的任意性, (3.90) 就意味着 $\chi(t)=\dot{u}(t)$, 这里 $\dot{u}$ 是 u 在 $\mathcal{D}'(I,L^2(\mathbb{R}^n))$ 意义下的导数. 就 (3.80), (3.81) 两边取 $j\to\infty$ 就得 $(u,\dot{u})$ 对几乎处处 t 满足 (3.84), (3.85). 进而, 由 $u\in C(I,L^r)\cap L^\infty(I,H^1)$ 和 $u_t\in L^\infty(I,L^2)$, 可见

$$u(t)\in C(I,L^s)\cap C_w(I,H^1), \quad 2\leqslant s<\frac{2n}{n-2}. \tag{3.91}$$

由此推知 u 在 $\mathcal{D}'(I\times\mathbb{R}^n)$ 意义下满足 (3.1). 故 $\ddot{u}\in L^\infty(I,H^{-1})$, $\dot{u}\in C(I,H^{-1})$, 这意味着 $\dot{u}\in C_w(I,L^2)$. 根据 $(u,\dot{u})$ 的连续性推得估计 (3.84), (3.85) 对任意 $t\in I$ 均成立.

现对 (3.79) 两边取 $j\to\infty$, 注意到 u_j 在 $C(I;L^s)(2\leqslant s\leqslant p+1)$ 中收敛于 u, 容易看出 $\int V(u_j)dx\to\int V(u)dx$. 因此, (3.79) 的右边就收敛于 $E(\varphi,\psi)$. 而左边利用 $(u_j,\dot{u}_j)$ 在 $H^1\oplus L^2$ 中的弱敛性, 就得

$$E(u,\dot{u})\leqslant E(\varphi,\psi),\quad \forall t\in I. \tag{3.92}$$

由方程 (3.1) 关于时间 t 的可逆性、定理 3.7 及推论 3.3 可得守恒等式 (3.83) 成立. 进而, 由 (3.83) 及 $u\in C(I;L^s)(2\leqslant s\leqslant p+1)$ 推得 $\|(u,\dot{u})\|_{H^1\oplus L^2}$ 是 t 的连续函数. 由此及 $(u,\dot{u})$ 在 $H^1\oplus L^2$ 中弱连续性, 就得 $(u,\dot{u})$ 是关于变量 t 的取值在 $H^1\oplus L^2$ 上的弱连续函数. 从而, 在 $H^1\oplus L^2$ 拓扑下, 有 $(u_j(t),\dot{u}_j(t))\overset{j\to\infty}{\longrightarrow}(u(t),\dot{u}(t))$.

定理 3.13(整体适定性)　设 $n\geqslant 2, f(u)$ 满足 $(\mathrm{H}_1),(\mathrm{H}_2)$ 及 $p<1+\dfrac{4}{n-2}$. 设 $(\varphi,\psi)\in X_e, t_0\in\mathbb{R}$. 则问题 (3.1), (3.2) 或 (3.16) 有唯一解 u 满足 $(u,\dot{u})\in C(\mathbb{R},X_e)$、能量守恒等式 (3.83) 及不等式 (3.84)、(3.85). 进而, 若设 ρ, r,q,q_1 满足 $0\leqslant\rho<1$, (3.48), (3.50), (3.65) 及 (3.66), $q_1\geqslant q$. 则问题 (3.1), (3.2) 或 (3.16) 的解 $u\in\mathcal{X}_{1,\mathrm{loc}}(\mathbb{R})\cap\mathcal{X}_{2,\mathrm{loc}}(\mathbb{R})$ 是唯一的.

证明　设 ρ, r,q 及 q_1 如同定理 3.13 所述. 那么, 由定理 3.9 的 (ii), 对任意 $(\varphi,\psi)\in X_e$, 问题 (3.1), (3.2) 或 (3.16) 在 $\mathcal{X}_1(I)\cap\mathcal{X}_2(I)$ 存在唯一的局部解, 其中 $T=T(\|(\varphi,\psi)\|_{X_e})>0$. 由定理 3.12, 上述局部解 $u(t)\in C(I,X_e)$ 且满足估计 (3.84), (3.85). 由标准的逐次迭代技巧, 可以推得问题 (3.1), (3.2) 或 (3.16) 存在整体解 $u(t)$ 且属于 $\mathcal{X}_{1,\mathrm{loc}}(\mathbb{R})\cap\mathcal{X}_{2,\mathrm{loc}}(\mathbb{R})\cap C(I,X_e)$. 由 $L^\infty_{\mathrm{loc}}(\mathbb{R},X_e)\hookrightarrow\mathcal{X}_{1,\mathrm{loc}}(\mathbb{R})\cap\mathcal{X}_{2,\mathrm{loc}}(\mathbb{R})$ 及定理 3.9 的 (iii) 推得, 解在 $\mathcal{X}_{1,\mathrm{loc}}(\mathbb{R})\cap\mathcal{X}_{2,\mathrm{loc}}(\mathbb{R})$ 唯一就意味着解在空间 $C(I,X_e)$ 上唯一.

注记 3.6　对于临界增长的情形 $\left(p=1+\dfrac{4}{n-2}\right)$, Struwe 首先在初始函数是径向函数的条件下, 建立问题 (3.1), (3.2) 在 $\mathbb{R}^3$ 上整体光滑解的存在性 [Str]. 此后不久, Grillakis[Gr1] 去掉初始函数是径向函数的限制, 当 $n=3$ 时, 建立了临界情形下 (3.1), (3.2) 的整体光滑解的存在唯一性. 之后, Shatah 和 Struwe[SS2] 在 $n\leqslant 7$ 的条件下, 建立具临界增长的非线性波动方程的 Cauchy 问题光滑解的存在唯一性. 对一般的 $n>7$, 具临界增长的非线性波动方程的 Cauchy 问题仍未彻底解决. 当然, 对于超临界 $p>1+\dfrac{4}{n-2}$ 的情形仍然是一个公开问题.

注记 3.7　借助于前两节建立的时空估计及 Besov 空间理论, 可以得到非线性波动方程, 非线性 Klein-Gordon 方程的 $Y^{s+1}=H^{s+1}\times H^s(s>-1)$ 解的局部适定性, 小解的整体存在性等有趣的结果, 有兴趣的读者可参见 [Ka2] 及 [LS1].

§5.4 半线性波动方程的光滑解

半线性波动方程的 Cauchy 问题

$$\begin{cases} u_{tt} - \Delta u + f(u) = 0, & (x,t) \in \mathbb{R}^n \times \mathbb{R}, \\ u(0) = \varphi(x), \quad u_t(0) = \psi(x), & x \in \mathbb{R}^n \end{cases} \tag{4.1}$$

源于 Jörgen 的研究, 这里

$$f(u) = u|u|^{p-1}, \quad 1 < p \leqslant \frac{n+2}{n-2}, \quad n \geqslant 3. \tag{4.2}$$

$p_c = \dfrac{n+2}{n-2}$ 对应着 (4.1) 的 H^1- 临界指标. 当 $n \leqslant 2$ 时, $1 < p < \infty$ 都属于次临界增长的范围 (不存在临界增长指标), 与高维情形相比是简单情形, 这里不予考虑. 当 $n = 3$, $1 < p < p_c = 5$ 时, Jörgen 在 [J] 中证明了 (4.1), (4.2) 的光滑解的整体适定性. 其后, 对于高维的情形 ($3 \leqslant n \leqslant 9$), Brenner, Wahl, Pecher 等建立了光滑解的整体适定性, 见 [BW], [P1]. (4.1), (4.2) 的能量解的整体适定性则是在 Ginibre 和 Velo 的文章 [GV2], [GV8] 中解决 (次临界情形). 然而, 对于临界波方程, 很长一段时间内没有任何结果. 当 $n = 3$, $p_c = 5$ 时, 在小能量条件

$$E(\varphi,\psi) = \int_{\mathbb{R}^n} \left(\frac{1}{2}|\nabla\varphi|^2 + \frac{1}{2}\psi^2 + \frac{1}{p+1}\varphi^{p+1} \right) dx \ll 1 \tag{4.3}$$

下, Rauch J [Ra] 在 1984 年证明了 (4.1), (4.2) 光滑解的整体适定性. 1988 年 Struwe M [Str] 证明了: 当 $\varphi(x) = \varphi(|x|) \in C^3(\mathbb{R}^3)$, $\psi(x) = \psi(|x|) \in C^2(\mathbb{R}^3)$ 时, (4.1), (4.2) 存在唯一的整体光滑解 $u(t) \in C^2(\mathbb{R} \times \mathbb{R}^3)$. 之后, Grillakis [Gr1] 借助于 Morawetz 估计, 去掉了 Struwe 关于径向初值的假设, 证明了对一般的光滑初值 $\varphi(x) \in C^3(\mathbb{R}^3), \psi(x) \in C^2(\mathbb{R}^3)$, (4.1), (4.2) 存在唯一的整体光滑解 $u(t) \in C^2(\mathbb{R} \times \mathbb{R}^3)$. 不久, Kapitanskii 用完全不同的方法 [Ka1], 巧妙地使用了 Strichartz 估计, 建立了 (4.1), (4.2) 的部分正则解的存在唯一性. 进而, Grillakis 结合 Strichartz 估计、Morawetz 估计证明: 当 $3 \leqslant n \leqslant 5$ 时, 临界问题 (4.1), (4.2) 光滑解的整体适定性. 与此同时, 对于 $n \leqslant 7$, $\varphi(x) = \varphi(|x|), \psi(x) = \psi(|x|)$ (即径向对称初值) 的情形, 亦给出了 (4.1), (4.2) 的整体适定性. 随后, Shatah J 和 Struwe M [SS1] 证明: 当 $n \leqslant 7$ 时, 临界问题 (4.1), (4.2) 光滑解的整体适定性. 关于能量解的情形, Shatah J 和 Struwe M 等给出了临界波方程 (4.1), (4.2) 在能量模意义下的整体适定性 [SS2].

问题、结果及证明的归结 以 $\mathbb{R}^3$ 为例, 考虑半线性波动方程的 Cauchy 问题

$$\begin{cases} \Box u = -f_k(u), & (x,t) \in \mathbb{R}^3 \times \mathbb{R}, \\ u(0,x) = \varphi(x), \quad u_t(0,x) = \psi(x), & x \in \mathbb{R}^3. \end{cases} \tag{4.4}$$

为确保 (4.4) 整体光滑解适定性, 需要如下基本假设:

(H1) $f_k(u) \in C^2(\mathbb{R})$ 满足 $f_k(0) = 0$ 及幂函数型增长条件:

$$|f_k'(u)| \leqslant C_0(1 + |u|^{k-1}). \tag{4.5}$$

(H2) 互斥性条件:

$$F_k(u) = \int_0^u f_k(\tau)d\tau \geqslant 0, \qquad |u|^{k+1} \leqslant C_1(1 + F_k(u)). \tag{4.6}$$

(H3) 当 $k = p_c = 5$(临界非线性增长指标) 时, 进一步假设

$$uf_k(u) - 4F_k(u) \geqslant 0, \quad |u| \gg 1. \tag{4.7}$$

注记 4.1 (a) 条件 (H1) 意味着

$$F_k(u), uf_k(u) \leqslant C_0(|u| + |u|^{k+1}). \tag{4.8}$$

(b) 特别, 当 $f_k(u) = u^5$ 时, 它满足 (H3) 中的不等式 (4.7). 此条件在建立 Morawetz 估计时是需要的.

(c) 对于具次临界增长 ($1 < k < 5$) 的非线性项, 不需要条件 (H3). 容易看出, 对于特殊的非线性函数 $f_k(u) = |u|^{k-1}u$, 条件 (4.7) 就意味着 k 是超共形指标 (即 $k > 1 + \dfrac{4}{n-1} = 3$).

(d) 为简单其见, 常用 u' 表示 $(\partial_t u, \partial_{x_1}, \cdots, \partial_{x_n})$.

(e) 形式计算, (4.4) 的解满足如下守恒积分:

$$E(u(t), u_t(t)) = \int_{\mathbb{R}^3} \left(\frac{1}{2}u_t^2 + \frac{1}{2}|\nabla u|^2 + F_k(u)\right)dx = E(\varphi, \psi). \tag{4.9}$$

欲证明解整体适定, 就要确保在能量中非线性项的贡献 (势能部分)

$$\int_{\mathbb{R}^3} F_k(u)dx$$

可以被动能部分控制, 这就要求 $k \leqslant 5$. 从数学上来讲, 等价于

$$\dot{H}^1(\mathbb{R}^3) \hookrightarrow L^q_{\text{loc}}(\mathbb{R}^3), \quad \forall q \leqslant 6.$$

定理 4.1 设 $1 < k \leqslant 5$, $f_k(u)$ 满足 (H1), (H2). 特别, 当 $k = 5$ 时, 需要假设条件 (H3). 若 $\varphi(x) \in C^3(\mathbb{R}^3)$, $\psi(x) \in C^2(\mathbb{R}^3)$, 则 (4.4) 存在唯一的整体光滑解

$$u(x,t) \in C^2(\mathbb{R}_+ \times \mathbb{R}^3) \quad (\text{无妨在正方向上求解}).$$

进而, 如果设 $f_k \in C^\infty(\mathbb{R})$, $\varphi(x) \in C^\infty(\mathbb{R}^3)$, $\psi(x) \in C^\infty(\mathbb{R}^3)$, 则

$$u(x,t) \in C^\infty(\mathbb{R}_+ \times \mathbb{R}^3).$$

注记 4.2 (a) 显然, 定理 4.1 所考虑的情形包含临界波方程

$$\Box u = -u^5.$$

然而, 对于具聚焦型非线性波动方程

$$\Box u = u^5, \tag{4.10}$$

而言, 即使对于 C^∞ 光滑初始函数 (甚至紧支集的 C_c^∞ 的初始函数), 解仍然会产生 Blow-up 现象. 例如:

$$u(t,x) = (3/4)^{\frac{1}{4}}(1-t)^{-\frac{1}{2}} \tag{4.11}$$

在 $[0,1) \times \mathbb{R}^3$ 上是 (4.10) 的光滑解, 自然在 $t \nearrow 1$ 时, 产生 Blow-up 现象.

(b) 证明定理 4.1 时, 仅需对于具有紧支集的初始函数 $(\varphi(x), \psi(x))$ 来证明就行了. 事实上, 取 $\chi(x) \in C_c^\infty(\mathbb{R}^3)$ 是径向对称函数, 满足

$$\chi(x) = 1, \quad |x| \leqslant 1. \tag{4.12}$$

令

$$\varphi_r(x) = \chi\left(\frac{x}{r}\right)\varphi(x), \quad \psi_r(x) = \chi\left(\frac{x}{r}\right)\psi(x), \tag{4.13}$$

假设定理 4.1 对上面具紧支集的光滑初始函数成立. 记 $u_r(t,x)$ 是波方程具有形如 (4.13) 的初值时的光滑解. 我们断言: 当 $r \to \infty$ 时, $u_r(t,x)$ 收敛于 (4.4) 对应的解 $u(t,x)$ (在 $C^2(\mathbb{R}_+^{1+3})$ 意义下). 事实上, 对 $\forall t_0 \in \mathbb{R}_+$, 令

$$\Lambda_{t_0,0} = \{(x,t), \quad 0 \leqslant t \leqslant t_0, \quad |x| \leqslant t_0 - t\}$$

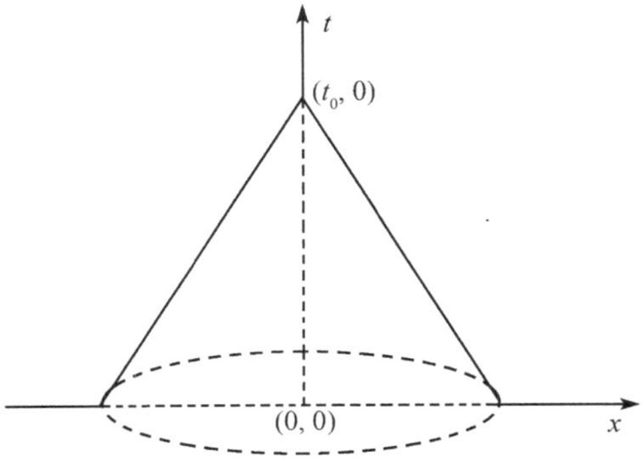

表示通过 $(t_0,0)$ 的后向光锥. 注意到当 $r_1, r_2 > t_0$ 时,

$$u_{r_1}(0,x)=u_{r_2}(0,x)=\varphi(x),\quad \dot{u}_{r_1}(0,x)=\dot{u}_{r_2}(0,x)=\psi(x),\quad x\in\Lambda_{t_0,0}\cap\mathbb{R}^3.$$

因此, 由唯一性就推出

$$u_{r_1}(t,x)=u_{r_2}(t,x),\quad (t,x)\in\Lambda_{t_0,0},$$

$$\lim_{r\to\infty}u_r(x,t)\equiv u(x,t),\quad (t,x)\in\Lambda_{t_0,0}.$$

又

$$\mathbb{R}_+^{1+3}=\bigcup_{t_0>0}\Lambda_{t_0,0},$$

故

$$\lim_{r\to\infty}u_r=u(x,t),\quad 在C^2(\mathbb{R}_+\times\mathbb{R}^3)意义下.$$

在讨论与阐述定理 4.1 的证明思路之前, 先回顾一下半线性波动方程的局部存在性定理.

定理 4.2　考虑半线性波方程的 Cauchy 问题

$$\begin{cases} f(u)\in C^k(\mathbb{R}),\quad f(0)=0,\\ \varphi(x)\in C_c^{k+1}(\mathbb{R}^3),\quad \psi(x)\in C_c^k(\mathbb{R}^3),\end{cases}\qquad k=1,2,3\cdots \tag{4.14}$$

则存在相应 $T^*>0$ 与 (4.14) 的唯一解

$$u(t)=:u(x,t)\in C^k([0,T^*)\times\mathbb{R}^3) \tag{4.15}$$

满足如下二择性结果

(i) $T^*=\infty$,

(ii) $T^*<\infty$ 且 $\lim\limits_{t\to T^*}\sup_x|u(t,x)|=\infty$.

我们知道, 线性波方程 Cauchy 问题

$$\begin{cases} \Box v(x,t)=g(x,t),\\ v(0)=\varphi(x),\quad v_t(0)=\psi(x)\end{cases} \tag{4.16}$$

的解:

$$\begin{aligned} v(t,x)=&\mathcal{F}^{-1}\cos(|\xi|t)\mathcal{F}\varphi+\mathcal{F}^{-1}\frac{\sin|\xi|(t-\tau)}{|\xi|}\mathcal{F}\psi\\ &+\int_0^t\mathcal{F}^{-1}\frac{\sin|\xi|(t-\tau)}{|\xi|}\mathcal{F}g(x,\tau)d\tau \end{aligned} \tag{4.17}$$

满足如下 Strichartz (特殊的) 估计

$$\begin{aligned}\|v\|_{L_t^4(I,L_x^{12})} \lesssim & \|\varphi\|_{\dot{H}^1}+\|\psi\|_{L^2}+\|g\|_{L_t^1(I;L^2(\mathbb{R}^3))} \\ \triangleq & \|v'(0)\|_{L^2}+\|g\|_{L_t^1(I;L^2(\mathbb{R}^3))},\end{aligned} \tag{4.18}$$

$$\|v\|_{L^\infty(I,L^6(\mathbb{R}^3))} \lesssim \|v'(0)\|_{L^2}+\|g\|_{L_t^1(I;L^2(\mathbb{R}^3))}. \tag{4.19}$$

下面来分析定理 4.1 的证明思路, 由注记 4.2, 在证明定理 4.2 时, 仅需对具有紧支集的初始函数来进行. 根据局部存在性定理, 如果 $T^*<\infty$, 就有 $u(t,x)\notin L^\infty((0,T^*)\times\mathbb{R}^3)$. 下面的结论就是想用 $\|\cdot\|_{L_t^4L_x^{12}}$ 代替 $\|\cdot\|_{L_{t,x}^\infty}$ 的位置. 具体地说, 即证明 $T^*=\infty$ 或

$$T^*<\infty, \quad \|u(t,x)\|_{L_t^4([0,T^*);L_x^{12}(\mathbb{R}^3))}=\infty. \tag{4.20}$$

换言之, 建立整体适定性就归结为证明 $u(t,x)\in L_t^4L_x^{12}([0,T^*)\times\mathbb{R}^3)$.

命题 4.3 设 $1<k\leqslant 5$, $f_k(u)\in C^2$ 满足 (H1), $\varphi(x)\in C_c^3(\mathbb{R}^3)$, $\psi(x)\in C_c^2(\mathbb{R}^2)$. 则存在 $T^*>0$ 及 (4.4) 的唯一解 $u(t)\in C^2([0,T^*)\times\mathbb{R}^3)$ 满足如下二择性 (其中之一成立):

(i) $T^*=+\infty$,

(ii) $T^*<\infty, \quad u(t)\notin L_t^4([0,T^*);L_x^{12}(\mathbb{R}^3))$.

证明 命题 4.3 的存在性部分源于局部适定性, 故仅需证明第二部分. 采用反证法. 设 $T^*<\infty$, (4.4) 的解 $u(t)\in C^2(I\times\mathbb{R}^3)$ 满足

$$u\in L_t^4(I;L_x^{12}(\mathbb{R}^3)), \quad I=[0,T^*). \tag{4.21}$$

下来证明 u 可以扩张成 $C^2([0,T^*]\times\mathbb{R}^3)$ 上的函数, 此就意味着

$$u(t)\in L^\infty([0,T^*)\times\mathbb{R}^3). \tag{4.22}$$

由局部存在性定理就推出矛盾. 下面按此思路来证明：设 $0<R<\infty$ 充分大, 使得

$$\mathrm{supp}\varphi(x), \quad \mathrm{supp}\psi(x)\subset B_R(0).$$

由 Huygens 原理, 可推知

$$\mathrm{supp}u(x,t)\subset B_{R+t}(0).$$

由幂函数型增长条件 (H1) 可见, 对 $\forall \quad 0\leqslant t_0<s<T^*$ 有

$$\begin{aligned}\sum_{|\alpha|\leqslant 1}\|\partial_x^\alpha(f_k(u))\|_{L_t^1L_x^2([t_0,s]\times\mathbb{R}^3)} \lesssim & C(T^*-t_0,R+T^*) \\ & \times\sum_{|\alpha|\leqslant 1}\|\partial^\alpha u\|_{L^\infty([t_0,s];L^6(\mathbb{R}^3))}+\sum_{|\alpha|\leqslant 1}\|u^{k-1}\partial_x^\alpha u\|_{L_t^1L_x^2},\end{aligned} \tag{4.23}$$

这里

$$\lim_{t_0\to T^*} C(T^*-t_0,R+T^*)=0. \tag{4.24}$$

由 Strichartz 估计与 Hölder 不等式, 就得

$$\begin{aligned}
&\sup_{t_0\leqslant t\leqslant s}\sum_{|\alpha|\leqslant 1}\|\partial_x^\alpha u(t)\|_{L^6(\mathbb{R}^3)}\\
\lesssim&\sum_{|\alpha|\leqslant 1}\|(\partial_x^\alpha u)'(t_0)\|_{L^2(\mathbb{R}^3)}+C(T^*-t_0,R+T^*)\sum_{|\alpha|\leqslant 1}\|\partial_x^\alpha u\|_{L^\infty([t_0,s],L^6(\mathbb{R}^3))}\\
&+\sum_{|\alpha|\leqslant 1}\|\partial_x^\alpha u\|_{L_t^\infty([t_0,s],L^6(\mathbb{R}^3))}\|u\|^{k-1}_{L_t^{k-1}([t_0,s],L^{3(k-1)}(\mathbb{R}^3))}.
\end{aligned}\tag{4.25}$$

当 $k=5$ 时, 注意到 (4.24) 及

$$\lim_{s,t_0\to T^*}\|u\|_{L_t^4([t_0,s];L^{12}(\mathbb{R}^3))}=0, \tag{4.26}$$

当 t_0 充分接近 T^* 时, 有

$$\sup_{t_0\leqslant t\leqslant s}\sum_{|\alpha|\leqslant 1}\|\partial_x^\alpha u(t,\cdot)\|_{L^6(\mathbb{R}^3)}\leqslant 2\sum_{|\alpha|\leqslant 1}\|(\partial_x^\alpha u)'(t_0)\|_{L^2(\mathbb{R}^3)}=C(t_0)<\infty.$$

令 $s\to T^*$, 注意到 $u(t,x)\in C^2([0,t_0]\times\mathbb{R}^3)$ 及

$$\operatorname{supp} u(t,x)\subset\{x|\quad |x|\leqslant t_0+R\}, \tag{4.27}$$

容易推得

$$\sup_{0\leqslant t\leqslant T^*}\sum_{|\alpha|\leqslant 1}\|\partial_x^\alpha u(\cdot,t)\|_{L^6(\mathbb{R}^3)}<\infty. \tag{4.28}$$

由 Sobolev 嵌入定理 $W^{1,6}(\mathbb{R}^3)\hookrightarrow L^\infty(\mathbb{R}^3)$, 推出 (4.22) 成立.

接下来考虑 $1<k<5$ 的情形. 注意到 u 具有紧支集, 由 Hölder 不等式就得

$$\|u\|^{k-1}_{L^{k-1}([t_0,s],L^{3(k-1)}(\mathbb{R}^3))}\leqslant\rho(T^*-t_0,T^*+R)\|u\|^{k-1}_{L^4([t_0,s];L^{12}(\mathbb{R}^3))}, \tag{4.29}$$

其中

$$\lim_{t\to T^*}\rho(T^*-t_0,R+T^*)=0.$$

注意到 $k>1$, 类同于 $k=5$ 情形的推理, 得知 (4.22) 成立.

这样, 证明定理 4.1 就归纳为证明估计 (4.21), 读者将会发现：

(i) $1\leqslant k<5$, 用能量守恒律与 Strichartz 估计就可以获得 (4.21) 的证明.

(ii) 当 $k=5$ 时, 除了能量守恒律、Strichartz 估计之外, 还需要局部能量估计及 Morawetz 估计等工具.

能量估计与次临界的情形

命题 4.4 设 $f_k(u)$ 满足定理 4.1 中的条件, $\varphi(x) \in C_c^3(\mathbb{R}^3)$, $\psi(x) \in C_c^2(\mathbb{R}^3)$. 若 $u \in C^2([0,T^*) \times \mathbb{R}^3)$ 是 Cauchy 问题 (4.4) 的解, 则

$$E(u(t), u_t(t)) = \int_{\mathbb{R}^3} \left(\frac{1}{2}|u'(t,x)|^2 + F_k(u(t,x))\right)dx = E(\varphi(x), \psi(x)),$$
$$0 < t < T^*, \quad u' = (u_t, \nabla u). \tag{4.30}$$

进而, 若

$$\text{supp } \varphi(x), \quad \text{supp } \psi \subset \{x| \quad |x| \leqslant R\}.$$

则

$$\int_{\mathbb{R}^3} \left(|u'(t,x)|^2 + |u(t,x)|^{k+1}\right)dx \leqslant C_{R,T^*}, \quad 0 \leqslant t < T^*. \tag{4.31}$$

证明 注意到 supp $u \subset \{x| \ |x| \leqslant R + T^*\}$, 由条件 (4.6) 就可推出 (4.31) 成立. 关于能量估计 (4.30), 用 $\partial_t u$ 乘以方程 (4.4) 的两边, 就有

$$0 = \partial_t u(\Box u + f_k(u)) = \text{div}_{t,x} e(u), \tag{4.32}$$

这里

$$e(u) = \left(\frac{1}{2}|u'|^2 + F_k(u), -\partial_t u \nabla_x u\right). \tag{4.33}$$

注意到 $u(t,x) \in C^2([0,T^*) \times \mathbb{R}^3)$ 是具有紧支集的解, 对于 $0 < t < T^*$, 有

$$0 = \int_0^t \int_{\mathbb{R}^3} \text{div}_{t,x} e(u) dx d\tau = \int_{\mathbb{R}^3} \int_0^t \frac{\partial}{\partial t}\left(\frac{1}{2}|u'|^2 + F_k(u)\right) d\tau dx$$
$$= \int_{\mathbb{R}^3} \left(\frac{1}{2}|u'(t)|^2 + F_k(u(t)\right) dx - \int_{\mathbb{R}^3} \left(\frac{1}{2}|u'(0)|^2 + F_k(u(0))\right) dx.$$

故能量守恒律 (4.30) 成立.

引理 4.5 设 $0 < C_0 < \infty$, $0 \leqslant y(s) \in C([a,b])$ 且满足

$$y(a) = 0, \quad y(s) \leqslant C_0 + \varepsilon y(s)^\sigma, \quad \sigma > 0. \tag{4.34}$$

则当 $\varepsilon < 2^{-\sigma} C_0^{1-\sigma}$ 时, 成立

$$y(s) \leqslant 2C_0, \quad s \in [a,b]. \tag{4.35}$$

证明 考虑函数

$$h(x) = C_0 + \varepsilon x^\sigma - x.$$

当 $x_1 = 2C_0$, $\varepsilon < 2^{-\sigma}C_0^{1-\sigma}$ 时,

$$C_0 + \varepsilon x_1^\sigma - x_1 \equiv h(x_1) = h(2C_0) < C_0 + 2^{-\sigma}C_0^{1-\sigma}(2C_0)^\sigma - 2C_0 = 0.$$

因此, 欲使

$$C_0 + \varepsilon x^\sigma - x \geqslant 0, \quad \forall x \in [0, x_0]$$

成立, 必须有 $x_0 < 2C_0$. 注意到 $y(s)$ 小于使得上式成立的全体 x_0 的上确界. 由此推出

$$y(s) \leqslant 2C_0, \quad \forall s \in [a, b].$$

定理 4.1 的证明 (次临界情形) 综前所述, 问题归结为: 在条件

$$\operatorname{supp} \varphi(x), \quad \operatorname{supp} \psi(x) \subset \{x| \quad |x| \leqslant R\} \tag{4.36}$$

及

$$u \in C^2([0, T^*) \times \mathbb{R}^3), \quad 0 < T^* < \infty \tag{4.37}$$

下, 证明

$$u(t) \in L_t^4 L_x^{12}([0, T^*) \times \mathbb{R}^3). \tag{4.38}$$

此就意味着 $T^* = \infty$.

对 $0 \leqslant t_0 < s < T^*$, 由 Strichartz 估计及 Hölder 不等式可见

$$\begin{aligned} \|u\|_{L_t^4 L_x^{12}([t_0,s]\times\mathbb{R}^3)} \lesssim & \|u'(t_0)\|_{L^2(\mathbb{R}^3)} + \||u| + |u|^k\|_{L_t^1 L_x^2([t_0,s]\times\mathbb{R}^3)} \\ \lesssim & \|u'(t_0)\|_{L^2(\mathbb{R}^3)} + C(R, T^*) + \||u|^k\|_{L_t^1 L_x^2([t_0,s]\times\mathbb{R}^3)} \\ \leqslant & C(R, T^*) + (2E(\varphi, \psi))^{\frac{1}{2}} + \||u|^k\|_{L_t^1 L_x^2([t_0,s]\times\mathbb{R}^3)}. \end{aligned} \tag{4.39}$$

由 Hölder 不等式及

$$1 = \frac{k-1}{4} + \frac{5-k}{4}, \quad \frac{1}{2} = \frac{7-k}{12} + \frac{k-1}{12}, \tag{4.40}$$

推得

$$\||u|^k\|_{L_t^1 L_x^2([t_0,s]\times\mathbb{R}^3)} \leqslant \|u\|_{L_t^{\frac{4}{5-k}} L_x^{\frac{12}{7-k}}([t_0,s]\times\mathbb{R}^3)} \|u\|_{L_t^4 L_x^{12}([t_0,s]\times\mathbb{R}^3)}^{k-1}. \tag{4.41}$$

注意到

$$\frac{12}{7-k} < k+1, \quad 1 < k < 5 \tag{4.42}$$

及

$$\operatorname{supp} u(t, x) \subset \{x| \quad |x| \leqslant t + R\}, \tag{4.43}$$

就推得

$$\begin{aligned}\|u\|_{L_t^{\frac{4}{5-k}}L_x^{\frac{12}{7-k}}([t_0,s]\times\mathbb{R}^3)} &\leqslant (T^*-t_0)^{\frac{5-k}{4}}\sup_{t_0\leqslant t\leqslant s}\|u(t)\|_{L_x^{\frac{12}{7-k}}}\\ &\lesssim (T^*-t_0)^{\frac{5-k}{4}}(T^*+R)^{3(\frac{7-k}{12}-\frac{1}{k+1})}\sup_{t_0\leqslant t\leqslant s}\|u\|_{L^{k+1}(\mathbb{R}^3)}\\ &\leqslant \rho(R,T^*)(T^*-t_0)^{\frac{5-k}{4}},\end{aligned}\tag{4.44}$$

这里用到

$$\frac{7-k}{12}=\frac{1}{k+1}+\frac{1}{\chi},\quad \frac{1}{\chi}=\left(\frac{7-k}{12}-\frac{1}{k+1}\right).$$

令

$$\varepsilon(t_0)=\rho(R,T^*)(T^*-t_0)^{\frac{5-k}{4}},\tag{4.45}$$

则 (4.39) 就变成

$$\|u\|_{L_t^4L_x^{12}([t_0,s]\times\mathbb{R}^3)}\leqslant C(R,T^*)+C(2E(\varphi,\psi))^{\frac{1}{2}}+\varepsilon(t_0)\|u(t)\|^{k-1}_{L_t^4L_x^{12}([t_0,s]\times\mathbb{R}^3)}.\tag{4.46}$$

注意到

$$\lim_{t_0\nearrow T^*}\varepsilon(t_0)=0,\quad k<5,\tag{4.47}$$

因此, 由引理 4.5 推出

$$\|u\|_{L_t^4L_x^{12}([t_0,T^*)\times\mathbb{R}^3)}\leqslant 2C(R,T^*)+2C(2E(\varphi,\psi))^{\frac{1}{2}}.\tag{4.48}$$

进而, 由 u 在 $[0,t_0]\times\mathbb{R}^3$ 上的有界性, 就推知 (4.38) 成立.

注记 4.3 (a) 由上面证明可以看出：当 $E(u(0))\ll 1$ 时, $f_k(u)=u^5$ 时, 就可获得整体光滑的存在性, 这就是 Rauch 的结果. 此时, 在上面估计中不出现形如 $C(R,T^*)$ 的常数, 可以直接对不具紧支集的初始函数予以证明.

(b) 由上面的证明技术, 当 $k=5$ 时, $\varepsilon(t_0)$ 可能是一个足够大的常数. 因此, 对于大初值来讲是不能适用的. 为了在后向光锥上获得解 u 的 $\|u\|_{L_t^4L_x^{12}}$ 的估计, 需要修正 $\varepsilon(t_0)$ 的定义, 使得 $\varepsilon(t_0)$ 含有 $\int_{|x-x_0|\leqslant|T^*-t|}|u(t)|^6dx$ 的积分. 如果能证明此积分在 $t\longmapsto T^*$ 时趋向于 0, 就可获得 u 在后向光锥上的 $\|u\|_{L_t^4L_x^{12}}$ 模. 注意到 $f_k(u)$ 所满足的条件, 故 $\int_{|x-x_0|\leqslant|T^*-t|}|u(t)|^6dx$ 本质上与估计 $\int_{|x-x_0|\leqslant|T^*-t|}F_k(u)dx$ 相互控制. 证明这一点, 需要局部能量不等式等工具.

衰减估计与临界的情形

先引入一些记号. 对固定 $x_0\in\mathbb{R}^3$, $0\leqslant t_0<s<T^*$ 和 $\delta>0$. 记

$$\Lambda(\delta,t_0,s)=\{(t,x)|\quad t_0\leqslant t\leqslant s,\quad |x-x_0|\leqslant\delta+T^*-t\}$$

是超平面 $t=t_0$, $t=s$ 截过 $(T^*+\delta,x_0)$ 的后向光锥所得锥台部分,

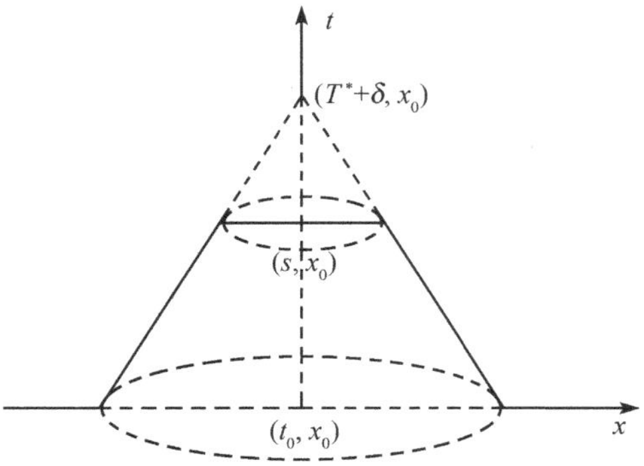

$$D_{t_0} = \Big\{(t,x) \in \Lambda(\delta, t_0, s), \quad t = t_0\Big\},$$

$$D_s = \Big\{(t,x) \in \Lambda(\delta, t_0, s), \quad t = s\Big\},$$

$$M_{t_0}^s = \{(t,x) \in \Lambda(\delta, t_0, s), \quad t_0 \leqslant t \leqslant s, \quad |x - x_0| = \delta + T^* - t\}.$$

用 $u(t,x)$ 表示命题 4.4 中所得的解. 记

$$E(u, D_t) = \int_{D_t} \left(\frac{1}{2}|u'(t,x)|^2 + F_k(u)\right) dx, \quad 0 \leqslant t \leqslant T^*. \tag{4.49}$$

$$\text{Flux}(u, M_{t_0}^s) = \int_{M_{t_0}^s} \langle e(u), \nu \rangle d\sigma, \quad 0 \leqslant t_0 < s < T^*, \tag{4.50}$$

ν 表示 $M_{t_0}^s$ 的外法向, $d\sigma$ 表示 $M_{t_0}^s$ 的面测度, 在 $\Lambda(\delta, t_0, s)$ 上积分下式

$$0 = \partial_t \left(\frac{1}{2}|u'(t,x)|^2 + F_k(u)\right) - \text{div}(\partial_t u \cdot \nabla_x u). \tag{4.51}$$

利用散度定理, 可见

$$E(u, D_{t_0}) = E(u, D_s) + \text{Flux}(u, M_{t_0}^s). \tag{4.52}$$

注意到 $M_{t_0}^s$ 是由形如

$$(\delta + T^* - |x - x_0|, x), \quad \delta + T^* - |x - x_0| \in [t_0, s] \tag{4.53}$$

所构成 (本质上是 $|x - x_0| = \delta + T^* - t$ 确定). 在此点的法向是

$$\nu = \frac{1}{\sqrt{2}}\left(1, \frac{x - x_0}{|x - x_0|}\right). \tag{4.54}$$

因此,

$$\sqrt{2}\langle e(u),\nu\rangle = \frac{1}{2}|u'|^2 + F_k(u) - \partial_t u \frac{x-x_0}{|x-x_0|}\nabla_{x-x_0} u$$
$$= \frac{1}{2}\left|\frac{x-x_0}{|x-x_0|}\partial_t u - \nabla_{x-x_0} u\right|^2 + F_k(u). \tag{4.55}$$

注意到

$$\mathrm{Flux}(u, M_{t_0}^s) = \frac{1}{\sqrt{2}}\int_{M_{t_0}^s}\left(\frac{1}{2}\left|\frac{x-x_0}{|x-x_0|}\partial_t u - \nabla_{x-x_0} u\right|^2 + F_k(u)\right)d\sigma \geqslant 0, \tag{4.56}$$

由此推出：局部能量函数 $t \longmapsto E(u, D_t)$ 在 $t \in [0, T^*)$ 上是单调下降的, 并且

$$E(u, D_t) \leqslant E(u(t), u_t(t)) = E(u(0), u_t(0)) < \infty.$$

因此, 我们推出

$$\lim_{t\to T^*} \mathrm{Flux}(u, M_t^{T^*}) = 0. \tag{4.57}$$

命题 4.6 设 $k = 5$, $\varphi(x) \in C_c^3(\mathbb{R}^3)$, $\psi(x) \in C_c^2(\mathbb{R}^3)$ 满足

$$\mathrm{supp}\,\varphi(x), \quad \mathrm{supp}\,\psi(x) \subset \{x|\quad |x| \leqslant R\}.$$

记 $u(t,x) \in C^2([0,T^*)\times\mathbb{R}^3)$ 是 (4.4) 的解, 对固定 $x_0 \in \mathbb{R}^3$, 假设

$$\int_{|x-x_0|\leqslant T^*-t_0}\left(\frac{1}{2}|u'(t_0)|^2 + F_k(u(t_0))\right)dx < \varepsilon. \tag{4.58}$$

则存在 $\varepsilon_0 = \varepsilon_0(R, T^*, E(u(0), u_t(0))) > 0$, 使得当 $0 < \varepsilon < \varepsilon_0$ 及 $0 \leqslant t_0 < T^*$ 时, 有

$$u(t) \in L_t^4 L_x^{12}(\Lambda(\delta, t_0, T^*)), \tag{4.59}$$

这里要求 $\delta > 0$, $T^* - t_0 > 0$ 充分小.

注记 4.4 我们仅需证明 t_0 充分接近 T^* 时, (4.59) 成立. 因为 $u(t) \in C^2([0,T^*)\times\mathbb{R}^3)$ 及

$$u(t,x) \equiv 0 \quad |x| > t + R,$$

可知

$$u(t,x) \in L_t^4 L_x^{12}(\Lambda(\delta, 0, T^*)). \tag{4.60}$$

由 u 具有紧支集的性质, $u(t,x)$ 满足 (4.21).

命题 4.6 的证明 在非线性增长条件 (H2) 下, 如果 (4.58) 成立, 则有

$$\sup_{t_0\leqslant t<T^*}\int_{|x-x_0|\leqslant\delta+T^*-t}|u(t,x)|^6 dx \leqslant 2C_1\varepsilon, \tag{4.61}$$

这里要求 $\delta>0$ 和 $T^*-t>0$ 充分小. 事实上, 取 $\delta>0$ 充分小, 就有:

$$\int_{|x-x_0|\leqslant\delta+T^*-t_0}\left(\frac{1}{2}|u'(t_0)|^2+F_k(u(t_0))\right)dx<\frac{3}{2}\varepsilon, \tag{4.62}$$

由于 $E(u,D_t)$ 是 t 的非增函数, 因此

$$\sup_{t_0\leqslant t<T^*}\int_{|x-x_0|\leqslant\delta+T^*-t}\left(\frac{1}{2}|u'(t)|^2+F_k(u(t))\right)dx<\frac{3}{2}\varepsilon. \tag{4.63}$$

于是, 只要取 $\delta>0$ 与 T^*-t_0 充分小, 就有

$$\begin{aligned}\int_{|x-x_0|\leqslant\delta+T^*-t}|u(t,x)|^6dx &\leqslant\frac{4\pi}{3}C_1(\delta+T^*-t_0)^3+C_1\int_{|x-x_0|\leqslant\delta+T^*-t}F_k(u)dx\\ &\leqslant\frac{4\pi}{3}C_1(\delta+T^*-t_0)^3+\frac{3C_1}{2}\varepsilon\leqslant 2C_1\varepsilon.\end{aligned} \tag{4.64}$$

我们断言: 只要取 $\varepsilon>0$ 充分小, 则 (4.61) 就意味着 (4.59) 成立. 由 Strichartz 估计及 Huygens 原理 (非线性函数的估计亦应在相同的依赖区域), 就得

$$\begin{aligned}\|u\|_{L_t^4L_x^{12}(\Lambda(\delta,t_0,s))}&\lesssim\|u'(t_0)\|_{L^2(\mathbb{R}^3)}+\|f_k(u)\|_{L_t^1L_x^2(\Lambda(\delta,t_0,s))}\\ &\lesssim(2E(\varphi,\psi))^{\frac{1}{2}}+\|f_k(u)\|_{L_t^1L_x^2(\Lambda(\delta,t_0,s))}.\end{aligned} \tag{4.65}$$

注意到非线性假设 (H1), 就有

$$\begin{aligned}\|f_k(u)\|_{L_t^1L_x^2(\Lambda(\delta,t_0,s))}&\lesssim C_1(T^*,R)+\||u|^4u\|_{L_t^1L_x^2(\Lambda(\delta,t_0,s))}\\ &\lesssim C_1(T^*,R)+\|u\|_{L_t^\infty L_x^6(\Lambda(\delta,t_0,s))}\|u\|^4_{L_t^4L_x^{12}(\Lambda(\delta,t_0,s))}.\end{aligned} \tag{4.66}$$

结合 (4.61), (4.65), (4.66) 就可推出

$$\begin{aligned}\|u\|_{L_t^4L_x^{12}(\Lambda(\delta,t_0,s))}\leqslant&C[(2E(\varphi,\psi))^{\frac{1}{2}}+C_1(R,T^*)]\\ &+C(2C_1\varepsilon)^{\frac{1}{6}}\|u\|^4_{L_t^4L_x^{12}(\Lambda(\delta,t_0,s))}.\end{aligned} \tag{4.67}$$

于是, 根据技术引理 4.5 知: 只要取 ε 满足

$$C(2C_1\varepsilon)^{1/2}<2^{-4}(C(2E(\varphi,\psi))^{1/2}+C_1(R,T^*))^{-3}, \tag{4.68}$$

就能保证

$$\|u\|_{L_t^4L_x^{12}(\Lambda(\delta,t_0,s))}\leqslant 2(C(2E(\varphi,\psi))^{\frac{1}{2}}+C_1(R,T^*)). \tag{4.69}$$

这里 ε 选取仅依赖于 T^*,R 与 $E(\varphi,\psi)$. 证毕.

注记 4.5 我们看到, 临界波动方程的整体光滑解的存在性就归结为证明能量不能在任意一点 (T^*, x_0) 聚集. 具体地说, $\forall x_0$, 证明

$$\lim_{t\nearrow T^*}\int_{|x-x_0|<T^*-t}\left(\frac{1}{2}|u'(x,t)|^2+F_k(u(t))\right)dx=0. \tag{4.70}$$

这意味着对 $\forall\varepsilon>0$, 只要 T^*-t_0 充分小, 就保证命题 4.6 中的 (4.58) 成立. 因此, 对 $\forall x_0\in\mathbb{R}^3$, 一定存在 $\delta>0$, 使得 (4.59) 成立. 由 $u(t,x)\in C^2([0,t_0]\times\mathbb{R}^3)$, 则 $u(t)$ 满足

$$u(t)\in L_t^4L_x^{12}(\Lambda(\delta,0,T^*)). \tag{4.71}$$

由于

$$\text{supp }u(t)\subset\big\{(x,t)\big|\quad |x|\leqslant t+R, 0\leqslant t\leqslant T^*\big\}. \tag{4.72}$$

从而存在有限个多个 $\Lambda_j(\delta,0,T^*)$, 使得

$$\bigcup_j\Lambda_j(\delta,0,T^*)\supset\text{supp }u(t,x). \tag{4.73}$$

推得

$$u(t)\in L_t^4L_x^{12}([0,T^*)\times\mathbb{R}^3). \tag{4.74}$$

此意味着光滑解的整体存在性.

命题 4.7 设 $k=5$, 则 (4.70) 成立的充分条件是

$$\lim_{t\nearrow T^*}\int_{|x-x_0|\leqslant T^*-t}F_k(u)dx=0. \tag{4.75}$$

证明 此意味着 (4.75) 就能排除能量的聚积. 由 (H1) 与 (H2), (4.75) 等价于

$$\lim_{t\nearrow T^*}\int_{|x-x_0|<T^*-t}|u(t,x)|^6dx=0. \tag{4.76}$$

由命题 4.6 的证明过程, (4.76) 意味着

$$u(t,x)\in L_t^4L_x^{12}(\Lambda(0,0,T^*)). \tag{4.77}$$

这样一来, 问题就归结为在 (4.76) 下, 证明 (4.70) 成立. 对方程

$$\Box u'=-f_k'(u)u' \tag{4.78}$$

应用 Strichartz 估计可见 (设 $0 \leqslant t_0 < s < T^*$)

$$
\begin{aligned}
&\sup_{t_0 \leqslant t \leqslant s} \left(\int_{|x-x_0|<T^*-t} |u'(t,x)|^6 dx \right)^{1/6} = \|u'\|_{L_t^\infty L_x^6(\Lambda(0,t_0,s))} \\
\leqslant & C \sum_{|\alpha|=2} \|\partial^\alpha u(t_0)\|_{L^2(\mathbb{R}^3)} + C\|f_k'(u)u'\|_{L_t^1 L_x^2(\Lambda(0,t_0,s))} \\
\leqslant & C \sum_{|\alpha|=2} \|\partial^\alpha u(t_0)\|_{L^2(\mathbb{R}^3)} + C_1(R,T^*) + C\|u^4 u'\|_{L_t^1 L_x^2(\Lambda(0,t_0,s))} \\
\leqslant & C(t_0) + C\|u\|^4_{L_x^4 L_x^{12}(\Lambda(0,t_0,s))} \|u'\|_{L_t^\infty L_x^6(\Lambda(0,t_0,s))}.
\end{aligned} \tag{4.79}
$$

由于 $u(t,x) \in C^2([0,T^*) \times \mathbb{R}^3)$, $\text{supp}u \subset \big\{x \big|\ |x-x_0| \leqslant R+T^*\big\}$. 故 $C(t_0) < \infty$. 另外, 注意到

$$
\lim_{t_0 \to T^*} \|u\|_{L_t^4 L_x^{12}(\Lambda(0,t_0,T^*))} = 0.
$$

因此, 由 (4.79) 就推出

$$
\sup_{t_0 \leqslant t < T^*} \left(\int_{|x-x_0|<T^*-t} |u'(t,x)|^6 dx \right)^{\frac{1}{6}} \leqslant 2C(t_0). \tag{4.80}
$$

由 Hölder 不等式, 就得

$$
\left(\int_{|x-x_0|<T^*-t} |u'(t,x)|^2 dx \right)^{1/2} \leqslant 2C(t_0) \left(\frac{4\pi}{3}(T^*-t)^3 \right)^{1/3}, \quad t_0 \leqslant t \leqslant T^*. \tag{4.81}
$$

故

$$
\lim_{t \nearrow T^*} \int_{|x-x_0|<T^*-t} \frac{1}{2}|u'(t,x)|^2 dx = 0. \tag{4.82}
$$

最后, 采用 Morawetz-Pohozăev 恒等式来建立 (4.75) 或 (4.76). 为方便起见, 将

$$
\lim_{t \to T^*} \int_{|x-x_0|<T^*-t} F_k(u(x,t)) dx = 0
$$

中的 (T^*, x_0) 变成原点. 具体地来讲, 设

$$
u(t,x) \in C^2([-T^*,0) \times \mathbb{R}^3) \tag{4.83}
$$

是

$$
\begin{cases}
\Box u + f_k(u) = 0, \\
u(-T^*) = \varphi(x), \quad u_t(-T^*) = \psi(x)
\end{cases} \tag{4.84}
$$

的光滑解, 在此条件下证明

$$
\lim_{t \nearrow 0} \int_{|x|<|t|} F_k(u) dx = 0. \tag{4.85}
$$

下面来推导 Morawetz 估计, 用 Noether 原理进行考察. 考虑与波动方程关联的 Lagrange 密度函数

$$L(q,p)=\frac{1}{2}|p_0|^2-\frac{1}{2}\sum_{j=1}^{3}|p_j|^2-F_k(q),\tag{4.86}$$

这里 $(q,p)\in\mathbb{R}\times\mathbb{R}^4$. 直接验算, 对 $\forall v\in C_c^\infty([-T^*,0)\times\mathbb{R}^3)$, 有

$$\begin{aligned}&\frac{d}{d\varepsilon}\int_{[-T^*,0)\times\mathbb{R}^3}L(u+\varepsilon v,(u+\varepsilon v)')dtdx\Big|_{\varepsilon=0}\\&=-\int_{[-T^*,0)\times\mathbb{R}^3}(\Box u+f_k(u))vdtdx=0.\end{aligned}\tag{4.87}$$

因此, u 一定满足 $L(q,p)$ 所对应的 Euler-Lagrange 方程

$$\frac{\partial L}{\partial q}(u,u')-\sum_{j=0}^{3}\partial_j\left(\frac{\partial L}{\partial p_j}(u,u')\right)=0,\tag{4.88}$$

这里 $\partial_0=\partial_t$. 设 u_ε 是 u 的 C^1 单参数形变, 则

$$\partial_\varepsilon L(u_\varepsilon,u_\varepsilon')=\frac{\partial L}{\partial q}(u_\varepsilon,u_\varepsilon')\partial_\varepsilon u_\varepsilon+\sum_{j=0}^{3}\frac{\partial L}{\partial p_j}(u_\varepsilon,u_\varepsilon')\partial_j\partial_\varepsilon u_\varepsilon.\tag{4.89}$$

如果假设 $u_{\varepsilon_0}=u$, 则由 Euler-Lagrange 方程 (4.88), 就得

$$\partial_\varepsilon L(u_\varepsilon,u_\varepsilon')\Big|_{\varepsilon=\varepsilon_0}=\sum_{j=0}^{3}\partial_j\left[\frac{\partial L}{\partial p_j}(u_\varepsilon,u_\varepsilon')\partial_\varepsilon u_\varepsilon\right]\Big|_{\varepsilon=\varepsilon_0},\tag{4.90}$$

特别, 令

$$u_\varepsilon(t,x)=\varepsilon u(\varepsilon t,\varepsilon x),\quad \varepsilon_0=1,\tag{4.91}$$

此时

$$\partial_\varepsilon u_\varepsilon\big|_{\varepsilon=1}=u+\sum_{j=0}^{3}x_j\partial_j u,\quad (x_0=t).\tag{4.92}$$

考虑 $L(q,p)+F_k(q)$ 的伸缩变换, 容易看出

$$L(u_\varepsilon,u_\varepsilon')=\varepsilon^4L(u,u')(\varepsilon t,\varepsilon x)+\varepsilon^4F_k(u(\varepsilon t,\varepsilon x))-F_k(u_\varepsilon(x,t)).\tag{4.93}$$

及

$$\begin{aligned}\partial_\varepsilon L(u_\varepsilon,u'_\varepsilon)\big|_{\varepsilon=1}=&\sum_{j=0}^{3}x_j\frac{\partial}{\partial x_j}L(u,u')+4L(u,u')+4F_k(u)+\sum_{j=0}^{3}F'_k(u)\frac{\partial u}{\partial x_j}\cdot x_j\\&-F'_k(u)\cdot u-\sum_{j=0}^{3}F'_k(u)\frac{\partial u}{\partial x_j}\cdot x_j\\=&\sum_{j=0}^{3}x_j\frac{\partial}{\partial x_j}L(u,u')+4L(u,u')+4F_k(u)-uF'_k(u).\end{aligned}\tag{4.94}$$

由 (4.90) 与 (4.94) 就得

$$\sum_{j=0}^{3}\partial_j\left[\frac{\partial L}{\partial p_j}(u,u')\left(u+\sum_{k=0}^{3}x_k\partial_k u\right)-x_jL(u,u')\right]=4F_k(u)-uf_k(u).\tag{4.95}$$

将 Lagrange 语言换成散度表示式, (4.95) 就是

$$\mathrm{div}_{t,x}(tQ+\partial_t u\cdot u,-tP)=4F_k(u)-uf_k(u),\tag{4.96}$$

这里

$$Q=\frac{1}{2}|u'|^2+F_k(u)+t^{-1}\partial_t ux\cdot\nabla u,\tag{4.97}$$

$$P=\left(\frac{1}{2}|\partial_t u|^2-\frac{1}{2}|\nabla u|^2-F_k(u)\right)\frac{x}{t}+\left(\frac{u}{t}+\partial_t u+\frac{x}{t}\cdot\nabla u\right)\nabla u.\tag{4.98}$$

事实上, 直接验证:

$$\begin{aligned}&\frac{\partial L}{\partial p_0}(u,u')(u+tu_t+x\cdot\nabla u)-tL(u,u')\\=&u_tu+tu_t^2+u_t(x\cdot\nabla u)-t\left[\frac{1}{2}|u_t|^2-\frac{1}{2}|\nabla u|^2-F_k(u)\right]\\=&t\left[\frac{1}{2}|u_t|^2+\frac{1}{2}|\nabla u|^2+F_k(u)\right]+u_t(x\cdot\nabla u)+u_tu\\=&tQ+uu_t,\end{aligned}$$

$$\begin{aligned}&\frac{\partial L}{\partial p_1}\left((u,u')\left(u+\sum_{k=0}^{3}x_k\partial_k u\right)-x_1L(u,u')\right)\\=&-\frac{\partial u}{\partial x_1}(u+tu_t+x\cdot\nabla u)-x_1\left(\frac{1}{2}|\partial_t u|^2-\frac{1}{2}|\nabla u|^2-F_k(u)\right)\\=&-\frac{\partial u}{\partial x_1}\left(\frac{u}{t}+u_t+\frac{x}{t}\cdot\nabla u\right)t-\left(\frac{1}{2}|\partial_t u|^2-\frac{1}{2}|\nabla u|^2-F_k(u)\right)x_1\\=&-t\frac{\partial u}{\partial x_1}\left(\frac{u}{t}+u_t+\frac{x}{t}\cdot\nabla u\right)-t\left(\frac{1}{2}|\partial_t u|^2-\frac{1}{2}|\nabla u|^2-F_k(u)\right)\frac{x_1}{t}.\end{aligned}$$

由此推出 P 就满足 (4.98) 式.

注记 4.6 (a) 注意到变换

$$u \longmapsto u_\varepsilon(t,x) = \varepsilon u(\varepsilon t, \varepsilon x)$$

对应的生成元是 $t\partial_t + x\cdot\nabla + 1$. 因此, 就方程 $\Box u + f_k(u) = 0$ 两边同乘以 $t\partial_t u + x\cdot\nabla u + u$, 就可以推出 (4.96).

(b) 如果将 (a) 中的变换换成

$$u \longmapsto u_\varepsilon(t,x) = u(t+\varepsilon, x).$$

仿照前面的推导, 能量恒等式 (即 (4.32) 式) 可由公式

$$\partial_t\left[\frac{\partial L}{\partial p_0}(u,u') - L(u,u')\right] + \sum_{j=1}^{3}\partial_j\left[\frac{\partial L}{\partial p_j}(u,u')\partial_t u\right] = 0 \tag{4.99}$$

给出.

下来利用 (4.96) 来证明 (4.85). 对 $T^* < T < S \leqslant 0$, 记

$$D_T = \big\{(T,x), \quad |x| \leqslant -T\big\},$$

$$\Lambda(T,S) = \{(t,x): \quad T\leqslant t\leqslant S, \quad |x|\leqslant -t\},$$

$$M_T^S = \big\{(t,x)| \quad T\leqslant t\leqslant S, \quad |x| = -t\big\},$$

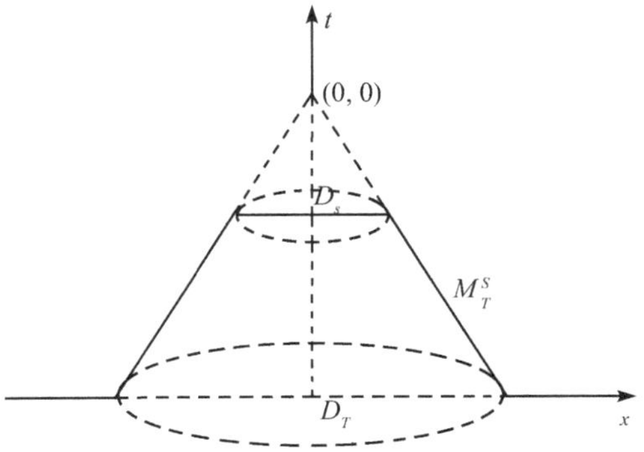

因此, 锥台 $\Lambda(T,S)$ 表示过原点 $(0,0)$ 的后向光锥与 $[T,S]\times\mathbb{R}^3$ 的交集. $\Lambda(T,S)$ 的边界可分为如下三部分.

$$\partial\Lambda(T,S) = D_T \cup D_S \cup M_T^S. \tag{4.100}$$

在 $\Lambda(T,S)$ 上积分 (4.96), 并采用散度定理可得

$$\begin{aligned}&\int_{D_S}(SQ+u\partial_t u)dx-\int_{D_T}(TQ+u\partial_t u)dx+\frac{1}{\sqrt{2}}\int_{M_T^S}(tQ+u\partial_t u+xP)d\sigma\\&=\iint_{\Lambda(T,S)}\big(4F_k(u)-uf_k(u)\big)dxdt,\end{aligned}\tag{4.101}$$

这里用到 $|x|=-t$ 和 $\nu=\dfrac{1}{\sqrt{2}}\left(1,\dfrac{x}{|x|}\right)$. 由能量守恒及 Hölder 不等式, 令 $S\nearrow 0$, 则 (4.101) 就变成

$$I+II=\iint_{\Lambda(T,0)}(4F_k(u)-uf_k(u))dxdt,\tag{4.102}$$

其中

$$I=-\int_{D_T}(TQ+u\partial_t u)dx,\tag{4.103}$$

$$II=\frac{1}{\sqrt{2}}\int_{M_T^0}(tQ+u\partial_t u+xP)d\sigma.\tag{4.104}$$

由条件 (H3) 与能量不等式, 可以推出:

$$I+II\leqslant CT^4.\tag{4.105}$$

下面来具体估计 I 与 II(用 Q 的表示式, 可见 I 中有我们欲控制的项) 先估计 II, 注意到在 M_T^0 上, 有 $|x|=-t$. 因此,

$$\begin{aligned}II=&\frac{1}{\sqrt{2}}\int_{M_T^0}\Big[-|x||\partial_t u|^2+2(x\cdot\nabla_x u)\partial_t u-\frac{(x\cdot\nabla_x u)^2}{|x|}\\&-u\frac{x}{|x|}\cdot\nabla_x u+u\partial_t u\Big]d\sigma\\=&-\frac{1}{\sqrt{2}}\int_{M_T^0}\left[|x|\left(\frac{x\cdot\nabla u}{|x|}-\partial_t u\right)^2+\left(\frac{x\cdot\nabla_x u}{|x|}-\partial_t u\right)u\right]d\sigma,\end{aligned}\tag{4.106}$$

用参数形式表示 M_T^0 就是

$$y\to(-|y|,y),\quad |y|\leqslant T,$$

则

$$d\sigma=\sqrt{2}dy.$$

令 $v(y)=u(-|y|,y)$, 则

$$y\cdot\frac{\nabla v}{|y|}=\frac{y\cdot\nabla_y u}{|x|}-\partial_t u.$$

故

$$\begin{aligned}II=&-\int_{|y|\leqslant|T|}\left(\frac{|y\cdot\nabla v|^2}{|y|}+v\frac{y\cdot\nabla v}{|y|}\right)dy\\=&-\int_{|y|\leqslant|T|}\frac{|y\cdot\nabla v+v|^2}{|y|}dy+\int_{|y|\leqslant|T|}\left[\frac{v^2}{|y|}+v\frac{y\cdot\nabla v}{|y|}\right]dy.\end{aligned}\tag{4.107}$$

注意到

$$v\frac{y\cdot\nabla v}{|y|}=v\partial_r v=\frac{1}{2}\partial_r v^2,$$

由极坐标形式

$$\begin{aligned}&\int_{|y|\leqslant T}v\frac{y\cdot\nabla v}{|y|}dy=\frac{1}{2}\int_{\Sigma^1}\int_0^T\partial_r v^2(rw)r^2drd\sigma(w)\\=&\frac{1}{2}\int_{\Sigma^1}v^2(|T|w)|T|^2d\sigma(w)-\int_{\Sigma^1}\int_0^T v^2(rw)rdrd\sigma(w)\\=&\frac{1}{2}\int_{\partial D_T}u^2d\sigma-\int_{|y|\leqslant T}v^2\frac{dy}{|y|}.\end{aligned}\tag{4.108}$$

将 (4.108) 代回 (4.107), 并用面积积分表示可见

$$II=\frac{1}{\sqrt{2}}\int_{M_T^0}t\left|\frac{x}{|x|}\cdot\nabla_x u-\partial_t u+\frac{u}{|t|}\right|^2d\sigma+\frac{1}{2}\int_{\partial D_T}u^2d\sigma.\tag{4.109}$$

下面处理 I 的估计, I 中的被积函数是

$$TQ+u\partial_t u=T\left(\frac{1}{2}|u'|^2+F_k(u)\right)+\partial_t u(u+x\cdot\nabla_x u),\tag{4.110}$$

注意到 $|x|\leqslant -T$,

$$u+x\cdot\nabla_x u=x\cdot\left(\nabla_x u+\frac{x}{|x|^2}u\right)$$

及

$$|\partial_t u(u+x\cdot\nabla_x u)|\leqslant -T\left[\frac{1}{2}(\partial_t u)^2+\frac{1}{2}\left|\nabla_x u+\frac{x}{|x|^2}u\right|^2\right].\tag{4.111}$$

$\Longrightarrow$

$$\begin{aligned}I\geqslant&-T\int_{D_T}F_k(u)dx-T\int_{D_T}\left(\frac{1}{2}|\nabla_x u|^2-\frac{1}{2}\left|\nabla_x u+\frac{x}{|x|^2}u\right|^2\right)dx\\\geqslant&|T|\int_{D_T}F_k(u)dx+T\left(\int_{D_T}u\cdot\frac{x\cdot\nabla_x u}{|x|^2}dx+\frac{1}{2}\int_{D_T}\frac{|u|^2}{|x|^2}dx\right).\end{aligned}\tag{4.112}$$

类同于前面的分部积分, 有

$$\begin{aligned}
&\int_{D_T} u\cdot\frac{x\cdot\nabla_x u}{|x|^2}dx+\frac{1}{2}\int_{D_T}\frac{|u|^2}{|x|^2}dx\\
=&\frac{1}{2}\int_{\Sigma^1}\int_0^{|T|} r\partial_r u^2(r\omega)drd\sigma+\frac{1}{2}\int_{D_T}\frac{|u|^2}{|x|^2}dx\\
=&\frac{1}{2}\left(\int_{\Sigma^1}|T|u^2(|T|\omega)d\sigma(\omega)-\int_{\Sigma^1}\int_0^{|T|}u^2(r\omega)drd\sigma(\omega)\right)+\frac{1}{2}\int_{D_T}\frac{|u|^2}{|x|^2}dx\\
=&\frac{1}{2}\int_{\Sigma^1}|T|u^2(|T|\omega)d\sigma(\omega)-\frac{1}{2}\int_{D_T}\frac{|u|^2}{|x|^2}dx+\frac{1}{2}\int_{D_T}\frac{|u|^2}{|x|^2}dx\\
=&\frac{1}{2}\int_{\partial D_T}\frac{u^2}{|T|}d\sigma. \qquad (4.113)
\end{aligned}$$

$\Longrightarrow$

$$I\geqslant |T|\int_{D_T}F_k(u)dx-\frac{1}{2}\int_{\partial D_T}u^2d\sigma. \qquad (4.114)$$

由 (4.105)、(4.109) 及 (4.114) 有

$$\begin{aligned}
|T|\int_{D_T}F_k(u)dx \lesssim& T^4+\frac{1}{\sqrt{2}}\int_{M_T^0}|t|\left|-\partial_t u+\frac{x}{|x|}\cdot\nabla u+\frac{u}{|x|}\right|^2 d\sigma\\
\lesssim& T^4+|T|\int_{M_T^0}\left|\frac{x}{|x|}\cdot\nabla_x u-\partial_t u\right|^2 d\sigma+\int_{M_T^0}\frac{|u|^2}{|t|}d\sigma\\
\lesssim& T^4+|T|\mathrm{Flux}(u,M_T^0)+\int_{M_T^0}\frac{|u|^2}{|t|}d\sigma\\
\lesssim& T^4+|T|\mathrm{Flux}(u,M_T^0)+\left(\int_{M_T^0}|t|^{-\frac{3}{2}}d\sigma\right)^{\frac{2}{3}}\cdot\left(\int_{M_T^0}|u|^6d\sigma\right)^{\frac{1}{3}}\\
\lesssim& T^4+|T|\mathrm{Flux}(u,M_T^0)+|T|\left(\int_{M_T^0}(1+F_k(u))d\sigma\right)^{\frac{1}{3}}\\
\lesssim& T^4+|T|\mathrm{Flux}(u,M_T^0)+|T|\left(\mathrm{Flux}(u,M_T^0)\right)^{\frac{1}{3}}\\
&+|T|\left(\frac{4\pi|T|^3}{3}\right)^{\frac{1}{3}}.
\end{aligned}$$

$$\int_{D_T}F_k(u)dx\leqslant C|T|^3+\mathrm{Flux}(u,M_T^0)+\mathrm{Flux}(u,M_T^0)^{\frac{1}{3}}+C\left(\frac{4\pi|T|^3}{3}\right)^{\frac{1}{3}}. \qquad (4.115)$$

令 $T\to 0$, 注意到 Flux $(u,M_T^0)\to 0$ 就推出

$$\lim_{T\to 0}\int_{D_T}F_k(u)dx=0.$$

证毕

注记 4.7 (i) 对于 $n=3$ 的情形, 光滑解存在的二择性定理 4.2 将局部解 $I=[0,T^*)$ 是否可以延拓成整体光滑解归结为 $u(t,x)\in L^\infty([0,T^*)\times\mathbb{R}^3)$. 当 $n>3$ 时, 则需要证明 $\partial^\alpha u(t,x)\in L^\infty([0,T^*)\times\mathbb{R}^3)$, 这里 $n+1$ 多重指标 α 满足 $|\alpha|\leqslant\dfrac{n+6}{2}$. 更优的结果见下面的讨论.

(ii) 对于 $n=3$ 的情形, 利用解的表达式可以直接在 $C^2([0,\infty)\times\mathbb{R}^n)$ 框架下研究解的适定性. 事实上, 若 $u(t,x)\in C^2([0,T]\times\mathbb{R}^n)$ 是非线性波方程 (4.1) 的解, 则通过求解积分方程

$$u(x,t)=v_1(t,x)+\frac{1}{4\pi}\int_T^t\int_{|x-y|=t-s}\frac{f(u(y,s))}{t-s}dyds, \tag{4.116}$$

就可得到在 $C^2([0,T]\times\mathbb{R}^n)$ 中延拓的目的, 这里

$$\begin{aligned}v_1(t,x)=&\partial_t\left(\frac{t}{4\pi}\int_{\Sigma^1}\varphi(x+t\omega)d\omega\right)+\frac{t}{4\pi}\int_{\Sigma^1}\psi(x+t\omega)d\omega\\&+\frac{1}{4\pi}\int_0^T\int_{|x-y|=t-s}\frac{f(u(y,s))}{t-s}dyds\in C^2([0,T]\times\mathbb{R}^n).\end{aligned} \tag{4.117}$$

这一方法对于 $n>3$ 是不可行的.

(iii) 随着空间维数的增加, 波动方程的整体光滑解的研究也就越来越困难, 下面来考察研究波动方程的整体光滑解的适定性的机理. 考虑线性波方程的 Cauchy 问题

$$\begin{cases}u_{tt}-\Delta u+h(x,t)=0,(x,t)\in\mathbb{R}^n\times\mathbb{R}^+,\\[2mm] u(0)=\varphi(x),\quad u_t(0)=\psi(x),\quad x\in\mathbb{R}^n.\end{cases} \tag{4.118}$$

若记 $R(x,t)$ 是

$$\begin{cases}u_{tt}-\Delta u=0,(x,t)\in\mathbb{R}^n\times\mathbb{R}^+,\\[2mm] u(0)=0,\quad u_t(0)=\delta(x),\quad x\in\mathbb{R}^n\end{cases} \tag{4.119}$$

的基本解, 则采用特征坐标变换、球面平均方法、降维法等方法, 容易推出:

$$R(x,t)=\frac{1}{2}\chi_{|x|\leqslant t}(x),\quad n=1. \tag{4.120}$$

$$R(x,t)=A_n\left(\frac{1}{t}\partial_t\right)^{\frac{n-3}{2}}\frac{1}{t}\delta(t-|x|),\quad A_n=\frac{1}{\omega_{n-1}(n-2)\cdots3\cdot1},\quad n\geqslant3\text{奇数}, \tag{4.121}$$

$$R(x,t)=A_n\left(\frac{1}{t}\partial_t\right)^{\frac{n-2}{2}}\frac{\chi_{B_t(x)}}{\sqrt{t^2-|x|^2}},\quad A_n=\frac{2}{\omega_n(n-1)\cdots 3\cdot 1},\quad n\geqslant 2\text{偶数}. \tag{4.122}$$

这样一来, (1.118) 的解亦可改写成:

$$v(x,t)=\frac{\partial}{\partial t}(R(x,t)*\varphi)+R(x,t)*\psi+\int_0^t R(x,t-\tau)*h(x,\tau)d\tau. \tag{4.123}$$

这里

$$R(x,t)*\psi=A_n\left(\frac{1}{t}\partial_t\right)^{\frac{n-3}{2}}\left(t^{n-2}\int_{\Sigma^{n-1}}\psi(x+t\omega)d\omega\right),\quad n\geqslant 3\text{奇数}, \tag{4.124}$$

$$R(x,t)*\psi=A_n\left(\frac{1}{t}\partial_t\right)^{\frac{n-2}{2}}\left(t^{n-1}\int_{B_1(0)}\frac{\psi(x+yt)}{\sqrt{1-|y|^2}}dy\right),\quad n\geqslant 2\text{偶数}. \tag{4.125}$$

特别,

$$\begin{aligned}v(x,t)=&\partial_t\left(\frac{t}{4\pi}\int_{\Sigma^1}\varphi(x+t\omega)d\omega\right)+\frac{t}{4\pi}\int_{\Sigma^1}\psi(x+t\omega)d\omega\\&+\frac{1}{4\pi}\int_0^t\int_{\partial B_{t-\tau}(x)}\frac{h(y,\tau)}{t-\tau}d\sigma(y)d\tau,\quad n=3,\end{aligned} \tag{4.126}$$

$$\begin{aligned}v(x,t)=&\partial_t\left(\frac{t}{2\pi}\int_{B_1(0)}\frac{\varphi(x+yt)}{\sqrt{1-|y|^2}}dy\right)+\frac{t}{2\pi}\int_{B_1(0)}\frac{\psi(x+yt)}{\sqrt{1-|y|^2}}dy\\&+\frac{1}{2\pi}\int_0^t\int_{B_1(0)}\frac{(t-\tau)h(x+(t-\tau)y,\tau)}{\sqrt{1-|y|^2}}dyd\tau,\quad n=2.\end{aligned} \tag{4.127}$$

从解的表示式容易发现, 欲获得光滑解 $u(x,t)\in C^2([0,\infty)\times\mathbb{R}^n)$, 则需要

$$\varphi(x)\in C^{[\frac{n}{2}]+2}(\mathbb{R}^n),\psi(x)\in C^{[\frac{n}{2}]+1}(\mathbb{R}^n),h(x,t)\in C^2([0,T];C^{[\frac{n}{2}]+2}(\mathbb{R}^n)). \tag{4.128}$$

这实际上意味着有 $\left[\dfrac{n}{2}\right]$ 阶的导数损失. 现在 $C^2([0,\infty)\times\mathbb{R}^n)$ 框架下研究非线性波动方程的光滑解, 设 $I=[0,T]$ 是首次利用不动点得到的存在区间. 从流或 Picard 的逐次延拓的观点来看, 无法继续进行下去, 这是因为 $u(T)$, $u_t(T)$ 不满足 (4.128).

(iv) 由 Fourier 变换, 线性问题 (4.118) 的解可以表示成

$$u(x,t)=\dot K(t)\varphi+K(t)\psi+\int_0^t K(t-\tau)h(x,\tau)d\tau,\quad K(t)=\mathcal{F}^{-1}\frac{\sin|\xi|t}{|\xi|}\mathcal{F}\cdot, \tag{4.129}$$

(4.118) 两边同乘以 $u_t(t,x)$, 就得

$$\frac{d}{dt}\left[\frac{1}{2}|u_t|^2+\frac{1}{2}|\nabla u|^2\right]-\operatorname{div}(u_t\nabla u)=h(t,x)u_t. \tag{4.130}$$

由此推出

$$\|u_t\|_2+\|\nabla u\|_2\leqslant\|\varphi\|_2+\|\psi\|_2+\sqrt{2}\left(\int_0^T\int_{\mathbb{R}^n}|h|^2dxdt\right)^{\frac{1}{2}}. \tag{4.131}$$

从中可以发现在 H^s 框架下, 波动方程没有导数损失. 这就提示我们可以在形如 $C([0,T);H^{s+1}\times H^s)$ 中研究非线性波动方程 (4.1), 然后通过 Sobolev 嵌入定理及方程本身得到经典光滑解的存在性. 事实上, 从经典的能量方法, 我们有:

命题 4.8 设 $s\in\mathbb{N}$, $(\varphi(x),\psi(x))\in H^{s+1}\times H^s$, $h(t,x)\in L^1([0,T];H^s)$. 则 (4.118) 的解 $(u(t,x)\in C([0,T];H^{s+1})\cap C^1([0,T];H^s)$ 满足

$$\sum_{\alpha|\leqslant 1}\|\partial^\alpha u(t,\cdot)\|_{H^s}\leqslant C(s,T)\sum_{|\alpha|\leqslant 1}\|\partial^\alpha u(0,\cdot)\|_{H^s}+\int_0^T\|f\|_{H^s}ds. \tag{4.132}$$

命题 4.9 设 $s>\dfrac{n+2}{2}$, $(\varphi(x),\psi(x))\in H^{s+1}\times H^s$, $f(u)\in C^\infty$, $f(0)=0$. 则存在 $T>0$, (4.1) 的解 $u(t,x)$ 满足 $(u(t,x),u_t(t,x))\in C([0,T];H^{s+1}\times H^s)$ 及

$$\sum_{|\alpha|\leqslant s+1}\|\partial^\alpha u(t,x)\|_{L^2(\mathbb{R}^n)}<\infty. \tag{4.133}$$

记 $T^*=\sup T$, 则 $T^*=\infty$ 或

$$T^*<\infty\quad 且\quad \lim_{t\to T^*}\sum_{|\alpha|\leqslant 2}\|\partial^\alpha u\|_\infty=\infty. \tag{4.134}$$

上面的结果为我们研究高维波方程的光滑解提供了有效的线路.

注记 4.8 对于高维的波动方程, 利用乘子方法或 Lagrange 变分原理, 容易推出 Morawetz 的 Dilation 恒等式 (见 [S2], [Mi7]). Shatah J 和 Struwe M [SS1] 借助于局部化的 Strichartz 估计, 证明了当 $3\leqslant n\leqslant 7$ 时, 临界波方程的光滑解的整体适定性, 也可参见 Kapitanskii 的文章 [Ka1]. 证明的基本思路是:

(i) 相互作用能量 (非线性引起的部分) 不在一点产生“聚积”.

(ii) 利用能量的非聚积性、Strichartz 估计, 建立有限能量解的正则性.

(iii) 用标准的技术, 证明具光滑初值函数的解的正则性.

详细的讨论可见 [SS1], [Ka1] 或 [Mi7]. 有关波动方程组的相应结果可见 [MZ4], [MZ5], [MZ6] 及 [MZ7].

§5.5 非线性 Klein-Gordon 方程的低正则性

本节来考虑如下 Klein-Gordon 方程的 Cauchy 问题

$$\begin{cases} u_{tt} - \Delta u + m^2 u = -|u|^{\rho-1}u, & (t,x) \in \mathbb{R} \times \mathbb{R}^n, \quad n \geqslant 3, m \neq 0 \\ u(x,0) = \phi(x), & x \in \mathbb{R}^n, \\ u_t(x,0) = \psi(x), & x \in \mathbb{R}^n \end{cases} \tag{5.1}$$

在低能量空间中的整体适定性问题.

最近, 许多数学家致力于研究发展型方程 (组) 的低正则性问题, 详见 [Bo1], [Bo2], [Ka2], [KT1], [KT2], [KT3], [KVP5], [MZ3], [MZ4], [So2], [T3], [Tat] 等等. 所谓低正则性问题就是寻求尽可能低正则性的空间, 使得当初值属于此低正则性的空间 (具粗糙初值) 时, 研究相应的非线性发展方程的定解问题的适定性. 一般地说, 低正则性问题的局部适定性主要借助于 Strichartz 估计与分数阶求导技术, 相对而言就容易些. 低正则性问题的整体适定性就要困难的多, 因此此时不存在相应的能量不等式.Bourgain 首次提出了 Fourier 截断方法, 证明了 Schrödinger 方程的在 $H^s(s_0 < s < 1)$ 中的整体适定性. Bourgain 方法的核心是将初值分解成低频与高频两部分, 用自由方程来演化高频部分, 非线性方程来演化低频部分, 证明相差量满足一定的正则性 (满足相应的估计), 最后证明这一过程一直可以进行, 从而获得低正则性问题的整体适定性. 至于处理低正则性问题方法还有 Tao 的 I- 能量方法, 有兴趣的读者可见 [KT3].

就波动方程低正则性问题的整体适定性而言, Kenig, Ponce 及 Vega 在 [KPV6] 给出了三维空间中的结果, 作者借助于 Keel-Tao 的端点时空估计与非线性函数在 Besov 空间的估计, 得到了高维情形下结论 [MZ1]. 这里以 Klein-Gordon 方程为例, 来阐述处理低正则性问题的整体适定性的技巧与思想.

先回忆一下低正则性问题的局部适定性. 设 $(\phi(x),\psi(x)) \in H^s(\mathbb{R}^n) \otimes H^{s-1}(\mathbb{R}^n)$, 其中

$$\begin{cases} s \in (\nu(\rho), 1], & n = 3 \quad 且 \quad \rho = 2, \\ s \in [\nu(\rho), 1], & n > 3, \qquad 或 \quad n = 3 \text{ 且 } \rho > 2, \end{cases} \tag{5.2}$$

$$\nu(\rho) = \begin{cases} \dfrac{n+1}{4} - \dfrac{1}{\rho-1}, & k_0(n) \leqslant \rho \leqslant 1 + \dfrac{4}{n-1}, \\ \dfrac{n}{2} - \dfrac{2}{\rho-1}, & 1 + \dfrac{4}{n-1} \leqslant \rho < 1 + \dfrac{4}{n-2}, \end{cases} \tag{5.3}$$

$$k_0(n) = \frac{(n+1)^2}{(n-1)^2+4}, \quad n \geqslant 3. \tag{5.4}$$

则 Cauchy 问题 (5.1) 在 $[0,T_0)$ 是局部适定的, 这里 $T_0 = T_0(\|\phi\|_{H^s}, \|\psi\|_{H^{s-1}})$, $s\in(\nu(\rho),1]$ (见 [LS2], [So2]). 当 $n\geqslant 4$, 含端点 $s=\nu(\rho)$ 的情形 (见 [KT1]).

定理 5.1 $s\in(\alpha(\rho),1)$ 满足

$$\alpha(\rho)=\frac{2(\rho-1)^2+(n+2-\rho(n-2))\cdot(n\rho-n-\rho-1)}{2(\rho-1)^2+2(\rho-1)\,(n+2-\rho(n-2))},$$
$$n=3, 2<\rho<\frac{n+3}{n-1},\text{或 } n\geqslant 4,\ k_0(n)\leqslant\rho<\frac{n-1}{n-3},\tag{5.5}$$

$$\alpha(\rho)=\frac{4(\rho-1)+(n+2-\rho(n-2))\cdot(n\rho-n-4)}{2(\rho-1)\,(n+4-\rho(n-2))},$$
$$n=3,\quad \frac{n+3}{n-1}\leqslant\rho<\frac{n+2}{n-2}.\tag{5.6}$$

则对任意的 $T>0$ 及 $(\phi(x),\psi(x))\in\dot H^s(\mathbb{R}^n)\cap L^{\rho+1}(\mathbb{R}^n)\otimes\dot H^{s-1}(\mathbb{R}^n)$, Cauchy 问题 (5.1) 在 $[0,T)$ 存在唯一的解 $u(t)$ 满足

$$u(t)=\dot K(t)\phi+K(t)\psi+z(t)\tag{5.7}$$

与估计

$$\sup_{[0,T)}\|z(t)\|_{H^1}\leqslant CT^{\frac{1-s}{1-s-\eta}},\tag{5.8}$$

这里 $K(t)=\sin(m^2-\Delta)^{\frac12}t/(m^2-\Delta)^{\frac12}$,

$$\eta=\frac{2(\rho-1)^2(1-s)}{n+2-\rho(n-2)}+\frac{n\rho-(n+\rho-1)}{2}-\rho s,$$
$$n=3, 2<\rho<\frac{n+3}{n-1},\text{或 } n\geqslant 4,\ k_0(n)\leqslant\rho<\frac{n-1}{n-3},\tag{5.9}$$

$$\eta=\frac{2(\rho-1)(1-s)}{n+2-\rho(n-2)}+\frac{n\rho-(n+2)}{2}-\rho s,$$
$$n=3,\quad \frac{n+3}{n-1}\leqslant\rho<\frac{n+2}{n-2}.\tag{5.10}$$

注记 5.1 (i) 记 $k_1(n)=1+2/(n-2)$. 容易验证当 $n=3,4$ 时, $k_0(n)<k_1(n)$; 当 $n\geqslant 5$ 时, $k_0(n)>k_1(n)$. 易见 $1+\dfrac{2}{n-2}=\dfrac{n+3}{n-1}$, $n=3$. 进而还有:

$$\begin{cases}\dfrac{n-1}{n-3}=\dfrac{n+2}{n-2}, & n=4,\\[2mm] \dfrac{n-1}{n-3}<\dfrac{n+2}{n-2}, & n\geqslant 5.\end{cases}$$

(ii) 当 $n\geqslant 5$ 时, 由于技术的原因, 我们仅考虑了 $k_0(n)\leqslant\rho<(n-1)/(n-3)$ 的情形.

(iii) 当 $n=3$, $m=0$ 时, 从定理 5.1 就可推出 [KPV6] 的结论.

在证明定理 5.1 之前, 先回忆一下 Strichartz 时空估计. 直接计算知

$$\begin{aligned} W(x,t) =& \dot{K}(t)\phi(x) + K(t)\psi(x) + \int_0^t K(t-\tau)f(x,\tau)d\tau \\ =& \dot{K}(t)\phi(x) + K(t)\psi(x) + (\mathcal{G}f)(x,t) \end{aligned} \tag{5.11}$$

是如下线性 Klein-Gordon 方程

$$\begin{cases} W_{tt} - \Delta W + m^2 W = f(x,t), & (t,x) \in \mathbb{R} \times \mathbb{R}^n, \\ W(x,0) = \phi(x), & x \in \mathbb{R}^n, \\ W_t(x,0) = \psi(x), & x \in \mathbb{R}^n \end{cases} \tag{5.12}$$

的解. 由 Klein-Gordon 方程的时空估计 (见苗长兴专著 [Mi6] 的第十一章定理 4.5, 定理 4.6), 就推出:

$$\|K(t)\psi(\cdot)\|_{B^s_{r,2}} \leqslant C|t|^{-(n-1+\sigma)(\frac{1}{2}-\frac{1}{r})}\|\psi\|_{B^{\bar{s}}_{r',2}}, \quad t \neq 0 \tag{5.13}$$

与

$$\|K(t)\psi(\cdot)\|_{B^s_{r,2}} \leqslant C|t|^{-(n-1-\sigma)(\frac{1}{2}-\frac{1}{r})}\|\psi\|_{B^{\bar{s}}_{r',2}}, \quad t \neq 0. \tag{5.14}$$

用 TT^* 方法, 我们给出基于 (5.13) 的 Strichartz 时空估计. 至于基于 (5.14) 的 Strichartz 时空估计用注记形式给出. 为此, 对给定的 n, $2 \leqslant r \leqslant \infty$, $0 \leqslant \sigma \leqslant 1$, 定义

$$\frac{\delta(r,\sigma)}{n+\sigma} = \frac{2\beta(r,\sigma)}{n+1+\sigma} = \frac{\gamma(r,\sigma)}{n-1+\sigma} = \frac{1}{2} - \frac{1}{r}.$$

对于 $0<s<1$, $2 \leqslant r \leqslant \infty$, $0 \leqslant \sigma \leqslant 1$,

$$(n+1+\sigma)\left(\frac{1}{2}-\frac{1}{r}\right) = 2\beta(r,\sigma) = 1+\tilde{s}-s,$$

(5.13) 就变成:

$$\|K(t)\psi(\cdot)\|_{B^s_{r,2}} \leqslant C|t|^{-\gamma(r,\sigma)}\|\psi\|_{B^{\tilde{s}}_{r',2}}, \quad t \neq 0. \tag{5.15}$$

特别, 有

$$\|K(t)\psi(\cdot)\|_{B^{1-\beta(r,\sigma)}_{r,2}} \leqslant C|t|^{-\gamma(r,\sigma)}\|\psi\|_{B^{\beta(r,\sigma)}_{r',2}}, \quad t \neq 0. \tag{5.16}$$

由 TT^* 方法, Hardy-Littlewood-Sobelev 不等式及 Sobolev 嵌入定理, 就得如下 Strichartz 估计.

命题 5.2 令 ρ_1, ρ_2, $\mu \in \mathbb{R}$, $2 \leqslant q_1$, q_2, r_1 与 $r_2 \leqslant \infty$ 满足

$$0 \leqslant \frac{2}{q_j} \leqslant \min(\gamma(r_j,\sigma),1), \quad n \geqslant 3, \quad j=1,2,$$

$$(q_j,r_j,n,\sigma) \neq (2,\infty,3,0), \quad j=1,2,$$

$$\rho_1+\delta(r_1,\sigma)-\frac{1}{q_1}=\mu,$$

$$\rho_2+\delta(r_2,\sigma)-\frac{1}{q_2}=1-\mu.$$

记 $Y^\mu = H^\mu \times H^{\mu-1}$. 则有如下结论:

(i) 对任意的 $(\phi,\psi) \in Y^\mu$, $(w,\partial_t w) \in \mathcal{C}(I;Y^\mu) \cap L^{q_1}(I;B^{\rho_1}_{r_1,2} \times B^{\rho_1-1}_{r_1,2})$ 且满足

$$\|w;L^{q_1}(I;B^{\rho_1}_{r_1,2})\| + \|\partial_t w;L^{q_1}(I;B^{\rho_1-1}_{r_1,2})\| \leqslant C\|(\phi,\psi)\|_{Y^\mu}. \tag{5.17}$$

(ii) 对任意的 $f \in L^{q_2'}(I;B^{-\rho_2}_{r_2',2})$, $\mathcal{G}f \in \mathcal{C}(I;Y^\mu) \cap L^{q_1}(I;B^{\rho_1}_{r_1,2})$ 且满足

$$\|\mathcal{G}f;L^{q_1}(I;B^{\rho_1}_{r_1,2})\| \leqslant C\|f;L^{q_2'}(I;B^{-\rho_2}_{r_2',2})\|. \tag{5.18}$$

(iii) 记 $I=[0,T)$, $0<T\leqslant\infty$, 则

$$\begin{aligned}&\|W;L^{q_1}(I;B^{\rho_1}_{r_1,2})\| + \|\partial_t W;L^{q_1}(I;B^{\rho_1-1}_{r_1,2})\| \\ \leqslant& C\left(\|(\phi,\psi)\|_{Y^\mu} + \|f;L^{q_2'}(I;\dot{B}^{-\rho_2}_{r_2',2})\|\right).\end{aligned} \tag{5.19}$$

定义 5.2 称 (q,r) 是最佳的容许对, 如果 q, $r \geqslant 2$, $(q,r,n,\sigma) \neq (2,\infty,3,0)$ 且

$$\frac{2}{q} = (n-1+\sigma)\left(\frac{1}{2}-\frac{1}{r}\right) = \gamma(r,\sigma). \tag{5.20}$$

容易看出, 如果 (q,r) 是一个最佳的容许对, 则 q 可以被 r 与 σ 唯一确定, 记为 $q=q(r,\sigma)$.

推论 5.3 (i) 设 $0 \leqslant \sigma \leqslant 1$, $(q(r,\sigma),r)$ 与 $(q_j(r_j,\sigma),r_j)$ $(j=1,2)$ 是最佳的容许对, 若 $(\phi,\psi) \in H^s \times H^{s-1}$, 则 $w=\dot{K}(t)\phi+K(t)\psi \in L^{q(r,\sigma)}(I;B^{s-\beta(r,\sigma)}_{r,2}) \cap \mathcal{C}(I;H^s)$ 且

$$\|w\|_{L^{q(r,\sigma)}(I;B^{s-\beta(r,\sigma)}_{r,2})} \leqslant C\left(\|\phi\|_{H^s}+\|\psi\|_{H^{s-1}}\right). \tag{5.21}$$

(ii) 设 $f \in L^{q_2'(r_2,\sigma)}(I;B^{s+\beta(r_2,\sigma)-1}_{r_2',2})$. 则

$$\mathcal{G}f \in L^{q_1(r_1,\sigma)}(I;B^{s-\beta(r_1,\sigma)}_{r_1,2}),$$

且

$$\|\mathcal{G}f\|_{L^{q_1(r_1,\sigma)}(I;B^{s-\beta(r_1,\sigma)}_{r_1,2})} \leqslant C\|f\|_{L^{q_2'(r_2,\sigma)}(I;B^{s+\beta(r_2,\sigma)-1}_{r_2',2})}. \tag{5.22}$$

特别,

$$\|\mathcal{G}f\|_{L^{q(r,\sigma)}(I;B_{r,2}^{s-\beta(r,\sigma)})} \leqslant C\|f\|_{L^{q'(r,\sigma)}(I;B_{r',2}^{s+\beta(r,\sigma))-1})}. \tag{5.23}$$

推论 5.4　设 θ, σ 满足

$$0 \leqslant \theta \leqslant \frac{n+1+\sigma}{2(n-1+\sigma)} < 1, \quad n \geqslant 3, 0 \leqslant \sigma \leqslant 1,$$

$$0 \leqslant \theta < 1, \quad n=3, \quad \sigma=0.$$

则

$$\|w\|_{L^{\frac{n+1+\sigma}{(n-1+\sigma)\theta}}(I;B^{l-\theta}_{\frac{2(n+1+\sigma)}{n+1+\sigma-4\theta},2})} \leqslant C_\theta\left(\|\phi(x)\|_{H^l}+\|\psi(x)\|_{H^{l-1}}\right), \tag{5.24}$$

$$\|w\|_{L^{\frac{n+1+\sigma}{(n-1+\sigma)\theta}}(I;L^r)} \leqslant C_\theta\left(\|\phi\|_{H^l}+\|\psi\|_{H^{l-1}}\right), \tag{5.25}$$

这里 $l \geqslant 1$,

$$\frac{2(n+1+\sigma)}{n+1+\sigma-4\theta} \leqslant r \leqslant \frac{2(n+1+\sigma)n}{(n-2l)(n+1+\sigma)-2(n-1-\sigma)\theta}. \tag{5.26}$$

推论 5.5　设 $w=\dot{K}(t)\phi+K(t)\psi$, 对 $q,r \geqslant 2$, $0 \leqslant \sigma \leqslant 1$ 满足 $(q,r,n,\sigma) \neq (2,\infty,3,0)$, 则

$$\|w\|_{L^q(I;L^r)} \leqslant C\left(\|\phi\|_{H^l}+\|\psi\|_{H^{l-1}}\right), \quad \delta(r,\sigma)-\frac{1}{q} \leqslant l, \quad l \geqslant 1. \tag{5.27}$$

注记 5.3　(i) 当 $\sigma \equiv 0$ 时, 记 $\delta(r,0)=\delta(r)$, $\beta(r,0)=\beta(r)$ $\gamma(r,0)=\gamma(r)$. 则 (5.15) 就变成

$$\frac{\delta(r)}{n}=\frac{2\beta(r)}{n+1}=\frac{\gamma(r)}{n-1}=\frac{1}{2}-\frac{1}{r},$$

这恰好对应着线性波方程时空估计时所引用的记号.

(ii) Marshall 所建立的混合时空估计

$$\|w\|_{L^q(\mathbb{R};B^a_{r,2})} \leqslant C\left(\|\phi\|_{H^1}+\|\psi\|_{L^2}\right), \tag{5.28}$$

这里

$$\begin{cases} \dfrac{1}{2}-\dfrac{2}{(n-1)q}<\dfrac{1}{r}<\dfrac{1}{2}-\dfrac{2}{nq}, \\ 0 \leqslant \dfrac{1}{q} \leqslant \dfrac{1}{2}, \quad a<\dfrac{1}{2}+\dfrac{1}{r}-\dfrac{1}{q}. \end{cases} \tag{5.29}$$

$$\|w\|_{L^q(\mathbb{R};L^r)} \leqslant C\left(\|\phi\|_{H^1}+\|\psi\|_{L^2}\right), \tag{5.30}$$

其中

$$0 \leqslant \frac{1}{q} \leqslant \frac{1}{2} \quad \frac{n-2}{2n}-\frac{1}{nq} \leqslant \frac{1}{r}<\frac{1}{2}-\frac{1}{nq}. \tag{5.31}$$

容易验证 (5.29) 等价于

$$\begin{cases} \dfrac{2}{q} = (n-1+\sigma)\cdot\left(\dfrac{1}{2}-\dfrac{1}{r}\right) \quad 0<\sigma<1, \\ 0 \leqslant \dfrac{1}{q} \leqslant \dfrac{1}{2}, \quad a < 1 - \dfrac{n+1+\sigma}{2}\left(\dfrac{1}{2}-\dfrac{1}{r}\right), \end{cases} \tag{5.32}$$

因此, 估计 (5.28) 就可从估计 (5.21) 推出.

(iii) 如果用 (5.14) 来代替 (5.13), 定义

$$\frac{\tilde{\delta}(r,\sigma)}{n} = \frac{2\tilde{\beta}(r,\sigma)}{n+1+\sigma} = \frac{\tilde{\gamma}(r,\sigma)}{n-1-\sigma} = \frac{1}{2}-\frac{1}{r}, \quad 0 \leqslant \sigma \leqslant 1, \tag{5.33}$$

可得类同于命题 5.2, 推论 5.3—推论 5.5 的结果. 特别有:

$$\|w\|_{L^{\tilde{q}(r,\sigma)}(I;B^{s-\tilde{\beta}(r,\sigma)}_{r,2})} \leqslant C\left(\|\phi\|_{H^s}+\|\psi\|_{H^{s-1}}\right), \tag{5.34}$$

$$\|\mathcal{G}f\|_{L^{\tilde{q}_1(r_1,\sigma)}(I;B^{s-\tilde{\beta}(r_1,\sigma)}_{r_1,2})} \leqslant C\|f\|_{L^{\tilde{q}_2'(r_2,\sigma)}(I;\dot{B}^{s+\tilde{\beta}(r_2,\sigma)-1}_{r_2',2})}, \tag{5.35}$$

$$\|\mathcal{G}f\|_{L^{\tilde{q}(r,\sigma)}(I;B^{s-\tilde{\beta}(r,\sigma)}_{r,2})} \leqslant C\|f\|_{L^{\tilde{q}'(r,\sigma)}(I;B^{s+\tilde{\beta}(r,\sigma))-1}_{r',2})}, \tag{5.36}$$

这里 $0<s<1$, $2 \leqslant r < \infty$, $0 \leqslant \sigma \leqslant 1$, 及

$$\frac{2}{\tilde{q}(r,\sigma)} = (n-1-\sigma)\left(\frac{1}{2}-\frac{1}{r}\right) = \tilde{\gamma}(r,\sigma). \tag{5.37}$$

根据 (5.34)~(5.36) 与 Sobolev 嵌入定理推得, 对 $l \geqslant 1$, 有

$$\begin{cases} \|w\|_{L^{\frac{n+1+\sigma}{(n-1-\sigma)\theta}}(I;B^{l-\theta}_{\frac{2(n+1+\sigma)}{n+1+\sigma-4\theta},2})} \leqslant C_\theta\left(\|\phi\|_{H^l}+\|\psi\|_{H^{l-1}}\right), \\ \|w\|_{L^{\frac{n+1+\sigma}{(n-1-\sigma)\theta}}(I;L^r)} \leqslant C_\theta\left(\|\phi\|_{H^l}+\|\psi\|_{H^{l-1}}\right), \end{cases} \tag{5.38}$$

这里

$$\begin{cases} 0 \leqslant \theta \leqslant \dfrac{n+1+\sigma}{2(n-1-\sigma)} < 1, \quad n \geqslant 4, \quad 0 \leqslant \sigma \leqslant 1, \\ 0 \leqslant \theta < 1, \quad n=3, \quad \text{或} \quad (n,\sigma)=(4,1). \end{cases} \tag{5.39}$$

为证明定理 5.1, 需要进行一系列非线性估计. 采用 Bourgain 的方法来处理. 将初值函数 $(\phi(x),\psi(x))$ 分解成高频与低频 (正则部分). 令 $\varphi \in C_c^\infty(\mathbb{R}^n)$ 满足

$$\varphi(\xi) = \begin{cases} 1, & |\xi| \leqslant 1, \\ 0, & |\xi| \geqslant 2. \end{cases}$$

定义

$$\phi(x) = \phi_1(x)+\phi_2(x), \quad \psi(x) = \psi_1(x)+\psi_2(x),$$

这里

$$\begin{cases} (\phi_1(x), \psi_1(x)) = \left(\mathcal{F}^{-1}(\varphi_N(\xi)\hat{\phi}(\xi)), \mathcal{F}^{-1}(\varphi_N(\xi)\hat{\psi}(\xi))\right), \\ (\phi_2(x), \psi_2(x)) = (\phi(x) - \phi_1(x), \psi(x) - \psi_1(x)), \end{cases}$$

$\varphi_N(\xi) = \varphi(\xi/N)$, $N > 0$ 将在以后确定. 容易看出 ϕ_1, $\psi_1 \in \mathcal{S}(\mathbb{R}^n)$ 且

$$\begin{aligned} \|(I-\Delta)^{\frac{l}{2}}\phi_1\|_2 &= \left(\int_{\mathbb{R}^n} \left|(1+|\xi|^2)^{\frac{l}{2}}\varphi_N(\xi)\hat{\phi}\right|^2 d\xi\right)^{\frac{1}{2}} \\ &\leqslant \left(\int_{\mathbb{R}^n} (1+|\xi|^2)^{\frac{l}{2}-\frac{s}{2}}\left|(1+|\xi|^2)^{\frac{s}{2}}\varphi_N(\xi)\hat{\phi}\right|^2 d\xi\right)^{\frac{1}{2}} \\ &\leqslant C(1+N)^{l-s}\|\phi\|_{H^s} \sim (1+N)^{l-s}, \quad l \geqslant s, \end{aligned} \tag{5.40}$$

$$\begin{aligned} \|(I-\Delta)^{\frac{l}{2}}\phi_2\|_2 &= \left(\int_{\mathbb{R}^n} \left|(1+|\xi|^2)^{\frac{l}{2}}(1-\varphi_N(\xi))\hat{\phi}\right|^2 d\xi\right)^{\frac{1}{2}} \\ &\leqslant \left(\int_{\mathbb{R}^n} (1+|\xi|^2)^{\frac{l}{2}-\frac{s}{2}}\left|(1+|\xi|^2)^{\frac{s}{2}}(1-\varphi_N(\xi))\hat{\phi}\right|^2 d\xi\right)^{\frac{1}{2}} \\ &\leqslant C(1+N)^{l-s}\|\phi\|_{H^s} \sim (1+N)^{l-s}, \quad l \in [0, s]. \end{aligned} \tag{5.41}$$

因此, $f_N \sim g_N$ 意味着 $|f_N| \leqslant C|g_N|$, 这里 C 不依赖于 N. 类似地, 有

$$\|(I-\Delta)^{\frac{l-1}{2}}\psi_1\|_2 \sim (1+N)^{l-s}, \quad l \geqslant s, \tag{5.42}$$

$$\|(I-\Delta)^{\frac{l-1}{2}}\psi_2\|_2 \sim (1+N)^{l-s}, \quad l \in [0, s]. \tag{5.43}$$

先考虑具正则初值 (ϕ_1, ψ_1) 的 Cauchy 问题

$$\begin{cases} v_{tt} - \Delta v + m^2 v = -|v|^{\rho-1}v, \quad \rho \in \left(1, \dfrac{n+2}{n-2}\right), \\ v(x,0) = \phi_1(x), \quad v_t(x,0) = \psi_1(x), \quad x \in \mathbb{R}^n \end{cases} \tag{5.44}$$

及其相应的积分形式

$$v(x,t) = \dot{K}(t)\phi_1(x) + K(t)\psi_1(x) - \int_0^t K(t-\tau)|v|^{\rho-1}v d\tau. \tag{5.45}$$

显然 $v(x,t)$ 满足如下守恒律:

$$\begin{aligned} E(v(\cdot,t), \partial_t v(\cdot,t)) &= \left(\int_{\mathbb{R}^n} \left(|v_t|^2 + |\nabla v|^2 + m^2|v|^2 + \frac{2|v|^{\rho+1}}{\rho+1}\right) dx\right)^{\frac{1}{2}} \\ &= E(\phi_1, \psi_1), \quad \forall t > 0, \end{aligned} \tag{5.46}$$

利用 (5.40), (5.42) 及 Sobolev 嵌入定理就推出:

$$\|\partial_t v(t)\|_2, \ \|v(t)\|_{H^1}, \ \|v(t)\|_{\rho+1}^{\frac{\rho+1}{2}} \sim (1+N)^{1-s}, \quad \forall t > 0. \tag{5.47}$$

对于 $l \geqslant 0$, $I \subset \mathbb{R}$ 满足 $0 \in \bar{I}$, 定义

$$|||\cdot|||_l = \sup_{0\leqslant\theta\leqslant\min(l,\frac{n+1}{2(n-1)})} \|\cdot\|_{L^{\frac{n+1}{(n-1)\theta}}(I;L^{\frac{2(n+1)n}{(n+1)(n-2l)-2(n-1)\theta}})} + \sup_{2\leqslant r\leqslant\frac{2(n-1)}{n-3},\,\gamma(r)=2/q} \|\cdot\|_{L^q(I;B^{l-\beta(r)}_{r,2})}, \quad n\geqslant 4, \tag{5.48}$$

$$|||\cdot|||_l = \sup_{0\leqslant\theta<\min(l,1)} \|\cdot\|_{L^{\frac{2}{\theta}}(I;L^{\frac{6}{3-2l-\theta}})} + \sup_{2\leqslant r<\infty,\,\gamma(r)=2/q} \|\cdot\|_{L^q(I;B^{l-\beta(r)}_{r,2})}, \quad n=3. \tag{5.49}$$

那么就有如下结果:

引理 5.6 设 v 是 (5.44) 或 (5.45) 的解. 令 $I=(0,\Delta T)$ 且 $\Delta T \sim (1+N)^{-\frac{2(1-s)(\rho-1)}{n+2-\rho(n-2)}}$, 若

$$\begin{cases} k_0(n)<\rho<(n+2)/(n-2), & n=3,\\ k_0(n)\leqslant\rho<(n+2)/(n-2), & 4\leqslant n\leqslant 6,\\ k_0(n)\leqslant\rho<n/(n-3), n\geqslant 7. \end{cases}$$

则 $|||v|||_1 \sim (1+N)^{1-s}$.

证明 先考虑 $k_1(n)\leqslant\rho<(n+2)/(n-2)$ 的情形. 令

$$\theta=\frac{\rho(n-2)-n}{2\rho}\cdot\frac{n+1}{n-1}, \quad \frac{1}{\chi}=\frac{n+2-\rho(n-2)}{2}.$$

容易验证:

$$\frac{1}{2}=\rho\frac{(n+1)(n-2)-2(n-1)\theta}{2n(n+1)},$$

$$1=\rho\cdot\frac{(n-1)\theta}{n+1}+\frac{1}{\chi}.$$

因此, 由估计 (5.40), (5.42), Strichartz 估计, Hölder 不等式, 可得

$$\begin{aligned} |||v|||_1 &\leqslant C\left(\|\phi_1\|_{H^1}+\|\psi\|_{L^2}+\|v^\rho\|_{L^1(I;L^2)}\right)\\ &\leqslant C\left[(1+N)^{1-s}+(\Delta T)^{\frac{n+2-\rho(n-2)}{2}}|||v|||_1^\rho\right]. \end{aligned}$$

注意到 $\Delta T\sim(1+N)^{-\frac{2(\rho-1)(1-s)}{n+2-\rho(n-2)}}$, 就得

$$|||v|||_1\sim(1+N)^{1-s}, \quad 对充分大的 N.$$

由注记 5.1 的 (i), 当 $n=3$ 时, 仅需考虑 $k_0(n)<\rho\leqslant k_1(n)$ 的情形; 当 $n=4$ 时, 仅需考虑 $k_0(n)\leqslant\rho\leqslant k_1(n)$ 的情形. 取

$$\lambda=\frac{(\rho+1)(n-\rho(n-2))}{\rho[2n-(\rho+1)(n-2)]},$$

易见 $\lambda\in(0,1)$, 注意到 $\rho+1<2\rho\leqslant 2n/(n-2)$ 及插值定理就有

$$\begin{aligned}\|f(v)\|_{L^1(I;L^2)}\leqslant&C\Delta T\|v\|^{\lambda\rho}_{L^\infty(I;L^{\rho+1})}\|v\|^{(1-\lambda)\rho}_{L^\infty(I;L^{\frac{2n}{n-2}})}\\ \leqslant&C\Delta T(1+N)^{\frac{2n-2\rho(n-2)}{n+2-\rho(n-2)}(1-s)}N^{\frac{n(\rho-1)}{n+2-\rho(n-2)}(1-s)}\\ \leqslant&C\Delta T(1+N)^{\frac{n-\rho n+4\rho}{n+2-\rho(n-2)}(1-s)}\\ \sim&(1+N)^{1-s},\end{aligned}$$

这里用到 (5.47) 与嵌入关系 $H^1\hookrightarrow L^{2n/(n-2)}$. 由此推出

$$|||v|||_1\leqslant C\left(\|\phi_1\|_{H^1}+\|\psi_1\|_2+\|v^\rho\|_{L^1(I;L^2)}\right)\sim(1+N)^{1-s}.$$

注记 5.4 (i) 对任意 (κ,r,q) 满足 $\kappa+\delta(r)-\dfrac{1}{q}\leqslant 1$, $2\leqslant r\leqslant\infty$ 与

$$\begin{cases}2\leqslant q\leqslant\infty, & n\geqslant 4,\\ 2<q\leqslant\infty, & n=3,\end{cases}$$

由命题 5.2 就推出

$$\|v\|_{L^q(I;B^\kappa_{r,2})}\sim(1+N)^{1-s},\quad \text{对充分大的}N. \tag{5.50}$$

这里 $I=[0,\Delta T)$ 且 $\Delta T\sim(1+N)^{-\frac{2(1-s)(\rho-1)}{n+2-\rho(n-2)}}$.

(ii) 对于三维的波方程, 类似的估计可用如下范数

$$|||\cdot|||_l:=\|(-\Delta)^{l/2}\cdot\|_{L^\infty(I;L^2)}+\|\cdot\|_{L^{2/l}(I;L^{2/(1-l)})}.$$

推出, 见 [KPV6]. 这里的方法对于处理一般的情形似乎更简单.

下面考虑相差部分 $y(t)=u(t)-v(t)$ 所满足的 Cauchy 问题

$$\begin{cases}y_{tt}-\Delta y+m^2y=-|y+v|^{\rho-1}(v+y)+|v|^{\rho-1}v,\\ y(x,0)=\phi_2(x),\quad y_t(x,0)=\psi_2(x)\end{cases} \tag{5.51}$$

及其相应的积分方程

$$\begin{aligned}y(x,t)=&\dot K(t)\phi_2(x)+K(t)\psi_2(x)-\int_0^t K(t-\tau)F(\tau)d\tau\\ =&\dot K(t)\phi_2(x)+K(t)\psi_2(x)+z(t),\end{aligned} \tag{5.52}$$

这里 $F(t)=|y+v|^{\rho-1}(v+y)-|v|^{\rho-1}v$. 易见

$$|F(t)|\leqslant C|y|^{\rho}+C|v|^{\rho-1}|y|:=F_1+F_2. \tag{5.53}$$

.

引理 5.7 设 $0\leqslant l\leqslant s<1$, ρ 满足

$$\begin{cases}k_0(n)<\rho<(n+2)/(n-2), & n=3,\\ k_0(n)\leqslant\rho<(n-1)/(n-3), & n\geqslant 4.\end{cases}$$

令 $I=[0,\Delta T]$ 满足 $\Delta T\sim(1+N)^{-\frac{2(1-s)(\rho-1)}{n+2-\rho(n-2)}}$. 那么 $|||y|||_l\sim(1+N)^{l-s}$.

证明 由注记 5.1 的 (i), 如果 $n\geqslant 5$, 仅需考虑 $\rho\geqslant k_1(n)(=1+2/(n-2))$ 的情形. 由 (5.41), (5.43), (5.53) 与命题 5.2 就得

$$\begin{aligned}|||y|||_l\leqslant& C\left[\|\phi_2\|_{\dot H^l}+\|\psi_2\|_{\dot H^{l-1}}+\|F\|_{L^1(I;L^{\frac{2n}{n+2-2l}})}\right]\\ \leqslant& C\left[N^{l-s}+\|y^{\rho}\|_{L^1(I;L^{\frac{2n}{n+2-2l}})}+\|yv^{\rho-1}\|_{L^1(I;L^{\frac{2n}{n+2-2l}})}\right].\end{aligned} \tag{5.54}$$

第一步 $\|yv^{\rho-1}\|_{L^1(I;L^{\frac{2n}{n+2-2l}})}$ 的估计.

我们首先考虑 $n=3$, $k_1(n)\leqslant\rho<(n+2)/(n-2)$ 与 $n\geqslant 4$, $k_1(n)\leqslant\rho<(n-1)/(n-3)$ 的情形. 令 $p=2n/(n+2-2l)$ 及 $\chi=2/[n+2-\rho(n-2)]$, 定义

$$\theta=\frac{(\rho-1)(n-2)-2}{2(\rho-1)}\cdot\frac{n+1}{n-1},$$

$$\frac{1}{r_1}=\frac{(n+1)(n-2)-2(n-1)\theta}{2n(n+1)},$$

$$\frac{1}{r_2}=\frac{n-2l}{2n}.$$

则 $1/p=(\rho-1)/r_1+1/r_2$, $1=(\rho-1)(n-1)\theta/(n+1)+1/\chi$. 根据广义的 Hölder 不等式 (见第二章的引理 1.7), 就推得

$$\begin{aligned}\|v^{\rho-1}y\|_{L^1(I;L^{\frac{2n}{n+2-2l}})}\leqslant& C\int_I\|v\|_{r_1}^{\rho-1}\|y\|_{r_2}dt\\ \leqslant& C\|v\|^{\rho-1}_{L^{(n+1)/[(n-1)\theta]}(I;L^{r_1})}\left(\int_I\|y\|_{r_2}^{\chi}dt\right)^{1/\chi}\\ \leqslant& C|||v|||_1^{\rho-1}\|y\|_{L^\infty(I;L^{r_2})}(\Delta T)^{1/\chi}\\ \leqslant& C(\Delta T)^{\frac{n+2-\rho(n-2)}{2}}N^{(\rho-1)(1-s)}|||y|||_l,\end{aligned} \tag{5.55}$$

这里用到引理 5.6.

其次, 考虑 $n=3$, $k_0(n)<\rho\leqslant k_1(n)$ 和 $n=4$, $k_0(n)\leqslant\rho\leqslant k_1(n)$ 的情形. 令

$$\kappa=\frac{2(\rho-1)n-2(\rho+1)}{2n-(\rho+1)(n-2)},$$

则

$$\frac{n+2-2l}{2n}=\frac{\rho-1-\kappa}{\rho+1}+\kappa\frac{n-2}{2n}+\frac{n-2l}{2n}.$$

注意到 (5.50), 引理 5.6 及广义的 Hölder 不等式就推得

$$\begin{aligned}\|v^{\rho-1}y\|_{L^1(I;L^{\frac{2n}{n+2-2l}})}\leqslant&\int_I\|v\|_{r_1}^{\rho-1-\kappa}\|v\|_{r_2}^{\kappa}\|y\|_{r_3}dt\\ \leqslant&C(\Delta T)\|v\|_{L^\infty(I;L^{\rho+1})}^{\rho-1-\kappa}|||v|||_1^{\kappa}|||y|||_l\\ \leqslant&C(\Delta T)N^{\frac{(\rho-1)(2+\kappa)(1-s)}{\rho+1}}|||y|||_l.\end{aligned}\tag{5.56}$$

第二步 在 $n=3$, $k_0(n)\leqslant\rho\leqslant k_1(n)$ 或 $n=4$, $k_0(n)\leqslant\rho\leqslant k_1(n)$ 的情形下证明估计

$$|||y|||_l\sim(1+N)^{l-s},\qquad \Delta T\sim(1+N)^{-\frac{2(1-s)(\rho-1)}{n+2-\rho(n-2)}}.\tag{5.57}$$

令 $l_0=[n\rho-(n+2)]/[2(\rho-1)]$. 则

$$\frac{n+2-2l}{2n}=(\rho-1)\frac{n-2l_0}{2n}+\frac{n-2l}{2n},$$

因此, 由 $|||\cdot|||_l$ 的定义与广义的 Hölder 不等式就得

$$\|y^\rho\|_{L^1(I;L^{\frac{2n}{n+2-2l}})}\leqslant C(\Delta T)|||y|||_{l_0}^{\rho-1}|||y|||_l.\tag{5.58}$$

注意到

$$\frac{n+2-2l_0}{2n}=\rho\frac{n-2l_0}{2n},$$

就得

$$\|y^\rho\|_{L^1(I;L^{\frac{2n}{n+2-2l_0}})}\leqslant C(\Delta T)\|y\|_{L^\infty(I;L^{\frac{2n}{n-2l_0}})}^{\rho}\leqslant C(\Delta T)|||y|||_{l_0}^{\rho}.$$

由此及 (5.54), (5.56), 对充分大的 N, 有估计

$$|||y|||_{l_0}\leqslant(1+N)^{l_0-s},\quad \Delta T\sim(1+N)^{-\frac{2(1-s)(\rho-1)}{n+2-\rho(n-2)}}.\tag{5.59}$$

结合 (5.54), (5.56), (5.58) 及 (5.59) 就得估计 (5.57).

第三步 在 $n=3$, $k_1(n)\leqslant\rho<(n+2)/(n-2)$ 或 $n=4$, $k_1(n)\leqslant\rho<(n-1)/(n-3)$ 的情形下证明对任意的 $l_0\leqslant l\leqslant s<1$, 有估计

$$|||y|||_l\sim(1+N)^{l-s},\qquad \Delta T\sim(1+N)^{-\frac{2(1-s)(\rho-1)}{n+2-\rho(n-2)}},\tag{5.60}$$

这里

$$l_0 = \max\left(\frac{\rho n - n - \rho - 2}{2(\rho-1)}, \frac{n}{2} - \frac{2}{\rho-1}, \frac{(\rho n - n - 2)(n+1)}{2(2\rho n - n - 1)}\right).$$

容易验证: 对于 $l_0 \leqslant l \leqslant s < 1$, 成立

$$\frac{n+2-2l}{2n} = \rho\frac{(n+1)(n-2l) - 2(n-1)\theta}{2n(n+1)},$$

$$\frac{1}{\rho} - \frac{(n-1)\theta}{n+1} = \frac{(n+4-2l) - \rho(n-2l)}{2\rho} \geqslant 0,$$

这里

$$\theta = \frac{\rho(n-2l) - (n+2-2l)}{2\rho} \cdot \frac{n+1}{n-1}.$$

因此, 由 $|||\cdot|||_l$ 的定义与广义的 Hölder 不等式就得

$$\|y^\rho\|_{L^1(I;L^{\frac{2n}{n+2-2l}})} \leqslant (\Delta T)^{\frac{(n+4-2l)-\rho(n-2l)}{2}} |||y|||_l^\rho. \tag{5.61}$$

故从 (5.54)~(5.56) 与 (5.61) 就推出估计 (5.60).

第四步 对于 $0 \leqslant l \leqslant l_0$, 当 $n = 3$, $k_1(n) \leqslant \rho < (n+2)/(n-2)$ 或 $n \geqslant 4$, $k_1(n) \leqslant \rho < (n-1)/(n-3)$ 时, 证明估计

$$|||y|||_l \sim (1+N)^{l-s}, \qquad (\Delta T) \sim (1+N)^{\frac{-2(\rho-1)(1-s)}{n+2-\rho(n-2)}}, \tag{5.62}$$

这里 l_0 同第三步中的定义.

令

$$l_1 = \max\left(\frac{\rho n - n - \rho - 1}{2(\rho-1)}, l_0\right) \geqslant l_0,$$

$$\theta = \frac{(\rho-1)(n-2l_1) - 2}{2(\rho-1)} \cdot \frac{n+1}{n-1},$$

$$\chi = \frac{2}{n+4-2l_1-\rho(n-2l_1)}.$$

则

$$\frac{n+2-2l}{2n} = (\rho-1)\frac{(n+1)(n-2l_1) - 2(n-1)\theta}{2n(n+1)} + \frac{n-2l}{2n},$$

$$1 = (\rho-1)\cdot\frac{(n-1)\theta}{n+1} + \frac{1}{\chi},$$

类同于 (5.55) 的证明, 由第二章的命题 1.8, 对于 $0 \leqslant l \leqslant l_0$, 有

$$\|y^\rho\|_{L^1(I;L^{\frac{2n}{n+2-2l}})} \leqslant C(\Delta T)^{\frac{(n+4-2l_1)-\rho(n-2l_1)}{2}} |||y|||_l \cdot |||y|||_{l_1}^{\rho-1}.$$

借此与 (5.54), (5.55) 及第三步就推出估计 (5.62).

定理 5.1 的证明 采用 Bourgain 的方法 (可见 [KPV6]). 其思想是首先在 $[0,\Delta T]$ 上求解 (5.44), 然后用 $v(t)$ 代入 (5.51) 并在 $[0,\Delta T]$ 上研究 $y(t)=u(t)-v(t)$, 并给出相应的估计. 利用 $y(t)$ 的非齐次部分 $z(t)$ (见 (5.52)) 属于 H^1. 因此, 可以将 $z(\Delta T)$ 加到 $v(\Delta T)$ 上, 作为下一步的正则化问题 (5.44) 的初值, 在 $[\Delta T, 2\Delta T]$ 上重复上面步骤, 通过每一次的初始能量满足一个一致性估计, 以确保上述过程一直可以进行, 从而完成定理 5.1 的证明. 为了清楚起见, 定理 5.1 的证明用以下几个引理来完成.

引理 5.8 设 $\Delta T\sim(1+N)^{-\frac{2(1-s)(\rho-1)}{n+2-\rho(n-2)}}$. 则有如下估计

(i) 当 $n=3$, $(n+3)/(n-1)\leqslant\rho<(n+2)/(n-2)$ 时, 有估计

$$\|(\partial_t z(\Delta T),\nabla z(\Delta T))\|_2\sim(1+N)^{\frac{n\rho-(n+2)}{2}-\rho s}. \tag{5.63}$$

(ii) 当 $n=3$, $k_0(n)<\rho\leqslant(n+3)/(n-1)$ 或 $n\geqslant4$, $k_0(n)\leqslant\rho<(n-1)/(n-3)$ 时, 有估计

$$\|(\partial_t z(\Delta T),\nabla z(\Delta T))\|_2\sim(1+N)^{-\frac{(3-\rho)(\rho-1)(1-s)}{n+2-\rho(n-2)}}N^{\frac{n\rho-(n+\rho-1)}{2}-\rho s}. \tag{5.64}$$

证明 记 $I=[0,\Delta T)$, 易见

$$\|(\partial_t z(\Delta T),\nabla z(\Delta T))\|_2\leqslant C\left(\|y^\rho\|_{L^1(I;L^2)}+\|v^{\rho-1}y\|_{L^1(I;L^2)}\right). \tag{5.65}$$

(I) $\|y^\rho\|_{L^1(I;L^2)}$ 的估计. 先来考虑 $n=3$, $(n+3)/(n-1)\leqslant\rho<(n+2)/(n-2)$ 的情形. 令

$$\theta=\frac{n+1}{(n-1)\rho}=\frac{2}{\rho},\quad l=\frac{n\rho-(n+2)}{2\rho}.$$

则 $l\geqslant\theta$ 并且

$$\frac12=\rho\frac{(n+1)(n-2l)-2(n-1)\theta}{2(n+1)n},\qquad n=3.$$

因此, 据广义的 Hölder 不等式及引理 5.7 就有:

$$\|y^\rho\|_{L^1(I;L^2)}\leqslant|||y|||_l^\rho\leqslant C(1+N)^{\frac{n\rho-(n+2)}{2}-\rho s}. \tag{5.66}$$

其次, 考虑 $n=3$, $k_0(n)<\rho\leqslant(n+3)/(n-1)$ 及 $n\geqslant4$, $k_0(n)\leqslant\rho<(n-1)/(n-3)$ 的情形. 定义 $l=(n\rho-n-\rho+1)/(2\rho)$, 就有:

$$\frac12=\frac{n-2l}{2n}+(\rho-1)\frac{n-2l-1}{2n},\quad 1=\frac{1}{\infty}+\frac{\rho-1}{2}+\frac{3-\rho}{2}.$$

故利用引理 5.7 得

$$\begin{aligned}\|y^\rho\|_{L^1(I;L^2)} \leqslant& C(\Delta T)^{\frac{3-\rho}{2}}|||y|||_l^\rho \leqslant C(\Delta T)^{\frac{3-\rho}{2}}N^{\rho(l-s)} \\ \leqslant& CN^{-\frac{(3-\rho)(\rho-1)(1-s)}{n+2-\rho(n-2)}}N^{\frac{n\rho-(n+\rho-1)}{2}-\rho s}. \end{aligned} \tag{5.67}$$

(II) $\|yv^{\rho-1}\|_{L^1(I;L^2)}$ 的估计. 先来考虑 $n=3$, $k_0(n)<\rho\leqslant(n+3)/(n-1)$ (i.e. $2<\rho\leqslant 3$) 的情形. 对于任意的 $0\leqslant\theta<1$, 令 $l=\dfrac{1-\theta}{2}(\rho-1)$. 则

$$\frac{1}{2}=\frac{1}{2}-\frac{l}{3}+(\rho-1)\frac{1-\theta}{6},$$

$$1=\frac{\theta}{2}(\rho-1)+\frac{1}{\chi}.$$

那么, 由引理 5.7, 引理 5.7 及广义的 Hölder 不等式就得

$$\begin{aligned}\|v^{\rho-1}y\|_{L^1(I;L^2)} \leqslant& C(\Delta T)^{1-\frac{\theta(\rho-1)}{2}}|||y|||_l\cdot|||v|||_1^{\rho-1} \\ \leqslant& C(\Delta T)^{1-\frac{\theta(\rho-1)}{2}}(1+N)^{l-s}\cdot(1+N)^{(\rho-1)(1-s)} \\ \leqslant& (1+N)^{\frac{\theta(\rho-1)^2(1-s)}{5-\rho}-\frac{2(\rho-1)(1-s)}{5-\rho}+\frac{1-\theta}{2}(\rho-1)-\rho s+\rho-1}, \end{aligned} \tag{5.68}$$

并且

$$\begin{aligned}&\lim_{\theta\to 1}\left(\frac{(\theta(\rho-1)-2)(\rho-1)(1-s)}{5-\rho}+\frac{(1-\theta)(\rho-1)}{2}-\rho s+\rho-1\right) \\ &=\frac{-(3-\rho)(\rho-1)(1-s)}{n+2-\rho(n-2)}+\frac{n\rho-(n+\rho-1)}{2}-\rho s. \end{aligned} \tag{5.69}$$

其次, 考虑 $n=3$, $(n+3)/(n-1)\leqslant\rho<(n+2)/(n-2)$ (i.e. $3\leqslant\rho<5$) 的情形. 对于任意的 $0<\theta<1$, 令 $l=\dfrac{\rho-3}{2}+(1-\theta)$, 则 $0\leqslant l<1$ 且

$$\frac{1}{2}=\frac{\rho-3}{6}+2\frac{1-\theta}{6}+\left(\frac{1}{2}-\frac{l}{3}\right),$$

$$1=2\cdot\frac{\theta}{2}+\frac{1}{\chi}.$$

那么, 由引理 5.6, 引理 5.7 及广义的 Hölder 不等式就得

$$\begin{aligned}&\|v^{\rho-1}y\|_{L^1(I;L^2)} \leqslant C(\Delta T)^{1-\theta}|||y|||_l\cdot|||v|||_1^{\rho-1} \\ \leqslant& (1+N)^{-(1-\theta)\frac{2(\rho-1)(1-s)}{5-\rho}+\frac{\rho-3}{2}+(1-\theta)-\rho s+\rho-1}. \end{aligned} \tag{5.70}$$

并且

$$\lim_{\theta\to1}\left(-(1-\theta)\frac{2(\rho-1)(1-s)}{5-\rho}+\frac{\rho-3}{2}+(1-\theta)-\rho s+\rho-1\right)$$
$$=\frac{n\rho-(n+2)}{2}-\rho s. \tag{5.71}$$

最后, 考虑 $n\geqslant4$, $k_0(n)\leqslant\rho<(n-1)/(n-3)$ 的情形. 令 $l=(\rho-1)(n-3)/2$, 则

$$\frac{1}{2}=\frac{n-2l}{2n}+(\rho-1)\frac{n-3}{2n},\quad 1=\frac{\rho-1}{2}+\frac{3-\rho}{2},$$

由引理 5.6, 引理 5.7 及广义的 Hölder 不等式就得

$$\begin{aligned}\|v^{\rho-1}y\|_{L^1(I;L^2)}\leqslant&C(\Delta T)^{\frac{3-\rho}{2}}|||y|||_l|||v|||_1^{\rho-1}\\ \leqslant&C(\Delta T)^{\frac{3-\rho}{2}}(1+N)^{l-s}\cdot(1+N)^{(\rho-1)(1-s)}\\ \leqslant&C(1+N)^{-\frac{(3-\rho)(\rho-1)(1-s)}{n+2-\rho(n-2)}+\frac{n\rho-(n+\rho-1)}{2}-\rho s}.\end{aligned}\tag{5.72}$$

结合 (5.65)~(5.68), (5.69) 及 (5.71) 就推出估计 (5.63), (5.64).

引理 5.9 设 $\Delta T\sim(1+N)^{-\frac{2(1-s)(\rho-1)}{n+2-\rho(n-2)}}$. 则有如下估计

(i) 设 $n=3$, $(n+3)/(n-1)\leqslant\rho<(n+2)/(n-2)$, 则

$$\|z(\Delta T)\|_{\rho+1}^{\frac{\rho+1}{2}}\sim(1+N)^{\tau_1-\frac{\rho(\rho+1)s}{2}}, \tag{5.73}$$

$$\tau_1=\max\left(\frac{2\rho^2+\rho-8}{6},\frac{(\rho-2)(3\rho+5)}{4},\frac{(\rho-1)(3\rho-4)-6}{4(\rho-1)}\cdot(\rho+1)\right).$$

(ii) 当 $n=3$, $k_0(n)<\rho\leqslant(n+3)/(n-1)$ 时, 则

$$\|z(\Delta T)\|_{\rho+1}^{\frac{\rho+1}{2}}\sim\max\left[(1+N)^{\tau_2},(1+N)^{\tau_3}\right], \tag{5.74}$$

这里

$$\tau_2=-\frac{(3-\rho)(\rho-1)(1-s)}{n+2-\rho(n-2)}\cdot\frac{\rho+1}{2}-\frac{\rho(\rho+1)s}{2}$$
$$+\frac{n\rho(\rho+1)-2n-(\rho+1)^2}{4},$$

$$\tau_3=-\left(1-\frac{\rho(\rho+1)-6}{2(\rho+1)}\right)\cdot\frac{(\rho+1)(\rho-1)(1-s)}{n+2-\rho(n-2)}$$
$$+\frac{(\rho-1)(\rho+1)}{2}-\frac{\rho(\rho+1)s}{2}.$$

(iii) 当 $n \geqslant 4$, $k_0(n) \leqslant \rho < (n-1)/(n-3)$ 时, 有

$$\|z(\Delta T)\|_{\rho+1}^{\frac{\rho+1}{2}} \sim (1+N)^{\tau_2}, \quad \tau\text{同 (ii)}. \tag{5.75}$$

证明 由 Minkowski 不等式与 Sobolev 嵌入定理, 可见

$$\|z(\Delta T)\|_{\rho+1} \leqslant C\left(\|y^\rho\|_{L^1(I;L^{\frac{n(\rho+1)}{\rho+n+1}})} + \|v^{\rho-1}y\|_{L^1(I;L^{\frac{n(\rho+1)}{\rho+n+1}})}\right), \tag{5.76}$$

这里 $I=[0,\Delta T)$.

(I) $\|y^\rho\|_{L^1(I;L^{\frac{\rho(n+1)}{n+\rho+1}})}$ 的估计.

当 $n=3$, $(n+3)/(n-1) \leqslant \rho < (n+2)/(n-2)$ (i.e. $3 \leqslant \rho < 5$) 时, 令

$$\begin{cases} l = 1 - \dfrac{2(4+\rho)}{3(\rho+1)\rho}, & \theta = l, \quad 3\rho^2-5\rho-14 \leqslant 0, \\ l = \dfrac{(3\rho+5)(\rho-2)}{2(\rho+1)\rho}, & \theta = \dfrac{2}{\rho}, \quad 3\rho^2-5\rho-14 \geqslant 0. \end{cases}$$

则

$$\begin{cases} \dfrac{\rho+4}{3(\rho+1)} = \rho\dfrac{1-l}{2}, & \theta = l, \quad 3\rho^2-5\rho-14 \leqslant 0, \\ \dfrac{\rho+4}{3(\rho+1)} = \rho\dfrac{3-2l-\theta}{6}, & \theta = \dfrac{2}{\rho}, \quad 3\rho^2-5\rho-14 \geqslant 0 \end{cases}$$

及

$$\frac{1}{\chi} := 1 - \frac{l\rho}{2} = 1 - \frac{3\rho^2+\rho-8}{6(\rho+1)}, \quad 3\rho^2-5\rho-14 \leqslant 0.$$

因此, 由 Hölder 不等式与引理 5.7 就得：当 $3\rho^2-5\rho-14 \leqslant 0$ 时, 就有

$$\begin{aligned} &\|y^\rho\|_{L^1(I;L^{\frac{\rho(n+1)}{n+\rho+1}})} \leqslant C(\Delta T)^{\frac{1}{\chi}}|||y|||_l^\rho \\ \leqslant &(1+N)^{-\left(1-\frac{3\rho^2+\rho-8}{6(\rho+1)}\right)\frac{2(\rho-1)(1-s)}{n+2-\rho(n-2)}+\rho-\frac{2(\rho+4)}{3(\rho+1)}-\rho s}. \end{aligned} \tag{5.77}$$

当 $3\rho^2-5\rho-14 \geqslant 0$ 时, 就有

$$\|y^\rho\|_{L^1(I;L^{\frac{\rho(n+1)}{n+\rho+1}})} \leqslant C|||y|||_l^\rho \leqslant (1+N)^{\frac{(3\rho+5)(\rho-2)}{2(\rho+1)}-\rho s}. \tag{5.78}$$

另外, 我们还有

$$\frac{2\rho^2+\rho-8}{3(\rho+1)} - \rho s \leqslant \frac{n\rho-(n+2)}{2} - \rho s, \tag{5.79}$$

$$\frac{(3\rho+5)(\rho-2)}{2(\rho+1)} - \rho s \leqslant \frac{n\rho-(n+2)}{2} - \rho s. \tag{5.80}$$

当 $n=3$, $k_0(n)<\rho\leqslant(n+3)/(n-1)$ (i.e. $2<\rho\leqslant 3$), 或 $n\geqslant 4$, $\rho\leqslant(n-1)/(n-3)$ 时, 取 $l=[n\rho(\rho+1)-2n-(\rho+1)^2]/[2\rho(\rho+1)]$, 则

$$\frac{\rho+n+1}{n(\rho+1)}=\frac{n-2l}{2n}+(\rho-1)\frac{n-2l-1}{2n},\qquad 1=\frac{\rho-1}{2}+\frac{3-\rho}{2},$$

由广义的 Hölder 不等式与引理 5.7 就得

$$\begin{aligned}\|y^\rho\|_{L^1(I;L^{\frac{\rho(n+1)}{n+\rho+1}})}\leqslant& C(\Delta T)^{\frac{3-\rho}{2}}|||y|||_l^\rho\leqslant C(\Delta T)^{\frac{3-\rho}{2}}(1+N)^{\rho(l-s)}\\ \leqslant& C(1+N)^{-\frac{(3-\rho)(\rho-1)(1-s)}{n+2-\rho(n-2)}+\frac{n\rho(\rho+1)-2n-(\rho+1)^2}{2(\rho+1)}-\rho s}.\end{aligned}\tag{5.81}$$

(II) $\|v^{\rho-1}y\|_{L^1(I;L^{\frac{n(\rho+1)}{n+\rho+1}})}$ 的估计.

当 $n=3$, $k_0(n)<\rho\leqslant(n+3)/(n-1)$ (i.e. $2<\rho\leqslant 3$) 时, 取 $l=\dfrac{\rho^2+\rho-6}{\rho^2-1}$. 则

$$\frac{1}{3}+\frac{1}{\rho+1}=\frac{1}{2}+(\rho-1)\frac{1-l}{6},$$

$$\frac{1}{\chi}=1-(\rho-1)\frac{l}{2}=1-\frac{\rho^2+\rho-6}{2(\rho+1)}.$$

故由引理 5.6, 引理 5.7 及广义的 Hölder 不等式就得

$$\begin{aligned}&\|v^{\rho-1}y\|_{L^1(I;L^{\frac{\rho(n+1)}{n+\rho+1}})}\leqslant C(\Delta T)^{1-\frac{\rho(\rho+1)-6}{2(\rho+1)}}|||y|||_0\cdot|||v|||_1^{\rho-1}\\ \leqslant& C(\Delta T)^{1-\frac{\rho(\rho+1)-6}{2(\rho+1)}}\cdot(1+N)^{(\rho-1)-\rho s}\\ \leqslant&(1+N)^{-\frac{2(\rho-1)(1-s)}{5-\rho}+\frac{\rho(\rho+1)-6}{\rho+1}\cdot\frac{(\rho-1)(1-s)}{5-\rho}+(\rho-1)-\rho s}.\end{aligned}\tag{5.82}$$

在此情形下, 易见

$$\begin{aligned}&-\frac{2(\rho-1)(1-s)}{5-\rho}+\frac{\rho(\rho+1)-6}{\rho+1}\cdot\frac{(\rho-1)(1-s)}{5-\rho}+(\rho-1)-\rho s\\ &\qquad\leqslant\frac{-(3-\rho)(\rho-1)(1-s)}{n+2-\rho(n-2)}+\frac{n\rho-(n+\rho-1)}{2}-\rho s.\end{aligned}\tag{5.83}$$

对于 $n=3$, $(n+3)/(n-1)\leqslant\rho<(n+2)/(n-2)$ (i.e. $3\leqslant\rho<5$) 的情形, 令

$$\theta=\frac{2}{\rho-2},\quad l=\frac{\rho-1}{2}-\frac{3}{\rho+1},$$

则

$$\frac{1}{3}+\frac{1}{\rho+1}=(\rho+1)\frac{1-\theta}{2}+\frac{3-2l}{6}.$$

故由引理 5.6, 引理 5.7 及广义的 Hölder 不等式就得

$$\|v^{\rho-1}y\|_{L^1(I;L^{\frac{\rho(n+1)}{n+\rho+1}})} \leqslant |||y|||_l \cdot |||v|||_1^{\rho-1} \leqslant (1+N)^{\frac{(\rho-1)(3\rho-4)-6}{2(\rho-1)}-\rho s}. \tag{5.84}$$

在此情形下, 易验证

$$\frac{(\rho-1)(3\rho-4)-6}{2(\rho-1)} - \rho s \leqslant \frac{n\rho-(n+2)}{2} - \rho s. \tag{5.85}$$

最后, 对于 $n \geqslant 4$, $k_0(n) \leqslant \rho < \dfrac{n-1}{n-3}$, 定义

$$l = \frac{n\rho(\rho+1)-2n-(\rho+1)(3\rho-1)}{2(\rho+1)}.$$

容易看出

$$\frac{\rho+n+1}{n(\rho+1)} = \frac{n-2l}{2n} + (\rho-1)\frac{n-3}{2n}, \quad 1 = \frac{\rho-1}{2} + \frac{3-\rho}{2}.$$

故由引理 5.6, 引理 5.7 及广义的 Hölder 不等式就得

$$\begin{aligned}
&\|v^{\rho-1}y\|_{L^1(I;L^{\frac{\rho(n+1)}{n+\rho+1}})} \leqslant C(\Delta T)^{\frac{3-\rho}{2}} |||y|||_l \cdot |||v|||_1^{\rho-1} \\
\leqslant & C(\Delta T)^{\frac{3-\rho}{2}} (1+N)^{l-s} \cdot (1+N)^{(\rho-1)(1-s)} \\
\leqslant & C(1+N)^{-\frac{(3-\rho)(\rho-1)(1-s)}{n+2-\rho(n-2)} + \frac{n\rho(\rho+1)-2n-(\rho+1)^2}{2(\rho+1)} - \rho s}.
\end{aligned} \tag{5.86}$$

这样, 结合 (5.76)~(5.78), (5.81)~(5.83), (5.85) 及 (5.86) 就得所要的估计 (5.73)~(5.75).

注记 5.5 下面比较 $\|(\partial_t z(\Delta T), \nabla z(\Delta T))\|_2$ 与 $\|z(\Delta T)\|_{\rho+1}^{\frac{\rho+1}{2}}$ 的增长率.

(i) 对于 $n=3$, $(n+3)/(n-1) \leqslant \rho < (n+2)/(n-2)$ (i.e. $3 \leqslant \rho < 5$) 的情形, 根据 (5.79), (5.82) 及 (5.85) 可见

$$\tau_1 \leqslant \frac{n\rho-(n+2)}{2} - \rho s.$$

(ii) 对于 $n=3$, $k_0(n) < \rho \leqslant (n+3)/(n-1)$ (i.e. $2 < \rho \leqslant 3$) 的情形, 根据 (5.83) 可见

$$\max(\tau_2, \tau_3) \leqslant -\frac{(3-\rho)(\rho-1)(1-s)}{n+2-\rho(n-2)} + \frac{n\rho-(n+\rho-1)}{2} - \rho s.$$

(iii) 对于 $n \geqslant 4$, $k_0(n) \leqslant \rho < (n-1)/(n-3)$ 的情形, 因 $s \geqslant \dfrac{n}{2} - \dfrac{2}{\rho-1}$, 直接验证可见

$$\tau_2 \leqslant -\frac{(3-\rho)(\rho-1)(1-s)}{n+2-\rho(n-2)} + \frac{n\rho-(n+\rho-1)}{2} - \rho s.$$

完成定理 5.1 的证明 如前所述, 首先在 $[0,\Delta T]$ 上求解正则问题 (5.44), 而后将其代入 (5.51), 在 $[0,\Delta T]$ 上求解 (5.51), 并且证明了它们所满足引理 5.8, 引理 5.9 中的估计. 现在 $[\Delta T, 2\Delta T]$ 上研究正则问题 (5.44), 其中初值换成

$$(v(\Delta T)+z(\Delta T), \partial_t v(\Delta T)+\partial_t z(\Delta T)),$$

然后, 将所得的 $v(t)$ 代入 (5.51), 在 $[\Delta T, 2\Delta T]$ 上研究, 将 (5.51) 中的初值换成

$$\left(\dot{K}(\Delta T)\phi_2+K(\Delta T)\psi_2, -\Delta K(\Delta T)\psi_2+\dot{K}(\Delta T)\psi_2\right)$$

时的相差方程的 Cauchy 问题, 重复引理 5.8, 引理 5.9 的证明, 可得完全类似的估计.

对任意的 $T>0$, 为了将解延拓到 T, 需要重复上述步骤的次数是

$$\frac{T}{\Delta T}=T(1+N)^{\frac{2(\rho-1)(1-s)}{n+2-\rho(n-2)}}.$$

因此, 由引理 5.8, 引理 5.9, $T/\Delta T$ 次之后能量 (见 (5.47)) 的增加为:

(i) $n=3$, $k_0(n)<\rho\leqslant(n+3)/(n-1)$ (i.e. $2<\rho\leqslant 3$).

$$CT(1+N)^{\frac{2(\rho-1)(1-s)}{n+2-\rho(n-2)}}(1+N)^{-\frac{(3-\rho)(\rho-1)(1-s)}{n+2-\rho(n-2)}+\frac{n\rho-(n+\rho-1)}{2}-\rho s}. \tag{5.87}$$

(ii) $n=3$, and $3\leqslant\rho<(n+2)/(n-2)$.

$$CT(1+N)^{\frac{2(\rho-1)(1-s)}{n+2-\rho(n-2)}}\cdot(1+N)^{\frac{n\rho-(n+2)}{2}-\rho s}. \tag{5.88}$$

(iii) $n\geqslant 4$, $k_0(n)\leqslant\rho<(n-1)/(n-3)$.

$$CT(1+N)^{\frac{2(\rho-1)(1-s)}{n+2-\rho(n-2)}}(1+N)^{-\frac{(3-\rho)(\rho-1)(1-s)}{n+2-\rho(n-2)}+\frac{n\rho-(n+\rho-1)}{2}-\rho s}. \tag{5.89}$$

为达到我们的目标, 需要 (5.87)~(5.89) 中的增量不超过 $(1+N)^{1-s}$. 因此, 在 $n=3$, $k_0(n)<\rho\leqslant(n+3)/(n-1)$ (i.e. $2<\rho\leqslant 3$) 的情形下, s 满足

$$s>\frac{2(\rho-1)^2+(n+2-\rho(n-2))\cdot(n\rho-n-\rho-1)}{2(\rho-1)^2+2(\rho-1)\,(n+2-\rho(n-2))}.$$

在 $n=3$, $3\leqslant\rho<(n+2)/(n-2)$, 的情形下, s 满足

$$s>\frac{4(\rho-1)+(n+2-\rho(n-2))\cdot(n\rho-n-4)}{2(\rho-1)\,(n+4-\rho(n-2))}.$$

在 $n\geqslant 4$, $k_0(n)\leqslant\rho<(n-1)/(n-3)$ 的情形下, s 应满足

$$s>\frac{2(\rho-1)^2+(n+2-\rho(n-2))\cdot(n\rho-n-\rho-1)}{2(\rho-1)^2+2(\rho-1)\,(n+2-\rho(n-2))},$$

取 N 充分大 ($N=T^{\frac{1}{1-s-\eta}}$, η 同定理 5.1 中所定义), 就完成了定理 5.1 的证明.

参 考 文 献

[A] Adams RA. Sobolev Spaces. New York: Academic Press, 1975.

[Ba] Barab JE. Nonexistence of asymptotically free solutions for a nonlinear Schrödinger equation. J. Math. Phys., 1984, 25: 3270–3273.

[BL] Bergh J and Löfström J. Interpolation Spaces. New York: Springer-Verlag, 1976.

[Bo] Bourgain J. Refinements of Strichartz' inequality and applications to 2D-NLS with critical non-linearity. IMRN, 1998, 5: 253–283.

[Bo1] Bourgain J. Scatering in energy space and below for 3D NLS equations. J. D'Analyse Mathematique, 1998, 75: 267–297.

[Bo2] Bourgain J. The Global Solution of Nonlinear Schrödinger Equations. American Mathematical Society, Providence Rhode Island, 1999.

[Bo3] Bourgain J. Global well-posedness of defocussing 3D critical NLS in the radial case. J. Amer. Math. Soc., 1999, 12: 145–171.

[Br1] Brenner P. On L_p-$L_{p'}$ estimates for the wave equation. Math. Z., 1975, 145: 251–254.

[Br2] Brenner P. On L^p-decay and Scattering for nonlinear Klein-Gordon equations. Math. Scand., 1989, 51: 333–360.

[Br3] Brenner P. On scattering and everywhere defined scattering operator for nonlinear Klein-Gordon equations. J. Diff. Equations, 1985, 56: 310–344.

[Br4] Brenner P. On space-time means and strong global solutions of nonlinear hyperbolic equations. Math. Z., 1989, 201: 44–55.

[BW] Brenner P and von Wahl W. Global classical solutions of nonlinear wave equations. Math. Z., 1981, 176: 87–121.

[CKN] Caffarelli L, Kohn R and Nirenberg L. Partial regularity of suitable weak solutions of Navier–Stokes equations. Comm. Pure Appl. Math. 1982, 35: 771–831.

[Ca] Calderón AP. Cauchy integrals on Lipschitz curves and related operators. Proc. Nat. Acad. Sc. USA 1977, 74: 1324–1327.

[C1] Calderón CP. Existence of weak solutions for the Navier-Stokes equations with the data in L^p. Trans. Amer. Soc. 1990, 318: 179–297. Addendum to the paper "Existence of weak solutions for the Navier-Stokes equations with the data in L^p". 201–207.

[C2] Calderón CP. Initial value of solutions of the Navier-Stokes equations. Proc. Amer. Math. Soc. 1993, 117: 761–766.

[Ca1] Cannone M. Harmonic Analysis Tools for sloving the incompressible Navier-Stokes Equations. Handbook of Mathematical Fluid Dynamics III, Edited by

S.J.Friedlander and D.Serre, 2004 Elsevier.

[Ca2] Cannone M. A generalization of a theorem by Kato on Navier-Stokes equations. Rev.Mat. Iberoramericana, 1997, 13: 515–541.

[Ca3] Cannone M. Ondelettes, Paraproduits et Navier-Stokes. Diderot Editeur, 1995.

[CCM] Cannone M Chen Q and Miao C. A losing estimate for the Ideal MHD equations with application to Blow-up criterion. SIAM Math.Anal. 2007, 38: 1847–1859.

[CM] Cannone M and Meyer Y. Littlewood-Paley decomposition and Navier–Stokes equations. Math. and Appl. of Anal. 1995, 2: 307–319.

[CW1] Cazenave T and Weissler FB. The Cauchy problem for the critical nonlinear Schrödinger equation in H^s. Nonlinear Anal. T. M. A., 1990, 14: 807–836.

[CW2] Cazenave T and Weissler FB. Semilinear Schrödinger equations. Courant Lecture Notes in Mathematics No.10, AMS. Providence, Rhode Island.

[CM1] Chen Q and Miao C. Existence theorem and blow-up criterion of smooth solutions to the two-fluid MHD equations in R^3. J. Differntial Equations, 2007, 239: 251–271

[CM2] Chen Q and Miao C. Global well-posedness of the viscoelastic fluids of the Oldroyd type in the Besov spaces. Nonlinear Analysis TMA, 2007, DOI: 10. 1016/ j.na. 2007.01.042.

[CMZ1] Chen Q Miao C and Zhang Z. A new Bernstein's Inequality and the 2D Dissipative Quasi-Geostrophic Equation. Comm. Math. Phys. 2007, 271: 821–838

[CMZ2] Chen Q Miao C and Zhang Z. The Beale-Kato-Majda criterion to the 3D Magneto-hydrodynamics equations. Comm. Math. Phys. 2007, 275: 861–872

[CK] Christ M and Kiselev A. Maximal function associated to filtrations. J. Funct. Anal., 2001, 179: 409–425.

[CMM] Coifman RR, McIntosh A and Meyer Y. L'integrale de Cauchy definit un operateur borne sur L^2 pour les courbes Lipschitiennes. Annals of Math. 1982, 116: 361–387.

[CKSTT1] Colliander J, Keel M, Staffilani G. Takaoka H and Tao T. Almost conservation laws and global rough solutions to a nonlinear Schrödinger equation. Math Res. Lett., 9: 5–6(2002), 659–682.

[CKSTT2] Colliander J, Keel M, Staffilani G, Takaoka H and Tao T. Global well-posedness and scattering in the energy space for the critical nonlinear Schrödinger equation in R^3. To appear in Annal. Math.

[DK] Dahlberg BJ and Kenig CE. Lecture on Harmonic Analysis and Partial Differential Equations. ISSN0347–2809, 1985–1996.

[Dix] Dix DB. Nonuniqueness and uniqueness in the initialvalue problem for the Burger's equation. SIAM J.math.and Anal. 1996, 27: 208–224.

[EZ] Escobedo E and Zuazua E. Large time behavior for convection-diffusion equation in $\mathbb{R}^n$. J. Diff. Equ. 1991, 100: 119–161.

[FJR] Fabes EB, Jones BF and Riviere NM. Initial value problem for Navier-Stokes equations with data in L^p. Arch. Rat. Mech. Anal. 1972, 45: 222–240.

[FJoR] Fabes EB, Jodeit M and Riviere NM. Potential techniques to boundary value problem on C^1 domain. Acta. Math. 1978, 141: 165–186.

[FS] Fefferman C and Stein EM. H^p spaces of several variables. Acta. Math. 1972, 129: 137–193.

[Fo] Folland GB. Introduction to the Partial Differential Equations. Second edition, Princeton University Press, 1993.

[FJW] Frazier M, Jawerth B and Weiss G. Littlewood-Paley Theory and the Study of Function Spaces. Monograph in the CBM-AMS 79, 1991.

[Fr] Friedman A. Partial Differential Equations. New York: Holt, Rinehart and Winston, 1969.

[Fu1] Fujita H. On the blowing up solutions of the Cauchy problem for $u_t = \triangle u + u^{\alpha+1}$. J. Fac.Sci. Univ. Tokyo, 1966, 13: 109–124.

[Fu2] Fujita H. On some nonexistence and nonuniquence theorems for nonlinear parabolic equations. Proc. Symp. Prue Math. 1968, 18: 131–161.

[FK1] Fujita H and Kato T. On the Navier-Stokes initial value problem I. Arch. Rat. Mech. Anal. 1964, 16: 269–315.

[FM] Fujiwara D and Morimoto H. An L_r-theorem of the Helmholtz decomposition of vector fields. J. Fac. Sci. Univ. Tokyo, Sec. I, 1977, 24: 685–700.

[GS] Gelfand IM and Shiov GE. Generalized Function I–IV. Academic Press 1964, 1968.

[Gi1] Giga Y. Analyticity of the semigroup generated by the Stokes operator in L^r spaces. Math. Z. 1981, 178: 297–329.

[Gi2] Giga Y. Solutions for Semilinear parabolic equations in L^p and regularity of weak solutions of the Navier-Stokes System. J. Diff. Equ. 1986, 61: 186–212.

[GM] Giga Y and Miyakawa T. Solutions in L^r of the Navier-Stokes initial value problem. Arch. Rat. Mech. Anal. 1985, 89: 267–281.

[GO] Ginibre J and Ozawa T. Long range scattering for nonlinear Schödinger equations and Hartree equations in the space dimension $n \geqslant 2$. Comm. Math. Phys. 1993, 151: 615–645.

[GOV] Ginibre J, Ozawa T and Velo G. On the existence of the wave operators for a class of nonlinear Schödinger equations. Ann. Inst. H. Poincaré, Phys. Theérique, 1994, 60: 211–239.

[GV1] Ginibre J and Velo G. On the class of nonlinear Schrödinger equation I and II. J. Funct. Anal., 1979, 32: 1–72.

[GV2] Ginibre J and Velo G. On the global Cauchy problem for nonlinear Klein-Gordon equation. Math. Z., 1985, 189: 487–505.

[GV3] Ginibre J and Velo G. Scattering theory in energy space for a class nonlinear Schrödinger equations. J. Math. Pure Appl., 1985, 64: 363–401.

[GV4] Ginibre J and Velo G. Time decay of finite energy solutions of nonlinear

Klein-Gordon equation and nonlinear Schrödinger equations. Ann. Inst. Henri. Poincaré Phys. Théorique, 1985, 43: 399–422.

[GV5] Ginibre J and Velo G. The global Cauchy problem for nonlinear Schrödinger equations. II, Ann. Inst. Henri. Poincaré Analyse non linéaire, 1985, 2: 309–327.

[GV6] Ginibre J and Velo G. Conformal invariance and time decay for nonlinear wave equations I and II. Ann. Inst. Henri. Poincaré Phys. Théorique, 1987, 47: 221–276.

[GV7] Ginibre J and Velo G. Scattering theory in energy space for a class nonlinear wave equations. Comm. Math. Phys., 1989, 123: 535–573.

[GV8] Ginibre J and Velo G. On the global Cauchy problem for nonlinear Klein-Gordon equation II. Ann. Inst. Henri. Poincaré Analyse non linéaire, 1989, 6: 15–35.

[GV9] Ginibre J and Velo G. Smoothing properties and retarded estimates for some dispersive equations. Comm. Math. Phys., 1992, 144: 163–144.

[GV10] Ginibre J and Velo G. Regularity of solution of critical and subcritial nonlinear wave equation. Nonlinear Analysis T.M.A., 1994, 22: 1–19.

[GV11] Ginibre J and Velo G. Generalized Strichartz inequalities for the wave equations. J. Funct. Anal., 1995, 133: 50–68.

[GT] Gilbarg D and Trudinger NS Elliptic partial differential equations of second order. Classic in Mathematics, Springer, 2001.

[Gl] Glassey RT. On the asymptotic behavior of non-linear wave equations. Trans. Amer. Math. Soc., 1973, 183: 187–200.

[Gl1] Glassey R. On the blowing up of solution for nonlinear Schrödinger equations. J.Math. Phys., 1977, 18: 1794–1797.

[Gl2] Glassey R. Finite time Blow-up for nonlinear wave equations. Math. Z., 1981, 177: 323–340.

[GT] Glassey R and Tsutsumi M. On uniqueness of weak solutions to semilinear wave equations. Comm. Partial Differtial Equations, 1981, 7: 153–195.

[Gr1] Grillakis M. Regularity and asympotic behaviour of nonlinear wave equation with critical nonlinearity. Ann. Math., 1990, 132: 485–505.

[Gr2] Grillakis M. Regularity for nonlinear wave equation with critical nonlinearity. Comm. Pure Appl. Math., 1992, 45: 749–774.

[Gr] Grünrock A. New applications of the Fourier restriction norm method to well-posedness problems for nonlinear evolution equations. Dissertation Univ. Wuppertal, 2002.

[GM1] Guo G and Miao C. The global existence and asympotic of solution for the Klein-Gordon- Schrödinger equations. Science in China, Ser A, 1995, 38: 1444–1456.

[GM2] Guo G and Miao C. Space-time estimate and solutions to a class of nonlinear parabolic equations. Science in China 1998, 28: 201–212.

[HT] Hayashi N and Tsutsumi Y. Remarks on the scattering problem for nonlinear Schödinger equations. Lects. Notes in Math. Vol 1285, Springer, 1987: 162–168.

[HT2] Hayashi N and Tsutsumi Y. Scattering theory for the Hartree type equations. A. I. H. Poincaré Phys. Théorique, 1987, 61: 187–213.

[Hi] Hieber M. Integrated semigroups and differential operators on L^p spaces. Math. Ann. 1991, 291: 1–16.

[HM] Hirata H and Miao C. Space-time estimates of linear flow and application to some nonlinear integral-differential equations corresponding to fractional order time derivative. Advances in Differential Equations, 2001, 7: 217–236.

[Ho] Hopf E. Über die anfang swetaufgabe für die hydrodynamischer grundgleichungan. math. Nach. 1951, 4: 213–231.

[H1] Hörmander H. Estimates for translation invariant operator in L^p space. Acta. Math., 1960, 104: 93–139.

[H2] Hörmander H. The Analysis of Linear Partial Differential Operators. I-IV (1983-1985), Springer-Verlag.

[H3] Hörmander H. Lecture on Nonlinear Hyperbolic Partial Diffential Equations. Springer-Verlag, 1997.

[J] Jörgen K. Das Anfangswert problem im Grossen für eine nichlineare Wellengleichungen. Math.Z., 77(1961), 295–308.

[Jo] John F. Blow-up of solutions of nonlinear wave equations in three dimensions. Manu. Math., 1979, 28: 235–268.

[Ka1] Kapitanskii LV. The Cauchy problem for semilinear wave equations. I.J. Soviet Math. 49:1166–1186, II.J.Soviet Math. 62:2746 –2777, III.J.Soviet Math. 62: 2619–2645.

[Ka2] Kapitanskii LV. Weak and yet weaker solutions of semilinear wave equations. Comm. in PDE., 1994, 19: 1629–1676.

[Ka3] Kapitanskii LV. Global and unique weak solutions of semilinear wave equations. Math. Res.Lett., 1994, 1: 211–223.

[K1] Kato T. On the Cauchy problem for the (generalized) KdV equations. Study in Appl. Math., Academic Press, 1983: 93–128.

[K2] Kato T. Strong L^p-solutions of the Navier-Stokes equation in $\mathbb{R}^m$. with applications to weak solutions, Math. Z. 1984, 187: 471–480.

[K3] Kato T. On nonlinear Schrödinger equations. Ann. Inst. Henri Poincaré. 1987, 46: 103–129.

[KP] Kato T and Ponce G. The Navier–Stokes equation with weak initial data. IMRN, 1994, 10: 435–444.

[K] Kenig CE. Harmonic Analysis Thechniques for Second Order Elliptic Boundary Value Problems. CBMS of Amer.Math. Soc. 1994: 83.

[KT1] Keel M and Tao T. The endpoint Strichartz estimates. Amer. J. Math., 1998, 120: 955–980.

[KT2] Keel M and Tao T. Global well-posedness for nonlinear wave equation below the energy norm. preprint.

[KT3] Keel M and Tao T. Local and global well-posedness of wave maps in R^{1+1} for rough data. IMRN, 1998, 21: 1117–1156.

[KPV1] Kenig CE, Ponce G and Vega L. Oscillatory integral and regularity of dispersive equations. Indiana University Math. Journal, 1991, 40: 33–69.

[KPV2] Kenig CE, Ponce G and Vega L. Well-posedness and scattering results for generalized KdV equation via contraction principles. Comm. on Pure and Appl. Math. 1993, 46: 527–620.

[KPV3] Kenig CE, Ponce G and Vega L. Small solutions to nonlinear Schrödinger equations. Ann. Inst. Henri Poincaré, Analyse nonlinéaire 1993, 10: 255–288.

[KPV4] Kenig CE, Ponce G and Vega L. The Cauchy problem for the KdV in Sobolev spaces of negative indices. Duke Math. J, 1993, 71: 1–21.

[KPV5] Kenig CE, Ponce G and Vega L. A Bilinear estimates with applications to the KdV equation. J. of Amer.Math.Soc. 1996, 9: 573–603.

[KPV6] Kenig CE, Ponce G and Vega L. Global well-posedness for nonlinear wave equations Comm. PDE, 2000, 25: 683–695.

[Kl1] Klainerman S. Global existence for nonlinear wave equations. Comm. Pure Appl. Math, 1980, 33: 43–101.

[Kl2] Klainerman S. The uniformly decay estimates and the Lorentz invariance of classical nonlinear wave equations. Comm. Pure Appl. Math., 1985, 38: 321–332.

[Kl3] Klainerman S. The null condition and global existence to nonlinear wave equations. Lect.in Appl. Math., 1986, 23: 293–326.

[KM1] Klainerman S and Machedon M. Space-time estimates for null-forms and the local existence theorem. Com. Pure Appl. Math., 1993, 46: 1221–1268.

[KM2] Klainerman S and Machedon M. On the Maxwell-Klein-Gordon equation with finite energy. Duke Math. J., 1994, 74: 19–44.

[KM3] Klainerman S and Machedon M. Finite energy solutions of the Yang-Mills equations. Ann. of Math., 1995, 142: 39–119.

[KT] Koch H and Tataru D. Well-posedness for the Navier-Stokes equations. Advances in Math. 2001, 157: 27–35.

[KJF] Kufner A, John O and Fućik S. Functional spaces, Prague: Academia Press, 1977.

[La] Ladyzhenskaya OA. On the theory of mathematical in the incompressible fiuld. New York: Gordon and Breach, 2nd Ed., 1969.

[LeS] Levandosky P and Strauss WA. Time decay for the nonlinear beam equation. Methods and Applications of Analysis, 2000, 7: 783–798.

[Lev] Levandosky P. Decay estimates for the fourth-order wave equations. Journal Differential Equations, 1998, 143: 360–413.

[Le] Leray J. Sur le mouvement d'um liquide visqieux emlissant l'space. Acta. Math., 1934, 16: 193–284.

[Lem] Lemarié-Rieusset PG. Recent developments in the Naviev-Stokes problem. Chapman and Hall/CRC Prcss Boca Raton, FL, 2002.

[LiS] Lin JL and Strauss W. Decay and scattering of nonlinear Schrödinger equation. J. Func. Anal., 1978, 30: 245–426.

[L] Lindblad H. A sharp couterexample to the local regularity solutions to nonlinear wave equations. Duke Math. J. 1993, 72: 503–539.

[LS1] Lindblnd H and Sogge CD. On the existence and scattering with minimal regularity for semilinear wave equation. J. Func. Anal., 1995, 130: 357–426.

[LS2] Lindblnd H and Sogge CD. Restriction theorems and semi-linear Klein-Gordon equations in $(1+3)$ dimisions. Duke Math. J. 1996, 85: 227–252.

[Li1] Littman W. Wave operator and L^p-norms. J. Math. Mech., 1963, 12: 55–68.

[Li2] Littman W. Fourier transforms of surface-carried measures and differentablity of surface averages. Bull. Amer. Math. Soc., 1963, 69: 766–770.

[Li] Lions JL. Quelques méthodes de résolution des problémes aux limites nonlinéaires Dunod. Paris, 1969.

[Ma] Marshall B. Mixed norm estimates for Klein-Gordon equation. Conference in harmonic Analysis in honor of Zygmund, Wadsworth, Belmont, CA, 1981, 514–525.

[MSW] Marshall B, Strauss W and Wainger S. L^p-L^q estimates for the Klein-Gordon equation. J. Math. Pure Appl., 1980, 59: 417–440.

[Me1] Merle F. Construction of solutions with exact k blow-up points for the Schödinger equation with critical power nonlinearity. Comm. Math. Phys. 1992, 149: 205–214.

[Me2] Merle F. Determination of blow-up solutions with minimal mass for nonlinear Schödinger equation with critical power. Duke. Math. J. 1993, 69: 427–453.

[Me] Meyer Y. Remarques sur un thèorém de. J.B.Bony, Suppl. Rendi. Conti. Circ. Math. Palermo. 1981, 1: 1–20.

[Mi1] Miao C. Time-space estimates and scattering at low energy for higher order wave equations. Acta. Math. Sinca (In Chinese), 1995, 38: 708–717.

[Mi2] Miao C. H^m-modified wave Operator for nonlinear Hartree equation in R^n. Acta. Mathematica Sinica, 1997, 15: 247–268.

[Mi3] Miao C. Time-Space estimates for parabolic type operator and application to nonlinear parabolic equations. J.PDE., 1998, 11: 301–312.

[Mi4] Miao C. The time-space estimates and nonlinear Parabolic equations. Tokyo Journal of Mathematics, 2001, 22: 245–276.

[Mi5] Miao C. The Cauchy problem of semilinear parabolic equations with weak data in homogenous space and application to the navier-stokes equations. Science in China 2003, 46: 641–661.

[Mi6] Miao C. Harmonic analysis and applications to partial differential equations. Second edition, Beijing, Science Press, 2004.

[Mi7] Miao C. Modern methods to nonlinear wave equations. Lecture in Contemporary Mathematics, Vol 2. Beijing: Science Press, 2005.

[MX1] Miao C and Xu G. Global solutions of the Klein-Gordon-Schrodinger system with rough data in $\mathbb{R}^{2+1}$. J. Differential Equations, 2006, 227: 365–405.

[MX2] Miao C and Xu G. Low regularity global well-posedness for the Klein-Gordon-Schrodinger system with the higher order Yukawa coupling. Differential and Integral Equations, 2007, 20: 643–656.

[MXZ] Miao C, Xu G and Zhao L. Global well-posedness and scattering for the energy-critical. defocusing Hartree equations for radial data. J. Funct. Anal., 2007, 253: 605–627.

[MY1] Miao C and Yuan B. Solutions for some nonlinear parabolic equations in pseudomeasure spaces. Math.Nach., 2007, 180: 171–186.

[MY2] Miao C and Yuan B. Existence of Solutions to Ideal MHD System in Critical Besov Spaces. Method and Application of Analysis, 2006, 13: 86–106.

[MZ1] Miao C and Zhang B., H^s-global well-posedness for semilinear wave equations. J. Math. Anal. Appl., 2003, 283: 645–666.

[MZ2] Miao C and Zhang B., The Cauchy problem for the semilinear parabolic equations in Besov spaces. Houston J.Math. 2004, 30: 829–878.

[MZ3] Miao C and Zhang B. Global well-posedness of the Cauchy problem for the equations of Schrödinger type. Discrete and continuous dynamical systems, 2007, 17: 181–200.

[MZ4] Miao C and Zhu Y., The Cauchy problem for the coupled KSG system. Annales Polonici Mathematici 2006, 89: 163–195.

[MZ5] Miao C and Zhu Y., Invariant, Conservation Laws and Time Decay for the Nonlinear System of Klein-Gordon Equations with Hamilton Structure. Appl. Math., 2006, 33: 323–344.

[MZ6] Miao C and Zhu Y., Scattering theory for non-linear system of wave equations with critical growth. Colloquium Mathematicum., 2006, 106: 69–81.

[MZ7] Miao C and Zhu Y., Global smooth solutions for Non-linear System of Wave Equations. Nonlinear Analysis TMA., 2007, 67: 3136–3151.

[MZF] Miao C, Zhang B and Fang D. Global well-posedness for the Klein-Gondon equations below the energy norm. J.PDEs 2004, 17: 97–121.

[MYZ1] Miao C, Yuan B and Zhang B., Well-posedness for the incompressible magneto-hydrod-ynamics system. Math. Method in Appl. Sci., 2007, 30: 961–976.

[MYZ2] Miao C, Yuan B and Zhang B. Strong Solutions to the Nonlinear Heat Equation in Homogeneous Besov Spaces. Nonlinear Analysis TMA., 2007, 67: 1329–1343.

[MYZ3] Miao C, Yuan B and Zhang B. Well-posedness of the Cauchy problem for the fractional power dissipative equations. Nonlinear Analysis TMA., 2007, 68: 416–

484.

[MYZ4] Miao C, Zhang B and Zhang X. The self-similar solutions to the nonlinear Schrodinger equations. Methods and Applications of Analysis, 2003, 10: 119–136.

[Miz] Mizohata S. The theory of partial differential equations. Cambridge University Press, 1973.

[Mon] Montgomery-Smith SJ. Time decay for the bounded mean oscillation of solutions of the Schödinger and wave equations. Duke Math. J. 1998, 25: 1–31.

[MM1] Mochizuki K and Motai T. The scattering theory of nonlinear wave equations with small data I. J.Math. Tyoto. University, 1985, 25: 703–715.

[MM2] Mochizuki K and Motai T. The scattering theory of nonlinear wave equations with small data II. Stud. Math. Appl, 1986, 18: 543–560.

[Mo] Morawetz C. Time decay for nonlinear Klein-Gordon equations. Proc.Royal Soc. London A 1968, 306: 503–518.

[MS] Morawetz C and Strauss W. Decay and Scattering of Solutions of a nonlinear relativistic wave equation. Comm. Pure Appl. Math., 1972, 25: 1–31.

[NO1] Nakamura M and Ozawa T. Low energy scattering for nonlinear Schrödinger equations. Reviews in Mathematical Physics, 1997, 9: 397–410.

[NO2] Nakamura M and Ozawa T. Nonlinear Schrödinger equations in the Sobolev space of critical order, J. Funt.Anal. 1998, 155: 365–380.

[NO3] Nakamura M and Ozawa T. The Cauchy problem for nonlinear wave equation in homogeneous Sobolev space. Ann. Inst. H. Poincaré, Phys. Thérique, 1999, 71: 199–363.

[NO4] Nakamura M and Ozawa T. The Global solutions in the critical Sobolev space for the wave equations with nonlinearity of exponential growth. Math. Z., 1999, 231: 479–487.

[N1] Nakanish K. Scattering theory for nonlinear Klein-Gordon equations with Sobolev critical power. Internat. Math.Res. Notices, 1999, 31–60.

[N2] Nakanish K. Remarks on the energy scattering for nonlinear Klein-Gordon and Schrödinger equations, Tohoku Math. J. 2001, 53: 285–303.

[O1] Ozawa T. Long range scattering theory for nonlinear Schrödinger equations in one space dimension. Comm. Math. Phys. 1991, 139: 479–493.

[O2] Ozawa T. On critical cases of Sobolev's inequalities. J. Funt.Anal., 1995, 127: 259–269.

[Pa] Pazy A. Semigroups of linear operator and applications to partial differential equations. Springer-Verlag. 1983.

[P1] Pecher H. L^p Abschätzungen und klassische Lösungen fürnichr lineare wellengleichungen.I. Math. Z., 1976, 150: 159–183.

[P2] Pecher H. Nonlinear small data scattering for the wave and Klein-Gordon equations. Math.Z., 1984, 185: 261–270.

[P3] Pecher H. Local solutions of semilinear wave equations in H^s. Math. Methods in Appl.Sci. 1996, 19: 145–170.

[P4] Pecher H. Solutions of semilinear Schördinger equations in H^s. Ann. Inst. H. Poincaré, Phys. Theérique 1997, 67: 259–296.

[PS] Ponce G and Sideris T. Local regularity of nonlinear wave equations in three space dimensions, Comm. Partial Differ. Equations, 1993, 18: 169–177.

[Per] Peral J. L^p estimates for the wave equation. J. Funct.Anal., 1980, 36: 125–157.

[Ra] Rauch J. The u^5-Klein-Gordon equation. (H.Brezis and J.L.Lions, eds.) Pitman Research Notes in Math. 1982, 53: 335–364.

[R] Reed M. Abstract nonlinear wave equations. Lecture Notes in Math. 507, Springer-Verlag, 1976.

[RS] Reed M and Simon B. methods of mathematical physics. four volumes, Academic Press, 1972–1979.

[Ri] Ribaud F. Cauchy problem for semilinear parabolic equations with initial data in $H_p^s(R^n)$ spaces. Revista Matemática Iberoamericana, 1998, 14(1): 1–46.

[RuS] Runst T and Sickel W. Sobelov spaces of fractional order, Nemytskij Operators, and Nonlinear PDEs, Berlin-New York: Walter de Gruyter, 1996.

[Se1] Segal IE. The global Cauchy problem for a relativistic scalar field with power interation. Bull. Soc. Math. Fr., 1963, 91: 129–135.

[Se2] Segal IE. Space-time decay for solutions of wave equations. Advance in Math., 1976, 22: 302–311.

[Se] Serrin J. The initial value problem for Navier-Stokes equations, In: Non-linear problems, Wisconsin Press, R.E. Langer Ed, 1963: 69–98.

[Sh] Shatah J. Normal forms and quadratic nonlinear Klein-Gordon equations. Comm. Pure Appl. Math., 1972, 38: 685–696.

[SS1] Shatah J and Struwe M. Regularity results for nonlinear wave equations. Ann.Math., 1993, 138: 505–518.

[SS2] Shatah J and Struwe M. Well-posedness in the energy space for semilinear wave equation with critical growth. IMRN. 1994: 303–309.

[Si] Sideris TC. Nonexistence of global solutions to semilinear wave equations in higher dimensions. Journal of Differential Equations, 1984, 52: 378–406.

[SmS] Simth H and Sogge CD. Global Strichartz estimates for nontrapping perturbations of Laplacian. Comm. in PDEs, 2001, 25: 2171–2183.

[So1] Sogge CD. Fourier Integral in Classical Analysis. Cambridge Univ. Press, 1993.

[So2] Sogge CD. Lecture on Nonlinear Wave Equations. International Press Publishcations, 1995.

[Ste1] Stein EM. Singular integal and differential property of functions. Princeton University Press, 1970.

[Ste2] Stein EM. Oscillatory integrals in Fourier analysis. Beijing Lectures in Harmonic Analysis, Princeton Univ. Press, NJ, 1986: 307–356.

[Ste3] Stein EM. Harmonic analysis. real-variable methods, orthogonality and Oscillatroy Integrals, Princeton University Press, 1993.

[SW] Stein EM and Weiss G. Introduction to fourier analysis in euclidean spaces. Princeton University Press, 1970.

[St1] Strichartz R. Multiplers in fractional Sobolev spaces. J. Math. Mech., 1967, 16: 1031–1060.

[St2] Strichartz R. Convolutions with kernel having singularities. Trans. Amer. Math. Soc., 1970, 148: 461–471.

[St3] Strichartz R. A priori estimates for the wave equations and some applications. J. Funct. Anal., 1970, 5: 218–235.

[St4] Strichartz R. Restrictions of Fourier transforms to quadratic surface and decay of solutions of wave equations. Duke Math. J., 1977, 44: 705–714.

[Str] Struwe M. Global Regular solution to the u^5 Klein-Gordon equations. Ann Scu. Norm Sup. Pisa., 1988, 15: 495–513.

[S1] Strauss WA. On the weak solutions of semilinear hyperbolic equations. An.Acad. Bras, Cienc., 1970, 42: 645–651.

[S2] Strauss WA. Nonlinear invariant wave equations, invariant wave equations, Lecture Note in Physics, Vol 78, Springer-Verlag 1978: 197–249.

[S3] Strauss WA. Mathematicl aspects of classical nonlinear field equations. Lecture Note in Physics 120, Springer-Verlag, 1979: 123–149.

[S4] Strauss WA. Nonlinear scattering theory at low energy. J. Funct. Anal., 1981, 41: 110–133, and 1981, 43: 281–293.

[S5] Strauss WA. Nonlinear wave equations, Reginal Conference Series in Mathematics. Vol 73. Providence RI. Am. Math. Soc., 1989.

[Tai1] Taira. Diffussion process and partial differential equations. San Diego, New York, London, Tokyo: Academic Press, 1985.

[Tai2] Taira. Analytic Semigroup and Semilinear Initial-Boundary Value Problem. London Math. Soc. Lect. Note Series, Vol223, Cambridge University Press.

[T1] Tao T. Low regularity semilinear wave equations. Comm. PDE. 1999, 24: 599–630.

[T2] Tao T. Global well-posedness and scattering for the higher-dimensional energy-critical nonlinear Schrödinger equation for radial data. New York Journal of Mathematics, 2005, 11: 57–80.

[T3] Tao T. Nonlinear dispersive equations, local and global analysis. CBMS Regional Conference Series in Mathematics, No.106.2006.

[T4] Tao T. From rotation needle to stablity of waves emerging connections between combintions. analysis and PDEs. Notices of AMS, 2001, 48: 294–303.

[Tat] Tataru. On the equation $\Box u = |\nabla u|^2$ in $5+1$ dimensions. Math. Res. Lett. 1999, 6: 469–485.

[Tal] Taylor ME. Psedodifferential Operators Princeton University Press, 1981.

[Ta2] Taylor ME. Analysis on Morry spaces and applications to the Navier-Stokes equations. Comm. on PDE. 1992, 17: 1407–1452.

[To] Tomas P. Restriction theorems for Fourier transform. Proc. Symp. Pure Math. 1979, 35: 111–114.

[Tor] Torchinsky A. Real-variable methods in harmonic analysis. Academic Press, Inc., 1986.

[Tr1] Triebel H. Interpolation theory, function spaces. differential operators, North-Holland Publishing Company, 1978.

[Tr2] Triebel H. Theory of function spaces. Springer-Verlag, 1983.

[Ts1] Tsutsumi T. L^2-solutions for nonlinear Schrödinger equations and nonlinear groups. Ann. Inst. Henri Poincaré, Phys. Théorique, 1985, 43: 321–347.

[Ts2] Tsutsumi T. The scattering problem for nonlinear Schrödinger equations, Funkcialaj Ekvacioj, 1987, 30: 115–125.

[TY] Tsutsumi Y and Yajima K. The asymptotic behavior of nonlinear Schrödinger equations, Bull. Amer.Math. Soc. 1984, 11: 186–188.

[V] Verchota GC. Layer potentials and boundary value problems for Laplace's equation in Lipschitz domain. J. of Funct. Analysis, 1984, 59: 572–611.

[Wa1] Wahl W. L^p decay rates for the homogeneous wave equations. Math. Z., 1971, 120: 93–106.

[Wa2] Wahl W. The Equation of the Navier-Stokes and abstract parabolic equations Brauns-chwei-Wiesbaden. Vieweg Verlag, 1985.

[Wa3] Wahl W. Regularity of weak solution of the Navier-Stokes equations. Proc. of Symp. in pure Math. Vol 45, Part 1986, 2: 497–503.

[We1] Weissler FB. Local existence and nonexistence for Semilinear parabolic equations in L^p. Indiana Math. J., 1980, 29: 79–102.

[We2] Weissler FB. The Navier–Stokes initial value problem in L^p. Arch. Rat. Mech. Anal. 1981, 74: 219–230.

[We3] Weissler FB. Existence and nonexistence of global solutions for a Semilinear heat equations. Isreal J. Math. 1981, 38: 29–40.

[Ya] Yajima K. Existence of solutions Schrödinger evolution equations. Comm. Math. Phys. 110(1987), 415–426.

[Yo] Yosida K. Functional analysis, Berlin: Springer-Verlag, 1980.

名 词 索 引

《现代数学基础丛书》已出版书目

1 数理逻辑基础(上册) 1981.1 胡世华 陆钟万 著
2 数理逻辑基础(下册) 1982.8 胡世华 陆钟万 著
3 紧黎曼曲面引论 1981.3 伍鸿熙 吕以辇 陈志华 著
4 组合论(上册) 1981.10 柯 召 魏万迪 著
5 组合论(下册) 1987.12 魏万迪 著
6 数理统计引论 1981.11 陈希孺 著
7 多元统计分析引论 1982.6 张尧庭 方开泰 著
8 有限群构造(上册) 1982.11 张远达 著
9 有限群构造(下册) 1982.12 张远达 著
10 测度论基础 1983.9 朱成熹 著
11 分析概率论 1984.4 胡迪鹤 著
12 微分方程定性理论 1985.5 张芷芬 丁同仁 黄文灶 董镇喜 著
13 傅里叶积分算子理论及其应用 1985.9 仇庆久 陈恕行 是嘉鸿 刘景麟 蒋鲁敏 编
14 辛几何引论 1986.3 J.柯歇尔 邹异明 著
15 概率论基础和随机过程 1986.6 王寿仁 编著
16 算子代数 1986.6 李炳仁 著
17 线性偏微分算子引论(上册) 1986.8 齐民友 编著
18 线性偏微分算子引论(下册) 1992.1 齐民友 徐超江 编著
19 实用微分几何引论 1986.11 苏步青 华宣积 忻元龙 著
20 微分动力系统原理 1987.2 张筑生 著
21 线性代数群表示导论(上册) 1987.2 曹锡华 王建磐 著
22 模型论基础 1987.8 王世强 著
23 递归论 1987.11 莫绍揆 著
24 拟共形映射及其在黎曼曲面论中的应用 1988.1 李 忠 著
25 代数体函数与常微分方程 1988.2 何育赞 萧修治 著
26 同调代数 1988.2 周伯壎 著
27 近代调和分析方法及其应用 1988.6 韩永生 著
28 带有时滞的动力系统的稳定性 1989.10 秦元勋 刘永清 王 联 郑祖庥 著
29 代数拓扑与示性类 1989.11 [丹麦] I.马德森 著
30 非线性发展方程 1989.12 李大潜 陈韵梅 著

31 仿微分算子引论 1990.2 陈恕行 仇庆久 李成章 编
32 公理集合论导引 1991.1 张锦文 著
33 解析数论基础 1991.2 潘承洞 潘承彪 著
34 二阶椭圆型方程与椭圆型方程组 1991.4 陈亚浙 吴兰成 著
35 黎曼曲面 1991.4 吕以辇 张学莲 著
36 复变函数逼近论 1992.3 沈燮昌 著
37 Banach 代数 1992.11 李炳仁 著
38 随机点过程及其应用 1992.12 邓永录 梁之舜 著
39 丢番图逼近引论 1993.4 朱尧辰 王连祥 著
40 线性整数规划的数学基础 1995.2 马仲蕃 著
41 单复变函数论中的几个论题 1995.8 庄圻泰 杨重骏 何育赞 闻国椿 著
42 复解析动力系统 1995.10 吕以辇 著
43 组合矩阵论(第二版) 2005.1 柳柏濂 著
44 Banach 空间中的非线性逼近理论 1997.5 徐士英 李 冲 杨文善 著
45 实分析导论 1998.2 丁传松 李秉彝 布 伦 著
46 对称性分岔理论基础 1998.3 唐 云 著
47 Gel'fond-Baker 方法在丢番图方程中的应用 1998.10 乐茂华 著
48 随机模型的密度演化方法 1999.6 史定华 著
49 非线性偏微分复方程 1999.6 闻国椿 著
50 复合算子理论 1999.8 徐宪民 著
51 离散鞅及其应用 1999.9 史及民 编著
52 惯性流形与近似惯性流形 2000.1 戴正德 郭柏灵 著
53 数学规划导论 2000.6 徐增堃 著
54 拓扑空间中的反例 2000.6 汪 林 杨富春 编著
55 序半群引论 2001.1 谢祥云 著
56 动力系统的定性与分支理论 2001.2 罗定军 张 祥 董梅芳 著
57 随机分析学基础(第二版) 2001.3 黄志远 著
58 非线性动力系统分析引论 2001.9 盛昭瀚 马军海 著
59 高斯过程的样本轨道性质 2001.11 林正炎 陆传荣 张立新 著
60 光滑映射的奇点理论 2002.1 李养成 著
61 动力系统的周期解与分支理论 2002.4 韩茂安 著
62 神经动力学模型方法和应用 2002.4 阮 炯 顾凡及 蔡志杰 编著
63 同调论—— 代数拓扑之一 2002.7 沈信耀 著
64 金兹堡-朗道方程 2002.8 郭柏灵 黄海洋 蒋慕容 著

65　排队论基础　2002.10　孙荣恒　李建平　著
66　算子代数上线性映射引论　2002.12　侯晋川　崔建莲　著
67　微分方法中的变分方法　2003.2　陆文端　著
68　周期小波及其应用　2003.3　彭思龙　李登峰　谌秋辉　著
69　集值分析　2003.8　李　雷　吴从炘　著
70　强偏差定理与分析方法　2003.8　刘　文　著
71　椭圆与抛物型方程引论　2003.9　伍卓群　尹景学　王春朋　著
72　有限典型群子空间轨道生成的格(第二版)　2003.10　万哲先　霍元极　著
73　调和分析及其在偏微分方程中的应用(第二版)　2004.3　苗长兴　著
74　稳定性和单纯性理论　2004.6　史念东　著
75　发展方程数值计算方法　2004.6　黄明游　编著
76　传染病动力学的数学建模与研究　2004.8　马知恩　周义仓　王稳地　靳　祯　著
77　模李超代数　2004.9　张永正　刘文德　著
78　巴拿赫空间中算子广义逆理论及其应用　2005.1　王玉文　著
79　巴拿赫空间结构和算子理想　2005.3　钟怀杰　著
80　脉冲微分系统引论　2005.3　傅希林　闫宝强　刘衍胜　著
81　代数学中的 Frobenius 结构　2005.7　汪明义　著
82　生存数据统计分析　2005.12　王启华　著
83　数理逻辑引论与归结原理(第二版)　2006.3　王国俊　著
84　数据包络分析　2006.3　魏权龄　著
85　代数群引论　2006.9　黎景辉　陈志杰　赵春来　著
86　矩阵结合方案　2006.9　王仰贤　霍元极　麻常利　著
87　椭圆曲线公钥密码导引　2006.10　祝跃飞　张亚娟　著
88　椭圆与超椭圆曲线公钥密码的理论与实现　2006.12　王学理　裴定一　著
89　散乱数据拟合的模型、方法和理论　2007.1　吴宗敏　著
90　非线性演化方程的稳定性与分歧　2007.4　马　天　汪宁宏　著
91　正规族理论及其应用　2007.4　顾永兴　庞学诚　方明亮　著
92　组合网络理论　2007.5　徐俊明　著
93　矩阵的半张量积:理论与应用　2007.5　程代展　齐洪胜　著
94　鞅与 Banach 空间几何学　2007.5　刘培德　著
95　非线性常微分方程边值问题　2007.6　葛渭高　著
96　戴维-斯特瓦尔松方程　2007.5　戴正德　蒋慕蓉　李栋龙　著
97　广义哈密顿系统理论及其应用　2007.7　李继彬　赵晓华　刘正荣　著
98　Adams 谱序列和球面稳定同伦群　2007.7　林金坤　著

99 矩阵理论及其应用 2007.8 陈公宁 编著
100 集值随机过程引论 2007.8 张文修 李寿梅 汪振鹏 高 勇 著
101 偏微分方程的调和分析方法 2008.1 苗长兴 张 波 著
102 拓扑动力系统概论 2008.1 叶向东 黄 文 邵 松 著
103 线性微分方程的非线性扰动(第二版) 2008.3 徐登洲 马如云 著
104 数组合地图论(第二版) 2008.3 刘彦佩 著
105 半群的 S-系理论(第二版) 2008.3 刘仲奎 乔虎生 著
106 巴拿赫空间引论(第二版) 2008.4 定光桂 著
107 拓扑空间论(第二版) 2008.4 高国士 著
108 非经典数理逻辑与近似推理(第二版) 2008.5 王国俊 著
109 非参数蒙特卡罗检验及其应用 2008.8 朱力行 许王莉 著
110 Camassa-Holm 方程 2008.8 郭柏灵 田立新 杨灵娥 殷朝阳 著
111 环与代数(第二版) 2009.1 刘绍学 郭晋云 朱 彬 韩 阳 著
112 泛函微分方程的相空间理论及应用 2009.4 王 克 范 猛 著
113 概率论基础(第二版) 2009.8 严士健 王隽骧 刘秀芳 著
114 自相似集的结构 2010.1 周作领 瞿成勤 朱智伟 著
115 现代统计研究基础 2010.3 王启华 史宁中 耿 直 主编
116 图的可嵌入性理论(第二版) 2010.3 刘彦佩 著
117 非线性波动方程的现代方法(第二版) 2010.4 苗长兴 著
118 算子代数与非交换 L_p 空间引论 2010.5 许全华 吐尔德别克 陈泽乾 著
119 非线性椭圆型方程 2010.7 王明新 著
120 流形拓扑学 2010.8 马 天 著
121 局部域上的调和分析与分形分析及其应用 2011.4 苏维宜 著
122 Zakharov 方程及其孤立波解 2011.6 郭柏灵 甘在会 张景军 著
123 反应扩散方程引论(第二版) 2011.9 叶其孝 李正元 王明新 吴雅萍 著
124 代数模型论引论 2011.10 史念东 著
125 拓扑动力系统——从拓扑方法到遍历理论方法 2011.12 周作领 尹建东 许绍元 著
126 Littlewood-Paley 理论及其在流体动力学方程中的应用 2012.3 苗长兴 吴家宏 章志飞 著
127 有约束条件的统计推断及其应用 2012.3 王金德 著
128 混沌、Mel'nikov 方法及新发展 2012.6 李继彬 陈凤娟 著
129 现代统计模型 2012.6 薛留根 著
130 金融数学引论 2012.7 严加安 著
131 零过多数据的统计分析及其应用 2013.1 解锋昌 韦博成 林金官 著

132　分形分析引论　2013.6　胡家信　著

133　索伯列夫空间导论　2013.8　陈国旺　编著

134　广义估计方程估计方程　2013.8　周　勇　著

135　统计质量控制图理论与方法　2013.8　王兆军　邹长亮　李忠华　著

136　有限群初步　2014.1　徐明曜　著

137　拓扑群引论(第二版)　2014.3　黎景辉　冯绪宁　著

138　现代非参数统计　2015.1　薛留根　著